AF537495

EUL
VERLAG

Reihe: Rechnungslegung und Wirtschaftsprüfung · Band 48
Herausgegeben von Prof. (em.) Dr. Dr. h. c. Jörg Baetge, Münster, Prof. Dr. Hans-Jürgen Kirsch, Münster, und Prof. Dr. Stefan Thiele, Wuppertal

Dr. Dominik Dettenrieder

Hedge Accounting in Industrieunternehmen nach IFRS 9

Mit einem Geleitwort von Prof. Dr. Hans-Jürgen Kirsch, Westfälische Wilhelms-Universität Münster

Bibliografische Information der Deutschen Nationalbibliothek

Die Deutsche Nationalbibliothek verzeichnet diese Publikation in der Deutschen Nationalbibliografie; detaillierte bibliografische Daten sind im Internet über <http://dnb.d-nb.de> abrufbar.

Dissertation, Westfälische Wilhelms-Universität Münster, 2013, unter dem Titel: Die bilanzielle Abbildung der Absicherung von Marktpreisrisiken eines Industrieunternehmens nach den Vorschriften des Hedge Accounting in IFRS 9

D 6

ISBN 978-3-8441-0337-3
1. Auflage Juli 2014

JOSEF EUL VERLAG GmbH
Brandsberg 6
53797 Lohmar
Tel.: 0 22 05 / 90 10 6-6
Fax: 0 22 05 / 90 10 6-88
E-Mail: info@eul-verlag.de
http://www.eul-verlag.de

Bei der Herstellung unserer Bücher möchten wir die Umwelt schonen. Dieses Buch ist daher auf säurefreiem, 100% chlorfrei gebleichtem, alterungsbeständigem Papier nach DIN 6738 gedruckt.

Geleitwort

Vor dem Hintergrund der Finanzmarktkrisen und auf Drängen der internationalen Gremien zur Aufsicht und Koordination von Finanzmärkten sieht sich der IASB veranlasst, den Rechnungslegungsstandard IAS 39 zur Bilanzierung von Finanzinstrumenten umfassend zu überarbeiten und schließlich vollständig durch den geplanten Standard IFRS 9 zu ersetzen. In der dritten Phase des Projektes adressiert der Standardsetter nun die bilanzielle Abbildung ökonomischer Sicherungsmaßnahmen mittels spezieller Ansatz-, Bewertungs- und Ausweisvorschriften. Die Zielsetzung dieser speziellen, in IFRS 9 verankerten Hedge Accounting-Regelungen besteht darin, in Übereinstimmung mit dem unlängst veröffentlichten Conceptual Framework den Entscheidungsnutzen von Abschlussinformationen für die Kapitalallokationsentscheidungen der Adressaten durch einen stärkeren Einklang von internem Risikomanagement und externer Rechnungslegung eines Unternehmens zu verbessern. Dies nimmt der Verfasser zum Anlass, die Möglichkeiten des neuen Standards zur Abbildung der Strategien des finanzwirtschaftlichen Hedging respektive konkreter Steuerungsmaßnahmen zu analysieren, in Form von Leitlinien für die praktische Umsetzung zu konkretisieren und schließlich zu würdigen. Dabei argumentiert er vor dem Hintergrund der konzeptionellen sowie technischen Regelungen des IASB und legt der Konkretisierung wie auch der Würdigung der Vorschriften die Maxime der Vermittlung entscheidungsnützlicher Informationen einschließlich ihrer operationalisierenden Leitlinien zugrunde.

Die Arbeit ist in sechs Kapitel gegliedert. Im **ersten Kapitel** wird die Problemstellung mit dem speziellen Bezug zu Industrieunternehmen verdeutlicht und die Systematik der Untersuchung vorgestellt.

Im **zweiten Kapitel** erörtert der Verfasser die im Conceptual Framework neu definierte Form der Entscheidungsnützlichkeit in der Ausprägung der Bewertungsnützlichkeit von Abschlussinformationen. Anschließend operationalisiert er die hieraus abgeleiteten sowie für die Konkretisierung und Beurteilung der Hedge Accounting-Regelungen des IFRS 9 maßgeblichen qualitativen Anforderungen an die Informationen eines IFRS-Abschlusses und arbeitet deren Wirkungsweise und Verbindlichkeitsgrad heraus. Dabei stellt er speziell auf die Herabstufung des Grundsatzes der Nachprüfbarkeit im IFRS-Normensystem und die damit verbundenen Implikationen ab.

Um den betrachteten Güterpreis-, Währungs- und Zinsänderungsrisiken, die sich aus dem Leistungserstellungsprozess und dessen Finanzierung ergeben, angemessen zu begegnen, werden von Industrieunternehmen Maßnahmen getroffen, die einen strukturierten Umgang mit Risiken gewährleisten. Im **dritten Kapitel** stellt der Verfasser zunächst die Normen im Bereich der Corporate Governance und angrenzender rechtlicher Vorschriften vor, die den Rahmen für das industriebetriebliche Risikomanagement setzen. Da an die konkrete Gestaltung von Risikomanagementprozessen zur Steuerung bzw. Bewältigung von Risiken keine expliziten gesetzlichen oder aufsichtsrechtlichen Anforderungen gestellt werden, orientieren sich Industrieunternehmen meist an anerkannten, in der Praxis herausgebildeten Rahmenwerken. Der Verfasser beleuchtet die darin formulierten und übertragenen Mindestanforderungen an die idealtypischen Schritte des Risikomanagementkreislaufs (ohne sich im weiteren Verlauf seiner Argumentation durch diese Typisierung einzuschränken) besonders mit Blick auf die in der vorliegenden Arbeit betrachteten Marktpreisrisiken. Danach ordnet er die Absicherung von Marktpreisrisiken mittels derivativer Finanzinstrumente in das risikostrategische Instrumentarium ein und erläutert die für die Umsetzung der Absicherungsstrategien relevante Regulierung und Funktionsweise von Derivatemärkten sowie deren aktuellen Entwicklungstendenzen. Anschließend werden die Strategien des finanzwirtschaftlichen Hedging anhand der speziellen Charakteristika der Elemente eines Absicherungsverhältnisses und deren Kompensationswirkung systematisiert.

Vor der detaillierten Betrachtung der Rechnungslegungsvorschriften des IFRS 9 leitet der Verfasser im **vierten Kapitel** zunächst den Bedarf an speziellen Regelungen sowie deren Grundkonzeption für die drei betrachteten Risikoarten systematisch her. In diesem Zuge werden die konkreten Absicherungskonstellationen bzgl. der betrachteten Güterpreis-, Währungs- und Zinssicherung identifiziert, innerhalb derer die sich finanzwirtschaftlich neutralisierenden Elemente der Risikoposition und des Absicherungsinstrumentes durch die Definitions- und Ansatzkriterien sowie die verschiedenen Bewertungsmaßstäbe der allgemeinen Bilanzierungsvorschriften dem Grunde oder der Höhe nach asynchron erfasst werden, wodurch die Kompensationswirkung als finanzwirtschaftlicher Zweck eines Absicherungsverhältnisses vernachlässigt wird. Hiernach leitet er vor dem Hintergrund der im Conceptual Framework geforderten Generierung ökonomisch brauchbarer und unverzerrt dargestellter Informationen über die Vermögens-, Finanz- und Ertragslage auf das Konstrukt eines bilanziellen Sicherungszusammenhangs über.

Im zentralen **fünften Kapitel** analysiert und konkretisiert der Verfasser die Vorschriften des Hedge Accounting und würdigt diese kritisch. Hierfür spannt er zunächst den konkreten regulatorischen Rahmen auf und skizziert die Regelungen sowie die Anwendungsvoraussetzungen für die Bilanzierung von Sicherungsbeziehungen nach IAS 39 einschließlich der wesentlichen entgegengebrachten Kritikpunkte, die sich auf die Divergenz von intern verfolgten Risikomanagementstrategien und bilanzieller Abbildung konzentrieren und zur Überarbeitung der Vorschriften führten. Anschließend präsentiert er einen Überblick über die wesentlichen Änderungen im Hedge Accounting-Modell nach IFRS 9 und stellt die Systematik des neuen Standards vor. Daran anknüpfend leitet er anhand der vom IASB veröffentlichten Materialien sowie unter Bezugnahme auf die Zwecksetzung der IFRS-Rechnungslegung die spezielle Zielsetzung des Hedge Accounting in IFRS 9 her und betont dabei die prinzipienorientierte Ausrichtung am finanzwirtschaftlichen Gehalt der zugrunde liegenden Absicherungsverhältnisse. Hiernach diskutiert er die speziellen **Abbildungsregelungen** nach den beiden zulässigen Bilanzierungsmethoden des Fair Value- bzw. des Cashflow-Hedge einschließlich der retrospektiven Effektivitätsermittlung für die buchungstechnische Erfassung des realisierten Effektivitätsgrades einer Sicherungsbeziehung. Bei der Beurteilung der unterschiedlichen Mechanismen zur Synchronisierung der Erfolgswirkungen eines Absicherungsverhältnisses arbeitet er überzeugend heraus, dass die beiden Methoden die Kompensationswirkung eines Absicherungsverhältnisses auch in einer periodisierten Ergebnisrechnung grds. sachgerecht abbilden können und durch die neuen Regelungen ein höherer Informationsgehalt der im Abschluss präsentierten Informationen erreicht werden dürfte. Angesichts dieser Analysen und der Zielsetzung der IFRS-Rechnungslegung bzw. besonders von IFRS 9 fordert der Verfasser nachvollziehbar, dass für die Ausübung des expliziten Wahrechtes zur Anwendung der Hedge Accounting-Regelungen durch die Designation einer bilanziellen Sicherungsbeziehung auch ein korrespondierendes Absicherungsverhältnis im internen Risikomanagement existieren muss. Damit würde einer Aushebelung der allgemeinen Bilanzierungsregeln durch eine Kombination bilanzieller Posten ohne eine zielgerichtete, interne Risikosteuerung entgegengewirkt.

Hinsichtlich Konkretisierungsgrad und Aggregationsniveau der abgesicherten Risikopositionen sind neben bereits vertraglich kontrahierten oder mit einer hinreichenden Wahrscheinlichkeit antizipierten Geschäften künftig einerseits spezifische Komponenten einer einzelnen Risikoposition und andererseits ganze Portfolios aus unterschiedlichsten Risikopositionen als **Grundgeschäfte** designierbar. Bei der Designation von Risikokomponenten kommt die stärkere Prinzipienorientierung besonders zur Geltung, indem mit den Kriterien der separaten Identifizierbarkeit und der verlässlichen Bewertbarkeit einheitliche Anforderungen an finanzielle wie nicht-finanzielle Posten gestellt werden. Die mit Rückgriff auf die Fundamentalgrundsätze der Relevanz und der glaubwürdigen Darstellung betonte Zielsetzung der Orientierung am internen Risikomanagement schlägt sich der Beurteilung des Verfassers zufolge also auch in den Abbildungsmöglichkeiten für industriespezifische Sicherungsstrategien nieder. Um den Zweck der an eine bilanzielle Sicherungsbeziehung gestellten Wirksamkeitsanforderungen durch die Designation vermeintlicher Risikokomponenten nicht zu unterlaufen und dem Abschlussleser auch beim Einsatz nicht perfekt auf die spezifische Risikoposition abgestimmter Absicherungsinstrumente Informationen über die Effektivität und Effizienz der Risikosteuerung zu vermitteln, legt der Verfasser die Kriterien zur Abgrenzung von Risikokomponenten indes streng aus. In diesem Zuge entwickelt er anhand der vom Standardsetter zur Verfügung gestellten Begleitmaterialien und vor dem Hintergrund der identifizierten Zielsetzung verschiedene Leitlinien für die praktische Umsetzung der Kriterien, die eine Übereinstimmung des bilanziellen Effektivitätsgrades mit der ökonomischen Wirksamkeit der Absicherungsmaßnahmen gewährleisten können und durch deren Anwendung Abschlussadressaten in die Lage versetzt werden, die Auswirkung der implementierten Risikosteuerungsmaßnahmen auf künftige Zahlungsströme zu identifizieren. Darüber hinaus kritisiert der Verfasser die in den Vorschriften des IFRS 9 identifizierte Diskriminierung einzelner Risikoarten und befürwortet die prinzipienorientierte Ausweitung des Anwendungsbereiches der Kriterien. Neben der daran anknüpfenden Analyse der Zahlungsstromkomponenten sowie der zeitlichen, nominalen und einseitigen Komponenten behandelt der Verfasser ferner auch die Absicherung von aggregierten Risikopositionen auf Portfolioebene.

Durch die Ausführungen des Verfassers zu Gruppen- sowie Nettopositionen wird deutlich, dass durch den Wegfall der restriktiven Anwendungsvoraussetzungen des IAS 39 prinzipiell eine stärkere Annäherung von Risikosteuerungs- und Abbildungsebene erreicht wird. Er zeigt speziell hinsichtlich der Absicherung einer aggregierten Risikoposition, wie sich die neuen Regelungen dazu eignen, die in der Industrie üblicherweise aufeinander aufbauenden und sich wechselseitig bedingenden Strategien zur Absicherung von zunächst Güterpreis- und anschließend Währungsrisiken sachgerecht abzubilden. Darüber hinaus widmet er sich den Abbildungsmöglichkeiten für eine gesicherte Nettorisikoposition, deren einzelne Geschäfte in unterschiedlichen Berichtsperioden erfolgswirksam werden. Am Beispiel der Währungssicherung auf Nettobasis kommt er zu dem Ergebnis, dass die hierfür vorgesehenen Abgrenzungsvorschriften eine sachgerechte Synchronisierung der Erfolgswirkungen eines Absicherungsverhältnisses gewährleisten können. Bezüglich der Absicherung von Güterpreis- und Zinsänderungsrisiken kritisiert er indes die Vernachlässigung des von der Zahlungsstromebene divergierenden zeitlichen Bezugspunktes periodisierter Erfolgsgrößen, wodurch bestimmte Risikosteuerungsaktivitäten nicht den wirtschaftlichen Verhältnissen entsprechend dargestellt werden können. Diesbezüglich erörtert der Verfasser, wie der Standardsetter die Unzulänglichkeiten durch eine prinzipienorientierte Ausweitung der speziellen Abgrenzungsvorschriften beseitigen könnte.

Im Zuge der Überarbeitung der Vorschriften zur Bestimmung von **Sicherungsinstrumenten** entschied sich der IASB, vor allem geschriebene Optionen sowie intern kontrahierte Derivate von den Designationsmöglichkeiten auszunehmen. Der Verfasser befürwortet diese Entscheidung angesichts der Zielsetzung, im Abschluss den finanzwirtschaftlichen Gehalt einer wirksamen Risikokompensationsmaßnahme unverzerrt darzustellen. Die Beschränkung auf risikokompensierende Instrumente muss demnach zu einem Verbot geschriebener Optionen führen, da von diesen gerade keine risikokompensierende Wirkung ausgeht. Hinsichtlich rein konzerninterner Absicherungsverhältnisse mag die Anforderung des IFRS 9 an die nachweisliche Risikoexternalisierung durch ggf. unternehmensübergreifende Sicherungsbeziehungen zwischen Grundgeschäften operativer Teileinheiten und in der Treasury-Abteilung kontrahierten externen Sicherungsinstrumenten zwar zu einem nicht perfekten Gleichlauf von Risikomanagement und Rechnungslegung führen. Gleichwohl erscheint diese u. U. restriktive Anforderung mit Blick auf die Forderung nach glaubwürdig dargestellten Informationen im Allgemeinen sowie hinsichtlich der geforderten, auf die Einheit Konzern bezogenen Kompensationswirkung bilanzieller Sicherungsbeziehungen im Speziellen der Beurteilung des Verfassers zufolge zweckmäßig. Ferner können Sicherungsinstrumente künftig weiterhin nur in der Gesamtheit aller Risikokomponenten und stets über die gesamte Laufzeit designiert werden. Der Verfasser erörtert in diesem Zusammenhang, wie eine weitere Annäherung von Risikosteuerungs- und -abbildungsebene über eine Gleichbehandlung von Grund- und Sicherungsgeschäften sowie eine konsistente Ausweitung des Anwendungsbereiches der Kriterien zur Abgrenzung einzelner Risikokomponenten, u. a. speziell von Finanzierungselementen, erreicht werden könnte. Darüber hinaus thematisiert er die in IFRS 9 vorgesehene Bilanzierungskonzeption für Absicherungskosten und präsentiert an verschiedenen Stellen mögliche Ansätze, wie eine in sich stimmige bilanzielle Behandlung von Swapsatz- und Zeitwertkomponenten erreicht und Gestaltungsspielräume unterbunden oder zumindest eingeengt werden können. Besonders mit Blick auf die konzeptionell fragwürdig erscheinende Unterscheidung zwischen dem potenziellen Transaktions- oder Zeitraumbezug der abgespaltenen Komponenten schlägt er eine einheitliche Behandlung vor, die den Charakter der Absicherungskosten besser widerspiegelt sowie die für eine zielgerichtete Abbildung anfällige Abgrenzung vermeidet.

Durch die im Vergleich zu IAS 39 weniger restriktiven **Effektivitätsanforderungen** des IFRS 9 wird der Einklang von interner Risikosteuerung und externer Rechnungslegung der Beurteilung des Verfassers folgend deutlich gestärkt. Um den engen Bezug der bilanziellen Abbildung zu den zugrunde liegenden Absicherungsverhältnissen zu gewährleisten und um die allgemeinen Bilanzierungsvorschriften nicht unzweckmäßig außer Kraft zu setzen, muss eine bilanzielle Sicherungsbeziehung dennoch bestimmten Anforderungen genügen. Vor diesem Hintergrund legt der

Verfasser das in den Stellungnahmen zu IFRS 9 unterschiedlich interpretierte Kriterium (1) zum ökonomischen Zusammenhang als zentrale und selektive Anforderung aus. Im Rahmen der vorgeschlagenen abgestuften Vorgehensweise konkretisiert er für die wertbestimmenden Gestaltungsmerkmale einer Sicherungsbeziehung, bis zu welchem Grad der Abweichung von Grundgeschäft und Sicherungsinstrument eine qualitative Effektivitätsbeurteilung sachgerecht erscheint und ab wann eine detailliertere, quantitative Beurteilung des ökonomischen Zusammenhangs anknüpfen muss, für die der Verfasser konkrete Kausalitäts- und Korrelationsanforderungen formuliert. Seiner Analyse zufolge kann unterhalb eines bestimmten Grades der Kompensationswirkung aufgrund der spekulativen Eigenschaft des (vermeintlichen) Absicherungsverhältnisses nicht von einer Risikokompensationsmaßnahme ausgegangen werden, die für die speziellen Vorschriften des Hedge Accounting qualifiziert. Dadurch soll die Designation (rein) bilanzieller Sicherungsbeziehungen ohne im Risikomanagement gesteuerte Absicherungsverhältnisse unterbunden werden. Ferner erläutert der Verfasser die Funktion des Kriterium (2) hinsichtlich potenzieller Kreditrisikoeffekte und konkretisiert die damit verbundenen Anforderungen, wobei er aufgrund der Unterschiede hinsichtlich der Solidität der Vertragspartner zwischen börsengehandelten Instrumenten und außerbörslich abgeschlossenen Verträgen differenziert. Hierzu zieht er die jüngsten vom IASB veröffentlichten Vorschläge zu den künftigen Wertminderungsvorschriften sowie bereits im Risikomanagement bestehende Tools und Indikatoren zur Kreditrisikoermittlung heran. In seiner Analyse der Kriterien (3a) und (3b) zeigt der Verfasser, dass die unverzerrte bilanzielle Hedge Ratio prinzipiell dem risikomanagementinternen Optimierungskalkül entstammen muss und gerade keine losgelöste bilanzielle Größe sein kann, so dass grds. die im Risikomanagement tatsächlich verwandten Volumina von Grund- und Sicherungsgeschäft relevant sind. Allerdings verdeutlicht er auch, dass die für bilanzielle Zwecke übernommene Sicherungsquote nicht dergestalt verzerrt sein darf, dass systematisch Ineffektivitäten entstehen. In diesem Zuge führt er Orientierungshilfen an, die zur Identifikation eines verzerrten Verhältnisses und folglich auch für die gebotene anschließende Adjustierung herangezogen werden können.

Abschließend analysiert der Verfasser die neu für IFRS 9 erarbeiteten Regelungen zur Auflösung, Fortführung und Anpassung einer bilanziellen Sicherungsbeziehung und schlägt Leitlinien für die situationsabhängige Interpretation der in IFRS 9 vorgeschriebenen Maßgabe der sicherungsspezifischen Risikomanagementzielsetzung vor.

Im **sechsten Kapitel** führt der Verfasser die Untersuchungsergebnisse für die einzelnen Bausteine einer bilanziellen Sicherungsbeziehung in einer abschließenden Würdigung der Hedge Accounting-Regelungen vor dem Hintergrund der Zielsetzung der Vermittlung entscheidungsnützlicher Informationen zusammen.

Insgesamt wird in der vorgelegten Arbeit durchweg stringent und differenziert argumentiert. Die inhaltliche Analyse ist dabei ausgesprochen gründlich und innovativ, was gerade bei dem komplexen Betrachtungsgegenstand der IFRS-Standards zu den Finanzinstrumenten, vor allem zu den Sicherungsgeschäften, hoch einzuschätzen ist. Der Verfasser profitiert dabei von seinen profunden Kenntnissen sowohl des zugrunde liegenden Grundsatzsystems als auch des zum Teil ausgesprochen komplexen realen Sicherungsmanagements von Marktpreisrisiken. Neben der inhaltlichen

Leistung ist besonders hervorzuheben, dass dem Verfasser eine ausgezeichnete Balance zwischen der Darstellung, Konkretisierung und Würdigung der betrachteten Regelungen gelingt. Die Argumentation ist stets konzeptionell anspruchsvoll, ohne auszuufern oder gar die „Bodenhaftung" zu realen Fragestellungen zu verlieren. Dabei geht der Verfasser überzeugend kritisch mit der teilweise sehr kreativen Bilanzierungspraxis um und engt vorhandene und vermeintliche Spielräume angemessen ein. Seine fundierte Kritik an den teilweise noch in der Diskussion befindlichen Regelungen sei daher sowohl dem Standardsetter als auch den bilanzierenden Unternehmen ans Herz gelegt. Insofern bin ich sicher, dass die vorgelegte Arbeit sowohl die theoretische Diskussion als auch die praktische Entwicklung von Bilanzierungslösungen auf diesem Gebiet nachdrücklich beeinflussen wird.

Münster, im Juni 2014 Prof. Dr. Hans-Jürgen Kirsch

Vorwort des Verfassers

Die Bilanzierung von Sicherungsbeziehungen nach IFRS 9 bildet die Schnittstelle von internem Risikomanagement und externer Rechnungslegung und soll durch eine möglichst umfassende Kongruenz den Abschlussadressaten in seinem Entscheidungsfindungsprozess bzgl. der Kapitalallokation unterstützen. Die jüngst vom IASB erarbeiteten speziellen Hedge Accounting-Regelungen verleiten zu der Diskussion, inwieweit die ökonomische Absicherung von Marktpreisrisiken im Rahmen des industriebetrieblichen Risikomanagements abgebildet werden soll und welchen Anforderungen die Sicherungsbeziehungen genügen müssen, um den engen Bezug der bilanziellen Abbildung zu den zugrunde liegenden ökonomischen Absicherungsverhältnissen zu gewährleisten und um die allgemeinen Bilanzierungsvorschriften nicht unzweckmäßig außer Kraft zu setzen. Der vorliegende Beitrag hierzu entstand während meiner Tätigkeit als wissenschaftlicher Mitarbeiter am Institut für Rechnungslegung und Wirtschaftsprüfung (IRW) der Westfälischen Wilhelms-Universität Münster unter der Leitung von Herrn Prof. Dr. Hans-Jürgen Kirsch. Sie wurde von der Wirtschaftswissenschaftlichen Fakultät im November 2013 als Dissertation angenommen. Eine solche Arbeit bedingt die breite Unterstützung von wissenschaftlicher, praktischer sowie persönlicher Seite.

Ich danke an erster Stelle meinem hoch geschätzten akademischen Lehrer und Doktorvater, Herrn Prof. Dr. Hans-Jürgen Kirsch, für die prägende Anleitung zur wissenschaftlichen Arbeit, die stete Diskussionsbereitschaft sowie für die wertvollen inhaltlichen Hinweise, die erheblich zum Gelingen dieser Arbeit beigetragen haben. Er sorgt durch seine offene Art, die fachliche Begeisterung und seine aufgeschlossene wie konstruktive Haltung gegenüber jedwedem Thema für ein das kritische Denken förderndes und zugleich, besonders für der Heimat Entliehene, äußerst angenehmes Arbeitsumfeld. Mein Dank geht ferner an Herrn Prof. Dr. StB Christoph Watrin für die Übernahme des Zweitgutachtens sowie an Herrn Prof. Dr. Christian Müller für sein Mitwirken in der Promotionskommission. Ebenso möchte ich die vielseitigen Hilfestellungen von Frau Dr. Corinna Ewelt-Knauer bei der Erstellung wissenschaftlicher Arbeiten und ihren Rat in sämtlichen Sach- und Lebenslagen anführen. Darüber hinaus danke ich Frau Prof. Dr. Nicole Branger und Herrn Prof. Dr. Dr. h. c. Jörg Baetge für die fachlichen Anregungen in zahlreichen Seminaren.

Für entscheidende Einblicke aus Sicht der Praxis und das mir entgegengebrachte Vertrauen möchte ich den Herren Dr. Matthias Dohrn, Dr. Thomas Beermann und WP/StB Dr. Christoph Berentzen meinen aufrichtigen Dank aussprechen. Die äußerst spannende wie aufschlussreiche Fahrt mit Herrn Dr. Dohrn in die Schweiz zu den Tradern und Hedgern rund um Herrn Bahceli, die Praxiserfahrungen und kritischen Einwände von Herrn Dr. Beermann zu den Bilanzierungsregeln aus der risikostrategisch etwas ungewöhnlichen Perspektive von Energieerzeugern und die zahlreichen thematischen Hinweise zu praxisrelevanten Fragestellungen sowie zum Aufbau der Arbeit von Herrn Dr. Berentzen haben mir wertvolle Einblicke und Anregungen für meine Arbeit gegeben.

Ferner ist es mir ein wichtiges Anliegen, meinen (ehemaligen) Kollegen am Institut zu danken, die stets für fachliche Gespräche bereitstanden und beizeiten auch für die erforderliche sportliche und häufig heitere Abwechslung sorgten. Namentlich erwähnen möchte ich Frau Dr. Yasmine Bassen-

Metz, Frau Dr. Kathrin Köhling und Frau Ariane Kraft M.Sc. sowie die Herren Michael Alkemeier M.Sc., Nils Gimpel-Henning M.Sc., Dr. Tim Hoffmann, Dr. Matthias Knabe, StB Dr. Lüder Kurz, Dr. Gerrit Lütkeschümer, Christoph Pier M.Sc., StB Dr. Daniel Siegel und Dr. Christian Weber. Gleiches gilt für die Mitarbeiter des Forschungsteams Baetge, besonders für Herrn Dr. Michael Janko. Den Herren Dr. Florian Gallasch und Dr. Alexander Olbrich danke ich für wertvolle Hinweise zum Manuskript der Arbeit, unzählige Stunden beim Feinschliff und eine enge Freundschaft, die uns ohne Zweifel auch künftig verbinden wird. Sehr verbunden fühle ich mich ferner Frau Dr. Lena Schoo und Herrn Dipl.-Kfm. Timo Hesse, die nicht nur das Büro bzw. das Dachgeschoss des Juridicums, sondern auch verschiedene Höhen und Tiefen während der Anfertigung der vorliegenden Arbeit mit mir geteilt haben. Darüber hinaus bedanke ich mich für den mehr als soliden Rückhalt meiner guten Freunde aus der Heimat, allen voran Hansgeorg Kaul, Siyue Li, Andres Negreros Abril und Christoph Rechsteiner, sowie bei Alissa Schilling für die warme (Gast-)Freundschaft und die regelmäßige Entbehrung ihrer Zwillingsschwester. Dank möchte ich darüber hinaus auch der guten Seele des IRW, Frau Ann-Kathrin Bonke, und dem nicht minder wichtigen Ersatzmann Tobias Langehaneberg aussprechen, die mit ihrer fröhlichen und hilfsbereiten Art maßgeblich zum guten Arbeitsklima beitragen. Zudem danke ich den studentischen Hilfskräften des IRW, denen kein Arbeitsauftrag zu kompliziert und keine Literaturrecherche zu umfassend war.

Ich danke von ganzem Herzen meinen Eltern, die mich auf meinem bisherigen Lebensweg bedingungslos unterstützt und mir jederzeit mit Rat und Tat zur Seite gestanden haben. Ohne ihren Einsatz und ihr Vertrauen, die unbedingte Förderung und ihren steten Optimismus wäre sicherlich nicht nur die Erstellung dieser Arbeit nicht möglich gewesen. Bedanken möchte ich mich auch bei meinen beiden unübertroffenen Brüdern, deren Aufmunterung, Anteilnahme, nächtlichen Telefonate und sportliche Herausforderung immer höchst willkommen waren. Der größte Dank gebührt schließlich meiner Partnerin Annekathrin, die durch das Promotionsprojekt sicherlich die größten Einschränkungen hat hinnehmen müssen. Mit unerschütterlichem Verständnis hat sie mir die Zeit und den Freiraum gegeben, den ich zur Anfertigung der Arbeit benötigte. Durch ihre unnachahmlich fröhliche, liebenswerte und uneingeschränkt optimistische Art hat sie mich mit Kraft und Zuversicht versehen und somit wesentlich zum Gelingen der Arbeit beigetragen. Ihnen allen möchte ich das Ergebnis meiner Bemühungen widmen.

Münster, im Juni 2014 Dominik Dettenrieder

Inhaltsübersicht

Inhaltsverzeichnis

Abbildungsverzeichnis

Abkürzungsverzeichnis

A

ABS	*asset backed securities*
Abs.	Absatz
Abt.	Abteilung
ADS	Adler/Düring/Schmaltz
a. F.	alte Fassung
AG	Aktiengesellschaft, *application guidance*
AktG	Aktiengesetz
Art.	Artikel
AS/NZS	*Australian/New Zealand Standard*
AT	Allgemeiner Teil
Aufl.	Auflage

B

BaFin	Bundesanstalt für Finanzdienstleistungsaufsicht
BB	Betriebs-Berater (Zeitschrift)
BBR	Baetge-Bilanz-Rating®
BC	*basis for conclusions*
Begr. RefE	Begründung eines Referentenentwurfes
Begr. RegE	Begründung eines Regierungsentwurfes
BFuP	Betriebswirtschaftliche Forschung und Praxis (Zeitschrift)
BilMoG	Bilanzrechtsmodernisierungsgesetz
BilReG	Bilanzrechtsreformgesetz
BIZ/BIS	Bank für Internationalen Zahlungsausgleich
BMW	Bayerische Motoren Werke
bspw.	beispielsweise
BT-Drs.	Bundestags-Drucksache
BTR	Besonderer Teil Risiken
bzgl.	bezüglich
bzw.	beziehungsweise

C

CCP	*central counterparty*
CCR	*Capital Requirements Regulation*
CDS	*credit default swap(s)*
CF	Conceptual Framework
CIF	*cost, insurance & freight* (Gefahrenübergang nach Förderung)
CL	*comment letter(s)*
CNY	Renminbi (offizielle Währung der Volksrepublik China)
COSO	*Committee of Sponsoring Organizations of the Treadway Commission*

c. p.	ceteris paribus
CRD IV	*Capital Requirements Directive IV*

D

DAX (30)	Deutscher Aktienindex
DB	Der Betrieb (Zeitschrift)
DCGK	Deutscher Corporate Governance Kodex
d. h.	das heißt
DIG	*Derivatives Implementation Group*
DP	Discussion Paper
DRS	Deutsche Rechnungslegungs Standard(s)
DRSC	Deutsches Rechnungslegungs Standards Committee e. V.
DStR	Deutsches Steuerrecht (Zeitschrift)
DStZ	Deutsche Steuer-Zeitung

E

ED	Exposure Draft
EFRAG	*European Financial Reporting Advisory Group*
EMIR	*European Market Infrastructure Regulation*
ERM	*Enterprise Risk Management*
ESMA	*European Securities and Markets Authority*
et al.	et alii (und andere)
etc.	et cetera (und so weiter)
EU	Europäische Union
EuroEG	Gesetz zur Einführung des Euro
e. V.	eingetragener Verein
evtl.	eventuell

F

f.	folgende (Seite)
FB	Finanz Betrieb (Zeitschrift)
ff.	folgende (Seiten)
FASB	*Financial Accounting Standards Board*
FOB	*free on board* (Gefahrenübergang bei Verladung)
FSB	Finanzstabilitätsrat
FX	*foreign exchange*

G

G-20	Gruppe der zwanzig wichtigsten Industrie- und Schwellenländer
GARP	*Generally Accepted Risk Principles*
GBP	Pfund Sterling (offizielle Währung des Vereinigten Königreiches Großbritannien und Nordirland)

GFD	*Global Financial Data* (Informationsdienstleister)
ggf.	gegebenenfalls
GmbHG	Gesetz betreffend die Gesellschaft mit beschränkter Haftung
GoB	Grundsätze ordnungsmäßiger Buchführung
grds.	grundsätzlich(e)

H

HB	Handbuch
HdJ	Handbuch des Jahreabschlusses in Einzeldarstellungen
HdR	Handbuch der Rechnungslegung
HFA	Hauptfachausschuss des Instituts der Wirtschaftsprüfer in Deutschland e. V.
HGB	Handelsgesetzbuch
Hrsg.	Herausgeber

I

IAS	*International Accounting Standard(s)*
IASB	*International Accounting Standards Board*
ICE Futures	*IntercontinentalExchange* (Börse)
i. d. R.	in der Regel
IDW	Institut der Wirtschaftsprüfer in Deutschland e. V.
IE	*illustrative example(s)*
i. e. S.	im engeren Sinne
IFAC	*International Federation of Accountants*
IFRIC	*International Financial Reporting Interpretations Committee*
IFRS	*International Financial Reporting Standard(s)*
IG	*implementation guidance*
iGAAP	*international Generally Accepted Accounting Principles*
IHK	Industrie- und Handelskammer
i. H. v.	in Höhe von
IKS	Internes Kontrollsystem
IN	*introduction*
IOSCO	Internationale Organisation der Wertpapieraufsichtsbehörden
IRZ	Zeitschrift für Internationale Rechnungslegung
ISA	*International Standard(s) on Auditing*
i. S. d.	im Sinne der, des
i. S. e.	im Sinne einer
ISO	*International Organisation for Standardization*
ITS	*Implementing Technical Standards*
i. V. m.	in Verbindung mit
i. w. S.	im weiteren Sinne

J

JIS (Q)	*Japan Industrial Standard (Management System)*

K

KapAEG	Kapitalaufnahmeerleichterungsgesetz
KMV	Kealhover, McQuown and Vasicek (i. V. m. Moody's KMV RiskCalc®)
KonTraG	Gesetz zur Kontrolle und Transparenz im Unternehmensbereich
KonTraG-E	Entwurf eines Gesetzes zur Kontrolle und Transparenz im Unternehmensbereich
KoR	Zeitschrift für internationale und kapitalmarktorientierte Rechnungslegung
KPMG	Klynfeld Peat Marwick Goerdeler

L

LAD	*least absolute deviation*
lb./lbs.	Pfund (Sgl./Pl., Teil des angloamerikanischen Maßsystems)
KME	*London Metal Exchange*

M

MaRisk	Mindestanforderungen an das Risikomanagement
ME	Mengeneinheit(en)
MiFID (II)	*Markets in Financial Instruments Directive (II)*
Mio.	Million(en)

N

No.	*number*
Nr.	Nummer

O

OB	*objective*
OLS	*ordinary least squares*
ONR	Österreichisches Normungsinstitut-Regeln
OTC	*Over the Counter* (außerbörslicher Handel)

P

PiR	Praxis der internationalen Rechnungslegung (Zeitschrift)
PS	Prüfungsstandard(s)
PwC	PricewaterhouseCoopers

R

RdF	Recht der Finanzinstrumente (Zeitschrift)
RegE AnSVG	Regierungsentwurf für das Anlegerschutzverbesserungsgesetz
RK	Rahmenkonzept
RMS	Risikomanagementsystem

Rn.	Randnummer(n)
RS	Stellungnahme zur Rechnungslegung
RTS	*Regulatory Technical Standards*

S

S.	Seite(n)
SEC	*United States Securities and Exchange Commission*
SFAS	*Statement(s) of Financial Accounting Standards*
sog.	sogenannte(n/r/s)
Sp.	Spalte(n)
SPAN	*Standard Portfolio Analysis of Risk*
ST	Der Schweizer Treuhänder (Zeitschrift)
StB	Der Steuerberater (Zeitschrift)
StückAG	Gesetz über die Zulassung von Stückaktien

T

Tz.	Textziffer(n)

U

u. a.	unter anderem, und andere
UK	Vereinigtes Königreich Großbritannien und Nordirland
US	*United States*
US-GAAP	*United States Generally Accepted Accounting Principles*
u. U.	unter Umständen

V

v.	vom
vgl.	vergleiche
VO	Verordnung
vs.	versus

W

WiST	Wissenschaftliches Studium (Zeitschrift)
WP	Wirtschaftsprüfung
WPg	Die Wirtschaftsprüfung (Zeitschrift)
WpHG	Wertpapierhandelsgesetz
WTI	*West Texas Intermediate* (Rohölsorte)

Z

z. B.	zum Beispiel
ZfB	Zeitschrift für Betriebswirtschaft
ZfbF	Zeitschrift für betriebswirtschaftliche Forschung

ZfgK	Zeitschrift für das gesamte Kreditwesen
ZG	Zeitschrift für Gesetzgebung
ZGR	Zeitschrift für Unternehmens- und Gesellschaftsrecht
ZgS	Zeitschrift für die gesamte Staatswissenschaft
ZGS	Zeitschrift für Vertragsgestaltung, Schuld- und Haftungsrecht
ZRFC	Zeitschrift Risk, Fraud & Compliance
z. T.	zum Teil

Symbolverzeichnis

c	Lagerhaltungskostensatz
C_t	Wert einer Kaufoption zum Zeitpunkt t
F_t^T	Terminkurs zum Zeitpunkt t mit Fälligkeitsdatum T
K	Ausübungspreis einer Option
N(x)	Kumulative Verteilungsfunktion der Standardnormalverteilung
P_t	Wert einer Verkaufsoption zum Zeitpunkt t
r	risikoloser Refinanzierungssatz
S_t	Kassakurs zum Zeitpunkt t
V_t	Wert des Terminkontraktes zum Zeitpunkt t
y	*convenience yield*
σ	Volatilität des betrachteten Preises
€	Euro
$	US-Dollar
¥	Renminbi

1 Problemstellung und Untersuchungskonzeption

Obgleich **Marktpreisrisiken** stets auch mit Chancen verbunden sind und den alltäglichen Wirtschaftskreislauf eines Industrieunternehmens unentwegt begleiten,[1] wird deren Bewältigung zunehmend zur zentralen Herausforderungen eines nachhaltig wirtschaftenden Managements. Durch die industriebetriebliche Transformation verschiedener Inputfaktoren mithilfe geeigneter Anlagen und die anschließende Veräußerung der Produkte ist speziell die Wirkung des **Güterpreisrisikos** von zentraler Bedeutung für den Unternehmenserfolg.[2] Das Güterpreisrisiko wird neben dem Anteil der eingesetzten Inputfaktoren an der Wertschöpfungskette und den im Produktionsprozess erforderlichen Anlagen entscheidend durch die Schwankungsbreite der Güterpreise bedingt.[3] Güterpreise entwickeln sich angebots- und nachfragegetrieben, bestimmt durch Konjunktur, Ressourcenverfügbarkeit, freie Kapazitäten, Technik und verfügbare Lagerbestände.[4] Besonders die zwischenzeitlich auf Rekordniveaus gestiegenen Rohstoffpreise werden realwirtschaftlich auf die rasch wachsende Nachfrage der großen Schwellenländer und Industrienationen, den Investitionsrückstand in der Rohstoffförderung während der vergangenen dreißig Jahre sowie auf spekulative Prognosen des industriellen Sektors über künftig benötigte Rohstoffmengen zurückgeführt.[5] Gleichzeitig nehmen in mittlerweile bedeutendem Ausmaß auch Investmentfonds, Pensionskassen und Versicherungen als Spekulanten und dabei vornehmlich als Verstärker von Preistrends an den Rohstoffmärkten teil.[6] Die damit verbundene zunehmende Dynamik der Rohstoffpreise stellt Industrieunternehmen und ihr Risikomanagement vor beachtliche Herausforderungen.

Angesichts der Preisvolatilität auf den Beschaffungsmärkten können Strategien fixierter Absatzsysteme wie langfristige Lieferverträge zu festen Konditionen nicht länger bestehen, da Kostenänderungen hierdurch nur verzögert oder unterproportional weitergegeben werden können und somit ein drastischer Margenverfall droht.[7] Kann das Unternehmen indes gegenüber Abnehmern einen Preisgleitmechanismus durchsetzen, so kann das Güterpreisrisiko des Beschaffungsmarktes wirksam auf den Absatzsatzmarkt übertragen werden.[8] Die Akzeptanz solcher Risikoabwälzungsmaßnahmen hängt allerdings von den Marktgepflogenheiten sowie von der unternehmensindividuellen Marktmacht in den Vertragsverhandlungen ab und ist häufig eingeschränkt.[9]

---

1 Vgl. BAUMS, T., Risiko und Risikosteuerung, S. 219; GEBHARDT, G./MANSCH, H., Risikomanagement und Risikocontrolling, S. 33.

2 Vgl. zu den Stellungnahmen von Industrieunternehmen in diversen Studien DEUTSCHER INDUSTRIE- UND HANDELSKAMMERTAG (HRSG.), Energie und Rohstoffe (2012), S. 2; PWC (HRSG.), Risiko-Management-Benchmarking (2011/2012), S. 24; COMMERZBANK (HRSG.), Rohstoffe und Energie (2011), S. 7 sowie S. 31 f.; SIMON-KUCHER & PARTNERS (HRSG.), Preismanagement von Rohstoffen (2010), S. 5; KPMG (HRSG.), Energie- und Rohstoffpreise (2007), S. 13.

3 Vgl. GEBHARDT, G./MANSCH, H., Risikomanagement und Risikocontrolling, S. 125.

4 Vgl. HERZ, B./DRESCHER, C., Rohstoffe und wirtschaftliche Entwicklung, S. 91-96.

5 Vgl. KPMG (HRSG.), Energie- und Rohstoffpreise (2007), S. 7; COMMERZBANK (HRSG.), Rohstoffe und Energie (2011), S. 24.

6 Vgl. SIMON-KUCHER & PARTNERS (HRSG.), Preismanagement von Rohstoffen (2010), S. 2 f.

7 Vgl. SIMON-KUCHER & PARTNERS (HRSG.), Preismanagement von Rohstoffen (2010), S. 3 f.; KPMG (HRSG.), Energie- und Rohstoffpreise (2007), S. 14 f.

8 Vgl. COMMERZBANK (HRSG.), Rohstoffe und Energie (2011), S. 45; BARCKOW, A., in: Baetge et al., Rechnungslegung nach IFRS, IAS 39, Rn. 205.

9 Vgl. KPMG (HRSG.), Energie- und Rohstoffpreise (2007), S. 14.

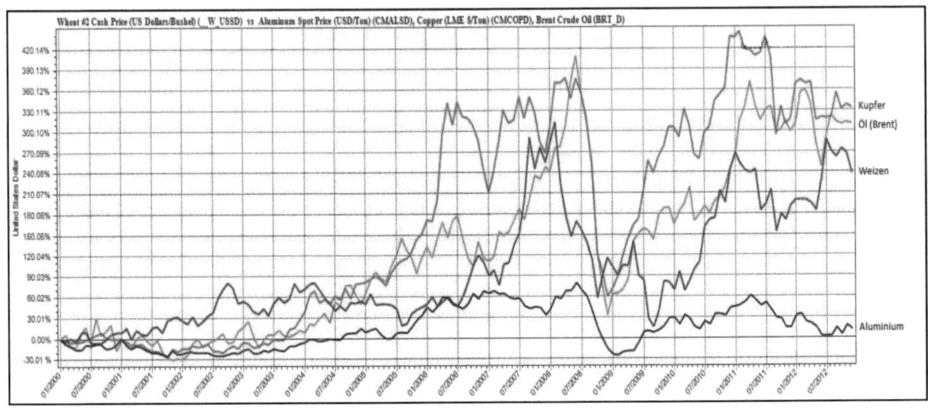

Abbildung 1-1: Entwicklung ausgewählter Güterpreise[10]

Um dieser Herausforderung zu begegnen, setzen Unternehmen sowohl auf der Beschaffungs- als auch auf der Absatzseite Strategien des **finanzwirtschaftlichen Hedging** ein, die es ihnen erlauben, sich mittels Warentermingeschäften gegen Güterpreisrisiken wirksam abzusichern und somit die Gewinnmarge zumindest größtenteils zu wahren.[11] Im Rahmen dieser Strategien wird ein entgegengesetztes Engagement in der Form einer (meist) derivativen Risikoposition aufgebaut, die durch eine möglichst exakt gegenläufige Wertentwicklung eine risikokompensierende Wirkung entfaltet. Vor allem für die Absicherung auf der Beschaffungsseite ist die Bandbreite der auf den Terminmärkten verfügbaren Instrumente in jüngster Vergangenheit eindrucksvoll gewachsen und ermöglicht eine Absicherung gegen unvorteilhafte Preisentwicklungen von Energierohstoffen wie Strom oder Rohöl, von Industrie- und Edelmetallen wie z. B. Aluminium, Blei, Kupfer, Zinn, Stahl, Palladium oder Gold als auch von pflanzlichen Rohstoffen wie Weizen, Sojabohnen und Kaffee in unterschiedlicher Qualität.[12] Gleichwohl müssen Industrieunternehmen aufgrund der unternehmensspezifischen Geschäftsmodelle und der produktspezifischen Charakteristika bei der Absicherung von Güterpreisrisiken häufig auf lediglich näherungsweise kompensierende Instrumente zurückgreifen.[13] Alternativ oder ergänzend können derivative Finanzinstrumente auch auf den Absatzmärkten zur Absicherung des Güterpreisrisikos eingesetzt werden. Durch geeignete Kontrakte kann somit ein Nachteil in der Verhandlungsmacht auf den Absatzmärkten situationsabhängig entweder durch eine Transformation fester in variable Konditionen kompensiert werden oder der Preisdruck einer steigenden Marktmacht der Abnehmer kann durch die Preisfixierung mittels Terminverkäufen abgefedert werden.[14]

---

[10] Entnommen aus der GFD-Datenbank, abrufbar unter: www.globalfinancialdata.com (Stand der Datengrundlage: 01.01.2013).

[11] Vgl. VERBAND DEUTSCHER TREASURER E. V. (HRSG.), Governance in der Unternehmens-Treasury, S. 47.

[12] Vgl. COMMERZBANK (HRSG.), Rohstoffe und Energie (2011), S. 57.

[13] Vgl. GEMAN, H., Commodities and Commodity Derivatives, S. 14.

[14] Die Terminmärkte erstrecken sich dabei mittlerweile auch auf Zwischen- bzw. Endprodukte wie Olefine, Polyole und Computer-Chips. Allerdings werden Industrieunternehmen aufgrund der spezifischen Eigenschaften der produ-

Weitere Marktpreisrisiken sind auf die zunehmende Komplexität unternehmerischen Handelns durch den Trend zu ausländischen Produktionsstandorten und die Internationalisierung der Märkte zurückzuführen. Der Unternehmenserfolg ist dabei verstärkt Änderungen der volkswirtschaftlichen Rahmenbedingungen wie den **Wechselkursen und Zinssätzen** ausgesetzt.[15] Währungsrisiken sind aufgrund relevanter Beschaffungs- und Absatzmärkte außerhalb des Euroraumes und der primären Dollarnotierung vieler Güter unmittelbar mit den güterwirtschaftlichen Beziehungen verbunden und können ebenfalls durch derivative Finanzinstrumente begrenzt werden.[16] Plant ein Unternehmen etwa in US-Dollar denominierte Rohstoffkäufe, so kann es durch ein Devisentermingeschäft den Wechselkurs für eine feste Kalkulationsgrundlage fixieren und folglich das Risiko einer Fremdwährungsaufwertung wirksam absichern.[17] Werden die mit dem industriebetrieblichen Leistungserstellungsprozess verbundenen güterwirtschaftlichen Transaktionen innerhalb und außerhalb des Euroraumes gebündelt und die zu deren Finanzierung erforderlichen Mittel betrachtet, so ist jüngst ein stark erhöhter Finanzierungsbedarf zu beobachten, der auf die risikostrategische Globalisierung unternehmerischer Tätigkeiten zurückgeführt wird.[18] Werden die mit dem Leistungserstellungsprozess und dessen Finanzierung verbundenen Risiken ganzheitlich betrachtet, so müssen sich Industrieunternehmen vor diesem Hintergrund vor allem auch mit dem Zinsänderungsrisiko entsprechender Mittelaufnahmen auseinandersetzen.

Während Industrieunternehmen differenzierte Risikomanagementsysteme implementiert haben, die einen strukturierten Umgang mit Marktpreisrisiken mittels derivativer Finanzinstrumente gewährleisten, konnten die **Abbildungsregeln** für die ökonomischen Absicherungsverhältnisse des Risikomanagements in deren Entwicklung hinsichtlich Vielfalt und Komplexität bislang nicht nachkommen.[19] Zwar stellt der Standardsetter der IFRS-Rechnungslegung spezielle Vorschriften für Absicherungsverhältnisse bereit, die eine Zusammenführung von originärer Risikoposition und absicherndem Instrument zu einer Sicherungsbeziehung auf der Abbildungsebene erlauben. Gleichwohl sind eben diese Vorschriften aufgrund ihres kasuistischen Ansatzes und der damit einhergehenden zahlreichen Restriktionen und Ausnahmeregelungen fortwährender Kritik ausgesetzt.[20] Die Hauptursache der Mängel besteht nach breiter Auffassung darin, dass die Übereinstimmung der bilanziellen Abbildung mit den intern verfolgten Risikomanagementstrategien derzeit nicht gewährleistet wird.[21] Vor dem Hintergrund der Finanzmarktkrisen und nicht zuletzt auf das Drängen der

zierten Güter vor allem auf der Absatzseite gezwungen sein, auf näherungsweise absichernde Instrumente auszuweichen. Vgl. GEBHARDT, G./MANSCH, H., Risikomanagement und Risikocontrolling, S. 126.

15 Vgl. GUSINDE, T./WITTIG, T., Anwendungsfälle des Hedge Accounting, S. 478.

16 Vgl. BRÖTZMANN, I., Güterwirtschaftliche Sicherungsbeziehungen, S. 4 sowie S. 14-16.

17 Vgl. VOLKSBANK (HRSG.), Instrumente des Zins-, Währungs- und Rohstoffmanagements, S. 36.

18 Vgl. GUSINDE, T./WITTIG, T., Anwendungsfälle des Hedge Accounting, S. 478.

19 Vgl. GLAUM, M./FÖRSCHLE, G., Rechnungslegung für Finanzinstrumente und Risikomanagement, S. 1525; SCHARPF, P./LUZ, G., Risikomanagement und Bilanzierung von Finanzderivaten, S. 629; SCHWARZ, C., Derivative Finanzinstrumente und Hedge Accounting, S. 2; HERZIG, N./MAURITZ, P., Grundkonzeption einer bilanziellen Marktbewertungspflicht, S. 2.

20 Vgl. z. B. LÖW, E./CLARK, J., Hedge Accounting und Risikomanagement, S. 126; GLAUM, M./FÖRSCHLE, G., Rechnungslegung für Finanzinstrumente und Risikomanagement, S. 1530; WAGENHOFER, A./ENGELBRECHTSMÜLLER, C., Finanzberichterstattung und Management finanzieller Risiken (2010), S. 5; POLLMANN, R., Hedge Accounting, S. 413; WIESE, R./SPINDLER, M., ED Hedge Accounting, S. 58.

21 Vgl. POLLMANN, R., Hedge Accounting, S. 413; LÖW, E./CLARK, J., Hedge Accounting und Risikomanagement, S. 126.

wirtschaftspolitischen Gruppe der zwanzig wichtigsten Industrie- und Schwellenländer (G-20) sowie des Finanzstabilitätsrates (FSB) sah sich der IASB veranlasst, den bislang einschlägigen Rechnungslegungsstandard IAS 39 *Financial Instruments: Recognition and Measurement* umfassend zu überarbeiten und schließlich vollständig durch den geplanten Standard **IFRS 9** zu ersetzen.[22] Das erklärte Ziel besteht seither darin, im Einklang mit dem unlängst veröffentlichten Rahmenkonzept den Entscheidungsnutzen der Informationen für die Abschlussadressaten zu verbessern.[23] Im Zuge der dritten Phase des IAS 39 Replacement-Projektes begann der IASB im September 2009, die Konzeption der Bilanzierung von Sicherungsbeziehungen von Grund auf neu zu entwickeln und dabei eine Kongruenz von Risikomanagement und Rechnungslegung herzustellen, die den Anforderungen an die im Abschluss präsentierten Informationen genügt und somit den Adressaten in seinem Entscheidungsfindungsprozess bzgl. der Kapitalallokation unterstützen soll.[24]

Im Rahmen dieser Arbeit sollen die Möglichkeiten zur Abbildung der Strategien des finanzwirtschaftlichen Hedging bzw. konkreter Steuerungsmaßnahmen innerhalb des im November 2013 veröffentlichten und in IFRS 9 übernommenen ***Chapter 6 Hedge Accounting*** analysiert, in Form von Leitlinien für die praktische Umsetzung konkretisiert sowie gewürdigt werden. Dabei wird vor dem Hintergrund der konzeptionellen und technischen Regelungen einschließlich der vom IASB bereitgestellten Materialien argumentiert und die Maxime der Vermittlung entscheidungsnützlicher Informationen sowie ihre operationalisierten Leitlinien werden zur Auslegung und Würdigung der Vorschriften herangezogen.

Dazu wird im **zweiten Kapitel** die im Conceptual Framework neu definierte Form der Entscheidungsnützlichkeit erörtert. Dabei werden die hieraus abgeleiteten und für die Konkretisierung und Beurteilung der Vorschriften des IFRS 9 maßgeblichen qualitativen Anforderungen an die Informationen eines IFRS-Abschlusses operationalisiert sowie deren Wirkung und Verbindlichkeitsgrad herausgearbeitet.

Im **dritten Kapitel** werden zunächst die für die betrachteten deutschen IFRS-Anwender relevanten und gesetzlich kodifizierten Anforderungen an das industriebetriebliche Risikomanagement sowie die aus anerkannten Rahmenwerken übertragenen Vorgaben für den idealtypischen Risikomanagementkreislauf speziell hinsichtlich der Steuerung von Marktpreisrisiken vorgestellt. Anschließend werden die Absicherungen der Güterpreis-, Währungs- und Zinsänderungsrisiken mittels derivativer Finanzinstrumente in das risikostrategische Instrumentarium eingeordnet und die für die Umsetzung der Absicherungsstrategien relevante Regulierung und Funktionsweise von Derivatemärkten erläutert sowie entsprechende Entwicklungstendenzen präsentiert. Ferner werden die Strategien des finanzwirtschaftlichen Hedging anhand der speziellen Charakteristika der Elemente eines Absicherungsverhältnisses und deren Kompensationswirkung systematisiert.

---

22 Vgl. G-20 (Hrsg.), Declaration on Strengthening the Financial System, S. 5; IDW (Hrsg.), WP-Handbuch 2012, S. 1807; Berentzen, C., Finanzielle Vermögenswerte, S. 2; Hecker, J., Kapitalausweis nach IFRS, S. 3-6; Schmidt, M., DP Reducing Complexity in Reporting Financial Instruments, S. 643 f.; Wenk, M., IFRS 9 – Verbesserung des „true and fair view", S. 205.

23 Vgl. IASB (Hrsg.), ED Hedge Accounting, Tz. IN3; Wiese, R./Spindler, M., ED Hedge Accounting, S. 57; Flick, P./Krakuhn, J./Schüz, P., ED Hedge Accounting, S. 117.

24 Vgl. IDW (Hrsg.), WP-Handbuch 2012, S. 1814.

Vor der detaillierten Betrachtung der Rechnungslegungsvorschriften des IFRS 9 zum Hedge Accounting werden im **vierten Kapitel** zunächst der Bedarf an speziellen Regelungen sowie deren Grundkonzeption für die drei betrachteten Risikoarten systematisch hergeleitet. In diesem Zuge werden die Absicherungskonstellationen identifiziert, in denen die sich finanzwirtschaftlich neutralisierenden Elemente der Risikoposition und des Absicherungsinstrumentes nach den allgemeinen Bilanzierungsvorschriften dem Grund oder der Höhe nach asynchron erfasst werden. Ferner wird auf das Konstrukt der bilanziellen Sicherungsbeziehung übergeleitet, das zur Vermeidung einer synthetischen Ergebnis- bzw. Eigenkapitalvolatilität zwingend erforderlich wird, um eine unverzerrte Abbildung der ökonomischen Kompensationswirkung sicherzustellen.

Für eine Einordnung der neuen Abbildungsregeln werden im **fünften Kapitel** zunächst die Grundkonzeption des Hedge Accounting sowie die zentralen Kritikpunkte skizziert, die zur Überarbeitung der Regelungen im IAS 39 Replacement-Projekt führten (Abschnitt 1). Anschließend wird aus den Anforderungen des Conceptual Framework und den identifizierten Ansatz- und Bewertungsanomalien die vom Standardsetter nicht eindeutig formulierte spezifische Zielsetzung des IFRS 9 zur Erreichung der Entscheidungsnützlichkeit der durch die Hedge Accounting-Regeln generierten Abschlussinformationen abgeleitet (Abschnitt 2). Daran anknüpfend werden die speziellen Rechnungslegungsvorschriften des IFRS 9 zum Hedge Accounting vorgestellt, analysiert und mit Rückgriff auf die qualitativen Anforderungen an entscheidungsnützliche Abschlussinformationen konkretisiert sowie schließlich auch an diesen als Würdigungsgrundlage gespiegelt. Die Vorgehensweise orientiert sich dabei sukzessive an den einzelnen **Bausteinen des Hedge Accounting** und damit gleichzeitig auch am Aufbau des neuen Standards. Zuerst werden die beiden Methoden des Fair Value- bzw. des Cashflow-Hedge zur Bilanzierung von Sicherungsbeziehungen dargestellt und hinsichtlich der Abbildung der Vermögens-, Finanz- und Ertragslage analysiert (Abschnitt 3). Daran anschließend werden die Designations- und Dokumentationsanforderungen (Abschnitt 4) einer bilanziellen Sicherungsbeziehung, die an die Designation gestellten Anwendungsvoraussetzungen für Grundgeschäfte (Abschnitt 5), Sicherungsinstrumente (Abschnitt 6) und deren Kompensationswirkung (Abschnitt 7) sowie die Auflösungs- bzw. Anpassungsvorschriften (Abschnitt 8) behandelt. Die Abbildungskonzeption ist dabei sowohl für die Beschaffungs- als auch für die Absatzseite sowie für die verschiedenen Arten der aus dem industriebetrieblichen Leistungserstellungsprozess und dessen Finanzierung entstehenden Marktpreisrisiken im Grundsatz identisch, wenngleich technische Feinheiten in der Abbildung risikospezifischer Sicherungsbeziehungen in dieser Arbeit aufgedeckt werden sollen. Dabei steht das für Industrieunternehmen relevante Güterpreisrisiko im Mittelpunkt des Betrachtungsfeldes, wobei die Ausführungen aufgrund der einheitlichen Konzeption innerhalb dieser Risikoart für sämtliche Güter, d. h. etwa für metallische oder pflanzliche Rohstoffe wie auch für Zwischen- und Endprodukte gelten. In einer Differenzbetrachtung werden die aus Sicht eines Industrieunternehmens bedeutsamen Spezifika bei der Abbildung von Sicherungsbeziehungen hinsichtlich Währungs- und Zinsänderungsrisiken in einem jeweiligen Sonderabschnitt zu Grund- und Sicherungsgeschäften betrachtet.

Die Arbeit schließt mit dem **sechsten Kapitel**, in dem die zentralen Ergebnisse der Untersuchung zusammengefasst und in ihrer Gesamtheit gewürdigt werden.

2 Entscheidungsnützlichkeit und ihre Operationalisierung durch qualitative Anforderungen als Leitlinien der IFRS-Rechnungslegung

21 Das Conceptual Framework als Fundament der IFRS-Rechnungslegung

Mit „Chapter 1: *The objective of general purpose financial reporting*“ und „Chapter 3: *Qualitative characteristics of useful financial information*“ liegt seit September 2010 die finale Fassung der ersten Phase des Konvergenzprojektes von IASB und FASB zum Conceptual Framework vor. Das Projekt wurde im Zuge des Norwalk Agreements, in dem beide Standardsetter ihren Bestrebungen zur Harmonisierung künftiger und bestehender Rechnungslegungsstandards Ausdruck verliehen, im Jahr 2002 eingeleitet und anschließend in verschiedene Phasen untergliedert.[25] Die abgeschlossene erste Projektphase wurde direkt nach ihrer Fertigstellung vom IASB in das aktuelle Rahmenkonzept (Conceptual Framework 2010) übernommen[26] und gilt interimsweise bis zum Abschluss der anderen Projektabschnitte.[27] Nach einer vorübergehenden Ruhephase wird die Entwicklung des Rahmenkonzeptes künftig als eigenständiges Projekt des IASB fortgeführt, wobei die derzeit noch ausstehenden Projektabschnitte in einem einzigen, umfassenden Konzept erarbeitet werden und planmäßig spätestens im Jahr 2015 abgeschlossen sein sollen.[28] Das Rahmenkonzept als Fundament der IFRS-Rechnungslegung fungiert als **Deduktionsbasis** bei der Entwicklung künftiger und der Überarbeitung bestehender Rechnungslegungsstandards,[29] um die Formulierung von „prinzipienbasierten“, „in sich konsistenten“ sowie „international konvergenten“ Standards zu fördern.[30] Darüber hinaus dient das Conceptual Framework als **Orientierungshilfe** zur Schließung von Regelungslücken und zur Auslegung existierender Regelungen.[31]

Hinsichtlich der **Bindungswirkung** des Rahmenkonzeptes hält der IASB fest, dass das Conceptual Framework keinen Rechnungslegungsstandard bildet und folglich keine Normen für Bewertungsfragen oder zu veröffentlichende Angaben vorschreibt.[32] Allerdings wurden die Kerngedanken des

---

[25] Vgl. WHITTINGTON, G., Conceptual Framework Review, S. 497 f.

[26] Vgl. IASB (HRSG.), Framework – Interaction (agenda paper 5), S. 1. Von Seiten des FASB ist indes zunächst der Status des Rahmenkonzeptes zu klären, bevor es in die Statements of Financial Accounting Concepts eingegliedert werden kann. Vgl. KIRSCH, H., Framework für Phase A, S. 27.

[27] Vgl. IASB (HRSG.), Framework – Restarting the Project (agenda paper 14), S. 7; KÖHLING, K., Fair Value-Ermittlung für Renditeimmobilien, S. 11. Die neuen Leitlinien der ersten Phase sind bereits in das aktuelle Rahmenkonzept (Conceptual Framework 2010) integriert und ersetzen damit die korrespondierenden Paragrafen des bisherigen „Rahmenkonzeptes für die Aufstellung und Darstellung von Abschlüssen“ (Framework 1989).

[28] Nach der Veröffentlichung der ersten Phase ließ der IASB im September 2012 verlauten, dass das Projekt zum Conceptual Framework künftig nicht mehr als Konvergenzprojekt mit dem FASB aufgefasst werde. Das Vorhaben wird nunmehr als eigenständiges Projekt des IASB ausgewiesen, wobei der Board künftig auf Input und Resonanz verschiedener nationaler Standardsetter (u. a. des FASB) abzielt. Vgl. IASB (HRSG.), Framework – Restarting the Project (agenda paper 14), S. 9; IASB (HRSG.), IASB Update (September 2012), S. 15; IASB (HRSG.), Framework – Project Plan (agenda paper 3C), S. 1 und S. 8.

[29] Vgl. IASB (HRSG.), Framework, S. 6.

[30] Vgl. IASB (HRSG.), First Stage of Conceptual Framework, S. 1; KAMPMANN, H./SCHWEDLER, K., Gemeinsames Rahmenkonzept, S. 522 f.; GASSEN, J./FISCHKIN, M./HILL, V., Rahmenkonzept-Projekt, S. 874.

[31] Vgl. IASB (HRSG.), Framework, S. 6; RUHNKE, K./NERLICH, C., Regelungslücken innerhalb der IFRS, S. 392 sowie für die Themenfelder des Projektes nach der Beschlussfassung im September 2012 IASB (HRSG.), Framework – Restarting the Project (agenda paper 14), S. 5.

[32] Vgl. IASB (HRSG.), Framework, S. 6; SCHOO, L., Umsatzrealisierung nach IFRS, S. 8. Dieser Status wurde unlängst bestätigt. Vgl. IASB (HRSG.), IASB Update (February 2013), S. 2. Das Conceptual Framework genießt dadurch grds. keinen Vorrang vor spezifischen Rechnungslegungsstandards; vgl. IASB (HRSG.), Framework, S. 6. Allerdings

Conceptual Framework bereits in IAS 1 aufgenommen, wodurch dessen Inhalte für den IFRS-Anwender materiell weitgehend in den Rang eines verpflichtenden Standards gehoben wurden.[33] Ferner entfalten die Grundsätze des Rahmenkonzeptes über IAS 8.10 auch in ihrer Funktion als Deduktionsgrundlage für die bilanzielle Abbildung nicht in Standards, Interpretationen oder Anwendungsleitlinien geregelter Sachverhalte eine bindende Wirkung.[34]

Ergebnis der abgeschlossenen Phase A sind die **Neudefinition der Zielsetzung** der allgemeinen Finanzberichterstattung und die **Operationalisierung** der zur Zielerreichung zu erfüllenden qualitativen Anforderungen.[35] Nachstehend werden zunächst die neu formulierte Zielsetzung und der im Zuge des Projektes überarbeitete Adressatenkreis erläutert, bevor anschließend die qualitativen Anforderungen an einen IFRS-Abschluss beleuchtet werden.

22 Die Zielsetzung der Entscheidungsnützlichkeit für einen konkretisierten Adressatenkreis

Das übergeordnete „Meta-Ziel“[36] der Finanzberichterstattung eines Unternehmens liegt in der Bereitstellung von Informationen, die für kapitalanlagebezogene Entscheidungen von gegenwärtigen und potenziellen Investoren, Kreditgebern und sonstigen Gläubigern nützlich sind ***(decision usefulness)***.[37] Informationen der allgemeinen Finanzberichterstattung sind dabei prinzipiell an eine Vielzahl von externen Interessenten adressiert, darunter aktuelle und potenzielle Eigen- und Fremdkapitalgeber, Lieferanten, Kunden sowie staatliche Institutionen und die Öffentlichkeit.[38] Mit einem dergestalt weit gefassten **Adressatenkreis** ist zwingend die Herausforderung verbunden, dass die speziellen Informationsbedürfnisse sämtlicher Adressatengruppen befriedigt werden müssen.[39] Der IASB löst das Problem divergierender Informationsinteressen, indem er Eigen- und Fremdkapitalgeber als diejenigen Adressaten mit dem stärksten Informationsbedürfnis anerkennt,[40] so dass diese Gruppe der **Kapitalgeber** als primärer Adressatenkreis der Finanzberichterstattung definiert wird.[41] Die Prämisse des umfassendsten Informationsbedürfnisses basiert dabei auf der Überlegung, dass Kapitalgeber dem Unternehmen Risikokapital zur Verfügung stellen und folglich durch einen mög-

---

kommt – vorbehaltlich der ggf. noch ausstehenden Überarbeitung des IAS 1 – dem Grundsatz der *fair presentation* über IAS 1.19 bislang der Stellenwert eines (wenngleich eingeschränkten) *„overriding principle“* zu; vgl. WAWRZINEK, W., in: Bohl et al., Beck IFRS HB, § 2. Ansatz, Bewertung, Ausweis und Prinzipien, Rn. 4; BAETGE, J./KIRSCH, H.-J./THIELE, S., Bilanzen, S. 144. Ferner wird bereits im Exposure Draft in Zweifelsfällen auf den bisherigen Bindungscharakter des Framework (1989) verwiesen; vgl. IASB (HRSG.), ED Framework, S. 10.

33 Vgl. WAWRZINEK, W., in: Bohl et al., Beck IFRS HB, § 2. Ansatz, Bewertung, Ausweis und Prinzipien, Rn. 2; PELLENS, B./FÜLBIER, R. U./GASSEN, J./SELLHORN, T., Internationale Rechnungslegung, S. 118. Da IAS 1, nicht jedoch das Conceptual Framework zu denjenigen Verlautbarungen des IASB zählt, die von der Europäischen Union übernommen werden, ist dieser über IAS 1 konstituierte Verpflichtungsgrad vor allem für europäische Unternehmen entscheidend. Vgl. HOFFMANN, S./DETZEN, D., Joint Conceptual Framework, S. 54.

34 Vgl. BLAUM, U./HOLZWARTH, J./WENDLANDT, G., in: Baetge et al., Rechnungslegung nach IFRS, IAS 8, Rn. 55; RUHNKE, K./NERLICH, C., Regelungslücken innerhalb der IFRS, S. 392. Vgl. zur Diskussion des Verpflichtungsgrades und zur Forderung nach einer bislang noch ausstehenden Anpassung des IAS 8 an das Rahmenkonzept HOFFMANN, S./DETZEN, D., Joint Conceptual Framework, S. 54 f.

35 Vgl. HOFFMANN, S./DETZEN, D., Joint Conceptual Framework, S. 53.

36 GASSEN, J./FISCHKIN, M./HILL, V., Rahmenkonzept-Projekt, S. 876.

37 Vgl. CF.OB2.

38 Vgl. CF.OB6, OB8, OB10 und BC1.9.

39 Vgl. BAETGE, J./THIELE, S., Gesellschafterschutz vs. Gläubigerschutz, S. 17.

40 Vgl. CF.BC1.16.

41 Vgl. CF.OB5, OB8 und BC1.16; BASSEN, Y., Rechnungslegung von Nonprofit-Organisationen, S. 31.

lichen Ausfall der überlassenen Ressourcen einem erhöhten finanziellen Risiko ausgesetzt sind. Folglich sollen sie nach der Argumentation des Standardsetters auch dazu berechtigt sein, umfassende Informationen über ihr Anlageprojekt zu erhalten.[42] Der IASB verknüpft damit auch sachlogisch das Ziel der Bereitstellung von Informationen für kapitalanlagebezogene Entscheidungen mit der Abgrenzung der primären Nutzergruppe der Finanzberichterstattung.[43] Der IASB betont indes, dass diejenigen Informationen, die den Bedürfnissen der meisten Kapitalgeber genügen,[44] ebenfalls die (regelmäßig weniger stark ausgeprägten) Informationsbedürfnisse des **erweiterten Adressatenkreises** befriedigen.[45] Folglich werden die an die Kapitalgeber als primäre Adressaten gerichteten Abschlussinformationen sämtlichen Interessenten gerecht, die nicht in der Lage sind, vom Unternehmen Auskünfte anzufordern, die speziell auf ihre Bedürfnisse zugeschnitten sind.[46]

Das Meta-Ziel der **Vermittlung entscheidungsnützlicher Informationen** wird im Conceptual Framework näher konkretisiert. Die Zielsetzung der externen Rechnungslegung besteht darin, Kapitalgebern Informationen über das berichtende Unternehmen zur Verfügung zu stellen, die mit Blick auf die **Kapitalallokationsentscheidung** nützlich sind. Die Kapitalallokationsentscheidung wird vom Standardsetter explizit als Entschluss zum Erwerb, zur Veräußerung oder zum Halten von Eigen- oder Fremdkapitalinstrumenten sowie als Entscheidung zur Bereitstellung bzw. Begleichung von Darlehen und anderen Kreditinstrumenten konkretisiert.[47] Der Leitgedanke einer entscheidungsnützlichen Information bezieht sich nach der Definition des IASB zunächst ausschließlich auf Ressourcenallokationsentscheidungen der Adressaten der externen Rechnungslegung.[48] Die Rolle der externen Rechnungslegung besteht dabei nicht in der Abbildung eines konkreten Unternehmenswertes, sondern vielmehr in der Unterstützung der Nutzer bei der Schätzung dieses Wertes.[49] Da die Allokationsentscheidungen in erster Linie durch erwartete Erträge auf das überlassene Kapital bedingt werden, sind Informationen über Höhe, Zeitpunkt und Unsicherheit künftiger Zahlungsströme erforderlich.[50] Hieraus resultiert das Bedürfnis der Adressaten nach Informationen, die bei der Beurteilung von Erwartungen über künftige Nettozahlungsströme des Unternehmens sachdienlich sind. Damit wird von Seiten des IASB vor allem die ökonomische Brauchbarkeit zukunftsorientierter Informationen betont.[51] Die Aufgabe der externen Rechnungslegung, derartige bewertungsnützliche Informationen bereitzustellen, wird als ***Valuation-usefulness*-Funktion (Bewertungsnützlichkeit)** bezeichnet. Um künftige Zahlungsströme zu schätzen, sind aus Sicht der Kapitalgeber Erläuterungen über die Ressourcen der berichterstattenden Einheit, die Ansprüche, die auf diese Einheit gerichtet sind, sowie Angaben darüber, wie effektiv und effizient die Leitungs-

---

42 Vgl. HARTUNG, S., Anhang und Lagebericht, S. 13-15.

43 Vgl. KIRSCH, H., Framework für Phase A, S. 31.

44 Vgl. CF.OB8.

45 Vgl. CF.OB2, OB8, BC1.16 und BC1.23; BAETGE, J./KIRSCH, H.-J./THIELE, S., Bilanzen, S. 143.

46 Vgl. CF.OB5 und BC1.16.

47 Vgl. CF.OB2; PELGER, C., Zweck und qualitative Anforderungen im Framework, S. 910.

48 Vgl. PELGER, C., Entscheidungsnützlichkeit im Framework, S. 158.

49 Vgl. CF.OB7.

50 Vgl. KOELEN, P., Investitionstheoretische Bewertungskalküle, S. 37.

51 Vgl. COENENBERG, A./STRAUB, B., Rechenschaft vs. Entscheidungsunterstützung, S. 23; PELGER, C., Zweck und qualitative Anforderungen im Framework, S. 910.

und Aufsichtsgremien ihren Verantwortlichkeiten hinsichtlich der Nutzung der überlassenen Ressourcen nachkommen, erforderlich.

Während der IASB bei der Konkretisierung der Zielsetzung den Schwerpunkt auf die ökonomische Brauchbarkeit von Informationen für Investitions-, Darlehens- und ähnliche Ressourcenallokationsentscheidungen und damit auf die *Valuation-usefulness*-Funktion legt, werden Informationen über die Effizienz und Effektivität der Unternehmensführung in der Literatur regelmäßig dem Begriff ***stewardship*** **(Rechenschaft)**[52] zugeordnet. *Stewardship* umfasst dabei all jene Aspekte, über die ein Kapitalgeber als Rechenschaftsberechtigter Bescheid „wissen muß, um entscheiden zu können, ob er neues Kapital gewähren, altes zurückziehen, der Geschäftsleitung sein Vertrauen schenken oder auf Änderungen in der Zusammensetzung der Verwaltung dringen soll."[53] Die in der externen Rechnungslegung generierten Informationen ermöglichen damit neben kapitalanlagebezogenen Entscheidungen auch die Kontrolle bzw. die Beurteilung der Leistung des Managements im Rahmen der Bestellung, Abberufung oder Entlohnung.[54] Die Aufgabe, wie sie der *Stewardship*-Funktion auch im vormals geltenden Rahmenkonzept (1989)[55] zugeschrieben wird, liegt besonders im Abbau von Informationsasymmetrien im Rahmen der klassischen Prinzipal-Agenten-Beziehung. Informationsasymmetrien entstehen darin aus potenziell entgegengerichteten Interessen von mit Verfügungsmacht ausgestattetem Management und den Kapitalgebern, die das Herrschaftsrecht des Eigentums besitzen und dabei die finanziellen Risiken tragen.[56] Vor diesem Hintergrund sind vor allem die intersubjektive Nachprüfbarkeit und die damit einhergehende Manipulationsfreiheit der zur Verfügung gestellten Informationen von zentraler Bedeutung. Dies wird regelmäßig mit einer – im Vergleich zur prospektiven Orientierung bewertungsnützlicher Angaben – stärker retrospektiven Ausrichtung der Informationen in Verbindung gebracht (Rechnungslegung als ex-post-Kontrollinstrument)[57].[58]

Der Board erkennt explizit an, dass Informationen über die Nutzung des überlassenen Kapitals, die zur Ermittlung erwarteter Zahlungsströme generiert werden, regelmäßig gleichzeitig *Stewardship*-Entscheidungen fundieren können.[59] Im Entwicklungsprozess des Conceptual Framework kommt allerdings zum Ausdruck, dass Rechenschaft nicht als eigenständige, von der Bewertungsfunktion unabhängige Konkretisierung des Meta-Ziels der Entscheidungsnützlichkeit, sondern als untergeordneter Zweck bzw. logische Konsequenz der Forderung nach Entscheidungsnützlichkeit in der

[52] Aufgrund von Übersetzungs- und Interpretationsschwierigkeiten wird dieser Begriff im neu gefassten Conceptual Framework nicht mehr aufgegriffen.

[53] LEFFSON, U., Grundsätze ordnungsmäßiger Buchführung, S. 57.

[54] Vgl. SCHRUFF, W., IFRS zwischen Cashflow-Prognose und Rechenschaft, S. 857.

[55] Vgl. IASB (HRSG.), Framework (1989), RK12.

[56] Vgl. COENENBERG, A./STRAUB, B., Rechenschaft vs. Entscheidungsunterstützung, S. 17 f.; HARTMANN-WENDELS, T., Rechnungslegung aus informationsökonomischer Sicht, S. 132-139; HARTMANN-WENDELS, T., Agency-Theorie, S. 413; EIERLE, B., Differenzierung der Unternehmensberichterstattung, S. 25.

[57] Vgl. COENENBERG, A./STRAUB, B., Rechenschaft vs. Entscheidungsunterstützung, S. 18.

[58] Vgl. COENENBERG, A./STRAUB, B., Rechenschaft vs. Entscheidungsunterstützung, S. 22.

[59] Vgl. CF.OB4; PELGER, C., Zweck und qualitative Anforderungen im Framework, S. 911. In den *Stewardship*-Kontext fallen bspw. Entscheidungen über die Beschäftigung und Entlohnung der Führungs- und Kontrollgremien, durch die Eigentümer ermächtigt werden, ihre Investition auf der Grundlage manipulationsfreier Informationen zu schützen; vgl. IASB (HRSG.), ED Framework, OB9.

Ausprägung der Bewertungsnützlichkeit verstanden wird.[60] Das Ziel der Bereitstellung entscheidungsnützlicher Informationen schlägt sich folglich – wenngleich in einer bemerkenswerten Flut von Stellungnahmen beanstandet[61] – künftig in einem **singulären Zweck** der Bewertungsnützlichkeit nieder.[62] Die *Stewardship*-Funktion wird durch die Institution der Rechnungslegung nur insoweit unterstützt, wie ein gleichgerichtetes Informationsbedürfnis zur Erfüllung der Bewertungsfunktion besteht.[63]

Auch wenn *valuation usefulness* und *stewardship* oftmals als komplementär erachtet werden und weitreichende Schnittmengen bestehen,[64] so kann eine unterschiedliche Gewichtung der Funktionen durchaus zu unterschiedlichen Ergebnissen der Standardentwicklung führen.[65] Als prominentes, in der Kommentierungsphase vorgebrachtes Beispiel für die **Dominanz der *Valuation-usefulness*-Funktion** im neuen Rahmenkonzept sei an dieser Stelle die zunehmende Zukunftsorientierung in der Bewertung in Form von (teilweise modelltheoretisch bestimmten und damit kaum nachprüfbaren) Marktwerten genannt,[66] die sich auch in der jüngsten Standardsetzung kohärent zur Zielsetzung des Conceptual Framework niederschlägt.[67] Die diskutierte Zweckantinomie von Bewertungsnützlichkeit und Rechenschaft wird also speziell in der unterschiedlichen Gewichtung von prospektiven und retrospektiven Komponenten der Berichterstattung bzw. von ökonomischer Brauchbarkeit und intersubjektiver Nachprüfbarkeit deutlich.[68] Durch diese unterschiedliche Gewichtung von prospektiven bzw. retrospektiven Komponenten entsteht ein Spannungsverhältnis,[69] das zweckabhängig auszugleichen ist.[70] Der Board erkennt zwar mittlerweile an, dass sich die Menge von Bewertungs-

---

60 Vgl. COENENBERG, A./STRAUB, B., Rechenschaft vs. Entscheidungsunterstützung, S. 24; GASSEN, J./FISCHKIN, M./HILL, V., Rahmenkonzept-Projekt, S. 877.

61 Vgl. WHITTINGTON, G., Framework – An Alternative View, S. 144; COENENBERG, A./STRAUB, B., Rechenschaft vs. Entscheidungsunterstützung, S. 24; KIRSCH, H., Framework für Phase A, S. 29; DOBLER, M./HETTICH, S., Geplante Änderungen der Rahmenkonzepte, S. 32; KAMPMANN, H./SCHWEDLER, K., Gemeinsames Rahmenkonzept, S. 525, LENNARD, A., Stewardship and Objectives, S. 52. Rund 86 % der eingegangenen Stellungnahmen lehnten die singuläre Zielsetzung ab und plädierten für eine explizite Berücksichtigung der *Stewardship*-Funktion; vgl. IASB (HRSG.), Framework – CL Summary (agenda paper 3A), S. 13. Dies fordert auch die European Financial Reporting Advisory Group (EFRAG). Vgl. AMERICAN ACCOUNTING ASSOCIATION'S FINANCIAL ACCOUNTING STANDARDS COMMITTEE (HRSG.), Framework Analysis, S. 230.

62 Vgl. SCHRUFF, W., IFRS zwischen Cashflow-Prognose und Rechenschaft, S. 859. Dies wird auch im Rahmen der Erstellung der finalen Fassung des Conceptual Framework deutlich; vgl. IASB (HRSG.), Framework – Objective and Qualitative Characteristics (agenda paper 6), S. 1 f.

63 Vgl. PELGER, C., Zweck und qualitative Anforderungen im Framework, S. 911.

64 Vgl. LENNARD, A., Stewardship and Objectives, S. 65; O'CONNELL, V., Stewardship Reporting, S. 219, HETTICH, S., Zweckadäquate Gewinnermittlungsregeln, S. 12.

65 Vgl. WHITTINGTON, G., Conceptual Framework Review, S. 498-501; LENNARD, A., Stewardship and Objectives, S. 65; COENENBERG, A./STRAUB, B., Rechenschaft vs. Entscheidungsunterstützung, S. 22; WAGENHOFER, A./EWERT, R., Externe Unternehmensrechnung, S. 130-141.

66 Vgl. WHITTINGTON, G., Conceptual Framework Review, S. 157 f.; COENENBERG, A./STRAUB, B., Rechenschaft vs. Entscheidungsunterstützung, S. 23; CHRISTENSEN, J., Frameworks from an Information Perspective, S. 288.

67 Zur verstärkt zukunftsorientierten Bewertung nach IFRS 13 vgl. KIRSCH, H.-J./KOELEN, P./OLBRICH, A./DETTENRIEDER, D., Verlässlichkeit der Berichterstattung, S. 771; SCHILDBACH, T., Irreführendes Rechnungslegungs-System, S. 14.

68 Vgl. WHITTINGTON, G., Conceptual Framework Review, S. 500 f.; WHITTINGTON, G., Framework – An Alternative View, S. 146.

69 Vgl. BAETGE, J., Objektivierung des Jahreserfolges, S. 169; TINZ, O., Wachstum in der Unternehmensbewertung, S. 11-13.

70 Vgl. BALLWIESER, W., Bilanzansatz- und Bewertungsregeln, S. 161. Vgl. zum Zweckadäquanzprinzip bei der Entwicklung von Rechnungslegungsnormen HETTICH, S., Zweckadäquate Gewinnermittlungsregeln, S. 11.

entscheidungen zwar nicht mit derjenigen von *Stewardship*-Entscheidungen gänzlich deckt und somit eine vollständige Subsumption der Rechenschaft unter die Bewertungsnützlichkeit nicht realisierbar ist.[71] So dürfte es für den Abschlussadressaten einer auf Marktwerten basierenden Rechnungslegung nur bedingt möglich sein, die für Allokationsentscheidungen ermittelten erwarteten Zahlungsströme entweder auf die Leistung der Geschäftsführung oder auf Marktschwankungen zurückzuführen, woraus letztlich durch konträre Interessen von Management und Kapitalgebern Anreize zur gezielten Bilanzpolitik gegeben werden und eine Kontrolle auf Grundlage dieser Informationen nicht zielführend sein kann.[72] Allerdings werden vom Board nur diejenigen Elemente der beiden Funktionen als Konkretisierung der Entscheidungsnützlichkeit akzeptiert, die rein entscheidungsorientiert verstanden werden, wohingegen Verhaltenssteuerungsaspekte – teilweise entgegen anerkannten wissenschaftlichen Erkenntnissen[73] – explizit von der Zielsetzung ausgeschlossen werden.[74] Materiell werden also Aspekte der Rechenschaft bei der Formulierung der Zielsetzung nur im Zusammenhang mit Informationen berücksichtigt, welche der Einschätzung künftiger Zahlungsmittelüberschüsse förderlich sind und damit letztlich zu fundierten kapitalanlagebezogenen Entscheidungen beitragen.[75] Eine in Teilen auftretende Zieldisharmonie zwischen Bewertungsnützlichkeit und Rechenschaft wird im Rahmenkonzept folglich zugunsten der Bewertungsnützlichkeit gelöst. Die Unterstützung von Entscheidungen im Rahmen einer nicht mit der Bewertungsnützlichkeit gleichgerichteten Rechenschaftsfunktion wird mithin auf andere Bestandteile des Corporate Governance-Instrumentariums übertragen.[76]

Um ein den tatsächlichen Verhältnissen entsprechendes Bild der Vermögens-, Finanz- und Ertragslage *(true and fair view)* des bilanzierenden Unternehmens i. S. d. neu definierten Form der Entscheidungsnützlichkeit zu gewährleisten, müssen die generierten Abschlussinformationen den qualitativen Anforderungen des Conceptual Framework genügen.[77]

23 Die qualitativen Anforderungen an entscheidungsnützliche Informationen

231. Prüfungsprozess

Der Standardsetter der IFRS-Rechnungslegung operationalisiert die postulierte Zielsetzung der Entscheidungsnützlichkeit, indem er qualitative Anforderungen sowie Nebenbedingungen definiert, die als normativer Beurteilungsrahmen im Standardentwicklungs- bzw. -überarbeitungsprozess und

---

71 Vgl. CF.BC1.25-BC1.28; AMERICAN ACCOUNTING ASSOCIATION'S FINANCIAL ACCOUNTING STANDARDS COMMITTEE (HRSG.), Framework Analysis, S. 231.

72 Vgl. COENENBERG, A./STRAUB, B., Rechenschaft vs. Entscheidungsunterstützung, S. 18 f.

73 Vgl. mit weiteren Nachweisen PELGER, C., Entscheidungsnützlichkeit im Framework, S. 160.

74 Vgl. KIRSCH, H., Framework für Phase A, S. 33; DOBLER, M./HETTICH, S., Geplante Änderungen der Rahmenkonzepte, S. 33.

75 Vgl. KIRSCH, H., Framework für Phase A, S. 29.

76 Vgl. IASB (HRSG.), DP Framework, BC1.38; IASB (HRSG.), ED Framework, BC1.26; WHITTINGTON, G., Framework – An Alternative View, S. 146. Eine Dominanz der *Valuation-usefulness*-Funktion führt mitunter dazu, dass nationale Regulierer und Anwender zusätzliche Berichts- und Kontrollsysteme zu Rechenschaftszwecken entwickeln und implementieren müssen, die die Anreizkonformität für das Management und damit eine unverzerrte Anwendung der Rechnungslegungsnormen gewährleisten; vgl. WATTS, R. L., What has the invisible hand achieved?, S. 51-61; GASSEN, J./FISCHKIN, M./HILL, V., Rahmenkonzept-Projekt, S. 878.

77 Vgl. CF.BC3.44; KAMPMANN, H./SCHWEDLER, K., Gemeinsames Rahmenkonzept, S. 529; BAETGE, J./KIRSCH, H.-J./THIELE, S., Bilanzen, S. 143 f.

bei der Implementierung der Regeln herangezogen werden.[78] Die **qualitativen Anforderungen** werden dabei in fundamentale und fördernde Anforderungen untergliedert. Die **fundamentalen Anforderungen** setzen sich ihrerseits aus den Grundsätzen der Relevanz und der glaubwürdigen Darstellung sowie deren Sekundärgrundsätzen zusammen.[79] Die Entscheidungsnützlichkeit von Abschlussinformationen wird dabei explizit ausschließlich durch die Erfüllung dieser fundamentalen Anforderungen konstituiert.[80] Die Prüfung dieser Kriterien bei der Abbildung eines ökonomischen Sachverhaltes folgt einem dreistufigen Verfahren.[81] Auf der ersten Stufe ist zunächst das ökonomische Phänomen zu erfassen, welches das Potenzial besitzt, bei der Entscheidungsfindung des Abschlussadressaten nützlich zu sein. Auf der zweiten Stufe wird diejenige Art der Information über das ökonomische Phänomen identifiziert, welche die höchste Relevanz aufweist, falls diese Berichtsform dem Unternehmen zugänglich wäre und glaubwürdig abgebildet werden könnte. Auf der letzten Stufe wird beurteilt, ob diese Form der Information auch tatsächlich verfügbar ist und glaubwürdig dargestellt werden kann. Fällt das Urteil positiv aus, so endet der Prozess der Generierung entscheidungsnützlicher Informationen an dieser Stelle. Steht die Berichtsform indes nicht zur Verfügung bzw. wird der Art der Information eine glaubwürdige Darstellung abgesprochen, so ist der Suchvorgang für die nächst relevante Informationsart zu wiederholen.[82] Die Informationsvermittlung im Abschluss ist dabei stets durch den Grundsatz der Kostenbegrenzung (Wirtschaftlichkeit) beschränkt, wodurch die beste Informationsart selbst bei gegebener (theoretischer) Verfügbarkeit ggf. nicht umsetzbar ist und stattdessen auf die nächstbeste Alternative ausgewichen werden muss.[83]

Die **fördernden Anforderungen** der Vergleichbarkeit, der Nachprüfbarkeit, der Zeitnähe und der Verständlichkeit sind den fundamentalen Anforderungen hierarchisch untergeordnet.[84] Entscheidungsnützliche Informationen werden durch die Konformität mit diesen Kriterien hingegen nicht begründet, sondern lediglich verbessert, so dass die Bindungswirkung der fördernden Anforderungen entsprechend geringer ist.[85] Eine Information gilt selbst dann als entscheidungsnützlich und insofern auch normenkonform, wenn keiner der fördernden Grundsätze erfüllt ist.[86] Allerdings ist diejenige Informationsart vorzuziehen, die die unterstützenden Kriterien bei gleicher Ausprägung von Relevanz und glaubwürdiger Darstellung am besten erfüllt.[87] Innerhalb der fördernden Anforderungen ist keine hierarchische Ordnung vorgeschrieben. Sie sind

---

78 Vgl. PELGER, C., Zweck und qualitative Anforderungen im Framework, S. 914.
79 Vgl. CF.QC5.
80 Vgl. CF.QC4.
81 Vgl. CF.QC18.
82 Vgl. KIRSCH, H.-J./KOELEN, P./OLBRICH, A./DETTENRIEDER, D., Verlässlichkeit der Berichterstattung, S. 766.
83 Vgl. CF.QC35; HOFFMANN, S./DETZEN, D., Joint Conceptual Framework, S. 55. Das Kosten-Nutzen-Verhältnis wird indes vom IASB in seinem Konsultationsprozess der Standardentwicklung analysiert, so dass ein Verzicht auf die Bereitstellung einer Information von Seiten der Anwender nur schwer zu rechtfertigen sein dürfte. Vgl. DOBLER, M./HETTICH, S., Geplante Änderungen der Rahmenkonzepte, S. 33; WAWRZINEK, W., in: Bohl et al., Beck IFRS HB, § 2. Ansatz, Bewertung, Ausweis und Prinzipien, Rn. 95.
84 Vgl. CF.QC19.
85 Vgl. CF.QC19 und BC3.10.
86 Vgl. CF.BC3.10.
87 Vgl. CF.QC33.

vielmehr in einem iterativen Prozess gegenseitig abzuwägen, wobei jede Anforderung möglichst umfassend berücksichtigt werden soll.[88]

232. Fundamentale qualitative Anforderungen

232.1 Relevanz

Eine im Zuge des Prüfungsprozesses generierte Information entspricht dem Grundsatz der **Relevanz**, wenn sie in der Lage ist, sich auf die Kapitalvergabeentscheidung der Abschlussadressaten auszuwirken.[89] Folglich ist der tatsächliche Einfluss auf die Ressourcenallokation kein zwingend erforderliches Merkmal einer entscheidungsnützlichen Information.[90] Vielmehr genügt die (theoretische) **Möglichkeit einer Auswirkung auf die Kapitalvergabeentscheidung**, da von Seiten des IASB argumentiert wird, dass möglicherweise bestimmte Adressaten trotz faktischer Relevanz einer Finanzinformation deren Wert irrtümlich nicht wahrnehmen könnten.[91] Folglich wird bei der Beurteilung der Relevanz auf einen rationalen Adressaten abgestellt, der die Qualität einer Information zutreffend beurteilen kann. Faktisch werden die Beurteilungen dieses idealen Adressaten im Zuge der Standardentwicklung indes durch die Einschätzungen des IASB auf Grundlage seiner Expertise einschließlich der Erkenntnisse aus dem Konsultationsprozess repräsentiert.[92]

Der theoretische Einfluss einer Information auf Allokationsentscheidungen wird ihr dann zugesprochen, sofern die Angaben einen Prognosewert besitzen oder vergangene Erwartungen bestätigen.[93] Die **Vorhersagekraft** einer Information wird dann anerkannt, wenn sie bei der Schätzung künftiger Zahlungsströme als Inputparameter eingesetzt werden kann und der Adressat dadurch in die Lage versetzt wird, sich ein eigenes Bild über die künftige Entwicklung des Unternehmens zu verschaffen.[94] Die Information selbst muss nicht zwingend den Charakter einer Vorhersage besitzen, sondern sie dient häufig in Kombination mit anderen Informationen als Ausgangsbasis für eine Prognose künftiger Zahlungsströme.[95] Diese Eigenschaft einer relevanten Finanzinformation ist direkter Ausfluss der *Valuation-usefulness*-Funktion.[96] Sofern eine Information vorherige Schätzungen bekräftigt oder revidiert, wird ihr eine **Bestätigungskraft** zugeschrieben,[97] wodurch der Rechenschaft in ihrer die Bewertungsnützlichkeit unterstützenden Funktion nachgekommen wird.[98]

---

88 Vgl. CF.QC34; KIRSCH, H., Framework für Phase A, S. 31; PELGER, C., Zweck und qualitative Anforderungen im Framework, S. 914 f.

89 Vgl. CF.QC6.

90 Vgl. OLBRICH, A., Wertminderung von finanziellen Vermögenswerten, S. 9.

91 Vgl. WIEDMANN, H./SCHWEDLER, K., Rahmenkonzepte von IASB und FASB, S. 699.

92 Vgl. KAMPMANN, H./SCHWEDLER, K., Gemeinsames Rahmenkonzept, S. 528.

93 Vgl. CF.QC7; GASSEN, J./FISCHKIN, M./HILL, V., Rahmenkonzept-Projekt, S. 878; BAETGE, J./KIRSCH, H.-J./THIELE, S., Bilanzen, S. 146.

94 Vgl. CF.QC8; WAWRZINEK, W., in: Bohl et al., Beck IFRS HB, § 2. Ansatz, Bewertung, Ausweis und Prinzipien, Rn. 21.

95 Vgl. DOHRN, M., Entscheidungsrelevanz des Fair Value-Accounting, S. 194 f.

96 Vgl. KAMPMANN, H./SCHWEDLER, K., Gemeinsames Rahmenkonzept, S. 527; EWELT-KNAUER, C., Berichtsinstrument der wirtschaftlichen Einheit, S. 17.

97 Vgl. CF.QC9.

98 Vgl. CF.QC10; WAWRZINEK, W., in: Bohl et al., Beck IFRS HB, § 2. Ansatz, Bewertung, Ausweis und Prinzipien, Rn. 21. Eine klare Trennung zwischen Vorhersage- und Bestätigungskraft ist nicht immer möglich.

In Verbindung mit der Relevanz einer zur Verfügung gestellten Information ist auch deren **Wesentlichkeit** bedeutsam.[99] Eine Information gilt als wesentlich, wenn ihr Fehlen oder ihre fehlerhafte Darstellung Einfluss auf die Investitions-, Darlehens- oder sonstigen Ressourcenallokationsentscheidungen bzgl. eines speziellen Unternehmens nehmen könnte.[100] Die Wesentlichkeit wird als unternehmensspezifische Eigenschaft betrachtet und steht in engem Zusammenhang mit dem Grundsatz der Relevanz, da eine unwesentliche Information über ein Unternehmen nicht dazu im Stande ist, die Entscheidungen des Adressatenkreises zu beeinflussen.[101] Der Grundsatz der Wesentlichkeit einer Information kann dabei hinsichtlich Art und Ausmaß eines Postens eine beschränkende Wirkung entfalten und verhindert eine zu umfassende Berichterstattung, die aus einer übersteigert strengen Auslegung des Grundsatzes der Relevanz resultieren könnte.[102] Die Informationsvermittlung wird stattdessen auf diejenigen Angaben begrenzt, die direkten Einfluss auf die Ressourcenallokationsentscheidungen nehmen. Eine quantifizierte Konkretisierung des Schwellenwertes, ab dem die Wesentlichkeit einer Information gegeben ist, wird durch den Standardsetter mit dem Verweis auf deren unternehmensspezifischen Charakter nicht vorgeschrieben, wodurch die Beurteilung einzelfallabhängig bleibt.[103]

232.2 Glaubwürdige Darstellung

Um die Entscheidungsnützlichkeit einer Information zu begründen, muss diese nicht nur für die Ressourcenallokation der Kapitalgeber relevant sein, sondern darüber hinaus auch den zugrunde liegenden Sachverhalt glaubwürdig, also den wirtschaftlichen Verhältnissen entsprechend darstellen.[104] Der Standardsetter betont dabei den erforderlichen engen Bezug der bilanziellen Abbildung zu den zugrunde liegenden realen Sachverhalten.[105] Dem **Grundsatz der glaubwürdigen Darstellung**[106] wird entsprochen, wenn die Abbildung des Sachverhaltes vollständig, neutral und frei von Fehlern ist (**Sekundärgrundsätze** der glaubwürdigen Darstellung).[107]

Vollständigkeit impliziert, dass sämtliche Daten und Angaben einschließlich aller erforderlichen Beschreibungen und Erläuterungen erfasst werden, so dass der Abschlussadressat ein umfassendes Bild des Sachverhaltes gewinnen kann.[108] Der Vollständigkeitsbegriff des Rahmenkonzeptes zielt dabei in erster Linie auf den Ausweis.[109] Allerdings soll durch IAS 1.13 auch die ansatzbezogene Vollständigkeit gewährleistet werden.

---

[99] Vgl. CF.QC11.
[100] Vgl. CF.QC11; KAMPMANN, H./SCHWEDLER, K., Gemeinsames Rahmenkonzept, S. 529.
[101] Vgl. CF.QC11 und BC3.18; BALLWIESER, W., Informations-GoB, S. 118.
[102] Vgl. DOBLER, M./HETTICH, S., Geplante Änderungen der Rahmenkonzepte, S. 33; PELLENS, B./FÜLBIER, R. U./GASSEN, J./SELLHORN, T., Internationale Rechnungslegung, S. 124.
[103] Vgl. CF.QC11; BAETGE, J./KIRSCH, H.-J./WOLLMERT, P./BRÜGGEMANN, P., in: Baetge et al., Rechnungslegung nach IFRS, Kapitel II: Grundlagen, Rn. 46.
[104] Vgl. CF.QC12; LORSON, P./GATTUNG, A., Schranken der Faithful Representation, S. 660.
[105] Vgl. KAMPMANN, H./SCHWEDLER, K., Gemeinsames Rahmenkonzept, S. 528.
[106] Vgl. zur Abgrenzung der glaubwürdigen Darstellung von der vormals kodifizierten Verlässlichkeit KIRSCH, H.-J./KOELEN, P./OLBRICH, A./DETTENRIEDER, D., Verlässlichkeit der Berichterstattung, S. 767-770.
[107] Vgl. CF.QC13-QC15.
[108] Vgl. CF.QC13.
[109] Vgl. CF.QC13.

Die **Neutralität** einer Abbildung liegt vor, sofern die Abschlussinformation ohne verzerrende Einflüsse ausgewählt und dargeboten wird.[110] Dabei dürfen die Auswahl und die Präsentation der Information nicht dergestalt gesteuert werden, dass sie die Wahrscheinlichkeit einer vorteil- bzw. unvorteilhaften Wahrnehmung durch den Adressaten steigert.[111] Eine Abbildung verstieße also gegen die Neutralität, wenn die Information über den Sachverhalt einseitig ausgerichtet, unsachgemäß gewichtet, absichtlich betont bzw. überspielt oder in anderer Weise manipuliert wäre.[112] Im Rahmenkonzept wird hervorgehoben, dass das Neutralitätserfordernis vor allem einer möglichen Verzerrung einer im Rahmen des Standardsetzungsprozesses entwickelten **Bilanzierungs- oder Bewertungsmethode** vorbeugen soll.[113] Eine verzerrte Abbildung entstünde bspw. durch eine konsequent konservative Rechnungslegung, da diese die tatsächliche wirtschaftliche Entwicklung des Unternehmens zunächst unter- und anschließend überzeichnet.[114]

Der Sekundärgrundsatz der Neutralität richtet sich indes nicht nur auf die Entwicklung von Rechnungslegungsmethoden, sondern auch auf deren **Implementierung** durch den IFRS-Anwender. Durch das Neutralitätskriterium soll eine wert- und willkürfreie Abbildung eines Sachverhaltes erreicht und folglich eine bilanzpolitische Verzerrung unterbunden werden.[115] Eine Ausübung expliziter Wahlrechte verletzt den Sekundärgrundsatz der Neutralität jedoch ausdrücklich nicht.[116] Die Objektivierung im Verständnis einer intersubjektiven Nachprüfbarkeit einer Information wird an dieser Stelle nicht zwingend gefordert. Beispielsweise kann ein Unternehmen Informationen, die Einschätzungen oder Absichten des Managements widerspiegeln, durchaus glaubwürdig bereitstellen.[117] Auch wenn diese Art von Information nicht nachprüfbar ist, sollen solche Informationen mit Blick auf deren Entscheidungsrelevanz nicht per se ausgeschlossen werden.[118] Allerdings dürfen die ökonomischen Sachverhalte nicht davon abweichend abgebildet werden, wie sie nach der Auffassung des Bilanzierenden tatsächlich beschaffen sind.[119]

Ferner können Informationen nur dann als glaubwürdig gelten, wenn diese – unbeschadet ihrer rechtlichen Natur – die **ökonomische Substanz** eines Sachverhaltes wiedergeben.[120] Durch die

---

110 Vgl. CF.QC14.

111 Vgl. DOBLER, M./HETTICH, S., Geplante Änderungen der Rahmenkonzepte, S. 33; KAMPMANN, H./SCHWEDLER, K., Gemeinsames Rahmenkonzept, S. 528. Neutralität impliziert indes nicht, dass die Finanzinformation ohne Zweck bzw. ohne Wirkung auf das Entscheidungsverhalten veröffentlicht wird, denn eine relevante Information soll gerade die Entscheidung des Adressaten beeinflussen. Der Adressat sollte allerdings eine faire Erstellung der Informationen ohne gezielte Verhaltenssteuerung voraussetzen können. Vgl. KIRSCH, H., in: Vater et al., IFRS Änderungskommentar, ED Rahmenkonzept-A, Rn. 104.

112 Vgl. CF.QC14.

113 Vgl. LORSON, P./GATTUNG, A., Faithful Representation und andere Grundsätze, S. 560.

114 Vgl. CF.BC3.28; PELGER, C., Zweck und qualitative Anforderungen im Framework, S. 914. Neutralität ist folglich mit dem vormaligen Grundsatz der Vorsicht unvereinbar. Vgl. CF.QC27-QC29.

115 Vgl. LORSON, P./GATTUNG, A., Faithful Representation und andere Grundsätze, S. 560.

116 Vgl. zur willkürfreien Ausübung allgemeiner Wahlrechte SIEGEL, D., Bilanzierung latenter Steuern, S. 154.

117 Vgl. IASB (HRSG.), ED Framework, BC2.28; KIRSCH, H., in: Vater et al., IFRS Änderungskommentar, ED Rahmenkonzept-A, Rn. 97.

118 Vgl. KIRSCH, H.-J./KOELEN, P./OLBRICH, A./DETTENRIEDER, D., Verlässlichkeit der Berichterstattung, S. 768. Vgl. zur damit verbundenen Herabstufung des Grundsatzes der Nachprüfbarkeit Abschnitt 233.3.

119 Vgl. LORSON, P./GATTUNG, A., Faithful Representation und andere Grundsätze, S. 557.

120 Vgl. KIRSCH, H., Framework für Phase A, S. 31.

angestrebte, unverzerrte Abbildung eines wirtschaftlichen Sachverhaltes umfasst der Grundsatz der glaubwürdigen Darstellung implizit den Grundsatz *„substance over form"*.[121]

Dem Sekundärgrundsatz der **Fehlerfreiheit** wird dann nachgekommen, wenn bei der Abbildung einer Information keine Fehler oder Säumnisse in der **Beschreibung** vorliegen und das Unternehmen keine Fehler in der **Auswahl und Implementierung** eines Verfahrens zur Informationsgenerierung begeht.[122] Mit diesem Grundsatz wird dabei nicht zwingend die statistische Genauigkeit bzw. Sicherheit der Angabe im Abschluss bezweckt.[123] Der IASB konkretisiert die Fehlerfreiheit anhand eines Beispiels zur Schätzung eines nicht beobachtbaren Preises, in dem die Schätzung vielmehr bereits dann als glaubwürdig gilt, wenn ein geeigneter Schätzprozess fehlerfrei ausgewählt und angewandt sowie das Ergebnis als Schätzung deklariert und anschließend auf damit verbundene Limitationen hingewiesen wird.[124] Damit wird bei der Prüfung der Fehlerfreiheit künftig weder auf die Angemessenheit der im Schätzprozess verwandten Parameter noch auf ein Mindestmaß an Sicherheit bei der Verwendung von Schätzungen abgestellt.[125]

233. Fördernde qualitative Anforderungen

233.1 Überblick

Neben den fundamentalen Anforderungen, die zur Begründung der Entscheidungsnützlichkeit einer Information zwingend erfüllt werden müssen, sind im Conceptual Framework die Grundsätze der Vergleichbarkeit, der Nachprüfbarkeit, der Zeitnähe und der Verständlich als **fördernde qualitative Anforderungen** verankert, die stets in angemessener Ausgewogenheit zu berücksichtigen sind und deren bestmögliche Umsetzung die Entscheidungsnützlichkeit einer Information erhöhen, diese allerdings nicht begründen kann.[126]

233.2 Vergleichbarkeit

Die Entscheidungsnützlichkeit einer im IFRS-Abschluss vermittelten Information wird gesteigert, wenn sie dem Grundsatz der Vergleichbarkeit entspricht. Die Vergleichbarkeit entfaltet dabei sowohl in zeitlicher als auch in zwischenbetrieblicher Hinsicht Geltung und erleichtert den Abschlussadressaten die Beurteilung der Vermögens-, Finanz- und Ertragslage des Unternehmens.[127] Die **zeitliche Dimension** zielt auf die Möglichkeit der Adressaten, bestimmte Tendenzen in der Geschäftsentwicklung zu identifizieren. Durch die **zwischenbetriebliche Vergleichbarkeit** soll darüber hinaus die Entscheidung zwischen der Kapitalvergabe an das berichtende Unternehmen und der Alternativinvestition unterstützt werden. Im Rahmenkonzept wird speziell die **Stetigkeit** in der Anwendung von Bilanzierungs- und Bewertungsmethoden für gleiche Sachverhalte eines Unter-

---

[121] Vgl. CF.BC3.26.
[122] Vgl. CF.QC15; BAETGE, J./KIRSCH, H.-J./THIELE, S., Bilanzen, S. 146.
[123] Vgl. WHITTINGTON, G., Framework – An Alternative View, S. 157.
[124] Vgl. CF.QC16; OLBRICH, A., Wertminderung von finanziellen Vermögenswerten, S. 12.
[125] Vgl. zur Kritik und zur Diskussion eines möglicherweise ergänzenden Kriteriums zur Gewährleistung eines gewissen Grades an Sicherheit KIRSCH, H.-J./KOELEN, P./OLBRICH, A./DETTENRIEDER, D., Verlässlichkeit der Berichterstattung, S. 769; GASSEN, J./FISCHKIN, M./HILL, V., Rahmenkonzept-Projekt, S. 878 f.; WHITTINGTON, G., Framework – An Alternative View, S. 147.
[126] Vgl. Abschnitt 231.
[127] Vgl. CF.QC20; BAETGE, J./KIRSCH, H.-J./THIELE, S., Bilanzen, S. 147.

nehmens im Zeitverlauf bzw. zwischen zwei Unternehmen innerhalb einer Periode hervorgehoben. Die Stetigkeit trägt hier als Mittel zur Erfüllung des fördernden Grundsatzes der Vergleichbarkeit bei.[128] Explizite und implizite Wahlrechte für gleiche wirtschaftliche Sachverhalte können indes die intertemporale oder zwischenbetriebliche Vergleichbarkeit beeinträchtigen.[129]

233.3 Nachprüfbarkeit

Dem Grundsatz der Nachprüfbarkeit wird entsprochen, sofern sachverständige und wechselseitig voneinander unabhängige Beobachter einen **Konsens** darüber erzielen, dass die gewählte Abbildungsform eine Information **glaubwürdig** darstellt.[130] Eine vollständige Deckungsgleichheit der jeweiligen Auffassungen wird vom IASB indes nicht gefordert. Der bilanziell nachzuzeichnende Sachverhalt wird vielmehr regelmäßig mit Unsicherheit behaftet sein, wodurch die Ergebnisse einzelner Bewertender regemäßig um den Erwartungswert streuen dürften. Allerdings sollen ein **Korridor vertretbarer Werte** vorgegeben und folglich zu hohe Schwankungen unterbunden werden, so dass der Abschlussadressat die bilanzielle Abbildung des Sachverhaltes sachgerecht interpretieren und in seinem Entscheidungsprozess verarbeiten kann.[131] Der Grundsatz der Nachprüfbarkeit verlangt also nach einem Gradmesser für die Streuung der Bewertungsergebnisse, wodurch sich das Ausmaß der Nachprüfbarkeit einer Bilanzierungs- bzw. Bewertungsmethode quantifizieren lässt. Die Nachprüfbarkeit bezweckt damit, einen bedeutenden **Grad an Sicherheit** dergestalt zu gewährleisten, dass eine Information auch das abbildet, was sie darzustellen vorgibt, so dass eine hohe Nachprüfbarkeit auch einer glaubwürdigen Darstellung dienlich sein kann.[132] Die Nachprüfbarkeit einer Information beugt damit auch einer verzerrten Abbildung aufgrund unzureichender Fähigkeiten oder einer mangelnden Integrität des Bilanzierenden vor. Die bloße Forderung nach Neutralität dürfte den Bilanzierenden kaum dauerhaft von der Verfolgung eigener Interessen abhalten, vor allem da eine an dem Grundsatz der Neutralität orientierte Verringerung der Methodenverzerrung im Rahmen der Standardentwicklung nicht selten mit zusätzlichen Ermessensspielräumen für den Bilanzierenden einhergeht.[133] Die glaubwürdige Darstellung fordert also eine unverzerrte Abbildung des wirtschaftlichen Sachverhaltes, während die Nachprüfbarkeit der

---

[128] Vgl. CF.QC35; ADLER, H./DÜRING, W./SCHMALTZ, K., ADS International, Abschnitt 1, Rn. 85; BAETGE, J./KIRSCH, H.-J./WOLLMERT, P./BRÜGGEMANN, P., in: Baetge et al., Rechnungslegung nach IFRS, Kapitel II: Grundlagen, Rn. 66.

[129] Vgl. CF.QC25; KIRSCH, H., in: Vater et al., IFRS Änderungskommentar, ED Rahmenkonzept-A, Rn. 115 f. Zur weitestmöglichen Wahrung der Vergleichbarkeit sollte durch die gleiche Ausübung von Wahlrechten für gleiche Sachverhalte die sachliche Stetigkeit eingehalten werden, um zumindest die innerbetriebliche Vergleichbarkeit zu gewährleisten. Vgl. KIRSCH, H.-J./HEPERS, L./DETTENRIEDER, D., in: Baetge et al., Bilanzrecht, § 300 HGB, Rn. 506; BAETGE, J./KIRSCH, H.-J./THIELE, S., Konzernbilanzen, S. 149 f.; WAGENHOFER, A., Internationale Rechnungslegungsstandards, S. 132.

[130] Vgl. CF.QC26.

[131] Vgl. KIRSCH, H.-J./KOELEN, P./OLBRICH, A./DETTENRIEDER, D., Verlässlichkeit der Berichterstattung, S. 764.

[132] Vgl. KIRSCH, H.-J./KOELEN, P./OLBRICH, A./DETTENRIEDER, D., Verlässlichkeit der Berichterstattung, S. 763. Ein hoher Grad an Nachprüfbarkeit fördert die glaubwürdige Darstellung allerdings nur, wenn der Erwartungswert den ökonomischen Sachverhalt zutreffend wiedergibt (vgl. IJIRI, Y./JAEDICKE, R., Reliability and Objectivity, S. 482) und damit den Grundsatz der glaubwürdigen Darstellung in der Ausprägung des Kriteriums der Neutralität erfüllt.

[133] Vgl. LORSON, P./GATTUNG, A., Faithful Representation und andere Grundsätze, S. 561.

möglichen Bandbreite von Bewertungsergebnissen und damit speziell einer potenziellen Verzerrung von Seiten des Anwenders Grenzen setzt.[134]

Eine Information kann entweder direkt, d. h. durch eine unmittelbare Inaugenscheinnahme oder aber indirekt nachprüfbar sein, indem die Inputparameter eines Modells geprüft und die Ergebnisse unter Einsatz des identischen Modells mit den gleichen Prämissen und Methoden reproduziert werden können.[135] Mit Blick auf zukunftsbezogene Abschlussinformationen, die durch ein Schätzverfahren generiert werden, ist zu beachten, dass sie häufig erst in späteren Perioden nachprüfbar sind. Aufgrund des damit einhergehenden hohen Unsicherheitsgrades bedürfen speziell diese Informationen einer Objektivierung.[136] Um solche objektivierten, intersubjektiv nachprüfbaren Informationen abzubilden, sind regelmäßig umfassende Beschreibungen und Erläuterungen der zugrunde liegenden Annahmen des Modells, der Methoden zur Generierung der Information sowie der Faktoren und Umweltzustände, die auf den Sachverhalt einwirken, erforderlich.[137] Anhand dieser offenzulegenden Angaben können die subjektiven Einschätzungen des Bilanzierenden nachvollzogen werden.

Bei der Abwägung des Grundsatzes der Nachprüfbarkeit im IFRS-Normensystem ist stets zu beachten, dass die Nachprüfbarkeit im Zuge der Überarbeitung des Rahmenkonzeptes auf den Stellenwert eines fördernden Grundsatzes herabgestuft wurde und dadurch künftig nicht mehr zwingend zu erfüllen ist.[138] Finanzinformationen, die nicht nachprüfbar sind, können gleichwohl Einfluss auf die Kapitalvergabeentscheidungen nehmen und damit dem Zweck der Bewertungsnützlichkeit entsprechen (bspw. bei zukunftsbezogenen Einschätzungen von Seiten des Managements).[139] Die (teilweise) Subordination[140] des Rechenschaftszweckes unter die Bewertungsnützlichkeit schlägt sich folglich in der Gewichtung der qualitativen Anforderungen an die Rechnungslegung nieder. In der Literatur wird der gebotene Raum zu weichen Standards in Ermangelung einer strikten Verifizierbarkeit kritisiert,[141] wenngleich die Herabstufung wohl im Einklang mit der monistischen Zielsetzung der Ausrichtung der IFRS-Rechnungslegung auf kapitalvergabebezogene Entscheidungen steht.

---

134 Vgl. KIRSCH, H.-J./KOELEN, P./OLBRICH, A./DETTENRIEDER, D., Verlässlichkeit der Berichterstattung, S. 764. Vgl. zur Unterscheidung des Begriffspaares WHITTINGTON, G., Framework – An Alternative View, S. 146 f.

135 Vgl. CF.QC27; KIRSCH, H., Framework für Phase A, S. 32.

136 Vgl. BAETGE, J., Objektivierung des Jahreserfolges, S. 16 f.; KOELEN, P., Investitionstheoretische Bewertungskalküle, S. 16-21.

137 Vgl. CF.QC28; HOFFMANN, S./DETZEN, D., Joint Conceptual Framework, S. 54; LEFFSON, U., Grundsätze ordnungsmäßiger Buchführung, S. 81.

138 Vgl. CF.BC3.36. Vgl. ausführlich zu dieser Problematik KIRSCH, H.-J./KOELEN, P./OLBRICH, A./DETTENRIEDER, D., Verlässlichkeit der Berichterstattung, S. 767-770; SCHRUFF, W., IFRS zwischen Cashflow-Prognose und Rechenschaft, S. 859; GASSEN, J./FISCHKIN, M./HILL, V., Rahmenkonzept-Projekt, S. 878 f.; DRSC (HRSG.), CL Conceptual Framework, S. 8 f.

139 Vgl. KIRSCH, H., Framework für Phase A, S. 33.

140 Vgl. hierzu Abschnitt 22.

141 Vgl. exemplarisch DOBLER, M./HETTICH, S., Geplante Änderungen der Rahmenkonzepte, S. 35; KÜTING, K., Objektivierungsgrundsatz in HGB und IFRS, S. 1404; SCHRUFF, W., IFRS zwischen Cashflow-Prognose und Rechenschaft, S. 860.

233.4 Zeitnähe und Verständlichkeit

Der Grundsatz der Zeitnähe verlangt eine zeitnahe Berichterstattung, die den Berichtsadressaten in die Lage versetzt, auf Unternehmensentwicklungen **rechtzeitig** reagieren zu können.[142] Der Einfluss einer publizierten Information auf kapitalvergabebezogene Entscheidungen und die daran anknüpfende Reaktion der Abschlussadressaten werden regelmäßig durch einen zunehmenden zeitlichen Abstand zwischen einem Ereignis und der Berichterstattung verringert, wenngleich auch ältere Informationen speziell zur Ableitung von Entwicklungstendenzen geeignet sein können.[143]

Die Entscheidungsnützlichkeit einer Abschlussinformation kann ferner gefördert werden, indem Informationen **verständlich** und damit klar und präzise systematisiert, erläutert und aufbereitet werden.[144] Dabei unterstellt der Standardsetter, dass der Abschlussadressat über eine **angemessene Sachkenntnis** hinsichtlich der ökonomischen und rechnungslegungsspezifischen Vorgänge verfügt und die bereitgestellten Informationen sorgfältig prüft und analysiert.[145] Ein sachkundiger Bilanzleser sollte sich dabei in angemessener Zeit einen Eindruck über die wirtschaftliche Situation des Unternehmens verschaffen können.[146] Der Grundsatz der Verständlichkeit impliziert indes nicht, dass komplexe Sachverhalte von der Berichterstattung ausgeschlossen werden, da dies in einer verkürzten und damit verzerrten Abbildung der Vermögens-, Finanz- und Ertragslage resultieren würde.[147] Vielmehr wird der Adressat bei komplexen Themen künftig dazu angehalten sein, zu deren Verständnis auf die Expertise eines sachverständigen Beraters bzw. Gutachters zurückzugreifen.[148]

---

[142] Vgl. CF.QC29; SCHÖLLHORN, T./MÜLLER, M., Bedeutung des Rahmenkonzeptes, S. 1627; ADLER, H./DÜRING, W./SCHMALTZ, K., ADS International, Rn. 90.

[143] Vgl. BAETGE, J./KIRSCH, H.-J./THIELE, S., Bilanzen, S. 147; WIEDMANN, H./SCHWEDLER, K., Rahmenkonzepte von IASB und FASB, S. 699.

[144] Vgl. CF.QC30; BAETGE, J./KIRSCH, H.-J./THIELE, S., Bilanzen, S. 148.

[145] Vgl. CF.QC32; PEEMÖLLER, V., in: Ballwieser et al., Wiley-Kommentar, Abschnitt 1: Einführung in die IFRS, Rn. 59.

[146] Vgl. WAGENHOFER, A., Internationale Rechnungslegungsstandards, S. 128.

[147] Vgl. CF.QC31; BAETGE, J./KIRSCH, H.-J./WOLLMERT, P./BRÜGGEMANN, P., in: Baetge et al., Rechnungslegung nach IFRS, Kapitel II: Grundlagen, Rn. 63 f.

[148] Vgl. CF.QC32. Die Verständlichkeit setzt folglich vor allem bei der Wirkung der Darstellung und weniger bei der inhaltlichen Komplexität der Information an. Mit diesem mangelnden inhaltlichen Bezug wird gelegentlich eine – im Vergleich zum vormals geltenden Rahmenkonzept – Herabstufung der Bedeutung der Verständlichkeit in Verbindung gebracht. Vgl. KIRSCH, H., Framework für Phase A, S. 33.

3 Die ökonomische Absicherung von Marktpreisrisiken im Rahmen des internen Risikomanagements

31 Systematisierung des betriebswirtschaftlichen Risikobegriffs

Der betriebswirtschaftliche Risikobegriff wird in der Literatur nicht einheitlich definiert und bedingt durch Fachrichtung und Analysezweck unterschiedlich ausgelegt.[149] Im finanztheoretischen Kontext bezeichnet Risiko regelmäßig die Möglichkeit einer positiven oder negativen Abweichung einer betrachteten Zielvariablen von ihrem erwarteten oder geplanten Referenzwert.[150] In der Rechnungslegung wird unter Risiko indes die aus Unternehmenssicht ausschließlich negative Prognose- bzw. Zielabweichung bei unsicheren künftigen Ereignissen verstanden, während die positive Abweichung als Chance definiert wird.[151] Mit diesem parallelen **Begriffspaar Risiko und Chance** werden also die Möglichkeiten erfasst, dass sich ein Geschäft negativ bzw. positiv auf die Vermögens-, Finanz- und Ertragslage des bilanzierenden Unternehmens auswirkt.[152]

Im globalen wirtschaftlichen Umfeld sehen sich Industrieunternehmen mit vielfältigen Herausforderungen konfrontiert, die sich, wie in Abbildung 3-1 dargestellt, in **Risikokategorien** systematisieren lassen.[153] Finanzielle Risiken eines Unternehmens betreffen in erster Linie Marktpreisrisiken, die aus der Unsicherheit über mögliche nachteilige Veränderung von Marktpreisen, wechselseitigen Korrelationen und Volatilitätsniveaus resultieren.[154] Marktpreisrisiken umfassen dabei vor allem mögliche negative Entwicklungen von Güterpreisen, Wechselkursen und Zinssätzen auf den Beschaffungs- und Absatzmärkten und werden meist im finanzwirtschaftlichen Treasury-Management gesteuert.

Speziell die Bewältigung von **Marktpreisrisiken**, die wiederum in unterschiedliche Risikoarten in Form von Güterpreis-, Währungs- und Zinsänderungsrisiken unterteilt werden können und die sich direkt aus dem Leistungserstellungsprozess und dessen Finanzierung ergeben, ist aufgrund der zentralen Bedeutung des Leistungserstellungsprozesses für **Industrieunternehmen** entscheidend[155] und steht im Mittelpunkt dieser Arbeit.[156] Der Leistungserstellungsprozess umfasst in erster Linie den Bezug von Waren wie Roh-, Hilfs- und Betriebsstoffen oder Halbfabrikaten, deren Lagerung und Verarbeitung sowie die Veräußerung der produzierten Fertigerzeugnisse.[157] Darüber hinaus sind

---

[149] Vgl. BAETGE, J./SCHULZE, D., Objektivierung der Lageberichterstattung, S. 939.
[150] Vgl. MARKOWITZ, H., Portfolio Selection, S. 89; HULL, J., Risikomanagement, S. 3 f., PERRIDON, L./STEINER, M./RATHGEBER, A. W., Finanzwirtschaft der Unternehmung, S. 109 f.; FRANKE, G./HAX, H., Finanzwirtschaft des Unternehmens, S. 268 f.; KRELLE, W., Unsicherheit und Risiko, S. 633.
[151] Vgl. zur Vereinheitlichung des Begriffsverständnisses DRSC (HRSG.), E-DRS 27, S. 3 sowie Tz. 11.
[152] Vgl. SCHEFFLER, J., Hedge Accounting, S. 4; BIERMAN, H./JOHNSON, T./PETERSON, S., Issues of Hedge Accounting, S. 7; SCHMIDT, C., Hedge Accounting mit Optionen und Futures, S. 41; JONAS, M., Bewertungseinheiten nach HGB, S. 15.
[153] Die Risikoarten werden in Anlehnung an ROMEIKE, F./HAGER, P., Erfolgsfaktor Risiko-Management, S. 111; WIEDEMANN, A., Treasury-Management, S. 508 sowie PRIGGE, C., Konzernlageberichterstattung, S. 180-183, und damit an DRS 15.17 bzw. DRS 20.164 systematisiert.
[154] Vgl. VERBAND DEUTSCHER TREASURER E. V. (HRSG.), Governance in der Unternehmens-Treasury, S. 13.
[155] Vgl. KLÖCKER, A., Hedge Accounting, S. 178 f.
[156] Die Steuerung weitergehender Marktpreisrisiken wie z. B. Zinsänderungsrisiken aus Finanzanlagen wird folglich im Rahmen dieser Arbeit nicht analysiert.
[157] Vgl. KALENBERG, F., Kostenrechnung, S. 1.

auch gewerbliche Transaktionen mit den erforderlichen Sachanlagen als gehandeltem Objekt eng mit diesem Prozess verbunden.[158] Die Risiken des industriellen Leistungserstellungsprozesses resultieren dabei vor allem aus den inzwischen stark **volatilen Güterpreisen** auf den Beschaffungs- und Absatzmärkten.[159] Gleichzeitig werden Industrieunternehmen durch die Internationalisierung der Märkte und die damit verbundene primäre Dollarnotierung vieler Güter sowie durch den beobachteten erhöhten Finanzierungbedarf des Leistungserstellungsprozesses mit **Währungs-**[160] **und Zinsänderungsrisiken**[161] konfrontiert, die im Rahmen eines umfassenden Risikomanagements gesteuert werden müssen.[162]

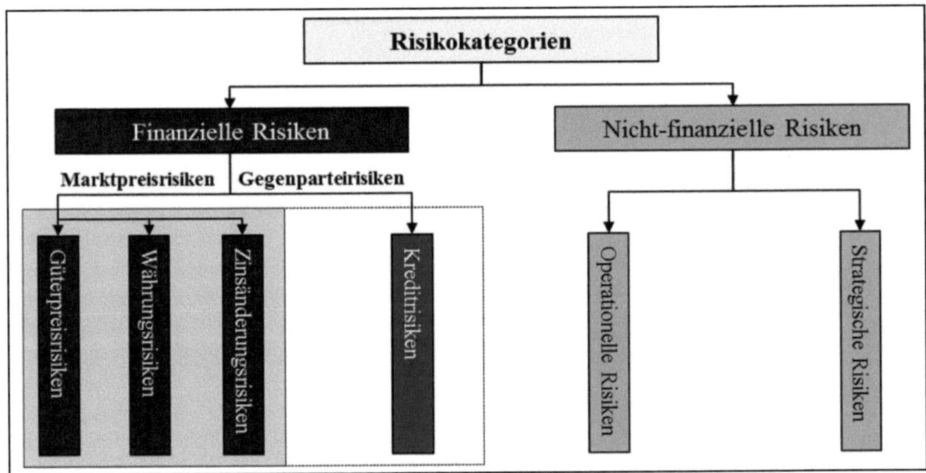

Abbildung 3-1: Risikokategorien im Überblick[163]

---

[158] Vgl. BRÖTZMANN, I., Güterwirtschaftliche Sicherungsbeziehungen, S. 12.

[159] Vgl. GEBHARDT, G./MANSCH, H., Risikomanagement und Risikocontrolling, S. 27 sowie zu Umfrageergebnissen WAGENHOFER, A./ENGELBRECHTSMÜLLER, C., Finanzberichterstattung und Management finanzieller Risiken (2010), S. 44; ELMERS, N., Risikomanagement von Rohstoffpreisen, S. 14 f.

[160] Das Währungsrisiko, das durch die Umrechnung der zu konsolidierenden ausländischen Tochterunternehmen entsteht (Translationsrisiko) und nur selten von Industrieunternehmen abgesichert wird, ist nicht Gegenstand dieser Arbeit. Vgl. zu den unterschiedlichen Ebenen des Währungsrisikos BLOSS, M./EIL, N./ERNST, D./FRITSCHE, H./HÄCKER, J., Währungsderivate, S. 56-60; MENICHETTI, M., Bilanzierung und Hedging, S. 64-79; BASELT, A./WELTER, S., Währungsrisiken bei Rohstoffpreisrisiken, S. 395 f.; STEUER, J., Währungsoptionen und Devisenterminengagements, S. 11 sowie zur Praxis in Industrieunternehmen ROLFES, B., Zins- und Währungsrisiken, S. 544.

[161] Makroökonomisch bedingte Nachfrageänderungen oder zinsbedingte Änderungen der Wettbewerbsposition, die von Industrieunternehmen nur selten gesteuert werden können, werden im Rahmen dieser Arbeit nicht betrachtet. Vgl. zu den unterschiedlichen Ebenen des Zinsänderungsrisikos sowie zur Praxis in Industrieunternehmen GEBHARDT, G./MANSCH, H., Risikomanagement und Risikocontrolling, S. 95-97.

[162] Vgl. GUSINDE, T./WITTIG, T., Anwendungsfälle des Hedge Accounting, S. 478 sowie zu den entsprechenden Umfrageergebnissen KLÖCKER, A., Hedge Accounting, S. 179; FÖRSCHLE, G./GLAUM, M., Finanzwirtschaftliches Risikomanagement, S. 23 f.; GEBHARDT, G./RUß, O., Derivative Finanzinstrumente im Risikomanagement, S. 40 f.; ERNST & YOUNG (HRSG.), European Treasury, S. 11.

[163] In Anlehnung an ROMEIKE, F./HAGER, P., Erfolgsfaktor Risiko-Management, S. 111; WIEDEMANN, A., Treasury-Management, S. 508 sowie PRIGGE, C., Konzernlageberichterstattung, S. 180-183 und damit an DRS 15.17 bzw. DRS 20.164.

Wenngleich der Handel von Kreditrisiken vorwiegend Finanzdienstleistern vorbehalten ist und im Rahmen dieser Arbeit nicht betrachtet wird, bezieht das finanzwirtschaftliche Treasury-Management eines Industrieunternehmen stets den Effekt des Kreditrisikos von industriellen Geschäftspartnern und Kontraktpartnern möglicher Risikosteuerungsmaßnahmen auf die zu steuernden Marktpreisrisiken mit ein. Strategische Risiken der Unternehmensführungsebene und operationelle Risiken der technischen Umsetzungsebene stehen nicht in direktem Zusammenhang zu den im Treasury-Management gesteuerten Risikoarten und werden in dieser Arbeit nicht weiter betrachtet.

32 Anforderungen an das industriebetriebliche Risikomanagement

321. Überblick

Um diesen unternehmerischen Herausforderungen angemessen zu begegnen, sind von einem Industrieunternehmen Regelungen zu treffen, die einen strukturierten Umgang mit Risiken und Chancen gewährleisten. Im Folgenden sollen die maßgeblichen Normen im Bereich der Corporate Governance und angrenzender rechtlicher Vorschriften vorgestellt werden, die den Rahmen für das industriebetriebliche Risikomanagement setzen. Da an die konkrete Gestaltung von Risikomanagementprozessen keine expliziten gesetzlichen oder aufsichtsrechtlichen Anforderungen gestellt werden, orientieren sich Industrieunternehmen meist an anerkannten Rahmenwerken. Folglich sollen auch die darin formulierten Mindestanforderungen an die idealtypischen Schritte des Risikomanagementkreislaufs hinsichtlich der im Rahmen dieser Arbeit betrachteten Marktpreisrisiken präsentiert werden.

322. Allgemeiner rechtlicher Anforderungsrahmen

Die zentrale gesetzliche Grundlage für die Einrichtung eines Risikomanagements deutscher Unternehmen bildet der im Zuge des KonTraG (1998) wesentlich überarbeitete **§ 91 Abs. 2 AktG.**[164] Dieser verlangt die Implementierung eines **angemessenen Überwachungssystems** und regelt die **Organisationspflicht der Geschäftsführung**. Der Vorstand einer Aktiengesellschaft ist demnach verpflichtet, sich mit den Risiken des Geschäftsbetriebes auseinanderzusetzen sowie für die Einrichtung eines geeigneten Risikofrühwarnsystems und einer angemessenen internen Revision zu sorgen.[165] Nach zahlreichen, teils skandalösen Unternehmensschieflagen[166] sollen bestandsgefährdende Risiken nunmehr frühzeitig erkannt und der Fortbestand des Unternehmens durch die Wahrung bestehender und den Ausbau neuer Erfolgspotenziale gesichert werden.[167] Dies soll vor allem durch ein indikatororientiertes Warnsystem gewährleistet werden, wobei neben strategischen und operationellen Risiken insbesondere auch Marktpreisrisiken (z. B. Volatilität der Märkte, Han-

---

164 Die klarstellende Pflicht zur Einrichtung eines Risikomanagements in § 91 Abs. 2 AktG konnte bereits zuvor aus der Leitungsaufgabe des § 76 Abs. 1 AktG und den allgemeinen Sorgfaltspflichten des § 93 Abs. 1 AktG bzw. § 43 Abs. 1 GmbHG abgeleitet werden. Vgl. Begr. RegE KonTraG, BT-Drs. 13/9712, S. 15.

165 Vgl. HOMMELHOFF, P./MATTHEUS, D., Risikomanagementsystem im BilMoG, S. 2788. Es wird von einer Ausstrahlungswirkung auf andere Unternehmensformen, speziell auf Gesellschaften mit beschränkter Haftung ausgegangen; vgl. SCHRUFF, W., Kontrolle und Transparenz durch KonTraG, S. 442; DCGK, Präambel.

166 Vgl. ERNST, C./SEIBERT, U./STUCKER, F., Gesellschafts- und Bilanzrecht, S. 29.

167 Vgl. GLEIßNER, W., Grundlagen des Risikomanagements, S. 34; LEHNER, U./SCHMIDT, M., Risikomanagement, S. 262; JACOB, H.-J., KonTraG und KapAEG, S. 1045.

dels- und Finanzderivate)[168] zu analysieren sind.[169] Wahrt der Vorstand seine Pflichten nicht,[170] ist er der Gesellschaft zum Ersatz eines möglicherweise entstandenen Schadens verpflichtet (§ 93 Abs. 2 AktG). Im Rahmen der Abschlussprüfung werden das Risikofrüherkennungssystem und die damit verbundenen Überwachungsmechanismen börsennotierter Aktiengesellschaften geprüft und auf ihre Eignung hin beurteilt (§ 317 Abs. 4 Satz 2 HGB). An dieser Stelle ist festzuhalten, dass sich die gesetzliche Pflicht zur Implementierung eines Überwachungssystems dem Wortlaut nach auf die wesentlichen bzw. bestandsgefährdenden Risiken bezieht.[171] Eine frühzeitige Erkennung bestandsgefährdender Risiken setzt indes voraus, dass zunächst sämtliche Risiken identifiziert und beurteilt werden, um speziell bestandsgefährdende Risiken als solche zu erkennen, so dass Unternehmen zur Einrichtung eines umfassenderen Überwachungssystems angehalten werden.[172] Der Gesetzgeber betont diese Auffassung im DCGK, der Vorständen börsennotierter Aktiengesellschaften vorschreibt, für ein angemessenes Risikomanagement und Risikocontrolling zu sorgen.[173] An die konkrete Gestaltung des Überwachungssystems (und besonders an Risikosteuerungs- und -absicherungsprozesse) werden durch § 91 Abs. 2 AktG jedoch keine expliziten Anforderungen gestellt.[174]

Allerdings wird dem Vorstand einer mittelgroßen oder großen Kapitalgesellschaft (§ 264 Abs. 1 HGB) durch das HGB die Pflicht auferlegt, im Finanzbericht auf die voraussichtliche Entwicklung des Unternehmens einzugehen und die **wesentlichen Risiken und Chancen** zu erläutern und zu beurteilen **(§ 315 Abs. 1 Satz 5 bzw. § 289 Abs. 1 Satz 4 HGB)**. DRS 20 konkretisiert den allgemeinen Prognosehorizont im Lagebericht auf mindestens ein Jahr und fordert mit komparativen Prognosen zu den bedeutsamsten finanziellen und ggf. nicht-finanziellen Leistungsindikatoren eine hohe Prognosegenauigkeit.[175] Die Risiken sind mindestens dann zu quantifizieren, wenn entsprechende Daten im Zuge der internen Steuerung bereits ermittelt werden. Darüber hinaus soll das bilanzierende Unternehmen im Lagebericht auf die Ziele und Methoden des – im Vergleich zum Überwachungssystem weiter gefassten – Risikomanagements, das neben der Risikoidentifikation und -beurteilung vor allem auch die Steuerungsebene einbezieht,[176] einschließlich der Methoden zur Absicherung aller wichtigen Arten von Transaktionen, die im Rahmen der Bilanzierung von Sicherungsgeschäften erfasst werden, in Bezug auf die Verwendung von **Finanzinstrumenten** durch die Gesellschaft eingehen **(§ 315 Abs. 2 Nr. 2 a und b bzw. § 289 Abs. 2 Nr. 2 a und b HGB)**.[177] Mit

---

168 Vgl. LEHNER, U./SCHMIDT, M., Risikomanagement, S. 262.

169 Vgl. MARTEN, K.-U./QUICK, R./RUHNKE, K., Wirtschaftsprüfung, S. 285 f. Das Frühwarnsystem konzentriert sich primär auf die Risikoidentifikation und Risikobeurteilung und weniger auf die Risikobewältigung, die im Mittelpunkt des umfassenden Risikomanagementsystems steht.

170 Vgl. zur sog. „Business Judgement-Rule" GRAUMANN, M./LINDERHAUS, H./GRUNDEI, J., Haftung bei Fehlentscheidungen, S. 328 f.

171 Vgl. FRANZ, K.-P., Corporate Governance, S. 56.

172 Vgl. GUNKEL, M., Gestaltung des Risikomanagements, S. 9; HOMMELHOFF, P./MATTHEUS, D., Risikomanagementsystem im BilMoG, S. 2788; SCHULTEN, R., Quo Vadis Risikomanagement?, S. 234.

173 Vgl. DCGK, Tz. 4.1.4.

174 Vgl. GUNKEL, M., Gestaltung des Risikomanagements, S. 8.

175 Vgl. DRS 20.128; BAETGE, J./KIRSCH, H.-J./THIELE, S., Bilanzen, S. 776.

176 Vgl. MARTEN, K.-U./QUICK, R./RUHNKE, K., Wirtschaftsprüfung, S. 285 f.

177 Vgl. KIRSCH, H.-J./KÖHRMANN, H., in: Castan et al., Beck HdR, Grundlagen der Lageberichterstattung, Rn. 163 und Rn. 168. Dies ist auch im Zusammenhang mit bestimmten Angaben gemäß § 285 Nr. 18 und Nr. 19 zu sehen; vgl. BÖCKING, H.-J., Verhältnis von Lagebericht, Anhang und IFRS, S. 6.

Blick auf die Risikomanagementziele ist die Risikobereitschaft des Unternehmens zu erläutern und die Risikoneigung der Geschäftsführung beim Einsatz von Finanzinstrumenten zu verdeutlichen.[178] Hinsichtlich der Risikomanagementmethoden ist darüber zu informieren, wie das Unternehmen eingegangene Risiken durch Finanzinstrumente steuert. Dabei sind die beim Abschluss von Sicherungsgeschäften eingesetzte Systematik, die Arten und Kategorien der verschiedenen Sicherungsgeschäfte sowie die Arten geplanter Transaktionen zu erläutern.[179] Diesbezüglich werden Angaben über die gesicherten Risikopositionen und die verwandten Absicherungsinstrumente, die Art der abgesicherten Risiken und über das Ausmaß der Kompensation (Effektivität) der Risiken von Risikoposition und absicherndem Instrument gefordert.[180] Ferner sind mögliche Marktpreisrisiken (d. h. vor allem Rohstoffrisiken, Währungs- und Zinsänderungsrisiken)[181], Kredit- und Liquiditätsrisiken sowie Risiken aus Zahlungsstromschwankungen, denen die Gesellschaft in Bezug auf die Verwendung von Finanzinstrumenten ausgesetzt ist, zu erörtern. Kapitalmarktorientierte Kapitalgesellschaften müssen überdies gemäß § 315 Abs. 2 Nr. 5 bzw. § 289 Abs. 5 HGB auch ihr Risikomanagementsystem im Hinblick auf den Rechnungslegungsprozess dezidiert erläutern.[182] Diese Berichterstattung umfasst Angaben zu Strukturen, Prozessen und Kontrollen des Risikomanagementsystems.[183] Ferner kann auf Grundsätze, Verhaltensregeln und Richtlinien zur Risikobewältigung eingegangen werden.[184]

Wenngleich aus diesen Berichtspflichten keine Pflicht zur Implementierung eines umfassenden Risikomanagementsystems folgt, dürfte von dem verpflichtend anzugebenden Negativvermerk jedoch eine deutliche Signalwirkung für die Abschlussadressaten ausgehen. Die Vorschriften bezwecken somit einerseits eine hinreichende Risikotransparenz und sollen den Abschlussadressaten in die Lage versetzen, die künftige Unternehmensentwicklung einschätzen zu können, wie auch andererseits eine adäquate Disziplinierung der Unternehmensführung.[185] Damit nehmen auch Form und Umfang der externen Berichterstattung Einfluss auf das Risikomanagement. So haben Unternehmen häufig aufgrund der Anforderungen in der externen Berichterstattung differenzierte und umfassende Risikomanagementsysteme eingeführt und nutzen die für die externe Berichterstattung erforderlichen Informationen auch für Zwecke der internen Steuerung von Risiken und Chancen.[186] Vor allem hinsichtlich der in dieser Arbeit betrachteten Absicherungsverhältnisse zwischen originären Risikopositionen und vom Unternehmen zur Absicherung eingesetzten Finanzinstrumenten, die

---

[178] Vgl. ELLROTT, H., § 289. Lagebericht, Rn. 71.
[179] Vgl. Begr. RegE BilReG, BT-Drs. 15/3419, S. 31.
[180] Vgl. ELLROTT, H., § 289. Lagebericht, Rn. 74.
[181] Vgl. DRS 20, Tz. 11.
[182] Diese Einschränkung bezieht sich auf die Berichterstattung, nicht indes auf die Überwachungspflicht durch den Aufsichtsrat nach § 107 Abs. 3 Satz 2 AktG. Auch dies unterstützt die Auffassung von einem umfassenden Risikomanagementsystem.
[183] Vgl. DRS 20, Tz. K137.
[184] Vgl. DRS 20, Tz. K141.
[185] Vgl. HOMMELHOFF, P./MATTHEUS, D., Risikomanagementsystem im BilMoG, S. 2787; KAISER, K., Zukunftsorientierte Lageberichterstattung, S. 345; Begr. RegE KonTraG, BT-Drs. 13/9712, S. 15. Durch das BilReG (2004) sind auch Erläuterungen zu den Chancen in der Unternehmensentwicklung Teil des Prognoseberichtes. Ein integriertes (Chancen- und) Risikomanagementsystem wird vom Gesetzgeber ausdrücklich gefördert; vgl. GLEIßNER, W., Grundlagen des Risikomanagements, S. 36.
[186] Vgl. KIRSCH, H.-J./DETTENRIEDER, D., Die Abbildung von Risiken und Chancen in der Finanzberichterstattung, S. 93.

im Rahmen der Bilanzierung von Sicherungsgeschäften erfasst werden, umfasst ein solches Risikomanagementsystem neben der Zielfestlegung und der Risikoidentifikation hauptsächlich die Beurteilung und Steuerung der entsprechenden Risiken.[187] Mit der Überarbeitung des **§ 107 Abs. 3 Satz 2 AktG** im Rahmen des BilMoG (2009) werden zudem die Aufgaben des Aufsichtsrates hinsichtlich eines Risikomanagements konkretisiert. Dazu zählt insbesondere die Überwachung der Wirksamkeit des (umfassenden) Risikomanagements einschließlich des internen Kontrollsystems und der internen Revision. Auch durch diese Neuerung wird die Implementierung eines umfassenden Risikomanagements von Seiten der Unternehmensleitung untermauert.[188]

Für Industrieunternehmen existieren über die vorgestellten Anforderungen hinaus keine expliziten gesetzlichen oder aufsichtsrechtlichen Vorschriften zur konkreten Gestaltung von Risikomanagementprozessen, speziell hinsichtlich der konkreten Steuerung bzw. Bewältigung von Risiken.[189] Der Gesetzgeber mahnt zwar in § 91 Abs. 2 AktG die Angemessenheit des Überwachungssystems an und sieht umfangreiche Berichtspflichten besonders in Bezug auf das Risikomanagement mit Finanzinstrumenten vor, erläutert jedoch weder die Beschaffenheit solcher Systeme noch die Kriterien für die Beurteilung der Eignung der von der Unternehmensführung gewählten Maßnahmen und überlässt dies der im Folgenden betrachteten Unternehmenspraxis.[190]

323. Übertragung anerkannter Rahmenwerke auf das Risikomanagement von Industrieunternehmen

323.1 Idealtypischer Risikomanagementkreislauf

Industrieunternehmen orientieren sich vor dem Hintergrund mangelnder Vorschriften zur konkreten Gestaltung des industriebetrieblichen Risikomanagements regelmäßig an anerkannten **Rahmenwerken**. In der Praxis haben sich die Modelle des *Committee of Sponsoring Organizations of the Treadway Commission* **(COSO)** als Quasi-Standard für Risikomanagementsysteme durchgesetzt,[191] auf die auch die Standards des Instituts der Wirtschaftsprüfer (IDW)[192] direkt Bezug nehmen.[193] Die zunehmende Bedeutung des Risikomanagements in seiner Funktion als Instrumentarium einer wert-

[187] Vgl. DRS 20, K144. Vgl. KÜHNE, J., Risikomanagement und -controlling, S. 112.

[188] Vgl. SCHULTEN, R., Quo Vadis Risikomanagement?, S. 234. Auch an dieser Stelle wird die Pflicht des Aufsichtsrates zur Überwachung des (vom Vorstand einzurichtenden) Risikomanagements nicht etwa auf den Rechnungslegungsprozess wie in § 315 Abs. 2 Nr. 5 bzw. § 289 Abs. 5 HGB beschränkt, was die Auffassung von einem umfassend zu implementierenden Risikomanagementsystem stützt.

[189] Vgl. GANZ, P., Finanzwirtschaftliches Risikomanagement, S. 326; GUNKEL, M., Gestaltung des Risikomanagements, S. 9.

[190] Vgl. VERBAND DEUTSCHER TREASURER E. V. (HRSG.), Governance in der Unternehmens-Treasury, S. 9. Der Mangel konkreter Ausführungen ist darauf zurückzuführen, dass die Erwartung des Gesetzgebers an die Angemessenheit von unternehmensindividuellen Faktoren abhängt. Vgl. BÖCKING, H.-J./ORTH, C., Risikomanagement und Abschlussprüfung, S. 245; LEHNER, U., Abschlussprüfung und Risikomanagement, S. 27 f.; ERBEN, R., Risk Management Standards, S. 3. Hierzu zählen etwa Branchenzugehörigkeit, Unternehmensgröße, Wachstumsstrategie oder Kostenstruktur des Unternehmens.

[191] Vgl. KIMPEL, R./LISSEN, N./OFFERHAUS, J., Risikomanagement-Standards, S. 68; HORVÁTH, P., Anforderungen an IKS, S. 214.

[192] Vgl. IDW PS 261, vormals IDW PS 260.

[193] Diese explizite Empfehlung wird auch von der *International Federation of Accountants* (ISA 330 bzw. vormals ISA 400), der *United States Securities and Exchange Commission* (SEC Finale Rule II.B.3.a) sowie vom *Public Company Accounting Oversight Board* ausgesprochen. Vgl. MENZIES, C., Sarbanes-Oxley Act, S. 84; PAETZMANN, C., Interne Revision in Reformbestrebungen, S. 24.

und risikoorientierten Unternehmenssteuerung führte im Jahr 2004 zu einer erweiterten Version des Konzeptes in COSO II (ERM).[194] Die Struktur des Standards ist aufgrund der postulierten unternehmensindividuellen Angemessenheit des Risikomanagementsystems weitgehend unabhängig von Parametern wie der Branchenzugehörigkeit und der Unternehmensgröße.[195] Der modulartig gestaltete Leitfaden orientiert sich an den drei Dimensionen des COSO-Würfels, die in einem wechselseitigen Verhältnis zueinander stehen.[196] COSO ERM fördert die Erreichung der Unternehmensziele **(Zieldimension)** durch die geeignete Umsetzung der Unternehmensstrategie, den effektiven und effizienten Umgang mit den Unternehmensressourcen sowie durch die Zuverlässigkeit des Berichtswesens und die Einhaltung von Vorschriften bzw. Gesetzen und bezieht sich dabei auf die gesamte betriebliche Organisationsstruktur **(Organisationsdimension)**.[197]

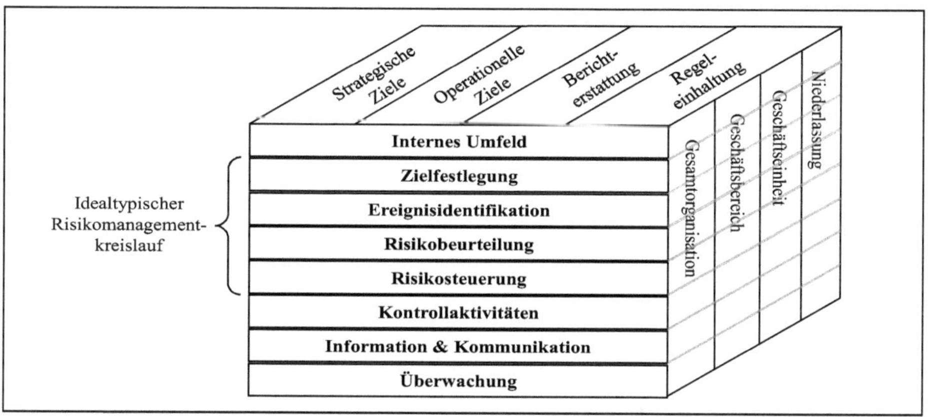

Abbildung 3-2: Aufbau eines Risikomanagementsystems nach COSO II[198]

Die acht Bausteine der **Komponentendimension** formen den klassischen Risikomanagementprozess. Ausgangspunkt ist das interne Umfeld, das die Grundlage für sämtliche nachfolgenden Prozessschritte bildet und für deren Effektivität maßgeblich ist.[199] Die Schritte der Zielfestlegung, der Ereignisidentifikation sowie der Beurteilung und Steuerung von Risiken geben den **idealtypischen Risikomanagementkreislauf** wieder.[200] Damit Führungspersonal und Mitarbeiter ihren

[194] Vgl. GLEIßNER, W., Grundlagen des Risikomanagements, S. 42.

[195] Vgl. NIMWEGEN, S./KOELEN, P., COSO bei der Beschreibung von IKS und RMS, S. 2012.

[196] Vgl. NIMWEGEN, S., Vermeidung und Aufdeckung von Fraud, S. 57.

[197] Vgl. GLEIßNER, W., Grundlagen des Risikomanagements, S. 42; WITHUS, K.-H., ISO 31000 Risikomanagement, S. 175.

[198] In Anlehnung an COSO (HRSG.), Enterprise Risk Management, S. 5.

[199] Vgl. NIMWEGEN, S./KOELEN, P., COSO bei der Beschreibung von IKS und RMS, S. 2012. Elemente des internen Umfelds sind etwa unternehmensspezifische organisatorische Strukturen, Grundsätze der Personalpolitik oder Ethikrichtlinien.

[200] Vgl. zum Risikomanagementkreislauf LÜCK, W., Managementrisiken, S. 325. Die Kontrolle wird gelegentlich als Teil des idealtypischen Risikomanagementkreislaufs aufgefasst. Hier stehen indes die Risikosteuerungsmaßnahmen und deren bilanzielle Abbildung im Mittelpunkt. Vgl. zur Erläuterung der Kontrollaktivitäten VERBAND DEUTSCHER TREASURER E. V. (HRSG.), Governance in der Unternehmens-Treasury, S. 23-25; HANNEMANN, R./SCHNEIDER, R., MaRisk, S. 222; BUNGARTZ, O., Interne Kontrollsysteme, S. 264 f.

Pflichten hinsichtlich des Risikomanagements angemessen nachkommen können, sind ferner geeignete Kommunikationsinstrumente zur internen Informationsvermittlung sowie Kontroll- und Überwachungssysteme zur Wahrung der Effektivität und Effizienz des Risikomanagementsystems zu installieren.[201]

Neben COSO haben sich in der Praxis weitere Rahmenkonzepte mit allgemein anerkannten Mindestanforderungen an die Gestaltung des Risikomanagements und Grundsätzen zur Steuerung von finanziellen Risiken herauskristallisiert, z. B. die Leitlinien der Schmalenbach-Gesellschaft und des Verbandes deutscher Treasurer oder die auf den Industriesektor übertragene MaRisk (BA).[202] Wenngleich eine vollständige Harmonisierung der Rahmenkonzepte noch nicht erreicht werden konnte,[203] stehen die meisten zueinander im **Einklang**.[204] Speziell die Prozessschritte des Risikomanagementkreislaufs folgen den elementaren Komponenten von COSO ERM, wenngleich die verschiedenen Konzepte die einzelnen Schritte unterschiedlich detailliert konkretisieren.[205] Nachfolgend werden die im Einklang stehenden, allgemein anerkannten Mindestanforderungen und praktizierten Methoden hinsichtlich der Zielfestlegung sowie der Erfassung, Beurteilung und Steuerung der in dieser Arbeit im Mittelpunkt stehenden **Marktpreisrisiken** beleuchtet.

323.2 Zielfestlegung

Im Rahmen von Beschaffungs-, Produktions- und Absatzentscheidungen muss das Management stets zwischen den angestrebten Ergebnissen und den damit verbundenen Risiken abwägen.[206] Eine wesentliche Aufgabe der Unternehmensführung besteht daher in der Formulierung einer **Risikomanagementstrategie**, die häufig direkt auf der Geschäftsstrategie aufbaut.[207] Darin werden zunächst die strategischen Risiken identifiziert und die als unternehmensindividuell optimal befundenen Reaktionen in Form von strategischen Maßnahmen zur Bewältigung von Marktpreisrisiken festgelegt.[208] Die Grenzen der Risikotoleranz für die verschiedenen Marktpreisrisiken werden dabei von der Unternehmensleitung definiert und dokumentiert. Für Industrieunternehmen ist es von elementarer Bedeutung, dass im Leistungserstellungsprozess ein bestimmter Höchstkurs auf der Beschaffungsseite bzw. ein bestimmter Mindestkurs auf der Absatzseite nicht über- bzw. unterschritten werden darf. Die entsprechenden Kurse werden durch die Herstellungskosten und die

---

201 Vgl. BOURQUI, C./BLUMER, A., Internal Control, S. 1073; ULLRICH, W., Internes Kontrollsystem, S. 292.

202 Vgl. WINTER, P., Risikocontrolling, S. 139-141; PwC (HRSG.), Risiko-Management-Benchmarking (2011/2012), S. 14. Bei den industriespezifischen Konzepten handelt es sich vor allem um *Risikomanagement und Risikocontrolling in Industrie- und Handelsunternehmen* des Arbeitskreises „Finanzierungsrechnung" der Schmalenbach-Gesellschaft für Betriebswirtschaft e. V., *Governance in der Unternehmens-Treasury* des Verbandes Deutscher Treasurer e. V., *ISO 31000* eines internationalen Expertengremiums oder *ONR 49000 ff.* des österreichischen, *AS/NZS 4360:2004* des australisch-neuseeländischen bzw. *JIS Q 2001:2001* des japanischen Normeninstituts. Gleichzeitig werden auch die *Mindestanforderungen an das Risikomanagement (MaRisk (BA))* der Bundesanstalt für Finanzdienstleistungsaufsicht auf den Industriesektor übertragen. Vgl. VERBAND DEUTSCHER TREASURER E. V. (HRSG.), Governance in der Unternehmens-Treasury, S. 11; CLARK, J., Hedge-Effektivität, S. 45.

203 Vgl. WINTER, P., Risikocontrolling, S. 151.

204 Vgl. GLEIßNER, W., Grundlagen des Risikomanagements, S. 44 sowie S. 46; WINTER, P., Risikocontrolling, S. 148; WITHUS, K.-H., ISO 31000 Risikomanagement. S. 180.

205 Vgl. hierzu ERBEN, R., Risk Management Standards, S. 24; RINCK, T., Management von Marktpreisrisiken, S. 288.

206 Vgl. GEBHARDT, G./MANSCH, H., Risikomanagement und Risikocontrolling, S. 32.

207 Vgl. WOHLERT, D., Regelungsinhalte der MaRisk, S. 116; WITHUS, K.-H., ISO 31000 Risikomanagement, S. 176.

208 Vgl. IFRS 9.BC6.329; BÜNTING, H., Commodity-Risikomanagement, S. 405.

operative Gewinnmarge determiniert und im Planungsprozess von der Unternehmensleitung festgelegt. Dabei sollten sämtliche involvierten Organisationseinheiten wie etwa die Geschäftsbereiche Einkauf sowie Produktion für die Kalkulation der Planvolumina und der Bereich Kostenkalkulation für die Planung der Beschaffungs- und Absatzpreise einbezogen werden.[209] Auch im Devisen- und Zinsmanagement gilt es, bei der Konvertierung von Importaufwendungen oder Exporterlösen in Fremdwährung bzw. bei der Bereitstellung finanzieller Mittel nicht gegen bestimmte Grenzen zu verstoßen. Die Risikomanagementstrategie setzt dabei stets am höchsten Aggregationsniveau der möglichen Risikosteuerung an und ist langfristig ausgelegt.[210]

Zur Umsetzung der Risikomanagementstrategie wird diese anschließend für die operative Ebene konkretisiert, indem einzelne Maßnahmen festgelegt werden. Die Risikomanagementstrategie wird folglich auf die einzelnen Risikopositionen und die darauf abgestimmten risikoreduzierenden Maßnahmen heruntergebrochen, so dass sich die übergeordnete Strategie in deren operativen Zielsetzungen niederschlägt. Das **Risikomanagementziel** wird folglich auf Ebene eines konkreten Steuerungs- bzw. Absicherungsverhältnisses zwischen originärer Risikoposition und risikoreduzierender Maßnahme formuliert und bestimmt, wie die ergriffene Steuerungsmaßnahme zur Risikoreduktion der originären Risikoposition eingesetzt werden muss, um somit die übergeordnete Strategie adäquat umzusetzen.[211] Auf dieser Ebene muss in Übereinstimmung mit der Risikomanagementstrategie entschieden werden, ob die Vermeidung von Wertschwankungen oder von Zahlungsstromschwankungen als Ziel definiert wird.[212]

Bei der Festlegung von Zielen und strategischen Maßnahmen sind Risiken und Chancen sowohl in Form von externen **Einflussfaktoren**, z. B. beobachtete Marktpreisentwicklungen, die Wettbewerbssituation oder das regulatorische Umfeld, als auch in Form von internen Einflussfaktoren wie der Risikopräferenz und der Risikotragfähigkeit des Unternehmens angesichts der aktuellen Vermögens-, Finanz- und Ertragslage zu beachten.[213] Speziell der Grad der Risikoaversion nimmt entscheidenden Einfluss auf die Wahl der im Rahmen der Risikobewältigung zu implementierenden (Finanz-)Instrumente.[214] Ferner sind über die künftige Entwicklung der verschiedenen Einflussfaktoren **Annahmen** zu treffen, die regelmäßig sowie ggf. anlassbezogen zu überprüfen sind.

323.3 Ereignisidentifikation

Eine systematische Risikoidentifikation mit direktem Bezug zur Risikomanagementstrategie ist der Ausgangspunkt des operativen Risikomanagements. Aus der Unternehmensperspektive entstehen Risiken vor allem aus Änderungen in den externen oder internen Rahmenbedingungen und der daraus resultierenden mangelnden Zweckmäßigkeit der gewählten Strategien bzw. der daraus abgeleiteten operativen Maßnahmen. Aufgabe des Risikomanagements ist es folglich, wesentliche Risiken frühzeitig zu identifizieren, um das Unternehmen in die Lage zu versetzen, schnell auf diese

209 Vgl. REISCH, R., Konzern-Treasury, S. 380.
210 Vgl. IFRS 9.BC6.329 f.; BAFIN (HRSG.), MaRisk, AT 4.2, Tz. 2.
211 Vgl. IFRS 9.BC6.329.
212 Vgl. VERBAND DEUTSCHER TREASURER E. V. (HRSG.), Governance in der Unternehmens-Treasury, S. 45; SCHARPF, P., Finanzrisiken, S. 258.
213 Vgl. BAFIN (HRSG.), MaRisk, AT 4.2, Tz. 1; HANNEMANN, R./SCHNEIDER, R., MaRisk, S. 996; BÜNTING, H., Commodity-Risikomanagement, S. 105.
214 Vgl. BROLL, U./WAHL, J., Wechselkursrisiko, S. 27 f.

veränderten Zustände zu reagieren.[215] Eine zielgerichtete und hierarchische Systematik zur Risikoidentifikation verhindert, dass wesentliche Risiken vernachlässigt und folglich nicht gesteuert werden.[216] Dabei sollten die von Güterpreis-, Währungs- und Zinsänderungsrisiken **betroffenen Risikopositionen** und die externen und internen Einflussfaktoren möglichst vollständig erfasst und nachvollziehbar dargestellt werden.[217]

323.4 Risikobeurteilung

Das Risikobeurteilungsinstrumentarium dient der Quantifizierung des Gefährdungspotenzials aller identifizierten Risikopositionen. Im Regelfall werden die verschiedenen Marktpreisrisiken, d. h. Güterpreis-, Währungs- und Zinsänderungsrisiken separat organisiert, beurteilt und gesteuert.[218] Bei der Quantifizierung ist das bevorzugte **Aggregationsniveau** (einzelne Risikopositionen oder Portfolios) zur Risikosteuerung zu berücksichtigen, das häufig bereits durch den Grad der Zentralisierung in der Risikomanagementorganisation angelegt ist.[219] Werden verschiedene Risikopositionen mit voneinander abweichenden Marktpreissensitivitäten aggregiert, sind stets die entsprechenden **Diversifikationseffekte** zu beachten.[220] In die Risikobeurteilung sind auch geschlossene, d. h. (vermeintlich) abgesicherte Risikopositionen einzubeziehen, um ein objektives Urteil darüber zu erhalten, ob sich die realisierten Risiken und Chancen von Position und Gegenmaßnahme tatsächlich neutralisieren oder ob Restrisiken (ökonomische Ineffektivitäten) verbleiben.[221]

Die Risikobewertung selbst wird regelmäßig mittels anerkannter **statistisch-mathematischer Methoden und Kennzahlen** durchgeführt. Die Methoden zur Quantifizierung von Marktpreisrisiken werden in Messverfahren, für die Kenntnisse über die Wahrscheinlichkeitsverteilung der Risikofaktoren erforderlich sind, und Verfahren ohne jegliche Verteilungsannahme untergliedert.[222] Zu letzteren zählen die von Industrieunternehmen häufig angewandten Sensitivitäts- und Szenarioanalysen.[223] Bei der Sensitivitätsanalyse wird die Wirkung einer Änderung von einzelnen oder mehreren Risikofaktoren auf die (ggf. aggregierten) Risikopositionen untersucht, wobei neben

---

215 Hinsichtlich der erforderlichen Regelmäßigkeit der Risikoidentifikation werden indes gelegentlich Nachlässigkeiten festgestellt; vgl. PwC (Hrsg.), Risiko-Management-Benchmarking (2011/2012), S. 26.

216 Vgl. Hannemann, R./Schneider, R., MaRisk, S. 221.

217 Vgl. BaFin (Hrsg.), MaRisk, AT 4.3.2, Tz. 2. Hierzu sollte das Unternehmen Fachexperten mit entsprechenden Marktkenntnissen und -erfahrungen hinzuziehen. Vgl. Bungartz, O., Interne Kontrollsysteme, S. 265.

218 Vgl. Clark, J., Hedge-Effektivität, S. 46.

219 Vgl. Gebhardt, G./Mansch, H., Risikomanagement und Risikocontrolling, S. 47 f.

220 Vgl. Romeike, F./Hager, P., Erfolgsfaktor Risiko-Management, S. 150; Erben, R., Risk Management Standards, S. 13.

221 Vgl. Scharpf, P./Luz, G., Risikomanagement und Bilanzierung von Finanzderivaten, S. 139; Verband deutscher Treasurer e. V. (Hrsg.), Governance in der Unternehmens-Treasury, S. 35.

222 Vgl. Wiedemann, A., Treasury-Management, S. 509.

223 Vgl. Scharpf, P./Luz, G., Risikomanagement und Bilanzierung von Finanzderivaten, S. 78; Wiedemann, A., Finanzielles Risikomanagement, S. 382; Gonschorek, D./Gonschorek, T., Zinsmanagement, S. 720; Köhne, M. F., Risikoartenübergreifende Steuerung, S. 322; Ernst & Young (Hrsg.), European Treasury, S. 13; Gebhardt, G./Ruß, O., Derivative Finanzinstrumente im Risikomanagement, S. 76 f. Dies kann auf die extremen Preisschwankungen und die verhältnismäßig geringe Liquidität von Gütermärkten zurückgeführt werden. Vgl. Verband deutscher Treasurer e. V. (Hrsg.), Governance in der Unternehmens-Treasury, S. 47. In den von der KPMG im Jahr 2007 befragten Unternehmen setzen etwa die Hälfte aller Unternehmen Szenarioanalysen schon allein zur Quantifizierung der Rohstoffpreisrisiken (speziell bzgl. Öl-, Metall- und Energiepreisen) ein; vgl. KPMG (Hrsg.), Energie- und Rohstoffpreise (2007), S. 18.

Güterpreisen, Wechselkursen und Zinssätzen vor allem auch Parameter wie die Volatilität der Marktpreise und der Zeithorizont variiert werden.[224] Bei der Szenarioanalyse werden alternative Entwicklungen von Güterpreisen, Wechselkursen oder Zinsniveaus und deren Konsequenzen für die Positionen bestimmt, wobei von Unternehmen sowohl Normal- als auch Stressszenarien für atypische Marktbewegungen eingesetzt werden.[225] Aus den Verfahren mit einer Wahrscheinlichkeitsverteilung werden von Industrieunternehmen in erster Linie Ausprägungen des *Value-at-risk*-Ansatzes implementiert.[226] Diese ermöglichen Wahrscheinlichkeitsaussagen über den maximalen erwarteten Verlust des Marktwertes, der innerhalb einer bestimmten Haltedauer mit einer vorgegebenen Wahrscheinlichkeit nicht überschritten wird.[227]

323.5 Risikosteuerung

Die Risikosteuerung basiert meist auf einem System von **Risikolimiten**, die von der Geschäftsleitung genehmigt und dokumentiert werden und im Einklang mit der Risikomanagementstrategie und den damit verbundenen Zielen der operativen Ebene stehen.[228] Im Rahmen weniger differenzierter Risikomanagementsysteme werden einfache Methoden zur Limitierung von Güterpreis-, Währungs- und Zinsänderungsrisiken wie Volumenslimite pro Risikoart und Geschäfts- bzw. Produktklasse (z. B. offene Positionen pro Periode), Limite für Kurswertänderungen (z. B. *Stop-loss-* oder *Take-profit*-Limite)[229] oder am Periodenergebnis orientierte Verlustlimite eingesetzt. Für Unternehmen mit komplexeren Organisationsstrukturen wird empfohlen, dezentrale Teillimite für verschiedene Geschäftsarten und Portfolios festzulegen und anspruchsvollere, direkt auf das Risiko bezogene Methoden zur Begrenzung von Marktpreisrisiken wie Szenariolimite (z. B. *Worst-case*-Limite)[230], Sensitivitätslimite (z. B. *Basis-point-value*-Limite)[231], bei Optionsgeschäften Limitierungen der sog. *greeks* (vor allem Delta, Gamma, Vega und ggf. Rho)[232] oder *Value-at-risk*-Limite anzuwenden.[233]

224 Vgl. WIEDEMANN, A., Treasury-Management, S. 204.

225 Vgl. VERBAND DEUTSCHER TREASURER E. V. (HRSG.), Governance in der Unternehmens-Treasury, S. 37; COOPERS & LYBRAND (HRSG.), Generally Accepted Risk Principles, S. 87; WITHUS, K.-H., ISO 31000 Risikomanagement, S. 178.

226 Vgl. CLARK, J., Hedge-Effektivität, S. 46; WIEDEMANN, A., Finanzielles Risikomanagement, S. 382; GEBHARDT, G./MANSCH, H., Risikomanagement und Risikocontrolling, S. 154; KPMG (HRSG.), Energie- und Rohstoffpreise (2007), S. 18; ERNST & YOUNG (HRSG.), European Treasury, S. 13.

227 Durch analytische *Value-at-risk*-Verfahren wird der *value at risk* jedes einzelnen Risikofaktors anhand dessen Volatilität ermittelt und abhängig vom Aggregationsniveau über (verschiedene) Korrelationsmatrizen zur Gesamtrisikoposition kumuliert; vgl. KORTE, T./ROMEIKE, F., Praxisleitfaden zur MaRisk, S. 85 f. Die wesentlichen Modellprämissen des Varianz-Kovarianz-Ansatzes, die vor allem in der Normalverteilung der Parameter und in der Stabilität von Standardabweichungen und Korrelationen liegen, werden häufig kritisiert. Nicht-parametrische Lösungsansätze zur Ermittlung des *value at risk* finden sich hingegen in historischen Simulationen. Hier werden die Ergebnisschwankungen einzelner Modellparameter in der Vergangenheit als Schätzer für künftige Entwicklungen herangezogen. Alternativ kann die Entwicklung der Risikofaktoren innerhalb komplexerer Risikomanagementsysteme auch mittels stochastischer Prozesse modelliert werden (z. B. in Monte Carlo-Simulationen). Vgl. ROMEIKE, F./HAGER, P., Erfolgsfaktor Risiko-Management, S. 142; RINCK, T., Management von Marktpreisrisiken, S. 306 f.

228 Vgl. GEBHARDT, G./MANSCH, H., Risikomanagement und Risikocontrolling, S. 33.

229 Ein *Stop-loss*-Limit begrenzt den maximalen Verlust einer definierten Position. Mit einem *Take-profit*-Limit werden erzielte Gewinne gegen negative Kursentwicklungen gesichert, indem die Position geschlossen wird.

230 Der Verlust darf bei einem bestimmten *Worst-case*-Szenario einen definierten Betrag nicht überschreiten.

231 Der Verlust aufgrund einer marginalen Veränderung des Risikoparameters (z. B. Veränderung des Zinssatzes um einen Basispunkt) darf einen festgelegten Betrag nicht überschreiten.

232 Dabei handelt es sich um die Sensitivität des Optionspreises hinsichtlich des Kassakurses (Delta), der Veränderung des Kassakurses (Gamma) und der Volatilität des Kassakurses (Vega) bzw. hinsichtlich des Zinssatzes (Rho).

Der Vorteil dieser anspruchsvolleren Instrumente liegt darin, dass – etwa im Vergleich zu einfachen Volumenslimiten – ein direkter Bezug zum Marktpreisrisiko hergestellt wird, so dass nicht auf einen Nominalbetrag der Position, sondern vielmehr auf den maximal zulässigen Verlust abgestellt wird.[234] Wenngleich einzelne Limite vom Management vorgegeben werden, ist das Personal der Treasury-Abteilung häufig mit einem Verfügungsrahmen ausgestattet und entscheidet aufgrund seiner Einschätzung der Märkte, welcher konkrete Umfang der zu steuernden Risikoposition mit welcher spezifischen Maßnahme zu welchem Zeitpunkt gesichert wird (selektive Absicherung)[235]. Dadurch soll zum einen die optimale Steuerungswirkung und zum anderen regelmäßig auch die Finanzierung der Treasury-Abteilung durch einen Handelsgewinn erreicht werden.[236]

Bei der Umsetzung eines Limitsystems ist das **Aggregationsniveau** der Risikosteuerung aus der Risikomanagementstrategie und den damit verbundenen Zielsetzungen abzuleiten. In Industrieunternehmen werden, abhängig von den konkreten Risikopositionen, sowohl Güterpreis- als auch Währungs- und Zinsänderungsrisiken regelmäßig teilweise auf Basis einzelner Geschäfte und teilweise auf Nettobasis gesteuert.[237] So kann eine Strategie der Einzelabsicherung spezieller Zahlungsströme bzw. Erfolgsbeiträge vor allem bei der Begrenzung von Preisrisiken spezifischer, inhomogener Rohstoffe und Produkte durch eine passgenaue Maßnahme präziser und ggf. zielführender sein.[238] Besonders im Währungs- und Zinsmanagement (über Fremdwährungs- oder Zinsbindungsbilanzen)[239] sowie bei der Steuerung vergleichsweise homogener Güter werden die entsprechenden Risikopositionen hingegen meist auf aggregierter Basis reglementiert,[240] da die Absicherung aggregierter und ggf. aufgerechneter (Differenz-)Beträge erhebliche Kosten einspart und gleichzeitig den Kreditrisiken der Geschäftspartner Rechnung trägt.[241] Das Aggregationsniveau orientiert sich ferner häufig an der Organisation des Risikomanagements. Speziell im Fall einer dezentralen Steuerungsorganisation werden verschiedene Geschäfte isoliert betrachtet bzw. abgesichert, während im Fall der Implementierung eines zentralen Risikomanagements regelmäßig nur der Spitzenbetrag der aggregierten und sich ggf. kompensierenden Geschäfte gesichert wird.[242] Im Fall

[233] Vgl. BAFIN (HRSG.), MaRisk, BTR 2.1, Tz. 1; DEUTSCHER SPARKASSEN- UND GIROVERBAND (HRSG.), MaRisk-Interpretationsleitfaden, S. 269 f.; SCHARPF, P., Finanzrisiken, S. 267.

[234] Vgl. SCHARPF, P./LUZ, G., Risikomanagement und Bilanzierung von Finanzderivaten, S. 184.

[235] Vgl. GLAUM, M./FÖRSCHLE, G., Finanzwirtschaftliches Risikomanagement, S. 583; GEBHARDT, G./MANSCH, H., Risikomanagement und Risikocontrolling, S. 86.

[236] Vgl. INTERNATIONAL ENERGY ACCOUNTING FORUM (HRSG.), Hedge Accounting (paper 7), S. 2; BARCKOW, A., in: Baetge et al., Rechnungslegung nach IFRS, IAS 39, Rn. 216; BARCKOW, A., Derivate und Sicherungsbeziehungen, S. 60.

[237] Vgl. KLÖCKER, A., Hedge Accounting, S. 217; GEBHARDT, G./MANSCH, H., Risikomanagement und Risikocontrolling, S. 87.

[238] Vgl. KPMG (HRSG.), Energie- und Rohstoffpreise (2007), S. 4.

[239] Vgl. GEBHARDT, G./MANSCH, H., Risikomanagement und Risikocontrolling, S. 87 f.; VERBAND DEUTSCHER TREASURER E. V. (HRSG.), Governance in der Unternehmens-Treasury, S. 43; RINCK, T., Management von Marktpreisrisiken, S. 301.

[240] Vgl. GEBHARDT, G./MANSCH, H., Risikomanagement und Risikocontrolling, S. 79 und S. 87 zu Währungsrisikopositionen sowie KLÖCKER, A., Hedge Accounting, S. 187-189 zu Zinsrisikopositionen.

[241] Vgl. GEBHARDT, G./MANSCH, H., Risikomanagement und Risikocontrolling, S. 87; FÖRSCHLE, G./GLAUM, M., Finanzwirtschaftliches Risikomanagement, S. 26; BÜNTING, H., Commodity-Risikomanagement, S. 406; BECKER, K./KROPP, M., in: von Wysocki et al., HdJ, Abt. IIIa/4, Rn. 318; BELLAVITE-HÖVERMANN, Y./BARCKOW, A., in: Baetge et al., Rechnungslegung nach IFRS, IAS 39 (a. F., Stand: Juni 2005), Rn. 162 f.

[242] Vor allem die Steuerung des Güterpreisrisikos ist häufig dezentral organisiert, da die spezifischen Charakteristika verschiedener Waren einer Aggregation für Steuerungszwecke meist entgegenstehen und da dezentrale Steuerungs-

der zentralen Organisation werden die operativen Teileinheiten z. T. dazu verpflichtet, ihre Risikopositionen zunächst durch interne Kontrakte mit der zentralen Treasury-Abteilung abzusichern, bevor diese die Risiken – regelmäßig nur auf Grundlage von Informationen über die Nettorisikopositionen der Teileinheiten – über am Markt abgeschlossene Instrumente externalisiert.[243]

Für die durch das Limitsystem und das Aggregationsniveau definierten Risikopositionen sind die **konkreten Risikosteuerungsmaßnahmen** sowie deren volumenmäßiger Umfang, Zeithorizont und Toleranzzone aus der Risikostrategie abzuleiten. Die verschiedenen Alternativen innerhalb des risikostrategischen Instrumentariums werden nachfolgend erläutert, wobei die Absicherung von Marktpreisrisiken mittels derivativer Finanzinstrumente im Mittelpunkt steht.

33 Die Absicherung von Marktpreisrisiken mittels derivativer Finanzinstrumente

331. Einordnung der Risikoabsicherung in das risikostrategische Instrumentarium

Fundierte strategische Entscheidungen über Beschaffungs-, Produktions- und Absatzmaßnahmen und deren Finanzierung setzen eine detaillierte Abwägung der damit angestrebten Ziele mit den einhergehenden Risiken voraus. Liegt ein zusätzliches Risiko einer beabsichtigten Transaktion innerhalb der risikostrategischen Vorgaben der Unternehmensführung (Limite), kann die Risikoposition prinzipiell eingegangen werden. Andernfalls muss auf die Handlung und deren Ergebnisbeitrag verzichtet werden, es sei denn, dass es dem Unternehmen durch risikostrategische Maßnahmen gelingt, das Gesamtrisiko unter das entsprechende Risikolimit zu senken.[244]

Das grundsätzliche Ziel auf der operativen Ebene des Risikomanagements besteht folglich darin, dafür zu sorgen, dass die in der Entwicklung der Risikostrategie gesetzten Risikolimite durch geeignete risikostrategische Maßnahmen nicht überschritten werden.[245] Die potenziellen Maßnahmen können dabei verschiedenen risikoreduzierenden Strategien bzw. Instrumenten zugeordnet werden, die sich im Grad der Risikoübernahme sowie in der technischen Umsetzung unterscheiden. Risikoreduzierende Strategien und Instrumente weisen dabei einen ambivalenten Charakter in der Form auf, dass die Volatilität der originären Risikoposition und somit nicht nur die Risiken, sondern auch die mit der Risikoposition verbundenen Chancen, zumindest zu einem gewissen Grad, vermieden werden.[246]

einheiten über bessere Markt- und Produktkenntnisse verfügen. Vgl. KPMG (HRSG.), Energie- und Rohstoffpreise (2007), S. 12; KLÖCKER, A., Hedge Accounting, S. 187 und S. 189; GEBHARDT, G./MANSCH, H., Risikomanagement und Risikocontrolling, S. 132.

243 Vgl. INTERNATIONAL ENERGY ACCOUNTING FORUM (HRSG.), Hedge Accounting (paper 7), S. 4; CLARK, J., Hedge-Effektivität, S. 34 und S. 46; GLAUM, M., Finanzwirtschaftliches Risikomanagement, S. 61; KLÖCKER, A., Hedge Accounting, S. 187-189; SCHWARZ, C., Derivative Finanzinstrumente und Hedge Accounting, S. 38 f.

244 Vgl. GEBHARDT, G./MANSCH, H., Risikomanagement und Risikocontrolling, S. 32.

245 Vgl. zur Steuerung über Risikolimite Abschnitt 323.5.

246 Vgl. KIRSCH, H.-J./DETTENRIEDER, D., Die Abbildung von Risiken und Chancen in der Finanzberichterstattung, S. 116.

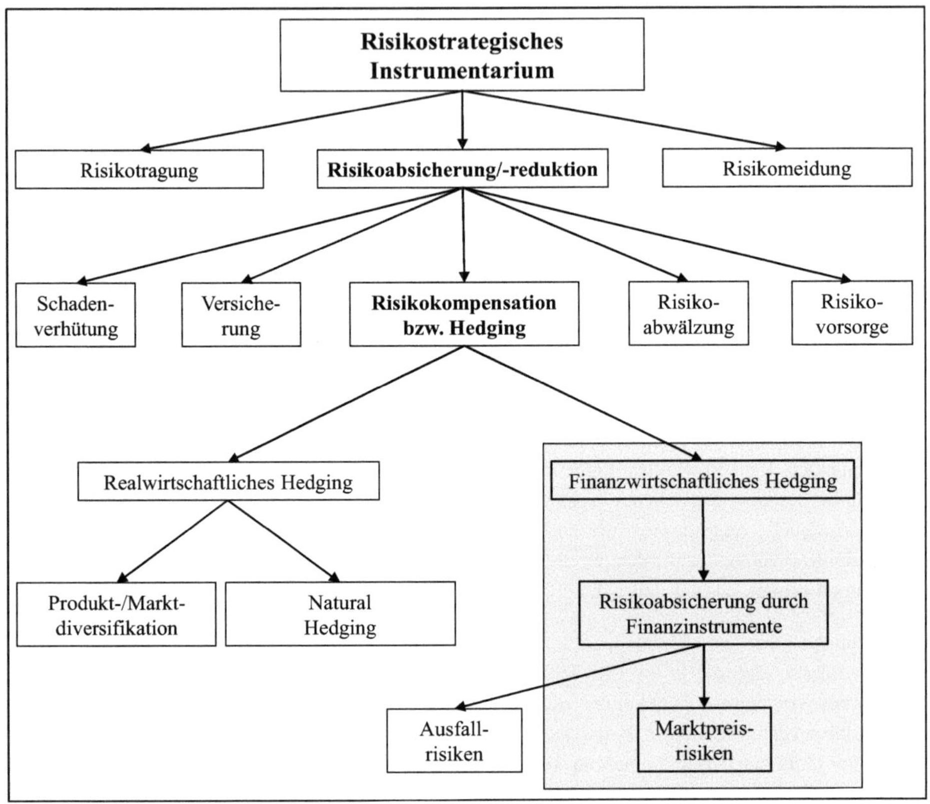

Abbildung 3-3: Risikopolitische Strategien und Instrumente[247]

Die Ausgangsposition wird durch Entscheidungen der Vergangenheit bedingt und umfasst alle aus dem realwirtschaftlichen Leistungserstellungsprozess und dessen Finanzierung entstehenden Risiken. Liegt das Risiko auf einem der Risikotoleranz entsprechendem Niveau, so kann das eingegangene Risiko vollständig getragen werden **(Risikotragung)**. Ferner kann die Geschäftsleitung nach einer Abwägung von Risiken und Chancen mit Blick auf die aktuelle Vermögens-, Finanz- und Ertragslage entscheiden, ob weitere Risikopositionen, z. B. durch die Annahme neuer Aufträge oder durch die Erweiterung der Geschäftstätigkeiten bzw. -felder und damit verbundener Investitionen, eingegangen und somit auch zusätzliche Risiken getragen werden können. Die **Risikomeidung** als entgegengesetzte extreme Risikostrategie bezeichnet den Verzicht auf bestimmte risikobehaftete Geschäfte. Da unternehmerische Risiken bei einer Fortführung des Leistungserstellungsprozesses nicht gänzlich vermieden werden können, kann sich diese Strategie nur auf einzelne

[247] In Anlehnung an KARTEN, W., Risk Management, Sp. 3831-3834.

Aufträge, Geschäftsfelder oder Investitionen beziehen.[248] Alternativ werden Geschäfte risikobegrenzend nur bis zu einem den risikostrategischen Vorgaben entsprechenden Limit abgeschlossen.[249]

Zwischen diesen beiden Extremstrategien steht dem Management eine Vielzahl von risikoreduzierenden Strategien bzw. Instrumenten zur Verfügung. Maßnahmen der **Schadenverhütung** bezwecken in erster Linie eine Reduktion von Betriebsrisiken und Risiken des operativen finanzwirtschaftlichen Bereiches, indem die Wahrscheinlichkeit des Eintritts eines Schadenereignisses oder das Ausmaß des Schadens verringert wird.[250] Wird die **Versicherung** von Risiken im Leistungserstellungsprozess am Markt angeboten, so können Risiken hierdurch wirksam begrenzt werden, sofern der Sicherungsgeber im Schadensfall leisten kann. Bei der Versicherung handelt es sich um eine passive Strategie, da weder die Eintrittswahrscheinlichkeit noch die Schadenhöhe modifiziert werden, sondern vielmehr lediglich die Wirkung des Risikos übertragen wird.[251] Allerdings ist die Umsetzung durch das begrenzte Versicherungsangebot für Marktpreisrisiken in Beschaffungs- und Absatzkonditionen häufig nicht möglich bzw. regelmäßig unwirtschaftlich.[252] Bei Maßnahmen der **Risikoabwälzung** werden Preisrisiken durch einen Vertragsabschluss über künftige Transaktionen unmittelbar an einen fremden Dritten abgegeben und somit aktiv gesteuert.[253] In der Praxis werden Marktpreisrisiken oftmals durch feste Vertragsvereinbarungen an Lieferanten oder Abnehmer übertragen. Abhängig von der Definition des Risikos ist dies entweder über eine Vereinbarung von Festpreisen oder über eine Koppelung der Preiskonditionen an eine variable Komponente möglich.[254] Die Anwendbarkeit ist jedoch von den Marktgepflogenheiten und der unternehmensindividuellen Marktmacht in den Vertragsverhandlungen abhängig und häufig eingeschränkt.[255] Die **Risikovorsorge** liegt auf einer separaten Ebene risikostrategischer Maßnahmen, da durch die Risikovorsorge originäre Risiken nicht reduziert, sondern vielmehr die Konsequenzen des Risikoeintritts abgefedert und somit bestandsgefährdende Risiken abgewendet werden.[256]

Risikokompensation bzw. Hedging ist eine Form der Risikoreduktion, bei der temporär ein möglichst entgegengesetztes Engagement für bestehende oder erwartete Risikopositionen mit dem Ziel aufgebaut wird, dass sich Gewinne und Verluste aus beiden Positionen weitgehend kompensieren.[257] Somit wird einer Position, die dem Risiko eines Wertverlustes bzw. verringerter Zahlungsstromüberschüsse ausgesetzt ist, eine Position mit einer entsprechenden Chance im Fall der ungünstigen Entwicklung gegenübergestellt.[258] Abhängig vom Aggregationsniveau der abzusi-

---

248 Vgl. GEBHARDT, G./MANSCH, H., Risikomanagement und Risikocontrolling, S. 33.
249 Vgl. BARCKOW, A., in: Baetge et al., Rechnungslegung nach IFRS, IAS 39, S. 205.
250 Vgl. KARTEN, W., Risk Management, Sp. 3831-3834.
251 Vgl. BRÜNGER, C., Risikomanagement mit COSO, S. 166.
252 Vgl. KARTEN, W., Risk Management, Sp. 3834.
253 Vgl. BARCKOW, A., in: Baetge et al., Rechnungslegung nach IFRS, IAS 39, Rn. 205.
254 Vgl. BÜNTING, H., Commodity-Risikomanagement, S. 407.
255 Vgl. KPMG (HRSG.), Energie- und Rohstoffpreise (2007), S. 14.
256 Vgl. GEBHARDT, G./MANSCH, H., Risikomanagement und Risikocontrolling, S. 34; KPMG (HRSG.), Energie- und Rohstoffpreise (2007), S. 14.
257 Vgl. KUHN, S./SCHARPF, P., Rechnungslegung von Financial Instruments, S. 351.
258 Vgl. BECKMANN, R., Termingeschäfte und Jahresabschluss, S. 72 f.

chernden Risikoposition kann Risikokompensationsmaßnahmen auch die Bildung einer Nettorisikoposition aus einzelnen gegenläufigen Risikopositionen vorausgehen. Während es sich bei der Aggregation bzw. Aufrechnung nicht um ein risikostrategisches Instrument handelt und lediglich das Wissen über die bereits bestehenden Güterpreis-, Währungs- und Zinsrisikopositionen genutzt wird,[259] ist die Wirkung bei Betrachtung der einzelnen Risikopositionen vergleichbar, da sich ebenfalls gegenläufige Positionen gegenüberstehen.

Im Rahmen des **realwirtschaftlichen Hedging** werden leistungswirtschaftliche Geschäfte durch rein leistungswirtschaftliche Gegengeschäfte, d. h. ohne den Abschluss zusätzlicher Finanzinstrumente abgesichert.[260] Eine Risikoreduktion durch realwirtschaftliches Hedging ist immer dann möglich, wenn mehrere Geschäfte mit unterschiedlichen und sich teilweise kompensierenden Risiko-Chancen-Profilen (speziell bei **Produkt- oder Marktdiversifikation**) abgeschlossen werden, wodurch sich vor allem Güterpreis- und Währungsrisiken verringern lassen.[261] Gestaltet ein Unternehmen die operative Geschäftstätigkeit in der Form, dass sich die Marktpreisrisiken einzelner Transaktionen wechselseitig kompensieren, so wird dies als **Natural Hedging** bezeichnet.[262] Dies ist z. B. dann zu beobachten, wenn durch Rückwärtsintegration eines Rohstofflieferanten das Güterpreisrisiko aus Konzernsicht reduziert werden kann oder wenn der Kauf bzw. Verkauf von Waren in denjenigen Währungsräumen forciert wird, in denen bereits eine Währungsrisikoposition besteht, so dass sich die Fremdwährungseingänge und -ausgänge möglichst in gleicher Höhe gegenüberstehen (ggf. auch langfristig durch Standortoptimierung).[263]

Im **finanzwirtschaftlichen Hedging** werden Risiken durch mit einer externen Partei kontrahierte Finanzinstrumente begrenzt.[264] Da Marktpreisrisiken, die im Zuge der Leistungserstellung und deren Finanzierung entstehen, im industriebetrieblichen Risikomanagement meist durch Strategien des finanzwirtschaftlichen Hedging gesteuert werden (ggf. auch anschließend an das realwirtschaftliche Hedging), steht jene Form der Risikokompensation im Mittelpunkt dieser Arbeit. Hedging bezeichnet hier also eine Absicherungsstrategie, die durch den Abschluss einer Position mit möglichst exakt gegenläufigem Risiko-Chancen-Profil eine kompensatorische Wirkung hinsichtlich etwaiger Marktpreisschwankungen entfaltet, so dass sich Gewinne und Verluste aus der originären Risikoposition und dem absichernden Finanzinstrument bestmöglich neutralisieren.[265] Finanzwirtschaftliches Hedging ist dabei grds. sowohl mit finanziellen Kassageschäften als auch mit Termingeschäften möglich,[266] wobei Marktrisikopositionen typischerweise mit Hilfe von Waren-, Währungs- und Zinsderivaten abgesichert werden. Bei dieser Form der Risikoabsicherung entsteht ein (Rest-)Risiko, sofern das eingesetzte Derivat nicht exakt dem Absicherungsbedürfnis entspricht.

[259] Vgl. BÜNTING, H., Commodity-Risikomanagement, S. 406; BERGSCHNEIDER, C./KARASZ, M./SCHUMACHER, R., Risikomanagement im Energiehandel, S. 101.

[260] Vgl. WILDEMANN, H., Hedging im globalen Einkauf, S. 61.

[261] Vgl. GEBHARDT, G./MANSCH, H., Risikomanagement und Risikocontrolling, S. 34.

[262] Vgl. VERBAND DEUTSCHER TREASURER E. V. (HRSG.), Governance in der Unternehmens-Treasury, S. 43.

[263] Vgl. HOFMANN, E./WESSELY, P., Natural Hedging, S. 130 f.; BMW (HRSG), Strategische Neuausrichtung, S. 1; REISCH, R., Konzern-Treasury, S. 312 f.

[264] Vgl. EWELT-KNAUER, C., Berichtsinstrument der wirtschaftlichen Einheit, S. 151.

[265] Vgl. BARCKOW, A., in: Baetge et al., Rechnungslegung nach IFRS, IAS 39, Rn. 205; KUHN, S./SCHARPF, P., Rechnungslegung von Financial Instruments, S. 351.

[266] Vgl. SCHARPF, P./LUZ, G., Risikomanagement und Bilanzierung von Finanzderivaten, S. 295.

Dies tritt u. a. regelmäßig bei einer Divergenz von Basiswert, Lieferkonditionen oder Laufzeit der sich (weitgehend) kompensierenden Positionen auf.[267] Folglich ist die Kongruenz von Risikoposition und absicherndem Instrument sorgfältig zu prüfen.

332. Derivatemärkte

332.1 Funktionsweise

Für Derivativgeschäfte gibt es in der Literatur keine einheitliche **Begriffsdefinition**,[268] weshalb im Folgenden die rechnungslegungsspezifische Definition eines derivativen Finanzinstrumentes in IFRS 9 herangezogen wird. In IFRS 9 wird ein Finanzinstrument als **Derivat** bezeichnet, sofern es die drei nachstehenden Merkmale kumulativ erfüllt:[269]

1. Der Wert des Finanzinstrumentes ändert sich infolge eines bestimmten Zinssatzes, Preises eines Finanzinstrumentes, Rohstoffpreises, Wechselkurses, Preis- oder Zinsindexes, Bonitätsratings oder Kreditindexes oder einer ähnlichen Variablen (als Basiswert bezeichnet).

2. Das Finanzinstrument erfordert keine Anschaffungsauszahlung bzw. eine deutlich geringere Anschaffungsauszahlung im Vergleich zu anderen Vertragsformen, von denen zu erwarten ist, dass sie in ähnlicher Weise auf Änderungen der Marktbedingungen reagieren (Hebelwirkung des Derivates).[270]

3. Das Finanzinstrument wird zu einem späteren Zeitpunkt beglichen (Terminhandel).

Der Zweck derivativer Finanzinstrumente besteht darin, Risiken handelbar zu machen und über den Marktmechanismus eine effiziente Allokation von Risiken zu gewährleisten.[271] Derivative Finanzinstrumente werden sowohl börslich als auch außerbörslich gehandelt. **Börsenmäßig organisierte Terminmärkte** zeichnen sich durch einen hohen Standardisierungsgrad aus. Durch sachlich, räumlich und zeitlich standardisierte Gestaltungsmerkmale sind börslich gehandelte Termingeschäfte weitgehend fungibel. Die Fixierung von Mengen und Qualität sowie die Bestimmung des Kontrakthandelsplatzes und der Erfüllungsorte ermöglichen die erforderliche Losgrößentransformation und Liquidität zur Erfüllung der Transaktionswünsche von Marktteilnehmern. Die Vorgabe fester Fälligkeitstermine erhöht ferner die Fristentransparenz und erleichtert die Prolongation bzw. die Glattstellung der Kontrakte. Der Handel selbst bleibt dabei anonym. Dies wird ermöglicht, indem eine sog. Clearingstelle als Geschäftspartner *(counterparty)* zwischen Käufer und Verkäufer zwischengeschaltet wird. Ein Kontrakt kommt nur dann zustande, wenn die Clearingstelle für zwei Verträge mit identischen Charakteristika sowohl einen Käufer als auch einen Verkäufer findet und diese erfolgreich zusammenführen kann *(matching)*. Wird das Ausfallrisiko der Clearingstelle minimiert, so können die Kreditrisiken der Kontraktpartner weitgehend oder vollständig ausge-

---

267 Vgl. zu den Abweichungen zwischen Risikoposition und Absicherungsinstrument Abschnitt 333.5.
268 Vgl. BEIKE, R./BARCKOW, A., Risk-Management mit Finanzderivaten, S. 2.
269 Vgl. IFRS 9 Appendix A, Defined terms.
270 Vgl. KUHN, S., Bilanzierung von Finanzinstrumenten, S. 105.
271 Vgl. PROKOPCZUK, M./BACK, J., Commodity Derivatives Valuation, S. 1.

schaltet und aufwendige Bonitätsprüfungen vermieden werden. Der Handel und die Kontrakte selbst unterliegen dabei einer staatlichen und berufsständischen Aufsicht.[272]

Der Handel auf sog. **Over the Counter (OTC)-Märkten** läuft häufig telefonisch (mittlerweile vermehrt unterstützt durch elektronische Brokersysteme) und über direkte Kontakte der Marktteilnehmer ab. Nutzen Industrieunternehmen Derivate zur Absicherung von Risiken im Leistungserstellungsprozess, benötigen diese aufgrund ihres spezifischen Geschäftsmodells und den damit verbundenen Risiken häufig maßgeschneiderte Produkte, die auf OTC-Märkten vor allem von Banken und anderen spezialisierten Finanzdienstleistern angeboten werden. Der wesentliche Vorteil von OTC-Produkten liegt also in der Individualität dieser Handelsform hinsichtlich Basiswert, Lieferkonditionen, Laufzeit und Vertragsart, wobei sich für einige Handelsprodukte (z. B. auf dem Energiemarkt) eine gewisse Standardisierung feststellen lässt.[273] Nachteilig ist indes die fehlende Clearingstelle, wodurch sich die Kontrahenten auf die Solidität des Vertragspartners verlassen und folglich dessen Kreditrisiko tragen müssen. Vertragspartner gehen daher regelmäßig bilaterale Besicherungen ein (in erster Linie Barmittel). Unregelmäßige Bewertungs- und Nachschusszyklen, Mängel in den Methoden zur Kalkulation der Risikoposition, Marktmacht und ähnliche Faktoren können allerdings zu Mängeln in der eigentlich maßgeschneiderten bilateralen Besicherung führen.[274] Darüber hinaus werden vor allem die geringe Markttransparenz sowie eine gelegentlich geringe Liquidität kritisiert, die auf die spezifischen Gestaltungsmerkmale der derivativen Finanzinstrumente zurückzuführen ist. OTC-Termingeschäfte weisen folglich ein anderes Risikoprofil als entsprechende Börsengeschäfte auf. Wenngleich OTC-Märkte eine gewisse Standardisierung erfahren haben und gut organisiert sind, fehlt es ihnen dennoch an einer strikten nationalen und supranationalen Aufsichts- und Überwachungsstruktur.[275] Die EU-Kommission folgte bislang dem sog. *Sophisticated-investors*-Prinzip. Der **mangelnde Regelungsrahmen** wurde demnach mit der Erfahrenheit, der wirtschaftlichen Leistungsfähigkeit und einem schwach ausgeprägten Bedürfnis der Marktteilnehmer an zusätzlichen Informationen begründet.[276]

Aufgrund der vielfältigen Gestaltungsmöglichkeiten von OTC-Derivaten und der mittlerweile etablierten Marktinfrastruktur ist der **Anteil der OTC-Instrumente** wesentlich höher als derjenige börsengehandelter Kontrakte. Die Bank für Internationalen Zahlungsausgleich (BIZ), die als Bank der Zentralbanken fungiert, stellt seit Jahren einen rapiden Anstieg des OTC-Derivatevolumens fest. Nach dem kurzfristigen Rückgang infolge der Finanzmarktkrise betrug das weltweit ausstehende Nominalvolumen der OTC-Derivate zum Jahresende 2011 647,762 (zum Jahresende 2000: 95,199

[272] Vgl. BEIKE, R./BARCKOW, A., Risk-Management mit Finanzderivaten, S. 9 f.
[273] Vgl. BEIKE, R./BARCKOW, A., Risk-Management mit Finanzderivaten, S. 9 sowie speziell für Warenderivate SCHWARTZ, E., Stochastic Behavior of Commodity Prices, S. 939 f.; GEBHARDT, G./MANSCH, H., Risikomanagement und Risikocontrolling, S. 135. Darüber hinaus erschweren Spezifika von Warenderivaten (besonders die *convenience yield*) die Absicherung mit börsengehandelten Instrumenten; vgl. NG, V. K./PIRRONG, S. C., Fundamentals and Volatility, S. 213.
[274] Nach Einschätzung der Deutsche Bank AG decken bilaterale Besicherungsübereinkommen nur ungefähr 66 % der ausstehenden Risikopositionen ab; vgl. DEUTSCHE BANK (HRSG.), OTC-Derivate, S. 4.
[275] Vgl. DEUTSCHE BANK (HRSG.), Marktinfrastruktur für Derivate, S. 7.
[276] Vgl. NIETSCH, M./GRAEF, A., Regulierung der OTC-Derivatemärkte, S. 1361.

bzw. 2005: 284,819) Billionen Dollar.[277] Damit repräsentieren OTC-Instrumente rund 92 % des gesamten Derivatemarktes.

332.2 Regulierung von Derivatemärkten

Dem fehlenden Regelungsrahmen für OTC-Derivatemärkte und der damit verbundenen Marktintransparenz ist eine maßgebliche Rolle bei der Entstehung der Finanzmarktkrise zugeschrieben worden.[278] Dabei haben OTC-Derivate nach Auffassung der Europäischen Kommission bedeutenden Einfluss auf die Realwirtschaft.[279] Die Staats- und Regierungschefs der Gruppe der zwanzig wichtigsten Industrie- und Schwellenländer (G-20) einigten sich daraufhin über diverse Maßnahmen zur **Verbesserung der Stabilität von OTC-Märkten**.[280] Neben der Erfassung sämtlicher Derivativgeschäfte in einem **Transaktionsregister**[281] werden demnach vor allem alle standardisierten[282] OTC-Derivate künftig über ein Clearing mittels zentraler Gegenpartei abgewickelt.[283] Durch diese **Clearingstellen** sollen die Kreditrisiken der Kontraktpartner und die damit verbundene Ansteckungsgefahr im Finanzsektor verringert werden.[284] Hierfür werden die Clearingstellen zur Absicherung regelmäßig Barreserven oder Wertpapiere *(margins)* von den Marktteilnehmern einfordern. Die Clearingpflicht erfasst neben Finanzdienstleistern auch Industrieunternehmen, sofern deren offene Positionen eine bestimmte, nach Marktpreisrisikoart unterschiedlich hohe Clearingschwelle *(clearing threshold)* überschreiten. Bilaterale Derivate, die auf spezielle Industriebedürfnisse zugeschnitten sind und folglich nicht an Börsen gehandelt werden können, bleiben zwar prinzipiell zulässig. Für solche Transaktionen ohne zentrales Clearing werden aller-

277 Vgl. BIZ (Hrsg.), Quarterly Review (June 2012), Statistical Annex, A131 und A136.

278 Vgl. Europäisches Parlament (Hrsg.), EU-Verordnung Nr. 648/2012, Rn. 4. Diese Verordnung wurde als European Market Infrastructure Regulation, kurz *EMIR*, bekannt.

279 Vgl. Europäische Kommission (Hrsg.), Derivatemärkte, S. 1.

280 Vgl. Geier, B./Mirtschink, D., OTC-Derivate-Regulierung durch EMIR und MIFID II/MiFIR, S. 102; Litten, R./Schwenk, A., EMIR-Auswirkungen auf Unternehmen der Realwirtschaft (Teil 1), S. 857.

281 Vgl. Europäisches Parlament (Hrsg.), EU-Verordnung Nr. 648/2012, Titel 2 Art. 9 Abs. 1.

282 Diesbezüglich dürfen Clearingstellen teilweise selbst entscheiden, welche Kontrakte sie als standardisiert definieren und folglich abwickeln. Umgekehrt besteht für die zuständigen Behörden (speziell die ESMA) die Möglichkeit, Kontrakte generell für clearingpflichtig zu erklären. Vgl. Dippold, M., OTC-Regulierung, S. 2. Die Spezifizierung der als standardisiert i. S. d. Art 5 Abs. 2 EMIR geltenden OTC-Derivate, die damit einer Clearingpflicht unterworfen werden, wird in einem von den nationalen Aufsichtsbehörden und der ESMA gesteuerten Prozess bestimmt und gem. Art. 6 EMIR im öffentlichen Register, das wiederum über die Internetpräsenz der ESMA zugänglich ist, publiziert; vgl. Litten, R./Schwenk, A., EMIR-Auswirkungen auf Unternehmen der Realwirtschaft (Teil 2), S. 918. Vgl. zur Darstellung des Prozesses Gstädtner, T., Regulierung der Märkte für OTC-Derivate, S. 150.

283 Vgl. Europäisches Parlament (Hrsg.), EU-Verordnung Nr. 648/2012, Titel 2 Art. 2 Abs. 1 sowie Litten, R./Schwenk, A., EMIR-Auswirkungen auf Unternehmen der Realwirtschaft (Teil 1), S. 859-861 zu den Meldepflichten sowie zu den Ausnahmen für Industrieunternehmen. Vgl. zur Klassifizierung von als finanzielle und nichtfinanzielle Gegenparteien bezeichneten Unternehmen Teuber, H./Schöpp, O., Auswirkungen der Derivate-Regulierung EMIR auf Unternehmen in Deutschland, S. 210.

284 Vgl. zu den konkreten Anforderungen Litten, R./Schwenk, A., EMIR-Auswirkungen auf Unternehmen der Realwirtschaft (Teil 2), S. 918-920. Die wichtigste Voraussetzung für die erfolgreiche Implementierung zentraler Clearingstellen besteht darin, dass diese die Risiken angemessen bewerten und übernehmen können. Vgl. Deutsche Bank (Hrsg.), Marktinfrastruktur für Derivate, S. 11. Besonders die jüngst veröffentlichten globalen Standards der *International Organization of Securities Commission* (IOSCO), die auf eine internationale Harmonisierung der Wettbewerbsbedingungen und Risikomanagementstandards zielen, verschärfen die Anforderungen an das Risikomanagement der Clearingstellen und sehen umfangreiche Stresstests und Margenbestimmungen vor, die sich auch auf die an Industrieunternehmen gestellten Konditionen auswirken dürften; vgl. Deutsche Bank (Hrsg.), Reform des OTC-Derivatemarktes, S. 2.

dings ab dem 1. Januar 2015 erhöhte **Anforderungen an das Risikomanagement**, speziell an Vorkehrungen zur Risikominimierung von nicht-geclearten Derivatetransaktionen, wie z. B. eine umfassendere Dokumentations- und Meldepflicht für eine gesteigerte Risikotransparenz, eine Portfoliokomprimierung zur Reduktion des Gegenparteiausfallrisikos sowie eine höhere Kapitalunterlegung und Bereitstellung von Liquidität, gestellt.[285] Von den Anforderungen an das Risikomanagement und besonders von der Pflicht zur bilateralen Besicherung werden voraussichtlich wiederum jene Unternehmen ausgenommen, die die hierfür vorgesehene Schwelle nicht überschreiten.[286] Ferner wird höchstwahrscheinlich auch eine **Obergrenze für spekulative Warenderivate** eingeführt werden, die in erster Linie die Spekulation mit Industrierohstoffen und Nahrungsmitteln auf europäischer Ebene einschränken soll.[287]

Die skizzierten Vereinbarungen wurden in der EU-Initiative *European Market Infrastructure Regulation* **(EMIR)** festgehalten und durch die Veröffentlichung der „EU-Verordnung Nr. 648/2012 über OTC-Derivate, zentrale Gegenparteien und Transaktionsregister" als europäisches Pendant zum US-amerikanischen Dodd-Frank-Act im August 2012 für alle EU-Mitgliedsländer unmittelbar rechtskräftig und adressieren erstmals direkt auch Unternehmen der Realwirtschaft.[288] Die EMIR überlässt dabei die Regelung technischer Einzelheiten weitgehend der Europäischen Kommission und deren europäischen Aufsichtsbehörden, wobei vor allem die ESMA die Verantwortung für die Gestaltung der Umsetzungsmaßnahmen übernimmt (in sog. Technischen Regulierungs- bzw. Durchführungsstandards (RTS bzw. ITS).[289] Mit Blick auf die drohende Clearingpflicht bzw. die erhöhten Anforderungen an das Risikomanagement ist für Industrieunternehmen speziell die **Clearingschwelle** von zentraler Bedeutung.[290] Diese greift bei Marktpreisrisikopositionen eines Industrieunternehmens im Fall eines OTC-Nominalvolumens der eingegangenen Rohstoff-, Devisen- und Zinsderivate von jeweils drei Milliarden Euro (Bruttonennwert).[291] Derivate, die die Anwendungsvoraussetzungen der internationalen Rechnungslegungsvorschriften zum Hedge

---

[285] Vgl. TEUBER, H./SCHÖPP, O., Auswirkungen der Derivate-Regulierung EMIR auf Unternehmen in Deutschland, S. 210-212 sowie EUROPÄISCHES PARLAMENT (HRSG.), EU-Verordnung Nr. 648/2012, Titel 2 Art. 11 Abs. 3 und EUROPÄISCHES PARLAMENT (HRSG.), EU-Verordnung Nr. 149/2013, Art. 12-15, S. 20-22.

[286] Vgl. DEUTSCHES AKTIENINSTITUT & VERBAND DEUTSCHER TREASURER E. V. (HRSG.), Risikomanagement mit Derivaten (2012), S. 3.

[287] Vgl. EUROPÄISCHE KOMMISSION (HRSG.), Entwurf MiFID II, Titel IV Art. 59 Abs. 1. In der nationalen Politik sind diese Positionslimite stark umstritten. Während einige Parteien lediglich Positionskontrollen einführen und den Handel mit bestimmten Rohstoffderivaten nur im Einzelfall beschränken möchten, fordern wiederum andere ein absolutes Verbot von bestimmten Produkten (z. B. Anlageprodukte von Rohstoff-Indexfonds); vgl. WELTWIRTSCHAFT, ÖKOLOGIE & ENTWICKLUNG E. V., EU-Finanzreform und Rohstoffspekulation (Mai 2012), S. 6 f.; FINANCE WATCH (HRSG.), Financial Markets MiFID II, S. 46 f.

[288] Vgl. LITTEN, R./SCHWENK, A., EMIR-Auswirkungen auf Unternehmen der Realwirtschaft (Teil 1), S. 857-859.

[289] Vgl. EUROPÄISCHES PARLAMENT (HRSG.), EU-Verordnung Nr. 648/2012, Rn. 10.

[290] Vgl. EUROPÄISCHES PARLAMENT (HRSG.), EU-Verordnung Nr. 648/2012, Rn. 30 f.; DEUTSCHE BANK (HRSG.), OTC-Derivate, S. 10.

[291] Vgl. EUROPÄISCHES PARLAMENT (HRSG.), EU-Verordnung Nr. 648/2012, Art. 11; ESMA (HRSG.), Draft Technical Standards on OTC Derivatives, Art. 10 Abs. 4 (b) der EU-Verordnung Nr. 648/2012 sowie zur Ermittlung der Risikopositionen EUROPÄISCHES PARLAMENT (HRSG.), EU-Verordnung Nr. 648/2012, Titel 2 Art. 10 Abs. 1 (b); LITTEN, R./SCHWENK, A., EMIR-Auswirkungen auf Unternehmen der Realwirtschaft (Teil 1), S. 861. Dabei ist auf eine gleitende Durchschnittsposition abzustellen, die die Schwelle für einen Zeitraum von 30 Tagen überschreitet; vgl. LITTEN, R./SCHWENK, A., EMIR-Auswirkungen auf Unternehmen der Realwirtschaft (Teil 2), S. 919. Das Überschreiten der Clearingschwelle für eine Marktpreisrisikokategorie infiziert dabei die Derivatepositionen der übrigen Kategorien, auch wenn der diesbezügliche Schwellenwert (noch) nicht erreicht wird.

Accounting nach IAS 39 bzw. IFRS 9 erfüllen, gehen dabei explizit nicht in die Positionsermittlung ein.[292] Nach Abschluss einer intensiven Konsultationsphase zeichnet sich ab, dass lediglich wenige große Industrieunternehmen in den Bereich der Clearingpflicht fallen werden.[293] Ferner wird in den Vorschlägen zur neuen Europäischen Richtlinie über Märkte für Finanzinstrumente (MiFID) hinsichtlich spekulativer Warenderivate deutlich, dass der spekulative Anteil an den Terminmärkten für Industrierohstoffe und Nahrungsmittel durch Positionslimite eingeschränkt, der Markt aber an sich aufrechterhalten werden soll, so dass das realwirtschaftliche Interesse an der Ware selbst oder an einer Absicherung in Form des finanzwirtschaftlichen Hedging geschützt wird.[294]

Dennoch äußert die deutsche Industrie **Bedenken**, dass die Regulierung zu einer **stärkeren Standardisierung** der derivativen Finanzinstrumente führt und die in der Industrie häufig genutzten und speziell auf das operative Geschäft zugeschnittenen OTC-Derivate künftig nicht mehr angeboten werden.[295] Diese Bedenken werden durch die im Rahmen der Basel III-Umsetzung verabschiedeten EU-Richtlinie (CRD IV) und -Verordnung (CCR) zusätzlich genährt.[296] Diese umfassen erhöhte Kapitalvorgaben[297] für OTC-Derivate, wodurch Banken verstärkt auf standardisierte und clearingpflichtige Produkte ausweichen dürften.[298] Die Befürchtungen der deutschen Industrie scheinen sich dahingehend zu bewahrheiten, als dass sich bereits jetzt immer mehr Banken dazu verpflichten, ihre Derivate über zentrale Clearingstellen abzuwickeln.[299] Werden von Industrieunternehmen nunmehr verstärkt standardisierte Kontrakte zur Absicherung von Marktpreisrisiken eingesetzt, harmonieren Risikoposition und Derivat möglicherweise nicht mehr wie bislang.[300] Möchte ein Unternehmen etwa ein Rohstoffpreisrisiko absichern, so wird es am Markt nur in Ausnahmefällen ein hinsichtlich Basiswert, Lieferkonditionen und Laufzeit passgenaues Instrument finden. Auf solche börsengehandelten Instrumente auszuweichen, bedeutet allerdings, die offenen Risikopositionen mangels speziell zugeschnittener Sicherungsmaßnahmen nicht adäquat schließen zu können und somit einer gewissen Beeinträchtigung in der Kompensationswirkung ausgesetzt zu sein.

---

292 Vgl. Europäisches Parlament (Hrsg.), EU-Verordnung Nr. 648/2012, Titel 2 Art. 10 Abs. 3. Vgl. Knoch, A., Derivate-Regulierung, S. 1; ESMA (Hrsg.), Draft Technical Standards on OTC Derivatives, Rn. 59 und Rn. 67. Dies gilt indes nicht für die nationalen Vorschriften zum Hedge Accounting.

293 Vgl. ESMA (Hrsg.), Draft Technical Standards on OTC Derivatives, Art. 10 Abs. 4 (b) der EU-Verordnung Nr. 648/2012; Litten, R./Schwenk, A., EMIR-Auswirkungen auf Unternehmen der Realwirtschaft (Teil 2), S. 919.

294 Vgl. Europäische Union (Hrsg.), MiFID II, S. 1.

295 Bei den Bedenkenträgern handelt es sich u. a. um BASF SE, Deutsche Bank AG, E.ON SE, Linde AG, RWE AG sowie Siemens AG. Vgl. Koenen, J./Flauger, J., Derivateregulierung und Bilanzierung, S. 1.

296 Vgl. Bosch, R./Ertogrul, D., Regulierung von OTC-Derivaten und deren Liquiditätswirkung, S. 191 f.

297 Demnach soll künftig nicht nur der Ausfall des Kontrahenten aus dem OTC-Geschäft, sondern auch das Risiko einer Kreditverschlechterung mit regulatorischem Eigenkapital unterlegt werden; vgl. Deutsches Aktieninstitut & Verband deutscher Treasurer e. V. (Hrsg.), Risikomanagement mit Derivaten (2012), S. 3.

298 Vgl. Deutsches Aktieninstitut & Verband deutscher Treasurer e. V. (Hrsg.), Risikomanagement mit Derivaten (2012), S. 3 f.

299 Vgl. Gaumert, U./Götz, S./Ortgies, J., Basel III, S. 55 f. Darüber hinaus bekunden Konzerne ihre Besorgnis hinsichtlich der neuen Sicherheitsanforderungen an OTC-Derivate, speziell mit Blick auf die erforderlichen Liquiditätsbelastungen im Fall einer Pflicht zur erhöhten bilateralen Besicherung. Eine Absicherung durch Derivate käme möglicherweise nicht mehr in Frage, da das Liquiditätsrisiko durch die hohen Anforderungen an die bereitzustellenden Sicherheiten für viele Unternehmen existenziell wäre. Vgl. Deutsche Bank (Hrsg.), CL Derivatives and Market Infrastructures, S. 2; Deutsches Aktieninstitut & Verband deutscher Treasurer e. V. (Hrsg.), Risikomanagement mit Derivaten (2012), S. 3.

300 Vgl. Deutsche Bank (Hrsg.), OTC-Derivate, S. 9.

333. Systematisierung risikokompensierender Strategien

333.1 Überblick

Durch die Implementierung risikokompensierender Strategien des finanzwirtschaftlichen Hedging soll erreicht werden, dass Wertschwankungs- oder Zahlungsstromrisiken von originären Risikopositionen vor dem Hintergrund stark volatiler Marktpreise wirksam reduziert werden. Die einzelnen Strategien des finanzwirtschaftlichen Hedging lassen sich dabei anhand der wesentlichen Eigenschaften der Elemente innerhalb eines ökonomischen Absicherungsverhältnisses und deren Kompensationswirkung systematisieren.[301] Im Risikomanagement wird zunächst die abzusichernde Risikoposition in Abhängigkeit vom Konkretisierungsgrad und dem zur Steuerung vorgesehenen Aggregationsniveau bestimmt, wobei zwischen Absicherungen von kontrahierten und antizipierten bzw. einzelnen und zusammengefassten Positionen differenziert werden kann. Anschließend wird diejenige Kompensationsmaßnahme identifiziert, die in den wertbestimmenden Gestaltungsmerkmalen, speziell Basiswert, Lieferkonditionen sowie Laufzeit, möglichst genau mit der Risikoposition übereinstimmt, um so eine effektive Absicherung zu gewährleisten. Dabei muss gleichzeitig die Verfügbarkeit der Instrumente am Markt sowie die unternehmensindividuelle Risikoneigung berücksichtigt werden, die auch den Umfang der Absicherungsmaßnahme und damit die Deckung der originären Risikoposition bestimmen. Die im Einklang mit der Risikomanagementstrategie getroffene Entscheidung für ein symmetrisches oder ein asymmetrisches Risiko-Chancen-Profil der Absicherungsmaßnahme legt ferner die Grundform des risikokompensierenden Instrumentes fest und prägt damit die Kompensationswirkung entscheidend.

333.2 Ansätze der Risikoabsicherung

Im Rahmen des finanzwirtschaftlichen Hedging wird zwischen **zwei Ansätzen** zur Absicherung von Marktpreisrisiken differenziert, wobei die Entscheidung für den jeweiligen Ansatz aus der Risikomanagementstrategie bzw. den operativen Zielsetzungen resultiert und Einfluss auf die Spezifikationen des konkreten Finanzinstrumentes nimmt.[302] Der erste Ansatz besteht in der **Beseitigung eines Wertschwankungsrisikos** von Vermögenspositionen, das sich auch in erfolgswirksamen oder erfolgsneutralen Änderungen des Wertansatzes in der Bilanz niederschlagen kann. Solchen Risiken unterliegen nur diejenigen Risikopositionen, deren wesentlichen Preiskonditionen fixiert wurden (z. B. Rohstofflieferverträge mit Festpreisvereinbarungen bzgl. Warenpreis und ggf. Wechselkurs oder festverzinsliche Darlehen).[303] Dies ist darauf zurückzuführen, dass Geschäfte mit festen Konditionen per Definition keinen Änderungen der Zahlungsströme, dafür aber bei sich verändernden Marktkonditionen und dem damit verbundenen Opportunitätskalkül einem Marktwertrisiko durch eine Auf- oder Abwertung ausgesetzt sind.[304] Das Wertschwankungsrisiko kann in diesem Fall grds. nur durch solche Finanzinstrumente eliminiert werden, die fixe in variable Konditionen transformieren.

---

[301] Die Systematisierung in diesem Abschnitt ist angelehnt an die Ausführungen in SCHEFFLER, J., Hedge Accounting, S. 56-61.

[302] Vgl. ROMEIKE, F./HAGER, P., Erfolgsfaktor Risiko-Management, S. 208-212.

[303] Vgl. BARCKOW, A., in: Baetge et al., Rechnungslegung nach IFRS, IAS 39, Rn. 36.

[304] Vgl. SCHARPF, P., Finanzrisiken, S. 257.

Der zweite Ansatz zielt auf die **Beseitigung des Zahlungsstromrisikos**, das sich auch auf die Aufwands- und Ertragsposten des Periodenergebnisses, nicht indes auf den Wertansatz in der Bilanz auswirken kann. Solchen Risiken unterliegen wiederum nur diejenigen Risikopositionen, deren wesentlichen Preiskonditionen variabel gestaltet wurden und sich an dem zum Erfüllungszeitpunkt gültigen Marktniveau orientieren (z. B. Rohstofflieferverträge mit Preisgleitklauseln, Fremdwährungsforderungen oder variabel verzinsliche Anleihen).[305] Dies resultiert aus der Eigenschaft, dass Geschäfte mit variablen Konditionen stets zu marktgerechten Zahlungen führen und somit keinem (wesentlichen)[306] Wertschwankungsrisiko ausgesetzt sind. Das Zahlungsstromrisiko kann in diesem Fall nur durch Finanzinstrumente abgesichert werden, die variable in fixe Konditionen transformieren.

Die beiden Ansätze zur Absicherung von Marktpreisrisiken – aus Sicht des externen Rechnungswesens die bilanzorientierte Absicherung von Wertschwankungen einerseits und die am Periodenergebnis orientierte Absicherung von Zahlungsströmen andererseits – sind eng verbunden. Ein Unternehmen kann regelmäßig nicht beide Risikogrundformen simultan steuern bzw. absichern. Ein Unternehmen, das ein Geschäft mit fixierten Konditionen eingegangen ist und sich vor Marktwertschwankungen schützen möchte, müsste ein Instrument zur Absicherung wählen, das in Kombination mit der originären Risikoposition zu variablen Konditionen führt. Somit schließt es zwar das Wertschwankungsrisiko, geht jedoch simultan ein Zahlungsstromrisiko ein (et vice versa). Soll ein Risiko also abgesichert werden, muss prinzipiell das jeweils andere Risiko getragen werden.[307] Das nach der Sicherungsmaßnahme verbleibende, willentlich getragene Risiko wird allerdings vom Risikomanagement üblicherweise nicht mehr als Risikozustand interpretiert. Insofern ist es zwingend erforderlich, eine Zielhierarchie zwischen der Vermeidung von Wert- bzw. Zahlungsstromschwankungen zu definieren.[308]

333.3 Konkretisierungsgrad der Risikoposition

Risikokompensierende Strategien können dahingehend differenziert werden, ob die zu sichernde Risikoposition zum Zeitpunkt der Absicherung bereits vertraglich kontrahiert bzw. beim Unternehmen vorhanden ist oder aber geplant und mit hoher Wahrscheinlichkeit erwartet wird. Werden lediglich erwartete Transaktionen ohne Vertragsabschluss abgesichert, handelt es sich um Strategien des antizipativen Hedging, andernfalls um das Hedging kontrahierter Positionen. Industrieunternehmen sichern sich im Rahmen antizipativer Strategien insbesondere gegen schwan-

---

305 Vgl. BARCKOW, A., in: Baetge et al., Rechnungslegung nach IFRS, IAS 39, Rn. 238.

306 Falls die Konditionen nur in bestimmten Intervallen und nicht jederzeit angepasst werden, entsteht ein (geringeres) Wertschwankungsrisiko.

307 Vgl. BARCKOW, A., in: Baetge et al., Rechnungslegung nach IFRS, IAS 39, Rn. 239; VERBAND DEUTSCHER TREASURER E. V. (HRSG.), Governance in der Unternehmens-Treasury, S. 257. Vgl. zur ausnahmsweise simultanen Zielerreichung im Rahmen der Währungssicherung BORCHERT, M., Sicherung von Wechselkursrisiken, S. 15.

308 Vgl. VERBAND DEUTSCHER TREASURER E. V. (HRSG.), Governance in der Unternehmens-Treasury, S. 45; SCHARPF, P., Finanzrisiken, S. 258 sowie Abschnitt 323.2. Im Güterpreisrisikomanagement ist vor allem die Absicherung geplanter Transaktionen bedeutend. Entsprechend sichern sich die meisten Unternehmen bei der Steuerung von Güterpreisrisiken gegen das Zahlungsstromrisiko ab. Sind allerdings Vorräte bereits erworben oder Fertigerzeugnisse hergestellt, können diese ebenfalls mit Warentermingeschäften gegen Wertschwankungsrisiken, die aus einem Preisverfall bis zur Produktion bzw. Veräußerung resultieren, abgesichert werden. Vgl. KPMG (HRSG.), Energie- und Rohstoffpreise (2007), S. 15.

kende Zahlungsströme aus künftigen Rohstoffbezügen ab.[309] Ferner lässt sich eine Abstufung der in die abzusichernde Risikoposition einbezogenen künftigen Geschäfte feststellen, wobei i. d. R. mit zunehmender Konkretisierung die volumenmäßige Absicherung aufgestockt wird (speziell bei Währungsrisiken werden häufig nur vertraglich kontrahierte Positionen abgesichert).[310]

Die spezifische Eigenschaft des antizipativen Hedging besteht darin, dass durch das derivative Finanzinstrument kein tatsächlicher Verlust, sondern ein Opportunitätsverlust kompensiert wird. Das Unternehmen kann sich also durch antizipatives Hedging als vorteilhaft empfundene Marktpreisniveaus sichern. Wird die Transaktion später tatsächlich zu im Vergleich mit dem gesicherten Preisniveau ungünstigen Konditionen abgeschlossen, so wird dies durch die positive Wertentwicklung des absichernden Finanzinstrumentes neutralisiert.[311]

333.4 Aggregationsniveau der Risikoposition

Auf Grundlage des Aggregationsniveaus der Risikosteuerung von kontrahierten oder antizipierten Risikopositionen werden Mikro, Portfolio und Makro Hedges voneinander abgegrenzt.[312] Beim **Mikro Hedging** bezieht sich die Absicherungsmaßnahme auf ein einzelnes, eindeutig zuordenbares Geschäft („Eins-zu-Eins"-Absicherung).[313] Der Vorteil des Mikro Hedging wird darin gesehen, dass sich die Risikoposition genau identifizieren und das derivative Finanzinstrument möglicherweise exakt darauf abstimmen lässt. Der Nachteil besteht hingegen im hohen organisatorischen Aufwand und den hohen Transaktionskosten, da im Mikro-Ansatz eventuell existierende Diversifikationseffekte bereits bestehender Risikopositionen ignoriert werden.[314] Durch Strategien des Portfolio Hedging und des Makro Hedging beabsichtigen Unternehmen, diese Effizienznachteile zu beheben.[315]

Im Rahmen des **Portfolio Hedging** wird eine Vielzahl unterschiedlicher Risikopositionen zu einem eindeutig definierten und klar abgegrenzten Portfolio gebündelt und simultan abgesichert. Dabei werden normalerweise einzelne Geschäfte, die ein verwandtes Risiko-Chancen-Profil besitzen und hinsichtlich gleicher Risikofaktoren zu steuern sind, zusammengeführt.[316] Es kann zwischen Portfolios gleichgerichteter Positionen (Gruppenpositionen) und Portfolios, innerhalb derer sich die Werte der einzelnen Risikopositionen z. T. entgegengerichtet entwickeln können (Nettopositionen), unterschieden werden.[317] Für eine effektive Sicherungswirkung müssen die anschließend gewählten Derivate durch eine hohe und konstante (negative) Korrelation zur Gesamtrisikoposition gekenn-

---

[309] Vgl. KPMG (HRSG.), Energie- und Rohstoffpreise (2007), S. 15 und S. 23; BECKER, K./KROPP, M., in: von Wysocki et al., HdJ, Abt. IIIa/4, Rn. 238.

[310] Vgl. GEBHARDT, G./MANSCH, H., Risikomanagement und Risikocontrolling, S. 76 f.; IFRS 9.IE8-IE17 (Beispiel 1).

[311] Vgl. SCHEFFLER, J., Hedge Accounting, S. 59 f.

[312] Vgl. zum Aggregationsniveau der Risikosteuerung Abschnitt 323.5.

[313] Vgl. OEHLER, A./UNSER, M., Finanzwirtschaftliches Risikomanagement, S. 33.

[314] Vgl. Abschnitt 323.4 und Abschnitt 323.5.

[315] Vgl. KLÖCKER, A., Hedge Accounting, S. 30.

[316] Vgl. SCHEFFLER, J., Hedge Accounting, S. 57.

[317] Vgl. GROßE, J.-V., Problematik des Hedge Accounting, S. 37; BARCKOW, A., in: Baetge et al., Rechnungslegung nach IFRS, IAS 39, Rn. 224 f.

zeichnet sein.[318] Durch die Absicherung einer aggregierten bzw. aufgerechneten Gruppen- bzw. Nettoposition wird die Anzahl der erforderlichen Sicherungsmaßnahmen reduziert und somit die Effizienz gesteigert, gleichzeitig aber auch der Einsatz passgenauer Finanzinstrumente erschwert und die Wirksamkeit der Maßnahme ggf. reduziert.[319] Beim **Makro Hedging** werden ebenfalls aggregierte Positionen abgesichert. Der Unterschied zum Portfolio Hedging besteht in den nicht mehr klar abgegrenzten Portfolios. Vielmehr werden im Rahmen des Makro Hedging offene, d. h. fortwährenden Bestandsveränderungen ausgesetzte Portfolios meist im Rahmen dynamischer Ansätze (z. B. des klassischen Black/Scholes-Delta-Hedging)[320] gesteuert, wobei hier die Grenze zwischen gesicherten und sichernden Positionen durch die stetige Anpassung der Derivateposition an die Risikoposition und deren Charakteristika stark verschwimmen kann.[321]

333.5 Abweichungen zwischen Risikoposition und Absicherungsmaßnahme

Ein Absicherungsverhältnis mit **perfekter Kompensationswirkung** wird erreicht, wenn die wertbestimmenden Gestaltungsmerkmale von originärer Risikoposition und absicherndem Derivat exakt übereinstimmen. Die wertbestimmenden Merkmale bei güterwirtschaftlichen Absicherungsverhältnissen sind, vom Nominalwert abgesehen, in erster Linie der Basiswert und die damit verbundenen Lieferkonditionen sowie die Laufzeit.[322] Sind diese identisch, so neutralisieren sich, von Marktunvollkommenheiten zunächst abstrahiert, die Wertänderungen von Risikoposition und Derivat exakt, so dass die Absicherungsmaßnahme sowohl prospektiv als auch retrospektiv perfekt wirksam ist.[323] Ein solches Absicherungsverhältnis, das durch perfekt gegenläufige Wertentwicklungen seiner Bestandteile gekennzeichnet ist, wird als **effektiv** bezeichnet. Setzt das Unternehmen indes nicht genau auf die Risikoposition abgestimmte Derivate ein, so kann die Kompensationswirkung, abhängig von der konkreten Situation, nur bis zu einem bestimmten Grad gewährleistet werden.[324] Die realisierten Wertänderungen von Risikoposition und Derivat werden sich somit in aller Regel nicht vollständig neutralisieren. Der verbleibende Überhang der Wertänderungen von entweder originärer

---

318 Vgl. KLÖCKER, A., Hedge Accounting, S. 30; EDERINGTON, L., Hedging Performance, S. 162 f.; HAUSHALTER, D., Financing Policy, Basis Risk, and Corporate Hedging, S. 135.

319 Vgl. WIESE, R., Hedge Accounting und Effektivitätsmessung, S. 67.

320 Vgl. ALLEN, S./PADOVANI, O., Quasi-static Hedging, S. 278; SCHARPF, P./LUZ, G., Risikomanagement und Bilanzierung von Finanzderivaten, S. 190 f.

321 Vgl. FLICK, P./KRAKUHN, J./SCHÜZ, P., ED Hedge Accounting, S. 117; SCHWARZ, C., Derivative Finanzinstrumente und Hedge Accounting, S. 472; CLARK, J., Hedge-Effektivität, S. 35. Vgl. zur Diskussion der teilweise divergierenden Begriffsauffassungen SCHWARZ, C., Derivative Finanzinstrumente und Hedge Accounting, S. 32-37; KLÖCKER, A., Hedge Accounting, S. 31; GROßE, J.-V., Problematik des Hedge Accounting, S. 37. Dynamische Ansätze zeichnen sich dadurch aus, dass eine optimale Absicherung der Risikoposition zu jedem Zeitpunkt während der Absicherung beabsichtigt wird. Da diese Ansätze von Industrieunternehmen typischerweise nicht eingesetzt werden (vgl. BROWN, G., Managing FX-Risk, S. 430) und sich die Vorschriften in IFRS 9 ausschließlich auf die Absicherung geschlossener Portfolios beziehen, werden im Rahmen dieser Arbeit statische Ansätze betrachtet, die sich eine Kompensation zum Laufzeitende hinsichtlich während der Laufzeit eingetretener Marktpreisschwankungen zum Ziel setzen.

322 Vgl. GEBHARDT, G./MANSCH, H., Risikomanagement und Risikocontrolling, S. 130.

323 Vgl. IDW RS HFA 9, Tz. 211; BECKER, K./KROPP, M., in: von Wysocki et al., HdJ, Abt. IIIa/4, Rn. 324; KUHN, S./SCHARPF, P., Rechnungslegung von Financial Instruments, S. 410 f.; LÜDENBACH, N./HOFFMANN, W.-D., Haufe IFRS-Kommentar, Rn. 262. Von den Herausforderungen im Rahmen der Absicherung mit Finanzinstrumenten, die nicht zu marktgerechten Konditionen oder zu einem früheren Zeitpunkt abgeschlossen wurden, wird zunächst abstrahiert.

324 Vgl. GEMAN, H., Commodities and Commodity Derivatives, S. 14.

Risikoposition oder absicherndem Instrument wird als **Ineffektivität** bzw. ineffektiver Teil des Absicherungsverhältnisses bezeichnet.[325]

In der Risikomanagementpraxis werden unterschiedliche **Absicherungskonstellationen** eingegangen bzw. angestrebt, die sich anhand der Übereinstimmung der wertbestimmenden Gestaltungsmerkmale von Risikoposition und absicherndem Instrument charakterisieren lassen. Sind sowohl die **Basiswerte** (z. B. Qualität der Ware, Währungskongruenz oder Referenzzinssatz) von Risikoposition und absicherndem Derivat als auch die damit ggf. verbundenen **Lieferkonditionen** (Lieferort, Versicherung etc.) identisch, so wird diese Absicherungsstrategie als ***pure hedging*** bezeichnet.[326] Allerdings werden an Börsen wie der *London Metal Exchange* (unedle Metalle), der *ICE Futures* in London (vor allem Erdöl, Erdgas und elektrische Energie) oder der *Marché à Terme International de France* in Paris (speziell Mais und Weizen) in aller Regel nur Terminkontrakte auf die Grundformen der verschiedenen Güter, bezogen auf einen speziellen Lieferort, gehandelt. Falls das Unternehmen dadurch am Markt nur Derivate abschließen kann, die sich auf einen (möglichst geringfügig) von der Risikoposition abweichenden Basiswert beziehen bzw. divergierende Lieferkonditionen vorsehen, können diese am Markt erhältlichen, näherungsweisen Absicherungen im Rahmen von Strategien des sog. ***cross hedging*** eingegangen werden.[327] Da die Risikoposition aufgrund der unterschiedlichen Eigenschaften regelmäßig mit einem Preisauf- bzw. -abschlag (Basis)[328] zum absichernden Instrument bzw. dessen Basiswert gehandelt wird und sich die beiden Preise ggf. auch unterschiedlich entwickeln können, verbleibt in dieser Absicherungskonstellation das Risiko einer sich verändernden Preisdifferenz (Basisrisiko), die die Kompensationswirkung der Absicherungsmaßnahme beeinträchtigen kann.[329]

Im Rahmen von Strategien des *cross hedging* kann ein Unternehmen auch Derivate kontrahieren, die sich nur auf ein Teilrisiko einer Risikoposition beziehen (**Teilabsicherung**), da es bspw. hinsichtlich der nicht abgesicherten Risiken eine bestimmte Marktmeinung verfolgt oder aus steuerungspolitischen Gründen (z. B. zu hohen Absicherungskosten) auf deren Absicherung verzichtet. Wird bspw. die Kupferkomponente einer Kupferlegierung mit einem Derivat auf reines Kupfer abgesichert, so stimmen Risikoposition und Derivat bzgl. des Basiswertes nicht überein und die Wertentwicklung der (gesamten) Risikoposition wird nicht vollständig durch die Wertentwicklung des derivativen Absicherungsinstrumentes kompensiert. Sofern sich das Ziel der Absicherung allerdings ausschließlich auf den entsprechenden Teil der Risikoposition (Rohstoff Kupfer) bezieht, kann die Absicherungsmaßnahme aus der Perspektive des Risikomanagements vollständig wirksam sein. Da die Wertänderungen in solchen Fällen nicht auf die gleiche (Risiko-)Ursache zurückzufüh-

325 Vgl. BARCKOW, A., in: Baetge et al., Rechnungslegung nach IFRS, IAS 39, Rn. 252.

326 Vgl. SCHEFFLER, J., Hedge Accounting, S. 58.

327 Vgl. HULL, J., Optionen, Futures und andere Derivate, S. 91. Entsprechend kommt die KPMG in ihrer Studie aus dem Jahr 2007 zu dem Ergebnis, dass mindestens 31 % der Unternehmen Strategien des *cross hedging* einsetzen; vgl. KPMG (HRSG.), Energie- und Rohstoffpreise (2007), S. 16.

328 In der Literatur wird dies uneinheitlich als physische Prämie, Basis oder Spread bezeichnet; vgl. GEBHARDT, G./MANSCH, H., Risikomanagement und Risikocontrolling, S. 130 f.; KOUTMOS, G., Dynamic vs. Static Hedging, S. 60; RUDOLPH, B./SCHÄFER, K., Derivative Finanzmarktinstrumente, S. 167.

329 Vgl. GEBHARDT, G./MANSCH, H., Risikomanagement und Risikocontrolling, S. 144; SCHEFFLER, J., Hedge Accounting, S. 58; HULL, J., Optionen, Futures und andere Derivate, S. 54; GEMAN, H., Commodities and Commodity Derivatives, S. 14.

ren sind, werden diesbezügliche Einschränkungen in der Neutralisierung auch nicht als Ineffektivität aufgefasst.[330]

Stimmen Risikoposition und Derivat hinsichtlich ihrer **(Rest-)Laufzeit** überein, so wird die Absicherung als *laufzeitkongruentes Hedging* bezeichnet. Wird eine künftige Transaktion wie z. B. der Erwerb von Rohstoffen mit einem laufzeitkongruenten Derivat auf Basis des Terminkurses abgesichert, so konvergiert der Terminkurs zum Laufzeitende gegen den Kassakurs, wodurch eine perfekte Wirksamkeit der Absicherungsmaßnahme ermöglicht wird. Werden an den Terminmärkten indes keine geeigneten derivativen Finanzinstrumente angeboten, so muss das absichernde Unternehmen auf Instrumente ausweichen, deren (Rest-)Laufzeit den gewünschten Absicherungszeitraum entweder über- oder unterschreitet (laufzeitinkongruentes Hedging) und deren Wirksamkeit somit beeinträchtigt sein kann.[331] Läuft der zu Absicherungszwecken eingegangene Terminkontrakt länger als die geplante Absicherung der Risikoposition, so stimmt zum Ende des Absicherungszeitraumes der Terminkurs des Basiswertes regelmäßig nicht mit dem Kassakurs überein (Basis).[332] Zwar konvergiert der Terminkurs mit abnehmender Restlaufzeit gegen den Kassakurs.[333] Angebots- bzw. nachfrageinduzierte Effekte können diesen Mechanismus jedoch kurz- oder mittelfristig stören. Folglich kann im Unterschied zum laufzeitkongruenten Hedge hier keine sich im Zeitverlauf vollständig auflösende Basis unterstellt und die verbleibende Basis auch nicht exakt prognostiziert werden, so dass eine perfekte Wirksamkeit der risikokompensierenden Maßnahme auch hier aufgrund des Basisrisikos nicht gewährleistet ist.[334]

Die am Markt zu Absicherungszwecken verfügbaren derivativen Finanzinstrumente können auch bereits vor dem Ende des Absicherungshorizontes verfallen. Beispielsweise sind die Märkte für viele Rohstoffderivate bisher nur für Laufzeiten bis zu drei Jahren hinreichend liquide.[335] Diese kürzer laufenden Derivate können indes nur bis zum Ende ihrer jeweiligen Laufzeit eine Sicherungswirkung entfalten. Risikopositionen mit längeren Restlaufzeiten bedürfen folglich häufig rollierender Absicherungsstrategien.[336] Dabei werden kurzlaufende Termingeschäfte revolvierend durch den Abschluss neuer Kontrakte abgelöst. Dies wiederholt sich, bis ein Absicherungsinstrument kontrahiert werden kann, dessen Fälligkeit mit derjenigen der Risikoposition übereinstimmt (*„rolling the hedge forward")*.[337] Grundsätzlich wird dadurch der Terminkurs bzw. indirekt aufgrund des Mechanismus, dass sich am jeweiligen Laufzeitende Terminkurs und Kassakurs entsprechen, auch der Kassakurs für jedes Instrument einzeln betrachtet wirksam abgesichert.[338] Bei jeder Glattstellung des laufenden Kontraktes bzw. dem gleichzeitigen Abschluss eines neuen Kontraktes sieht sich das absichernde Unternehmen indes mit dem Risiko einer veränderten Basis, d. h. einer veränderten Differenz zwischen Kassa- und Terminkurs konfrontiert. Jene Absicherungsstra-

[330] Vgl. SCHEFFLER, J., Hedge Accounting, S. 58.
[331] Vgl. BÜHLER, W./KORN, O., Absicherung von Lieferverpflichtungen, S. 327.
[332] Vgl. HULL, J., Optionen, Futures und andere Derivate, S. 54.
[333] Vgl. EDWARDS, F. R./MA, C. W., Futures and Options, S. 130.
[334] Vgl. GEMAN, H., Commodities and Commodity Derivatives, S. 14.
[335] Vgl. CLARK, J., Hedge-Effektivität, S. 47.
[336] Vgl. BÜHLER, W./KORN, O., Absicherung von Lieferverpflichtungen, S. 322.
[337] Vgl. HULL, J., Optionen, Futures und andere Derivate, S. 101 f.
[338] Vgl. RUDOLPH, B./SCHÄFER, K., Derivative Finanzmarktinstrumente, S. 169.

tegien können zwar bis zu einem bestimmten Grad eine ausreichende Kompensationswirkung entfalten, umfassen allerdings stets das Element der Basisspekulation, so dass in aller Regel Ineffektivitäten beobachtet werden.[339] Darüber hinaus kann die zeitlich asynchrone Erfassung der Zahlungsströme aus Absicherungs- und Risikoposition zu bestandsgefährdenden Risiken führen.[340]

Neben Basiswert, Lieferkonditionen und Laufzeit kann die Neutralisierung der Wertänderungen von Risikoposition und absicherndem Derivat durch **weitere Differenzen** in den wertbestimmenden Merkmalen wie z. B. unterschiedliche Kontrakthandelsplätze, durch **Marktunvollkommenheiten** wie z. B. eine niedrige Liquidität des Derivatemarktes und vor allem auch durch die **Kreditrisiken** der jeweiligen Kontrahenten beeinträchtigt sein.[341] Industrieunternehmen müssen die damit verbundene Ineffektivität der Absicherungsmaßnahme in aller Regel akzeptieren, wenngleich diese gelegentlich durch geeignete, zusätzlich eingesetzte Instrumente teilweise reduziert werden kann (z. B. durch Ortsbasisswaps bei unterschiedlichen Handelsplätzen oder durch *credit default swaps* hinsichtlich des Kreditrisikos).[342]

Häufig werden auch Derivate, die von den geltenden Marktbedingungen abweichende Konditionen aufweisen, zur Absicherung kontrahiert bzw. bereits bestehende Derivate zur Absicherung herangezogen. Aus interner Sicht wird dabei das Instrument in zwei Elemente aufgespalten, nämlich einerseits in ein Derivat mit aktuellen Marktkonditionen, das anschließend zur tatsächlichen Absicherung eingesetzt wird, und andererseits in ein **Restelement**, das wiederum der **Finanzierung** des Absicherungsinstrumentes (Kredit bzw. Forderung) dient und separat gesteuert wird, so dass in diesen Fällen aus Sicht des Risikomanagements c. p. keine eingeschränkte Absicherungswirkung besteht.[343]

Kann kein perfektes Derivat für Sicherungszwecke am Markt identifiziert werden und muss stattdessen ein näherungsweise geeignetes Absicherungsinstrument bestimmt werden, so kommt der Korrelationsanalyse eine zentrale Bedeutung zu.[344] Die Korrelation ist dabei stets im Zusammenhang mit der volumenmäßigen Gewichtung von Risikoposition und Derivat zu beurteilen, da hierdurch die Standardabweichung der Risiko- bzw. Derivateposition und damit die systematische Kompensation der Wertänderungen über eine Anpassung des Nominalwertes gesteuert werden kann.[345] Da diese Anpassung durch die volumenmäßige Auf- oder Abstockung i. d. R. leicht vorge-

---

[339] Vgl. HULL, J., Optionen, Futures und andere Derivate, S. 101-103. Je nach der konkreten Höhe der Basis und deren unterstellten Entwicklung variiert auch das für eine unverzerrte Absicherung erforderliche volumenmäßige Absicherungsverhältnis. Vgl. für einen Überblick über die verschiedenen Modelle zur Bestimmung des Absicherungsverhältnisses BÜHLER, W./KORN, O., Absicherung von Lieferverpflichtungen, S. 321-328.

[340] Vgl. HULL, J., Optionen, Futures und andere Derivate, S. 102 f.

[341] Vgl. IFRS 9.B6.4.7; DELOITTE (HRSG.), iGAAP (2012), S. 575; OLDEWEME, D., Bilanzierung von Commodity-Hedges, S. 66.

[342] Vgl. ausführlich zu unterschiedlichen Handelsorten OLDEWEME, D., Bilanzierung von Commodity-Hedges, S. 67-70. Aufgrund der damit verbundenen Kosten und der mangelnden Verfügbarkeit geeigneter Instrumente müssen Ineffektivitäten von Industrieunternehmen indes häufig getragen werden.

[343] Vgl. DELOITTE (HRSG.), iGAAP (2012), S. 494 f.; PWC (HRSG.), Manual for Financial Instruments (2012), S. 10059; ERNST & YOUNG (HRSG.), Derivatives Redesignation, S. 38 f.

[344] Vgl. GEMAN, H., Commodities and Commodity Derivatives, S. 14; EDWARDS, F. R./MA, C. W., Futures and Options, S. 119.

[345] Vgl. SCHEFFLER, J., Hedge Accounting, S. 62.

nommen werden kann, ist die Höhe des **Korrelationskoeffizienten** für eine wirksame Absicherung von zentraler Bedeutung.[346] Der Korrelationskoeffizient als Maß für die Stärke der linearen Abhängigkeit und damit als Kennzahl für die Güte des ökonomischen Absicherungsverhältnisses zwischen Risikoposition und absicherndem Derivat muss negativ sein und möglichst bei minus eins liegen, so dass die Absicherungsmaßnahme ihre kompensatorische Wirkung voll entfalten kann.[347] Da die Korrelation zudem meist nicht konstant ist, muss sie laufend überwacht werden, um eine möglichst hohe Wirksamkeit des Hedge zu gewährleisten.

333.6 Ökonomisches Absicherungsverhältnis und Umfang der Absicherungsmaßnahme

Der Umfang und die erwartete Kompensationswirkung von zur Risikosteuerung eingesetzten Derivaten kann anhand des ökonomischen Absicherungsverhältnisses charakterisiert werden. Das **ökonomische Absicherungsverhältnis als Kennzahl** für die erwartete Kompensationswirkung zwischen originärer Risikoposition und derivativem Finanzinstrument wird meist auf Basis von Nominalwerten berechnet und bezeichnet das Verhältnis zwischen dem mengenmäßigen Volumen der abzusichernden Risikoposition und dem Nominalwert des derivativen Finanzinstrumentes.[348] Im Einklang mit der Zielsetzung der Risikosteuerungsmaßnahme kann die Risikoposition bzw. deren Wertänderungen hinsichtlich ihres volumenmäßigen Umfangs vollständig abgesichert werden **(unverzerrter Hedge)**. Bei unverzerrten Hedges sind die Volumina von Risikoposition und Derivat dergestalt gewichtet, dass die Wertänderungen der Risikoposition weder systematisch über diejenigen des Derivates hinausgehen noch darunter liegen. Diese unverzerrte **erwartete Kompensationswirkung** schließt indes nicht aus, dass retrospektiv durch zufällige Wertschwankungen Ineffektivitäten beobachtet werden können.

Neben der vollständigen Absicherung kann eine Risikoposition hinsichtlich ihres volumenmäßigen Umfangs auch lediglich partiell durch die Absicherungsmaßnahme gedeckt werden ***(underhedging)***, so dass ein Anteil der Risikoposition auch nach der Absicherung freistehend bleibt. Der Risikostrategie und dem Verfügungsrahmen des operativen Risikomanagements entsprechend können ferner auch Derivate mit einem Nominalwert kontrahiert werden, der über denjenigen der eigentlichen Risikoposition hinausgeht, so dass neben der Absicherung der originären Risikoposition eine zusätzliche, spekulative Risikoposition aufgebaut wird ***(overhedging)***.[349] Je nach Umfang der im Zuge der Risikosteuerung aufgebauten Position derivativer Finanzinstrumente kann folglich zwischen unverzerrten Hedges und Situationen des *underhedging* bzw. des *overhedging* differenziert werden, in denen die (erwartete) Kompensationswirkung durch systematisch höhere Wertschwankungen von Risikoposition oder Derivat beeinträchtigt ist.[350]

Beim Einsatz genau auf die Risikoposition bzw. deren **wertbestimmenden Gestaltungsmerkmale** abgestimmter derivativer Finanzinstrumente wird für eine die Risikoposition vollständig umfassende, unverzerrte Absicherung in aller Regel ein volumenmäßiges Absicherungsverhältnis von eins

[346] Vgl. GEMAN, H., Commodities and Commodity Derivatives, S. 14; CLARK, J., Hedge-Effektivität, S. 37 f.
[347] Vgl. HULL, J., Optionen, Futures und andere Derivate, S. 91-93.
[348] Vgl. RUDOLPH, B./SCHÄFER, K., Derivative Finanzmarktinstrumente, S. 144; CLARK, J., Hedge-Effektivität, S. 34.
[349] Vgl. SCHEFFLER, J., Hedge Accounting, S. 62.
[350] Vgl. CLARK, J., Hedge-Effektivität, S. 34.

angewandt (gleicher Nominalwert). Weisen Risikoposition und Derivat indes aufgrund unterschiedlicher wertbestimmender Gestaltungsmerkmale eine divergierende Preissensitivität auf, so kann das Absicherungsverhältnis auch bei unverzerrten Hedges von eins abweichen.[351] Das ökonomische Absicherungsverhältnis eines unverzerrten Hedges wird dabei durch die Korrelation und die Standardabweichungen von Risikoposition und Derivat bedingt.[352] Schwankt das Derivat bei perfekt negativer Korrelation etwa stärker als die Risikoposition, so wird das Derivat volumenmäßig untergewichtet, um so eine unverzerrte Kompensationswirkung zu erzielen. Sofern die wertbestimmenden Gestaltungsmerkmale von Risikoposition und absicherndem Instrument nicht übereinstimmen, sind Situationen des *underhedging* oder *overhedging* somit nicht lediglich durch ein Absicherungsverhältnis ungleich eins charakterisiert bzw. zu identifizieren. Vielmehr muss das unverzerrte ökonomische Absicherungsverhältnis durch eine quantitative Analyse bestimmt werden, um daraufhin eine Schlussfolgerung auf den Umfang und die erwartete Kompensationswirkung der Absicherungsmaßnahme zu erlauben.[353]

333.7 Risiko-Chancen-Profil der Absicherungsmaßnahme

333.71 Grundformen derivativer Finanzinstrumente

Die Grundformen derivativer Finanzinstrumente als Absicherungsmaßnahme gegen Marktpreisrisiken können nach deren Verpflichtungsgrad und Standardisierung systematisiert werden.[354] Hinsichtlich des Verpflichtungsgrades wird zwischen unbedingten und bedingten Termingeschäften differenziert. Die Vertragsparteien verpflichten sich bei unbedingten Termingeschäften, die festgelegten Leistungen zum vereinbarten Zeitpunkt ohne den Eintritt weiterer Voraussetzungen zu erfüllen. Bei bedingten Termingeschäften steht einer Vertragspartei im Erfüllungszeitpunkt das Recht zu, zwischen Erfüllung und Verzicht bzgl. des vereinbarten Geschäftes zu wählen. Die Optierungsmöglichkeit liegt in aller Regel nur beim Erwerber (Inhaber) des Instrumentes, der die Option zum Laufzeitende nur ausüben wird, sofern sie für ihn vorteilhaft ist.[355] Aufgrund dieser Begünstigung muss er an den Verkäufer (Stillhalter) der Option einen finanziellen Ausgleich (Optionsprämie entrichten). Durch die Unterscheidung zwischen den Terminmärkten bzw. den dort gehandelten Instrumenten hinsichtlich deren Standardisierung, d. h. zwischen börslich und außerbörslich gehandelten Derivativgeschäften, wird berücksichtigt, dass ihre Wertentwicklungen und somit auch die jeweilige Absicherungswirkung neben den Vertragsspezifikationen u. a. durch das Kreditrisiko des

---

[351] Vgl. HULL, J., Optionen, Futures und andere Derivate, S. 104.

[352] Vgl. zur Bedeutung der Korrelationsanalyse Abschnitt 333.5.

[353] Vgl. für verschiedene Ansätze zur Bestimmung des unverzerrten Absicherungsverhältnisses GEBHARDT, G./MANSCH, H., Risikomanagement und Risikocontrolling, S. 140; BÜHLER, W./KORN, O., Absicherung von Lieferverpflichtungen, S. 321-328; KOUTMOS, G., Dynamic vs. Static Hedging, S. 60 f.; WAHL, J./BROLL, U., Dynamisches Hedging, S. 175.

[354] Die Grundformen sind grds. in allen möglichen Kombinationen zum Risikomanagement von sowohl Güterpreisrisiken als auch Währungs- und Zinsänderungsrisiken und dabei auf Long- wie auch auf Short-Positionen anwendbar. Wenngleich vereinzelt auch komplexe, strukturierte Derivate eingesetzt werden, verwenden die meisten Industrieunternehmen die im Folgenden erläuterten Grundformen. Vgl. GLAUM, M./FÖRSCHLE, G., Finanzwirtschaftliches Risikomanagement, S. 581.

[355] Vgl. ALBRECHT, P./MAURER, R., Investment- und Risikomanagement, S. 39.

Kontrahenten bedingt werden, das regelmäßig nur beim Börsenhandel weitestgehend eliminiert wird.[356]

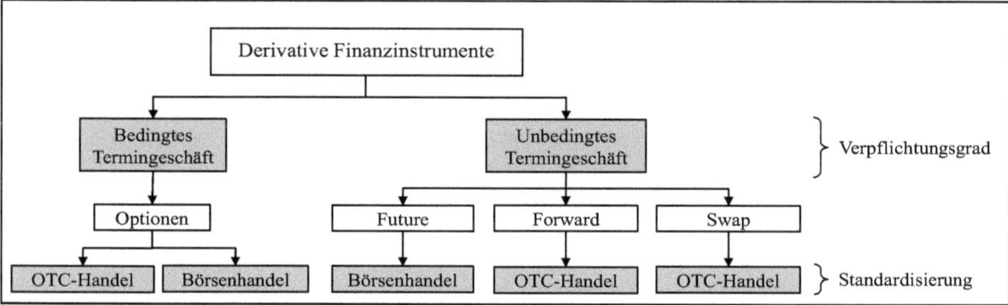

Abbildung 3-4: Systematisierung derivativer Finanzinstrumente[357]

333.72 Instrumente

333.721. Unbedingte Termingeschäfte

Der Käufer bzw. der Verkäufer eines unbedingten Termingeschäftes verpflichtet sich, zum Fälligkeitsdatum eine festgelegte Menge (Nominalbetrag) des zugrunde liegenden Basiswertes zum bereits beim Vertragsabschluss vereinbarten Terminkurs abzunehmen bzw. zu liefern.[358] Unternehmen bauen mit **Forwards und Futures** eine Position auf, durch die das Risiko unvorteilhafter Preisentwicklungen möglichst reduziert bzw. eliminiert wird. Nimmt ein Unternehmen eine physische Short-Position ein, d. h., muss das Unternehmen die Güter künftig beschaffen, so werden Long-Positionen des Derivates eingegangen, um die Preisentwicklung zu neutralisieren (et vice versa).[359] Dabei ist das Risiko-Chancen-Profil von unbedingten Termingeschäften **symmetrisch**, so dass sowohl unvorteilhafte als auch vorteilhafte Preisänderungen der Risikoposition kompensiert werden.[360]

Hinsichtlich der **Bewertung** von Forwards und Futures ist zu beachten, dass Gewinne und Verluste bei Forwards erst zum Laufzeitende und bei Futures täglich *(variation margin)* beglichen werden, so dass bei Futures bereits während des Absicherungszeitraumes Zahlungsströme anfallen.[361] Während Forward- und Futures-Preise mit der gleichen Laufzeit und dem identischen Basiswert aufgrund von Steuern, Transaktionskosten, Ausfallrisiken und stochastischen Zinsstrukturkurven theoretisch voneinander abweichen können, liegen sie in der Praxis sehr nahe beieinander.[362] Daher werden Forwards und Futures im weiteren Verlauf der Arbeit, sofern nicht ausdrücklich differen-

[356] Vgl. DELOITTE (HRSG.), iGAAP (2012), S. 575 sowie zur Unterscheidung von Börsenhandel und OTC-Handel hinsichtlich der Kreditrisiken Abschnitt 332.
[357] Vgl. OLDEWEME, D., Bilanzierung von Commodity-Hedges, S. 31; GLEASON, J. T., Risikomanagement, S. 61.
[358] Vgl. OLDEWEME, D., Bilanzierung von Commodity-Hedges, S. 32.
[359] Vgl. OLDEWEME, D., Bilanzierung von Commodity-Hedges, S. 33.
[360] Vgl. MAULSHAGEN, O./TREPTE, F./WALTERSCHEIDT, S., Derivative Finanzinstrumente, Rn. 323.
[361] Vgl. BASEL COMMITTEE ON BANKING SUPERVISION (HRSG.), Central Counterparties, S. 15; GEMAN, H., Commodities and Commodity Derivatives, S. 5 f.
[362] Vgl. GEMAN, H., Commodities and Commodity Derivatives, S. 6.

ziert, approximativ gleichgesetzt und unter dem Begriff Termingeschäft (i. e. S.)[363] zusammengefasst.[364] Da Industrieunternehmen Termingeschäfte zu Marktkonditionen eingehen und das Risiko-Chancen-Profil symmetrisch ist, muss beim Abschluss grds. weder vom Industrieunternehmen noch vom Geschäftspartner ein Preis entrichtet werden.[365] Durch im Zeitverlauf veränderte Marktkonditionen weicht der Wert eines Kontraktes hingegen zu einem späteren Zeitpunkt meist von null ab. Der Wert *(mark-to-market)* eines zur Absicherung von Güterpreisrisiken eingesetzten Termingeschäftes lässt sich durch No-Arbitrage-Überlegungen berechnen:[366]

$V_t = \left(F_t^T - F_0^T\right) \cdot e^{-r(T-t)}$, mit dem Terminpreis

$F_t^T = S_t \cdot e^{(r+c-y)(T-t)}$ bzw. im Fall linearer Parameter

$F_t^T = S_t \cdot \left[1 + (r + c - y)(T - t)\right]$,

und S_t als aktuellem Kassakurs, r als risikolosem Refinanzierungssatz, c als Lagerhaltungskostensatz, und y als sog. *convenience yield*, die den Nutzen aus der jederzeitigen Verfügbarkeit des Gutes widerspiegelt.[367] Im Rahmen der Marktwertermittlung werden also die vereinbarten Terminpreise mit den aktuell geltenden Marktterminpreisen verglichen und die Differenz diskontiert. Der Terminpreis resultiert aus No-Arbitrage-Überlegungen, bei der der Investor beim Terminkauf des Gutes die für den sofortigen Erwerb üblicherweise erforderlichen Mittel verzinslich anlegt und die Lagerhaltungskosten spart, gleichzeitig aber auf die *convenience yield* verzichten muss. Neben Warentermingeschäften gilt diese Vorgehensweise grds. auch für die Bewertung von Devisentermin- und Zinstermingeschäften, wobei hier die Terminpreise durch die Zinsdifferenz zweier Währungsräume bzw. den inländischen Zinssatz charakterisiert sind.[368] Da der Terminpreis linear im Kassakurs S_t verläuft, ist auch der Wert des Termingeschäftes linear im Kassakurs des Gutes, so

---

[363] Vgl. Beike, R./Barckow, A., Risk-Management mit Finanzderivaten, S. 4. Diese (unbedingten) Derivate werden als Termingeschäfte i. e. S. bezeichnet, da der einzige Unterschied zum Kassageschäft in der künftigen statt sofortigen Leistung besteht, während alle anderen Parameter identisch sind.

[364] Vgl. ähnlich Hull, J., Optionen, Futures und andere Derivate, S. 154; Geman, H., Commodities and Commodity Derivatives, S. 44 f. Während der Future-Preis nur im Fall deterministischer Zinssätze mit dem Forwardpreis übereinstimmt, werden die Preise aufgrund der nahe null beobachteten Korrelation zwischen Güterpreisen und Zinssätzen und des geringen Preiseinflusses von Zinsen i. d. R. gleichgesetzt und es wird nicht zwischen Forwards und Futures unterschieden. Dies gilt indes nur, wenn das Kreditrisiko des Forward-Kontrahenten vernachlässigbar gering ist, da dies beim Future aufgrund der Clearingstelle der Fall ist.

[365] Vgl. Maulshagen, O./Trepte, F./Walterscheidt, S., Derivative Finanzinstrumente, Rn. 324.

[366] Vgl. Hull, J., Optionen, Futures und andere Derivate, S. 164. Die Parameter variieren zwischen den unterschiedlichen Gütern teilweise sehr stark. Beispielsweise kann die No-Arbitrage-Überlegung nicht ohne Weiteres auf nichtlagerungsfähige Güter übertragen werden.

[367] Der Lagerkostensatz setzt sich dabei aus den Kosten der Lagerhaltung und den Opportunitätskosten der Geldhaltung zusammen. Die *convenience yield* bezieht sich auf den Vorteil, der in der Möglichkeit des Unternehmens liegt, Lieferengpässe bzw. teure Ausweichmaßnahmen kurzfristig durch Vorräte kompensieren und damit den Produktionsprozess fortführen zu können. Folglich sind Marktteilnehmer bereit, am Kassamarkt für die Lagerhaltung eine Prämie im Vergleich zum Terminmarkt zu entrichten. Vgl. Prokopczuk, M./Back, J., Commodity Derivatives Valuation, S. 5; Edwards, F. R./Ma, C. W., Futures and Options, S. 87.

[368] Vgl. Maulshagen, O./Trepte, F./Walterscheidt, S., Derivative Finanzinstrumente, Rn. 330 und Rn. 332 für Devisentermingeschäfte sowie Hull, J., Optionen, Futures und andere Derivate, S. 124-126 für Zinstermingeschäfte.

dass im Risikomanagement lediglich die Güterpreissensitivität hinsichtlich des Kassapreises überwacht werden muss.[369]

Der Einsatz eines Termingeschäftes ermöglicht die Absicherung des aktuellen Kassakurses der Risikoposition zum Preisniveau des Terminpreises. Liegt der Terminpreis ober- bzw. unterhalb des Kassapreises (sog. Contango- bzw. Backwardation-Marktsituation)[370], wird die zu Beginn der Absicherung beobachtete Differenz, die sog. **Swapsatzkomponente**, bei der Absicherung von Kassapositionen im Risikomanagement häufig vom Kassakurs abgespalten und aufgrund des Charakters eines garantierten Nachteils bzw. Vorteils als Absicherungskosten bzw. -erlöse gegen Preisänderungen interpretiert.[371] Diese Swapsatzkomponente kann während der Laufzeit bei Veränderung der wertrelevanten Parameter (vor allem von Lagerhaltungskosten, *convenience yield* und Zinssätzen) Schwankungen unterworfen sein,[372] konvergiert aber zum Laufzeitende gegen null, da der Terminkurs mit abnehmender Restlaufzeit gegen den Kassakurs konvergiert.[373]

Ein **Swap-Geschäft** ist eine Reihe von Forwards (gelegentlich Futures) mit unterschiedlichen Laufzeiten sowie identischen Abrechnungspreisen und wird von einem Industrieunternehmen abgeschlossen, um sich gegen Marktpreisrisiken aus mehreren Transaktionen über einen längeren Zeitraum abzusichern.[374] In der Grundform wird ein variabler Preis gegen einen fixen Preis getauscht (*Fixed-for-floating*-Swap), wobei die Spezifikationen (Menge, Qualität, Termine u. a.) wie bei einzelnen Kontrakten im Voraus vertraglich festgehalten werden.[375] Vor allem im Rahmen der Zinssicherung (Forward-Zinsswaps) werden auch Swap-Geschäfte abgeschlossen, die sich auf einen Zeitraum beziehen, der erst zu einem späteren Zeitpunkt beginnt, und die ggf. erst dann die Absicherungswirkung entfalten.[376] Da Swaps über eine Kombination einzelner Termingeschäfte nachgebildet und somit sämtliche nachfolgenden Ausführungen zu Termingeschäften verallgemeinert und auf Swaps übertragen werden können,[377] werden diese Instrumente im weiteren Verlauf nicht separat betrachtet.

333.722. Bedingte Termingeschäfte

Eine Option ist ein bedingtes Termingeschäft und sichert dem Inhaber (Long-Position) gegen Leistung der Optionsprämie die Möglichkeit, an einem bestimmten Verfallsdatum eine definierte Menge (Nominalbetrag) eines Basiswertes zu einem im Voraus bestimmten Ausübungspreis zu erwerben (Kaufoption bzw. Call) oder zu veräußern (Verkaufsoption bzw. Put).[378] Der Verkäufer (Short-

---

369 Vgl. GEMAN, H., Commodities and Commodity Derivatives, S. 42.
370 Vgl. EDWARDS, F. R./MA, C. W., Futures and Options, S. 87.
371 Vgl. GEBHARDT, G./MANSCH, H., Risikomanagement und Risikocontrolling, S. 141; GEMAN, H., Commodities and Commodity Derivatives, S. 33 f.; PROKOPCZUK, M./BACK, J., Commodity Derivatives Valuation, S. 4.
372 Vgl. EDWARDS, F. R./MA, C. W., Futures and Options, S. 104; PROKOPCZUK, M./BACK, J., Commodity Derivatives Valuation, S. 2 f.
373 Vgl. EDWARDS, F. R./MA, C. W., Futures and Options, S. 130.
374 Vgl. HULL, J., Optionen, Futures und andere Derivate, S. 230; LERBINGER, P., Ölpreisswaps, S. 36.
375 Vgl. OEHLER, A./UNSER, M., Finanzwirtschaftliches Risikomanagement, S. 114.
376 Vgl. HULL, J., Optionen, Futures und andere Derivate, S. 124-126; SCHARPF, P., Finanzrisiken, S. 273.
377 Vgl. GARZ, C./HELKE, I., Review Draft Hedge Accounting, S. 1211.
378 Vgl. HULL, J., Optionen, Futures und andere Derivate, S. 254. Im Gegensatz zu der hier betrachteten europäischen Option kann die amerikanische Option während des Zeitraumes bis zum Verfallstag jederzeit ausgeübt werden.

Position) verpflichtet sich im Gegenzug zur Lieferung bzw. zur Abnahme des Basiswertes zum vereinbarten Preis. Der zentrale Unterschied zwischen unbedingten und bedingten Kontrakten hinsichtlich der Absicherungswirkung besteht in dem **asymmetrischen Risiko-Chancen-Profil** der Option, das sich in einer Absicherung gegen Risiken bei einer gleichzeitigen Wahrung der Chancen äußert (geschmälert um spezielle Absicherungskosten).[379] Aufgrund dieses asymmetrischen Profils muss der Erwerber einer Option den Kontrahenten für die ausschließliche Übernahme der Risiken durch eine Prämie entschädigen. Damit ist im Rahmen der einseitigen Absicherung durch ein bedingtes Instrument im Vergleich zum Einsatz unbedingter Termingeschäfte zwar die Optionsprämie zu entrichten, jedoch ist der mögliche Verlust am Ende der Laufzeit hierauf begrenzt. Ein Unternehmen kann bspw. geplante Rohstoffkäufe mit einer Kaufoption (Long Call) absichern. Steigt der Rohstoffpreis wie antizipiert über den vereinbarten Ausübungspreis, so kann der relative Verlust in der physischen Position durch den Gewinn in der Derivateposition kompensiert werden. Liegt der Rohstoffpreis zum Verfallsdatum indes unterhalb des Ausübungspreises, so wird die Option nicht ausgeübt und die entrichtete Prämie verfällt ohne Gegenwert.[380] Durch Optionen wird also die einseitige Absicherung gegen negative Wertentwicklungen gewährleistet. Durch die konkrete Wahl der Ausübungspreise drückt der Optionskäufer seine Erwartungen hinsichtlich der Marktpreisentwicklung und gleichzeitig seine Risikoneigung aus, die sich auch in der zu entrichtenden Optionsprämie niederschlagen.[381] Wählt der Käufer als Ausübungspreis der Option den aktuellen Terminkurs, so entsprechen die Absicherungskosten der einseitigen Strategie genau der Höhe der Prämie für das asymmetrische Profil.[382]

Der Wert eines Optionsgeschäftes kann als Summe ihres inneren Wertes und ihres Zeitwertes aufgefasst werden. Als **innerer Wert** einer Kaufoption (Verkaufsoption) wird die (aufgrund des Rechtes) stets positive Differenz zwischen dem aktuellen Kassapreis (vereinbarten Ausübungspreis) und dem vereinbarten Ausübungspreis (aktuellen Kassapreis) definiert und entspricht damit dem Wert der Option, wenn sie unmittelbar ausgeübt würde.[383] Der innere Wert verläuft damit in der Wertentwicklung des Basiswertes ober- bzw. unterhalb des Ausübungspreises linear. Da der Inhaber der Option stets nur das Recht, nicht aber die Pflicht zur Ausübung innehat, bietet sich ihm die Chance, dass sich der Marktpreis vorteilhaft entwickelt. Aus diesem Grund liegt der Marktpreis einer Option in aller Regel oberhalb des inneren Wertes. Die Differenz zwischen dem Marktpreis einer Option und ihrem inneren Wert wird als **Zeitwert** bezeichnet und vom Erwerber der Option für die Möglichkeit einer lediglich einseitigen, vorteilhaften Kursentwicklung während der Restlaufzeit entrichtet.[384] Zum Verfallsdatum konvergiert der Zeitwert gegen Null, da keine weitere Chance auf eine gewinnbringende Kursentwicklung besteht.

---

379 Vgl. MAULSHAGEN, O./TREPTE, F./WALTERSCHEIDT, S., Derivative Finanzinstrumente, S. 323.
380 Vgl. OLDEWEME, D., Bilanzierung von Commodity-Hedges, S. 43.
381 Vgl. SCHARPF, P., Finanzrisiken, S. 274.
382 Vgl. VOLKSBANK (HRSG.), Instrumente des Zins-, Währungs- und Rohstoffmanagements, S. 40. Die Absicherungskosten einer Option liegen folglich stets über den Kurssicherungskosten eines (symmetrischen) unbedingten Termingeschäftes.
383 Vgl. HULL, J., Optionen, Futures und andere Derivate, S. 261.
384 Vgl. BIEG, H., Finanzmanagement mit Optionen, S. 20 f.

Der **Gesamtwert** einer Option wird häufig unter der Annahme einer geometrischen Brownschen Bewegung des Basiswertes mit den Bewertungsformeln des Black-Scholes/Merton-Ansatzes ermittelt. Der Wert von zur Absicherung gegen Güterpreisrisiken eingesetzten Kaufoptionen C_t bzw. Verkaufsoptionen P_t wird wie folgt berechnet:[385]

$$C_t = S_t e^{(c-y)(T-t)} N(d_1) - K e^{-r(T-t)} N(d_2) \text{ bzw.}$$

$$P_t = K e^{-r(T-t)} N(-d_2) - S_t e^{(c-y)(T-t)} N(-d_1)$$

mit N(x) als kumulativer Verteilungsfunktion der Standardnormalverteilung und jeweils

$$\begin{cases} d_1 = \dfrac{\ln\left(\dfrac{S_t e^{(c-y)(T-t)}}{K}\right) + (r + 0{,}5\sigma^2)\cdot(T-t)}{\sigma\sqrt{T-t}} \\ d_2 = d_1 - \sigma\sqrt{T-t} \end{cases}$$

Damit hängt der Wert einer Option sowohl vom aktuellen Kassakurs S_t[386] des zugrunde liegenden Gutes, dem vereinbarten Ausübungspreis *K*, der Restlaufzeit *(T - t)*, dem risikolosen Zinssatz *r*, dem Lagerkostensatz *c*, der *convenience yield y* sowie von der Volatilität σ des Güterpreises, aufgrund der Bewertung mittels Duplikation jedoch insbesondere nicht von der Risikoeinstellung der Marktteilnehmer ab (für Währungs- und Zinsoptionen analoge Parameter wie bei unbedingten Termingeschäften).[387] Vor allem aufgrund der restriktiven Annahmen normalverteilter Renditen und einer konstanten Volatilität wurde das Modell in den vergangenen Jahren stetig weiterentwickelt (z. B. auch hinsichtlich der Kreditrisikokomponente)[388].[389] Ferner wird deutlich, dass die Linearität des Wertes einer Option hinsichtlich des Kassakurses nicht mehr wie im Fall eines Termingeschäftes gegeben ist. Aus diesem Grund werden vom Risikomanagement in dynamischen Ansätzen zur Risikosteuerung neben der Sensitivität des Optionspreises hinsichtlich des Kassakurses auch weitere Sensitivitätskennzahlen (*greeks*)[390] überwacht. Für Industrieunternehmen, die Optionen als Absicherungsinstrument für physische Risikopositionen einsetzen, ist indes häufig eine Absicherung zum Zeitpunkt der physischen Transaktion (z. B. zum geplanten Zeitpunkt eines Rohstofferwerbs) und damit eine Kompensation zum Laufzeitende für während der Laufzeit eingetretene Marktpreisschwankungen von Interesse. Da Industrieunternehmen ihre Absicherungs-

---

385 Vgl. GEMAN, H., Commodities and Commodity Derivatives, S. 92; HULL, J., Optionen, Futures und andere Derivate, S. 445.

386 Häufig werden bei der Steuerung von Güterpreisrisiken Futures-Optionen abgeschlossen, d. h., der Inhaber hat das Recht, zu einem festgelegten Zeitpunkt und einem bestimmten Future-Kurs in einen Future-Kontrakt einzutreten. Dies ist darauf zurückzuführen, dass Future-Kontrakte regelmäßig liquider sind als der Basiswert selbst. Dabei wird der Kassapreis durch den Terminpreis sowie *c- y* durch *-r* ersetzt; vgl. GEMAN, H., Commodities and Commodity Derivatives, S. 93 f.; HULL, J., Optionen, Futures und andere Derivate, S. 461 und S. 468.

387 Vgl. HULL, J., Optionen, Futures und andere Derivate, S. 449 sowie Abschnitt 333.721.

388 Vgl. COOPER, I./MELLO, A., Default Risk of Swaps, S. 606-609 sowie 612-617; JOHNSON, H./STULZ, R., Pricing of Options with Default Risk, S. 277 f.

389 Bei Optionen auf Waren wird vor allem die *convenience yield* modelliert; vgl. PROKOPCZUK, M./BACK, J., Commodity Derivatives Valuation, S. 16 f.

390 Vgl. zu den *greeks* Abschnitt 323.5.

geschäfte folglich i. d. R. bis zur Endfälligkeit halten,[391] ist die zwischenzeitliche Absicherung zu einzelnen Zeitpunkten während der Restlaufzeit von untergeordneter Bedeutung. Aus diesem Grund wird im Risikomanagement häufig allein der innere Wert eines Optionsgeschäftes als Absicherungsinstrument aufgefasst und die Wirkung der Marktpreisentwicklung auf die physische Position durch die Linearität des inneren Wertes kompensiert, während der **Zeitwert** der Option als Gegenleistung für die einseitige Absicherung von der ökonomischen Sicherung vollständig ausgeklammert wird.[392]

Bezweckt ein Unternehmen eine Absicherung über einen längeren Zeitraum bzw. für mehrere Transaktionen, so kann es mehrere Optionen aneinanderreihen *(strip)* oder alternativ sog. **Caps** bzw. **Floors** abschließen.[393] Diese Instrumente mit optionstypischem Risiko-Chancen-Profil führen über einen längeren Zeitraum zu Ausgleichszahlungen, wenn sich der Preis des Basiswertes über bzw. unter dem vereinbarten Ausübungspreis befindet.[394] Soll die Absicherungswirkung nicht sogleich, sondern erst zu einem späteren Zeitpunkt beginnen, kann eine sog. Forward-Start-Option eingesetzt werden. Diese Option ist vertraglich meist so gestaltet, dass sie zu Laufzeitbeginn am Geld liegt und einen im Voraus definierten Zeitraum in der Zukunft absichert.[395]

Gerade für Industrieunternehmen sind die Kosten standardisierter Optionen zur Steuerung von Marktpreisrisiken relativ hoch und können deren Einsatz unterbinden. Aus diesem Grund werden im industriebetrieblichen Management oftmals kombinierte bzw. strukturierte Optionen eingesetzt, womit sowohl das optionstypische Risiko-Chancen-Profil als auch die Reduktion der Absicherungskosten erreicht werden sollen. In der Grundform der sog. **Collar-Strategie** werden Kaufoptionen und Verkaufsoptionen mit unterschiedlichem Ausübungspreis zeitgleich abgeschlossen. Sichert sich ein Unternehmen z. B. gegen Marktpreisrisiken aus künftigen Rohstoffkäufen ab, wird es zunächst eine Kaufoption gegen die Leistung der Optionsprämie eingehen. Dadurch sind ungünstige Marktbewegungen jenseits des Ausübungspreises abgesichert. Sind die Absicherungskosten zu hoch, kann das Unternehmen zeitgleich die Stillhalterposition einer Verkaufsoption mit einem Ausübungspreis eingehen, der unterhalb des Ausübungspreises der Kaufoption liegt und die damit verbundene Optionsprämie einnehmen. Die zu leistende Prämie der Kaufoption kann somit durch die erhaltene Prämie der Verkaufsoption finanziert werden. Allerdings wird das Unternehmen in der Konsequenz nicht mehr uneingeschränkt an den Chancen der originären Risikoposition (im Beispiel an fallenden Rohstoffpreisen) partizipieren, sondern bei Marktpreisen unterhalb des Ausübungspreises der Verkaufsoption die mit der Stillhalterposition verbundenen Nachteile in Kauf nehmen müssen. Durch den gleichzeitigen Kauf und Verkauf von Optionen wird also ein Korridor von Marktpreisen gesichert, innerhalb dessen das Unternehmen den Marktpreisrisiken der originären Position ausgesetzt ist. Darüber hinausgehende vorteilhafte wie unvorteilhafte Markt-

391 Vgl. MAULSHAGEN, O./TREPTE, F./WALTERSCHEIDT, S., Derivative Finanzinstrumente, Rn. 325.

392 Vgl. IFRS 9.BC6.387.

393 Diese Instrumente werden von Industrieunternehmen vor allem bei der Absicherung von Zinsänderungsrisiken eingesetzt; vgl. MAULSHAGEN, O./TREPTE, F./WALTERSCHEIDT, S., Derivative Finanzinstrumente, Rn. 373.

394 Vgl. OLDEWEME, D., Bilanzierung von Commodity-Hedges, S. 45; VOLKSBANK (HRSG.), Instrumente des Zins-, Währungs- und Rohstoffmanagements, S. 25.

395 Vgl. HULL, J., Optionen, Futures und andere Derivate, S. 716 f.

bewegungen werden indes kompensiert.[396] Gleichen sich die Prämienzahlungen exakt aus, wird die Strategie der Korridorabsicherung Zero-Cost-Collar genannt, deren Grenzen (Ausübungspreise) am Markt vorgegeben werden.

Durch das **Schreiben von Optionen**, die den Bestand an erworbenen gleichartigen Optionen übersteigen, geht das Unternehmen eine Nettostillhalterposition ein. Dadurch wird keine Absicherung gegen Marktpreisrisiken gewährleistet, sondern vielmehr eine spekulative Position eingenommen.[397] Die meisten Industrieunternehmen untersagen daher den Abschluss von Nettostillhalterverpflichtungen aus Optionsgeschäften in ihren Risikorichtlinien.[398]

Im weiteren Verlauf der Arbeit werden stellvertretend Forwards als unbedingte und Optionen als bedingte Termingeschäfte herangezogen, wobei an geeigneter Stelle auf die Charakteristika besonderer Instrumente eingegangen wird. Die Wahl des Absicherungsinstrumentes hängt damit in erster Linie von der Frage ab, ob die Zielsetzung des Risikomanagements durch das symmetrische oder das asymmetrischen Risiko-Chancen-Profil von Forwards bzw. Optionen umgesetzt werden kann. Daneben werden auch die als Absicherungskosten interpretierten Swapsatz- und Zeitwertkomponenten sowie die für die spezifische Kompensationswirkung maßgebliche Übereinstimmung von Absicherungsinstrument und Risikoposition berücksichtigt.

---

[396] Vgl. OLDEWEME, D., Bilanzierung von Commodity-Hedges, S. 48.

[397] Gleiches gilt für die Strategie des sog. *covered call writing*, in der eine Option auf einen sich im Besitz befindlichen Basiswert (Deckungsbestand) geschrieben wird. Dadurch kann der Kaufpreis einer erworbenen Position (z. B. einer Ware) im Nachgang durch die vereinnahmte Optionsprämie gesenkt werden. Wenngleich insgesamt betrachtet kein echtes Verlustrisiko durch die Stillhalterposition entsteht, geht von der eingesetzten Option keine risikokompensierende Wirkung aus. Vielmehr wird das Risiko aus der Stillhalterposition durch den Deckungsbestand begrenzt, wodurch auch die Chancen aus dem Deckungsbestand eliminiert werden. Vgl. MAULSHAGEN, O./TREPTE, F./WALTERSCHEIDT, S., Derivative Finanzinstrumente, Rn. 335.

[398] Vgl. MAULSHAGEN, O./TREPTE, F./WALTERSCHEIDT, S., Derivative Finanzinstrumente, Rn. 322 und Rn. 354. Deltaneutrale bzw. dynamische Sicherungsstrategien können hierzu eine Ausnahme bilden. Hier kann die geschriebene Position aufgrund des nicht-linearen Wertverlaufs ggf. übergewichtet werden, wodurch trotzdem keine spekulative Position eingenommen wird. Allerdings muss die Strategie neutral und somit unverzerrt sein, um keine Spekulationswirkung zu generieren.

4 Bilanzierungsanomalien bei separater Bilanzierung der Elemente einer Sicherungsbeziehung gemäß den allgemeinen Ansatz- und Bewertungsvorschriften nach IFRS

41 Gesonderte bilanzielle Erfassung der einzelnen Bestandteile einer ökonomischen Einheit

Industrieunternehmen setzen Strategien des finanzwirtschaftlichen Hedging ein, um Marktpreisrisiken, die aus dem Leistungserstellungsprozess und dessen Finanzierung resultieren, angemessen zu begegnen. Entsprechend der Zielsetzung und den qualitativen Anforderungen der IFRS-Rechnungslegung muss es die Aufgabe der einschlägigen Rechnungslegungsvorschriften sein, den wirtschaftlichen Gehalt der Absicherung von Marktpreisrisiken in Bilanz und Periodenergebnis abzubilden. Die Grundkonzeption bei der Bilanzierung eines ökonomischen Absicherungsverhältnisses muss sich für eine sachgerechte Abbildung eigentlich daran orientieren, dass bei der ökonomischen Absicherung zwei oder mehr Transaktionen als originäre Risikoposition (bilanzielles Grundgeschäft) und absicherndes Instrument (bilanzielles Sicherungsinstrument) zu einer **Einheit**, in der sich die Wertschwankungen bzw. Zahlungsstromveränderungen kompensieren, zusammengeführt werden.[399]

Nach den allgemeinen Rechnungslegungsvorschriften sind die Elemente einer Sicherungsbeziehung, d. h. das Grundgeschäft und das Sicherungsinstrument indes **einzeln** anzusetzen und zu bewerten (Einzelbewertungsgrundsatz)[400]. Damit sind die beiden gegenläufigen Bestandteile eines ökonomischen Absicherungsverhältnisses nach den allgemeinen Ansatz- und Bewertungsvorschriften nicht als ökonomische Einheit, sondern vielmehr separat zu bilanzieren. Die separate bilanzielle Erfassung setzt dabei zunächst eine Erfüllung der Definitions- und Ansatzkriterien nach IFRS voraus.[401] Ferner stehen in den IFRS verschiedene Bewertungsmaßstäbe für die unterschiedlichen Vermögenswerte und Schulden nebeneinander.[402] Werden Grundgeschäft und Sicherungsinstrument dem Grunde (Ansatzanomalie) oder der Höhe (Bewertungsanomalie) nach asynchron in der Rechnungslegung abgebildet, so führen die damit verbundenen **Bilanzierungsanomalien**[403] zu einer verzerrten Abbildung der ökonomischen Absicherung von Marktpreisrisiken. Vor der detaillierten Analyse der Rechnungslegungsvorschriften des IFRS 9 zum Hedge Accounting sollen zunächst der Bedarf an speziellen Regelungen sowie deren Grundkonzeption für die drei betrachteten Risikoarten systematisch hergeleitet werden.

---

399 Vgl. zur Unterscheidung von Wertschwankungs- und Zahlungsstromrisiken Abschnitt 333.2.

400 Der Einzelbewertungsgrundsatz ergibt sich im Gegensatz zu den handelsrechtlichen Vorschriften lediglich implizit aus CF.4.44, IAS 1.29 und IAS 1.33. Vgl. BAETGE, J./KIRSCH, H.-J./THIELE, S., Bilanzen, S. 150; ADLER, H./DÜRING, W./SCHMALTZ, K., ADS International, Rn. 256.

401 Vgl. CF4.4-4.23 sowie CF.4.37-4.46; BAETGE, J./KIRSCH, H.-J./THIELE, S., Bilanzen, S. 180-184.

402 Vgl. BAETGE, J./ZÜLCH, H., in: von Wysocki et al., HdJ, Abt. I/2, Rn. 280 f. sowie Rn. 296. Auch das aktuelle Diskussionspapier zum Conceptual Framework sieht verschiedene Bewertungsmaßstäbe für Vermögenswerte und Schulden vor; vgl. IASB (HRSG.), DP Review of the Conceptual Framework, Tz. 6.38-6.54.

403 Vgl. zu den Begriffen der Bilanzierungsanomalien KLÖCKER, A., Hedge Accounting, S. 79.

42 Ansatzanomalien

Das Conceptual Framework sieht für die **bilanzielle Erfassung** sämtlicher Geschäftsvorfälle ein zweistufiges Prozedere vor, wodurch eine Transaktion grds. sowohl die Definitionskriterien[404] eines Bilanzpostens (Vermögenswert oder Schuld bzw. Eigenkapital) als auch die allgemeinen Ansatzkriterien[405] erfüllen muss.[406] Ein Vermögenswert wird demnach als eine Ressource definiert, die aufgrund eines vergangenen Ereignisses in der Verfügungsmacht des Unternehmens steht und von der erwartet wird, dass dem Unternehmen ein künftiger wirtschaftlicher Nutzen zufließen wird.[407] Eine Schuld hingegen ist eine gegenwärtige Verpflichtung des Unternehmens, die durch ein vergangenes Ereignis begründet wird und bei deren Erfüllung voraussichtlich wirtschaftlichen Nutzen verkörpernde Ressourcen aus dem Unternehmen abfließen werden.[408] Die allgemeinen Ansatzkriterien fordern darüber hinaus, dass es wahrscheinlich ist, dass ein mit dem Posten verknüpfter wirtschaftlicher Nutzen dem Unternehmen zufließen oder von ihm abfließen wird und dass die Anschaffungs- oder Herstellungskosten bzw. der Wert des Postens verlässlich ermittelt werden können.[409] Erträge und Aufwendungen sind nur dann im Periodenergebnis zu erfassen, sofern sie mit einer Zu- bzw. Abnahme eines Vermögenswertes oder einer Schuld verbunden sind.[410]

Die im Zuge der Absicherung von Marktpreisrisiken eingesetzten **Derivate** wären als schwebende Geschäfte infolge der Ausgeglichenheitsvermutung hinsichtlich Leistung und Gegenleistung auf Grundlage der allgemeinen Ansatzkriterien prinzipiell nicht bilanzierungsfähig.[411] Der IASB sieht allerdings abweichend von den allgemeinen Kriterien speziell für derivative Finanzinstrumente einen zwingenden Ansatz in der Bilanz vor, sobald das Unternehmen Vertragspartei dieses Finanzinstrumentes wird.[412] Folglich wird das ökonomische Sicherungsinstrument ab dem Zeitpunkt des Vertragsabschlusses und damit unabhängig von der Wahrscheinlichkeit eines Nutzenzu- bzw. -abflusses bilanziell erfasst. Der Wertmaßstab eines Finanzinstrumentes wird durch dessen Einordnung in die in IFRS 9 vorgesehenen Kategorien finanzieller Vermögenswerte und Schulden bedingt.[413] Da die Zahlungsströme eines derivativen Finanzinstrumentes nicht mit dem Kriterium ausschließlicher Zins- und Tilgungszahlungen vereinbar sind, kann das absichernde Instrument nicht der Kategorie „Fortgeführte Anschaffungskosten“ zugeordnet werden,[414] sondern muss aufgrund seines Hebeleffektes[415] stets der Kategorie „*Fair Value through profit or loss*“ zugeführt

---

404 Vgl. CF.4.4-4.23.
405 Vgl. CF.4.37-4.46.
406 Es gilt indes zu beachten, dass in den einzelnen Rechnungslegungsstandards spezielle Vorschriften zum Ansatz einzelner Vermögenswerte und Schulden existieren, die der allgemeinen Ansatzkonzeption vorgehen. Vgl. ACHLEITNER, A.-K./WOLLMERT, P./VAN HULLE, K./HEY, J./BISCHOF, S., in: Baetge et al., Rechnungslegung nach IFRS, Kapitel III: Grundlagen, Rn. 60 f.
407 Vgl. CF.4.4 (a).
408 Vgl. CF.4.4 (b).
409 Vgl. CF.4.38 (a) und (b).
410 Vgl. CF.4.47 bzw. CF.4.49.
411 Vgl. WAWRZINEK, W., in: Bohl et al., Beck IFRS HB, § 2. Ansatz, Bewertung, Ausweis und Prinzipien, Rn. 124; KLÖCKER, A., Hedge Accounting, S. 77.
412 Vgl. IFRS 9.3.1.1.
413 Vgl. IFRS 9.4.1.1.
414 Vgl. zu den Voraussetzungen für die Zuordnung eines Finanzinstrumentes zur Kategorie „Fortgeführte Anschaffungskosten“ Abschnitt 434.
415 Vgl. zum Hebeleffekt eines Derivates Abschnitt 332.1.

werden.[416] Sämtliche (kompensierende und darüber hinausgehende) Wertänderungen des absichernden Instrumentes werden also in der Bilanz ausgewiesen und wirken unmittelbar auf das Periodenergebnis.[417]

Industrieunternehmen sichern besonders **Güterpreisrisiken** in erster Linie aus **originären Risikopositionen**, die durch Transaktionen in der Zukunft entstehen.[418] In Abhängigkeit vom Verpflichtungsgrad kann grds. zwischen sog. *firm commitments* (schwebenden Geschäften) und *forecast transactions* differenziert werden. Während Geschäfte in Form von *firm commitments* durch feste, zweiseitig unerfüllte Verträge (z. B. über künftige Rohstoffbezüge, ggf. auch in Fremdwährung) charakterisiert sind, werden *forecast transactions* mit hoher Wahrscheinlichkeit erwartet, wobei hier noch keine Verpflichtung durch einen Vertragsabschluss besteht (z. B. lediglich geplante Warenkäufe oder Mittelaufnahmen für deren Finanzierung, ggf. ebenfalls in Fremdwährung). *Firm commitments* und *forecast transactions* erfüllen obige Voraussetzungen für einen Bilanzansatz indes für gewöhnlich nicht, da vor dem Bilanzstichtag in beiden Fällen die Verfügungsmacht noch nicht auf den Käufer übergegangen bzw. ein Vertrag noch nicht vollständig erfüllt ist und zusätzlich bei *forecast transactions* mangels Vertragsabschluss kein Ereignis der Vergangenheit vorliegt.[419] Sichert ein Industrieunternehmen also künftige Transaktionen mittels derivativer Finanzinstrumente gegen Güterpreisrisiken, werden zunächst ausschließlich die Wertänderungen des Derivates im Periodenergebnis erfasst, während die Wertentwicklung des Grundgeschäftes mangels Ansatz in der Bilanz erst zu einem späteren Zeitpunkt abgebildet wird.[420] Folglich gehen die Erfolgswirkungen von Risikoposition und absicherndem Instrument aufgrund abweichender Ansatzvorschriften in die Ergebnisse unterschiedlicher Perioden ein, obwohl wirtschaftlich betrachtet eine synchrone Wertentwicklung der beiden Positionen festgestellt werden kann. Somit entsteht eine in gewissem Maße artifizielle Volatilität von Periodenergebnis und Eigenkapital, wodurch die Vermögens-, Finanz- und Ertragslage des Unternehmens verzerrt abgebildet wird.[421]

Derartige Ansatzanomalien in der Bilanzierung von Absicherungsmaßnahmen gegen Güterpreisrisiken treten insbesondere auch dann auf, wenn ein Industrieunternehmen *firm commitments* in Form von Warentermingeschäften (z. B. Verträge über künftige Rohstoffbezüge) eingeht und anschlie-

---

[416] Vgl. KUHN, S., Bilanzierung von Finanzinstrumenten, S. 105; MÄRKL, H./SCHABER, M., Bilanzierung von Finanzinstrumenten, S. 68 f.

[417] Vgl. IDW (HRSG.), WP-Handbuch 2012, S. 1810.

[418] Vgl. KPMG (HRSG.), Energie- und Rohstoffpreise (2007), S. 15.

[419] Vgl. CF.4.13 bzw. CF.4.18; BAETGE, J./KIRSCH, H.-J./THIELE, S., Bilanzen, S. 181-183; KLÖCKER, A., Hedge Accounting, S. 79; WAWRZINEK, W., in: Bohl et al., Beck IFRS HB, § 2. Ansatz, Bewertung, Ausweis und Prinzipien, Rn. 123 f. sowie Rn. 133 und Rn. 135.

[420] Eine Ausnahme hierzu bildet die Antizipation eines Verlustes, sofern aus einer Verpflichtung ein Verlust droht, der den Passivierungskriterien des IAS 37 zur Bildung einer Drohverlustrückstellung genügt (sog. *onerous contract*); vgl. IAS 37.66-37.69. Allerdings wird auch dann keine synchrone Erfassung der ökonomischen Sicherungsbeziehung gewährleistet. So droht bspw. beim Lieferanten ein Verlust nicht schon dann, wenn der vereinbarte Kaufpreis unter dem Marktpreis liegt, wenngleich dies für die adäquate Abbildung des Sicherungszusammenhangs erforderlich wäre. Entscheidend ist nach IAS 37 stattdessen, ob der Marktpreis die Anschaffungs- bzw. Herstellungskosten unterschreitet.

[421] Vgl. BARCKOW, A., in: Baetge et al., Rechnungslegung nach IFRS, IAS 39, Rn. 206.

ßend mit Derivaten gegen Güterpreisrisiken absichert.[422] Diese Grundgeschäfte, die nur geringe Anschaffungsauszahlungen erfordern, in der Zukunft erfüllt werden und deren ökonomischer Wert sich abhängig vom Warenpreis ändert, sind aus finanzwirtschaftlicher Perspektive Derivate.[423] Fiele ein solches Geschäft in den Anwendungsbereich von IAS 39 bzw. IFRS 9, so würde es wie das absichernde derivative Instrument erfolgswirksam zum Fair Value abgebildet,[424] wodurch spezielle Regelungen zum Hedge Accounting nicht weiter erforderlich wären.[425] Mit der sog. *own use exemption* wurde indes eine Ausnahmeregel in erster Linie für Industrieunternehmen eingeführt, die in der Absicht zur physischen Abnahme bzw. Lieferung nicht-finanzieller Posten Verträge abschließen, die mit dem erwarteten, unternehmenseigenen Einkaufs-, Verkaufs- oder Nutzungsbedarf übereinstimmen.[426] Durch diese Ausnahmeregel werden Warentermingeschäfte nicht als derivative Finanzinstrumente, sondern aufgrund der prinzipiellen Ausgeglichenheitsvermutung ausnahmsweise als schwebende Geschäfte behandelt, so dass deren Wertänderungen nicht erfolgswirksam erfasst werden.[427] Sichern Industrieunternehmen solche künftigen Transaktionen, die unter die *own use exemption* fallen (z. B. vertraglich gesicherte Rohstoffbezüge für die eigene Nutzung), jedoch gleichzeitig mit einem derivativen Finanzinstrument, das selbst stets in den Anwendungsbereich des IAS 39 bzw. IFRS 9 fällt, so werden wiederum lediglich die Wertschwankungen des absichernden Instrumentes erfolgswirksam ausgewiesen.[428] Die Behandlung von (eigentlich derivativen)[429] *Own-use*-Verträgen als schwebende Geschäfte führt also ebenfalls zu einer Ansatzanomalie.

Werden Verträge über den Kauf oder Verkauf von nicht-finanziellen Posten aufgrund der *own use exemption* nicht selbst als derivative Finanzinstrumente nach IAS 39 bzw. IFRS 9 bilanziert und wird die Fair Value-Option[430] nicht ausgeübt, so ist grundsätzlich zu untersuchen, ob sie trennungspflichtige eingebettete Derivate umfassen.[431] Ein eingebettetes Derivat ist Bestandteil eines strukturierten Instrumentes (Hybrid), das neben dem eingebetteten Derivat einen nicht-derivativen Basisvertrag enthält. Bei solchen hybriden Instrumenten unterliegt ein Teil der Zahlungsströme ähnlichen Schwankungen wie ein freistehendes Derivat.[432] Um die allgemeinen Ansatz- und Bewer-

---

422 Vgl. INTERNATIONAL ENERGY ACCOUNTING FORUM (HRSG.), Application of Own Use Exemption (paper 2), S. 6.

423 Vgl. zu den Eigenschaften eines Derivates Abschnitt 332.1.

424 Vgl. IAS 39.5.

425 Vgl. IAS 39.BC24D infolge der Änderungen durch den Review Draft im September 2012; vgl. IASB (HRSG.), RD Hedge Accounting, Tz. BCA63. Aufgrund ihrer Eigenschaften eines Derivates (vgl. Abschnitt 332.1) fallen solche Warentermingeschäfte grds. in den Anwendungsbereich des IAS 39 bzw. des IFRS 9. Vgl. LÜDENBACH, N., in: Lüdenbach et al., Haufe IFRS-Kommentar, § 28 Finanzinstrumente, Rn. 223.

426 Vgl. FLINTROP, B./VON OERTZEN, C., in: Bohl et al., Beck IFRS HB, § 23. Derivate, Rn. 6; IAS 39.5 i. V. m. IAS 39.5A.

427 Eine Bilanzierung als Derivat nach IAS 39 bzw. IFRS 9 ist bei Verträgen mit physischer Erfüllung nur dann erforderlich, wenn die Prüfung auf Barausgleich nach IFRS 9 i. V. m. IAS 39.6 (a)-(d) positiv ausfällt und dabei der Vertrag nicht der Erfüllung des eigenen Bedarfs dient. Vgl. zum Prüfungsschema der *own use exemption* WIESE, R./SPINDLER, M., Review Draft Hedge Accounting, S. 351.

428 Vgl. IAS 39.BC24E infolge der Änderungen durch den Review Draft im September 2012; vgl. IASB (HRSG.), RD Hedge Accounting, Tz. BCA63. Allerdings ist auch hier nach IAS 37.66-69 die Bildung einer Drohverlustrückstellung zu prüfen.

429 Vgl. INTERNATIONAL ENERGY ACCOUNTING FORUM (HRSG.), Application of Own Use Exemption (paper 2), S. 2.

430 Vgl. zu den Abbildungsmöglichkeiten im Rahmen der neu eingeführten Fair Value-Option Abschnitt 522.

431 Vgl. zur Abgrenzung bei indexierten Warentermingeschäften mittels qualitativer und quantitativer Analysen INTERNATIONAL ENERGY ACCOUNTING FORUM (HRSG.), Embedded Derivatives (paper 1), S. 3-5.

432 Vgl. IFRS 9.4.3.1; WENK, M./STRAßER, F., Bilanzierung von Finanzinstrumenten, S. 104.

tungsvorschriften nicht zu unterlaufen, muss das eingebettete Derivat nach IFRS 9 abgespalten werden, sofern folgende Kriterien kumulativ erfüllt sind:[433]

1. Die wirtschaftlichen Merkmale und Risiken des eingebetteten Derivates sind nicht eng mit denjenigen des Basisvertrages verbunden,
2. eigenständige Instrumente mit den Konditionen des eingebetteten Derivates erfüllen die Definition eines Derivates und
3. das zusammengesetzte Instrument wird nicht ergebniswirksam mit dem Fair Value bewertet.[434]

Das eingebettete Derivat wird also gemäß IAS 39 bzw. IFRS 9 erfolgswirksam zum Fair Value angesetzt, während der Basisvertrag den einschlägigen Standards entsprechend bilanziert (z. B. Lieferverpflichtungen nach IAS 37) bzw. bei *Own-use*-Verträgen ggf. überhaupt nicht erfasst wird.[435] Dies wäre etwa der Fall bei einer Kombination von Mindestabnahmemenge und maximalem Zusatzvolumen (Volumenoption), wenn der Abnehmer die Möglichkeit der Veräußerung nicht benötigter Abnahmemengen innehat und die Volumenoption bei einer günstigen Marktpreisentwicklung zu seinen Gunsten verwerten kann. Hier könnte also die Mindestmenge unter die *Own-use*-Ausnahme fallen, während die Option nach IAS 39 bzw. IFRS 9 als derivatives Finanzinstrument behandelt würde.[436] Die Ansatzanomalie bezieht sich in solchen Fällen ausschließlich auf den Basisvertrag, da dieser aufgrund der Ausgeglichenheitsvermutung nicht bilanziert wird, während die Wertschwankungen des absichernden Instrumentes erfolgswirksam erfasst werden.[437]

Auch im Rahmen der Absicherung von **Währungs- oder Zinsänderungsrisiken** können mit der Abbildung von Steuerungsmaßnahmen bzgl. Güterpreisrisiken vergleichbare Anomalien auftreten. Ansatzanomalien entstehen hier also stets dann, wenn es sich bei der abzusichernden Risikoposition um (nicht nach IAS 39 bzw. IFRS 9 bilanzierte) *firm commitments* in Form von schwebenden Beschaffungs- oder Absatzgeschäften in Fremdwährung oder um *forecast transactions*, also lediglich geplante Transaktionen in Fremdwährung bzw. geplante Mittelaufnahmen zur Finanzierung des

---

433 Vgl. MAULSHAGEN, O./WALTERSCHEIDT, S., Bilanzierung von Derivaten, S. 357.

434 Vgl. IFRS 9.4.3.3. Finanzielle Vermögenswerte hingegen, die sich aus einem nicht-derivativen finanziellen Basisvertrag und mindestens einem eingebetteten Derivat zusammensetzen, werden künftig in ihrer Gesamtheit klassifiziert und bewertet; vgl. IFRS 9.4.3.2; MÄRKL, H./SCHABER, M., Bilanzierung von Finanzinstrumenten, S. 66. Für finanzielle Verbindlichkeiten besteht indes nach wie vor die Abspaltungspflicht; vgl. IFRS 9.4.3.3-4.3.7; WIECHENS, G./KROPP, M., Bilanzierung finanzieller Verbindlichkeiten, S. 226.

435 Vgl. IFRS 9.4.3.4.

436 Vgl. LÜDENBACH, N., in: Lüdenbach et al., Haufe IFRS-Kommentar, § 28 Finanzinstrumente, Rn. 227.

437 Vgl. IFRS 9.B4.3.5 (b). Gleiches gilt etwa bei (a) güterwirtschaftlichen Verträgen mit einer Verlängerungsoption, sofern die vereinbarten Konditionen nicht den zum Zeitpunkt der Vertragsverlängerung gültigen Marktkonditionen entsprechen, (b) Verträgen mit einem eingebetteten Fremdwährungsderivat, sofern hierdurch eine Hebelwirkung erzeugt wird bzw. der Vertrag nicht in einer funktionalen oder üblichen Währung abgeschlossen wird, wie auch bei (c) Verträgen mit Preisformeln, bei denen die aus der Preisformel erzeugten Güterpreise nicht mit den tatsächlichen Herstellungskosten für das Gut korrelieren, ein aktiver Markt für das eigentliche Gut existiert und die Preisformel einen Hebeleffekt generiert oder die Preisformel branchenunüblich ist. Vgl. IFRS 9.B4.3.8 (d); IFRS 9.B4.3.5 (d); INTERNATIONAL ENERGY ACCOUNTING FORUM (HRSG.), Embedded Derivatives (paper 1), S. 4 i. V. m. S. 2; OLDEWEME, D., Bilanzierung von Commodity-Hedges, S. 100-103 sowie S. 107.

Leistungserstellungsprozesses handelt.[438] Fixiert ein Industrieunternehmen den Wechselkurs oder die Zinskonditionen solcher künftigen Transaktionen mit einem Währungs- bzw. Zinsderivat, so ist die Risikoposition im bilanziellen Sinne noch nicht existent, wodurch sich auch deren Wertänderungen der bilanziellen Erfassung entziehen. Die Wertänderungen des absichernden Derivates hingegen werden in der Bilanz erfasst und fließen in das Periodenergebnis, wobei ihnen bilanziell ohne spezielle Hedge Accounting-Vorschriften keine (ökonomisch jedoch entstandenen) Bewertungsgewinne bzw. -verluste aus der originären Risikoposition gegenüberstehen.

43 Bewertungsanomalien

431. Asynchrone Erfolgswirkung

Neben dieser asynchronen Erfassung der Bestandteile einer Sicherungsbeziehung dem Grunde nach können ohne spezielle Hedge Accounting-Regelungen auch Bewertungsanomalien zu einer verzerrten Abbildung einer ökonomischen Risikoabsicherung führen.[439] Diese entstehen, falls zwar Risikoposition und absicherndes Instrument in der Bilanz erfasst werden, **deren Wertmaßstäbe allerdings voneinander abweichen** oder deren Wertänderungen auf unterschiedliche Weise in das **Gesamtergebnis** eingehen.[440]

Da Derivate nach IFRS 9 aufgrund ihres Hebeleffektes stets erfolgswirksam zum Fair Value zu bewerten sind,[441] werden die Wertänderungen **derivativer Absicherungsinstrumente** aufgrund von Güterpreis-, Wechselkurs- oder Zinsänderungen stets erfasst.[442] Sämtliche (kompensierende und darüber hinausgehende) Wertänderungen des absichernden Instrumentes fließen unmittelbar in das Periodenergebnis.[443] Die Absicherung von Marktpreisrisiken wird also stets dann verzerrt abgebildet, wenn die Wertänderungen der originären Risikoposition nicht erfolgswirksam erfasst werden. In den folgenden Abschnitten werden die Absicherungskonstellationen, in denen die sich finanzwirtschaftlich neutralisierenden Elemente der Risikoposition und des Absicherungsinstrumentes nach den allgemeinen Bewertungsvorschriften asynchron erfasst werden, systematisch für die verschiedenen Risikoarten identifiziert.

---

[438] Vgl. zu den Ansatzanomalien im Rahmen der Währungssicherung BORCHERT, M., Sicherung von Wechselkursrisiken, S. 152. Grundsätzlich kann zur Absicherung gegen Währungsrisiken anstatt eines Termingeschäftes auch ein Kassainstrument (z. B. eine dem Rohstoffeinkauf gegenläufige Forderung in derselben Währung) in Fremdwährung eingesetzt werden. Die Anomalie tritt hier ebenfalls auf, sofern das Kassainstrument (wie im Beispiel der Fremdwährungsforderung) zum Stichtagskurs umgerechnet wird. Eine Ansatzanomalie im Rahmen der Zinssicherung indes tritt bspw. auf, sofern ein Industrieunternehmen die Zinskonditionen für eine in einem Jahr geplante Kreditaufnahme mit einem Forward-Zinsswap sichert; vgl. zur Steuerungsmaßnahme Abschnitt 333.721. Gleiches gilt hier auch für entsprechende Kassainstrumente.

[439] Vgl. BARCKOW, A., Derivate und Sicherungsbeziehungen, S. 29; NIEMEYER, K., Bilanzierung von Finanzinstrumenten, S. 235 f.

[440] Vgl. KLÖCKER, A., Hedge Accounting, S. 79 f.; BIERMAN, H./JOHNSON, T./PETERSON, S., Issues of Hedge Accounting, S. 21 f.

[441] Vgl. KUHN, S., Bilanzierung von Finanzinstrumenten, S. 105; MÄRKL, H./SCHABER, M., Bilanzierung von Finanzinstrumenten, S. 68 f. sowie Abschnitt 434.

[442] Dies gilt auch im Rahmen der Währungssicherung, da sich die Behandlung von Umrechnungsdifferenzen eines Derivates ausnahmsweise nach IAS 39 bzw. IFRS 9 richtet. IFRS 9 schreibt vor, dass derivative Finanzinstrumente grds. zum Fair Value bewertet werden, wodurch der jeweilige Stichtagskurs für die Fremdwährungsumrechnung herangezogen wird. Die in den Veränderungen des Fair Value enthaltenen Umrechnungsdifferenzen werden dabei prinzipiell erfolgswirksam berücksichtigt. Vgl. IFRS 9.5.7.1.

[443] Vgl. IDW (HRSG.), WP-Handbuch 2012, S. 1810.

432. Güterpreisrisiken

Bilanzierte Vermögenswerte und Schulden, die gegen Güterpreisrisiken abgesichert werden, sind in erster Linie Gegenstände des **Vorrats- und Sachanlagevermögens**. Das Vorratsvermögen für den Leistungserstellungsprozess wird dabei nach IAS 2 mit den historischen Anschaffungs- bzw. Herstellungskosten oder dem niedrigeren Nettoveräußerungswert[444] bewertet.[445] Aufgrund dieser imparitätischen Bewertung können sich Wertsteigerungen oberhalb der Wertobergrenze der Anschaffungs- oder Herstellungskosten vor der Veräußerung des Vermögenswertes weder in der Bilanz noch im Periodenergebnis niederschlagen.[446] Analog werden für Vermögenswerte des Sachanlagevermögens bei der (in der Bilanzierungspraxis dominierenden)[447] Wahl des Anschaffungskostenmodells im Rahmen der Folgebewertung nach IAS 16 nur die fortgeführten Anschaffungs- bzw. Herstellungskosten unter Berücksichtigung etwaiger außerplanmäßiger Abschreibungen in der Bilanz angesetzt, die keinen Raum für Wertsteigerungen oberhalb der historischen Kosten bieten.[448] Alternativ zum Anschaffungskostenmodell kann auch das Neubewertungsmodell gewählt werden, wodurch Vermögenswerte zum Neubewertungszeitpunkt mit dem Fair Value erneut bewertet und abzüglich kumulierter Abschreibungen und Wertminderungen bilanziert werden.[449] Allerdings werden die Ergebniswirkungen der Neubewertung, sofern der Wert über den fortgeführten Anschaffungs- oder Herstellungskosten liegt, nicht erfolgswirksam im Periodenergebnis, sondern erfolgsneutral im sonstigen Gesamtergebnis erfasst und im Eigenkapital in einer Neubewertungsrücklage kumuliert.[450] Folglich führt eine Absicherung von Vermögenswerten des Vorrats- oder Sachanlagevermögens typischerweise nicht zu einer zeitlich synchronen Erfassung der Wertänderungen von Risikoposition und absicherndem Instrument im Periodenergebnis, woraus eine ökonomisch nicht gerechtfertigte Bewertungsanomalie und eine damit verbundene künstliche Ergebnisvolatilität entstehen.[451]

---

[444] Unter dem Nettoveräußerungswert wird gemäß IAS 2.6 der vom Unternehmen geschätzte und im normalen Geschäftsgang erzielbare Verkaufserlös abzüglich der geschätzten Fertigstellungs- und Verkaufskosten verstanden.

[445] Vgl. IAS 2.9.

[446] Aufgrund der Schätzung durch das Unternehmen handelt es sich beim Nettoveräußerungswert um einen unternehmensspezifischen Wert. Der Fair Value hingegen entspricht dem Wert, zu dem eine gewöhnliche Transaktion zur Veräußerung der Vorräte in dem Hauptmarkt (oder vorteilhaftesten Markt) für diese Vorräte zwischen sachverständigen, vertragswilligen und voneinander unabhängigen Marktteilnehmern am Bewertungsstichtag stattfinden würde. Dieser Wert ist folglich nicht unternehmensspezifisch, weicht regelmäßig vom Nettoveräußerungswert ab (vgl. IAS 2.7) und bietet dabei auch eine symmetrische, d. h. Wertminderungen wie auch Wertsteigerungen umfassende Synchronisierung der Wertentwicklung von Risikoposition und absicherndem Instrument.

[447] Vgl. von Keitz, I., Praxis der IASB-Rechnungslegung, S. 59 für die Untersuchungsjahre 2001 bis 2003 mit 100 in die Studie einbezogenen (vergleichsweise großen) Unternehmen. Dieser Eindruck wird bestätigt durch eine aktuelle Studie, in der der Einfluss der Fair Value-Bewertung auf die Unternehmensberichterstattung untersucht wird. Für die Analyse werden die Konzernabschlüsse der im DAX 30 gelisteten Unternehmen für das Kalenderjahr 2010 herangezogen. Vgl. Kirsch, H.-J./Ewelt-Knauer, C./Köhling, K./Dettenrieder, D., Ausmaß der Fair Value-Bewertung (im Erscheinen).

[448] Vgl. IAS 16.30.

[449] Vgl. IAS 16.29 f.

[450] Vgl. IAS 16.39.

[451] Vgl. Klöcker, A., Hedge Accounting, S. 80.

433. Währungsrisiken

Im Zuge der Internationalisierung der Beschaffungs- und Absatzmärkte müssen sich Unternehmen zunehmend mit Fragestellungen der **Währungsumrechnung** auseinandersetzen, da Transaktionen z. B. im Rahmen der Rohstoffbeschaffung häufig in Fremdwährung fakturiert werden. Diese müssen bei der Abschlusserstellung gemäß IAS 21 in die funktionale Währung, d. h. jene Währung im primären Wirtschaftsumfeld des Unternehmens, die für deutsche Unternehmen im Regelfall der Euro ist, umgerechnet werden.[452] Im Rahmen der Erstbewertung des Fremdwährungsgeschäftes ist dabei auf den zum Zeitpunkt des Geschäftsvorfalls gültigen Kassakurs abzustellen.[453] Hinsichtlich der Folgebewertung unterscheidet IAS 21 zwischen verschiedenen Bilanzpositionen. Monetäre Posten wie etwa Forderungen oder Verbindlichkeiten aus Lieferung und Leistung sowie Fremdwährungskredite werden mit dem jeweiligen Wechselkurs am Stichtag umgerechnet,[454] wobei entstehende Umrechnungsdifferenzen gegenüber der erstmaligen Erfassung bzw. dem vorangegangenen Abschlussstichtag erfolgswirksam erfasst werden.[455] Nicht-monetäre Posten, die zu historischen Anschaffungs- oder Herstellungskosten bewertet werden, z. B. Sachanlagen oder Vorräte, werden hingegen mit dem historischen Wechselkurs zum jeweiligen Transaktionszeitpunkt umgerechnet,[456] so dass hier typischerweise keine Umrechnungsdifferenzen generiert werden.[457] Allerdings werden nicht-monetäre Posten, die in einer Fremdwährung zum Fair Value bewertet werden, mit dem Kurs zum Zeitpunkt der Ermittlung des Fair Value (d. h. in aller Regel mit dem Stichtagskurs) umgerechnet.[458] Diese Gruppe umfasst vor allem zum Zeitpunkt der Neubewertung mit dem Fair Value bewertete Sachanlagen.[459] Werden Gewinne bzw. Verluste aus der Neubewertung direkt im Eigenkapital erfasst, so gilt dies auch für die darin enthaltene Währungskomponente.[460]

Bewertungsanomalien können bei der Absicherung von Währungsrisiken entstehen, sofern **nicht-monetäre Posten** zu fortgeführten Anschaffungs- bzw. Herstellungskosten bewertet werden. Für Industrieunternehmen betrifft dies in erster Linie das in Fremdwährung erworbene Vorratsvermögen, das mit dem historischen Wechselkurs umgerechnet wird.[461] Während für solche Risikopositionen wie etwa Vorräte, die an einer Rohstoffbörse typischerweise in US-Dollar erworben werden, bei einer (vorteilhaften) Wechselkursentwicklung im Zuge der Umrechnung keine Differenzen entstehen und die entsprechenden Wertsteigerungen nicht erfasst werden dürfen,[462]

---

[452] Vgl. Pellens, B./Fülbier, R. U./Gassen, J./Sellhorn, T., Internationale Rechnungslegung, S. 700.

[453] Vgl. IAS 21.21; Lüdenbach, N., in: Lüdenbach et al., Haufe IFRS-Kommentar, § 27 Währungsumrechnung, Hyperinflation, Rn. 12.

[454] Vgl. IAS 21.23 (a) sowie für weitere Beispiele IAS 21.16.

[455] Vgl. IAS 21.28; Senger, T./Rulfs, R., in: Bohl et al., Beck IFRS HB, § 33. Währungsumrechnung, Rn. 13-15.

[456] Vgl. IAS 21.23 (b). Etwaige Abschreibungen werden analog erfasst.

[457] Sind zu solchen Posten bestimmte Vergleichswerte zu ermitteln, etwa im Kontext der Prüfung möglicher Wertminderungen von Sachanlagen i. S. d. IAS 16.30 oder Abwertungen von Vorräten i. S. d. IAS 2.9, so werden die erforderlichen Umrechnungen indes mit dem Kurs zum Zeitpunkt der Vergleichswertermittlungen (i. d. R. mit dem Stichtagskurs) durchgeführt und die Umrechnungsdifferenzen erfolgswirksam verbucht; vgl. IAS 16.30.

[458] Vgl. IAS 21.23 (c).

[459] Vgl. IAS 16.31; Borchert, M., Sicherung von Wechselkursrisiken, S. 143.

[460] Vgl. IFRS 21.30.

[461] Vgl. IAS 21.23 (b).

[462] Auch hier werden die wechselkursinduzierten Wertschwankungen hingegen erfolgswirksam erfasst, sofern das bilanzierte Vorratsvermögen gemäß IAS 2.9 auf den Nettoveräußerungswert abzuwerten ist.

werden die (in diesem Fall nachteilig wirkenden) wechselkursbedingten Wertschwankungen des in der Umsetzung der Risikostrategie verwandten Währungsderivates ergebniswirksam erfasst.[463]

Eine weitere Bewertungsanomalie, die allerdings seltener zu beobachten sein dürfte, entsteht, sofern nicht-monetäre Bilanzposten zum Fair Value bewertet werden und somit zwar sowohl Risikoposition als auch absicherndes Instrument bilanziell erfasst werden, die wechselkursinduzierten Wertänderungen sich indes unterschiedlich in der Gesamtergebnisrechnung niederschlagen. Werden nicht-monetäre Posten wie speziell das Sachanlagevermögen eines Industrieunternehmens, für die das Neubewertungsmodell nach IAS 16 gewählt wurde, in einer Fremdwährung erfolgsneutral zum Fair Value bewertet,[464] ist der neubewertete Betrag zum Stichtagskurs umzurechnen,[465] was zu einer Umrechnungsdifferenz führt, die ebenfalls erfolgsneutral im sonstigen Gesamtergebnis zu erfassen ist.[466] Folglich führt eine Absicherung solcher Vermögenswerte des Sachanlagevermögens gegen Währungsrisiken durch ein Derivat ohne spezielle Hedge Accounting-Vorschriften typischerweise nicht zu einer korrespondierenden Erfassung im Gesamtergebnis bzw. einer zeitlich synchronen Erfassung im Periodenergebnis.

Bei der Absicherung von Währungsrisiken können die Vorschriften zur Währungsumrechnung nach IAS 21 indes auch zu einer kompensatorischen Erfassung in der bilanziellen Erfolgsrechnung führen und ggf. Bewertungsanomalien mindern.[467] Sofern es sich bei der Risikoposition ausschließlich um **monetäre Posten** i. S. d. IAS 21 handelt, schreibt IAS 21 eine Umrechnung mit dem aktuellen Stichtagskurs vor,[468] so dass sich die wechselkursinduzierten Wertänderungen sowohl der Risikoposition als auch des absichernden Instrumentes im Periodenergebnis niederschlagen und ihre kompensierende Wirkung entfalten.[469] Wird c. p. der Nettoeinfluss von Wechselkursänderungen auf das Periodenergebnis betrachtet, gewährleistet die Einzelbilanzierung bereits die zweckadäquate Abbildung der ökonomischen Absicherungsstrategie.[470] Allerdings werden die Wertänderungen der Risikoposition, also bspw. der Forderungen oder Verbindlichkeiten aus Lieferungen und Leistungen in einem Posten für Umrechnungsdifferenzen erfasst,[471] während die Wertänderungen des absichernden Instrumentes explizit hiervon ausgenommen und für den Abschlussadressaten in dem Posten Handels- bzw. Derivateergebnis zu finden sind.[472]

---

463 Gleiches gilt auch für Kassainstrumente.

464 Dies wäre etwa bei der Neubewertung von Produktionsmaschinen oder Flugzeugen der Fall, die ausschließlich in einer Fremdwährung bezogen werden können oder ausschließlich Zahlungsströme in einer Fremdwährung generieren, die anschließend mit einem währungskongruenten Zinssatz zu diskontieren (vgl. IFRS 13.B14 (e)) und schließlich mit dem Stichtagskurs umzurechnen sind.

465 Vgl. IAS 21.23 (c).

466 Vgl. IAS 21.31.

467 Vgl. KLÖCKER, A., Hedge Accounting, S. 81; LÖW, E./THEILE, C., in: Heuser et al., IFRS Handbuch, Sicherungsgeschäfte und Risikoberichterstattung, S. 603.

468 Vgl. IAS 21.23 (a).

469 Dadurch schlagen sich neben nachteiligen gerade auch vorteilhafte Wechselkursänderungen des Grundgeschäftes im Rechenwerk nieder; vgl. BEERMANN, T., Annäherung von IAS- an HGB-Abschlüsse, S. 39.

470 Vgl. BORCHERT, M., Sicherung von Wechselkursrisiken, S. 152; KLÖCKER, A., Hedge Accounting, S. 81; LÖW, E., Ausweisfragen bei Financial Instruments, S. 29.

471 Vgl. IAS 21.52.

472 Vgl. IAS 21.52 i. V. m. IFRS 7.20; LÖW, E., Ausweisfragen bei Financial Instruments, S. 15.

434. Zinsänderungsrisiken

Industrieunternehmen sehen sich ferner mit Zinsänderungsrisiken konfrontiert und begegnen diesen speziell bei Finanzierungsmaßnahmen des Leistungserstellungsprozesses mit derivativen Zinsinstrumenten. Die bereits im Jahr 2010 durch den IASB veröffentlichte und bislang in weiten Teilen beibehaltene Version des IFRS 9 zur Klassifizierung und Bewertung von Finanzinstrumenten sieht ein **dichotomes Bewertungsmodell** vor, wonach ein Finanzinstrument künftig grds. entweder der Kategorie „Fortgeführte Anschaffungskosten" oder „*Fair Value through profit or loss*" zuzuordnen ist *(mixed model)*.[473] Ein finanzieller Vermögenswert wird hierbei nur dann der Kategorie „Fortgeführte Anschaffungskosten" zugeordnet, falls dieser im Rahmen eines Geschäftsmodells gehalten wird, dessen Zielsetzung im Halten von Vermögenswerten zur Vereinnahmung der aus diesen resultierenden vertraglichen Zahlungsströme besteht (Geschäftsmodellkriterium), und die Vertragsbedingungen an festgelegten Zeitpunkten zu Zahlungsströmen führen, die ausschließlich Zins- und Tilgungszahlungen auf den ausstehenden Kapitalbetrag darstellen (Zahlungsstromkriterium).[474] Sämtliche (ggf. zur Risikoabsicherung eingesetzten) derivativen Finanzinstrumente verstoßen hingegen aufgrund ihres Hebeleffektes gegen das Zahlungsstromkriterium und sind erfolgswirksam zum Fair Value zu bewerten.[475]

Zur Finanzierung der Leistungserstellung eingegangene Verbindlichkeiten werden dabei zunächst als zu „fortgeführten Anschaffungskosten" unter Anwendung der Effektivzinsmethode zu bewerten klassifiziert.[476] Hierzu zählen bei Industrieunternehmen typischerweise vor allem Kredite, Anleihen und Verbindlichkeiten aus Lieferungen und Leistungen. Die wesentliche Ausnahmeregelung hierzu betrifft Verbindlichkeiten, die zu Handelszwecken gehalten werden (z. B. Derivate oder Verbindlichkeiten aus Leerverkäufen)[477] und darum erfolgswirksam mit dem Fair Value in der Bilanz abgebildet werden. Ein Unternehmen kann ferner eine Fair Value-Option für Verbindlichkeiten ausüben, die eigentlich zu fortgeführten Anschaffungskosten bewertet werden, sofern dadurch eine Ansatz- oder Bewertungsinkongruenz behoben bzw. reduziert werden kann oder die finanzielle Verbindlichkeit Teil eines Portfolios ist, das auf Fair Value-Basis gesteuert wird.[478] Wertänderun-

---

[473] Vgl. IFRS 9.4.2.1 (analog IFRS 9.4.1.1 für finanzielle Vermögenswerte); ECKES, B./FLICK, P./SIERLEJA, L., Kategorisierung und Bewertung, S. 628 f.; GEHRER, J./KRAKUHN, J./TIETZ-WEBER, S., Klassifizierung finanzieller Vermögenswerte und Verbindlichkeiten, S. 90.

[474] Vgl. IFRS 9.4.1.2; IDW (HRSG.), WP-Handbuch 2012, S. 1808 f.; BERENTZEN, C., Finanzielle Vermögenswerte, S. 77 f. Die Wertminderungskonzeption basiert dabei künftig voraussichtlich auf dem *Expected-loss*-Modell; vgl. OLBRICH, A., Wertminderung von finanziellen Vermögenswerten, S. 69. Ein finanzieller Vermögenswert, der die angeführten Kriterien erfüllt, kann allerdings durch die Ausübung der Fair Value-Option auch in die erfolgswirksame Fair Value-Kategorie designiert werden, sofern dadurch eine Ansatz- oder Bewertungsinkongruenz behoben oder signifikant reduziert werden kann; vgl. IFRS 9.4.1.5. Im Zuge der Beratungen mit dem FASB schlug der IASB im Januar 2012 (ED/2012/4) eine dritte Kategorie „*Fair Value through other comprehensive income*" vor (vgl. IASB (HRSG.), ED Limited Amendments, Tz. 4.1.2A; BERGER, J./STRUFFERT, R./NAGELSCHMITT, S., Begrenzte Änderungen an IFRS 9 durch ED/2012/4, S. 215 f.), die jedoch für die im Rahmen dieser Arbeit betrachteten Absicherungsverhältnisse nicht von Bedeutung ist.

[475] Vgl. KUHN, S., Bilanzierung von Finanzinstrumenten, S. 105; MÄRKL, H./SCHABER, M., Bilanzierung von Finanzinstrumenten, S. 68 f.; BERGER, J./STRUFFERT, R./NAGELSCHMITT, S., Begrenzte Änderungen an IFRS 9 durch ED/2012/4, S. 223.

[476] Vgl. IFRS 9.4.2.1; LÜTKESCHÜMER, G., Finanzierungsrisiken und Eigenkapitalkosten, S. 118.

[477] Vgl. IFRS 9.BA.7.

[478] Vgl. IFRS 9.4.2.2; WIECHENS, G./KROPP, M., Bilanzierung finanzieller Verbindlichkeiten, S. 226.

gen, die auf ein verändertes eigenes Kreditrisiko zurückzuführen sind, werden dabei erfolgsneutral im Eigenkapital nachgezeichnet,[479] während alle übrigen Fair Value-Änderungen periodenergebniswirksam zu erfassen sind. Die erfolgsneutral erfassten Bewertungsgewinne bzw. -verluste dürfen auch bei der Veräußerung keinesfalls erfolgswirksam umgebucht werden (kein sog. *recycling* im Sinne des *reclassification adjustment* nach IAS 1).[480]

Bewertungsanomalien im Rahmen der Abbildung der Zinssicherung von Finanzierungsmaßnahmen entstehen durch die Kategorisierung von Finanzinstrumenten nach der Konzeption des *mixed model*. Durch die beiden (Haupt-)Kategorien ist es möglich, dass zwei ökonomisch als gesichert (da gegenläufig) betrachtete Risikopositionen auf divergierende Weise bewertet werden, so dass lediglich für eine Position zinsinduzierte Wertänderungen im Wertansatz berücksichtigt werden.[481] Eine solche Konstellation ergibt sich z. B. dann, wenn gewöhnliche **variabel- oder festverzinsliche Mittelaufnahmen** durch den Einsatz von Zinsderivaten gegen Zinsänderungsrisiken abgesichert werden.[482] In diesen Fällen schlagen sich Zinsänderungen lediglich in den Wertänderungen des Zinsderivates nieder, während die originäre Risikoposition unter Anwendung der Effektivzinsmethode zu fortgeführten Anschaffungskosten bilanziert wird, so dass die kompensatorische Wirkung nicht im Rechenwerk abgebildet werden kann.

44 Bilanzielle Sicherungsbeziehungen als Konstrukt zur Vermeidung von Ansatz- und Bewertungsanomalien

Aus den unter Beachtung der allgemeinen Ansatz- und Bewertungsvorschriften entstehenden Ansatzanomalien bei *firm commitments* und *forecast transactions*, den Bewertungsanomalien aufgrund divergierender Bewertungsmaßstäbe und dem unterschiedlichen Ausweis in der Gesamtergebnisrechnung resultiert eine häufig kritisierte **synthetische Ergebnis- und Eigenkapitalvolatilität**.[483] Diese Volatilität entsteht im Grunde stets dadurch, dass zum gleichen Zeitpunkt relevante Wertänderungen von Risikoposition und Absicherungsinstrument in verschiedenen Perioden abgebildet werden.[484] Während die originäre Risikoposition zunächst entweder (noch) nicht oder zu fortgeführten Anschaffungskosten bilanziert wird, muss die periodenspezifische Wertentwicklung der Absicherungsmaßnahme in Bilanz und Periodenergebnis nachgezeichnet werden. In späteren Perioden kehrt sich dieser Effekt systematisch um. Durch diese **asynchrone Erfassung**

---

[479] Der IASB berücksichtigt damit die Kritik an den kontraintuitiven Erfolgswirkungen von eigenen Kreditrisikoänderungen im Rahmen einer Fair Value-Bilanzierung von eigenen Verbindlichkeiten. Vgl. WIECHENS, G./KROPP, M., Bilanzierung finanzieller Verbindlichkeiten, S. 225; KIRSCH, H.-J./KÖHLING, K./DETTENRIEDER, D./GALLASCH, F., in: Baetge et al., Rechnungslegung nach IFRS, IFRS 13, Rn. 141; BECKER, K./WIECHENS, G., Fair Value-Option, S. 625; CASTEDELLO, M., ED Fair Value Measurement, S. 916; LÖW, E./ANTONAKOPOULOS, N./WEILAND, T., SFAS 157 und Fair Value Measurement, S. 735. Im Fall eines dadurch entstehenden *accounting mismatch* sind entsprechende Änderungen des Fair Value abweichend erfolgswirksam zu erfassen; vgl. IFRS 9.5.7.8.

[480] Vgl. IFRS 9.5.7.1 i. V. m. IFRS 9.5.7.7; WIECHENS, G./KROPP, M., Bilanzierung finanzieller Verbindlichkeiten, S. 226 f.

[481] Vgl. GROßE, J.-V., Problematik des Hedge Accounting, S. 33.

[482] Vgl. MENK, M., Defizite von Hedge Accounting, S. 73 f. Gleiches gilt auch für zum Fair Value bilanzierte Kassainstrumente.

[483] Vgl. BARCKOW, A., in: Baetge et al., Rechnungslegung nach IFRS, IAS 39, Rn. 206.

[484] Vgl. BRÖTZMANN, I., Güterwirtschaftliche Sicherungsbeziehungen, S. 87.

von Risikoposition und Absicherungsinstrument *(accounting mismatch)*[485] wird allerdings die kompensatorische Wirkung als finanzwirtschaftlicher Zweck eines ökonomischen Absicherungsverhältnisses unsachgemäß vernachlässigt.[486]

Werden Prognosen über die künftige Vermögens-, Finanz- und Ertragslage zur Schätzung künftiger Zahlungsströme auf Grundlage der jeweils einseitig in Bilanz und Periodenergebnis erfassten Wertänderungen der Bestandteile eines ökonomischen Absicherungsverhältnisses angepasst, so sind diese Prognosen durch die dargelegten Ansatz- und Bewertungsanomalien bei der Abbildung von Absicherungsmaßnahmen gegen Marktpreisrisiken systematisch verzerrt.[487] Wird im Abschluss ein Bild der Vermögens-, Finanz- und Ertragslage gezeigt, das den kompensatorischen Zweck des ökonomischen Absicherungsverhältnisses nicht berücksichtigt und damit nicht den finanzwirtschaftlichen Verhältnissen entspricht,[488] muss diesen Informationen eine ökonomische Brauchbarkeit (Relevanz) zur Zweckerreichung der Bewertungsnützlichkeit abgesprochen werden. Gleichzeitig verstößt diese Abbildung von Absicherungsverhältnissen nach den allgemeinen Bilanzierungsvorschriften gegen den Grundsatz der glaubwürdigen Darstellung, da der Bezug der bilanziellen Abbildung zum zugrunde liegenden Sachverhalt, d. h. zum Absicherungsverhältnis als Einheit, in der sich die Wertschwankungen bzw. Zahlungsstromveränderungen kompensieren, nicht hergestellt wird. Dadurch werden zunächst einseitig auf das Sicherungsinstrument und anschließend auf das Grundgeschäft ausgerichtete und folglich unsachgemäß gewichtete Informationen generiert. Ein dergestalt systematisch verzerrtes Bild muss die Entscheidungsnützlichkeit der Abschlussinformationen beeinträchtigen. Eine den Anforderungen des Conceptual Framework entsprechende bilanzielle Abbildung bedarf daher eigentlich der **Konstruktion eines bilanziellen Sicherungszusammenhangs** zur Beschränkung der künstlichen Volatilität und der damit verbundenen verzerrten Darstellung ökonomischer Absicherungsverhältnisse. Innerhalb eines solchen bilanziellen Sicherungszusammenhangs muss gewährleistet sein, dass die Wertänderungen der originären Risikoposition und des absichernden Instrumentes synchron erfasst werden und somit die kompensatorische Wirkung eines ökonomischen Absicherungsverhältnisses bilanziell nachgezeichnet werden kann. Die hierfür vom IASB vorgesehenen speziellen Bilanzierungsregeln einschließlich deren Anwendungsvoraussetzungen sind künftig in den Vorschriften des IFRS 9 verankert. Diese speziellen Ansatz-, Bewertungs- und Ausweisvorschriften ersetzen nach einer umfassenden Überarbeitung die bisherigen Regelungen des IAS 39 und werden im folgenden Kapitel behandelt.

---

485 Vgl. KLÖCKER, A., Hedge Accounting, S. 79; LÖW, E./THEILE, C., in: Heuser et al., IFRS Handbuch, Sicherungsgeschäfte und Risikoberichterstattung, S. 601.

486 Vgl. BELLAVITE-HÖVERMANN, Y./BARCKOW, A., in: Baetge et al., Rechnungslegung nach IFRS, IAS 39 (a. F., Stand: Juni 2005), Rn. 43; SCHEFFLER, J., Hedge Accounting, S. 125.

487 Vgl. LÖW, E./THEILE, C., in: Heuser et al., IFRS Handbuch, Sicherungsgeschäfte und Risikoberichterstattung, S. 603.

488 Vgl. BIERMAN, H./JOHNSON, T./PETERSON, S., Issues of Hedge Accounting, S. 6.

5 Konkretisierung der bilanziellen Abbildung der Absicherung von Marktpreisrisiken nach den Vorschriften des Hedge Accounting in IFRS 9

51 Hedge Accounting im IAS 39 Replacement-Projekt

511. Konzeption des Hedge Accounting

Die bilanzielle Abbildung ökonomischer Sicherungsmaßnahmen mittels spezieller Ansatz-, Bewertungs- und Ausweisvorschriften wird als **Bilanzierung von Sicherungsbeziehungen (Hedge Accounting)** bezeichnet.[489] Vor dem Hintergrund der im Rahmenkonzept postulierten Zielsetzung der Vermittlung entscheidungsnützlicher Informationen resultiert die Notwendigkeit der besonderen Rechnungslegungsvorschriften aus den Ansatz- und Bewertungsanomalien der allgemeinen Vorschriften bzw. der daraus entstehenden Ergebnis- und Eigenkapitalvolatilität. Die **konzeptionelle Lösung** des Standardsetters sieht die **Bildung von Bewertungseinheiten** und folglich die Aufgabe des Einzelbewertungsprinzips vor,[490] um die ökonomische Absicherung durch die Konstruktion eines Sicherungszusammenhangs bilanziell nachzeichnen zu können.[491] Durch die Anwendung der Regelungen des Hedge Accounting werden also Risikoposition und absicherndes Instrument prinzipiell dem Grunde wie auch der Höhe nach synchron erfasst.[492] Die konkrete Abbildung ökonomischer Absicherungsverhältnisse wird dabei bislang in **IAS 39** geregelt.

Vor dem Hintergrund der Finanzmarktkrise und nicht zuletzt auf Druck der G-20-Staaten und des Finanzstabilitätsrates sah sich der IASB im Frühjahr 2009 veranlasst, den Rechnungslegungsstandard IAS 39 *Financial Instruments: Recognition and Measurement* umfassend zu überarbeiten und schließlich vollständig durch den geplanten Standard **IFRS 9** zu ersetzen.[493] Das übergeordnete Ziel des **Replacement-Projektes** besteht darin, den Entscheidungsnutzen für den Abschlussadressaten zu verbessern und gleichzeitig die Komplexität sowie die in Krisenzeiten prozyklische Wirkung der Bilanzierung von Finanzinstrumenten einzudämmen.[494] Das Projekt zu IFRS 9 ist dabei in die drei Phasen „Classification and Measurement“, „Impairment“ sowie „Hedge Accounting“ untergliedert. In den folgenden Abschnitten werden die wesentlichen Ergebnisse der ersten beiden Phasen sowie deren Bedeutung für die Bilanzierung von Sicherungsbeziehungen präsentiert. Hinsichtlich der dritten Phase zum Hedge Accounting werden zunächst die bisherigen Regelungen und Anwendungsvoraussetzungen für die Bilanzierung von Sicherungsbeziehungen nach IAS 39 skizziert. Anschließend werden die zentralen Kritikpunkte gegenüber den geltenden Regelungen und die wesentlichen Neuerungen des Hedge Accounting-Modells nach IFRS 9 einschließlich der Systematik des künftig anzuwendenden Standards vorgestellt.

---

489 Vgl. BARCKOW, A., in: Baetge et al., Rechnungslegung nach IFRS, IAS 39, Rn. 206.

490 Vgl. LÜDENBACH, N., in: Lüdenbach et al., Haufe IFRS-Kommentar, § 28 Finanzinstrumente, Rn. 41.

491 Vgl. GROßE, J.-V., Ablösung der Vorschriften des Hedge Accounting, S. 192.

492 Vgl. IAS 39.85; BARZ, K./WEIGEL, W., Sicherungsbeziehungen und Risikomanagement, S. 228.

493 Vgl. G-20 (HRSG.), Declaration on Strengthening the Financial System, S. 5; IDW (HRSG.), WP-Handbuch 2012, S. 1807; BERENTZEN, C., Finanzielle Vermögenswerte, S. 2; HECKER, J., Kapitalausweis nach IFRS, S. 3-6; SCHMIDT, M., DP Reducing Complexity in Reporting Financial Instruments, S. 643 f.; WENK, M., IFRS 9 – Verbesserung des „true and fair view“, S. 205.

494 Vgl. WIESE, R./SPINDLER, M., ED Hedge Accounting, S. 57; FLICK, P./KRAKUHN, J./SCHÜZ, P., ED Hedge Accounting, S. 117.

512. Phase I und Phase II: Neufassung des Konzeptes zur Kategorisierung und Bewertung von Finanzinstrumenten

Die **erste Phase** des Projektes zielt auf die Neuregelung der Klassifizierung und Bewertung von Finanzinstrumenten.[495] Der einschlägige Exposure Draft ED/2009/7 wurde bereits im Juli 2009 veröffentlicht, wobei der IASB im weiteren Verlauf der ersten Phase aufgrund der aus den Rückmeldungen erkennbaren Dringlichkeit zunächst ausschließlich die Regelungen für finanzielle Vermögenswerte adressierte.[496] Die Vorschriften zur Klassifizierung und Bewertung von finanziellen Vermögenswerten wurden schließlich im November 2009 in IFRS 9 übernommen. Der IASB fügte die korrespondierenden Vorschriften für finanzielle Verbindlichkeiten – weitestgehend den Regelungen in IAS 39 entsprechend[497] – im Oktober 2010 hinzu.[498] Im Januar 2012 entschlossen sich allerdings IASB und FASB dazu, gemeinsam über ausgewählte Aspekte der vorläufig für abgeschlossen erklärten Klassifizierung von Finanzinstrumenten zu beraten, um bestehende Divergenzen ihrer Klassifizierungsvorschriften zu reduzieren.[499] Die Änderungsvorschläge wurden im November 2012 im ED/2012/4 veröffentlicht und die hierzu im Rahmen des Konsultationsprozesses eingegangenen Rückmeldungen im ersten Halbjahr 2013 ausgewertet.[500] Da IASB und FASB unterschiedliche Konzepte zur Kategorisierung von Finanzinstrumenten vorgeschlagen hatten, beschlossen die beiden Standardsetter, ihre Konzepte im zweiten Halbjahr 2013 nochmals gemeinsam zu erörtern. Durch den Entschluss des IASB vom Februar 2014, einzeln überarbeitete Detailregelungen nicht mehr in Form eines Exposure Draft zu veröffentlichen, sondern direkt in den finalen Standard aufzunehmen, ist eine endgültige Fassung der ersten Phase für den Sommer 2014 zu erwarten.[501]

Die erste Projektphase ist für das Hedge Accounting in zweierlei Hinsicht bedeutend. Erstens wird hier der jeweilige Wertmaßstab eines Finanzinstrumentes festgelegt, wovon die Designationsmöglichkeiten potenzieller Sicherungsinstrumente abhängen.[502] Zweitens wird in der ersten Phase auch die Bewertung von finanziellen Grundgeschäften bestimmt, aus der etwaige Bilanzierungsanomalien resultieren können, die wiederum zur Anwendung der Vorschriften des Hedge Accounting führen (zu den konkreten Vorschriften wird auf die Ausführungen in Abschnitt 434. verwiesen).[503]

---

[495] Vgl. IFRS 9.IN6(a).

[496] Vgl. IASB (HRSG.), ED Fair Value Option, Tz. BC3; BEYER, B./HERMENS, A.-S./RÖMHILD, M., Fair Value-Option, S. 325.

[497] Vgl. IFRS 9.IN7.

[498] Die Vorschläge waren bereits im Mai 2010 der Öffentlichkeit durch den Exposure Draft ED/2010/4 zur Fair Value-Option bei Verbindlichkeiten zugänglich gemacht worden.

[499] Vgl. KIRSCH, H.-J./OLBRICH, A./DETTENRIEDER, D./GALLASCH, F., Kategorisierung von ABS, S. 62. Ferner soll hier den Besonderheiten der Versicherungswirtschaft Rechnung getragen werden.

[500] Vgl. für eine Diskussion der in diesem Standardentwurf vorgeschlagenen Änderungen, speziell mit Blick auf die Einführung einer dritten Bewertungskategorie, BERGER, J./STRUFFERT, R./NAGELSCHMITT, S., Begrenzte Änderungen an IFRS 9 durch ED/2012/4, S. 215-223.

[501] Vgl. IASB (HRSG.), IASB Update (February 2014), S. 7 f.

[502] Vgl. zu den Designationsmöglichkeiten Abschnitt 561.

[503] Vgl. zu den Ansatz- und Bewertungsanomalien bei der Absicherung von Zinsänderungsrisiken finanzieller Posten Abschnitt 434.

In der **zweiten Phase** werden die Vorschriften für die Folgebewertung und die Wertminderung von finanziellen Vermögenswerten, die der Kategorie „Fortgeführte Anschaffungskosten" zugeordnet werden, erarbeitet.[504] Nach der Veröffentlichung des Exposure Draft ED/2009/12 im November 2009 wurden die darin enthaltenen Anregungen im Januar 2011 im Rahmen eines Ergänzungsentwurfes nochmals aufgegriffen.[505] Aufgrund anhaltender Diskussionen über die grundlegende Konzeption der bilanziellen Abbildung des Ausfallrisikos wurde im März 2013 ein dritter Vorschlag („3-Stufen-Modell") veröffentlicht, dessen Kommentierungsfrist Anfang Juli 2013 endete.[506] Der Board gab im Februar 2014 bekannt, dass die fachlichen Diskussionen mittlerweile abgeschlossen wurden und eine Verabschiedung der endgültigen Regelungen für die zweite Phase (auch hier ohne einen weiteren Exposure Draft) für den Sommer 2014 avisiert wird.[507] Die konkreten Regelungsinhalte sind indes für die speziellen Vorschriften des Hedge Accounting nicht von unmittelbarer Bedeutung.

513. Phase III: Neufassung des Konzeptes zur Bilanzierung von Sicherungsbeziehungen

513.1 Vorschriften nach IAS 39

Die Regelungen zur Bilanzierung von Sicherungsbeziehungen werden in der dritten Phase des Replacement-Projektes adressiert. Bislang hatte der IASB für die Bilanzierung von Sicherungsbeziehungen keine über die Beseitigung der Bilanzierungsanomalien hinausgehende Zielsetzung, sondern vielmehr kasuistische Regelungen und Einschränkungen, unter denen ökonomische Absicherungsverhältnisse bilanziell nachgezeichnet werden können, vorgesehen.[508]

Die Auswirkungen der Anwendung der Hedge Accounting-Regelungen auf Bilanz und Periodenergebnis werden demnach durch die spezielle **Methode der Sicherungsbilanzierung** bedingt.[509] Die Methode des **Fair Value-Hedge**, die bei Strategien angewandt wird, innerhalb derer der Marktwert einer Risikoposition ökonomisch abgesichert wird,[510] führt grds. zu einer Anpassung des Wertansatzes des gesicherten Grundgeschäftes.[511] Die im Rahmen der allgemeinen Vorschriften nicht bzw. erfolgsneutral abgebildeten Wertänderungen des (mit den Wertmaßstäben „fortgeführte Anschaffungskosten" oder „erfolgsneutral zum Fair Value" versehenen) Grundgeschäftes werden also davon abweichend erfolgswirksam erfasst und stehen damit den Wertänderungen des erfolgswirk-

---

504 Vgl. IFRS 9.IN6(b).

505 Vgl. OLBRICH, A., Wertminderung von finanziellen Vermögenswerten, S. 43.

506 Vgl. zu den geplanten Wertminderungsvorschriften GEHRER, J./KRAKUHN, J./THEISS, W., ED/2013/3 Financial Instruments: Expected Credit Losses, S. 431-436; ECKES, B./FLICK, P./SCHÜZ, P., ED/2013/3 Financial Instruments: Expected Credit Losses, S. 940-945 sowie zur Analyse der Implikationen des neuen Modells für den Bilanzansatz und die Erfolgswirkung BRIXNER, J./SCHABER, M./BOSSE, M., Exposure Draft „Expected Credit Losses", S. 225-233.

507 Vgl. IASB (HRSG.), IASB Update (February 2014), S. 7 f.

508 Vgl. ERNST & YOUNG (HRSG.), ED Hedge Accounting, S. 5.

509 IAS 39.88 sieht eigentlich drei Typen des Hedge Accounting vor. Die Bilanzierung von Nettoinvestitionen in eine Auslandsgesellschaft (vgl. IAS 39.86 (c)) folgt indes der Bilanzierung von Cashflow-Hedges und bedarf insoweit keiner separaten Bilanzierungsmethode; vgl. GROßE, J.-V., Ablösung der Vorschriften des Hedge Accounting, S. 193.

510 Vgl. zur Absicherung von Marktwertschwankungen Abschnitt 333.2.

511 Vgl. IDW (HRSG.), WP-Handbuch 2012, S. 1793; LÖW, E./THEILE, C., in: Heuser et al., IFRS Handbuch, Sicherungsgeschäfte und Risikoberichterstattung, S. 602.

sam zum Fair Value bewerteten Sicherungsinstrumentes in Bilanz und Periodenergebnis kompensierend gegenüber.[512] Bei der Methode des **Cashflow-Hedge** für Strategien, die der Absicherung der Ergebnisauswirkung von Zahlungsstromschwankungen dienen,[513] bleibt der Wertansatz im Vergleich zu den allgemeinen Vorschriften zwar unverändert, da das Grundgeschäft regelmäßig aus einer erwarteten, künftigen Transaktion besteht und folglich auch innerhalb der Hedge Accounting-Vorschriften nicht angesetzt werden kann.[514] Damit im Periodenergebnis jedoch keine Wertänderungen des erfolgswirksam zum Fair Value bilanzierten Sicherungsinstrumentes ohne synchron erfasste und damit kompensierende Wertänderungen des Grundgeschäftes verbleiben, werden diese grds. bis zum Zeitpunkt der Erfolgswirkung des Grundgeschäftes erfolgsneutral in einer Eigenkapitalrücklage abgegrenzt.[515] Der ineffektive Teil der Absicherung wird allerdings im Periodenergebnis ausgewiesen.[516]

Die Anwendung dieser speziellen Vorschriften des IAS 39 zur Bilanzierung von Sicherungsbeziehungen ist zulässig, sofern ein ökonomisches Absicherungsverhältnis als Sicherungsbeziehung für bilanzielle Zwecke **designiert** wird.[517] Bei der Möglichkeit zur Designation und somit zur Anwendung der speziellen Hedge Accounting-Regelungen handelt es sich um ein echtes Bilanzierungswahlrecht, das auch nach dem Erwerbszeitpunkt eines Sicherungsinstrumentes, allerdings stets prospektiv ausgeübt werden kann.[518] Im Rahmen der Designation sind Grundgeschäft, abgesichertes Risiko, Sicherungsinstrument und Form der Effektivitätsbeurteilung formal festzulegen sowie ausführlich zu **dokumentieren**.[519]

Die „Eins-zu-Eins"-Kompensation innerhalb eines ökonomischen Mikro Hedge[520] ist vergleichsweise unkompliziert bilanziell abbildbar, da die (vollständigen) Wertänderungen eines einzelnen **Grundgeschäftes** designiert werden und diese in aller Regel eindeutig bestimmt werden können. Neben vertraglich fixierten Verpflichtungen erlaubt der IASB unter speziellen Anforderungen auch die Designation von Geschäften ohne Vertragsabschluss, die lediglich mit hoher Wahrscheinlichkeit erwartet werden, so dass auch Strategien des antizipativen Hedging bilanziell abgebildet werden können. Hinsichtlich der **Risikoart**, der das Grundgeschäft unterliegt, können prinzipiell sämtliche in dieser Arbeit betrachteten Güterpreis-, Währungs- und Zinsänderungsrisiken als gesichert desig-

[512] Vgl. IAS 39.89 (a) und (b); BARCKOW, A., in: Baetge et al., Rechnungslegung nach IFRS, IAS 39, Rn. 236.

[513] Vgl. FLINTROP, B./VON OERTZEN, C., in: Bohl et al., Beck IFRS HB, § 23. Derivate, Rn. 55 sowie Abschnitt 333.2.

[514] Vgl. IASB (HRSG.), ED Hedge Accounting, Tz. BC131. Diesen Transaktionen wird auch im Rahmen des Hedge Accounting konzeptionell die Vermögenswert- bzw. Schuldeigenschaft abgesprochen. Vgl. WÜSTEMANN, J./BISCHOF, J., Bilanzierung von Sicherungsbeziehungen, S. 405.

[515] Vgl. IAS 39.95 (a); IDW (HRSG.), WP-Handbuch 2012, S. 1793; LÖW, E./THEILE, C., in: Heuser et al., IFRS Handbuch, Sicherungsgeschäfte und Risikoberichterstattung, S. 602.

[516] Vgl. IAS 39.95 (b) sowie zur Ineffektivität eines ökonomischen Absicherungsverhältnisses Abschnitt 333.5.

[517] Vgl. IAS 39.88 (a); LÖW, E./THEILE, C., in: Heuser et al., IFRS Handbuch, Sicherungsgeschäfte und Risikoberichterstattung, S. 615.

[518] Vgl. IAS 39.88 (a) i. V. m. IAS 39.71; LÖW, E./THEILE, C., in: Heuser et al., IFRS Handbuch, Sicherungsgeschäfte und Risikoberichterstattung, S. 613. Eine rückwirkende Zuordnung von Grundgeschäft und Sicherungsinstrument zu einer Sicherungsbeziehung und die somit retrospektive Anwendung der speziellen Vorschriften des Hedge Accounting ist indes ausgeschlossen; vgl. IAS 39.IG.F.3.8 f.; FLINTROP, B./VON OERTZEN, C., in: Bohl et al., Beck IFRS HB, § 23. Derivate, Rn. 72.

[519] Vgl. IAS 39.88 (a).

[520] Vgl. zum Aggregationsniveau der Risikoposition Abschnitt 333.4.

niert werden. Allerdings werden die Kombinationen aus Grundgeschäft, Risikoart und Sicherungsinstrument vor allem bzgl. Güterpreisrisiken bislang deutlich eingeschränkt. Wird im Risikomanagement lediglich ein Teil der insgesamt bestehenden Risiken, denen ein Geschäft ausgesetzt ist, abgesichert (etwa im Rahmen von *Cross-hedging*-Strategien)[521], so hängt die Möglichkeit zur bilanziellen Abbildung dieser Absicherungsstrategie davon ab, ob sich die Wertänderung, die auf die designierten Teilrisiken zurückgeht, zuverlässig ermitteln lässt.[522] Im Gegensatz zur Absicherung finanzieller Posten untersagt IAS 39 die lediglich teilweise Absicherung nicht-finanzieller Posten (z. B. von Rohstoffeinkäufen) mit Ausnahme der Währungsrisikokomponente.[523] Der Board begründet seine Haltung damit, dass die Identifizierung und Ermittlung von Wertänderungen einzelner Risikokomponenten eines nicht-finanziellen Postens nicht zuverlässig möglich sei.[524] Darüber hinaus können derivative Finanzinstrumente nicht in das abgesicherte Grundgeschäft einbezogen werden (auch nicht in Kombination mit einem nicht-derivativen Instrument), sondern kommen grds. ausschließlich als Sicherungsinstrument in Betracht.[525] Eine Absicherung von **aggregierten Risikopositionen** (Portfolio Hedges oder Makro Hedges) ist nur zulässig, sofern die Geschäfte der gleichen Risikoart unterliegen und sich wertmäßig in dieselbe Richtung und in etwa der gleichen Stärke entwickeln (Homogenitätsbedingung).[526]

Hinsichtlich der designierten Risikoart eines **Sicherungsinstrumentes** lässt der IASB nur die ganzheitliche Designation des mit einer externen Partei abgeschlossenen Instrumentes einschließlich sämtlicher werttreibender Risikofaktoren zu.[527] Eine Ausnahme von diesem Grundsatz ist allerdings für Swapsatz- und Zeitwertkomponenten vorgesehen.[528] Demnach darf ein Unternehmen diese Elemente von der designierten Sicherungsbeziehung ausklammern und separat bilanzieren, wobei deren Wertänderungen direkt im Periodenergebnis erfasst werden müssen.[529]

Neben der formalen Designation von zulässigen Grundgeschäften, Risikoarten und Sicherungsinstrumenten muss ein Absicherungsverhältnis in seiner Wirksamkeit als **hochgradig effektiv** eingeschätzt werden, um nach den Regeln des Hedge Accounting abgebildet werden zu können.[530] Eine postulierte Effektivität ist nach IAS 39 sowohl in einem prospektiven als auch in einem retrospektiven Test grds. quantitativ nachzuweisen.[531] Der Ausgleich der Wert- bzw. Zahlungs-

[521] Vgl. zur Strategie des *cross hedging* Abschnitt 333.5.

[522] Vgl. IAS 39.88 (d); BARCKOW, A., in: Baetge et al., Rechnungslegung nach IFRS, IAS 39, Rn. 231; SCHWARZ, C., Derivative Finanzinstrumente und Hedge Accounting, S. 229.

[523] Vgl. IAS 39.82; LÖW, E./THEILE, C., in: Heuser et al., IFRS Handbuch, Sicherungsgeschäfte und Risikoberichterstattung, S. 613.

[524] Vgl. IAS 39.82 i. V. m. IAS 39.BC137 f.; BECKER, K./KROPP, M., in: von Wysocki et al., HdJ, Abt. IIIa/4, Rn. 269.

[525] Vgl. FLINTROP, B./VON OERTZEN, C., in: Bohl et al., Beck IFRS HB, § 23. Derivate, Rn. 70; IDW (HRSG.), WP-Handbuch 2012, S. 1791.

[526] Vgl. IAS 39.83; LÖW, E./THEILE, C., in: Heuser et al., IFRS Handbuch, Sicherungsgeschäfte und Risikoberichterstattung, S. 612; DELOITTE (HRSG.), iGAAP (2012), S. 576.

[527] Vgl. IAS 39.73 f.; BECKER, K./KROPP, M., in: von Wysocki et al., HdJ, Abt. IIIa/4, Rn. 311; BARCKOW, A., in: Baetge et al., Rechnungslegung nach IFRS, IAS 39, Rn. 219.

[528] Vgl. IAS 39.74 (a) und (b); LÖW, E./THEILE, C., in: Heuser et al., IFRS Handbuch, Sicherungsgeschäfte und Risikoberichterstattung, S. 614 sowie zu den Komponenten Abschnitt 333.721. bzw. Abschnitt 333.722.

[529] Vgl. FLINTROP, B./VON OERTZEN, C., in: Bohl et al., Beck IFRS HB, § 23. Derivate, Rn. 313 sowie Rn. 358 f.

[530] Vgl. IAS 39.88 (b).

[531] Vgl. IAS 39.88 (b) und (e).

stromänderungen muss dabei in einem 80-125 %-Korridor liegen.[532] Diese Erwartungshaltung kann sich z. B. auf Sensitivitäts- oder Szenarioanalysen, Korrelationsanalysen oder historische Wertentwicklungen stützen, wobei eine konkrete Methode für den Effektivitätstest nicht vorgeschrieben wird.[533]

Die Bilanzierung von Sicherungsbeziehungen ist zu **beenden**, sobald das Grundgeschäft oder das Sicherungsinstrument ausläuft bzw. veräußert, abgeschlossen oder ausgeübt wird oder eine der Anforderungen an das Hedge Accounting (vor allem die Effektivitätsanforderungen) nicht mehr erfüllt.[534] Darüber hinaus kann ein Unternehmen eine Sicherungsbeziehung gemäß IAS 39 auch freiwillig auflösen und damit zu einem gewählten Zeitpunkt wieder auf die allgemeinen Ansatz-, Bewertungs- und Ausweisvorschriften zurückgreifen.[535]

513.2 Zentrale Kritikpunkte gegenüber den geltenden Regelungen

Auf Basis des Diskussionspapiers[536] zur Komplexitätsreduktion bei der Bilanzierung von Finanzinstrumenten begann der IASB im September 2009, die Konzeption der Bilanzierung von Sicherungsbeziehungen zu hinterfragen und von Grund auf neu zu entwickeln.[537] Der IASB versprach dabei, die erhebliche Kritik am derzeit geltenden Standard umfassend zu berücksichtigen.[538] Die verschiedentlich kritisierten Mängel der Konzeption des Hedge Accounting nach IAS 39 sind nach breiter Auffassung darauf zurückzuführen, dass die einzelnen Vorschriften nicht den Einklang von bilanzieller Abbildung und intern verfolgten Risikomanagementstrategien gewährleisten.[539] Durch den kasuistischen Ansatz und die damit verbundenen zahlreichen Restriktionen und Ausnahmeregelungen fallen bilanzierte und intern verfolgte Absicherungsstrategien vielmehr auseinander.[540] Darüber hinaus werden die Regelungen von Anwender- und Adressatenseite als zu komplex und der aktuell mit der Umsetzung des Hedge Accounting verbundene Aufwand als zu hoch erachtet.[541] Besonders in der Literatur wird vor dem Hintergrund der Zielsetzung der Vermittlung entscheidungsnützlicher Informationen auch der explizite Wahlrechtscharakter der Anwendung des Hedge Accounting kritisiert.[542]

---

532 Vgl. IAS 39.AG105; IDW (HRSG.), WP-Handbuch 2012, S. 1793; LÖW, E./THEILE, C., in: Heuser et al., IFRS Handbuch, Sicherungsgeschäfte und Risikoberichterstattung, S. 602.

533 Vgl. WIESE, R., Hedge Accounting und Effektivitätsmessung, S. 130 f.

534 Vgl. IAS 39.91. (a) und (b); BECKER, K./KROPP, M., in: von Wysocki et al., HdJ, Abt. IIIa/4, Rn. 394.

535 Vgl. IAS 39.91 (c).

536 Vgl. IASB (HRSG.), DP Reducing Complexity.

537 Vgl. DRSC (HRSG.), IAS 39 Replacement: Hedge Accounting, S. 1; IDW (HRSG.), WP-Handbuch 2012, S. 1814.

538 Vgl. EBERLI, P./DI PAOLA, S., ED Hedge Accounting, S. 251; LÖW, E./THEILE, C., in: Heuser et al., IFRS Handbuch, Sicherungsgeschäfte und Risikoberichterstattung, S. 630.

539 Vgl. POLLMANN, R., Hedge Accounting, S. 413; LÖW, E./CLARK, J., Hedge Accounting und Risikomanagement, S. 126.

540 Vgl. WIESE, R./SPINDLER, M., ED Hedge Accounting, S. 58; EBERLI, P./DI PAOLA, S., ED Hedge Accounting, S. 251 sowie zu Umfrageergebnissen GLAUM, M./FÖRSCHLE, G., Rechnungslegung für Finanzinstrumente und Risikomanagement, S. 1530.

541 Vgl. EBERLI, P./DI PAOLA, S., ED Hedge Accounting, S. 251.

542 Vgl. BARZ, K./WEIGEL, W., Sicherungsbeziehungen und Risikomanagement, S. 229; DEUTSCHE BUNDESBANK (HRSG.), Monatsbericht (September 2010), S. 58 sowie die Empfehlung in IDW RS HFA 35, Rn. 12.

Speziell von Industrieunternehmen wird das Verbot der Designation von einzelnen Risikokomponenten nicht-finanzieller Posten als **Grundgeschäft** bemängelt.[543] In der betrieblichen Praxis ist es demnach bereits seit langem üblich, die Wertänderung einzelner Komponenten abzusichern, da in vielen Fällen das Güterpreisrisiko veredelter bzw. verarbeiteter Waren nur mit Derivaten auf Rohstoffe in Standardqualität abgesichert werden kann.[544] So sichern bspw. Fluggesellschaften ihre Kerosinpreise und Gasversorger ihre Erdgaspreise mangels passgenauer Instrumente durch den Einsatz von Rohölderivaten und Hersteller von Wasch- oder Spülmaschinen deren Wert mit Kupferderivaten ab.[545] Obwohl durch diese *Cross-hedging*-Strategien ökonomisch eine befriedigende Absicherung erzielt werden kann,[546] ist die bilanzielle Abbildung solcher Absicherungsverhältnisse aufgrund des Verbotes der Designation einer lediglich teilweisen Absicherung in Form von einzelnen Risikokomponenten im Abschluss bislang schwierig bis unmöglich.[547] Auch die schrittweise Absicherung gegen zunächst Güterpreis- und anschließend Fremdwährungsrisiken kann aufgrund des Verbotes der Designation einer Kombination aus Güterposition und Rohstoffderivat als Grundgeschäft für die anschließende Absicherung mit einem Devisentermingeschäft nicht sachgerecht abgebildet werden. Die Behelfslösung über die Designation zweier Sicherungsbeziehungen, wobei anstatt der kombinierten Position aus originärer Risikoposition und Derivat jeweils nur die originäre Risikoposition als Grundgeschäft designiert wird, spiegelt zum einen nicht den ökonomischen Gehalt der schrittweisen Absicherung wider und verstößt zum anderen regelmäßig gegen das vordefinierte Schwankungsintervall im Rahmen des retrospektiven Effektivitätstests.[548] In diesem Zusammenhang wird auch die lediglich ganzheitliche Designation von **Sicherungsinstrumenten** kritisiert, da eine verlässliche Bewertung einzelner Risikokomponenten in vielen Fällen möglich ist.[549] Darüber hinaus führt die derzeit vorgeschriebene erfolgswirksame Erfassung von Wertänderungen abgespaltener Swapsatz- und Zeitwertkomponenten zu einer erheblichen künstlichen Volatilität des Periodenergebnisses.[550]

Neben der Absicherung von Teilrisiken verstoßen auch **Portfolio- und Makro Hedging-Strategien** häufig gegen die in IAS 39 verankerten Kriterien der identischen Risikoart und der gleichgerichteten Wertentwicklung sämtlicher Einzelpositionen.[551] Neben Portfolios von Risikopositionen mit nicht quasi-identischen Eigenschaften sind vor allem Nettopositionen von einer Designation grds. ausgeschlossen, da sich diese schon konzeptionell aus Geschäften mit gegenläufigem Risikoprofil

---

543 Vgl. IAS 39.82; ERNST & YOUNG (HRSG.), ED Hedge Accounting, S. 8; BECKER, K./KROPP, M., in: von Wysocki et al., HdJ, Abt. IIIa/4, Rn. 269.

544 Vgl. KUHN, S./SCHARPF, P., Rechnungslegung von Financial Instruments, S. 385.

545 Vgl. BARCKOW, A., in: Baetge et al., Rechnungslegung nach IFRS, IAS 39, Rn. 232; ERNST & YOUNG (HRSG.), ED Hedge Accounting, S. 10-12.

546 Vgl. zur Zielsetzung einer *Cross-hedging*-Strategie Abschnitt 333.5.

547 Vgl. FLINTROP, B./VON OERTZEN, C., in: Bohl et al., Beck IFRS HB, § 23. Derivate, Rn. 57.

548 Vgl. KPMG (HRSG.), Hedge Accounting on the Horizon, S. 27; ERNST & YOUNG (HRSG.), ED Hedge Accounting, S. 5 f.; GARZ, C./HELKE, I., Review Draft Hedge Accounting, S. 1209.

549 Vgl. IAS 39.IG.F1.8; IFRIC Update (March 2005), S. 5; BARCKOW, A., in: Baetge et al., Rechnungslegung nach IFRS, IAS 39, Rn. 219. Vgl. etwa zur verlässlichen (faktischen) Abspaltung von Finanzierungselementen eines Sicherungsinstrumentes HEISE, F./KOELEN, P./DÖRSCHELL, A., Late Designation, S. 316.

550 Vgl. EBERLI, P./DI PAOLA, S., ED Hedge Accounting, S. 254; MÄRKL, H./GLASER, A., Hedge Accounting, S. 131; DI PAOLA, S., Time Value of Options, S. 11 f.

551 Vgl. IAS 39.83; FLINTROP, B./VON OERTZEN, C., in: Bohl et al., Beck IFRS HB, § 23. Derivate, Rn. 66.

zusammensetzen.[552] Da Risiken in der Praxis regelmäßig auf Nettobasis gesteuert werden, kommt es den Äußerungen der IAS 39-Anwender zufolge zu einer substanziellen Verzerrung der bilanziellen Abbildung von Risikomanagementaktivitäten.[553] Damit verbunden wird die ausschließliche Zulässigkeit von mit fremden Dritten kontrahierten Sicherungsinstrumenten beanstandet. Dadurch werden interne Geschäfte, d. h. insbesondere intern kontrahierte Derivate zur Allokation der unternehmensweiten Risiken auf eine zentrale Treasury-Abteilung nicht zu einer Abbildung im Abschluss berechtigt.[554] Von Banken und großen Industrieunternehmen wird dabei moniert, dass Risiken durch solche internen Geschäfte zentral im Treasury erfasst und anschließend auf aggregierter Basis optimal gesteuert werden und der Gleichklang der externen Rechnungslegung mit dem internen Risikomanagement durch dieses Verbot unmöglich wird.[555]

Zu den mithin umstrittensten Vorschriften zählen die Anforderungen im Rahmen des **Effektivitätstests**. Unternehmen bemängeln dabei eine fehlende Hilfestellung von Seiten des IASB bzgl. konkreter Beurteilungsverfahren und beklagen den hohen rechnerischen Aufwand und die damit verbundenen Kosten vor allem dann, wenn sich Risikoposition und absicherndes Instrument aufgrund identischer Konditionen exakt neutralisieren.[556] Darüber hinaus wird auch die Bandbreite von zwanzig Prozentpunkten um die perfekte Kompensationswirkung als willkürlich empfunden.[557] Außerdem führen sowohl einzelne Ausreißer als auch bereits sehr geringe Änderungen des Fair Value bzw. der Zahlungsströme innerhalb des im Regelfall eingesetzten Quotiententests, bei dem die im Betrachtungszeitraum eingetretenen Wertänderungen von Grund- und Sicherungsgeschäft ins Verhältnis gesetzt werden, aufgrund des Verstoßes gegen die Intervallgrenzen zum Abbruch einer ökonomisch noch zielführenden Sicherungsbeziehung.[558]

---

[552] Vgl. BARCKOW, A., in: Baetge et al., Rechnungslegung nach IFRS, IAS 39, Rn. 224. Auf Zinsänderungsrisiken bezogene Absicherungsverhältnisse sind hiervon ausgenommen.

[553] Vgl. SCHWARZ, C., Derivative Finanzinstrumente und Hedge Accounting, S. 226; FLINTROP, B./VON OERTZEN, C., in: Bohl et al., Beck IFRS HB, § 23. Derivate, Rn. 66; ERNST & YOUNG (HRSG.), ED Hedge Accounting, S. 26; MENK, M., Defizite von Hedge Accounting, S. 92; BARCKOW, A., in: Baetge et al., Rechnungslegung nach IFRS, IAS 39, Rn. 224.

[554] Vgl. LÖW, E./THEILE, C., in: Heuser et al., IFRS Handbuch, Sicherungsgeschäfte und Risikoberichterstattung, S. 613 sowie zur Risikoallokation im internen Risikomanagement Abschnitt 323.5.

[555] Vgl. IAS 39.BC169; KUHN, S./SCHARPF, P., Rechnungslegung von Financial Instruments, S. 375; BARCKOW, A., in: Baetge et al., Rechnungslegung nach IFRS, IAS 39, Rn. 213-216; SCHMIDT, M., Interne Sicherungsgeschäfte, S. 268 f. Zur detaillierten Erläuterung der erforderlichen Sicherungsketten sei an dieser Stelle auf die Ausführungen in Abschnitt 567.1 sowie Abschnitt 567.2 verwiesen.

[556] Vgl. zur eindeutigen Klarstellung von Seiten des IASB IAS 39.IG.F4.7 sowie zur Übereinstimmung der Konditionen Abschnitt 333.5; KUHN, S./SCHARPF, P., Rechnungslegung von Financial Instruments, S. 410 f.; BARCKOW, A., in: Baetge et al., Rechnungslegung nach IFRS, IAS 39, Rn. 242; BECKER, K./KROPP, M., in: von Wysocki et al., HdJ, Abt. IIIa/4, Rn. 318; KEMMER, M./NAUMANN, T., Anwendung des IAS 39, S. 798; BASEL COMMITTEE ON BANKING SUPERVISION (HRSG.), CL Financial Instruments Accounting, Presentation and Disclosure, S. 5 f.; PRAHL, R., Bilanzierung von Financial Instruments, S. 235 f.; WÜSTEMANN, J./BISCHOF, J., Bilanzierung von Sicherungsbeziehungen, S. 406; SCHMIDT, M., Interne Sicherungsgeschäfte, S. 268 f.

[557] Vgl. BARCKOW, A., in: Baetge et al., Rechnungslegung nach IFRS, IAS 39, Rn. 243.

[558] Vgl. FLINTROP, B./VON OERTZEN, C., in: Bohl et al., Beck IFRS HB, § 23. Derivate, Rn. 73; BARCKOW, A., in: Baetge et al., Rechnungslegung nach IFRS, IAS 39, Rn. 242 f.; MÄRKL, H./GLASER, A., Hedge Accounting, S. 128; WIESE, R./SPINDLER, M., ED Hedge Accounting, S. 64.

Darüber hinaus wird auch der Verpflichtungsgrad der Weiterführung von einmal (wahlweise) gebildeten bzw. dokumentierten Sicherungsbeziehungen diskutiert.[559] Die derzeit zulässige, jederzeit freiwillige **Auflösung** der Sicherungsbeziehungen bietet Gestaltungsspielräume und spiegelt die Risikomanagementaktivitäten nicht adäquat wider, sofern das Absicherungsverhältnis ökonomisch fortgeführt wird.[560]

513.3 *General Hedge Accounting* nach IFRS 9

Der IASB brachte seine durch die skizzierte Kritik geprägten Überlegungen zu den für IFRS 9 geplanten **allgemeinen Regelungen des Hedge Accounting (General Hedge Accounting)** im Exposure Draft ED/2010/13 im Dezember 2010 zum Ausdruck. Während ursprünglich geplant war, die bilanzielle Abbildung sämtlicher mit Finanzinstrumenten eingegangener Absicherungsverhältnisse abzudecken, wurde das Konzept des Makro Hedge Accounting von Seiten des Standardsetters im Mai 2012 offiziell vom IAS 39 Replacement-Projekt losgelöst und in ein eigenständiges Vorhaben mit längerem Planungshorizont überführt.[561] Infolgedessen kann IFRS 9 auch ohne die Regelungen zum Makro Hedge Accounting verabschiedet werden.[562] Die Vorschläge zum General Hedge Accounting konnten bis März 2011 von der interessierten Öffentlichkeit kommentiert werden.

In den anschließenden Beratungen wurde das vorgeschlagene grundlegende Modell zum Hedge Accounting beibehalten, wenngleich auf Basis der erhaltenen Rückmeldungen einzelne Vorschriften geändert wurden. Die überarbeiteten Vorschläge wurden im September 2012 im Rahmen eines Review Draft ohne Kommentierungsfrist veröffentlicht. Der Review Draft umfasste die künftigen Vorschriften zum Hedge Accounting, die im Rahmen eines von der EFRAG und vier europäischen Standardsettern (darunter aus deutscher Sicht das DRSC) durchgeführten Feldtests[563] auf ihre Konsistenz geprüft wurden. Nach Abschluss des Feldtests arbeitete der IASB Anfang des Jahres 2013 die daraus gewonnen Erkenntnisse auf und veröffentlichte im Februar einen knappen Standardentwurf, in dem der IASB indes lediglich Erleichterungen in Form einer Fortführung von Sicherungsbeziehungen bei gesetzlichen oder vertraglichen Vorgaben zu Vertragsänderungen bei

---

[559] Vgl. IFRS 9.BC6.224. Vgl. zur Diskussion auch die erste und die neunte Sitzung des IFRS-Fachausschusses des DRSC sowie die entsprechenden Sitzungsunterlagen DRSC (Hrsg.), Hedge Accounting (Papier 01_02a), S. 9 und S. 14 sowie DRSC (Hrsg.), Hedge Accounting (Papier 09_11a), S. 24.

[560] Vgl. IAS 39.91 (a)-(c); Kholmy, K./Weiherich, N., Stellungnahmen zum ED Hedge Accounting, S. 229; IASB (Hrsg.), Rebalancing (agenda paper 8), S. 5.

[561] Vgl. IFRS 9.BC6.38-41. Der Board begründete seine Entscheidung, die Spezialvorschriften des Makro Hedge Accounting für die Abbildung dynamischer Sicherungsstrategien auf Portfoliobasis in einem separaten Projekt zu erarbeiten, mit der Komplexität der zu entwickelnden Abbildungsregeln sowie der Anforderungen an deren Anwendung. Da aus Sicht der Boardmitglieder die Notwendigkeit bestand, den in der Diskussion identifizierten Fragestellungen im Zuge der *Outreach*-Aktivitäten detailliert nachzugehen und gleichzeitig der Zeitplan bzw. der Erstanwendungszeitpunkt von IFRS 9 nicht gefährdet werden sollte, wurde beschlossen, die Vorschriften zum Makro Hedge Accounting nicht in den Standard aufzunehmen. Vgl. Bauer, M./Haller, A./Wiese, R., Accounting for Macro Hedging, S. 1; Ernst & Young (Hrsg.), Decoupling of Macro Hedge Accounting, S. 1 f.; IASB (Hrsg.), IASB Update (May 2012), S. 12; Garz, C./Helke, I., Review Draft Hedge Accounting, S. 1207.

[562] Vgl. Pollmann, R., Hedge Accounting, S. 412.

[563] Vgl. EFRAG (Hrsg.), Joint Field-Testing on General Hedge Accounting, S. 1; DRSC (Hrsg.), Review Draft Hedge Accounting, S. 1.

Derivativgeschäften (z. B. beim Wechsel auf eine zentrale Clearingstelle)[564] präsentierte.[565] Nach Ablauf der Kommentierungsfrist (Anfang April 2013) veröffentlichte der Standardsetter auf Grundlage des Review Draft und der nachträglich für (wenige) einzelne Sachverhalte beschlossenen Änderungen im November 2013 die **finale Fassung** der dritten Phase des Replacement-Projektes zum Hedge Accounting und integrierte diese Regelungen in IFRS 9 als *Chapter 6 Hedge Accounting.*

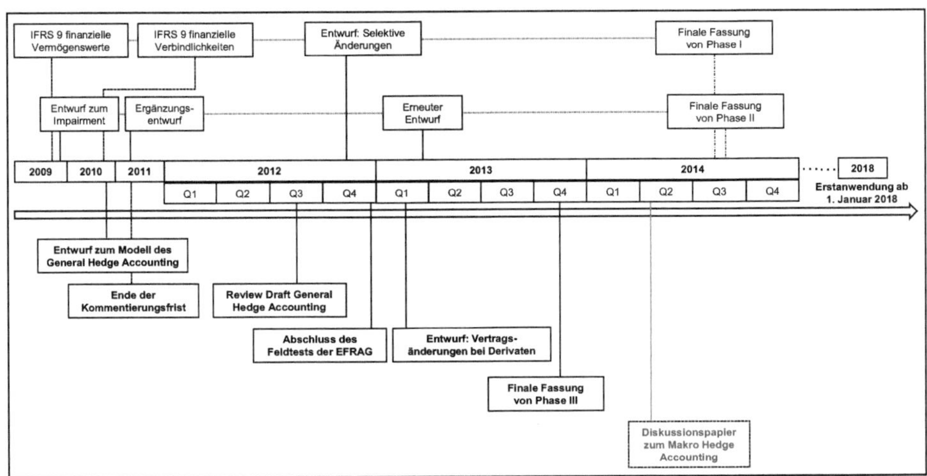

Abbildung 5-1: Überblick über den Verlauf des IAS 39 Replacement-Projektes

Im **neuen Hedge Accounting-Modell** nach IFRS 9 handelt es sich bei der Möglichkeit zur Anwendung der speziellen Vorschriften zur Bilanzierung von Sicherungsbeziehungen wie bislang um ein echtes Wahlrecht, dessen Ausübung an nunmehr deutlich umfassendere **Dokumentationspflichten** geknüpft ist.[566] IFRS 9 sieht auch weiterhin die **Methoden** des Fair Value- und des Cashflow-Hedge vor,[567] mittels derer Bilanzierungsanomalien vermieden und gleichzeitig Informationen über die konkreten Risikosteuerungsaktivitäten und deren Wirksamkeit vermittelt werden sollen. Allerdings werden einzelne Wahlrechte innerhalb der Methode des Cashflow-Hedge abgeschafft und Vereinfachungen in der Anwendung des Fair Value-Hedge eingeführt.[568] Durch die Zulässigkeit verschiedener Methoden zur (retrospektiven) Effektivitätsermittlung für die buchungstechnische

[564] Vgl. zu den geplanten regulatorischen Rahmenbedingungen Abschnitt 332.2.

[565] Vgl. IASB (Hrsg.), ED Novation of Derivatives, Tz. 99 und Tz. 101. Ein Derivat wird demnach trotz einer Umstellung des Kontraktpartners auf eine Clearingstelle und der damit erforderlichen Ausbuchung des ursprünglichen Derivates sowie der Einbuchung des neuen Kontraktes weiterhin als Sicherungsinstrument in einer (fingierten) fortgeführten bilanziellen Sicherungsbeziehung designiert; vgl. Struffert, R./ Berger, J., Novation von Derivaten und Fortführung von Sicherungsbeziehungen gemäß ED/2013/2, S. 471-474.

[566] Vgl. IFRS 9.6.4.1 (b).

[567] Vgl. IFRS 9.6.5.2 (a) und (b), wobei auch hier die Bilanzierung von Nettoinvestitionen in eine Auslandsgesellschaft (vgl. IFRS 9.6.5.2 (c)) der Methode des Cashflow-Hedge folgt.

[568] Vgl. IFRS 9.6.5.11 f. für Cashflow-Hedges bzw. IFRS 9.6.5.8-6.5.10 für Fair Value-Hedges.

Erfassung des realisierten Effektivitätsgrades einer Sicherungsbeziehung in Bilanz und Periodenergebnis wird vom Standardsetter berücksichtigt, dass die Absicherung von Wertschwankungs- oder Zahlungsstromrisiken unterschiedlichen Auffassungen der Unternehmensleitung über das abzusichernde Risiko folgen kann.[569]

Der Kreis designierbarer **Grundgeschäfte** soll für Industrieunternehmen künftig deutlich ausgedehnt werden.[570] Über die Ausweitung des Anwendungsbereiches der Kriterien der separaten Identifizierbarkeit und der verlässlichen Bewertbarkeit werden künftig einheitliche Anforderungen an finanzielle sowie nicht-finanzielle Posten gestellt, die vor allem die industriespezifische Absicherung einzelner Risikokomponenten ermöglichen soll.[571] Allerdings hält der IASB in IFRS 9 gleichzeitig an einzelnen risikospezifischen Ausnahmeregelungen fest.[572] Neben der Designation einzelner Risikokomponenten sollen künftig auch darüber hinausgehende Strategien einer teilweisen Absicherung (einzelne Zahlungsstromkomponenten sowie zeitliche, nominale und einseitige Komponenten) abbildbar sein.[573] Ferner dürfen nach IFRS 9 auch Derivate Bestandteil eines abzusichernden (aggregierten) Grundgeschäftes sein, wodurch auch die in der Industrie üblicherweise aufeinander aufbauenden Strategien zur Absicherung verschiedener Risikoarten nachgezeichnet werden können.[574] Die an **Portfolios** verschiedener Risikopositionen gestellten Anwendungsvoraussetzungen sollen durch den Wegfall der restriktiven Homogenitätsbedingung gelockert werden.[575] Dadurch soll die Absicherung sowohl von zu Gruppenpositionen gebündelten gleichgerichteten Positionen als auch von Nettopositionen, die durch die Aufrechnung entgegengerichteter Positionen entstehen, künftig abbildbar sein.[576] IFRS 9 sieht dabei spezielle Anforderungen und Abgrenzungsregeln vor, sofern ein Industrieunternehmen seine Marktpreisrisiken auf Nettobasis steuert und die einzelnen Risikopositionen in unterschiedlichen Berichtsperioden erfolgswirksam werden.[577]

Sicherungsinstrumente können wie bislang mit Ausnahme von Swapsatz- oder Zeitwertkomponenten ausschließlich in ihrer Gesamtheit aller Risikokomponenten und stets über die gesamte Laufzeit designiert werden.[578] Ferner werden (netto) geschriebene Optionen sowie intern kontrahierte Derivate von der Designationsmöglichkeit als Sicherungsinstrument ausgeschlossen.[579] Neu in die Regelungen des Hedge Accounting aufgenommen werden detaillierte Vorschriften für die

569 Vgl. IFRS 9.6.5.8 bzw. 6.5.11 i. V. m. IFRS 9.B6.5.5 sowie bzgl. der Differenzierung zwischen den Ansätzen zur Absicherung von Wertschwankungs- bzw. Zahlungsstromrisiken Abschnitt 333.2.

570 Vgl. IFRS 9.6.3.1-6.3.7.

571 Vgl. IFRS 9.6.3.7 (a) i. V. m. IFRS 9.B6.3.8; BC6.173-BC6.177.

572 Vgl. IFRS 9.B6.3.13-B6.3.15 zur Inflationskomponente sowie IFRS 9.6.7.1 bzw. BC6.501-BC6.504 zur Kreditrisikokomponente.

573 Vgl. IFRS 9.6.3.7 (a)-(c).

574 Vgl. IFRS 9.6.3.4 i. V. m. IFRS 9.B6.3.3 f.

575 Vgl. IFRS 9.BC6.427-BC6.432.

576 Vgl. IFRS 9.6.6.1 i. V. m. IFRS 9.B6.6.1-B6.6.10.

577 Vgl. IFRS 9.6.6.1 i. V. m. IFRS 9.B6.6.7-B6.6.9.

578 Vgl. IFRS 9.6.2.4 f.

579 Vgl. IFRS 9.6.2.3 i. V. m. IFRS 9.B6.2.4.

Bilanzierung abgespaltener Swapsatz- und Zeitwertkomponenten, die einer komplexen Bilanzierungskonzeption für Absicherungskosten folgen.[580]

Für die Beurteilung der Wirksamkeit einer bilanziellen Sicherungsbeziehung schreibt IFRS 9 ausschließlich den prospektiven **Effektivitätsnachweis** vor und verzichtet somit auf den retrospektiven Test der Wirksamkeit einschließlich der vordefinierten Schwankungsbreite des IAS 39.[581] Als Effektivität einer Sicherungsbeziehung wird in IFRS 9 derjenige Grad bezeichnet, zu dem Änderungen des Fair Value bzw. Änderungen in den Zahlungsströmen des Sicherungsinstrumentes die korrespondierenden Wertentwicklungen des Grundgeschäftes aufwiegen.[582] Unter Ineffektivität wird entsprechend der Überhang der Wertänderungen von entweder Grund- oder Sicherungsgeschäft verstanden.[583] Während sich die Beurteilung der Wirksamkeit einer bilanziellen Sicherungsbeziehung prinzipiell an der ökonomischen Absicherungswirkung orientieren muss, werden auf der Abbildungsebene bestimmte Anforderungen an die Kompensationsfähigkeit gestellt, die in Verbindung mit den Vorgaben für Grund- und Sicherungsgeschäfte die Vermittlung relevanter und gleichzeitig glaubwürdig dargestellter Informationen sicherstellen sollen. Um für die Vorschriften des Hedge Accounting zu qualifizieren, muss eine Sicherungsbeziehung demnach zunächst das Kriterium eines ökonomischen Zusammenhangs zwischen Grund- und Sicherungsgeschäft erfüllen, wonach eine begründete Erwartungshaltung bestehen muss, dass sich Grund- und Sicherungsgeschäft systematisch in entgegengesetzte Richtungen entwickeln.[584] Darüber hinaus dürfen Wertentwicklungen, die sich aufgrund des ökonomischen Zusammenhangs eigentlich neutralisieren, nicht durch den Effekt des Kreditrisikos dominiert werden, da andernfalls die Kompensationswirkung der Absicherung nicht ihre Geltung entfalten kann.[585] Ferner ist nach den Kriterien des IFRS 9 die Hedge Ratio, d. h. das bilanzielle Absicherungsverhältnis von Grund- und Sicherungsgeschäft künftig auf Grundlage der tatsächlich im Risikomanagement eingesetzten Volumina von Grund- und Sicherungsgeschäft zu bestimmen.[586] Allerdings darf das für bilanzielle Zwecke übernommene Absicherungsverhältnis nicht dergestalt verzerrt sein, dass systematisch Ineffektivitäten entstehen.[587] Die Beurteilung der Effektivität einer bilanziellen Sicherungsbeziehung bezieht sich stets auf die spezifischen, d. h. nach den Vorschriften des Hedge Accounting (ggf. partiell oder aggregiert) designierten Grundgeschäfte, Sicherungsinstrumente und abgesicherten Risiken.[588]

Neben der prospektiven Effektivitätsbeurteilung ist, wie bereits bzgl. der Bilanzierungsmethoden angedeutet, stets auch eine retrospektive Effektivitätsermittlung für die zum Stichtag zu erfassenden Beträge der Effektivität bzw. Ineffektivität eines Absicherungsverhältnisses erforderlich. Die retrospektive Effektivitätsermittlung nimmt allerdings künftig keinen Einfluss auf die Zulässigkeit der

[580] Vgl. IFRS 9.6.5.15 f. i. V. m. IFRS 9.B6.5.29-B6.5.39.
[581] Vgl. IFRS 9.BC6.230-BC6.235.
[582] Vgl. IFRS 9.B6.4.1.
[583] Vgl. BARCKOW, A., in: Baetge et al., Rechnungslegung nach IFRS, IAS 39, Rn. 252.
[584] Vgl. IFRS 9.6.4.1 (c) (i) i. V. m. IFRS 9.B6.4.4.
[585] Vgl. IFRS 9.6.4.1 (c) (ii) i. V. m. IFRS 9.B6.4.7.
[586] Vgl. IFRS 9.6.4.1 (c) (iii).
[587] Vgl. IFRS 9.6.4.1 (c) (iii).
[588] Vgl. IFRS 9.B6.4.1.

bilanziellen Sicherungsbeziehung, sondern dient ausschließlich dem Zweck der Generierung von Informationen über die Wirksamkeit eines ökonomischen Absicherungsverhältnisses.

Eine bilanzielle Sicherungsbeziehung ist künftig dann und nur dann **abzubrechen**, sofern die Sicherungsbeziehung den Anwendungsvoraussetzungen für die Bilanzierung nach den Vorschriften des Hedge Accounting nicht länger genügt.[589] Eine freiwillige Auflösung einer bilanziellen Sicherungsbeziehung ist damit nicht länger zulässig. Eine volumenmäßige Anpassung eines Absicherungsverhältnisses an veränderte ökonomische Rahmenbedingungen erfordert indes nicht wie bislang den Abbruch und die anschließende Neudesignation einer Sicherungsbeziehung, sondern kann durch eine Adjustierung der Hedge Ratio unter Fortführung der ursprünglichen Sicherungsbeziehung bilanziell nachgezeichnet werden, sofern die entstandene Verzerrung dadurch behoben wird.[590]

Die verpflichtende, grundsätzlich prospektive **Anwendung** von IFRS 9 war für Berichtsperioden, die am oder nach dem 1. Januar 2015 beginnen, geplant.[591] In der Sitzung des Board im Juli 2013 wurde indes beschlossen, den Abschluss der ersten beiden Phasen abzuwarten und anschließend ein neues Datum zur verpflichtenden Erstanwendung bekanntzugeben.[592] Nach Beendigung der fachlichen Diskussionen für die ersten beiden Phasen entschied der IASB im Februar 2014, dass IFRS 9 verpflichtend für Geschäftsjahre anzuwenden ist, die ab dem 1. Januar 2018 beginnen.[593] Die EFRAG gab im November 2009 indes keine Empfehlung zum Endorsement vorläufig abgeschlossener Phasen ab.[594] Ein Komitologieverfahren soll erst nach einem endgültigen Abschluss aller drei Phasen von Seiten des IASB eingeleitet werden.[595]

In den folgenden Hauptabschnitten werden die skizzierten speziellen Rechnungslegungsvorschriften des IFRS 9 zum Hedge Accounting detailliert vorgestellt, analysiert und mit Rückgriff auf die qualitativen Anforderungen an entscheidungsnützliche Abschlussinformationen konkretisiert sowie dabei auch an diesen als Würdigungsgrundlage gespiegelt. Hierfür werden zunächst die spezifische Zielsetzung des Hedge Accounting (Abschnitt 52) abgeleitet und die speziellen Abbildungsregeln nach den beiden Bilanzierungsmethoden einschließlich der (retrospektiven) Effektivitätsermittlung für die buchungstechnische Erfassung des realisierten Effektivitätsgrades analysiert (Abschnitt 53). Daran anknüpfend werden die Designations- und Dokumentationsanforderungen (Abschnitt 54) einer bilanziellen Sicherungsbeziehung analysiert und die speziellen Anforderungen an die einzel-

---

[589] Vgl. IFRS 9.6.5.6 i. V. m. IFRS 9.B6.5.22.

[590] Vgl. IFRS 9.6.5.5 i. V. m. IFRS 9.B6.5.9.

[591] Vgl. IFRS 9.7.2.17. Die ausnahmsweise retrospektiv anzuwendenden Vorschriften betreffen die Bilanzierung abgespaltener Swapsatzkomponenten (verpflichtend) bzw. Zeitwertkomponenten (wahlweise für alle derartigen Sicherungen) sowie den für OTC-Instrumente ggf. erforderlichen Wechsel des Vertragspartners auf eine zentrale Clearingschwelle, der nicht zwingend zur Auflösung einer bilanziellen Sicherungsbeziehung führt. Vgl. IFRS 9.7.2.21 sowie IASB (HRSG.), Transition (agenda paper 15), S. 12-16.

[592] Vgl. IASB (HRSG.), IASB Update (July 2013), S. 5.

[593] Vgl. IASB (HRSG.), IASB Update (February 2014), S. 6 f. Entscheidend für diesen späten Erstanwendungszeitpunkt war u. a. die intendierte Berücksichtigung der Wechselwirkungen mit dem IASB-Projekt zur Überarbeitung der Vorschriften zur Bilanzierung von Versicherungsverträgen (IFRS 4).

[594] Vgl. EFRAG (HRSG.), IFRS 9 Endorsement, S. 1.

[595] Abzuwarten bleibt indes, wie die EFRAG den Ausschluss der Neuregelungen zum Makro Hedge Accounting beurteilt; vgl. FLICK, P./KRAKUHN, J./SCHÜZ, P., ED Hedge Accounting, S. 118.

nen Bausteine einer Sicherungsbeziehung in Form des Grundgeschäftes (Abschnitt 55), des Sicherungsinstrumentes (Abschnitt 56) und der (prospektiven) Kompensationswirkung (Abschnitt 57) zwischen den beiden gegenläufigen Elementen behandelt. Abschließend werden die Vorschriften für die Auflösung, Fortführung und Anpassung einer Sicherungsbeziehung (Abschnitt 58) erörtert.

52 Die Abbildung der Wirksamkeit von Risikomanagementaktivitäten nach IFRS 9

521. Zielsetzung

521.1 Allgemeine Zielsetzung

Die Zielsetzung der in IFRS 9 verankerten Vorschriften zum Hedge Accounting besteht darin, die Wirkungsweise der Risikomanagementaktivitäten eines Unternehmens abzubilden, sofern das Unternehmen Finanzinstrumente zur Steuerung bestimmter Risiken einsetzt, die einen Einfluss auf das Ergebnis haben können.[596] Durch diese explizit **im Standard formulierte Zielsetzung** erhebt der IASB die **Ausrichtung am Risikomanagement** zur übergeordneten Zielsetzung des Hedge Accounting, die bei der Beurteilung von (potenziellen) Sicherungsbeziehungen künftig beachtet werden muss.[597] In den Erläuterungen der ***basis for conclusions***, die nicht offizieller Bestandteil des Standards sind, relativiert der Standardsetter indes seine Zielsetzung.[598] Demnach bieten sich aus Sicht des IASB prinzipiell zwei alternative Zielsetzungen an, die im Folgenden erörtert werden.

521.2 *Top down approach*

Hedge Accounting könnte demzufolge das Bindeglied zwischen dem internen Risikomanagement und der externen Finanzberichterstattung bilden.[599] Innerhalb dieses sog. *top down approach* würde Hedge Accounting Informationen über die Art und Wirkung der eingesetzten Absicherungsinstrumente vermitteln und diese in einen größeren Rahmen des Risikomanagements einordnen. Folglich würde Hedge Accounting einen umfassenden Einblick in Zweck und Wirkungsweise der Instrumente gewähren. Aus deutscher Sicht kritisierten bereits sowohl das DRSC als auch das IDW den im Standardtext kommunizierten Vorrang des *top down approach*. Mit Recht wird angemahnt, dass fortgeschrittene Strategien und Richtlinien des Risikomanagements in der Praxis nicht einheitlich definiert und umgesetzt werden und kleinere wie auch mittlere Unternehmen z. T. sogar nur über rudimentäre Systeme verfügen.[600] Eine ausschließliche Orientierung der Bilanzierung von Sicherungsbeziehungen am Risikomanagement kann hier nicht zielführend sein. Zwar gebieten die fundamentalen Grundsätze der Rechnungslegung einen engen Bezug der Abbildung zum jeweils zugrunde liegenden Sachverhalt. Da keine detaillierten, für sämtliche Unternehmen geltenden Anforderungen an das innerbetriebliche Risikomanagement eines Unternehmens gestellt werden,[601] könnten interne Richtlinien und Vorgaben allerdings nach Belieben gestaltet werden, um in den

[596] Vgl. IFRS 9.6.1.1.
[597] Vgl. FISCHER, D., ED Hedge Accounting, S. 21.
[598] Vgl. BARZ, K./WEIGEL, W., Sicherungsbeziehungen und Risikomanagement, S. 228; LÖW, E./CLARK, J., Hedge Accounting und Risikomanagement, S. 126 f.
[599] Vgl. IFRS 9.BC6.79 (a).
[600] Vgl. IDW (HRSG.), CL Hedge Accounting, S. 4.
[601] Vgl. zu den Anforderungen an das Risikomanagement Abschnitt 322.

Anwendungsbereich des Hedge Accounting zu gelangen oder ggf. wieder herauszufallen.[602] Sollen die allgemeinen Ansatz- und Bewertungsvorschriften nicht willkürlich umgangen werden können, muss die Anwendung des Hedge Accounting an die Erfüllung bestimmter, ggf. objektivierender Anforderungen gebunden sein. Aus diesen Restriktionen folgt wiederum, dass nicht sämtliche Strategien und Aktivitäten des Risikomanagements im Abschluss abgebildet werden können.[603] Würde der *top down approach* indes konsequent als Zielsetzung formuliert, so könnte dem Abschlussadressaten suggeriert werden, dass eine umfassende Verbindung von Risikomanagement und Rechnungslegung bestünde. Aus diesem Grund wird gefordert, dass der möglicherweise daraus entstehenden Erwartungslücke von Seiten des IASB durch eine abweichende Formulierung der Zielsetzung im Standardtext vorgebeugt wird.[604]

521.3 *Bottom up approach*

Alternativ könnte die Zielsetzung des Hedge Accounting auch lediglich in der Reduktion der aus den allgemeinen Ansatz- und Bewertungsvorschriften resultierenden Bilanzierungsanomalien liegen.[605] Innerhalb dieses sog. *bottom up approach* würde also eine synchrone Erfassung von Grundgeschäft und Sicherungsinstrument und deren Wertänderungen angestrebt. Der *bottom up approach* folgt der impliziten Zielsetzung des IAS 39[606] und wurde bereits umfassend kritisiert.[607] Die Hauptursache der Mängel in der Konzeption des Hedge Accounting nach IAS 39 besteht darin, dass die Übereinstimmung der bilanziellen Abbildung mit den intern verfolgten Risikomanagementstrategien nicht gewährleistet wird und dadurch anstelle einer erforderlichen ökonomischen Blickrichtung ein bilanzieller Fokus überwiegt.[608] Anstatt dem Abschlussadressaten ein detailliertes Bild von den Aktivitäten des Risikomanagements und dessen Funktionstüchtigkeit zu vermitteln, werden lediglich einzelfallbezogene Inkongruenzen in der bilanziellen Abbildung in Form von Ansatz- oder Bewertungsanomalien beseitigt. Durch diese fehlgerichtete Zielsetzung werden Unternehmen nach den geltenden Vorschriften auch nicht in die Lage versetzt, ihre Risikomanagementaktivitäten bilanziell adäquat nachzuzeichnen. Durch den kasuistischen Ansatz und die Zahl objektivierender Restriktionen und Ausnahmeregelungen fallen bilanzierte und intern verfolgte Absicherungsstrategien zwingend auseinander.[609]

521.4 Verknüpfung beider Grundkonzeptionen

Der Standardsetter entscheidet sich gemäß den *basis for conclusions* für einen **Kompromiss** aus beiden Zielsetzungen, der sich indes nicht explizit im Wortlaut des Standards niederschlägt. Durch

[602] Vgl. IDW (HRSG.), CL Hedge Accounting, S. 4.
[603] Vgl. DRSC (HRSG.), CL Hedge Accounting, S. 3.
[604] Vgl. IDW (HRSG.), CL Hedge Accounting, S. 3.
[605] Vgl. IFRS 9.BC6.79 (b) sowie zu den nach Risikoarten gegliederten Bilanzierungsanomalien Kapitel 1.
[606] Vgl. IFRS 9.BC6.77 i. V. m. IFRS 9.BC6.76.
[607] Vgl. bspw. DRSC (HRSG.), Hedge Accounting (Papier 01_02a), S. 9; WIESE, R./SPINDLER, M., ED Hedge Accounting, S. 58; EBERLI, P./DI PAOLA, S., ED Hedge Accounting, S. 251; LÖW, E./CLARK, J., Hedge Accounting und Risikomanagement, S. 126; POLLMANN, R., Hedge Accounting, S. 413; WAGENHOFER, A./ENGELBRECHTS-MÜLLER, C., Finanzberichterstattung und Management finanzieller Risiken (2010), S. 5.
[608] Vgl. POLLMANN, R., Hedge Accounting, S. 413; DRSC (HRSG.), Hedge Accounting (Papier 01_02a), S. 9.
[609] Vgl. WIESE, R./SPINDLER, M., ED Hedge Accounting, S. 58; EBERLI, P./DI PAOLA, S., ED Hedge Accounting, S. 251 sowie zu Umfrageergebnissen GLAUM, M./FÖRSCHLE, G., Rechnungslegung für Finanzinstrumente und Risikomanagement, S. 1530.

die geeignete Verknüpfung beider Zielsetzungen sollen demzufolge die jeweiligen Mängel im Fall einer Konzentration auf lediglich eine Alternative reduziert werden. Abschlussinformationen über Absicherungsverhältnisse können demnach nur dann dem Grundsatz der Relevanz genügen, wenn der finanzwirtschaftliche Gehalt des ökonomischen Absicherungsverhältnisses einschließlich der inhärenten Kompensationswirkung vermittelt wird. In einem Gefüge von Rechnungslegungsvorschriften, das für verschiedene Posten divergierende Bewertungsmaßstäbe *(mixed model)* bestimmt, ist es für den Prognosewert der Informationen elementar, dass dem Verständnis des ***bottom up approach*** entsprechend die Entwicklung des gesamten Absicherungsverhältnisses anstelle der ausschließlichen Wertänderungen eines frei stehenden Absicherungsinstrumentes erfasst wird.[610] Nur ein dergestalt unverzerrtes Bild der Vermögens-, Finanz- und Ertragslage eines Unternehmens kann im Rahmen der Prognose künftiger Zahlungsströme bei kapitalanlagebezogenen Entscheidungen nützlich sein. Eine durch Bilanzierungsanomalien verzerrte Abbildung würde aufgrund der einseitig ausgerichteten und damit unsachgemäß gewichteten Darstellung auch gegen den Grundsatz der glaubwürdigen Darstellung verstoßen. Die aus den allgemeinen Vorschriften resultierende künstliche Volatilität von Ergebnis und Eigenkapital kann insoweit nicht zielführend i. S. d. Vermittlung entscheidungsnützlicher Informationen sein.[611] Zur Vermeidung von Ansatz- und Bewertungsanomalien hält der Standardsetter folglich auch bei der Erarbeitung des Hedge Accounting-Modells nach IFRS 9 an der Bildung von Bewertungseinheiten nach speziellen Rechnungslegungsvorschriften fest, die eine synchrone Erfassung der Wertänderungen zulässt.[612]

Eine lediglich kasuistische, auf die kompensierende Buchungsmechanik reduzierte Zielsetzung wäre indes unter der Beachtung der Vermittlung entscheidungsnützlicher Informationen verkürzt. Eine Sicherungsbeziehung kann dem ***top down approach*** gemäß nur dann eine ökonomisch relevante und glaubwürdige Information vermitteln, sofern die bilanzierte Sicherungsbeziehung mit der internen Risikomanagementstrategie übereinstimmt.[613] Dies bedingt eine Abbildung, die es dem Adressaten ermöglicht, sich ein zutreffendes Bild über die Funktionsweise von Sicherungsmaßnahmen, die die Vermögens-, Finanz- und Ertragslage betreffen, sowie über die Tauglichkeit der ergriffenen Maßnahmen zu verschaffen. Folglich führt der Standardsetter in IFRS 9 die für die Bilanzierung von Sicherungsbeziehungen übergeordnete Zielsetzung der Orientierung der externen Rechnungslegung am internen Risikomanagement ein.

Wie in den Stellungnahmen beanstandet und vom IASB – zumindest in den *basis for conclusions* – anerkannt,[614] ist allerdings eine vollständige Verknüpfung von Risikomanagement und Rechnungslegung schon aufgrund divergierender Zielsetzungen und Sichtweisen der beiden Teildisziplinen zu

---

[610] Vgl. hierzu IFRS 9.BC6.77 i. V. m. IFRS 9.BC6.76; Löw, E./Theile, C., in: Heuser et al., IFRS Handbuch, Sicherungsgeschäfte und Risikoberichterstattung, S. 601 sowie zu IAS 39 Barz, K./Weigel, W., Sicherungsbeziehungen und Risikomanagement, S. 228.

[611] Vgl. Niehaus, H.-J., Ersatz von IAS 39, S. 87 sowie Abschnitt 44.

[612] Vgl. IFRS 9.BC6.77.

[613] Vgl. Prahl, R./Naumann, T., Bilanzierung portfolio-orientierter Handelsaktivitäten, S. 729; Prahl, R./Naumann, T., Moderne Finanzinstrumente und traditionelle Rechnungslegungsvorschriften, S. 709.

[614] Vgl. IFRS 9.BC6.80.

weit gefasst.[615] Die speziellen Regeln des Hedge Accounting stehen dabei in einem **Spannungsverhältnis** zwischen der Vermittlung entscheidungsnützlicher Informationen und der Anfälligkeit gegenüber gezielter Bilanzpolitik.[616] Zwar entspricht es den qualitativen Anforderungen des Rahmenwerkes, dass möglichst sämtliche Bilanzierungsanomalien beseitigt werden. Gleichzeitig wird mit dem Grundsatz der glaubwürdigen Darstellung gefordert, dass der Rechnungslegungsstandard eine wert- und willkürfreie Abbildung vorschreibt. Eine wahlweise Aushebelung der allgemeinen Bilanzierungsregeln – die ihrerseits für gewöhnlich den fundamentalen Anforderungen genügen – kann mit der postulierten Ausrichtung am Risikomanagement nicht gemeint sein, da diese die Anforderungen in den IFRS und schließlich auch die angestrebte Entscheidungsnützlichkeit verletzen würde.

Um die allgemeinen Vorschriften nicht beliebig außer Kraft setzen zu können, müssen zur Anwendung des Hedge Accounting **einschränkende und ggf. objektivierende Anforderungen** erfüllt werden. Die Kombination der Zielsetzungen von *top down-* und *bottom up approach* in den *basis for conclusions* dürften also mithilfe der konkreten Regeln zu den einzelnen Grund- und Sicherungsgeschäften dergestalt zu interpretieren sein, dass einerseits die Orientierung an internen Risikomanagementaktivitäten eine zentrale Bedeutung in der Zielsetzung einnimmt, andererseits aber gewisse Restriktionen zur Wahrung der Zwecke der externen Rechnungslegung zwingend erforderlich sind.[617] Der Standardsetter beschränkt bereits in der expliziten Zielsetzung die durch die Vorschriften des Hedge Accounting abbildbaren Risikomanagementaktivitäten auf solche, die mittels Finanzinstrumenten umgesetzt werden.[618] Darüber hinaus nimmt er den Zweck der Reduktion von Bilanzierungsanomalien aus IAS 39 wieder in seine (in den *basis for conclusions* geäußerte) Zielsetzung mit auf.[619] Die Kombination des *top down approach* mit dem *bottom up approach* dürfte demnach so zu verstehen sein, dass durch die Bilanzierungsanomalien der prinzipielle **Anwendungsbereich** definiert wird.[620] Diese Auffassung zeigt sich in verschiedenen Erläuterungen und Vorschriften zu den Details einer bilanziellen Sicherungsbeziehung wie z. B. im prinzipiellen Ausschluss von derivativen Finanzinstrumenten als Grundgeschäft[621] sowie von nicht zum Fair Value bewerteten Positionen als Sicherungsinstrument[622], die explizit auf die Anwendung der Hedge Accounting-Vorschriften bei Bilanzierungsanomalien abstellen und andernfalls, da keine Anomalie entstünde, auch nicht schlüssig wären.[623] Durch diesen Anwendungsbereich wird gleichzeitig der geforderte Bezug[624] zu eindeutigen originären Risikopositionen und absichernden

---

615 Vgl. IDW (HRSG.), CL Hedge Accounting, S. 3; BARZ, K./WEIGEL, W., Sicherungsbeziehungen und Risikomanagement, S. 230.

616 Vgl. WÜSTEMANN, J./BISCHOF, J., Bilanzierung von Sicherungsbeziehungen, S. 403.

617 Vgl. IFRS 9.BC6.82.

618 Vgl. IFRS 9.6.1.1 sowie zu den unterschiedlichen risikopolitischen Strategien Abschnitt 331.

619 Vgl. IFRS 9.BC6.81.

620 Zu einem vergleichbaren Ergebnis gelangt auch das DRSC; vgl. DRSC (HRSG.), CL Hedge Accounting, S. 3.

621 Vgl. FLINTROP, B./VON OERTZEN, C., in: Bohl et al., Beck IFRS HB, § 23. Derivate, Rn. 70.

622 Vgl. IFRS 9.BC6.134 f.

623 Diese Auffassung als Anwendungsbereich zeigt sich ferner u. a. auch in der Zulässigkeit von wahlweise zum Fair Value bewerteten Instrumenten als Sicherungsinstrument, da in diesem Fall eine Bilanzierungsanomalie behoben wird; vgl. IFRS 9.BC6.138 f.

624 Vgl. IFRS 9.BC6.81.

Instrumenten in Form von klar abgegrenzten, durch die Risikomanagementaktivitäten betroffenen (z. T. künftigen) Posten in Bilanz und Periodenergebnis hergestellt.

521.5 Zusammenfassung der identifizierten Zielsetzung

In der Konsequenz dürften die explizite Zielsetzung im offiziellen Standard sowie die Erläuterungen in den *basis for conclusions* dahingehend interpretiert werden, dass die Zielsetzung der Vermeidung von Ansatz- und Bewertungsanomalien bzw. der künstlichen Volatilität von Ergebnis und Eigenkapital nach wie vor besteht und den prinzipiellen Anwendungsbereich vorgibt. Damit bezweckt der IASB auch nicht etwa die Abkehr vom Grundmodell des Hedge Accounting nach IAS 39,[625] sondern vielmehr eine stärkere Prinzipienorientierung,[626] die sich in einer stärkeren Angleichung von Risikomanagement und Rechnungslegung niederschlägt.[627] Sofern also nach den allgemeinen Bilanzierungsvorschriften Anomalien entstehen, sollen die Regeln des Hedge Accounting – stets unter Beachtung objektivierender Anforderungen – angewandt werden können, wobei hier eine bestmögliche Übereinstimmung von intern umgesetzter und extern abgebildeter Strategie angestrebt werden muss.[628] Die betonte Zielsetzung der Orientierung am internen Risikomanagement bedeutet vor dem Hintergrund der Grundsätze der Relevanz und der glaubwürdigen Darstellung zum einen, dass Sachverhalte entsprechend der Risikomanagementaktivitäten abgebildet werden sollen. Zum anderen wird eine unverzerrte Darstellung auch dann gefordert, wenn die implementierten Risikobewältigungsmaßnahmen eine suboptimale Wirkung erzielen, da dem Adressaten Informationen über die Effektivität und Effizienz der Ressourcennutzung des Unternehmens bereitgestellt werden sollen. Die Risikoeinstellung des Unternehmens und die Funktionstüchtigkeit des Risikomanagements müssen also stets unverzerrt kommuniziert werden (i. d. R. über die sachgerechte Ineffektivität), um es den Anlegern zu erleichtern, die Auswirkungen der Risikosteuerung auf die Zahlungsströme zu erkennen.[629]

Um eine willkürliche Abweichung von den allgemeinen Vorschriften zu unterbinden und dennoch die Abbildung der risikokompensierenden Wirkung eines ökonomischen Absicherungsverhältnisses zu ermöglichen, erlegt der IASB den bilanzierenden Unternehmen besondere Dokumentations- und Nachweispflichten auf.[630] Die neuorientierte Zielsetzung kann in der Konkretisierung der einzelnen Anforderungen an potenzielle Sicherungsbeziehungen allerdings durchaus dazu führen, dass ökonomisch verfolgte, bislang aber nicht abbildbare Strategien künftig bilanziell nachgezeichnet werden können. Durch die Stärkung der Bedeutung des internen Risikomanagements dürfte die Zahl objektivierender Restriktionen tendenziell verringert werden,[631] wofür auch die rundum hohe

[625] Vgl. für die Diskussion verschiedener Alternativen (z. B. des Full Fair Value-Ansatzes) zum Hedge Accounting DRSC (Hrsg.), IAS 39 Replacement: Hedge Accounting, S. 195-198.
[626] Vgl. IASB (Hrsg.), ED Hedge Accounting, Tz. IN3.
[627] Vgl. Wiese, R./Spindler, M., ED Hedge Accounting, S. 65; Wüstemann, J./Bischof, J., Bilanzierung von Sicherungsbeziehungen, S. 407.
[628] Vgl. dazu auch die Forderung in DRSC (Hrsg.), CL Hedge Accounting, S. 3.
[629] Vgl. IDW (Hrsg.), WP-Handbuch 2012, S. 1814.
[630] Vgl. Barckow, A., in: Baetge et al., Rechnungslegung nach IFRS, IAS 39, Rn. 233.
[631] Vgl. Wüstemann, J./Bischof, J., Bilanzierung von Sicherungsbeziehungen, S. 403 f.

Zustimmung der bilanzierenden Unternehmen im Konsultationsprozess spricht.[632] Dies entspräche indes durchaus der geforderten Bereitstellung von Informationen für kapitalanlagebezogene Entscheidungen, solange willkürliche Verzerrungen unterbunden werden. Hinsichtlich der Nachprüfbarkeit dürfte die Orientierung am Risikomanagement kritisch zu beurteilen sein, da die Strategien und internen Vorgaben teilweise nur schwer einer externen Prüfung zugänglich sein werden.[633] Diese Verschiebung in der Zielsetzung steht indes mit der im Rahmenkonzept vorrangigen Rechnungslegungsfunktion der Generierung bewertungsnützlicher Informationen und dem Vorzug relevanter und glaubwürdig dargestellter Informationen zulasten der Nachprüfbarkeit im Einklang.

522. Anwendungsbereich

Die Vorschriften des IFRS 9 zum Hedge Accounting gelten für die Absicherung von sowohl finanziellen als auch nicht-finanziellen Posten. Der Standard ist folglich gleichermaßen von **Finanzdienstleistern als auch von Industrieunternehmen** anzuwenden, die sich gegen Güterpreisrisiken absichern, Währungsrisiken aus dem Erwerb und der Veräußerung von Waren begrenzen oder das Verhältnis ihrer fest- und variabel verzinslichen Verbindlichkeiten steuern.[634]

IFRS 9 deckt die Absicherung **statischer Positionen** ab. Dadurch fallen sowohl Mikro Hedges als auch Hedges auf Gruppen- bzw. Portfoliobasis in den Anwendungsbereich des Standards. Wenngleich auch dynamische Portfolios, bei denen sich die einzelnen Posten im Zeitverlauf ändern, prinzipiell durch eine Reihe von statischen Sicherungsbeziehungen abgebildet werden können, wird die spezifische Designation offener Nettopositionen in einem separaten Projekt behandelt.[635] Für Industrieunternehmen mit komplexen (bankenähnlichen) Risikomanagementsystemen wird sich also erst nach den Vorschlägen zur Abbildung von Makro Hedges zeigen, ob die in IAS 39 bemängelte Entkoppelung von Bilanzierung und Risikomanagement sämtlicher intern verfolgter Strategien durch die neuen Vorschriften überwunden werden kann.[636] Der vor allem für Banken vorgesehene Sonderfall zur Steuerung komplexer Zinsänderungsrisiken (von dynamischen Portfolios) im Rahmen des IAS 39.81A wird weiterhin dort geregelt und folglich nicht durch IFRS 9 adressiert.[637]

---

[632] Vgl. zur breiten Zustimmung in der Kommentierungsphase des Exposure Draft KHOLMY, K./WEIHERICH, N., Stellungnahmen zum ED Hedge Accounting, S. 226.

[633] Vgl. MOXTER, A., Grundsätze ordnungsgemäßer Rechnungslegung, S. 29; WÜSTEMANN, J./BISCHOF, J., Bilanzierung von Sicherungsbeziehungen, S. 403.

[634] Vgl. EBERLI, P./DI PAOLA, S., ED Hedge Accounting, S. 252.

[635] Vgl. IASB (HRSG.), IASB Update (May 2012), S. 12; GARZ, C./HELKE, I., Review Draft Hedge Accounting, S. 1207 sowie Abschnitt 513.3.

[636] Vgl. FLICK, P./KRAKUHN, J./SCHÜZ, P., ED Hedge Accounting, S. 125 sowie zu den hierzu geäußerten Meinungen in den einzelnen Stellungnahmen zum Exposure Draft KHOLMY, K./WEIHERICH, N., Stellungnahmen zum ED Hedge Accounting, S. 226.

[637] Vgl. IFRS 9.BC6.90; FOLK, R., Currency Basis Spreads und Macro Hedging, S. 236 f. Die Anwendung dieser Vorschriften des IAS 39 ist allerdings an die Erfüllung sämtlicher bislang bestehender Anforderungen des IAS 39 geknüpft. Die Neuerungen und Erleichterungen in IFRS 9 können in diesem Rahmen somit nicht in Anspruch genommen werden. Damit müssen z. B. Sicherungsbeziehungen nach Währungen getrennt werden, selbst wenn Zins- und Währungsrisiken simultan gesteuert werden.

Sofern Verträge für den eigenen Wertschöpfungsprozess abgeschlossen werden, fallen diese aufgrund der *own use exemption* regelmäßig nicht in den Anwendungsbereich von IAS 39 und IFRS 9.[638] Während die daraus resultierenden Bilanzierungsanomalien im Fall einer Absicherung konzeptionell durch das Hedge Accounting gelöst werden können, ist es dem bilanzierenden Unternehmen durch die Einführung der **Fair Value-Option** auf nicht-finanzielle vertragliche Lieferverpflichtungen künftig auch gestattet, diese Verpflichtungen bei Bilanzierungsanomalien alternativ mit dem (Full) Fair Value zu bewerten.[639] Auch für Finanzinstrumente wird die bereits in IAS 39 dargebotene Fair Value-Option im Fall von Bilanzierungsanomalien grds. in IFRS 9 übernommen.[640] Die Fair Value-Option dient dabei jeweils wie das Hedge Accounting der Reduktion von Ansatz- und Bewertungsanomalien.[641] Diese Möglichkeit bietet damit Industrieunternehmen einen alternativen Ansatz zur Bilanzierung von ökonomischen Absicherungsstrategien.[642] Dies gilt allerdings besonders im Bereich güterwirtschaftlicher Verträge nur für vertraglich fixierte, nicht jedoch für lediglich geplante Transaktionen.[643] Darüber hinaus ist durch die (Full) Fair Value-Bilanzierung eine vor allem von Industrieunternehmen praktizierte Teilabsicherung nicht wie im Rahmen des Hedge Accounting abbildbar. Aufgrund der Erfassung sämtlicher Wertänderungen kann die Ausübung der Option also auch zu einer im Vergleich zum Hedge Accounting erhöhten (ggf. künstlichen) Ergebnisvolatilität führen.[644] Ferner muss die Fair Value-Option im Unterschied zum Hedge Accounting jeweils bereits zum Zugangszeitpunkt einer Position ausgeübt werden und kann nicht mehr aufgehoben werden.[645] Neben einer Designation einer bereits erworbenen Position bieten die Sonderregelungen des Hedge Accounting also vor allem für Unternehmen eine Alternative, die für Grundgeschäfte in ökonomischen Absicherungsverhältnissen eine grds. auch bei Auflösung der Sicherungsbeziehung nicht widerrufbare Ausübung der Fair Value-Option (und die ggf. daraus entstehenden Bilanzierungsanomalien)[646] vermeiden wollen.[647] Die schon in IAS 39 bestehende Möglichkeit zur freiwilligen Fair Value-Bewertung von Finanzinstrumenten anstelle der Anwendung der Hedge Accounting-Regelungen war bislang für Industrieunternehmen kaum rele-

---

[638] Vgl. Abschnitt 42. Es handelt sich hierbei folglich keineswegs um ein Wahlrecht. Vgl. zum Prüfungsschema der *own use exemption* WIESE, R./SPINDLER, M., Review Draft Hedge Accounting, S. 351.

[639] Vgl. IAS 39.5A i. V. m. IAS 32.8 infolge der Änderungen durch den Review Draft im September 2012; vgl. IASB (HRSG.), RD Hedge Accounting, Tz. C36 i. V. m. Tz. C23; KPMG (HRSG.), First Impressions: IFRS 9 (2013), S. 11; GARZ, C./HELKE, I., Review Draft Hedge Accounting, S. 1208.

[640] Vgl. IFRS 9.4.1.5 bzw. 9.4.2.2 für finanzielle Vermögenswerte bzw. Schulden sowie Abschnitt 434.

[641] Vgl. KLÖCKER, A., Hedge Accounting, S. 233.

[642] Vgl. IAS 32.8 infolge der Änderungen durch den Review Draft im September 2012; vgl. IASB (HRSG.), RD Hedge Accounting, Tz. C30; GARZ, C./HELKE, I., Review Draft Hedge Accounting, S. 1208. Dabei kann ggf. auch eine dynamische Absicherungsstrategie abgebildet werden. Vgl. IAS 39.BC24Q infolge der Änderungen durch den Review Draft im September 2012; vgl. IASB (HRSG.), RD Hedge Accounting, Tz. BCA63.

[643] Vgl. zu den relevanten geplanten Transaktionen KLÖCKER, A., Hedge Accounting, S. 236.

[644] Vgl. LÖW, E./THEILE, C., in: Heuser et al., IFRS Handbuch, Sicherungsgeschäfte und Risikoberichterstattung, S. 610 sowie zur Absicherung von Finanzinstrumenten KLÖCKER, A., Hedge Accounting, S. 129; SCHWARZ, C., Derivative Finanzinstrumente und Hedge Accounting, S. 246 f.; BECKER, K./WIECHENS, G., Fair Value-Option, S. 626.

[645] Vgl. IAS 39.5A i. V. m. IAS 32.8 für *Own-use*-Verträge sowie IFRS 9.4.1.5 bzw. 4.2.2 für finanzielle Vermögenswerte bzw. Schulden.

[646] Vgl. GROßE, J.-V., Problematik des Hedge Accounting, S. 117 f.

[647] Vgl. WÜSTEMANN, J./BISCHOF, J., Bilanzierung von Sicherungsbeziehungen, S. 403; KLÖCKER, A., Hedge Accounting, S. 239.

vant.[648] Ob dies künftig auch für nicht-finanzielle Lieferverpflichtungen zu beobachten sein wird, ist angesichts des eingeschränkten Anwendungsbereiches wahrscheinlich, wird aber letztlich in der Bilanzierungspraxis entschieden werden.

53 Darstellung der Bilanzierung von Sicherungsbeziehungen nach IFRS 9 und Analyse der Auswirkungen auf die Vermögens-, Finanz- und Ertragslage

531. Methoden der Sicherungsbilanzierung

Um die aus den allgemeinen Bilanzierungsvorschriften resultierenden Ansatz- und Bewertungsanomalien zu vermeiden sowie Informationen über die eingesetzten Risikosteuerungsaktivitäten und deren Wirksamkeit zu vermitteln, müssen die Wertentwicklungen von Risikoposition und absicherndem Instrument zeitgleich in Bilanz und Periodenergebnis erfasst werden. Die beabsichtigte, mithin dem ökonomischen Gehalt entsprechende **synchrone Erfassung der Wertänderungen** von Risikopositionen, die in ein ökonomisches Absicherungsverhältnis eingebunden sind, lässt sich konzeptionell auf zweierlei Art und Weise erreichen.[649] Zur Synchronisierung von effektiven Aufwendungen und Erlösen (*matching principle*)[650] der Bewertungseinheit könnten der in den allgemeinen Bilanzierungsvorschriften vorgesehene **Bewertungsmaßstab der originären Risikoposition** angepasst und deren ansonsten erfolgsneutral bzw. überhaupt nicht erfassten Wertänderungen abweichend im Periodenergebnis gezeigt werden.[651] Die Wertänderungen des absichernden Instrumentes werden dabei nach den allgemeinen Vorschriften erfolgswirksam erfasst und stehen somit denjenigen der abgesicherten Risikoposition gegenüber. Alternativ könnten die im Periodenergebnis erfassten **Wertänderungen des absichernden Instrumentes solange abgegrenzt** werden, bis die gegenläufigen Wertänderungen der originären Risikoposition anfallen. Die Risikoposition selbst wird den allgemeinen Vorschriften entsprechend bzw. u. U. überhaupt nicht bilanziert.

Die beiden skizzierten Abbildungsalternativen werden in der Literatur Marktbewertungsmethode *(mark to fair value method)*[652] und Abgrenzungsmethode *(full deferral method)*[653] bezeichnet, die in leicht modifizierten Ausprägungen sowohl in den IFRS als auch in den US-GAAP angewandt werden.[654] Der IASB sieht in IFRS 9 entsprechend zwei Methoden zur Bilanzierung von Sicherungsbeziehungen vor, nämlich die Methode des Fair Value-Hedge als Ausprägung der Marktbewertungsmethode und die Methode des Cashflow-Hedge als eine Variante der Abgrenzungsmethode, deren jeweilige Anwendung von der Art des abgesicherten Risikos abhängt.[655] Die

---

[648] Vgl. KLÖCKER, A., Hedge Accounting, S. 235 sowie S. 237. Durch die Einschränkung des Anwendungsbereiches für finanzielle Vermögenswerte auf Bilanzierungsanomalien dürfte das hier beobachtete Ergebnis künftig noch deutlicher ausfallen.

[649] Vgl. BARCKOW, A., in: Baetge et al., Rechnungslegung nach IFRS, IAS 39, Rn. 233.

[650] Vgl. CF.4.50; RIESE, J., in: Bohl et al., Beck IFRS HB, § 8. Vorräte, Rn. 34.

[651] Vgl. FLINTROP, B./VON OERTZEN, C., in: Bohl et al., Beck IFRS HB, § 23. Derivate, Rn. 77.

[652] Vgl. für eine Darstellung und Diskussion sowie für mögliche Modifikationen der Methoden BIERMAN, H./JOHNSON, T./PETERSON, S., Issues of Hedge Accounting, S. 29-31.

[653] Vgl. SCHEFFLER, J., Hedge Accounting, S. 128 f.

[654] Vgl. BARCKOW, A., Derivate und Sicherungsbeziehungen, S. 30 f. sowie S. 148 f.

[655] IFRS 9.6.5.2 sieht eigentlich drei Typen des Hedge Accounting vor. Die Bilanzierung von Nettoinvestitionen in eine Auslandsgesellschaft (vgl. IFRS 9.6.5.2 (c)) folgt indes der Bilanzierung von Cashflow-Hedges und bedarf insoweit keiner separaten Methode; vgl. GROẞE, J.-V., Ablösung der Vorschriften des Hedge Accounting, S. 193.

beiden in den folgenden Abschnitten zu analysierenden Methoden folgen in weiten Teilen der Buchungslogik des IAS 39,[656] wobei einzelne Wahlrechte innerhalb der Methode des Cashflow-Hedge abgeschafft und Vereinfachungen in der Anwendung des Fair Value-Hedge eingeführt werden.[657]

532. Bilanzierung eines Fair Value-Hedge

532.1 Synchronisierung der Erfolgswirkungen eines Absicherungsverhältnisses

Ein Fair Value-Hedge liegt vor, sofern ein Sicherungsinstrument zur Absicherung gegen das Risiko aus Fair Value-Änderungen eines bilanzierten oder (vertraglich gesicherten) schwebenden Grundgeschäftes eingesetzt wird.[658] Das Ziel eines Fair Value-Hedge besteht also in der **Beseitigung eines Wertschwankungsrisikos**, das aus den fixierten Konditionen des Grundgeschäftes bei gleichzeitig volatilen Marktpreisen resultiert.[659] Dies betrifft vor allem bilanzierte Posten, die gegen Marktwertänderungen abgesichert werden, sowie bilanzunwirksame feste Verpflichtungen mit festgelegten Konditionen, die ausschließlich im Rahmen eines Fair Value-Hedge bilanziell abgesichert werden können.[660]

Die Buchungslogik beim Fair Value-Hedge orientiert sich wie bereits nach IAS 39 an der Marktbewertungsmethode.[661] Zusätzlich zu den wie üblich erfolgswirksam erfassten Fair Value-Änderungen des Sicherungsinstrumentes werden demnach stets auch diejenigen **Wertänderungen des Grundgeschäftes**, die auf nachweislich abgesicherte (designierte) Risiken zurückzuführen sind, im **Periodenergebnis** abgebildet.[662] Werden die Wertänderungen des Grundgeschäftes nach den allgemeinen Bilanzierungsvorschriften überhaupt nicht erfasst, so schlagen sie sich jetzt in einer **Anpassung des Buchwertes** erfolgswirksam nieder.[663] Werden die Wertänderungen hingegen bereits erfolgsneutral erfasst, sind diese nunmehr erfolgswirksam **in das Periodenergebnis umzubuchen.**[664] Leitet das Risikomanagement ökonomisch wirksame Absicherungsmaßnahmen ein, so ermöglicht diese spezielle „Gegenschwankung“[665] des Grundgeschäftes eine Kompensation der separaten Effekte aus Grund- und Sicherungsgeschäft im Periodenergebnis.[666] Somit wird durch die Synchronisierung der Erfolgswirkungen nach den Vorschriften des Hedge Accounting eine

---

656 Vgl. zu den Bilanzierungsmethoden nach IAS 39 Abschnitt 513.1.

657 Vgl. IFRS 9.6.5.11 f. für Cashflow-Hedges bzw. IFRS 9.6.5.8-6.5.10 für Fair Value-Hedges.

658 Vgl. IFRS 9.6.5.2 (a) sowie zu beispielhaften Fallunterscheidungen verschiedener ökonomischer Sachverhalte in Fair Value- bzw. Cashflow-Hedges LÜDENBACH, N., in: Lüdenbach et al., Haufe IFRS-Kommentar, § 28 Finanzinstrumente, Rn. 254.

659 Vgl. IFRS 9.B6.5.2 sowie zu den Ausprägungen des Marktpreisrisikos in dessen Grundformen des Wertschwankungsrisikos und des Zahlungsstromrisikos Abschnitt 333.2.

660 Vgl. BECKER, K./KROPP, M., in: von Wysocki et al., HdJ, Abt. IIIa/4, Rn. 392. Bei der Absicherung von Währungsrisiken aus festen Verpflichtungen ist aus ökonomischer Perspektive ausnahmsweise sowohl ein Fair Value- als auch ein Cashflow-Hedge denkbar, da das Wertschwankungs- und das Zahlungsstromrisiko hier zusammenfallen; BORCHERT, M., Sicherung von Wechselkursrisiken, S. 15.

661 Vgl. BARCKOW, A., in: Baetge et al., Rechnungslegung nach IFRS, IAS 39, Rn. 234 sowie Abschnitt 513.1.

662 Vgl. IFRS 9.6.5.8 (a) und (b) i. V. m. IFRS 9.6.5.2 (a).

663 Vgl. LÖW, E./THEILE, C., in: Heuser et al., IFRS Handbuch, Sicherungsgeschäfte und Risikoberichterstattung, S. 602. Dieser Fall tritt z. B. im Rahmen der Absicherung von zu fortgeführten Anschaffungskosten bewertetem Vorratsvermögen ein; vgl. Abschnitt 432.

664 Diese Konstellation entsteht bspw. im Zuge der Absicherung von Vermögenswerten des Sachanlagevermögens, für die üblicherweise das Neubewertungsmodell gewählt wird; vgl. Abschnitt 432.

665 LÖW, E., Antizipative Sicherungsgeschäfte, S. 1114.

666 Vgl. LÜDENBACH, N., in: Lüdenbach et al., Haufe IFRS-Kommentar, § 28 Finanzinstrumente, Rn. 255.

künstliche Ergebnis- und Eigenkapitalvolatilität vermieden. Die Wertentwicklungen von Grund- und Sicherungsgeschäft werden dabei prinzipiell getrennt erfasst bzw. ausgewiesen. Eine unmittelbare Aufrechnung gegenläufiger Wertänderungen und eine anschließende Buchung des Spitzenbetrages sind nach wie vor unzulässig.[667]

Etwaige **Ineffektivitäten** in der Absicherungswirkung werden bereits durch den Überhang der Wertänderung einer der beiden Positionen zweckgerecht im Periodenergebnis erfasst.[668] Änderungen des Fair Value, die nicht dem abgesicherten Risiko zuzuordnen sind, werden nach den allgemeinen Vorschriften behandelt, d. h., bei zu fortgeführten Anschaffungskosten bilanzierten Posten überhaupt nicht bzw. bei erfolgsneutral zum Fair Value erfassten Geschäften im sonstigen Gesamtergebnis abgebildet. Durch die **erfolgswirksame Erfassung** von Ineffektivitäten soll dem Abschlussadressaten ein Bild von der tatsächlichen Wirksamkeit der ökonomischen Absicherungsmaßnahme vermittelt werden. Entsprechend müssen auch Wertentwicklungen des Grundgeschäftes, die auf die abgesicherten Risikoarten zurückzuführen sind und nicht durch das Sicherungsinstrument kompensiert werden können, im Periodenergebnis erfasst und entsprechend im Buchwert der Position berücksichtigt werden. Würden Ineffektivitäten nach den allgemeinen Vorschriften (d. h. regelmäßig überhaupt nicht) abgebildet, so wäre durch die mangelnde Erfassung der überschießenden Wertentwicklung des Grundgeschäftes nicht ersichtlich, ob das Unternehmen eine Absicherung der Risikoposition zu 100 % beabsichtigt und nur zu 90 % erfolgreich war, oder ob es 90 % der Risikoposition absichern wollte und eine perfekte Kompensation erzielte.[669] Beide Szenarien würden folglich trotz unterschiedlicher ökonomischer Wirksamkeit identisch abgebildet. Durch den stets erfolgswirksamen Ausweis der Ineffektivität hingegen wird der Zielsetzung in IFRS 9 entsprochen, Aufschluss über die Funktionsfähigkeit und den Erfolg des Risikomanagements zu geben und damit den Abschlussadressaten in seiner Investitionsentscheidung zu unterstützen.

Die Synchronisierung wird bei gewöhnlich zu fortgeführten Anschaffungskosten **bilanzierten Vermögenswerten und Schulden** technisch durch die **Buchwertanpassung *(basis adjustment)***[670] erreicht.[671] Entgegen der Bezeichnung „Fair Value-Hedge" werden die Posten indes nicht etwa zum beizulegenden Zeitwert (Full Fair Value) bewertet. Stattdessen wird der bilanzierte Buchwert ausschließlich um den Gewinn bzw. Verlust, der dem abgesicherten Risiko zuzurechnen ist, angepasst.[672] Werden z. B. sich im Besitz befindliche Elektrogeräte mit Kupferderivaten gegen nachteilige Preisentwicklungen der enthaltenen Kupferaggregate abgesichert, so werden lediglich diejenigen Wertänderungen der Geräte, die auf die jeweiligen Kupferpreisänderungen zurückzuführen sind, im Rahmen der Buchwertanpassung berücksichtigt.[673] Sämtliche Wertänderungen der

[667] Vgl. IFRS 9.6.5.8 für Fair Value- bzw. 6.5.11 für Cashflow-Hedges; BARCKOW, A., in: Baetge et al., Rechnungslegung nach IFRS, IAS 39, Rn. 252.
[668] Vgl. KUHN, S./SCHARPF, P., Rechnungslegung von Financial Instruments, S. 448.
[669] Vgl. BARCKOW, A., in: Baetge et al., Rechnungslegung nach IFRS, IAS 39, Rn. 252.
[670] Vgl. PWC (HRSG.), Manual for Financial Instruments (2012), S. 10062.
[671] Vgl. IFRS 9.6.5.8 (b); LÖW, E./THEILE, C., in: Heuser et al., IFRS Handbuch, Sicherungsgeschäfte und Risikoberichterstattung, S. 602.
[672] Vgl. FLICK, P./KRAKUHN, J./SCHÜZ, P., ED Hedge Accounting, S. 122.
[673] Vgl. ERNST & YOUNG (HRSG.), ED Hedge Accounting, S. 9; BARCKOW, A., in: Baetge et al., Rechnungslegung nach IFRS, IAS 39, Rn. 232.

(übrigen) Preistreiber, die nicht Gegenstand der dokumentierten Sicherung sind, werden hingegen nicht in den Buchwerten erfasst. Damit werden Grundgeschäfte regelmäßig mit einem „artfremden Bewertungsmaßstab“[674], dem sog. **Hedge Fair Value**[675] in der Bilanz ausgewiesen.[676] Ex ante lässt sich nicht feststellen, ob der Wert zwischen den fortgeführten Anschaffungskosten und dem Full Fair Value liegt. Entwickeln sich einzelne wertbestimmende Parameter eines Postens in unterschiedliche Richtungen, so kann der Hedge Fair Value auch über- bzw. unterhalb der Ausprägung der beiden (geläufigeren) Wertmaßstäbe liegen.[677] Für die Absicherung **schwebender Geschäfte**, die bis zur einseitigen Erfüllung bilanziell nicht erfasst werden,[678] sieht IFRS 9 eine Sonderregelung vor. Da ein Buchwert nicht existiert, werden die abgesicherten risikoinduzierten Wertänderungen des schwebenden Geschäftes ab dem Zeitpunkt der Designation einer bilanziellen Sicherungsbeziehung als eigenständiger Vermögenswert bzw. bei negativem Saldo als Verbindlichkeit erfasst.[679]

532.2 Auflösung eines Fair Value-Hedge

532.21 Folgebilanzierung der einzelnen Bestandteile

Nach Abbruch einer bilanziellen Sicherungsbeziehung sind deren Bestandteile wieder nach den allgemeinen Bilanzierungsvorschriften abzubilden.[680] Fair Value-Änderungen von einem vormals als Sicherungsinstrument designierten Geschäft werden, sofern dieses noch existiert, zwar nach wie vor erfolgswirksam erfasst, jedoch als Wertentwicklungen eines nunmehr alleinstehenden Finanzinstrumentes der Kategorie „*Fair Value through profit or loss*“ ausgewiesen. Für Grundgeschäfte sind weitere Buchwertanpassungen bereits für die Berichtsperiode, in der die bilanzielle Sicherungsbeziehung abgebrochen wird, ausgeschlossen. Ferner müssen kumulierte Buchwertanpassungen des Grundgeschäftes, die auf das abgesicherte Risiko zurückzuführen sind, grds. über dessen verbleibende Restlaufzeit aufgelöst werden, wobei zwischen den Risikoarten, denen das Grundgeschäft ausgesetzt ist, differenziert wird.[681]

---

674 Vgl. Barckow, A., in: Baetge et al., Rechnungslegung nach IFRS, IAS 39, Rn. 251.

675 Vgl. Löw, E./Clark, J., Hedge Accounting und Risikomanagement, S. 131; Becker, K./Kropp, M., in: von Wysocki et al., HdJ, Abt. IIIa/4, Rn. 391.

676 Vgl. IASB (Hrsg.), Accounting for Fair Value Hedges (agenda paper 8A), S. 3 f.; Kuhn, S./Scharpf, P., Rechnungslegung von Financial Instruments, S. 448 f. Dieser unterliegt ebenfalls sämtlichen Vorschriften zur Abwertung bzw. Wertminderung von Vermögenswerten (speziell IAS 2, IAS 36 und IFRS 9).

677 Vgl. Barckow, A., in: Baetge et al., Rechnungslegung nach IFRS, IAS 39, Rn. 251.

678 Vgl. Wawrzinek, W., in: Bohl et al., Beck IFRS HB, § 2. Ansatz, Bewertung, Ausweis und Prinzipien, Rn. 124 sowie zu den wesensbestimmenden Merkmalen Baetge, J./Kirsch, H.-J./Thiele, S., Bilanzen, S. 448.

679 Vgl. Schmidt, A./Barekzai, O., Neuregelungen zur Sicherungsbilanzierung nach IFRS 9 (Teil 1), S. 379; Märkl, H./Glaser, A., Hedge Accounting, S. 130. Vgl. zur identisch interpretierten Regelung nach IAS 39 IDW RS HFA 9, Tz. 343 sowie PwC (Hrsg.), Manual for Financial Instruments (2012), S. 10064. Auch für diese Bilanzposten dürften die allgemeinen Vorschriften zur Abwertung bzw. Wertminderung gelten; vgl. IDW RS HFA 9, Tz. 344.

680 An dieser Stelle sei auch auf die weiteren Ausführungen zu den Anforderungen an die Auflösung, Fortführung und Anpassung einer bilanziellen Sicherungsbeziehung in Abschnitt 58 verwiesen.

681 Vgl. Barckow, A., in: Baetge et al., Rechnungslegung nach IFRS, IAS 39, Rn. 255.

532.22 Auflösung der Buchwertanpassung abgesicherter Grundgeschäfte

532.221. Gegen Güterpreisrisiken abgesicherte Grundgeschäfte

Buchwertanpassungen **bilanzierter nicht-finanzieller Grundgeschäfte** werden faktisch wie **nachträgliche Anschaffungskosten** des gesicherten Grundgeschäftes behandelt.[682] Der Anpassungsbetrag verbleibt damit bis zur Veräußerung oder Abschreibung des Grundgeschäftes in der Bilanz. Bei der Absicherung gegen eine unvorteilhafte Güterpreisentwicklung werden somit bei deren Eintritt die Erfassung der Wertänderungen von Grund- und Sicherungsgeschäft synchronisiert und gleichzeitig eine Abbildung der Erfolgswirkung zu den gesicherten Marktkonditionen gewährleistet, wie nachfolgend gezeigt werden soll.

Sichert ein Industrieunternehmen Vorräte, Sachanlagen oder Endprodukte mit einem Termingeschäft gegen sinkende Preise, so nimmt das Sicherungsinstrument beim tatsächlichen Marktwertverfall einen positiven Wert an. Wird im Risikomanagement auf die Absicherung des Marktwertes der Zahlungsströme abgestellt, ist das Ziel finanzwirtschaftlich erreicht. Bereits entrichteten hohen Anschaffungsauszahlungen für Vorräte oder Sachanlagen, die mit Blick auf die günstigeren Beschaffungsmöglichkeiten für die Konkurrenz als nachteilig empfunden werden,[683] oder verringerten Einzahlungen aus der Veräußerung von Endprodukten stehen nämlich die Einzahlungen aus dem Absicherungsinstrument gegenüber.

In der externen Rechnungslegung indes muss der Effekt der Absicherungsmaßnahme in einer **periodisierten Erfolgsrechnung** nachgezeichnet werden. Sichert sich ein Unternehmen gegen sinkende Preise der einzelnen Waren ab, so schlagen sich Marktpreisänderungen in einer Buchwertanpassung nieder. Dadurch werden die Erfolgswirkungen des eingetretenen Risikos auf das Grundgeschäft tendenziell zeitlich vorgezogen und mit denjenigen des Sicherungsinstrumentes synchronisiert, so dass das Periodenergebnis auch später beim Abgang bzw. der Abschreibung der Ware nicht belastet wird und sich damit die Absicherung auch im Rechenwerk niederschlägt. Tritt also ein Güterpreisrisiko ein, so wird der Buchwert des Grundgeschäftes während des bilanziellen Sicherungsverhältnisses spiegelbildlich zur positiven Wertentwicklung des Sicherungsinstrumentes erfolgswirksam reduziert, so dass – sofern die Absicherung wirksam ist – zum Zeitpunkt des Eintritts im Saldo kein Gewinn oder Verlust entsteht. Damit werden negative Marktpreisentwicklungen für das Grundgeschäft in der Tendenz[684] vorgezogen und durch die positiven Entwicklungen des Sicherungsinstrumentes neutralisiert. Zum Zeitpunkt der Veräußerung bzw. Abschreibung des

---

682 Vgl. Flintrop, B./von Oertzen, C., in: Bohl et al., Beck IFRS HB, § 23. Derivate, Rn. 81; Lüdenbach, N., in: Lüdenbach et al., Haufe IFRS-Kommentar, § 28 Finanzinstrumente, Rn. 255.

683 Vgl. Kirsch, H.-J./Dettenrieder, D., Die Abbildung von Risiken und Chancen in der Finanzberichterstattung, S. 100-103.

684 Im betrachteten Fall sinkender Marktpreise kommt auch eine Wertminderung in Frage, die die Erfolgswirkung ggf. ebenfalls zeitlich vorzieht. Allerdings müssen hierzu abhängig vom konkreten Grundgeschäft bestimmte Anforderungen erfüllt sein, die u. U. nicht zur sofortigen Wertminderung führen; vgl. zu den *triggering events* in IAS 36 Bartels, P./Jonas, M., in: Bohl et al., Beck IFRS HB, § 27. Wertminderungen und Wertaufholung, Rn. 9-12 sowie in IFRS 9 IASB (Hrsg.), ED Expected Credit Losses, Appendix A. Darüber hinaus entspricht auch der Buchwert nach einer Wertminderung nicht zwingend dem Fair Value; vgl. zu IAS 2 Riese, J., in: Bohl et al., Beck IFRS HB, § 8. Vorräte, Rn. 91-102 sowie zu IFRS 9 Kirsch, H.-J./Olbrich, A./Dettenrieder, D./Gallasch, F., Kategorisierung von ABS, S. 66. Für die umgekehrte Fallkonstellation steigender Preise allerdings werden die Erfolgswirkungen durch Hedge Accounting stets vorgezogen.

Grundgeschäftes schlägt sich der Effekt der ökonomischen Absicherung in Bilanz und Periodenergebnis nieder. Die wirksame Absicherung gegen Preisrisiken, die bspw. in Form gesunkener Absatzpreise für eigene Endprodukte oder vergleichsweise günstigerer Beschaffungspreise von Vorräten oder Sachanlagen für die Konkurrenz auf das bilanzierende Unternehmen wirken, wird durch den nach Beendigung der Sicherungsbeziehung geringeren Buchwert und den damit verbundenen reduzierten Aufwand beim Abgang bzw. bei der Abschreibung des Grundgeschäftes deutlich. Werden entsprechende Umsatzerlöse generiert und fallen diese wie antizipiert (und deshalb abgesichert) niedriger aus, so kann durch den verringerten Aufwand im Rechenwerk gleichwohl eine konstante Marge erzielt werden. Durch die über die Buchwertanpassung erreichte vorgezogene Erfolgswirkung im Rahmen des Hedge Accounting wird die Erfolgswirkung der ökonomischen Absicherungsmaßnahme folglich auch in der periodisierten Ergebnisrechnung zutreffend abgebildet.[685]

Die gleiche Abbildungslogik gilt für **bilanzunwirksame feste Verpflichtungen** zum Erwerb eines nicht-finanziellen Vermögenswertes. Beim Erwerb werden die kumulierten und als eigenständige Vermögenswerte bzw. eigenständige Verbindlichkeiten bilanzierten Wertentwicklungen ausgebucht und als Anpassung der Zugangsbewertung behandelt.[686] Bei einer Preissenkung wird die negative Wertentwicklung des Grundgeschäftes mit der positiven Entwicklung des Sicherungsinstrumentes synchronisiert. Zum Erfüllungszeitpunkt wird der Zugangswert des Vermögenswertes verringert, so dass der aufwandswirksame Betrag im Zuge des Abgangs bzw. der Abschreibung reduziert wird. Dieselbe Buchungslogik gilt für bilanzunwirksame Verpflichtungen zur Veräußerung eines nicht-finanziellen Vermögenswertes. Der Abgangserfolg aus einem solchen Geschäft errechnet sich unter Beachtung der kumulierten Fair Value-Änderungen, die als eigenständiger Vermögenswert bzw. eigenständige Verbindlichkeit bilanziert wurden.[687]

532.222. Gegen Währungsrisiken abgesicherte Grundgeschäfte

Für den Fall der Absicherung von bilanzierten nicht-finanziellen Vermögenswerten oder festen Verpflichtungen gegen Währungsrisiken gilt dieselbe Konzeption zur buchhalterischen Erfassung der Sicherungsbeziehung.[688] Beschafft sich ein Unternehmen bspw. Vorräte zum Zeitpunkt eines verhältnismäßig hohen Wechselkurses und ist gegen unvorteilhafte Entwicklungen abgesichert, so schlägt sich dies ebenfalls in einer **dauerhaften Buchwertanpassung** nieder. Folglich wird auch hier die Erfolgswirkung eines eingetretenen Risikos auf das Grundgeschäft zeitlich vorgezogen und mit derjenigen des Sicherungsinstrumentes synchronisiert, so dass das Periodenergebnis im Zuge des Abgangs bzw. der Abschreibung nicht belastet wird und die Absicherung ihre bilanzielle Wirkung entfalten kann.

---

685 Dieselbe Buchungslogik mit einer umgekehrten Erfolgswirkung gilt grds. auch für eine positive Wertentwicklung des Grundgeschäftes, da ein Sicherungsinstrument mit symmetrischem Risikoprofil auch die Chancen eliminiert. Entsprechend wäre zum Zeitpunkt des Abgangs bzw. der Abschreibung des Grundgeschäftes ein höherer Aufwand zu erfassen, durch den sich bei einer gleichzeitigen Erhöhung der Absatzmarktpreise ebenfalls eine konstante Marge erzielen lässt.

686 Vgl. IFRS 9.6.5.9.

687 Vgl. BECKER, K./KROPP, M., in: von Wysocki et al., HdJ, Abt. IIIa/4, Rn. 396.

688 Bei der Absicherung finanzieller Posten gegen Währungsrisiken gilt indes die Konzeption für Grundgeschäfte, die gegen Zinsänderungsrisiken abgesichert sind (vgl. hierzu den nachfolgenden Abschnitt 532.223.).

532.223. Gegen Zinsänderungsrisiken abgesicherte Grundgeschäfte

Für die im Rahmen dieser Arbeit betrachteten **bilanzierten finanziellen Schulden** zur Finanzierung des Leistungserstellungsprozesses sieht IFRS 9 eine abweichende Auflösung der Buchwertanpassungen vor.[689] Sichert ein Unternehmen z. B. ein festverzinsliches Darlehen im internen Risikomanagement mit einem Termingeschäft gegen ein fallendes Zinsniveau, so wird der Buchwert bei Eintritt des Risikos (zunächst analog zu nicht-finanziellen Posten) aufwandswirksam erhöht und steht der ertragswirksamen Erhöhung des Termingeschäftes in entsprechender Höhe gegenüber. Würde der Buchwert beim Abbruch der bilanziellen Sicherungsbeziehung allerdings wie bei nicht-finanziellen Posten bis zum Abgang eingefroren, so wird dem ökonomischen Zweck der Absicherung nicht Rechnung getragen. Falls das Unternehmen das festverzinsliche Darlehen gegen fallende Zinsen wirksam absichert, steht dem negativen Marktwert bei Eintritt des Risikos ein positiver Marktwert des Sicherungsinstrumentes entgegen, wodurch die hohen barwertigen Zinszahlungen aus dem Darlehen ökonomisch kompensiert werden. Aufgrund des periodisierten Zinsaufwandes muss die Buchwertanpassung des festverzinslichen Darlehens für eine mit dem Risikomanagement übereinstimmende und periodengerechte Abbildung der Absicherungsmaßnahme folglich über ein **Effektivzinskorrektiv** über die Restlaufzeit der Verbindlichkeit verteilt werden.[690] Hieraus können aufwändige Amortisationsbuchungen resultieren, die selbst nach Abbruch der bilanziellen Sicherungsbeziehung Einfluss auf das Periodenergebnis nehmen.[691] Dieselbe Logik gilt für **bilanzunwirksame** Verpflichtungen zur Übernahme einer Schuld, so dass bei der Übernahme die kumulierten und als eigenständige Vermögenswerte bzw. eigenständige Verbindlichkeiten bilanzierten Wertentwicklungen ausgebucht und als Anpassung der Zugangsbewertung behandelt werden.[692] Bei einer Zinssenkung wird bspw. die negative Wertentwicklung aus einer Verpflichtung zur Übernahme einer festverzinslichen Schuld ausgebucht und der Zugangswert der Schuld erhöht, wodurch der Effektivzins korrigiert wird.

Im Ergebnis wird der Verlust beim Risikoeintritt, der wiederum durch den Gewinn aus dem Sicherungsinstrument neutralisiert wird, stets durch die Buchwertanpassung vorgezogen. Der angepasste Buchwert führt anschließend zu einem neuen Effektivzins, wodurch die gemäß der Effektivzinsmethode kalkulierten Zinsaufwendungen aus einer Schuld bzw. die Rendite eines Vermögenswertes auf das abgesicherte (ggf. variable) Zinsniveau korrigiert und damit die entsprechenden Buchwertanpassungen über die Restlaufzeit zweckgerecht amortisiert werden.[693] Um die Absicherungswirkung zu jedem Stichtag korrekt abzubilden, müsste der korrigierte Effektivzins bei

---

689 Diese Buchungslogik gilt nicht nur für Verbindlichkeiten, sondern auch für finanzielle Vermögenswerte, deren Buchwertanpassungen mittels eines Renditekorrektivs aufgelöst werden. Vgl. zu finanziellen Vermögenswerten BECKER, K./KROPP, M., in: von Wysocki et al., HdJ, Abt. IIIa/4, Rn. 397.

690 Vgl. IFRS 9.6.5.10. Eine einfachere, lineare Auflösung dürfte nach wie vor unzulässig sein. Vgl. IAS 39.BC212; BARCKOW, A., in: Baetge et al., Rechnungslegung nach IFRS, IAS 39, Rn. 255. Eine Buchwertanpassung eines finanziellen Postens, die auf eine abgesicherte Wechselkursänderung zurückzuführen ist, wird indes nicht amortisiert, sondern abweichend nach IAS 21 erfasst. Diese Regelung dürfte bspw. bei Fremdwährungskrediten zu Bilanzierungsanomalien führen. Der IASB möchte in IFRS 9 zunächst aber an der Regelung nach IAS 21 festhalten und diese in einem gesonderten Projekt überdenken.

691 Vgl. FLINTROP, B./VON OERTZEN, C., in: Bohl et al., Beck IFRS HB, § 23. Derivate, Rn. 81.

692 Vgl. IFRS 9.6.5.9

693 Vgl. BUNDESVERBAND DEUTSCHER BANKEN (HRSG.), Bilanzierung von Sicherungsgeschäften, S. 349.

jeder Buchwertanpassung neu berechnet und die Amortisation der aufgelaufenen Wertänderungen adjustiert werden.[694] Wenngleich nur diese Abbildung dem ökonomischen Charakter des Absicherungsverhältnisses exakt gerecht wird, sieht IFRS 9 angesichts des damit verbundenen erheblichen Aufwandes ein Wahlrecht vor, alternativ auch erst zum Zeitpunkt des Abbruchs der bilanziellen Sicherungsbeziehung mit der Amortisation der Buchwertanpassung zu beginnen.[695] Diese Vereinfachungsregel sollte indes zur Wahrung einer konsistenten Bilanzierung im Zeitverlauf einheitlich auf zu fortgeführten Anschaffungskosten bilanzierte finanzielle Posten angewandt werden.[696]

533. Bilanzierung eines Cashflow-Hedge

533.1 Synchronisierung der Erfolgswirkungen eines Absicherungsverhältnisses

Ein Cashflow-Hedge liegt vor, sofern ein Sicherungsinstrument zur Absicherung gegen Risiken aus Zahlungsstromänderungen eines bilanzierten oder mit hoher Wahrscheinlichkeit antizipierten Geschäftes eingesetzt wird.[697] Das Ziel dieser Art der Absicherung liegt also in der **Beseitigung eines Zahlungsstromrisikos**, das darin begründet ist, dass Aufwands- oder Ertragsposten ihrer Entstehung nach zwar sicher bzw. hoch wahrscheinlich, aufgrund variabler Preiskonditionen indes der Höhe nach ungewiss sind.[698] Vor allem geplante Transaktionen, die noch nicht als Vermögenswert oder Schuld erfasst und mangels Vertragsschluss nicht als schwebendes Geschäft behandelt werden (z. B. ein geplanter Kauf oder Verkauf von Gütern), sind keinem Wertschwankungsrisiko ausgesetzt und können folglich ausschließlich innerhalb eines Cashflow-Hedge gesichert werden.[699] Diese Form der Absicherung ist speziell bei Industrieunternehmen häufig zu beobachten.[700]

Die Buchungslogik beim Cashflow-Hedge nach IFRS 9 lehnt sich dabei wie nach IAS 39 an die Abgrenzungsmethode an.[701] Die bilanzielle Erfassung von Grundgeschäften wird im Rahmen eines Cashflow-Hedge nicht adjustiert, da nicht die Grundgeschäfte, sondern deren Zahlungsströme gesichert werden sollen und zudem ein Grundgeschäft bei lediglich erwarteten Transaktionen (bilanziell) überhaupt nicht existiert. Das Grundgeschäft wird folglich den allgemeinen Vorschriften entsprechend bilanziert und bewertet bzw. bei erwarteten Transaktionen nicht erfasst. Die Synchronisierung der Erfolgswirkungen von Grund- und Sicherungsgeschäft wird dadurch erreicht, dass Gewinne bzw. Verluste aus der nach den allgemeinen Bilanzierungsvorschriften erfolgswirksamen **Fair Value-Bewertung eines Sicherungsinstrumentes** in dem Maß, zu dem die ökonomische Absicherung wirksam ist, **erfolgsneutral in einer Eigenkapitalrücklage abgegrenzt** („geparkt“[702]) werden, bis auch die Wertentwicklung des Grundgeschäftes erfolgswirksam wird.[703]

---

694 Vgl. DELOITTE (HRSG.), iGAAP (2012), S. 309.

695 Vgl. IFRS 9.6.5.10.

696 Vgl. DELOITTE (HRSG.), iGAAP (2012), S. 487. Werden derartige Absicherungen regelmäßig getätigt, so wird der Effekt der ungenauen Vereinfachung durch einen intertemporären Ausgleich zumindest verringert.

697 Vgl. IFRS 9.6.5.2 (b) sowie zum Konkretisierungsgrad der Risikopositionen Abschnitt 333.3.

698 Vgl. FLINTROP, B./VON OERTZEN, C., in: Bohl et al., Beck IFRS HB, § 23. Derivate, Rn. 55 sowie zum Marktpreisrisiko in dessen Grundformen des Wertschwankungsrisikos und des Zahlungsstromrisikos Abschnitt 333.2.

699 Vgl. LÖW, E./THEILE, C., in: Heuser et al., IFRS Handbuch, Sicherungsgeschäfte und Risikoberichterstattung, S. 608.

700 Vgl. Abschnitt 333.3.

701 Vgl. zur Regelung nach IAS 39 Abschnitt 513.1.

702 Vgl. LÖW, E., Antizipative Sicherungsgeschäfte, S. 1114.

Dadurch wird erreicht, dass im Periodenergebnis keine Wertänderungen des Sicherungsinstrumentes ohne zeitgleich erfasste, kompensierende Wertänderungen des Grundgeschäftes verbleiben. Bei wirksamen Absicherungsverhältnissen wird zwar die Volatilität des Periodenergebnisses, die durch die andernfalls erfolgswirksam ausgewiesene Wertentwicklung des Sicherungsinstrumentes entsteht, durch den direkten Transfer der Erfolgswirkung in das Eigenkapital unterbunden. Die Schwankungen im Eigenkapital einschließlich der Konsequenzen hinsichtlich etwaiger Financial Covenants bei Kreditverträgen oder Anleihen bleiben indes bestehen.[704]

Der im Eigenkapital abgegrenzte Betrag ist dabei auf den kleineren Betrag aus (1) den kumulierten Wertänderungen des Sicherungsinstrumentes und (2) den kumulierten Änderungen der barwertigen Zahlungsströme aus dem Grundgeschäft hinsichtlich des gesicherten Risikos, jeweils bezogen auf den Zeitraum seit der Designation der Sicherungsbeziehung, beschränkt *(lower-of-test)*[705].[706] Soweit die aufgelaufenen Wertänderungen des Sicherungsinstrumentes größer als die gesamten Wertänderungen der Zahlungsströme aus dem Grundgeschäft – entweder durch zufällige Schwankungen aufgrund nicht exakt passgenauer Absicherungsinstrumente oder durch systematisches *over-hedging*[707] – sind, so wird dieser **ineffektive Teil der Sicherungsbeziehung** unmittelbar im Periodenergebnis ausgewiesen, wodurch der entsprechende Betrag in der Gesamtergebnisrechnung ggf. umklassifiziert werden muss.[708] Durch diese Behandlung wird analog zur Abbildung von Ineffektivitäten innerhalb eines Fair Value-Hedge Aufschluss über die Wirksamkeit der Maßnahmen des internen Risikomanagements gegeben. Der umgekehrte Fall (Zufall oder systematisches *under-hedging*) wirkt sich indes nicht auf das Periodenergebnis aus, da die Bewertung des Grundgeschäftes nicht angepasst bzw. das Grundgeschäft selbst häufig noch nicht als Vermögenswert bzw. Schuld angesetzt wird.[709] Diese zwingende Asymmetrie in der Erfassung des ineffektiven Teils von Wertänderungen unterscheidet das Cashflow-Hedge-Accounting vom Fair-Value-Hedge-Accounting.[710]

533.2 Auflösung eines Cashflow-Hedge

533.21 Folgebilanzierung der einzelnen Bestandteile

Wird eine bilanzielle Sicherungsbeziehung abgebrochen, so sind deren Bestandteile fortan nach den allgemeinen Bilanzierungsvorschriften abzubilden. Damit werden Wertänderungen des Sicherungsinstrumentes ggf. wieder im Periodenergebnis erfasst. Die Eigenkapitalrücklage muss indes während der Laufzeit des Grundgeschäftes aufgelöst werden *(recycling)*. Die Auflösung der Eigenkapitalrücklage hängt vom **Zeitpunkt der Erfolgswirkung** beim Grundgeschäft und somit grds.

[703] Vgl. IFRS 9.6.5.11 (b) i. V. m. IFRS 9.B6.5.2. Vgl. zur Diskussion der Möglichkeit einer Abgrenzung im Eigenkapital bei Cashflow-Hedges ANTONAKOPOULOS, N., Gewinn- und Erfolgskonzeptionen, S. 96-102.
[704] Vgl. BECKER, K./KROPP, M., in: von Wysocki et al., HdJ, Abt. IIIa/4, Rn. 240.
[705] Vgl. LÖW, E./CLARK, J., Hedge Accounting und Risikomanagement, S. 128.
[706] Vgl. IFRS 9.6.5.11 (a) (i) und (ii) i. V. m. IFRS 9.6.5.2 (b).
[707] Vgl. zur Gewichtung beim *overhedging* Abschnitt 333.6.
[708] Vgl. WIESE, R./SPINDLER, M., ED Hedge Accounting, S. 62; PATEK, G., Rechnungslegung antizipativer Hedges, S. 427; IDW RS HFA 9, Tz. 350.
[709] Vgl. IFRS 9.BC6.372; SCHMIDT, A./BAREKZAI, O., Neuregelungen zur Sicherungsbilanzierung nach IFRS 9 (Teil 1), S. 379 f., LÜDENBACH, N., in: Lüdenbach et al., Haufe IFRS-Kommentar, § 28 Finanzinstrumente, Rn. 255.
[710] Vgl. BECKER, K./KROPP, M., in: von Wysocki et al., HdJ, Abt. IIIa/4, Rn. 411.

nicht vom Laufzeitende der bilanziellen Sicherungsbeziehung ab.[711] Wird die Sicherungsbeziehung abgebrochen, verbleibt das (übrige) Sicherungsergebnis also in der Eigenkapitalrücklage und wird über die Laufzeit des Grundgeschäftes aufgelöst.[712] Technisch wird die Auflösung der Rücklage je nach Art des abgesicherten Grundgeschäftes entweder über die einmalige Buchwertanpassung des Grundgeschäftes um den im Eigenkapital abgegrenzten Betrag oder über die sukzessive Umbuchung der erfolgsneutralen Wertänderungen in das Ergebnis derjenigen Perioden, in denen auch die abgesicherten Zahlungsströme das Periodenergebnis berühren, erreicht. Die konkreten Vorschriften werden in den nachfolgenden Abschnitten für die verschiedenen Absicherungskonstellationen analysiert. Dabei ist stets zu beachten, dass Verluste aus dem Sicherungsinstrument nach IFRS 9 unmittelbar in das Periodenergebnis der jeweils aktuellen Berichtsperiode zu überführen sind, sofern das bilanzierende Unternehmen nicht mehr erwarten kann, dass diese Erfolge durch die gesicherten Zahlungsströme kompensiert werden.[713]

533.22 Auflösung der Eigenkapitalrücklage

533.221. Methode der Buchwertanpassung

Die Methode der Auflösung der Eigenkapitalrücklage über die Buchwertanpassung sieht vor, dass die erfolgsneutral im Eigenkapital abgegrenzten Gewinne bzw. Verluste des Sicherungsinstrumentes unmittelbar mit den Anschaffungskosten des Grundgeschäftes bei dessen Zugang verrechnet werden.[714] Diese Buchungslogik ist für Absicherungskonstellationen vorgeschrieben, in denen eine gesicherte erwartete Transaktion *(forecast transaction)* später zum Erwerb eines nicht-finanziellen Vermögenswertes bzw. zur Übernahme einer nicht-finanziellen Verbindlichkeit führt oder in denen eine gesicherte erwartete Transaktion zu einem späteren Zeitpunkt in bilanzunwirksame feste Verpflichtungen mündet, die dann im Rahmen eines Fair Value-Hedge bilanziert werden.[715] Durch die Methode der Buchwertanpassung wird hier eine Synchronisierung der Erfolgswirkungen von Grundgeschäft und Sicherungsinstrument erreicht, wie nachfolgend gezeigt werden soll.

Wird etwa der Erwerb von Vorräten oder Sachanlagen gegen steigende Marktpreise gesichert, so ändert sich an der Nicht-Bilanzierung von *forecast transactions* im Fall des Risikoeintritts zunächst nichts, während der Gewinn des Sicherungsinstrumentes im Eigenkapital abgegrenzt wird. Zum Zeitpunkt des Erwerbs des Vermögenswertes muss das Unternehmen bei gestiegenen Marktpreisen höhere Anschaffungsauszahlungen leisten, die sich in einem hohen Buchwert des Vermögenswertes

---

[711] Vgl. Flintrop, B./von Oertzen, C., in: Bohl et al., Beck IFRS HB, § 23. Derivate, Rn. 85.

[712] Vgl. IFRS 9.6.5.12 (a).

[713] Vgl. IFRS 9.6.5.12 (b); Garz, C./Helke, I., Review Draft Hedge Accounting, S. 1212 sowie IFRS 9.6.5.11 (d) (iii). Diesbezüglich stellt der IASB klar, dass ein Unternehmen zwar antizipative Absicherungsstrategien in einem Cashflow-Hedge nur abbilden kann, sofern der Eintritt des Grundgeschäftes hoch wahrscheinlich ist (vgl. zu den Wahrscheinlichkeitsanforderungen eines antizipativen Hedges Abschnitt 552.2). Dennoch kann ein Unternehmen künftige Zahlungsströme, deren Eintritt nicht mehr hoch wahrscheinlich *(highly probable)* ist, durchaus weiterhin erwarten *(expected to occur)*. Die Pflicht zur sofortigen Auflösung ist somit weniger streng auszulegen. Vgl. IFRS 9.6.5.12 (b). Vgl. zur Anlehnung an die Vorschriften in den US-GAAP bei zeitlichen Verzögerungen Deloitte (Hrsg.), iGAAP (2012), S. 495.

[714] Vgl. IFRS 9.6.5.11 (d) (i).

[715] Vgl. IFRS 9.6.5.11 (d) (i); Märkl, H./Glaser, A., Hedge Accounting, S. 131. Im letzteren Fall dürfte die Eigenkapitalrücklage mit den eigenständig bilanzierten Vermögenswerten bzw. Verbindlichkeiten, in denen die Wertänderungen bei *firm commitments* erfasst werden, zu verrechnen sein.

niederschlagen. Durch die Auflösung der Gewinne des Sicherungsinstrumentes in der Eigenkapitalrücklage werden die Anschaffungskosten hingegen buchungstechnisch reduziert. Durch die direkte Verrechnung der Eigenkapitalrücklage mit den Anschaffungskosten wird das sonstige Ergebnis hier nicht berührt (kein *recycling*).[716] Analog zum verringerten Buchwert beim Fair Value-Hedge fallen dadurch beim Abgang bzw. bei der Verwertung des Vermögenswertes geringere Aufwendungen in Höhe des abgesicherten Betrages an.

Das vormals in IAS 39 enthaltene Wahlrecht, die erfolgsneutral im Eigenkapital kumulierten Wertänderungen in das Periodenergebnis derjenigen Berichtsperioden umzubuchen, in denen der nichtfinanzielle Vermögenswert selbst das Periodenergebnis berührt,[717] ist künftig nicht mehr zulässig. Diese **Abschaffung des Wahlrechtes** nimmt indes auf die konzeptionelle Erfassung der Erfolgswirkungen keinen Einfluss, da die abgegrenzte Wertentwicklung des Sicherungsinstrumentes über die angepassten Anschaffungskosten im Zuge der Materialaufwendungen bzw. Abschreibungen ebenfalls erfolgswirksam wird.[718] Allerdings werden die Sicherungsergebnisse durch die zwingende Verrechnung mit den Anschaffungskosten künftig netto ausgewiesen.[719]

Gleichzeitig wird dabei eine höhere Vergleichbarkeit zwischen den Bilanzposten unterschiedlicher Unternehmen gewährleistet. So können bspw. zwei Unternehmen einen künftigen Warenkauf beabsichtigen. Während Unternehmen A aufgrund seiner Marktmacht fixe Konditionen mit seinem Lieferanten aushandeln und darum die Waren zum am Tag des Vertragsabschlusses gültigen Terminkurs beziehen kann, bleibt Unternehmen B künftigen Preisschwankungen der identischen Waren ausgesetzt. Unternehmen B kontrahiert zur Absicherung gegen die Marktpreisrisiken ein wirksames Warentermingeschäft. Werden die im Eigenkapital abgegrenzten Wertschwankungen des Absicherungsinstrumentes direkt mit den Anschaffungskosten verrechnet, so werden die Waren bei Unternehmen B effektiv ebenfalls zum ursprünglich geltenden Terminkurs ausgewiesen.[720]

Dennoch wurde die Verrechnung mit den Anschaffungskosten dahingehend kritisiert, dass zwei identische Vermögenswerte nicht mit demselben Wert ausgewiesen würden, sofern nur ein Vermögenswert gegen Marktpreisrisiken abgesichert würde.[721] Dieser Kritik ist indes entgegenzuhalten, dass gerade durch die unterschiedliche Erfassung deutlich wird, dass ein Vermögenswert abgesichert wird, während der andere Vermögenswert freistehend bleibt. Darüber hinaus wird der abweichende Wertansatz in der Bilanz durch eine entsprechende Wertentwicklung des absichernden Instrumentes kompensiert, so dass die Bilanzsumme in beiden Fällen identisch bleibt. Die Erfolgswirkung der beiden Vermögenswerte fällt indes unterschiedlich aus. Eine Kritik hieran ist allerdings hinfällig, da die Erfolgswirkung im Fall einer Absicherung zur Vermittlung einer bewertungsrele-

---

716 Vgl. WIESE, R./SPINDLER, M., ED Hedge Accounting, S. 62.

717 Vgl. zum Wahlrecht DELOITTE (HRSG.), iGAAP (2012), S. 523 f.

718 Ferner wird durch die Anwendung der allgemeinen Vorschriften speziell für etwaige Wertminderungen auch dem Grundsatz entsprochen, nicht neutralisierbare Verluste sofort erfolgswirksam zu erfassen; vgl. IFRS 9.BC6.376.

719 Vgl. BARCKOW, A., in: Baetge et al., Rechnungslegung nach IFRS, IAS 39, Rn. 261.

720 Vgl. IFRS 9.BC6.378.

721 Vgl. IFRS 9.BC6.377. Durch die Verrechnung entspricht der Buchwert folglich auch nicht den alleinigen Anschaffungskosten für den Vermögenswert, sondern vielmehr den ökonomisch gesicherten Anschaffungskosten.

vanten Information zwingend von der Erfolgswirkung ungesicherter Transaktionen abweichen muss.

533.222. Methode des Recycling

Die Methode des Recycling sieht hingegen vor, dass die erfolgsneutral in der Eigenkapitalrücklage erfassten Wertänderungen des Sicherungsinstrumentes in das Ergebnis derjenigen Perioden, in denen auch die abgesicherten Zahlungsströme das Periodenergebnis berühren, umgebucht werden *(recycling)*.[722] Diese Methode führt in jenen Absicherungskonstellationen, die nicht unter die verpflichtende Anwendung der Methode der Buchwertanpassung fallen,[723] ebenfalls zu einer synchronen Erfassung der Erfolgswirkungen von Grundgeschäft und Sicherungsinstrument.

Werden die Zahlungsströme eines **bereits bilanzierten Geschäftes** abgesichert, wird die Rücklage also in denselben Perioden aufgelöst, in denen aus den Zahlungsströmen Erfolgswirkungen resultieren. Wird dabei eine Erfolgsbuchung (z. B. künftige Umsatzerlöse) abgesichert, so können die Gewinne bzw. Verluste gerade nicht durch die Buchwertanpassung über die Laufzeit des Grundgeschäftes verteilt werden, da das Grundgeschäft nicht auf den Ansatz eines Bilanzpostens hinausläuft.[724] Für den Fall einer solchen direkten Erfolgsbuchung aus dem Grundgeschäft ist die Eigenkapitalrücklage folglich zum Zeitpunkt des Geschäftsvorfalls sofort und vollständig erfolgswirksam – und damit die originäre Erfolgsbuchung adjustierend – aufzulösen. Dadurch wird eine der ökonomischen Zwecksetzung entsprechende Abbildung der Absicherung von Erfolgswirkungen zu den gesicherten Konditionen gewährleistet.[725]

Führt eine gesicherte erwartete Transaktion später zur **Übernahme einer finanziellen Verbindlichkeit**, wird durch die Umbuchung der Wertänderungen des Sicherungsinstrumentes in den betroffenen Perioden faktisch – wie beim Fair Value-Hedge – der Effektivzins angepasst.[726] Die kumulierten Wertänderungen des Sicherungsinstrumentes werden also über die Restlaufzeit des finanziellen Postens erfolgswirksam, wobei das Sicherungsergebnis hier brutto ausgewiesen wird.[727] Der IASB lässt in IFRS 9 im Gegensatz zum früheren IAS 39 (rev. 2000) keine Buchwertanpassung für finanzielle Posten zu, da die Anschaffungskosten, angepasst um die im Eigenkapital abgegrenzten Erfolge, beim erstmaligen Ansatz nicht mehr dem Fair Value entsprechen und damit gegen die Vorschrift in IFRS 9.5.1.1 verstoßen würden.[728] Da die Rücklage bis zum Abgang des finanziellen Postens bestehen bleibt, müssen umfangreiche und aufwändige Verknüp-

---

[722] Vgl. IFRS 9.6.5.11 (d) (ii); WIESE, R./SPINDLER, M., ED Hedge Accounting, S. 62.

[723] Vgl. zu den relevanten Anwendungsfällen der Methode der Buchwertanpassung den vorangegangenen Abschnitt 533.221.

[724] Vgl. BARCKOW, A., in: Baetge et al., Rechnungslegung nach IFRS, IAS 39, Rn. 262.

[725] Vgl. ähnlich ANTONAKOPOULOS, N., Gewinn- und Erfolgskonzeptionen, S. 97.

[726] Vgl. BECKER, K./KROPP, M., in: von Wysocki et al., HdJ, Abt. IIIa/4, Rn. 414.

[727] Vgl. FLICK, P./KRAKUHN, J./SCHÜZ, P., ED Hedge Accounting, S. 122. Die Brutto-Darstellung kann dabei gleichzeitig dem besseren Einblick in die Vermögens-, Finanz- und Ertragslage dienen; vgl. HOFFMANN, T., Unternehmerische Nachhaltigkeitsberichterstattung, S. 91.

[728] Vgl. DELOITTE (HRSG.), iGAAP (2012), S. 493; ERNST & YOUNG (HRSG.), International GAAP 2005, S. 1115.

fungen zwischen den einzelnen finanziellen Posten und der Rücklage geschaffen werden, um die Anpassungsbeträge aus deren Auflösung buchungstechnisch bestimmen zu können.[729]

533.3 Einheitliche Behandlung von Fair Value- und Cashflow-Hedges

Der IASB erwog ursprünglich eine **Angleichung der Bilanzierung** von Fair Value-Hedges und Cashflow-Hedges zur angestrebten Komplexitätsreduktion in IFRS 9.[730] Durch die einheitliche Bilanzierungsmethode sämtlicher Absicherungsmaßnahmen sollten durch die bessere Verständlichkeit und Vergleichbarkeit ein höherer Entscheidungsnutzen für den Adressaten und gleichzeitig eine Vereinfachung für bilanzierende Unternehmen erzielt werden.[731] Sollten indes beide Ansätze der Risikoabsicherung[732] nach der **Methode des Fair Value-Hedge** bilanziert werden, so müsste die Synchronisierung der Erfolgswirkungen von Grund- und Sicherungsgeschäft stets über die unmittelbare Erfassung der abgesicherten Wertschwankungen im Periodenergebnis erreicht werden. Neben der Anpassung des Wertmaßstabes müssen hierfür allerdings auch üblicherweise **nicht bilanzierte Grundgeschäfte** zunächst (häufig mit einem Wert von null) angesetzt und deren Buchwerte anschließend um die abgesicherten Wertänderungen adjustiert werden.[733]

Der Ansatz dieser Posten ist schließlich der Grund, warum der IASB von der intendierten Angleichung absieht.[734] Dies ist darauf zurückzuführen, dass es sich bei vielen Grundgeschäften um erwartete künftige Transaktionen handelt, die im Rahmen von Strategien des antizipativen Hedging abgesichert werden. Einem potenziellen Bilanzposten, der lediglich erwartete Wertänderungen geplanter Transaktionen abbilden und somit letztlich Gewinne bzw. Verluste aus nicht kontrahierten Transaktionen abgrenzen soll, wird vom IASB mit Recht als konzeptionell fragwürdig erklärt.[735] Mit Blick auf den verfolgten *Asset-liability*-Ansatz[736] können derartige Wertentwicklungen nur als Erfolg ausgewiesen werden, sofern die Definitions- und Ansatzkriterien eines Vermögenswertes bzw. einer Schuld erfüllt werden.[737] Lediglich erwartete künftige Transaktionen erfüllen indes bereits die Definition eines Vermögenswertes bzw. einer Schuld nicht, da kein Ereignis der Vergangenheit vorliegt und das Unternehmen mangels Vertragsabschluss regelmäßig auch keine Verfügungsmacht über die Ressource besitzt bzw. keine gegenwärtige Verpflichtung besteht.[738]

---

[729] Vgl. KUHN, S./SCHARPF, P., Rechnungslegung von Financial Instruments, S. 454.

[730] Vgl. IASB (HRSG.), DP Reducing Complexity, Tz. 2.23-2.100; GROßE, J.-V., Ablösung der Vorschriften des Hedge Accounting, S. 197. Vgl. zur Kritik an der Abgrenzungsschwierigkeit und den impliziten Wahlrechten hinsichtlich der Abbildungsmethoden sowie den damit verbundenen Gestaltungsspielräumen HOMMEL, M./HERMANN, O., Full-Fair-Value-Approach Hedge, S. 2503 f.; JAMIN, W./KRANKOWSKI, M., Warenpreisrisiken und Hedge Accounting, S. 509-515; NGUYEN, T., Bilanzierung von Sicherungsgeschäften, S. 303.

[731] Vgl. IFRS 9.BC6.353 (a)-(c).

[732] Vgl. zu den beiden Ansätzen der Absicherung von Wertschwankungs- bzw. Zahlungsstromrisiken Abschnitt 333.2.

[733] Vgl. ANTONAKOPOULOS, N., Gewinn- und Erfolgskonzeptionen, S. 98 f.

[734] Vgl. WÜSTEMANN, J./BISCHOF, J., Bilanzierung von Sicherungsbeziehungen, S. 404.

[735] Vgl. IFRS 9.BC6.372.

[736] Vgl. WÜSTEMANN, J./KIERZEK, S., Ertragsvereinnahmung im neuen Referenzrahmen von IASB und FASB, S. 427 und S. 429. Im Gegensatz zum stromgrößenorientierten *Revenue-expense*-Ansatz steht hier nicht die Ermittlung des Periodenerfolges, sondern vielmehr die Identifizierung und Bewertung von Vermögenswerten und Schulden im Mittelpunkt. Vgl. ANTONAKOPOULOS, N., Gewinn- und Erfolgskonzeptionen, S. 21.

[737] Vgl. CF.4.47 bzw. CF.4.49 sowie zu den Kriterien Abschnitt 42.

[738] Vgl. CF.4.13 bzw. CF.4.18; BAETGE, J./KIRSCH, H.-J./THIELE, S., Bilanzen, S. 181-183; WAWRZINEK, W., in: Bohl et al., Beck IFRS HB, § 2. Ansatz, Bewertung, Ausweis und Prinzipien, Rn. 123 f. sowie Rn. 133 und Rn. 135.

Da sich vor allem bei Industrieunternehmen der Großteil der Absicherungsstrategien auf künftige Transaktionen bezieht und die Fair Value-Bewertung von Derivaten nach IFRS 9 nicht in Frage gestellt wird,[739] ist eine Angleichung der beiden Abbildungsmethoden konzeptionell also nur über eine **Abgrenzung im Rahmen des Cashflow-Hedge** zu lösen.[740] Hiernach wird das Grundgeschäft nach den gewöhnlichen Vorschriften bzw. bei künftigen Transaktionen regelmäßig überhaupt nicht bilanziert, während die Ergebnisbeiträge des Sicherungsinstrumentes „umperiodisiert“[741] werden.[742] Allerdings wird dadurch im sonstigen Gesamtergebnis bzw. im Eigenkapital ausschließlich die Wertänderung des Sicherungsinstrumentes ohne den kompensierenden Effekt des Grundgeschäftes ausgewiesen und die Ergebnisvolatilität in eine (künstliche) **Eigenkapitalvolatilität** transformiert.[743] Jene Eigenkapitalvolatilität, die damit z. T. verbundenen regulatorischen Konsequenzen sowie die Interpretationsschwierigkeiten für den Abschlussadressaten wurden bereits umfassend kritisiert.[744] Da diese Missstände im Fall ansatzfähiger Grundgeschäfte durch die unmittelbare Erfassung der Erfolgswirkungen von Grund- und Sicherungsgeschäft vermieden werden können und gleichzeitig eine Synchronisierung der Wertänderungen möglich ist, hält der IASB in IFRS 9 an den beiden unterschiedlichen Methoden des Fair Value-Hedge und des Cashflow-Hedge weiterhin fest.

Der Standardsetter verwarf im Laufe des Entwicklungsprozesses auch seine Änderungsvorschläge, beim Fair Value-Hedge die Buchwertanpassungen für bereits bilanzierte Geschäfte separat als Bilanzposten zu erfassen[745] und den effektiven Teil der Sicherung wie beim Cashflow-Hedge im sonstigen Gesamtergebnis statt im Periodenergebnis auszuweisen. Mit den separaten Bilanzposten sollte in erster Linie der neben Fair Value und fortgeführten Anschaffungskosten als Hedge Fair Value bekannt gewordene (Zwitter-)Wertmaßstab eliminiert werden.[746] In der Kommentierungsphase wurde indes zutreffend angemahnt, dass die vorgeschlagenen separaten Bilanzposten zum einen zu einer sehr unübersichtlichen Bilanz führen[747] und zum anderen – deutlich gravierender – gegen die Anforderungen an einen Vermögenswert bzw. eine Schuld verstoßen würden.[748] Nach den Vorschriften des finalen Standards sind die Wertänderungen folglich wie bislang den bereits bilanzierten originären Grundgeschäften zuzuordnen. In Bezug auf die Erfassung des effektiven Teils der Sicherungsbeziehung im sonstigen Gesamtergebnis sollte ein einheitlicher Ausweis sämt-

---

739 Vgl. zur abweichenden Auffassung bzgl. der Bewertung von Sicherungsinstrumenten ANTONAKOPOULOS, N., Gewinn- und Erfolgskonzeptionen, S. 101 f.

740 Vgl. IASB (HRSG.), Hypothetical Derivatives (agenda paper 4A2), S. 5.

741 Vgl. SCHMIDT, M., DP Reducing Complexity in Reporting Financial Instruments, S. 646.

742 Vgl. IFRS 9.BC6.353.

743 Vgl. zur Synchronisierung der Wertänderungen von Grund- und Sicherungsgeschäft innerhalb eines Cashflow-Hedge und zur damit verbundenen Eigenkapitalvolatilität Abschnitt 533.1.

744 Vgl. IFRS 9.BC6.354 (a); IASB (HRSG.), Accounting for Fair Value Hedges (agenda paper 8A), S. 4; WÜSTEMANN, J./BISCHOF, J., Bilanzierung von Sicherungsbeziehungen, S. 405. Aufgrund des branchenübergreifenden Charakters von IFRS 9 betrifft dies vor allem Banken und Versicherungen.

745 Vgl. WIESE, R./SPINDLER, M., ED Hedge Accounting, S. 61; MÄRKL, H./GLASER, A., Hedge Accounting, S. 130.

746 Vgl. IFRS 9.BC6.357; FLICK, P./KRAKUHN, J./SCHÜZ, P., ED Hedge Accounting, S. 122; WIESE, R./SPINDLER, M., ED Hedge Accounting, S. 61 sowie zum Hedge Fair Value Abschnitt 532.1.

747 Vgl. IFRS 9.BC6.356; FLICK, P./KRAKUHN, J./SCHÜZ, P., ED Hedge Accounting, S. 122.

748 Vgl. IFRS 9.BC6.356; KHOLMY, K./WEIHERICH, N., Stellungnahmen zum ED Hedge Accounting, S. 230; BANK OF AMERICA (HRSG.), CL Hedge Accounting, S. 8. Vgl. speziell für den Fall, dass negative Wertänderungen separat unter den Vermögenswerten bzw. Schulden ausgewiesen werden, ERNST & YOUNG (HRSG.), CL Hedge Accounting, S. 28.

licher wirksamer Absicherungsmaßnahmen gewährleistet werden.[749] Da zum einen die Ineffektivität im Periodenergebnis erfasst wird und zum anderen der Saldo des effektiven Teils schließlich immer null beträgt, wurde dieser Änderungsvorschlag aufgrund der aufwändigen Umstellung ohne materielle Wirkung wohl begründet wieder aufgegeben.[750]

534. Methoden zur retrospektiven Effektivitätsermittlung

Durch die im Periodenergebnis auszuweisende realisierte Ineffektivität einer bilanziellen Sicherungsbeziehung soll der Abschlussadressat in die Lage versetzt werden, sich ein Bild über die Wirksamkeit der im internen Risikomanagement umgesetzten Absicherungsmaßnahmen zu verschaffen.[751] Zur konkreten Ermittlung des Betrages der Effektivität bzw. der Ineffektivität wird in aller Regel die sog. ***Dollar-offset*-Methode** eingesetzt.[752] Dabei werden die während eines bestimmten Zeitraumes eingetretenen Wertänderungen von Grundgeschäft und Sicherungsinstrument verglichen und ein möglicher Überhang ermittelt, der den ineffektiven Teil der Sicherungsbeziehung quantifiziert.[753] Bei der Grundform der *Dollar-offset*-Methode wird im Wesentlichen zwischen zwei zulässigen Ausprägungen, nämlich der *Change-in-fair-value-* und der *Hypothetical-derivatives*-Methode differenziert.[754]

Im Rahmen der ***Change-in-fair-value*-Methode** wird die kumulierte (absolute) Änderung des Fair Value bzw. des Barwertes der erwarteten Zahlungsströme des spezifischen Grundgeschäftes der korrespondierenden kumulierten Wertänderung des Sicherungsinstrumentes gegenübergestellt.[755] Anschließend wird ein Überhang des Sicherungsinstrumentes beim Fair Value- wie auch beim Cashflow-Hedge bzw. ein Überhang des Grundgeschäftes lediglich beim Fair Value-Hedge als Ineffektivität erfasst. Da diese Ausprägung der *Dollar-offset*-Methode die jeweils finanzwirtschaftlich korrekte Wertänderung der Elemente einer Sicherungsbeziehung widerspiegelt und damit eine ökonomisch relevante und gleichzeitig glaubwürdig darstellbare, unverzerrte Information vermittelt,

---

[749] Vgl. IFRS 9.BC6.357 (c); MÄRKL, H./GLASER, A., Hedge Accounting, S. 130; WÜSTEMANN, J./BISCHOF, J., Bilanzierung von Sicherungsbeziehungen, S. 405.

[750] Vgl. FLICK, P./KRAKUHN, J./SCHÜZ, P., ED Hedge Accounting, S. 122; KHOLMY, K./WEIHERICH, N., Stellungnahmen zum ED Hedge Accounting, S. 230.

[751] Vgl. DELOITTE (HRSG.), New Hedge Accounting Model, S. 6 f.

[752] Vgl. BOSSE, M./TOPPER, J., Stabiles Hedge Accounting (II), S. 72; MÄRKL, H./GLASER, A., Hedge Accounting, S. 129; BECKER, K./KROPP, M., in: von Wysocki et al., HdJ, Abt. IIIa/4, Rn. 333 sowie analog nach US-GAAP DIG E7.

[753] Vgl. ECKES, B./BARZ, K./BÄTHE-GUSKI, M./WEIGEL, W., Hedge Accounting (II), S. 56. Vgl. zur konkreten Bilanzierung bei Fair Value-Hedges Abschnitt 532. bzw. Cashflow-Hedges Abschnitt 533.

[754] Vgl. WIESE, R., Hedge Accounting und Effektivitätsmessung, S. 166 f. Die *Change-in-variable-cashflows*-Methode, innerhalb derer das Sicherungsinstrument zum Zweck der Effektivitätsermittlung aufgespalten und lediglich die variable (ggf. auch die fixe) Komponente als Sicherungsinstrument aufgefasst wird (vgl. KUHN, S./SCHARPF, P., Rechnungslegung von Financial Instruments, S. 444 f.), gilt nach internationalem Konsens als unzulässig. Vgl. die Stellungnahme des IFRIC zu IAS 39.74; DELOITTE (HRSG.), iGAAP (2012), S. 617. Aufgrund der in IFRS 9 vorgeschriebenen ganzheitlichen Designation des Sicherungsinstrumentes dürfte die *Change-in-variable-cashflows*-Methode auch künftig nicht zur Effektivitätsermittlung herangezogen werden. Vgl. zur Kritik und einer (zumindest teilweisen) Gleichstellung der unzulässigen *Change-in-variable-cashflows-* mit der zulässigen *Hypothetical-derivatives*-Methode SCHARPF, P., Hedge (In)-Effektivität, S. 20 f.

[755] Vgl. SCHARPF, P., Hedge (In)-Effektivität, S. 18.

wird die *Change-in-fair-value*-Methode als stets **zulässig** erachtet und gilt als die vom IASB grds. bevorzugte Vorgehensweise.[756]

Die Besonderheit der ***Hypothetical-derivatives*-Methode** besteht hingegen darin, dass nicht die Wertänderungen des spezifischen Grundgeschäftes mit denjenigen des Sicherungsinstrumentes verglichen werden, sondern dass an die Stelle des Grundgeschäftes ein hypothetisches Derivat tritt.[757] Der häufige Einsatz eines hypothetischen Derivates zur Effektivitätsbeurteilung speziell bei Cashflow-Hedges ist darauf zurückzuführen, dass das eigentliche Grundgeschäft, wie zu zeigen sein wird, selbst bei einer aus der Risikomanagementperspektive perfekten Absicherungswirkung Eigenschaften besitzen kann, die sich von denen des Sicherungsinstrumentes unterscheiden. Somit würde ohne die Lösung über das hypothetische Derivat eine nicht gerechtfertigte Ineffektivität ausgewiesen werden.

Die Zweckmäßigkeit der *Hypothetical-derivatives*-Methode wird nachfolgend an einer aus Sicht des Risikomanagements wirksamen Absicherung gegen Zahlungsstromrisiken verdeutlicht. Schützt z. B. ein Unternehmen eine erwartete Transaktion wie etwa den geplanten Erwerb von Rohstoffen mit einem Termingeschäft gegen steigende (Güter-)Preise, so setzen sich die Zahlungsströme der gesamten Sicherungsbeziehung aus den variablen Auszahlungen aus der originären Transaktion, den kompensierenden variablen Einzahlungen aus dem Termingeschäft und den im Gegenzug zu leistenden fixen Auszahlungen an den Terminkontraktpartner zusammen. Erreicht das Unternehmen mit einem passgenauen Termingeschäft das Absicherungsziel in Form eines fixierten Zahlungsstroms (gesicherter Kaufpreis), so ist die Absicherung aus Sicht des Risikomanagements zu 100 % effektiv.[758] Da der IASB in IFRS 9 zur Vermittlung bewertungsnützlicher Informationen allerdings prinzipiell ein bewertungsbasiertes Hedge Accounting-Modell vorsieht, kann der bloße Vergleich der Zahlungsstromvariabilität von Grund- und Sicherungsgeschäft indes nicht hinreichend für eine (prospektive oder retrospektive) Effektivitätsbeurteilung sein.[759] Vielmehr stellte der IASB klar, dass auch im Rahmen der Effektivitätsermittlung stets auf den **Barwert der Zahlungsströme einer Sicherungsbeziehung** abgestellt werden muss.[760] Da der Wert des Grundgeschäftes durch den Barwert der variablen Auszahlungen, der Wert des Sicherungsinstrumentes hingegen durch den Barwert der variablen Einzahlungen und der fixen Auszahlungen bestimmt wird, kann die Wertänderung des Sicherungsinstrumentes durch den störenden Effekt der fixen Zahlungsströme höher sein als die Wertänderung der gesicherten Zahlungsströme aus dem Grundgeschäft (dies entspricht dem Ergebnis der *Change-in-fair-value*-Methode).[761] Folglich kann aufgrund der fixen Zahlungen des Sicherungsinstrumentes bereits durch eine abnehmende Restlaufzeit oder veränderte Zinssätze eine Ineffektivität ausgewiesen werden, obwohl sich die variablen Zahlungsströme von Grund- und

---

[756] Vgl. bspw. IAS 39.96 bzw. IFRS 9.6.5.11 sowie DELOITTE (HRSG.), iGAAP (2012), S. 615 f.

[757] Vgl. BECKER, K./KROPP, M., in: von Wysocki et al., HdJ, Abt. IIIa/4, Rn. 354; PwC (HRSG.), Manual for Financial Instruments (2012), S. 10101.

[758] Vgl. ähnlich IASB (HRSG.), Hypothetical Derivatives (agenda paper 4A2), S. 6.

[759] Vgl. IASB (HRSG.), Hypothetical Derivatives (agenda paper 4A2), S. 3 f.

[760] Vgl. IFRS 9.6.5.11 (a) sowie klarstellend IFRS 9.B6.5.4 und BC6.288; MÄRKL, H./GLASER, A., Hedge Accounting, S. 129; WIESE, R./SPINDLER, M., ED Hedge Accounting, S. 63.

[761] Vgl. SCHARPF, P., Hedge (In)-Effektivität, S. 20.

Sicherungsgeschäft vollständig ausgleichen und das Zahlungsstromrisiko aus der Risikomanagementperspektive durch die Maßnahme vollständig ausgeschlossen wird.[762]

In der Lösung über die *Hypothetical-derivatives*-Methode darf für die Effektivitätsermittlung ein hypothetisches Derivat an die Stelle des eigentlichen Grundgeschäftes treten (Stellvertreterrolle).[763] Folglich werden im Rahmen der *Hypothetical-derivatives*-Methode die kumulierten Fair Value-Änderungen des eingesetzten Sicherungsinstrumentes mit den kumulierten Fair Value-Änderungen des hypothetischen Derivates verglichen, wobei das Konstrukt des Derivates ausschließlich der Effektivitätsermittlung dient und nicht bilanziert wird.[764] Der beim Cashflow-Hedge störende Effekt der fixen Zahlungen wird neutralisiert, da das hypothetische Derivat stets ebenfalls variable und fixe Zahlungen umfasst und sich somit sämtliche Zahlungsströme aus Grund- und Sicherungsgeschäft exakt ausgleichen können.[765] Der Einsatz des hypothetischen Derivates ist nach IFRS 9 indes an die Bedingung geknüpft, dass das fiktive Instrument – mit Ausnahme der fixen Zahlungsstromkomponente – in sämtlichen wertrelevanten Gestaltungsmerkmalen (Laufzeit, Lieferort etc.) exakt mit dem Grundgeschäft übereinstimmt.[766] Während die *Hypothetical-derivatives*-Methode für Cashflow-Hedges bereits nach IAS 39 als zulässig galt,[767] wird diese Äquivalenz von hypothetischem Derivat und Grundgeschäft vom IASB künftig streng aufgefasst, um etwaige Gestaltungsspielräume zu unterbinden.[768]

Durch die Zulässigkeit der *Hypothetical-derivatives*-Methode wird der Tatsache Rechnung getragen, dass im Risikomanagement verschiedenartige Ansätze zur Absicherung von Marktpreisrisiken auf unterschiedlicher Steuerungsbasis eingesetzt werden,[769] wobei neben Wertschwankungsrisiken gerade auch Zahlungsstromrisiken abgesichert werden. Da der IASB die Abbildung der Absiche-

---

[762] Vgl. BARCKOW, A., in: Baetge et al., Rechnungslegung nach IFRS, IAS 39, Rn. 239.

[763] Vgl. BECKER, K./KROPP, M., in: von Wysocki et al., HdJ, Abt. IIIa/4, Rn. 354.

[764] Vgl. BECKER, K./KROPP, M., in: von Wysocki et al., HdJ, Abt. IIIa/4, Rn. 353; DELOITTE (HRSG.), iGAAP (2012), S. 614.

[765] Somit wird das Grundgeschäft faktisch um eine fiktive fixe Komponente ergänzt, wodurch der beim Cashflow-Hedge störende Effekt der fixen Zahlungen neutralisiert wird. Alternativ könnte auch die fixe Seite des Sicherungsinstrumentes für Zwecke der Effektivitätsermittlung entsprechend der *Change-in-variable-cashflows*-Methode abgespalten werden.

[766] Vgl. IFRS 9.B6.5.5; WIESE, R./SPINDLER, M., ED Hedge Accounting, S. 63. Das Gebot zur Äquivalenz von Grundgeschäft und hypothetischem Derivat kann nicht dahingehend auszulegen sein, dass die fixierte Seite nicht hinzugefügt werden darf, da andernfalls das vor dem Hintergrund der Zielsetzung im Risikomanagement unzureichende Ergebnis der *Change-in-fair-value*-Methode auszuweisen wäre und damit gerade dem Zweck der *Hypothetical-derivatives*-Methode widerspräche.

[767] Vgl. BECKER, K./KROPP, M., in: von Wysocki et al., HdJ, Abt. IIIa/4, Rn. 353 f.; LÜDENBACH, N., in: Lüdenbach et al., Haufe IFRS-Kommentar, § 28 Finanzinstrumente, Rn. 263; PWC (HRSG.), Manual for Financial Instruments (2012), Rn. 10101 f.

[768] Vgl. IFRS 9.B6.5.5 sowie zur entsprechenden Vorschrift im Exposure Draft ERNST & YOUNG (HRSG.), ED Hedge Accounting, S. 19. Vgl. zum Beispiel eines Fremdwährungsbasisswaps IFRS 9.B6.5.5; BARZ, K./FLICK, P./MAISBORN, M., Review Draft Hedge Accounting, S. 476; FOLK, R., Currency Basis Spreads und Macro Hedging, S. 233-235 sowie zum Bespiel einer hypothetischen Option im Fall der Designation einseitiger Risikokomponenten IASB (HRSG.), Hypothetical Derivatives (agenda paper 4A2), S. 7 sowie S. 10. Diese Vorschriften sind indes höchst umstritten und führten zu einer umfassenden Analyse möglicher Ineffektivitäten sowie zur Diskussion über den Zweck eines hypothetischen Derivates; vgl. IASB (HRSG.), Hypothetical Derivatives (agenda paper 4A2), S. 2-14; IASB (HRSG.), Hypothetical Derivatives (agenda paper 4A4), S. 2-19. Vgl. zur voraussichtlichen Lockerung der Restriktionen FOLK, R., Currency Basis Spreads und Macro Hedging, S. 234 f.

[769] Vgl. zu Wertschwankungs- und Zahlungsstromrisiken Abschnitt 333.2.

rung von Zahlungsstromrisiken durch Cashflow-Hedges ermöglicht, ist die Zulässigkeit der *Hypothetical-derivatives*-Methode konsequent und vor dem Hintergrund der postulierten Orientierung am internen Risikomanagement zielkonform.[770] Gleichzeitig wird durch die Fair Value-Bewertung des hypothetischen Derivates erreicht, dass die Kompensationswirkung der Sicherungsbeziehung auf einem finanzwirtschaftlichen Kalkül basiert und somit relevante und gleichzeitig glaubwürdige, unverzerrte Informationen über die Kompensationswirkung der Sicherungsbeziehung generiert werden können.[771] Dem Wortlaut des IFRS 9 nach dürfte die Anwendung der *Hypothetical-derivatives*-Methode künftig auch für Fair Value-Hedges gestattet sein.[772] Somit würden auch hier entsprechende Störterme vermieden und relevante sowie glaubwürdige Informationen vermittelt. Analog zur Anwendung beim Cashflow-Hedge müsste folglich die verbleibende Seite der Absicherung, d. h. die variablen Zahlungsströme, in das hypothetische Derivat einzubeziehen sein.

54 Designation und Dokumentation als Voraussetzungen zur Anwendung des Hedge Accounting

Für die Anwendung der Vorschriften zur Bilanzierung von Sicherungsbeziehungen verlangt IFRS 9 eine formale Designation und Dokumentation des Absicherungsverhältnisses.[773] Hinsichtlich der Designation besteht wie bereits nach IAS 39 ein **Wahlrecht**, wodurch die Anwendung der Hedge Accounting-Regelungen auf ökonomische Absicherungsverhältnisse freiwillig bleibt.[774] Eine Pflicht zum Hedge Accounting wäre zwar vor dem Hintergrund eines reduzierten Informationsgehaltes von Abschlüssen mit Bilanzierungsanomalien eindeutig zu befürworten. Wenngleich durch die zwingende Anwendung eine sachgerechte Darstellung der ökonomischen Realität, eine Vermeidung von bilanzpolitischen Maßnahmen und damit eine stärkere Objektivierung und Vergleichbarkeit von Abschlüssen sichergestellt würde, erscheint die Anwendungspflicht politisch nicht durchsetzbar.[775]

Die Designation bezeichnet die Festlegung des Unternehmens auf eine bestimmte wirksame Risikomanagementmaßnahme und kann als eine **Konkretisierung des jeweiligen bilanziellen Sicherungszusammenhangs** hinsichtlich originärem Risiko und absicherndem Instrument aufge-

[770] Vgl. zu ähnlichen Ergebnissen in den Stellungnahmen zum Exposure Draft IASB (HRSG.), Hypothetical Derivatives (agenda paper 4A2), S. 1 f.

[771] Vgl. IASB (HRSG.), Hypothetical Derivatives (agenda paper 4A2), S. 1.

[772] Vgl. BARZ, K./WEIGEL, W., Sicherungsbeziehungen und Risikomanagement, S. 234; PWC (HRSG.), CL Hedge Accounting, S. 21; LÖW, E./CLARK, J., Hedge Accounting und Risikomanagement, S. 131 sowie darüber hinaus ERNST & YOUNG (HRSG.), ED Hedge Accounting, S. 19.

[773] Vgl. IFRS 9.6.4.1 (b).

[774] Vgl. BARZ, K./FLICK, P./MAISBORN, M., Review Draft Hedge Accounting, S. 473. Eine im Zeitraum 2007-2008 durchgeführte Studie kommt auf Basis der beantworteten Fragebögen, die an alle Unternehmen des CDAX (Unternehmen des *Prime* und *General Standard*) versandt wurden, zu dem Ergebnis, dass rund 67 % der antwortenden Unternehmen die Vorschriften des Hedge Accounting nach IAS 39 anwenden, wobei im Größenvergleich deutliche Unterschiede festgestellt werden können (z. B. 94,7 % der „großen" Unternehmen im Vergleich zu 34,2 % der „kleinen" Unternehmen). Vgl. GLAUM, M./KLÖCKER, A., Hedge Accounting in der Praxis, S. 329-331.

[775] Vgl. SCHMIDT, A./BAREKZAI, O., Neuregelungen zur Sicherungsbilanzierung nach IFRS 9 (Teil 2), S. 434; DEUTSCHE BUNDESBANK (HRSG.), Monatsbericht (September 2010), S. 58; BARZ, K./WEIGEL, W., Sicherungsbeziehungen und Risikomanagement, S. 229. Vgl. zum Verpflichtungsgrad nach den Grundsätzen ordnungsmäßiger Rechnungslegung vor den Zielen der Aussagekraft und der Zuverlässigkeit des Abschlusses sowie zum bilanzpolitischen Spielraum aus dem Wahlrechtscharakter JONAS, M., Bewertungseinheiten nach HGB, S. 84-89; OSER, P., Bewertungseinheiten im Handelsrecht, S. I sowie die Empfehlungen in IDW RS HFA 35, Rn. 12 und BAETGE, J./HAPPE, P., Risikomanagement und Bankenpublizität, S. 23.

fasst werden.[776] Die Dokumentation ist schließlich der **Beleg** dafür, dass das bilanzierende Unternehmen der Forderung nach einer Konkretisierung nachkommt.[777] Bei der Dokumentation bilanzieller Sicherungsbeziehungen kann sowohl vor dem Hintergrund des geforderten Einklangs von Risikomanagement und Rechnungslegung als auch zur praktischen Erleichterung auf die für Zwecke des **internen Risikomanagements erstellte Dokumentation** abgestellt werden.[778] Für eine Abbildung nach IFRS 9 müssen folgende Aspekte einer bilanziellen Sicherungsbeziehung konkretisiert und entsprechend dokumentiert werden:

- Die Risikomanagementzielsetzung für die spezifische Sicherungsbeziehung und die übergeordnete Strategie zur Risikosteuerung,
- die Festlegung von Grundgeschäft und Sicherungsinstrument,
- das zu sichernde Marktpreisrisiko,
- die Grundform der Sicherungsbeziehung (Mikro Hedge oder Portfolio Hedge, Fair Value-Hedge oder Cashflow-Hedge)
- sämtliche Methoden und deren Determinanten zur Beurteilung der Effektivität und zur Analyse der Ursachen von Ineffektivitäten sowie
- Angaben zur Bestimmung der Hedge Ratio.[779]

Die formale Designation und Dokumentation ist ausdrücklich **zu Beginn** der bilanziellen Sicherungsbeziehung erforderlich.[780] Wenngleich das Wahlrecht zur Anwendung der Vorschriften des Hedge Accounting auch nach dem Erwerbszeitpunkt des später als Sicherungsinstrument designierten Finanzinstrumentes ausgeübt werden kann,[781] muss die Designation einer Sicherungsbeziehung stets prospektiv ausgeübt werden, so dass eine rückwirkende Designation bzw. Dokumentation wie bereits nach IAS 39 unzulässig ist.[782] Im Vergleich zur handelsrechtlich zulässigen ex-post-Dokumentation zum Zeitpunkt der Abschlusserstellung ist IFRS 9 somit deutlich restriktiver und schränkt den Gestaltungsspielraum ein.[783] Von der ex-ante-Designation zu unterscheiden ist indes die verpflichtende Aktualisierung der Dokumentation, sofern das Absicherungsverhältnis zwischen Grund- und Sicherungsgeschäft oder die Methode zur Effektivitätsbeurteilung in den Folgeperioden an eine veränderte wirtschaftliche Situation angepasst werden muss.[784]

Im Unterschied zu IAS 39 muss als Voraussetzung für die Designation und damit für die Anwendung der Vorschriften des Hedge Accounting künftig eine **Verknüpfung** zwischen

[776] Vgl. WIESE, R./SPINDLER, M., ED Hedge Accounting, S. 62 f.; BECKER, K./KROPP, M., in: von Wysocki et al., HdJ, Abt. IIIa/4, Rn. 370.

[777] Vgl. GROßE, J.-V., Problematik des Hedge Accounting, S. 94.

[778] Vgl. IFRS 9.B6.4.18; BARZ, K./WEIGEL, W., Sicherungsbeziehungen und Risikomanagement, S. 233.

[779] Vgl. IFRS 9.6.4.1 (b); MÄRKL, H./GLASER, A., Hedge Accounting, S. 128; DRSC (HRSG.), Hedge Accounting (Papier 09_11a), S. 19.

[780] Vgl. HARTENBERGER, H., in: Bohl et al., Beck IFRS HB, § 3. Finanzinstrumente, Rn. 536.

[781] Vgl. IFRS 9.6.4.1 (b) i. V. m. IFRS 9.BC6.245.

[782] Vgl. BARZ, K./WEIGEL, W., Sicherungsbeziehungen und Risikomanagement, S. 233.

[783] Vgl. OSER, P., Bewertungseinheiten im Handelsrecht, S. I.

[784] Vgl. IFRS 9.B6.5.21 für die Situation eines veränderten Verhältnisses zwischen Grund- und Sicherungsgeschäft bzw. B6.4.19 für den Fall einer Änderung in der zur Effektivitätsbeurteilung herangezogenen Methode; MÄRKL, H./GLASER, A., Hedge Accounting, S. 128. Vgl. zu den Vorschriften für eine Adjustierung der Hedge Ratio Abschnitt 583. sowie für die Methode zur Effektivitätsbeurteilung Abschnitt 572.2 sowie Abschnitt 573.2.

Risikomanagement und Rechnungslegung **zwingend** bestehen.[785] Wenngleich nicht explizit als Voraussetzung für die Begründung einer Sicherungsbeziehung im Standard formuliert, muss vor dem Hintergrund der übergeordneten Zielsetzung der Vermittlung entscheidungsnützlicher Informationen und dem damit verbundenen Einklang von Steuerungs- und Abbildungsebene also auch im internen Risikomanagement ein Absicherungsverhältnis bestehen, so dass keine vom internen Risikomanagement losgelösten bilanziellen Sicherungsbeziehungen designiert werden dürfen. Dies wird an verschiedenen Stellen des Standards zu den einzelnen Grund- und Sicherungsgeschäften, speziell aber in den Vorschriften zum Abbruch einer bilanziellen Sicherungsbeziehung deutlich. Demnach muss eine Sicherungsbeziehung aufgelöst werden, sobald die Sicherungsbeziehung nicht mehr im Einklang mit der internen Zielsetzung steht.[786] Folglich kann die Anwendung der speziellen Vorschriften des Hedge Accounting nur dann zulässig sein, wenn das abgebildete Sicherungsverhältnis auch im Risikomanagement besteht.[787] Wenngleich in der Literatur und in den Stellungnahmen zu den Dokumenten des IASB nicht einheitlich dieser Auslegung gefolgt wird,[788] steht diese zweifelsfrei im Einklang mit der Zielsetzung in IFRS 9, relevante Informationen über die tatsächlich ergriffenen Risikomanagementmaßnahmen und deren Wirkung bereitzustellen. Gleichzeitig wird damit eine willkürliche Aushebelung der allgemeinen Bilanzierungsvorschriften durch eine Kombination bilanzieller Posten ohne zielgerichtete, interne Risikosteuerung unterbunden. Mit der Pflicht zur Dokumentation der Zielsetzung und der Strategie müssen folglich auch diejenigen Maßnahmen adressiert werden, die Risikomanagementzwecken dienen und nicht diejenigen, mit denen bestimmte Rechnungslegungsergebnisse erreicht werden können.

55 Partiell und aggregiert sicherbare Grundgeschäfte im Rahmen des Hedge Accounting

551. Designationsfähige Grundgeschäfte

Für die Designation als Grundgeschäft im Rahmen einer Sicherungsbeziehung eignen sich künftig grundsätzlich jeder bilanzierte Vermögenswert und jede bilanzierte Verbindlichkeit, aber auch bilanzunwirksame künftige Verpflichtungen.[789] Neben vertraglich fixierten, zweiseitig unerfüllten Verpflichtungen *(firm commitments)* erlaubt der IASB auch eine Designation von Geschäften, die mit hinreichend hoher Wahrscheinlichkeit antizipiert werden *(forecast transactions)*.[790] Außer ganzheitlichen Risikopositionen können im Rahmen von Teilabsicherungen[791] prinzipiell auch ein-

---

785 Vgl. BARZ, K./FLICK, P./MAISBORN, M., Review Draft Hedge Accounting, S. 473.

786 Vgl. IFRS 9.B6.5.26 (a); MÄRKL, H./GLASER, A., Hedge Accounting S. 130; LÖW, E./THEILE, C., in: Heuser et al., IFRS Handbuch, Sicherungsgeschäfte und Risikoberichterstattung, S. 631 sowie Abschnitt 582.3.

787 Gleicher Auffassung sind z. B. BARZ, K./FLICK, P./MAISBORN, M., Review Draft Hedge Accounting, S. 476; GARZ, C./HELKE, I., Review Draft Hedge Accounting, S. 1208; KPMG (HRSG.), Hedge Accounting on the Horizon, S. 5.

788 Vgl. kritisch hierzu, vor allem mit Blick auf die Weiterführung bzw. Auflösung einer Sicherungsbeziehung, über die losgelöst von der internen Steuerung zu entscheiden sei, IDW (HRSG.), CL Hedge Accounting, S. 10; BARZ, K./WEIGEL, W., Sicherungsbeziehungen und Risikomanagement, S. 233; PWC (HRSG.), CL Hedge Accounting, S. 2. Vgl. hierzu auch die Ausführungen in Abschnitt 582.2.

789 Vgl. IFRS 9.6.3.1; WIESE, R./SPINDLER, M., Review Draft Hedge Accounting, S. 347; BARZ, K./FLICK, P./MAISBORN, M., Review Draft Hedge Accounting, S. 474. Vgl. zu *firm commitments* und *forecast transactions* Abschnitt 42.

790 Vgl. IFRS 9.6.3.1.

791 Vgl. zu den Strategien der Teilabsicherung Abschnitt 333.5.

zelne Komponenten einer Risikoposition als gesichertes Grundgeschäft bestimmt werden.[792] Ferner können verschiedene Risikopositionen zu einem Portfolio zusammengefasst und auf aggregierter Ebene als Grundgeschäft designiert werden.[793] In den folgenden Abschnitten werden die spezifischen Abbildungsregeln sowie die Anforderungen, die an diese speziellen Grundgeschäfte gestellt werden, analysiert und vor allem auch konkretisiert. Nach den allgemeinen Bestimmungen für ganzheitliche Risikopositionen stehen dabei zunächst die gegen Güterpreisrisiken abgesicherten einzelnen Risikokomponenten bzw. aggregierten Risikopositionen im Mittelpunkt, während die Spezifika bei der Abbildung von Absicherungen gegen Währungs- und Zinsänderungsrisiken in einem abschließenden Sonderabschnitt behandelt werden.

552. Ganzheitliche Risikopositionen unterschiedlichen Konkretisierungsgrades

552.1 Kontrahierte Geschäfte

Für die Designation als Grundgeschäft im Rahmen einer Sicherungsbeziehung qualifizieren künftig jegliche beim Unternehmen bereits vorhandene und entsprechend bilanzierte Vermögenswerte sowie bilanzierte Verbindlichkeiten, aber auch kontrahierte künftige Verpflichtungen, die sich der bilanziellen Erfassung nach den allgemeinen Bilanzierungsvorschriften grds. entziehen.[794] Aus Sicht eines Industrieunternehmens können somit prinzipiell sämtliche erworbenen Vermögenswerte des Vorrats- und Sachanlagevermögens, die gegen Güterpreisrisiken abgesichert werden, künftig als Grundgeschäft einer bilanziellen Sicherungsbeziehung designiert werden. Ferner können jegliche Währungsrisiko- und Zinsrisikopositionen, die in Form eines bilanzierten Vermögenswertes bzw. einer bilanzierten Verbindlichkeit vorliegen, als abgesichertes Grundgeschäft bestimmt werden. Darüber hinaus sind vor allem die im Leistungserstellungsprozess und dessen Finanzierung kontrahierten *firm commitments* designierbar (z. B. vertraglich gesicherte, künftige Warenbezüge bzw. -lieferungen). Damit sind die im internen Risikomanagement eingesetzten Strategien des **Hedging kontrahierter Positionen** bzgl. der risikobegründenden Güterpreise, Wechselkurse und Zinssätze auch bilanziell abbildbar.[795] Ausgenommen von der Designation sind indes interne Geschäfte, bei denen keine (konzern-)externe Partei involviert ist.[796]

552.2 Spezielle Anforderungen an erwartete Transaktionen

Neben vertraglich fixierten Verpflichtungen erlaubt der IASB prinzipiell auch eine Designation von Geschäften, die mit hoher Wahrscheinlichkeit erwartet werden, bei denen aber noch keine Verpflichtung durch den Vertragsabschluss besteht *(forecast transactions)*.[797] Aus Sicht eines Industrieunternehmens ist durch die Möglichkeit, sowohl das Hedging kontrahierter Positionen als

---

[792] Vgl. IFRS 9.6.3.1 (a) i. V. m. IFRS 9.6.3.7.

[793] Vgl. IFRS 9.6.3.1 (b). Dies schließt ein Aggregat aus Teilkomponenten verschiedener Risikopositionen mit ein; vgl. LÖW, E./CLARK, J., Hedge Accounting und Risikomanagement, S. 127.

[794] Vgl. IFRS 9.6.3.1; WIESE, R./SPINDLER, M., Review Draft Hedge Accounting, S. 347; BARZ, K./FLICK, P./MAISBORN, M., Review Draft Hedge Accounting, S. 474. Vgl. zu *firm commitments* und *forecast transactions* Abschnitt 42 sowie zum Konkretisierungsgrad der Risikoposition Abschnitt 333.3.

[795] Dies setzt stets die Erfüllung der übrigen Anforderungen an eine Sicherungsbeziehung voraus. Vgl. zum Konkretisierungsgrad der Risikoposition Abschnitt 333.3.

[796] Vgl. IFRS 9.6.3.5 zum Verbot interner Geschäfte. IFRS 9.6.3.6 enthält Ausnahmen für die Währungsrisikokomponente. Für die Diskussion der Designation intern kontrahierter Positionen wird auf Abschnitt 567. verwiesen.

[797] Vgl. IFRS 9.6.3.1.

auch das antizipative Hedging bilanziell abzubilden, eine hohe Bandbreite an Risikopositionen mit unterschiedlichem Konkretisierungsgrad designierbar. Aufgrund des mangelnden Vertragsabschlusses verlangt der Standardsetter allerdings hinsichtlich der Identifikation der erwarteten Transaktion im Rahmen der Designation bzw. Dokumentation zusätzlich,[798] dass deren **Eintritt hoch wahrscheinlich *(„highly probable")*** sein muss.[799]

Diese **spezielle Anforderung** im Fall der Designation antizipativer Hedges ist erforderlich, um willkürliche Verzögerungen beim Ausweis von unerwünschten Wertänderungen des Sicherungsinstrumentes zu unterbinden. Da das Grundgeschäft selbst nicht ansatzfähig ist,[800] kommt für antizipative Hedges lediglich die Methode des Cashflow-Hedge in Frage.[801] Wird eine erwartete Risikoposition im Rahmen einer Sicherungsbeziehung als Grundgeschäft designiert, so werden die Wertänderungen des zur Absicherung eingesetzten derivativen Finanzinstrumentes folglich nicht mehr im Periodenergebnis, sondern erfolgsneutral im Eigenkapital erfasst. Würden vom IASB keine zusätzlichen Anforderungen an erwartete Grundgeschäfte gestellt, so könnten Unternehmen unvorteilhafte Wertänderungen des Derivates nahezu beliebig durch die bloße Versicherung, man setze das Instrument zur Absicherung künftiger Geschäfte ein, in spätere Perioden verschieben.[802]

Um einer möglichen Willkür vorzubeugen, erscheint eine strenge Anforderung an die Wahrscheinlichkeit der Transaktion vor dem Hintergrund des Grundsatzes der glaubwürdigen, neutralen Darstellung zwingend erforderlich. Eine extreme Ausprägung der Wahrscheinlichkeitsanforderung von 100 % wäre allerdings wenig zielführend, da eine erwartete Transaktion eine solche Anforderung ohne Vertragsabschluss nicht erfüllen könnte. Der Standardsetter möchte vielmehr auch lediglich antizipative Absicherungsstrategien für das Hedge Accounting zulassen, um den Adressaten unverzerrte Informationen über die erwarteten Zahlungsströme zu vermitteln.[803] Eine zu geringe Wahrscheinlichkeit würde indes – von der Eröffnung bilanzpolitischer Möglichkeiten gänzlich abgesehen – ökonomisch bedeuten, dass für eine originäre Risikoposition, die möglicherweise überhaupt nicht entsteht, eine grds. gegenläufige, weitere Risikoposition in Form eines Derivates eingegangen wird. Bei einer zu geringen Eintrittswahrscheinlichkeit der Transaktion liegt somit ein spekulatives Element in einer potenziellen Sicherungsbeziehung vor. In diesem Fall kann die Neutralisierung der Wertänderungen des Sicherungsinstrumentes im Rahmen des Hedge Accounting keine glaubwürdige Information vermitteln, da dem Abschlussadressaten eine vollumfassende Kompensationswirkung suggeriert wird. Da die **Wahrscheinlichkeitsanforderung *(„highly probable")*** in IFRS 9 nicht näher definiert wird, ist davon auszugehen, dass die Hinweise in der *implementation guidance* des IAS 39 nach wie vor zur Konkretisierung herangezogen werden kön-

[798] Vgl. zu den allgemeinen Designations- bzw. Dokumentationsanforderungen Abschnitt 54.
[799] Vgl. IFRS 9.6.3.3.
[800] Vgl. zu den Anforderungen an den Bilanzansatz Abschnitt 42.
[801] Potenziellen Bilanzposten, die Wertänderungen aus erwarteten Transaktionen abbilden sollen, wird konzeptionell die Vermögenswert- bzw. Schuldeigenschaft abgesprochen. Folglich können diese auch im Rahmen eines Fair Value-Hedge nicht angesetzt werden; vgl. Abschnitt 533.3.
[802] Vgl. BARCKOW, A., in: Baetge et al., Rechnungslegung nach IFRS, IAS 39, Rn. 247.
[803] Vgl. IFRS 9.6.3.1.

nen.[804] Der IASB positionierte sich in IAS 39 dahingehend, dass unter *highly probable* eine sehr viel größere Eintrittswahrscheinlichkeit als unter *more likely than not* zu verstehen ist.[805] IDW RS HFA 35 interpretiert eine hohe Wahrscheinlichkeit als so gut wie sicher bzw. so sicher, dass der tatsächliche Eintritt der Transaktion nur unter außergewöhnlichen, nicht im Einflussbereich des Unternehmens liegenden Umständen verhindert wird.[806] Allgemeinhin wird für eine Abbildung der Sicherungsbeziehung daher eine Eintrittswahrscheinlichkeit von mehr als 90 % gefordert, die auch nach IFRS 9 zu erfüllen sein müsste.[807]

Zum Nachweis der hohen Wahrscheinlichkeit dürften Indikatoren wie (1) die Häufigkeit ähnlicher Transaktionen in der Vergangenheit, (2) die finanziellen und operativen Möglichkeiten des Unternehmens zur Umsetzung der Transaktion, (3) die substanzielle Bindung von Ressourcen für die Transaktion, (4) das mögliche Ausmaß des Verlustes im Fall einer Nichtdurchführung, (5) alternative Möglichkeiten zur Zielerreichung sowie (6) die Unternehmensplanung gute Anhaltspunkte für die Eintrittswahrscheinlichkeit liefern.[808] Dabei dürfte dem bilanzierenden Unternehmen der Nachweis umso leichter fallen, je kürzer der Prognosezeitraum und je geringer das Volumen der künftig erwarteten Transaktion ist.[809] Um im Zweifelsfall eine antizipative Absicherungsstrategie auch bilanziell zumindest teilweise, dafür aber verlässlich nach den Hedge Accounting-Regelungen abbilden zu können, könnte ein Unternehmen folglich lediglich einen Teil der ökonomischen Transaktion designieren. So dürfte bspw. die Realisierung von Umsatzerlösen i. H. v. 5 Mio. € wahrscheinlicher sein als der Eintritt von möglicherweise geplanten bzw. erhofften Umsatzerlösen i. H. v. 10 Mio. €. Damit wäre c. p. ein aus bilanzieller Sichtweise verlässlicher Anteil des ökonomischen Absicherungsverhältnisses abbildbar, während das spekulative Element faktisch ausgeschlossen würde.[810] Die umfassende *implementation guidance* des IAS 39 wurde bedauerlicherweise nicht in IFRS 9 übernommen, da diese Praxishinweise auch bislang nicht Teil des offiziellen Standards waren und sich der IASB für eine schlankere Version des IFRS 9 entschied.[811] Angesichts des gleichbleibenden Wortlautes der Wahrscheinlichkeitsanforderung und des Objektivierungserfordernisses nach den Grundsätzen der IFRS-Rechnungslegung dürften diese Indikatoren indes auch künftig Anhaltspunkte für eine als hinreichend einzustufende Eintrittswahrscheinlichkeit der erwarteten Transaktion bieten.[812]

---

[804] Ähnlich WÜSTEMANN, J./BISCHOF, J., Bilanzierung von Sicherungsbeziehungen, S. 406. Vgl. LÖW, E./CLARK, J., Hedge Accounting und Risikomanagement, S. 128 zu der Forderung, das Wahrscheinlichkeitskriterium in die zentralen Anwendungsvoraussetzungen des Hedge Accounting aufzunehmen.

[805] Vgl. IAS 39.IG.F.3.7.

[806] Vgl. IDW RS HFA 35, Rn. 32; Begr. RefE BilMoG, BT-Drs. 16/10067, S. 58.

[807] Vgl. LÜDENBACH, N., in: Lüdenbach et al., Haufe IFRS-Kommentar, § 28 Finanzinstrumente, Rn. 266; KPMG (HRSG.), Insights into IFRS, S. 1464.

[808] Vgl. IAS 39.IG.F.3.7; FLINTROP, B./VON OERTZEN, C., in: Bohl et al., Beck IFRS HB, § 23. Derivate, Rn. 65; IDW (HRSG.), WP-Handbuch 2012, S. 1792.

[809] Vgl. IASB (HRSG.), RD Hedge Accounting, Tz. IGA26 bzw. die dadurch stark gekürzte *implementation guidance* des IAS 39.

[810] Vgl. zu dieser Lösung für die Bestimmungen des IAS 39 LÜDENBACH, N., in: Lüdenbach et al., Haufe IFRS-Kommentar, § 28 Finanzinstrumente, Rn. 266.

[811] Vgl. IFRS 9.IG.A26.

[812] Vgl. WÜSTEMANN, J./BISCHOF, J., Bilanzierung von Sicherungsbeziehungen, S. 406.

Kann die Eintrittswahrscheinlichkeit von Seiten des Unternehmens nicht verlässlich beurteilt werden, so muss die weitere Abbildung von vermeintlich antizipativen Hedges nach den Hedge Accounting-Vorschriften im Regelfall unterbunden werden.[813] Eine mildere Auslegung des Kriteriums kann auch angesichts der neuen Zielsetzung des IFRS 9 nicht gerechtfertigt sein.[814] Speziell die Tatsache, dass in der Vergangenheit eine ähnliche Transaktion nicht durchgeführt wurde (Indikator (1)), obwohl ihr ursprünglich eine hohe Wahrscheinlichkeit zugesprochen worden war, muss ein Indiz dafür sein, dass die Prognosefähigkeit des Unternehmens eingeschränkt ist.

553. Einzelne Komponenten von Risikopositionen bei der Absicherung von Güterpreisrisiken

553.1 Überblick

Neben der Absicherung des gesamten Fair Value bzw. sämtlicher Zahlungsströme einer Risikoposition gegen Güterpreisrisiken können durch eine Teilabsicherung auch ausschließlich bestimmte Komponenten der Risikoposition vor negativen Marktpreisentwicklungen geschützt und entsprechend als Grundgeschäft designiert werden. Im Rahmen einer solchen partiellen Designation werden durch das Hedge Accounting nicht sämtliche (Full) Fair Value-Änderungen bzw. Zahlungsstromschwankungen einer Risikoposition, sondern lediglich genau spezifizierte Komponenten erfasst.[815] Der Standardsetter differenziert dabei zwischen Risikokomponenten, vertraglich vereinbarten Zahlungsstromkomponenten und zeitlichen, nominalen wie auch einseitigen Komponenten, durch deren Designation die jeweilige Absicherungsstrategie auch bilanziell nachgezeichnet werden soll.[816] So kann eine Risikoposition durch die Designation einzelner Risikokomponenten (z. B. die Kupferkomponente von Elektrogeräten) gegen jene Änderungen des Fair Value bzw. der Zahlungsströme abgesichert werden, die ausschließlich auf das im Voraus bestimmte Risiko (d. h. das Kupferpreisrisiko) zurückzuführen sind.[817] Durch die Bestimmung einzelner Zahlungsstromkomponenten oder zeitlicher Komponenten als Grundgeschäft können hingegen auch Teilabsicherungen abgebildet werden, die nicht auf eine spezielle Risikoursache, sondern auf einen genau spezifizierten Anteil der gesamten Risikoposition abstellen.[818] Aufgrund der Designationsmöglichkeiten hinsichtlich nominaler Komponenten können künftig Absicherungsstrategien nachgezeichnet werden, die sich entweder auf einen (pauschalen) prozentualen Anteil oder auf bestimmte Tranchen eines Gesamtpostens mit besonderen Eigenschaften beziehen.[819] Durch die Designation von einsei-

[813] Vgl. PwC (Hrsg.), Manual for Financial Instruments (2012), S. 10069.

[814] Dies wird auch in der Erläuterung des IASB bzgl. der Abbruchsvorschriften (vgl. Abschnitt 58) einer Sicherungsbeziehung nach IFRS 9 deutlich. Eine Reduktion des Transaktionsvolumens einer antizipativen Sicherungsbeziehung muss demnach nicht zwingend zu einer Auflösung führen (vgl. IFRS 9.B6.5.27 (b)), muss aber dennoch dafür sprechen, dass die Fähigkeiten des Unternehmens bei der Beurteilung der Eintrittswahrscheinlichkeit beeinträchtigt sind und ähnliche Transaktionen grds. nicht mehr für die Abbildung als Sicherungsbeziehung qualifizieren. Vgl. IFRS 9.BC6.318.

[815] Vgl. zur ökonomischen Teilabsicherung Abschnitt 333.5.

[816] Dabei ist stets zu beachten, dass eine Komponente immer eine Teilmenge der gesamten Risikoposition ist und dass deren Schwankungen somit nur einen Anteil der gesamten Wertschwankungen bzw. Zahlungsstromschwankungen der zugrunde liegenden Risikoposition bilden dürfen; vgl. IFRS 9.B6.3.7 i. V. m. IFRS 9.B6.3.21-B6.3.25.

[817] Vgl. IFRS 9.6.3.7 (a).

[818] Vgl. IFRS 9.6.3.7 (b); Flick, P./Krakuhn, J./Schüz, P., ED Hedge Accounting, S. 118.

[819] Vgl. IFRS 9.BC6.202. Die Designation ist dabei für sowohl für Fair Value- als auch Cashflow-Hedges und damit für bereits kontrahierte Posten wie auch für künftige Transaktionen ungeachtet ihrer vertraglichen Bindung zulässig.

tigen Risikokomponenten können schließlich Änderungen des Fair Value bzw. der Zahlungsströme eines Postens über oder unter einen bestimmten Schwellenwert abgesichert werden,[820] so dass ggf. die Chance auf eine vorteilhafte Marktentwicklung gewahrt werden kann. Die Designation der verschiedenen Komponenten ist grds. auch in sämtlichen Kombinationsmöglichkeiten zulässig.[821] Ferner soll nach den Vorschriften des IFRS 9 unter der Prämisse der Prinzipienorientierung[822] nicht mehr zwischen finanziellen und nicht-finanziellen Posten oder bestimmten Risikoarten bei deren partiellen Designation differenziert werden.[823] Die konkreten Bestimmungen des IFRS 9 für die jeweilige partielle Designation einer Risikoposition als Grundgeschäft und deren Implikationen für die Entscheidungsnützlichkeit der dadurch generierten Informationen werden nachfolgend erörtert.

553.2 Risikokomponenten

553.21 Allgemeine Designationsfähigkeit

Industrieunternehmen sichern durch Strategien des ***cross hedging*** bestehende oder erwartete Risikopositionen regelmäßig mit derivativen Finanzinstrumenten ab, die sich auf einen von der ganzheitlichen Risikoposition abweichenden Basiswert beziehen. Die Gründe hierfür sind vielfältig.[824] Gerade bei der Absicherung von Waren wird das exakt passende Instrument am Markt bisher häufig nicht gehandelt oder der Markt hierfür ist illiquide. Durch die Entwicklungen in der Regulierung der Derivatemärkte und die damit verbundene stärkere Standardisierung der Sicherungsinstrumente dürfte die bereits bislang beobachtete näherungsweise Absicherung tendenziell zunehmen.[825] Darüber hinaus ist es möglich, dass ein Unternehmen mit dieser Strategie willentlich ausschließlich einzelne Komponenten absichern möchte, um z. B. an günstigen Entwicklungen der übrigen Werttreiber zu profitieren oder um hohe Absicherungskosten zu vermeiden.[826] Die Charakteristika dieser Strategie können jetzt der Zielsetzung des IFRS 9 entsprechend bilanziell nachgezeichnet werden. Dies soll an folgendem Beispiel verdeutlicht werden:

Ein Unternehmen bezieht Elektromotoren von einem Zulieferer, wobei im längerfristigen Liefervertrag ein variabler Preis vereinbart wird.[827] In der vertraglich festgelegten Preisformel errechnet sich der Preis für den Motor aus zwei Preiselementen: Erstens aus dem aktuellen Kupferpreis (sehr volatil), bezogen auf die Liefermenge, und zweitens aus den sonstigen Herstellungskosten (ebenfalls variabel, aber häufig weniger volatil), angepasst um einen Inflationsindex. Durch die Vertragsgestaltung wird also dem Umstand Rechnung getragen, dass der Preis eines Elektromotors größtenteils durch das im Motor befindliche Kupfer getrieben wird. Das betrachtete Unternehmen

Die Designation von Tranchen war bislang selbst für finanzielle Posten nicht bzw. nur stark eingeschränkt vorgesehen. Vgl. BARCKOW, A., in: Baetge et al., Rechnungslegung nach IFRS, IAS 39, Rn. 275; GARZ, C./HELKE, I., Review Draft Hedge Accounting, S. 1211. Insofern handelt es sich um eine deutliche Ausweitung des Anwendungsbereiches des IFRS 9 hinsichtlich sowohl finanzieller als auch nicht-finanzieller Posten. Vgl. IFRS 9.B6.3.16.

820 Vgl. IFRS 9.3.7 (a).

821 Vgl. IFRS 9.6.3.7; MÄRKL, H./GLASER, A., Hedge Accounting, S. 126.

822 Vgl. zu dieser Zielsetzung des IASB Abschnitt 521.4 sowie Abschnitt 521.5.

823 Vgl. GARZ, C./HELKE, I., Review Draft Hedge Accounting, S. 1209.

824 Vgl. zu den Strategien des *cross hedging* Abschnitt 333.5.

825 Vgl. zu den Entwicklungen in der Regulierung der Derivatemärkte Abschnitt 332.2.

826 Vgl. zur Teilabsicherung Abschnitt 333.5.

827 Vgl. zur Beispielsituation ERNST & YOUNG (HRSG.), ED Hedge Accounting, S. 9.

setzt nun im betrieblichen Risikomanagement Kupferderivate ein, um sich gegen mögliche Änderungen des Motorpreises aufgrund von Schwankungen des Kupferpreises abzusichern.

IAS 39 erlaubt bei der komponentenweisen Absicherung von Finanzinstrumenten eine deutlich höhere Flexibilität als bei nicht-finanziellen Posten, die ausschließlich gegen alle Risiken insgesamt oder separat gegen das Währungsrisiko abgesichert werden können.[828] Demnach muss das Unternehmen bei der Beurteilung und Ermittlung der Effektivität die Wertschwankungen des Kupferderivates mit den gesamten Preisänderungen des Elektromotors vergleichen.[829] Aufgrund der unzulässigen Designation einzelner Risikokomponenten werden bislang folglich auch die variablen Komponenten der sonstigen Herstellungskosten und der Inflation in der Wertentwicklung des Grundgeschäftes berücksichtigt.[830] Ändern sich diese beiden Komponenten, so ändert sich c. p. auch der Wert des Motors, während der Wert des Kupferderivates konstant bleibt. Dieser Umstand kann eine erhebliche Ineffektivität der Sicherungsbeziehung und ggf. auch den Abbruch der Sicherungsbeziehung auslösen.[831] Die vorgeschriebene Bindung der Bilanzierungseinheit *(unit of account)* an ganzheitliche nicht-finanzielle Posten führt folglich zu einer unüberwindbaren Diskrepanz zwischen internem Risikomanagement und externer Rechnungslegung, wodurch den

---

[828] Vgl. IAS 39.82; FISCHER, D., ED Hedge Accounting, S. 21; LÖW, E./THEILE, C., in: Heuser et al., IFRS Handbuch, Sicherungsgeschäfte und Risikoberichterstattung, S. 630; ERNST & YOUNG (HRSG.), ED Hedge Accounting, S. 8; DELOITTE (HRSG.), iGAAP (2012), S. 550; DELOITTE (HRSG.), iGAAP (2012), S. 10015; OLDEWEME, D., Bilanzierung von Commodity-Hedges, S. 517 f.

[829] Vgl. IAS 39.82.

[830] Vgl. ERNST & YOUNG (HRSG.), ED Hedge Accounting, S. 9.

[831] Vgl. ERNST & YOUNG (HRSG.), ED Hedge Accounting, S. 9; LÜDENBACH, N., in: Lüdenbach et al., Haufe IFRS-Kommentar, § 28 Finanzinstrumente, Rn. 247 f.; FLINTROP, B./VON OERTZEN, C., in: Bohl et al., Beck IFRS HB, § 23. Derivate, Rn. 57; EBERLI, P./DI PAOLA, S., ED Hedge Accounting, S. 254. Selbst wenn die Ineffektivität zu gering wäre, um von etwaigen Ausschlusskriterien bzgl. der geforderten Kompensationswirkung erfasst zu werden, sind diese Abbildungsregeln grds. ungeeignet; vgl. DELOITTE (HRSG.), iGAAP (2012), S. 552 sowie KUHN, S./SCHARPF, P., Rechnungslegung von Financial Instruments, S. 385. Denn das Absicherungsverhältnis wird für Risikosteuerungszwecke auf Grundlage des Verhältnisses der Wertänderungen von Risikokomponente und absicherndem Instrument optimiert (vgl. Abschnitt 333.6). Im Rahmen der Bilanzierung von Sicherungsbeziehungen nach den restriktiven Vorschriften des IAS 39 wird ein Unternehmen allerdings gezwungen, auf bilanzieller Ebene die Wertänderungen des absichernden Instrumentes nicht etwa mit denjenigen der tatsächlich abgesicherten Risikokomponente, sondern vielmehr mit den Wertänderungen der gesamten Risikoposition zu vergleichen. Als Konsequenz wird in der derzeitigen Rechnungslegungspraxis das ökonomische Absicherungsverhältnis für bilanzielle Zwecke adjustiert, um durch ein separates (bilanzielles) Optimierungskalkül unter Beachtung der Designationsvorschriften eine möglichst geringe Ineffektivität ausweisen zu können; vgl. IFRS 9.BC6.185 bzw. IAS 39.AG100. Durch die Erfassung sämtlicher Risikokomponenten wird also zum einen eine (künstlich) erhöhte Ineffektivität bzw. Ergebnisvolatilität vermittelt. Zum anderen steht beim Verbot der Designation von Risikokomponenten auch die in der Bilanz ausgewiesene Wertänderung in zweierlei Hinsicht im Widerspruch zur Zielsetzung des Hedge Accounting. Erstens führen auch ungesicherte Risikokomponenten zu einer Wertanpassung. Hier werden also Gewinne bzw. Verluste des Grundgeschäftes ohne eine entsprechende systematische Gegenbewegung des Sicherungsinstrumentes ausgewiesen, wodurch für die zugrunde liegenden Bestandteile des Grundgeschäftes die gewöhnlichen Bilanzierungsvorschriften unsachgerecht umgangen werden. Zweitens lassen selbst diese Wertanpassungen nicht auf die ökonomische Absicherung schließen und sind folglich mit Blick auf die eigentliche Risikosituation nicht transparent; vgl. IFRS 9.BC6.185. Dies ist darauf zurückzuführen, dass auch die nicht kompensierten, aber trotzdem ausgewiesenen Wertänderungen nicht exakt der umfassenden Full Fair Value-Änderung bzw. Zahlungsstromschwankung des ökonomisch abgesicherten Grundgeschäftes (volumenmäßig) entsprechen, da die bilanzielle Sicherungsquote durch die Adjustierung nicht mit dem ökonomischen Absicherungsverhältnis übereinstimmt und folglich volumenmäßige Verzerrungen vorliegen. Damit wird auch ein Rückschluss von in der Bilanz ausgewiesenen Wertänderungen auf die tatsächliche ökonomische Absicherung verhindert.

Abschlussadressaten die ökonomische Kompensationswirkung (beim Abbruch sogar vollständig)[832] der Absicherungsmaßnahme vorenthalten und die Vermögens-, Finanz- und Ertragslage verzerrt abgebildet wird.[833]

Im Gegensatz dazu gelten nach den Neuregelungen des **IFRS 9** generell **einheitliche Anforderungen** an finanzielle und nicht-finanzielle Posten. Durch die künftig prinzipiell zulässige Designation einzelner Risikokomponenten als Grundgeschäft muss das Sicherungsinstrument auch für bilanzielle Zwecke nicht die Wertschwankungen der gesamten Risikoposition, sondern lediglich jene der als abgesichert bestimmten Komponente kompensieren.[834] Durch die Designation von Risikokomponenten wird also prinzipiell der gleiche Beurteilungsmaßstab für Grundgeschäfte und Sicherungsinstrumente angesetzt.[835] Dadurch sind künftig im Vergleich zur Situation nach IAS 39 im Umfang deutlich weniger Ineffektivitäten zu erwarten, die ökonomisch betrachtet nicht auf ein mit Mängeln behaftetes Steuerungsinstrumentarium, sondern auf eine unscharfe und wenig differenzierte bilanzielle Erfassung von Sicherungsmaßnahmen zurückgehen. Somit dürften künftig auch deutlich mehr ökonomische Absicherungen die Anforderungen an eine bilanzielle Sicherungsbeziehung erfüllen, wodurch risikopolitische Steuerungsmaßnahmen und deren Wirkung sachgerecht widergespiegelt werden können. Durch die erweiterten Designationsmöglichkeiten für nicht-finanzielle Posten nähert sich die bilanzielle Abbildung auch insofern an das Risikomanagement an, als dass sich die Bilanzierungseinheit *(unit of account)* künftig nicht auf Bilanzposten, sondern auf ökonomische Risiken bezieht.[836] Durch die Gleichbehandlung von finanziellen und nicht-finanziellen Posten wird die Konsistenz der Vorschriften innerhalb des Standards erhöht.

Eine beliebige Zerlegung einer Risikoposition in einzelne Risikokomponenten wird vom IASB indes nicht beabsichtigt. Eine designierbare Risikokomponente muss vielmehr **eindeutig abgrenzbar** sein.[837] Dadurch soll insbesondere unterbunden werden, dass der Zweck der Effektivitätsbeurteilung bzw. -ermittlung durch die Designation vermeintlicher Risikokomponenten unterlaufen wird. Wird bspw. eine einzelne Risikokomponente einer Risikoposition ökonomisch abgesichert, so soll genau diese Absicherungswirkung bilanziell nachvollzogen werden. Ist das Sicherungsinstrument nicht exakt auf die abzusichernde Risikokomponente abgestimmt, so soll dies der Zielsetzung des IFRS 9 gemäß auch durch die entsprechende bilanzielle Ineffektivität gegenüber den Abschlussadressaten kommuniziert werden. Im Fall uneingeschränkter Designationsmöglichkeiten könnte ein Unternehmen indes (zielgerichtet oder unabsichtlich) irrtümlich unterstellen, dass die beobachtete Wertänderung des Sicherungsinstrumentes stets auch die Wert-

---

[832] Vgl. Abschnitt 44 zur verzerrten Abbildung von Absicherungsverhältnissen durch die Bilanzierungsanomalien der allgemeinen Vorschriften, auf die nach dem Abbruch rekurriert wird.

[833] Vgl. IFRS 9.BC6.171; IASB (HRSG.), Contractually Specified Risk Components (agenda paper 9D), S. 6; IASB (HRSG.), Not Contractually Specified Risk Components (agenda paper 3), S. 2; DELOITTE (HRSG.), iGAAP (2012), S. 552; KUHN, S./SCHARPF, P., Rechnungslegung von Financial Instruments, S. 385; KHOLMY, K./WEIHERICH, N., Stellungnahmen zum ED Hedge Accounting, S. 224 f.

[834] Vgl. IFRS 9.6.3.7 (a); LÖW, E./THEILE, C., in: Heuser et al., IFRS Handbuch, Sicherungsgeschäfte und Risikoberichterstattung, S. 630.

[835] Vgl. zur Zielsetzung der Kongruenz bei der Ermittlung der Wertänderungen von Grundgeschäft und Sicherungsinstrument IASB (HRSG.), Not Contractually Specified Risk Components (agenda paper 3), S. 4.

[836] Vgl. IFRS 9.BC6.186.

[837] Vgl. IFRS 9.6.3.7 (a) i. V. m. IFRS 9.B6.3.8.

entwicklung des Grundgeschäftes, die durch die abgesicherte Risikokomponente hervorgerufen wird, widerspiegelt. Die Differenz zur tatsächlich beobachteten Wertänderung des Grundgeschäftes würde dementsprechend als diejenige Wertentwicklung, die auf die nicht abgesicherten Risikokomponenten zurückzuführen ist, deklariert werden. Ohne objektivierende Kriterien wäre in solchen Fällen aus bilanzieller Sicht folglich niemals eine Ineffektivität der Sicherungsbeziehung festzustellen.[838] Insofern fordert der IASB mit Recht, dass Grundgeschäfte **weitergehende Anforderungen**, die nachfolgend konkretisiert werden sollen, erfüllen müssen, um eine ungewollte Ausweitung des Hedge Accounting auf beliebige Strategien zu unterbinden und die Güte der Absicherungsmaßnahme über die bilanzielle Effektivität sachgerecht abzubilden.

553.22 Anforderungen an designationsfähige Risikokomponenten

553.221. Explizite Anwendungsvoraussetzungen

IFRS 9 setzt für die Designation einzelner Risikokomponenten voraus, dass diese **separat identifizierbar** und die auf die gesicherte Komponente entfallende Wertänderung **verlässlich bewertbar** ist.[839] Inwieweit im Einzelfall eine als Grundgeschäft in Frage kommende Risikokomponente vorliegt, soll das bilanzierende Unternehmen unter Berücksichtigung der risikopositionsspezifischen Marktstruktur beurteilen.[840] Wenngleich der IASB nunmehr anleitende Hinweise für die Auslegung dieser Kriterien zur Verfügung stellt, handelt es sich hierbei weniger um Richtlinien oder feste Vorgaben, sondern vielmehr um beispielhafte Situationen, für die der Board die Identifizierbarkeit bzw. die verlässliche Bewertbarkeit bestätigt oder ablehnt, sowie um konkrete Fallkonstellationen, in denen eine Ineffektivität der Sicherungsbeziehung entsteht, die zwingend erfasst werden muss. Dabei differenziert der Standard zwischen solchen Risikokomponenten, die vertraglich festgelegt werden, und solchen, die am Markt implizit bei der Ermittlung des Fair Value bzw. der Zahlungsströme der ganzheitlichen Risikoposition, auf die sich die Risikokomponente bezieht, berücksichtigt werden.[841] Wird eine Risikokomponente als Grundgeschäft designiert, so gelten für diese in analoger Weise sämtliche Vorschriften, die sich sonst auf ganzheitliche Positionen beziehen.[842] Dies betrifft vor allem die Pflichten zur prospektiven Effektivitätsbeurteilung der Sicherungsbeziehung sowie zur bilanziellen Erfassung realisierter Ineffektivitäten.[843]

553.222. Vertraglich spezifizierte Risikokomponenten

Vertraglich spezifizierte Risikokomponenten bestimmen den in Euro ausgedrückten Einfluss eines spezifischen Preiselementes innerhalb eines Vertrages.[844] Die Besonderheit vertraglich festgelegter Komponenten besteht darin, dass dieser Einfluss durch die separate Berechnung anhand der vertraglichen Preisformel stets unabhängig von den übrigen Preiselementen ermittelt wird. Dadurch wird

---

838 Vgl. IFRS 9.BC6.170.

839 Vgl. IFRS 9.6.3.7 (a) i. V. m. IFRS 9.B6.3.8; GARZ, C./HELKE, I., Review Draft Hedge Accounting, S. 1209; FLICK, P./KRAKUHN, J./SCHÜZ, P., ED Hedge Accounting, S. 118.

840 Vgl. IFRS 9.6.3.7 (a); IASB (HRSG.), Not Contractually Specified Risk Components (agenda paper 3), S. 15.

841 Vgl. IFRS 9.B6.3.10; ERNST & YOUNG (HRSG.), ED Hedge Accounting, S. 8.

842 Vgl. IFRS 9.B3.11.

843 Vgl. zur Effektivitätsbeurteilung Abschnitt 57 und zur diesbezüglichen bilanziellen Erfassung der Ineffektivitäten innerhalb Fair Value-Hedges Abschnitt 532.1 bzw. innerhalb Cashflow-Hedges Abschnitt 533.1.

844 Vgl. IFRS 9.BC6.174.

die in IFRS 9 geforderte **Identifizierbarkeit** einer Risikokomponente im Fall einer vertraglichen Spezifizierung stets gegeben sein.[845] Dies gilt für sämtliche Arten von Risikokomponenten, selbst für die vom IASB separat behandelte Komponente des Inflationsrisikos (wie etwa im Beispiel des Elektromotors).[846] In der betrieblichen Praxis werden meist Preisberechnungsformeln eingesetzt, bei der einzelne vertragliche Komponenten an gängige Güterpreise als Referenzpreis (Benchmark) gekoppelt werden.[847] Die Preiskoppelung wird dabei häufig so konstruiert, dass aus dem Blickwinkel der Risikosteuerung keine Abweichung zwischen dem gängigen Referenzpreis und der zu steuernden Risikokomponente besteht.[848] Im Beispiel des Abnehmers von Kupfermotoren wird also aufgrund der preistreibenden Eigenschaft von Kupfer genau der Kupferpreis als vertraglich festgehaltener Referenzpreis spezifiziert. Die durch die vertragliche Formel generierten Preise genügen stets den geltenden Marktbedingungen (und damit dem ökonomischen Zweck eines Liefervertrages mit variabler Preisgestaltung) und ermöglichen es Unternehmen, sich durch den Erwerb eines derivativen Instrumentes auf das Referenzgut perfekt gegen Güterpreisschwankungen abzusichern.[849] Bei der Effektivitätsbeurteilung und -ermittlung nach den Rechnungslegungsvorschriften des Hedge Accounting wird folglich keine Ineffektivität festgestellt werden. Dies entspricht genau der ökonomischen Wirksamkeit der risikosteuernden Maßnahmen und aufgrund dieses Einklangs auch der Zielsetzung des IFRS 9.

Für die Designation einer vertraglich fixierten Risikokomponente muss diese ferner das Kriterium der **verlässlichen Bewertbarkeit** erfüllen. Der IASB definiert im Framework, dass eine verlässliche Bewertbarkeit gegeben ist, sofern die Bewertung ohne wesentliche Fehler und frei von verzerrenden Einflüssen, mit denen ein bestimmtes Ergebnis erreicht werden soll, durchführbar ist.[850] Dabei muss die Wertänderung des Grundgeschäftes, die auf die Risikokomponente zurückzuführen ist, prinzipiell separat ermittelt werden können. Ein Rückschluss von der Wertänderung des Sicherungsinstrumentes auf die Wertänderung der Risikokomponente, die eine stets perfekte Kompensationswirkung impliziert und ggf. die eigentliche, finanzwirtschaftliche Wirksamkeit des Absicherungsverhältnisses verzerrt, kann nicht ohne Weiteres gezogen werden. Wird die Risikokomponente (im Beispiel Kupfer) am Markt gehandelt, so wird diese stets verlässlich bewertbar sein.[851] Allerdings schließen auch Schätzgrößen eine verlässliche Bewertbarkeit nicht grundsätzlich aus.[852] Die Schätzgrößen müssen allerdings durch unternehmensinterne oder -externe Erfahrungswerte gestützt werden.[853]

---

845 Vgl. IFRS 9.BC6.174; IASB (HRSG.), Hedged Items (agenda paper 9C), S. 3; KPMG (HRSG.), Hedge Accounting on the Horizon, S. 20.

846 Vgl. IFRS 9.B6.3.13 sowie zur Beispielsituation Abschnitt 553.21.

847 Vgl. IASB (HRSG.), Contractually Specified Risk Components (agenda paper 9D), S. 4.

848 Vgl. ERNST & YOUNG (HRSG.), ED Hedge Accounting, S. 9.

849 Die Möglichkeit der Absicherung bietet sich dabei sowohl dem Abnehmer als auch dem Lieferanten.

850 Vgl. CF.QC14.

851 Vgl. zur verlässlichen Bewertbarkeit von Eigenkapitalinstrumenten HARTENBERGER, H., in: Bohl et al., Beck IFRS HB, § 3. Finanzinstrumente, Rn. 171.

852 Vgl. CF.4.41; WAWRZINEK, W., in: Bohl et al., Beck IFRS HB, § 2. Ansatz, Bewertung, Ausweis und Prinzipien, Rn. 209.

853 Vgl. BAETGE, J./KIRSCH, H.-J./WOLLMERT, P./BRÜGGEMANN, P., in: Baetge et al., Rechnungslegung nach IFRS, Kapitel II: Grundlagen, Rn. 100.

Ist die vertragliche Komponente in der Preisberechnungsformel an eine gängige, am Markt gehandelte Benchmark gekoppelt, so wird das Kriterium der verlässlichen Bewertung erfüllt sein. Dies wird vor allem bei häufig in der Praxis eingesetzten Kaufverträgen, in denen der Preis für Metalle, landwirtschaftliche Erzeugnisse oder chemische Produkte an Rohstoffpreise eines aktiven Marktes gebunden wird (im Beispiel an den (börslichen) Kupferpreis), der Fall sein.[854] Ist die Benchmark, d. h. der Referenzpreis am Markt beobachtbar, so ist auf dessen Wertänderungen und nicht etwa auf die Änderungen des Sicherungsinstrumentes abzustellen. Wird ein Sicherungsinstrument mit abweichenden Konditionen (z. B. andere Qualität) zur Absicherung eingesetzt, so muss die daraus resultierende Ineffektivität erfasst werden (klassische *Cross-hedging*-Strategie von Industrieunternehmen).

Selbst im Fall eines inaktiven Marktes für das Gut dürfte eine verlässliche Bewertung ausnahmsweise gegeben sein, sofern sich Risikokomponente und absicherndes Instrument aufgrund identischer Konditionen genau kompensieren, jedoch ausschließlich das Sicherungsinstrument aktiv gehandelt wird und folglich nur dessen Wertänderungen beobachtbar sind. Dieser Fall trifft speziell für Rohstoffpreise zu, da Derivate auf den Rohstoff häufig liquider sind als das Gut selbst.[855] Beispielsweise kann ein Unternehmen langfristige Bezugsverträge über Erdgas abschließen, dessen variabler Preis künftig durch eine Preisformel ermittelt wird, die wiederum weitere Güterpreise von bspw. Gasöl, Heizöl und andere Komponenten wie Transportkosten einbezieht.[856] Das Unternehmen sichert sich gegen steigende Gasölpreise mit Terminkontrakten auf Gasöl ab. Da die Gasölkomponente explizit vertraglich bestimmt wird, ist das Gasölrisiko separat identifizierbar. Außerdem existiert zumindest für Terminkontrakte ein hinreichend liquider Markt,[857] so dass die Wertentwicklung der Gasölkomponente hilfsweise auf dieser Grundlage verlässlich bewertbar ist. Die Gasölkomponente kann folglich als Grundgeschäft designiert werden.

Diese retrograde Ermittlung der Wertänderungen kann allerdings grds. nur dann möglich sein, sofern Risikokomponente und Sicherungsinstrument konditionengleich sind. Weichen die Konditionen voneinander ab, z. B. durch Unterschiede in Qualität, Lieferung oder Durchschnittspreisberechnung, so entsteht ein ökonomisches Basisrisiko.[858] Dadurch kann zum einen in aller Regel nicht verlässlich vom Sicherungsinstrument auf die Wertänderung der abgesicherten Risikokomponente geschlossen werden, und zum anderen entsteht – sofern die Wertänderung der Risikokomponente ausnahmsweise anhand einer impliziten Marktpreisformel dennoch verlässlich bewertbar ist (bspw. bei stufenweise veredelten Produkten)[859] – eine Ineffektivität in der ökonomischen Kompensationswirkung, die zwingend als solche bilanziell erfasst werden muss und die retrograde Effektivitätsermittlung unzulässig erscheinen lässt.

[854] Vgl. ERNST & YOUNG (HRSG.), ED Hedge Accounting, S. 9.
[855] Vgl. IFRS 9.BC6.190; ERNST & YOUNG (HRSG.), ED Hedge Accounting, S. 9.
[856] Vgl. IFRS 9.B6.3.10 (a).
[857] Der Gasölpreis selbst wird hauptsächlich als Benchmark für andere Kontrakte verwendet.
[858] Vgl. ERNST & YOUNG (HRSG.), ED Hedge Accounting, S. 10 sowie zur Absicherungswirkung bei abweichenden wertbestimmenden Gestaltungsmerkmalen von Risikoposition und Absicherungsmaßnahme Abschnitt 333.5.
[859] Vgl. untenstehende Ausführungen zur verlässlichen Bewertbarkeit im Fall einer impliziten Marktpreisformel.

Sofern eine Koppelung an eine nicht gängige bzw. am Markt beobachtbare Benchmark vertraglich festgehalten ist und auch für das Sicherungsinstrument kein aktiver Markt existiert bzw. ein Basisrisiko besteht, muss die Möglichkeit der Designation der Risikokomponente kritisch hinterfragt werden. Eine Preiskoppelung an nicht am Markt beobachtbare, sondern selbst geschätzte Referenzpreise dürfte dem ökonomischen Zweck einer solchen Preisformel prinzipiell entgegenstehen. Da die vertraglichen Gestaltungsmöglichkeiten i. S. e. glaubwürdigen Darstellung begrenzt werden sollten, dürften solche Vertragsformen regelmäßig gegen eine verlässliche Bewertung der Risikokomponente und damit auch gegen die Möglichkeit zur Designation sprechen. Eine Ausnahme hiervon wäre etwa eine Konstellation, in der der Preis des Referenzgutes zwar nicht direkt beobachtbar und auch nicht aus dem Sicherungsinstrument ableitbar wäre, dafür aber an den Preis eines weiteren, mithin sehr liquiden Gutes gekoppelt wäre. Dieser Fall dürfte indes lediglich ausnahmsweise bei stufenweise veredelten Produkten mit jeweils aufeinander aufbauenden und vor allem konstanten Margen eintreten.[860] Falls das Unternehmen in einem solchen Fall über ein geeignetes Modell zur Bewertung der Risikokomponente verfügt, könnte obige Vermutung ggf. widerlegt werden.[861] Wenn kein aktiver Markt für die betrachtete Komponente existiert und es nicht möglich ist, nachweislich einen verlässlichen Preis zu ermitteln, muss eine Designation der Risikokomponente indes untersagt sein.

553.223. Nicht vertraglich spezifizierte Risikokomponenten

Eine Risikokomponente muss identifizierbar und verlässlich bewertbar, nicht jedoch zwingend vertraglich festgelegt sein, um die Voraussetzungen an das Hedge Accounting zu erfüllen. Hintergrund ist die intendierte Prinzipienorientierung, die mit einer strengeren Bindung an die schriftliche Fixierung des Preiselementes kaum vereinbar wäre. Eine **nicht vertraglich festgelegte Risikokomponente** liegt vor, wenn die gesicherte Position (noch) keine vertragliche Grundlage hat (z. B. bei einer erwarteten Transaktion) oder die Komponente nicht explizit vertraglich festgelegt ist (z. B. nicht in einer vertraglichen Preisformel).[862] Dies dürfte jene Fälle mit einschließen, in denen eine Preisformel im Vertrag vorgesehen ist, das Unternehmen jedoch eine dort nicht spezifizierte Risikokomponente absichert und auch für bilanzielle Zwecke zu designieren beabsichtigt. Bei einer fehlenden vertraglichen Spezifizierung ist die im Konsultationsprozess geäußerte Befürchtung, dass die Zulässigkeit der Designation von einzelnen Risikokomponenten künftig dazu führen könnte, dass eine beliebige bilanzielle Effektivität der Sicherungsbeziehung ausgewiesen werden kann, gerechtfertigt.[863] Denn besonders hier droht die Gefahr, dass die durch das Sicherungsinstrument abgesicherte Risikokomponente (fälschlicherweise) auch als identifizierbare und verlässlich bewertbare Risikokomponente der originären Risikoposition ausgewiesen und als Grundgeschäft herangezogen wird. Die Folge wäre eine opportun gestaltbare, ggf. perfekte Sicherungsbeziehung ohne jegliche bilanzielle Ineffektivität, obwohl im Risikomanagement eine (wenngleich häufig nur

---

860 Diese strenge Anforderung kann aus den Ausführungen des IASB, speziell in IFRS 9.BC6.188 (d), abgeleitet werden, wonach die hohe Korrelation von WTI und Brent-Ölkontrakten nicht den Kriterien an eine separate Risikokomponente genügt.

861 Dies dürfte etwa bei einer branchenüblichen Preisberechnungsformel der Fall sein.

862 Vgl. IFRS 9.B6.3.10; MÄRKL, H./GLASER, A., Hedge Accounting, S. 126.

863 Vgl. IFRS 9.BC6.187.

leicht) abweichende Risikokomponente abgesichert wird und die ökonomische Absicherung somit finanzökonomisch nicht perfekt wirkt.

In seiner Erläuterung zum bisherigen Verbot der Designation von einzelnen Risikokomponenten nicht-finanzieller Posten in IAS 39 wird deutlich, dass der Board bislang die Auffassung vertrat, dass eine Identifizierung und Bewertung jener Komponenten nicht verlässlich möglich sei.[864] Dies biete bilanzierenden Unternehmen vielmehr die Möglichkeit, grds. keine Ineffektivität auszuweisen, obwohl die perfekte Kompensationswirkung ökonomisch häufig nicht gerechtfertigt werden kann.[865] Der IASB führt in den begleitenden Unterlagen zu IFRS 9 aus, dass er an den Prinzipien der verlässlichen Identifizierbarkeit und Bewertbarkeit, die bislang ausschließlich für finanzielle Posten gelten, weiterhin festhalten wolle.[866] Allerdings habe er im Zuge der Konsultationsphase die Kenntnis erlangt, dass häufig auch Risikokomponenten nicht-finanzieller Posten verlässlich bestimmt werden können.[867] Der Board schwächt damit weder die Bedeutung der Kriterien der Identifizierbarkeit und verlässlichen Bewertbarkeit noch mildert er die Anforderungen innerhalb der Kriterien. Vielmehr korrigiert er seine Fehleinschätzung hinsichtlich nicht-finanzieller Posten und weitet den Anwendungsbereich prinzipienkonsistent aus, wobei deutlich mehr Risikokomponenten die Voraussetzungen für eine Designation erfüllen sollen.[868] Zur Vermeidung von Bilanzierungsspielräumen müssen die Kriterien der nachweislichen Identifizierbarkeit und Bewertbarkeit dennoch **streng ausgelegt** werden. Diese Auffassung des IASB wird auch in den nachstehend verschiedentlich aufgegriffenen Beispielen der *application guidance* und den *basis for conclusions* ersichtlich.

Aufgrund der Unterschiede in den einzelnen Produkten, der Struktur und der Liquidität eines Marktes werden vom Standardsetter keine allgemeinen Richtlinien oder konkreten Vorgaben für die Abgrenzung designierbarer Risikokomponenten vorgegeben. IFRS 9 hält stattdessen fest, dass die Designationsfähigkeit **im Kontext der jeweiligen Marktstruktur** zu beurteilen ist.[869] Dabei sind im Rahmen einer sorgfältigen Marktanalyse sämtliche relevanten Fakten und Umstände, die stets durch die konkrete Risikoart und den spezifischen Markt der betrachteten Risikoposition bedingt werden, einzubeziehen. Zwangsläufig werden damit künftig Ermessensentscheidungen zu treffen sein.[870] Für eine mit der differenzierten Risikomanagementpolitik übereinstimmende Bilanzierung lässt sich dies auch kaum gänzlich vermeiden. Allerdings muss hier die strenge Auslegung der Kriterien greifen. Die **separate Identifizierung** vertraglich nicht festgehaltener Risikokomponenten ist damit nicht lediglich ein bilanzierungstechnischer Schritt im Rahmen der Abbildung von Risikomanagementaktivitäten. Vielmehr ist es erforderlich, die einzelnen Treiber der Preisgestaltung zu verstehen, um nachweisen zu können, wie eine spezifische Komponente auf den Preis der ganzheit-

---

864 Vgl. IAS 39.82 i. V. m. IAS 39.BC137 f.; DELOITTE (HRSG.), iGAAP (2012), S. 550; PWC (HRSG.), Manual for Financial Instruments (2012), S. 10015; FLINTROP, B./VON OERTZEN, C., in: Bohl et al., Beck IFRS HB, § 23. Derivate, Rn. 56.

865 Vgl. IAS 39.82 i. V. m. IAS 39.BC138.

866 Vgl. IFRS 9.BC6.175 i. V. m. IFRS 9.BC6.179.

867 Vgl. IFRS 9.BC6.176.

868 Vgl. ERNST & YOUNG (HRSG.), ED Hedge Accounting, S. 8.

869 Vgl. IFRS 9.B6.3.9; ERNST & YOUNG (HRSG.), ED Hedge Accounting, S. 10.

870 Vgl. GARZ, C./HELKE, I., Review Draft Hedge Accounting, S. 1209.

lichen Risikoposition wirkt. Konkret bedeutet dies, dass die betreffende Komponente nachweislich ein festes Preiselement bei der Preisgestaltung gemäß den produktspezifischen Marktgepflogenheiten (implizite Marktpreisformel) bilden muss und somit der spezifische Einfluss der Komponente auf den Preis bestimmt werden kann.[871]

Die Ermittlung einer impliziten Marktpreisformel ist darüber hinaus auch für die **verlässliche Bewertbarkeit** nicht vertraglich fixierter Risikokomponenten unerlässlich. Das Kriterium ist ebenfalls streng auszulegen, so dass etwaige Mängel in der Kompensationswirkung auch tatsächlich als Ineffektivität ausgewiesen werden. Ein Rückschluss von einer Wertänderung des Sicherungsinstrumentes auf die Wertänderung der Risikokomponente, der jegliche Ineffektivität per Definition ausschließt, ist explizit untersagt.[872] Die stattdessen erforderliche Ableitung einer impliziten Marktpreisformel dürfte mit einem z. T. erheblichen Aufwand verbunden sein. Nicht zuletzt aus diesem Grund könnte sich in der vertraglichen Gestaltung ein Trend zu festgelegten Preisformeln bilden.[873] Eine solche Entwicklung wäre mit Blick auf die Einschränkung von Ermessensentscheidungen positiv zu beurteilen.

553.224. Leitlinien zur praktischen Umsetzung der Anforderungen

553.224.1 Typische Fallkonstellationen

Die strenge Auslegung der Kriterien bei der Beurteilung konkreter Sachverhalte wird in der *application guidance* und in den *basis for conclusions* deutlich. Die mangelnde Identifizierbarkeit bzw. verlässliche Bewertbarkeit und die daraus folgende zwingende Erfassung von Ineffektivitäten beim Einsatz nicht perfekter Absicherungsmaßnahmen ist demnach bei einer Vielzahl von Cross Hedges zu beobachten. Der Standardsetter gibt einige Beispiele für im Rahmen der Designation zulässige und unzulässige Risikokomponenten. Nachfolgend sollen diese auf typische Fallkonstellationen verallgemeinert und Leitlinien für die praktische Umsetzung der Anforderungen entwickelt werden, die die Übereinstimmung des bilanziellen Effektivitätsgrades mit der ökonomischen Wirksamkeit der Absicherungsmaßnahmen sicherstellen. Dabei wird zunächst auf die Designationsanforderungen bei der Abbildung der Absicherung des Preiseinflusses von Inputfaktoren eines Herstellungsprozesses eingegangen. Danach werden die Anforderungen für die Absicherung mittels Finanzinstrumenten konkretisiert, deren Basiswert zwar mit der Risikoposition korreliert, aber nicht perfekt übereinstimmt. Anschließend wird auch der Einklang von Risikoposition und Sicherungsinstrument hinsichtlich Termin- und Preiskonventionen thematisiert. Abschließend werden die

---

[871] Vgl. ERNST & YOUNG (HRSG.), ED Hedge Accounting, S. 10. Die Prinzipien hinsichtlich der Identifizierbarkeit und Bewertbarkeit von vertraglich festgehaltenen Risikokomponenten müssen konsistent auf nicht vertraglich spezifizierte Risikokomponenten übertragen werden. Folglich dürften künftig – entgegen der diesbezüglichen Kritik in der Kommentierungsphase – auch solche Komponenten designiert werden, deren beeinflusstes Preiselement sich wertmäßig entgegengesetzt zum Wert der gesamten Risikoposition entwickelt. Dies ist bspw. bei der Absicherung des Strompreises gegen dessen Risikokomponente des Kohlepreises der Fall, wenn sich der Preis von Emissionsrechten als weiterer Preistreiber (überkompensierend) in die entgegengesetzte Richtung bewegt. Vgl. IFRS 9.BC6.182-BC6.193. Damit werden nicht-finanzielle Posten künftig entsprechenden Finanzinstrumenten gleichgestellt, für die dies bereits nach IAS 39 zulässig war. Vgl. IFRS 9.BC6.177 i. V. m. IFRS 9.BC6.191.

[872] Vgl. IFRS 9.B6.3.10 (c) i. V. m. IFRS 9.BC6.188. Dieses Verbot entspricht der hier vertretenen strengen Auslegung.

[873] Vgl. zu dieser Einschätzung GARZ, C./HELKE, I., Review Draft Hedge Accounting, S. 1209.

Designationsmöglichkeiten für den Spezialfall der Inflation als abzusichernde Risikokomponente behandelt.

553.224.2 Inputfaktor als Risikokomponente

Die **alleinige Kenntnis**, dass eine Risikokomponente auf einen **Inputfaktor im Herstellungsprozess** zurückgeht, kann den Kriterien der separaten Identifizierbarkeit und verlässlichen Bewertbarkeit nicht genügen.[874] Dies ist auf die Bestimmung des IFRS 9 zurückzuführen, wonach die Komponente nachweislich ein festes Preiselement bei der Preisgestaltung gemäß den produktspezifischen Marktgepflogenheiten bilden muss.[875] Für die Designation einer solchen Risikokomponente für den Inputfaktor muss also zwingend eine (implizite) Marktpreisformel bestimmt und somit der **Preiseinfluss** des Inputfaktors auf den Preis der gesamten Risikoposition, d. h. das gesamte (End-)Produkt, identifiziert werden.

So wird bspw. bei der Herstellung von Bremsbacken in der Automobilindustrie häufig Edelstahl oder Gummi eingesetzt. Möchte ein Hersteller den geplanten Bezug von Bremsbacken absichern, so kann er hierfür geeignete Derivate auf den Einsatzfaktor, d. h. Edelstahl oder Gummi, kontrahieren. Diese Strategie beruht auf der Annahme, dass der Preis des bezogenen Produktes ähnlich verläuft wie der Preis des Inputfaktors. Dennoch dürfte es schwierig sein, den Einfluss der Edelstahl- oder Gummikomponente auf den Preis der Bremsbacke verlässlich zu identifizieren.[876] Die einzelnen Preiselemente und Margen sind häufig vermengt und können nicht unabhängig voneinander bestimmt werden, so dass auch die Preiswirkung der betrachteten Risikokomponente nicht immer eindeutig als Element einer festen Marktpreisformel identifiziert werden kann.[877] Somit darf hier nicht vom möglicherweise verwandten Derivat (d. h. von Terminkontrakten auf Edelstahl oder Gummi) auf die Preiswirkung der Komponente geschlossen und eine damit einhergehende, in jedem Fall perfekt wirksame Kompensation abgebildet werden. Auch Kenntnisse aus dem Kostencontrolling dürften hier allein nicht ausreichen, da der identifizierte Kostenanteil aufgrund der unternehmensindividuellen Wertschöpfung nicht zwingend dem Preisanteil des gesamten Gutes entspricht.

Wenngleich in der Praxis zum Teil Uneinigkeit darüber besteht, ob die allein physische Existenz einer Komponente die Anforderung an die Identifizierbarkeit erfüllt,[878] ist dies somit abzulehnen. Ein zulässiges Ergebnis einer umfassenden Marktstrukturanalyse zur separaten Identifizierung und verlässlichen Bewertung der Komponente sieht nach Ansicht des IASB wie im folgenden Beispiel aus:[879]

---

[874] Vgl. hierzu auch ERNST & YOUNG (HRSG.), ED Hedge Accounting, S. 10 bzw. zur abweichenden Auffassung KPMG (HRSG.), Hedge Accounting on the Horizon, S. 20.

[875] Vgl. IFRS 9.B6.9.

[876] Vgl. ERNST & YOUNG (HRSG.), ED Hedge Accounting, S. 10.

[877] Beispielsweise könnte der höhere Preis des Inputfaktors auf dem Markt des Endproduktes mangels Marktmacht nicht weitergegeben werden.

[878] Vgl. EBERLI, P./DI PAOLA, S., ED Hedge Accounting, S. 254.

[879] Vgl. zu diesem Beispiel IFRS 9.B6.3.10 (c), auf das sich die nachfolgenden Ausführungen stützen.

Im Risikomanagement von Fluggesellschaften ist es üblich, einen bestimmten Mengenanteil der erwarteten Treibstoffkäufe bereits zwei Jahre vor dem Lieferdatum teilweise abzusichern und die Absicherung im Zeitverlauf volumenmäßig zu erhöhen.[880] Dabei setzen die Gesellschaften verschiedene Verträge ein, um das mit dem benötigten Kerosin verbundene Güterpreisrisiko zu steuern.[881] Für den Zeitraum bis zu einem Jahr vor dem geplanten Bezugstermin werden ausschließlich Rohölderivate eingesetzt, da nur diese eine ausreichende Marktliquidität aufweisen. Im Rahmen der volumenmäßigen Aufstockung werden für den Zeitraum von einem bis zu einem halben Jahr vor dem Bezugstermin Gasölderivate eingesetzt, die dann ebenfalls liquide sind und eine bessere Absicherung ermöglichen sollen. Kerosinderivate werden erst im letzten halben Jahr vor dem Bezug für die endgültige Anpassung der Risikosteuerung an die nunmehr besser absehbare erforderliche Kerosinmenge eingesetzt und ermöglichen eine optimale Absicherung. Durch die Analyse der Preistreiber von Kerosin wird deutlich, dass sowohl Gasöl als auch Kerosin zum Teil aus Öldestillaten bestehen, die allerdings unterschiedliche Raffinationsmargen *(crack spreads)*, d. h. Aufwendungen zur Weiterverarbeitung von Rohöl in das jeweilige Produkt, erfordern.[882] Der Preis für Gasöl schließt also u. a. den Preis von Rohöl und die erste Raffinationsmarge (Gasöl-Rohöl-Marge) für die Destillation ein, während der Preis von Kerosin noch eine weitere Raffinationsmarge (Kerosin-Gasöl-Marge) umfasst.[883] Diese Marktstruktur erlaubt es, den Rohöl- bzw. Gasölpreis als Baustein für den Kerosinpreis zu betrachten.[884] Im Rahmen der Absicherung mit Rohölterminkontrakten bleibt die Fluggesellschaft also bzgl. der bereits abgesicherten Treibstoffvolumina dennoch dem Risiko einer Veränderung der gesamten Raffinationsmarge für Kerosin ausgesetzt. Werden indes Gasölterminkontrakte eingesetzt, so wird zumindest ein Teil daraus, nämlich die Raffinationsmarge für Gasöl, abgesichert. Der Einsatz von Kerosinderivaten ermöglicht für die zuletzt abgesicherten Volumina eine perfekte Absicherungswirkung.[885]

Durch diese impliziten Marktpreisformeln für Öldestillate ist eine Identifizierung der einzelnen Risikokomponenten aus Sicht des IASB gegeben.[886] Durch beobachtbare Terminpreise der entsprechenden Destillate an den Energiebörsen (z. B. *ICE* in London oder *Nymex* in New York) sind die Risikokomponenten auch verlässlich bewertbar.[887] In der Marktanalyse kann ferner festgestellt werden, dass an den Börsen Derivate auf die jeweiligen Raffinationsmargen gehandelt werden (sog. *crack spread swaps/futures*), so dass die Margen nicht lediglich als Differenz zwischen den Destillatpreisen identifiziert, sondern vielmehr eigenständig ermittelt werden können.

Die vertraglich zwar nicht festgelegte, aber über die Marktpreisformel von Kerosin identifizierte und aufgrund des aktiven, sehr liquiden Rohölmarktes verlässlich bewertbare Rohölkomponente kann somit als Grundgeschäft einer bilanziellen Sicherungsbeziehung designiert werden.[888] Wird

---

880 Vgl. ERNST & YOUNG (HRSG.), ED Hedge Accounting, S. 11.
881 Vgl. IASB (HRSG.), Not Contractually Specified Risk Components (agenda paper 3), S. 11.
882 Vgl. MÄRKL, H./GLASER, A., Hedge Accounting, S. 126.
883 Vgl. ERNST & YOUNG (HRSG.), ED Hedge Accounting, S. 11.
884 Vgl. KPMG (HRSG.), Hedge Accounting on the Horizon, S. 22.
885 Vgl. IASB (HRSG.), Not Contractually Specified Risk Components (agenda paper 3), S. 12.
886 Vgl. IFRS 9.B6.3.10 (c); KPMG (HRSG.), Hedge Accounting on the Horizon, S. 22.
887 Vgl. IASB (HRSG.), Not Contractually Specified Risk Components (agenda paper 3), S. 13.
888 Vgl. IFRS 9.B6.3.10 (c); MÄRKL, H./GLASER, A., Hedge Accounting, S. 126.

die Absicherung im Zeitverlauf volumentechnisch erhöht, ist dies für die zusätzlichen Volumina analog auch hinsichtlich der Gasölkomponente möglich.[889] Damit wird lediglich die Wertänderung der designierten Risikokomponente mit derjenigen des jeweiligen Sicherungsinstrumentes verglichen und durch den unverzerrten Vergleichsmaßstab ein Effektivitätsgrad abgebildet, der mit der Interpretation des internen Risikomanagements hinsichtlich der ökonomischen Wirksamkeit übereinstimmt.[890]

553.224.3 Hohe Korrelation

In einer *Cross-hedging*-Strategie, innerhalb derer ein stark mit der Risikoposition **korrelierendes, aber nicht übereinstimmendes Absicherungsinstrument** eingesetzt wird, kann der Basiswert des Sicherungsinstrumentes aufgrund der allgemeinen Bestimmung des IFRS 9, wonach eine Risikokomponente ein festes Preiselement bei der Preisgestaltung gemäß den produktspezifischen Marktgepflogenheiten bilden muss, ohne nachweisliche Preisformel regelmäßig nicht als Risikokomponente und auch nicht als Teilkomponente des Grundgeschäftes bestimmt werden. Insbesondere kann also auch bei leichten Unterschieden zwischen den zugrunde liegenden Risikopositionen von Grund- und Sicherungsgeschäft (z. B. aufgrund von identifizierten Marktunvollkommenheiten) nicht ohne Nachweis unterstellt werden, dass mit dem Sicherungsinstrument eine **Teilkomponente** des Grundgeschäftes perfekt abgesichert wird und dadurch trotz Divergenzen eine vollständig effektive Absicherungsmaßnahme eingesetzt wird.[891]

Im nachfolgenden Beispiel schließt ein Unternehmen langfristige Verträge über Rohöllieferungen zur Deckung des Eigenbedarfs ab.[892] Der variable Preis des Rohöls wird dabei an den Preis eines leichten, „süßen" Rohöls mit geringem Schwefelgehalt und einer standardisierten Qualität als Benchmark, die damit die Risikokomponente des Grundgeschäftes bildet, gebunden. Diese vertraglich spezifizierte Komponente wäre nach Auffassung des Standardsetters verlässlich identifizierbar. Da der Terminmarkt für diese spezifische Rohölsorte allerdings illiquide ist, setzt das Unternehmen zur Steuerung Terminkontrakte auf ebenfalls leichtes, „süßes" Rohöl als Basiswert ein, das allerdings aus einer anderen Region stammt und geringfügig abweichende Eigenschaften und

[889] Die übrigen Bestandteile *(crack spreads)* werden also zunächst jeweils von der bilanziellen Sicherungsbeziehung ausgeschlossen. Damit wird der Tatsache Rechnung getragen, dass das Unternehmen bestimmte Komponenten bewusst nicht absichert, woraus auch keine bilanzielle Ineffektivität resultieren sollte; vgl. IASB (Hrsg.), Not Contractually Specified Risk Components (agenda paper 3), S. 14. Die bestehenden Absicherungsverhältnisse können allerdings anschließend durch die Absicherung der verbleibenden Gasöl-Rohöl- bzw. Kerosin-Gasöl-Margen als Grundgeschäfte mit den am Markt verfügbaren *Crack-spread*-Derivaten als Sicherungsinstrumente verbessert werden. Für die bereits mit Rohölterminkontrakten abgesicherten Volumina wird also im Zeitverlauf eine nachträgliche Absicherung der Raffinationsmargen möglich. Ein Jahr vor dem Liefertermin könnte ein Unternehmen demnach eine weitere Sicherungsbeziehung bestimmen, die aus dem Grundgeschäft in Form der Raffinationsmarge zwischen Rohöl und Gasöl und dem Sicherungsgeschäft in Form des *crack spread swaps* (Gasöl vs. Rohöl) gebildet wird. Aufgrund des nunmehr liquiden Terminmarktes ist die einzelne Raffinationsmarge auch trotz mangelnder vertraglicher Spezifizierung verlässlich bewertbar. Schließlich ist sechs Monate vor der Lieferung auch noch ein weiteres Absicherungsverhältnis zwischen der Kerosin-Gasöl-Marge als designierte Risikokomponente und dem entsprechenden *crack spread swap* (Kerosin vs. Gasöl) als Sicherungsinstrument nach den Vorschriften des Hedge Accounting abbildbar. Vgl. Ernst & Young (Hrsg.), ED Hedge Accounting, S. 9-12.

[890] Vgl. IASB (Hrsg.), Not Contractually Specified Risk Components (agenda paper 3), S. 12.

[891] Vgl. IFRS 9.BC6.188 (d).

[892] Vgl. IFRS 9.BC6.188 (c).

Transportkosten aufweist. Aufgrund dieser leicht voneinander abweichenden Charakteristika der beiden Rohölsorten wird auf dem Ölmarkt ein gewisser Auf- bzw. Abschlag zwischen den Preisen der Rohölsorten, d. h. zwischen dem Preis für die Benchmark des Grundgeschäftes und dem Preis für den Basiswert des Sicherungsinstrumentes, beobachtet.

Selbst wenn die Preise der beiden Rohölsorten stark korrelieren, kann indes nicht unterstellt werden, dass der Preis für den Basiswert des eingesetzten Sicherungsinstrumentes auch gleichzeitig eine **separate Komponente der eigentlichen abzusichernden (häufig vertraglich festgehaltenen) Benchmark** des Grundgeschäftes bildet, die wiederum den Preis in den Lieferverträgen bestimmt. Dies würde nämlich voraussetzen, dass die Marktstruktur eine identifizierbare und verlässlich bewertbare **zusätzliche Komponente** in der Preisformel für das Grundgeschäft erkennen ließe, die den Preisunterschied zwischen den Rohölsorten quantifiziert und deren Preistreiber aus den unterschiedlichen Qualitätsmerkmalen und Transportkosten hervorgehen. Bei der Ermittlung der Preisformel ist es von zentraler Bedeutung, dass sich die Formel auf den Preis des originären Grundgeschäftes bezieht.[893] Der Preisunterschied ist durchaus beobachtbar und häufig auch durch bestimmte Finanzinstrumente quantifizierbar (z. B. durch einen Basisswap). Allerdings ist die Preisdifferenz nicht stets auf ein Element zurückzuführen, das in der Preiskalkulation des Grundgeschäftes als separate Komponente berücksichtigt wird. Die Analyse der Struktur des Ölmarktes lässt eine solche separat identifizierbare und bewertbare Komponente nicht erkennen und infolgedessen auch nicht den Schluss zu, dass der liquidere Basiswert eine feste Komponente der kontrahierten Rohöllieferverträge ausmacht.[894] Die bloße Divergenz zwischen den Preisen als (Rest-)Komponente, die auf nicht eigenständig identifizier- und bewertbare Unterschiede zwischen Benchmark und Basiswert zurückzuführen ist, kann der Anforderung an eine implizite Marktpreisformel nicht entsprechen. Somit kann der liquidere Basiswert, d. h. das Rohöl mit abweichender Herkunft, nicht als Risikokomponente der Lieferverträge designiert werden. Stattdessen muss auf die eigentliche Benchmark, d. h. die vertraglich bestimmte Rohölkomponente abgestellt werden. Es kann folglich nicht von der Risikokomponente des Sicherungsinstrumentes auf eine in den Konditionen identische Komponente im Grundgeschäft und damit auf eine perfekte Sicherungswirkung geschlossen werden, selbst wenn eine hohe Korrelation beobachtet wird.[895] Für eine solche Abbildung als Teilkomponente müsste zwingend der Nachweis in Form einer Preisformel erbracht werden, mit der die Teilkomponente separat identifiziert und ihr Preiseinfluss verlässlich quantifiziert werden kann.[896] Sofern die Absicherung den Effektivitätsanforderungen an eine bilanzielle Sicherungsbeziehung dennoch genügt, müssen aus der Divergenz der Rohstoffsorten resultierende Mängel hinsichtlich der Absicherungswirkung im Abschluss als Ineffektivität der Absicherungsmaßnahme abgebildet werden.

Die Designation einer Risikokomponente als Grundgeschäft, die einem lediglich korrelierenden Sicherungsinstrument entnommen und auf das Grundgeschäft übertragen werden soll, ist – wie am

[893] Vgl. hierzu auch das Beispiel in IFRS 9.BC6.188 (b).
[894] Vgl. IFRS 9.BC6.188 (c).
[895] Vgl. auch das Beispiel in IFRS 9.BC6.188 (d).
[896] Vgl. IFRS 9.B6.3.10 für ein Beispiel, in dem eine solche Preisformel für längerfristige Verträge aus kurzlaufenden abgeleitet wird.

Beispiel dargelegt – ohne den Nachweis des entsprechenden Preiselementes in der Marktpreisformel prinzipiell unzulässig. Dies impliziert, dass in diesen Fällen eine bilanzielle Ineffektivität auszuweisen ist. Dieser Ausweis steht im Einklang mit einer rationalen Zielsetzung bzgl. der Risikosteuerung. Schließlich würden im Fall eines liquideren Marktes für die originäre Risikokomponente passgenauere Instrumente kontrahiert werden. Die Eigenschaft des Marktes zwingt das bilanzierende Unternehmen indes zum Einsatz korrelierender, aber nicht konditionengleicher Instrumente, der entsprechend nachzuzeichnen ist.

Diese Konstellation wird bei vielen *Cross-hedging*-Strategien von Industrieunternehmen auftreten, wenn etwa längerfristige Terminkontrakte auf die eigentliche Risikokomponente nicht am Terminmarkt gehandelt (z. B. längerfristige Kontrakte auf Aluminium) und stattdessen verfügbare Kontrakte auf ein stark korreliertes Substitut (z. B. Kupfer) eingesetzt werden. Gleiches gilt für die Absicherung von geplanten Einkäufen einer bestimmten Rohstoffsorte (z. B. Öl der Sorte Brent (Europa)), bei der auf Absicherungsinstrumente, die sich auf eine ähnliche, aber nicht exakt übereinstimmende Sorte (Öl der Sorte WTI (USA)) beziehen, ausgewichen werden muss.[897] Zwar weisen die Preise jeweils einen engen Zusammenhang auf. Jedoch muss mangels Verfügbarkeit auf Sicherungsinstrumente mit lediglich verwandten Eigenschaften zurückgegriffen werden. Eine unternehmensintern abgeleitete „Preisformel“ in Form einer Korrelation, bspw. im Rahmen des Regressionsansatzes, dürfte den Anforderungen an die Identifizierbarkeit und Bewertbarkeit der Komponente i. d. R. nicht genügen. Kann der Basiswert des Sicherungsinstrumentes nicht als festes Preiselement der Preisgestaltung für das Grundgeschäft am Markt nachgewiesen werden oder ist der wertmäßige Einfluss der Komponente nicht am Markt beobachtbar, so kann diese Komponente auch nicht als Grundgeschäft designiert werden. Vielmehr muss bei der Designation des Grundgeschäftes auf die eigentlichen, in der Marktpreisformel identifizierten Risikokomponenten abgestellt werden, wodurch auf abweichende Charakteristika von Grund- und Sicherungsgeschäft zurückzuführende Mängel in der Kompensationswirkung als Ineffektivität der Absicherung nachgezeichnet werden. Die restriktiven Kriterien der Identifizierbarkeit und der verlässlichen Bewertbarkeit gewährleisten damit eine Übereinstimmung der bilanzierten Sicherungsbeziehung mit der ökonomischen Absicherungswirkung und verhindern die willkürliche Designation von Risikokomponenten, die einen stets perfekten Wirkungszusammenhang von Grundgeschäft und Sicherungsinstrument suggerieren.

553.224.4 Grad der Übereinstimmung von Termin- und Preiskonventionen

Die restriktiven Kriterien greifen ferner bei einer Preisdifferenz zwischen der originären, zu sichernden Benchmark des Grundgeschäftes und dem hierfür eingesetzten Sicherungsinstrument, sofern die Differenz aus Unterschieden in den **Preisanpassungsterminen**[898] oder **Preisberech-**

[897] Vgl. IFRS 9.B6.3.10 (c) i. V. m. IFRS 9.BC6.188 (d). Die Marktstruktur lässt also nicht den Schluss zu, dass der Preis für WTI eine Komponente des Preises für Brent ausmacht. Entsprechend dürften auch nicht die Charakteristika und Konditionen der Sicherungsinstrumente auf die zu sichernde Risikokomponente übertragen werden.

[898] Vgl. IFRS 9.BC6.188 (a). An Preisanpassungsterminen werden variable Konditionen an die jeweiligen Referenzpreise angepasst.

nungskonventionen[899] resultiert. Die Argumentation entspricht derjenigen bei unterschiedlichen Charakteristika von Grund- und Sicherungsgeschäft.[900] Eine abgrenzbare Komponente für unterschiedliche Preisanpassungstermine oder Preisberechnungskonventionen, die für die Preiskalkulation der Grundgeschäfte herangezogen würde, ist auf den Märkten nicht beobachtbar.[901] Folglich muss aufgrund der unterschiedlichen Konditionen zwingend eine Ineffektivität ausgewiesen werden, wodurch auch hier der ökonomische Gehalt einer näherungsweisen Absicherung treffend abgebildet wird.

553.224.5 Inflation als Risikokomponente

Im Gegensatz zu vertraglich spezifizierten Inflationskomponenten besteht für die vertraglich nicht festgelegte Inflationskomponente grds. die **widerlegbare Vermutung**, dass diese nicht separat identifizierbar und verlässlich bewertbar ist.[902] Die Grundproblematik bestand aus Sicht des IASB zunächst darin, dass die unabhängige Erfassung des Inflationseinflusses nur selten möglich ist, da alle übrigen Komponenten folglich von der Inflation nicht mehr betroffen sein dürften, was nur in seltenen Fällen gegeben ist.[903] Der Board sprach sich entgegen den ursprünglichen Vorschlägen im Exposure Draft schließlich jedoch gegen das grundsätzliche Verbot der Designation der Inflationskomponente aus. Die Designation einer vertraglich festgelegten Inflationskomponente wird somit möglich.[904] Allerdings wird besonders bei der nicht vertraglich spezifizierten Inflationskomponente ein unerlaubter Rückschluss von der Wertänderung des Sicherungsinstrumentes auf diejenige des Grundgeschäftes befürchtet.[905] Da hierdurch jegliche Ineffektivität kategorisch ausgeschlossen würde, führte der IASB klarstellend die widerlegbare Vermutung der unzulässigen Designation der Inflationskomponente ein. Indes hätte auch allein die Ausweitung der streng ausgelegten Kriterien der separaten Identifizierbarkeit und der verlässlichen Bewertbarkeit dieses Ergebnis erreicht und gleichzeitig die Prinzipienorientierung der Regelungen unterstützt, da der Nachweis einer designierbaren, nicht vertraglich festgelegten Inflationskomponente nur in seltenen Fällen gelingen dürfte, z. B. sofern es gängige Praxis ist, die Preisliste eines Produktes lediglich um den Inflationseffekt periodisch anzupassen.[906]

---

[899] Vgl. IFRS 9.BC6.188 (b). Unter dem Begriff Preisberechnungskonventionen werden sämtliche Marktusancen für bspw. Preisquotierungen oder Zinsberechnungsmethoden zusammengefasst.

[900] Vgl. das Beispiel in IFRS 9.BC6.188 (c) zu den Unterschieden zwischen Rohölsorten aufgrund ihrer unterschiedlichen Herkunft, das in Abschnitt 553.224.3 detailliert aufgegriffen wird.

[901] Die Diskrepanz der Referenzpreise von Grund- und Sicherungsgeschäft ist beobachtbar und damit auch quantifizierbar. IFRS 9.BC6.188 (b) stellt allerdings klar, dass auf die Preisberechnungsformel des Grundgeschäftes abzustellen ist, die eine solche Komponente in aller Regel nicht enthält. Somit ist diese Komponente auch nicht identifizierbar bzw. verlässlich bewertbar und folglich nicht als Grundgeschäft designierbar.

[902] Vgl. IFRS 9.B6.3.13.

[903] Vgl. zu einem Beispiel in Form eines an die Inflation gekoppelten Finanzinstrumentes IFRS 9.B6.3.15A.

[904] Vgl. IFRS 9.B6.3.13.

[905] Vgl. IFRS 9.BC6.192.

[906] Vgl. ERNST & YOUNG (HRSG.), ED Hedge Accounting, S. 10.

553.23 Zusammenfassung

Durch die in IFRS 9 vorgesehenen Möglichkeiten zur Designation einzelner Risikokomponenten als Grundgeschäft können im internen Risikomanagement umgesetzte Strategien der Teilabsicherung vermehrt auch bilanziell nachgezeichnet werden. Um eine ungerechtfertigte Ausweitung des Hedge Accounting zu unterbinden und die Güte der jeweiligen Absicherungsmaßnahme über die bilanzielle Effektivität sachgerecht abzubilden, werden allerdings spezielle Anforderungen an die Designation von Risikokomponenten als Grundgeschäft gestellt. In Abbildung 5-2 werden die entsprechenden Vorschriften in Form eines Prüfungsschemas zusammengefasst.

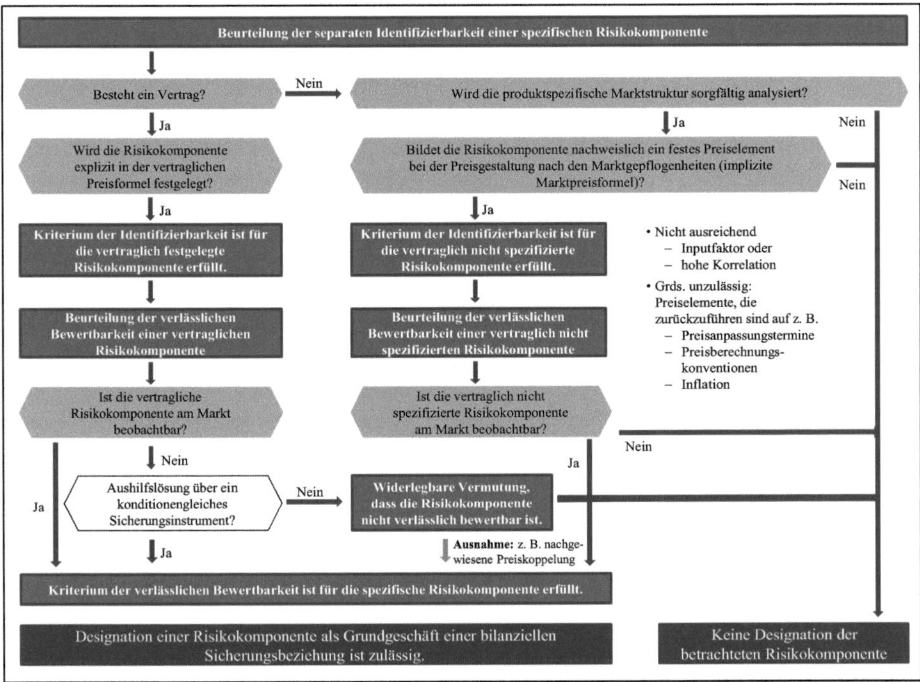

Abbildung 5-2: Prüfungsschema zur Designation einzelner Risikokomponenten

553.3 Zahlungsstromkomponenten und zeitliche Komponenten

Nach IFRS 9 ist künftig eine Teilabsicherung möglich, die sich nicht auf eine spezielle Risikoursache, sondern vielmehr auf einen spezifischen Anteil der gesamten Risikoposition bezieht. Neben einzelnen Risikokomponenten können nunmehr auch **einzelne vertraglich vereinbarte Zahlungsstromkomponenten** von finanziellen und nicht-finanziellen Posten designiert werden.[907] Eine

[907] Vgl. IFRS 9.6.3.7 (b); FLICK, P./KRAKUHN, J./SCHÜZ, P., ED Hedge Accounting, S. 118.

solche Teilabsicherung ist bislang nach IAS 39 nur für finanzielle Posten abbildbar.[908] Die neue Designationsmöglichkeit erscheint vor dem Hintergrund der Ausweitung des Geltungsbereiches der Kriterien der Identifizierbarkeit und Bewertbarkeit von Risikokomponenten auf nicht-finanzielle Posten schlüssig.[909] Somit können künftig einzelne vertraglich fixierte Zahlungsströme, die etwa aus einem Liefervertrag resultieren, als Grundgeschäft designiert werden. Folglich kann die übliche Vorgehensweise im Risikomanagement, Verträge in ihre **Bestandteile** zu zerlegen und diese entsprechend der jeweiligen Zielsetzung zu steuern, nach IFRS 9 auch hinsichtlich nicht-finanzieller Posten bilanziell nachvollzogen werden. Neben der vertraglichen Vereinbarung und der eindeutigen Identifikation im Rahmen der allgemeinen Dokumentationsanforderungen[910] stellt IFRS 9 aufgrund der dadurch klar abgrenzbaren Zahlungsstromkomponente keine weiteren Anforderungen an deren Designation.[911]

Nach IAS 39 war es für finanzielle Posten explizit zulässig, ein kürzer laufendes Sicherungsinstrument zur Absicherung lediglich eines Teils der Restlaufzeit (sog. ***partial term hedging***)[912] eines finanziellen Grundgeschäftes einzusetzen.[913] Zwar wird die bilanzielle Abbildung dieser laufzeitinkongruenten Absicherungsstrategie nicht mehr explizit im neuen Standard adressiert. Aufgrund der neu formulierten Zielsetzung des IFRS 9, die im internen Risikomanagement umgesetzten Steuerungsmaßnahmen auch im Rechenwerk nachzuzeichnen, dürfte diese Abbildung auch weiterhin zulässig sein. Auch die Vorschriften zur Designation von Risikokomponenten und vertraglich vereinbarten Zahlungsstromkomponenten lassen den Schluss zu, dass eine zeitliche Komponente designierbar ist.[914] Denn schließlich entspricht, z. B. bei längerfristigen Lieferverträgen, die bilanzielle Abbildung einer Absicherung über einen Teil der Restlaufzeit genau der Designation der vertraglich vereinbarten Zahlungsstromkomponenten, die in diesem Zeitraum liegen. Bereits in IAS 39 wurde zutreffend argumentiert, dass selbst durch ein kürzer laufendes Termingeschäft eine Sicherungswirkung zumindest bis zum Laufzeitende des Termingeschäftes gegeben ist, die nachgezeichnet werden soll. Der IASB erlaubte hier also die **synthetische Zerlegung** eines (allerdings bislang nur finanziellen) Grundgeschäftes in zwei zeitlich aufeinanderfolgende Komponenten, wobei nur die erste Komponente im Rahmen der Sicherungsbeziehung als Grundgeschäft designiert wird. Dass die Risikoposition im Zeitraum der zweiten Komponente ungesichert bleibt, erscheint angesichts der Grundkonzeption der komponentenweisen Designation in IFRS 9 in sich konsistent.

---

[908] Vgl. IAS 39.81. Für nicht-finanzielle Posten ist dies nach IAS 39 lediglich für die Komponente des Währungsrisikos zulässig. Die vormalige Begründung des Standardsetters lautete, dass die Absicherung einzelner Komponenten eines nicht-finanziellen Postens schwierig und nicht in sachgerechter Weise möglich sei. Vgl. IAS 39.82 i. V. m. IFRS 9.BC6.230 f.; BARCKOW, A., in: Baetge et al., Rechnungslegung nach IFRS, IAS 39, Rn. 232.

[909] Vgl. zu den Kriterien der separaten Identifizierbarkeit und der verlässlichen Bewertbarkeit Abschnitt 553.22.

[910] Vgl. zu den Dokumentationsanforderungen Abschnitt 54.

[911] Jene Zahlungsstromkomponenten, die nicht vertraglich festgelegt sind, kommen indes für die Designation als nominale Komponente der gesamten Risikoposition in Frage, sofern die daran gestellten Anforderungen erfüllt werden; vgl. hierzu den nachfolgenden Abschnitt 553.4.

[912] Vgl. IASB (HRSG.), Objective (agenda paper 8A), S. 3; IASB (HRSG.), Components (agenda paper 8B), S. 2 und S. 4.

[913] Vgl. IAS 39.IG.F.2.17; BARCKOW, A., in: Baetge et al., Rechnungslegung nach IFRS, IAS 39, Rn. 220 sowie zur Diskussion vor dem Hintergrund der Möglichkeit zur Glattstellung von Derivaten SCHWARZ, C., Derivative Finanzinstrumente und Hedge Accounting, S. 222.

[914] Vgl. WEBER, C.-P., in: Ballwieser et al., Wiley-Kommentar, Abschnitt 12: Finanzanlagen, Rn. 140 sowie zur analogen Interpretation hinsichtlich Währungsrisiken ERNST & YOUNG (HRSG.), ED Hedge Accounting, S. 13.

So wird – wie auch z. B. im Fall der Designation einer Risikokomponente[915] – lediglich der abgesicherte Teil in die bilanzielle Sicherungsbeziehung aufgenommen, während die übrigen Komponenten hiervon ausgeklammert werden.[916] Durch diese synthetische Zerlegung des bilanziellen Grundgeschäftes wird somit die sachverhaltsgetreue Abbildung der Absicherungswirkung von intern umgesetzten Steuerungsmaßnahmen ermöglicht. Aufgrund der in IFRS 9 eingeführten Gleichstellung finanzieller und nicht-finanzieller Posten dürfte die Möglichkeit zur Abbildung dieser laufzeitinkongruenten Absicherungsstrategien künftig auch für nicht-finanzielle Posten gelten. Wird also bspw. das Güterpreisrisiko von in dreizehn Monaten fälligen Warenbezügen mit einem Derivat abgesichert, das nur eine Laufzeit von zwölf Monaten aufweist, so dürfte die zeitliche Komponente von zwölf Monaten aus der gesamten, dreizehnmonatigen Risikoposition als Grundgeschäft designiert und die wirksame Absicherung über das erste Jahr im Rahmen des Hedge Accounting abgebildet werden.[917]

Bei der zeitlichen Aufspaltung wird allerdings deutlich, dass hier ein Grundgeschäft in unterschiedliche synthetische Derivate zerlegt wird. Das einmonatige Element entspricht hier nicht etwa einem Kassainstrument, sondern vielmehr einem Aggregat aus Terminverkauf und gleichzeitigem Terminkauf, um die Differenz zwischen den Laufzeiten zu berücksichtigen. Die Wertänderung des synthetischen Grundgeschäftes verläuft also nicht etwa proportional (12/13) zum ganzheitlichen Grundgeschäft. Dies ist vor allem der zeitlichen Struktur des Geschäftes geschuldet. Diese starke Anlehnung an die synthetische Zerlegung von Geschäften im Rahmen des Risikomanagements ist bemerkenswert, zumal sich selbst der FASB mittlerweile dagegen ausspricht,[918] folgt aber der Zielsetzung in Form eines Einklangs zwischen Risikomanagement und bilanzieller Abbildung. Dadurch wird eine sehr detaillierte und mit der ökonomischen Absicherung stärker übereinstimmende Darstellung komplexer Risikomanagementsysteme ermöglicht.

553.4 Nominale Komponenten

Künftig dürfen neben Risikokomponenten und einzelnen vertraglichen Zahlungsströmen auch nominale Komponenten eines finanziellen oder nicht-finanziellen Postens als Grundgeschäft designiert werden.[919] IFRS 9 unterscheidet dabei zwischen zwei Grundarten, wonach ein Unter-

[915] Vgl. zur Designation einzelner Risikokomponenten Abschnitt 553.2.

[916] Die ausgeschlossenen Komponenten werden auch hier nach den allgemeinen Ansatz- und Bewertungsvorschriften bilanziert. Insofern entspricht die Designation einer zeitlichen Komponente dem Grundgedanken der Zerlegung einer Risikoposition in seine einzelnen Bestandteile.

[917] Vgl. zur analogen Interpretation hinsichtlich Währungsrisiken ERNST & YOUNG (HRSG.), ED Hedge Accounting, S. 13.

[918] Vgl. Statement 133 Implementation Issue No. F2.

[919] Vgl. IFRS 9.BC6.202. Die Designation ist dabei für sowohl Fair Value- als auch Cashflow-Hedges und damit für bereits kontrahierte Posten wie auch für künftige Transaktionen ungeachtet ihrer vertraglichen Bindung zulässig. Die Designation von Tranchen war bislang selbst für finanzielle Posten nicht bzw. nur stark eingeschränkt vorgesehen. Vgl. BARCKOW, A., in: Baetge et al., Rechnungslegung nach IFRS, IAS 39, Rn. 275; GARZ, C./HELKE, I., Review Draft Hedge Accounting, S. 1211. Insofern handelt es sich um eine deutliche Ausweitung des Anwendungsbereiches des IFRS 9 hinsichtlich finanzieller und nicht-finanzieller Posten. Vgl. IFRS 9.B6.3.16.

nehmen entweder eine prozentuale Komponente oder eine bestimmte Tranche des Postens als Grundgeschäft festlegen kann.[920]

Prozentuale Komponenten eines Nominalbetrages sind aus Sicht des Standardsetters typischerweise eindeutig bestimmbar, da sie einen eindeutig quantifizierbaren Anteil der gesamten Zahlungsströme eines Postens bilden.[921] Sofern sich die prozentuale Komponente auf einen bekannten Nominalbetrag bezieht, z. B. 50 % eines langfristigen Liefervertrages über 1 Mio. Barrel Rohöl, weist der prozentuale Anteil **dieselben Charakteristika** wie der gesamte Nominalbetrag auf. Folglich unterliegt der Anteil auch identischen Risiken und Chancen. Änderungen im Fair Value oder in den Zahlungsströmen eines ganzheitlichen Postens spiegeln sich somit in den exakt proportionalen Änderungen der prozentualen Komponente wider, so dass dem bilanzierenden Unternehmen – von der Bestimmung des Prozentsatzes abgesehen – keine weiteren Spielräume bei der Ermittlung der Wertentwicklung der Komponente gegeben werden.[922] Die Vermutung, dass prozentuale Komponenten eindeutig abgrenzbar sind, dürfte sich indes auf einen bekannten Nominalbetrag beschränken.[923]

Im Rahmen des internen Risikomanagements werden häufig Maßnahmen auf prozentuale Anteile einer Risikoposition zur Absicherung von Risiken, die über das intern definierte Risikolimit hinausgehen, kontrahiert.[924] Durch die Zulässigkeit einer prozentualen Komponente als designierbares Grundgeschäft für die Abbildung der prozentualen Absicherung im Rahmen des Hedge Accounting wird die Möglichkeit des Gleichklangs zwischen interner Steuerung und bilanzieller Abbildung gesichert. Der Standardsetter knüpft die Designation allerdings stets an den Nachweis, dass die bilanzielle Designation mit der ökonomischen Zielsetzung des Risikomanagements übereinstimmt.[925] Beim Nachweis der Übereinstimmung im Rahmen der Designation bzw. Dokumentation dürfte hier vor allem der Nachweis der intern eingesetzten prozentualen Absicherungsquote zu erbringen sein.[926] Durch diesen Nachweis wird die anteilige Designation bis zu einem gewissen Grad objektiviert. Angesichts des verbleibenden Gestaltungspotenzials hinsichtlich der verwandten Absicherungsquote sind allerdings weitere Anforderungen an die Sicherungsbeziehung zu stellen. Diese setzen indes nicht mehr bei der Designation der prozentualen Komponente, sondern bei der bilanziellen Sicherungsquote im Rahmen der Effektivitätsbeurteilung an.[927]

---

[920] Vgl. IFRS 9.B6.3.17 und B6.3.18; Barz, K./Flick, P./Maisborn, M., Review Draft Hedge Accounting, S. 474; Märkl, H./Glaser, A., Hedge Accounting, S. 126 f.

[921] Vgl. IASB (Hrsg.), Nominal Amounts (agenda paper 1B), S. 2 f.

[922] Spielräume bestehen indes bei der Wertermittlung der gesamten Risikoposition. Allerdings ist die Zulässigkeit der anteiligen Designation bei einer zulässigen Designation der gesamten Risikoposition schlüssig.

[923] Diesen Schluss lässt auch der Wortlaut der *basis for conclusions* des Exposure Draft zu. Vgl. IASB (Hrsg.), ED Hedge Accounting, Tz. BC.63 sowie zum bekannten Nominalbetrag Barckow, A., in: Baetge et al., Rechnungslegung nach IFRS, IAS 39, Rn. 247 f.

[924] Vgl. IFRS 9.BC6.198 sowie zur Steuerung mit Limitsystemen Abschnitt 323.5.

[925] Vgl. zu den Designations- und Dokumentationsanforderungen Abschnitt 54.

[926] Ferner müssen vor allem bei einer prozentualen Absicherung erwarteter bzw. geplanter Transaktionen die speziellen Anforderungen an antizipative Hedges beachtet werden, um diese nicht durch die komponentenweise Designation zu unterlaufen.

[927] Vgl. IFRS 9.BC6.198. Es sei ferner auf die Ausführungen zur Bestimmung der unverzerrten bilanziellen Sicherungsquote in Abschnitt 574. verwiesen.

Nach den Neuregelungen des IFRS 9 kommen künftig neben prozentualen Komponenten auch bestimmte **Tranchen** *(layers)* eines Postens als Grundgeschäft in Frage. Im Gegensatz zu einem pauschalen, prozentualen Anteil eines Nominalbetrages wird hier also eine genauer aufgeschlüsselte Tranche des Gesamtpostens designiert. Der Standardsetter knüpft auch hier die Designation an den Nachweis, dass die bilanzielle Designation mit der ökonomischen Zielsetzung des Risikomanagements übereinstimmt.[928] Darüber hinaus sieht er für die Designation einer Tranche zwei weitere Anforderungen vor, nämlich die genaue Spezifizierung der Tranche sowie die fortwährende Nachverfolgung des Nominalbetrages, aus dem die Tranche definiert wird.

Das Kriterium der genauen **Spezifizierung der Tranche** zu Beginn der Sicherungsbeziehung liegt in den speziellen Eigenschaften einer Tranche begründet.[929] Im Gegensatz zur prozentualen Komponente weist eine bestimmte Tranche eines Postens **Eigenschaften** auf, die sich von denjenigen des gesamten Postens typischerweise **unterscheiden.**[930] Folglich verläuft auch die Wertentwicklung einer Tranche gerade nicht proportional zur Wertentwicklung des gesamten Postens. Geht ein Unternehmen z. B. einen fünfjährigen Liefervertrag über monatlich 100 ME Aluminium mit fixen Preisen zur Deckung seines Rohstoffbedarfs ein, so ändert sich der Wert einer prozentualen Komponente proportional zum Wert des gesamten Postens, der sich aus den einzelnen Teillieferungen zu den unterschiedlichen Zeitpunkten zusammensetzt und dessen Wert vor allem durch die Rohstoffpreise und die zeitliche Struktur der Zahlungen bestimmt wird. Die Wertentwicklung einer einzelnen Tranche, die sich bspw. auf die 100 ME der letzten Lieferung bezieht und daher erst zum spätesten Zeitpunkt innerhalb der Vertragslaufzeit anfällt, weicht bereits aufgrund der zeitlichen Struktur hiervon ab. Ferner weisen auch bestimmte Schichten eines gelagerten Gutes häufig unterschiedliche Eigenschaften (Qualität, Dichte etc.) auf. Aufgrund solcher spezifischen Eigenschaften einer Tranche ist die Bewertung der Position stets für die spezielle Tranche zu wiederholen.[931] Folglich kann nicht von der Bewertung der Gesamtheit auf die einzelne Tranche geschlossen werden. Die Tranche eines physischen Transaktionsvolumens könnte etwa durch „die ersten 100 Barrel der im Juni getätigten Ölkäufe", die Tranche bereits gelagerter Vorräte durch „50.000 Kubikmeter der untersten Schicht des an einem bestimmten Ort gelagerten Erdgases" hinreichend genau spezifiziert sein.[932]

Das zweite Kriterium fordert die stete **Nachverfolgung des Nominalbetrages**, aus dem die Teilkomponente definiert wurde.[933] Aufgrund der buchungstechnischen Folgen der Designation einer abgesicherten Tranche als Grundgeschäft muss der zugrunde liegende Nominalbetrag, aus dem die Tranche definiert wurde, fortlaufend beobachtet werden.[934] Dieses Kriterium dient in erster Linie

[928] Vgl. IFRS 9.B6.3.16; GARZ, C./HELKE, I., Review Draft Hedge Accounting, S. 1211.
[929] Vgl. IFRS 9.B6.3.18.
[930] Vgl. IASB (HRSG.), Nominal Amounts (agenda paper 1B), S. 3.
[931] Vgl. IFRS 9.B63.19.
[932] Vgl. IASB (HRSG.), Nominal Amounts (agenda paper 1B), S. 2; MÄRKL, H./GLASER, A., Hedge Accounting, S. 127.
[933] Vgl. IFRS 9.B6.3.19. Darüber hinaus gibt es spezielle Anforderungen an Verträge, die eine Option zur vorzeitigen Rückzahlung enthalten. Diese dürften typischerweise bei finanziellen Posten greifen und werden folglich im gesonderten Abschnitt 555.1. erläutert.
[934] Vgl. IASB (HRSG.), Groups and Net Positions (agenda paper 14A), S. 3 sowie zur Buchungslogik der beiden Bilanzierungsmethoden Abschnitt 53.

der Ermittlung des Zeitpunktes, zu dem die Erfolgswirkungen aus der Tranche erfasst werden müssen.

Infolge der unterschiedlichen Eigenschaften und Wertentwicklungen verschiedener Tranchen ist es zwingend erforderlich, dass das bilanzierende Unternehmen die Tranche eindeutig definiert. Insofern unterbindet das Kriterium der Spezifizierung einer Tranche eine Manipulation von Seiten des Unternehmens in Form einer nachträglichen Auswahl einer geeigneten Tranche, die zu einer gewünschten Bilanzierungsfolge führt. Während die Zerlegung von Gesamtposten und die anschließende Absicherung einzelner Tranchen daraus gängige Praxis ist, wird sie vom Standardsetter im Zuge der Annäherung der bilanziellen Abbildung an interne Risikosteuerungsmaßnahmen erstmalig anerkannt. Ein nach IAS 39 bislang behelfsweise proportional designiertes Grundgeschäft kann im Fall einer internen Absicherung von genau spezifizierten Tranchen aufgrund der unterschiedlichen Charakteristika und den dadurch divergierenden Wertentwicklungen zu einer deutlichen Ineffektivität führen und die interne Steuerung dabei verfälscht wiedergeben.[935] Da eine solche Ineffektivität ökonomisch nicht gerechtfertigt erscheint, wird dem Abschlussleser durch die Designation einer spezifischen Tranche künftig eine i. S. d. glaubwürdigen Darstellung nunmehr unverzerrte Information der internen Risikosteuerungsmaßnahmen vermittelt.

553.5 Einseitige Risikokomponenten

Ein Grundgeschäft kann nach IFRS 9 wie bislang gegen einseitige Risiken, also gegen Änderungen des Fair Value bzw. der Zahlungsströme eines Grundgeschäftes über oder unter einen bestimmten **Schwellenwert** abgesichert werden.[936] So kann bspw. der geplante Erwerb von Rohstoffen vor Risiken in Form von steigenden Rohstoffpreisen geschützt werden, während gleichzeitig die Chance sinkender Rohstoffpreise gewahrt wird.[937] Die Strategie der einseitigen Absicherung wird im Risikomanagement in aller Regel durch den Kauf von Optionen umgesetzt.[938] Da die Absicherung durch eine Option nur bei einer Preisentwicklung über die im Voraus definierte Schwelle (Ausübungspreis) greift, würde ein Vergleich sämtlicher Wertänderungen des Grundgeschäftes mit denjenigen des Sicherungsinstrumentes regelmäßig zum Abbruch der bilanziellen Sicherungsbeziehung führen.[939] Der IASB erlaubt die Designation einseitiger Risikokomponenten, um unternehmensinterne Strategien der einseitigen Absicherung auch bilanziell nachzeichnen zu können. Dabei werden wie beim Sicherungsinstrument nur diejenigen Wertentwicklungen des Grundgeschäftes designiert und in die Effektivitätsbeurteilung bzw. -ermittlung einbezogen, die sich jenseits der Schwelle ereignen.

Der Wert eines Sicherungsinstrumentes in Form einer **Option** setzt sich aus den zwei Bestandteilen des inneren Wertes und des Zeitwertes zusammen. Während der innere Wert der Preisentwicklung

---

935 Vgl. IFRS 9.BC6.203; IASB (Hrsg.), Portions or Layers (agenda paper 3), S. 4 f.; KPMG (Hrsg.), Hedge Accounting on the Horizon, S. 23.

936 Vgl. IFRS 9.6.3.7 (a).

937 Vgl. IFRS 9.B6.3.12. Gleichzeitig wird damit auch die bilanzielle Abbildung von einseitigen Absicherungsstrategien für Risikopositionen, die ohne Gegenmaßnahme über definierte Steuerungslimite hinausgehen, ermöglicht.

938 Vgl. IASB (Hrsg.), One-sided Risk Components (agenda paper 1C), S. 3.

939 Der innere Wert der Option beträgt in diesem Fall stets null, d. h., eine zulässige Kompensationswirkung des inneren Wertes der Option existiert nicht.

des Basiswertes folgt, kann der Zeitwert einer erworbenen Option als die zu leistende Risikoprämie für die einseitige Absicherung interpretiert werden.[940] Da die Designation eines Grundgeschäftes jenseits eines Schwellenwertes zulässig ist, stellte sich in der Praxis die Frage, wie das im Grundgeschäft abgesicherte Risiko bestimmt werden kann.[941] Entgegen der Forderung nach einer Behandlung des Grundgeschäftes als hypothetisches Derivat[942] zur Verringerung der Ineffektivität[943] entschied sich der IASB für eine Bestimmung der Wertentwicklung des Grundgeschäftes auf Basis des inneren Wertes, d. h. auf Grundlage des aktuellen Preisniveaus ohne hypothetische Zeitwertkomponente.[944] Das Verbot zur Erfassung des Grundgeschäftes als hypothetisches Derivat wird damit begründet, dass das Grundgeschäft kein bedingtes Termingeschäft ist und folglich keinen Zeitwert aufweist, der zu irgendeinem Zeitpunkt zahlungs- bzw. erfolgswirksam würde.[945] Da das Modell des Hedge Accounting in IFRS 9 auf dem Prinzip der Kompensationswirkung basiert, muss die Argumentation für die Ergänzung des Grundgeschäftes um einen hypothetischen Zeitwert zwangsläufig ins Leere laufen.

Aus dem schlüssigen Verbot der Verwendung eines hypothetischen Derivates als einseitige Risikokomponente des Grundgeschäftes folgt indes nicht zwingend die in den Stellungnahmen befürchtete Dissonanz zwischen Risikomanagement und Rechnungslegung. Im Gegenteil wird durch die Möglichkeit, neben dem gesamten Wert der Option auch lediglich deren inneren Wert als Sicherungsinstrument zu designieren, eine Vielzahl einseitiger Absicherungsmaßnahmen durch das Hedge Accounting sachgerecht abbildbar.[946]

554. Portfolios von Risikopositionen bei der Absicherung von Güterpreisrisiken

554.1 Restriktive Anforderungen des IAS 39 als Ausgangspunkt der Neuregelungen nach IFRS 9

Nach IAS 39 kann eine Gruppe von Vermögenswerten oder Schulden nur dann zu einem Portfolio zusammengefasst und als Grundgeschäft designiert werden, wenn die einzelnen Positionen der gleichen Risikoart unterliegen und sich die erwartete Änderung des Fair Value eines jeden einzel-

940 Vgl. zu einseitigen Absicherungsstrategien mittels Optionen und deren Aufspaltung in die Komponenten des inneren Wertes und des Zeitwertes Abschnitt 333.722.

941 Vgl. LÜDENBACH, N., in: Lüdenbach et al., Haufe IFRS-Kommentar, § 28 Finanzinstrumente, Rn. 249.

942 Vgl. zu dieser Forderung DI PAOLA, S., Time Value of Options, S. 13. Das abgesicherte Risiko im Grundgeschäft würde demnach als eine geschriebene Option (hypothetisches Derivat) interpretiert werden.

943 Diese Verringerung entsteht durch die Ergänzung des Grundgeschäftes um einen hypothetischen Zeitwert, der sich wertmäßig spiegelbildlich zum Zeitwert des Sicherungsinstrumentes entwickeln würde. Vgl. IASB (HRSG.), Purchased Options (agenda paper 10B), S. 3 f.

944 Vgl. SCHMIDT, A./BAREKZAI, O., Neuregelungen zur Sicherungsbilanzierung nach IFRS 9 (Teil 1), S. 375; MÄRKL, H./GLASER, A., Hedge Accounting, S. 126. So auch in IAS 39.AG99BA; DELOITTE (HRSG.), iGAAP (2012), S. 622. Damit wird die vorläufige Entscheidung des IFRIC aus dem Jahr 2007 bestätigt; vgl. IFRIC (HRSG.), IFRIC Update (May 2007), S. 6.

945 Vgl. IASB (HRSG.), Purchased Options (agenda paper 10B), S. 5 und S. 8 f. sowie DELOITTE (HRSG.), iGAAP (2012), S. 622; BECKER, K./KROPP, M., in: von Wysocki et al., HdJ, Abt. IIIa/4, Rn. 270 und PWC (HRSG.), Manual for Financial Instruments (2012), S. 10041 zur Vorschrift in IAS 39.AG99BA.

946 Der IASB hält fest, dass es durchaus einige Unternehmen gibt, die im Risikomanagement einseitigen Wertänderungen einer originären Risikoposition einen Optionscharakter zuschreiben; vgl. IASB (HRSG.), Purchased Options (agenda paper 10B), S. 5 f. Dieser Befund wird vom IASB keineswegs ignoriert, sondern durch die skizzierte teilweise Designation des Sicherungsinstrumentes sachgerecht aufgegriffen. An dieser Stelle sei auf die weiteren Ausführungen zur teilweisen Designation des Sicherungsinstrumentes in Abschnitt 565. verwiesen.

nen Vermögenswertes bzw. jeder Schuld annähernd proportional zur erwarteten Wertentwicklung des gesamten Portfolios verhält **(Homogenitätsbedingung).**[947] Hiervon wird ausgegangen, sofern sich der Homogenitätsparameter, der die relativen Schwankungen eines einzelnen Postens bei einer Veränderung des abgesicherten Risikofaktors im Verhältnis zu den Schwankungen des Portfolios misst, in einer Spanne zwischen 90 % bis 110 % bewegt.[948] Neben Portfolios ungleicher Risikopositionen sind somit vor allem Nettopositionen von einer Designation grds. ausgeschlossen, da sich diese schon konzeptionell aus Geschäften mit gegenläufigem Risikoprofil zusammensetzen.[949] Da Risiken in der Praxis häufig im Rahmen von Strategien des Portfolio Hedging auf aggregierter (Netto-)Basis gesteuert werden,[950] kommt es den Äußerungen der IAS 39-Anwender zufolge zu einer substanziellen Verzerrung der bilanziellen Abbildung von Risikomanagementaktivitäten.[951] Um diese vielfach kritisierten Unzulänglichkeiten zu berücksichtigen, sieht der IASB neue Kriterien für die zeitgleiche Absicherung mehrerer zusammengefasster Geschäfte vor.[952] Dabei wird zwischen Portfolios in Form von Gruppen- und Nettopositionen sowie nominalen Komponenten eines Portfolios differenziert.

554.2 Gruppenpositionen

Die Bilanzierung von Sicherungsbeziehungen bzgl. einzelner Risikopositionen wird in IFRS 9 auf Grundgeschäfte, die aus mehreren Positionen bestehen, übertragen. Nach den Vorschriften des IFRS 9 kann ein Portfolio **gleichgerichteter (Long- oder Short-)Positionen** demnach künftig zu einer **Gruppenposition** zusammengefasst und als Grundgeschäft bestimmt werden. Die bilanzielle Behandlung der Gruppenposition als eigenständige Einheit ermöglicht, dass alle aus dem gesicherten Risiko resultierenden Wertänderungen für das gesamte Portfolio den Wertänderungen des Sicherungsinstrumentes gegenübergestellt werden. Dies setzt indes voraus, dass jeder einzelne Posten (einschließlich deren Komponenten bei einer teilweisen Absicherung) für sich betrachtet ein zulässiges Grundgeschäft ist und die Gesamtheit der Posten auch für Zwecke des Risikomanage-

[947] Vgl. IAS 39.83; WEBER, C.-P., in: Ballwieser et al., Wiley-Kommentar, Abschnitt 12: Finanzanlagen, Rn. 139. Diese strenge Homogenitätsbedingung bezieht sich indes stets auf das abgesicherte Risiko. Allerdings kommt nur die Abbildung als Fair Value-Hedge in Frage.

[948] Vgl. in Anlehnung an SFAS 133.21(a) BECKER, K./KROPP, M., in: von Wysocki et al., HdJ, Abt. IIIa/4, Rn. 255; KUHN, S./SCHARPF, P., Rechnungslegung von Financial Instruments, S. 388 f.; LÜDENBACH, N./HOFFMANN, W.-D., Haufe IFRS-Kommentar, Rn. 244.

[949] Vgl. IFRS 9.BC6.427; BARCKOW, A., in: Baetge et al., Rechnungslegung nach IFRS, IAS 39, Rn. 224. Auf Zinsänderungsrisiken bezogene Absicherungsverhältnisse sind hiervon ausgenommen.

[950] Vgl. zum Aggregationsniveau der Risikoposition Abschnitt 333.4.

[951] Vgl. WÜSTEMANN, J./BISCHOF, J., Bilanzierung von Sicherungsbeziehungen, S. 406; SCHWARZ, C., Derivative Finanzinstrumente und Hedge Accounting, S. 226; FLINTROP, B./VON OERTZEN, C., in: Bohl et al., Beck IFRS HB, § 23. Derivate, Rn. 66; ERNST & YOUNG (HRSG.), ED Hedge Accounting, S. 26; MENK, M., Defizite von Hedge Accounting, S. 92. Diese Restriktion wird bei Industrieunternehmen durch die bislang unzulässige Designation einzelner Risikokomponenten von nicht-finanziellen Posten zusätzlich verschärft. Eine Ausnahme zum Verbot der Designation von Nettoposition ist lediglich für die Absicherung eines Portfolios festverzinslicher Finanzinstrumente gegen zinsinduzierte Wertänderungen vorgesehen. Hierbei werden nicht die einzelnen Posten als Portfolio, sondern vielmehr allein der entsprechende Währungsbetrag als Sicherungsgegenstand designiert. Vgl. BARCKOW, A., in: Baetge et al., Rechnungslegung nach IFRS, IAS 39, Rn. 224 und Rn. 226.

[952] Vgl. LÖW, E./THEILE, C., in: Heuser et al., IFRS Handbuch, Sicherungsgeschäfte und Risikoberichterstattung, S. 630; SCHWARZ, C., Derivative Finanzinstrumente und Hedge Accounting, S. 226; WÜSTEMANN, J./BISCHOF, J., Bilanzierung von Sicherungsbeziehungen, S. 406.

ments als Gruppe gesteuert wird.[953] Diese Möglichkeit ist auch nicht mehr nur auf bestimmte Risikoarten begrenzt, sondern prinzipienbasiert auf **sämtliche Risikoarten** anwendbar. Damit wird die Bilanzierung von Sicherungsbeziehungen bzgl. einzelner Risikopositionen auf Grundgeschäfte, die aus mehreren Positionen bestehen, übertragen.

Die wertmäßige Entwicklung des Fair Value von einzelnen Risikopositionen muss folglich nicht mehr annähernd proportional zum Fair Value der gesamten Gruppe verlaufen.[954] So können künftig etwa mehrere verschiedenartige Vorräte wie z. B. unterschiedliche Legierungen desselben Basismetalls oder unterschiedliche Destillate zu einem Grundgeschäft zusammengefasst und gegen Änderungen ihres Fair Value, die auf gemeinsame Risikofaktoren (Preistreiber) zurückzuführen sind, auch bilanziell abgesichert werden, ohne dass diese in sämtlichen Risikofaktoren exakt übereinstimmen und in ihrer Wertentwicklung quasi identisch sind. Denkbar ist auch die Zusammenfassung mehrerer fester Verpflichtungen zum Verkauf von Vorräten oder Endprodukten, die eine unterschiedliche (variable) Preisgestaltung aufweisen, um diese als Aggregat in einer einzigen Sicherungsbeziehung gegen nachteilige Zahlungsstromschwankungen abzusichern.[955] An dieser Stelle sei darauf hingewiesen, dass stets die übrigen Voraussetzungen an bilanzielle Sicherungsbeziehungen, speziell die Effektivitätsanforderungen,[956] zu prüfen sind, die ggf. einer Designation von Gruppenpositionen entgegenstehen können, deren einzelne Geschäfte ein stark unterschiedliches Risikoprofil besitzen und nicht angemessen auf aggregierter Basis gesteuert werden können.

Durch diese Form des Portfolio Hedge wird in IFRS 9 anerkannt, dass im Risikomanagement mehrere Risikopositionen, ohne dass sie zwingend eine (fast) identische Wertentwicklung aufweisen, gemeinsam abgesichert werden.[957] Die Neuregelungen werden also nicht mehr an die bei der Entwicklung von IAS 39 unterstellte Eins-zu-Eins-Absicherung angelehnt,[958] sondern orientieren sich durch die **Konstruktion eines Portfolios mit neuen Risikocharakteristika** und eigener Sensitivität im Hinblick auf das abgesicherte Risiko an der konkreten internen Steuerungsebene. Die neuen Abbildungsmöglichkeiten auf der aggregierten Steuerungsebene stellen eine deutliche Ausweitung des Anwendungsbereiches des Hedge Accounting dar und dürften für bilanzierende Unternehmen zu einer starken Vereinfachung bei der Abbildung von Absicherungsmaßnahmen führen.[959]

554.3 Nettopositionen

Durch die Abschaffung der Homogenitätsbedingung ist es künftig gestattet, dass eine **Nettoposition** auch aus einer Vielzahl **entgegengerichteter (Long- und Short-)Positionen** als Grundgeschäft bestimmt wird. Folglich kann das Grundgeschäft sowohl Aktiva als auch Passiva bzw. auch künftige (ggf. antizipierte) gegenläufige Transaktionen umfassen. Damit entfällt die nach IAS 39 erforderliche behelfsweise Designation eines Teils einer Bruttoposition (Short- bzw. Long-

953 Vgl. IFRS 9.6.6.1; ERNST & YOUNG (HRSG.), ED Hedge Accounting, S. 26.
954 Vgl. MÄRKL, H./GLASER, A., Hedge Accounting, S. 127.
955 Vgl. OLDEWEME, D., Bilanzierung von Commodity-Hedges, S. 130.
956 Vgl. zu den Anforderungen an die Kompensationswirkung einer bilanziellen Sicherungsbeziehung Abschnitt 57.
957 Vgl. GROßE, J.-V., Problematik des Hedge Accounting, S. 112.
958 Vgl. IFRS 9.BC6.427; FLINTROP, B./VON OERTZEN, C., in: Bohl et al., Beck IFRS HB, § 23. Derivate, Rn. 66; ERNST & YOUNG (HRSG.), ED Hedge Accounting, S. 26; MENK, M., Defizite von Hedge Accounting, S. 92.
959 Vgl. ERNST & YOUNG (HRSG.), ED Hedge Accounting, S. 27.

Überhang) aus dem Gesamtportfolio.[960] Da viele Unternehmen ihre Marktpreisrisiken zentral im (Konzern-)Treasury bündeln und anschließend auf Nettobasis steuern,[961] wird durch diese Möglichkeit, auch in bilanziellen Sicherungsbeziehungen auf Nettopositionen Bezug zu nehmen, eine deutliche Annäherung von Rechnungslegung und Risikomanagement erreicht.[962]

Voraussetzung einer Nettoposition als gesichertes Grundgeschäft ist auch hier, dass sämtliche (Brutto-)Bestandteile der Nettoposition als gesicherte Grundgeschäfte qualifizieren und dass das Portfolio auch im Risikomanagement auf Nettobasis gesteuert wird.[963] Darüber hinaus ist die Designation einer Nettoposition im Rahmen eines Cashflow-Hedge nur dann zulässig, wenn sich die gegenläufigen Erfolgswirkungen einzelner Bruttopositionen in den identischen Perioden auf das Periodenergebnis auswirken oder ausschließlich die Währungskomponente designiert wird.[964] Auf eine Übereinstimmung der Steuerungsbasis in Risikomanagement und Rechnungslegung ist streng zu achten, da andernfalls die Gefahr einer missbräuchlichen Ergebnissteuerung, speziell einer willkürlichen Konstruktion einer geeigneten Nettoposition für eine rein bilanzielle Kompensationswirkung mit einem eigentlich zu spekulativen Zwecken eingesetzten derivativen Finanzinstrument droht.[965] Eine Aufrechnung ausschließlich für Zwecke der externen Rechnungslegung kann somit nicht zulässig sein.[966] Das bilanzierende Unternehmen muss folglich als objektivierendes Element den Nachweis erbringen, dass die Steuerung auf Nettobasis der umgesetzten Risikomanagementstrategie entspricht. Da Risikomanagementstrategien und die entsprechende Steuerungsbasis regelmäßig auf Managementebene freigegeben werden,[967] dürfte zum Nachweis der Aggregationsebene eine entsprechende Vorgabe vom Management erforderlich sein. Dabei scheint eine Genehmigung vom Managementpersonal in Schlüsselpositionen gemäß IAS 24 angemessen.[968] Hinsichtlich der Anforderung an den Zeitpunkt der Erfolgswirkungen einzelner Bestandteile eines Cashflow-Hedge sei bereits an dieser Stelle bemerkt, dass durch die Designation einer von der Risikosteuerung abweichenden Nettobasis starke Verzerrungen entstehen können und gleichzeitig erhebliches Gestaltungspotenzial besteht.[969] Derartige Verzerrungen entsprechen zum einen nicht dem Ziel des Hedge Accounting, ökonomische Absicherungsstrategien und die entsprechenden Maßnahmen sachgerecht abzubilden, und zum anderen wird dem Abschlussadressaten kein neutrales Bild der Vermögens-, Finanz- und Ertragslage vermittelt. Im Folgenden wird indes von dieser Konstellation, d. h. der im Rahmen eines Cashflow-Hedge abzubildenden Absicherung einer aus in

---

960 Vgl. FLICK, P./KRAKUHN, J./SCHÜZ, P., ED Hedge Accounting, S. 118 sowie zur Lösung über die anteilige Designation einer Bruttoposition PwC (HRSG.), Manual for Financial Instruments (2012), S. 10006.

961 Vgl. INTERNATIONAL ENERGY ACCOUNTING FORUM (HRSG.), Hedge Accounting (paper 7), S. 2; KPMG (HRSG.), Hedge Accounting on the Horizon, S. 24; WÜSTEMANN, J./BISCHOF, J., Bilanzierung von Sicherungsbeziehungen, S. 406 sowie zum Aggregationsniveau der Risikosteuerung Abschnitt 323.5.

962 Vgl. MÄRKL, H./GLASER, A., Hedge Accounting, S. 127.

963 Vgl. IFRS 9.6.6.1 (a) und (b); WIESE, R./SPINDLER, M., Review Draft Hedge Accounting, S. 348.

964 Vgl. IFRS 9.6.6.1 i. V. m. IFRS 9.B6.6.7 sowie ROHATSCHEK, R./HOCHREITER, G., Nettopositionen mit asynchroner Erfolgswirkung, S. 213 f. zu einem Beispielsachverhalt.

965 Vgl. IFRS 9.B6.6.2 f.; IASB (HRSG.), Groups and Net Positions (agenda paper 6B), S. 5.

966 Vgl. ähnlich MÄRKL, H./GLASER, A., Hedge Accounting, S. 127.

967 Vgl. IFRS 9.B6.6.1.

968 Vgl. WIESE, R./SPINDLER, M., ED Hedge Accounting, S. 59.

969 Vgl. WIESE, R./SPINDLER, M., Review Draft Hedge Accounting, S. 348; MÄRKL, H./GLASER, A., Hedge Accounting, S. 127.

unterschiedlichen Perioden erfolgswirksamen Bruttopositionen zusammengesetzten Nettoposition, zunächst abstrahiert.[970]

Als Sonderfall einer Nettoposition kann auch ein hinsichtlich des gesicherten Risikos **ausgeglichenes Portfolio (*net nil position*)** nach den Vorschriften des Hedge Accounting bilanziert werden.[971] Die einzelnen Bruttopositionen, die die Nettoposition konstituieren, führen hier finanzökonomisch bereits zu einem Risikoausgleich, so dass zumindest zu Beginn kein zusätzliches Derivat für die Risikoabsicherung kontrahiert wird. In einem solchen Fall ist es unter bestimmten Voraussetzungen zulässig, ausschließlich die Null-Nettoposition, d. h. (anfänglich) ohne Sicherungsinstrument als bilanzielle Sicherungsbeziehung zu bestimmen.[972] Diese Abbildungsmöglichkeit ist eine logische Konsequenz aus der allgemeinen Zulässigkeit einer Designation von Nettopositionen, da bereits bei üblichen Nettopositionen Teile des Grundgeschäftes eine Wirkung entfalten, die derjenigen eines Sicherungsinstrumentes gleicht. Über die konkrete Höhe des Saldos einer Nettoposition können vernünftigerweise keinerlei Vorgaben bestehen.[973]

Bei der Abbildung der Absicherung von Nettopositionen wird allerdings für bilanzielle Zwecke nicht die unmittelbare Nettoposition, sondern vielmehr stets das Gesamtportfolio aus den einzelnen, zum Teil gegenläufigen Bruttopositionen **(Bruttodesignation)** designiert.[974] Dies ist dem Umstand geschuldet, dass eine abstrakte Nettoposition nicht in der Bilanz angesetzt werden kann und die Wertänderungen der Nettoposition folglich auf die einzelnen Bestandteile alloziert werden müssen.[975] Damit weicht die externe Rechnungslegung zwar formal vom internen Risikomanagement ab. Faktisch wird die Nettoposition allerdings durch das Gesamtportfolio begründet, so dass materiell keine Diskrepanz besteht.

Auch im Rahmen der **Effektivitätsbeurteilung und -ermittlung** werden sämtliche Bruttopositionen einbezogen. Beispielsweise können bereits kontrahierte Wareneinkäufe oder Warenbestände i. H. v. 120 ME mit Warenverkäufen i. H. v. 100 ME zusammengefasst werden – wenn etwa Inputfaktoren und Endprodukt im Geschäftsmodell für raffinierte bzw. veredelte Produkte demselben

---

[970] Vgl. zur Ausführung dieses Spezialfalls im Rahmen der Absicherung von Währungsrisiken Abschnitt 555.2.

[971] Vgl. GARZ, C./HELKE, I., Review Draft Hedge Accounting, S. 1211. Die Möglichkeit der Designation einer Null-Nettoposition ist sowohl für Fair Value-Hedges also auch für Cashflow-Hedges gegeben. Falls die einzelnen Bruttopositionen eines ausgeglichenen Portfolios im Rahmen eines Cashflow-Hedge in unterschiedlichen Perioden erfolgswirksam werden, sind zur Abgrenzung der Erfolgswirkung die hierfür zusätzlich vorgesehenen Anforderungen zu erfüllen; vgl. IFRS 9.B6.6.10 sowie die Ausführungen in Abschnitt 555.2.

[972] Zur Einschränkung von Gestaltungsmöglichkeiten ist dies nur gestattet, sofern (a) die Sicherungsbeziehung Bestandteil einer fortwährenden Risikostrategie auf Nettobasis ist, in der üblicherweise neue, vergleichbare Risikopositionen ebenfalls abgesichert werden, (b) im Fall einer Änderung der Null-Nettoposition zulässige Sicherungsinstrumente zur Absicherung eingesetzt werden, (c) im Fall eines von null abweichenden Saldos üblicherweise die Vorschriften zur Bilanzierung von Sicherungsbeziehungen angewandt werden und (d) ein Verzicht auf die Anwendung des Hedge Accounting zu inkonsistenten Bilanzierungskonsequenzen in der Form führen würde, dass der kompensierende Effekt der sich gegenüberstehenden Bruttopositionen nicht als solcher vermittelt wird und Bilanzierungsanomalien entstehen. Vgl. IFRS 9.6.6.6 (a)-(d); IASB (HRSG.), Nil Net Positions (agenda paper 19C), S. 2; DELOITTE (HRSG.), Ablösung der Vorschriften des Hedge Accounting, S. 5.

[973] Vgl. IASB (HRSG.), Nil Net Positions (agenda paper 19C), S. 2.

[974] Vgl. IFRS 9.B6.6.4; GARZ, C./HELKE, I., Review Draft Hedge Accounting, S. 1211; BARZ, K./FLICK, P./MAISBORN, M., Review Draft Hedge Accounting, S. 474.

[975] Vgl. IFRS 9.6.6.5; IASB (HRSG.), Groups and Net Positions (agenda paper 14A), S. 6.

Risikofaktor unterliegen – und die Nettoposition von 20 ME durch einen Warenterminkontrakt gegen Preisrisiken abgesichert wird. Im Effektivitätstest werden dann aufgrund der Bruttobetrachtung die Wertänderungen der Kombination von Warenterminkontrakt und Warenverkäufen mit den Wertänderungen der Einkäufe oder Bestände verglichen.[976] Dadurch entfalten gegenläufige Positionen des Grundgeschäftes, nämlich die Verkäufe, faktisch eine Wirkung, die derjenigen eines Sicherungsinstrumentes gleicht.[977] Die Beurteilung auf Grundlage der einzelnen Bruttobestandteile ist zu begrüßen, da somit etwaige ökonomische Ineffektivitäten durch z. B. leicht divergierende Transaktionszeitpunkte, die aus Sicht des Risikomanagements als vernachlässigbar gering erachtet und durch die interne Aufrechnung nicht gesteuert werden, bilanziell erfasst und dem Abschlussleser vermittelt werden. Dieser Schritt wirkt objektivierend und erscheint vor dem Hintergrund einer nicht normierten Risikomanagementpraxis angemessen.[978]

Interessanterweise lassen die Ausführungen des IASB in der *application guidance* darauf schließen, dass für den Teil des Grundgeschäftes, der die kompensierende Wirkung eines Sicherungsinstrumentes besitzt (d. h. im Beispiel 100 ME des Warenverkaufs), wie beim Grundgeschäft nicht die Änderungen des (Full) Fair Value in die Effektivitätsbeurteilung einfließen, sondern lediglich Wertänderungen, die auf das gesicherte Risiko zurückzuführen sind.[979] Werden mehrere Long- bzw. Short-Positionen wie etwa Käufe und Verkäufe einer Aluminiumlegierung zusammengefasst und nur gegen die Aluminiumkomponente abgesichert, so werden auch für den Teil des Grundgeschäftes, der die kompensierende Wirkung eines Sicherungsinstrumentes besitzt (die Verkäufe), nur die Wertänderungen, die auf Aluminiumpreisänderungen zurückzuführen sind, in die Effektivitätsbeurteilung bzw. -ermittlung einbezogen. Diese Vorschrift erscheint insofern schlüssig, als dass der absichernd wirkende Teil des Grundgeschäftes gleich behandelt werden soll wie der risikobegründende Teil mit ansonsten identischen Eigenschaften. Dies ist zwar konsistent zur grundsätzlichen bilanziellen Behandlung eines Grundgeschäftes, das lediglich aus einer Bruttoposition besteht und etwa gegen einzelne Risikokomponenten abgesichert wird, und stimmt mit der internen Steuerung überein. Allerdings muss diese Vorgehensweise beim Grundgeschäft die Frage aufwerfen, aus welchem Grund derivative Sicherungsinstrumente im Gegensatz dazu ausschließlich ganzheitlich designiert werden dürfen und – vorausgesetzt, das Risiko ist identifizierbar und bewertbar – nicht ebenfalls nur auf das abgesicherte Risiko abgestellt werden kann.[980]

554.4 Nominale Komponenten einer Gruppe von Risikopositionen

Die Zulässigkeit nominaler Komponenten für die Bestimmung als Grundgeschäft wird in IFRS 9 auch auf ein Portfolio aus verschiedenen Risikopositionen ausgeweitet. Die Designation einer **prozentualen Komponente** ist auch hier nur an die Voraussetzung der nachweislichen Übereinstimmung mit der internen Steuerung und deren ökonomischen Zielsetzung gebunden.[981]

---

976 Vgl. analog zur Absicherung von Währungsrisiken IFRS 9.B6.6.5.
977 Vgl. zur sicherungsähnlichen Wirkung des Grundgeschäftes Abschnitt 331.
978 Vgl. zur fehlenden Normierung des industriebetrieblichen Risikomanagements Abschnitt 322.
979 Vgl. IFRS 9.B6.6.5 i. V. m. IFRS 9.6.3.1.
980 Vgl. die Erörterung in Abschnitt 563. Diese Argumentation bezieht sich auf einzelne Risikokomponenten. Von Swapsätzen und Zeitwerten wird an dieser Stelle abstrahiert.
981 Vgl. IFRS 9.6.6.2; MÄRKL, H./GLASER, A., Hedge Accounting, S. 127.

Auch eine **Tranche** aus einer Gruppe einzelner Posten kommt als Grundgeschäft in Frage. Neben der Zielsetzung des Risikomanagements, eine solche Tranche auch ökonomisch abzusichern, müssen indes weitere Kriterien erfüllt werden.[982] Demnach muss jeder einzelne Posten eigenständig identifizierbar und verlässlich bewertbar sein. Ferner muss jede Position der Gruppe demselben abgesicherten Risiko ausgesetzt sein, so dass die Bewertung der abgesicherten Tranche nicht davon abhängt, welche Posten der Gesamtgruppe zum abgesicherten Teil gehören, da andernfalls erhebliches Gestaltungspotenzial bestünde.[983] Zudem muss das Unternehmen auch hier in der Lage sein, die Gruppe von Posten, aus der die abgesicherte Tranche bestimmt wird, eindeutig zu identifizieren und nachzuverfolgen.[984] Zuletzt darf für die Posten des Portfolios keine Möglichkeit zur vorzeitigen Rückzahlung gegeben sein.[985]

Werden diese Voraussetzungen kumulativ erfüllt, so kann das bilanzierende Unternehmen eine genau spezifizierte Tranche aus einem Portfolio einzelner Risikopositionen als Grundgeschäft bestimmen. Folglich muss das Unternehmen nicht auf die nach IAS 39 erforderliche ungenaue prozentuale Designation zurückgreifen, die dem ökonomischen Sachverhalt nicht gerecht wird.[986] Darüber hinaus wird auch eine willkürliche Bestimmung einzelner Posten innerhalb der Gruppe vermieden. Ökonomische Absicherungsmaßnahmen und deren finanzwirtschaftliche Kompensationswirkung werden somit unverzerrt i. S. d. glaubwürdigen Darstellung abgebildet. Die Vorteile der neuen Designationsmöglichkeit dürften auch aus Sicht eines Industrieunternehmens speziell bzgl. künftiger Transaktionen, die wie im nachfolgenden Beispiel einem Nichterfüllungsrisiko unterliegen, zu begrüßen sein.

In der folgenden Beispielsituation ist ein Unternehmen sieben vertragliche Verpflichtungen eingegangen, in den kommenden Monaten Rohstofflieferungen mit einem Wert von jeweils 10 Mio. $ von sieben verschiedenen, im Dollar-Währungsraum ansässigen Lieferanten abzunehmen.[987] Dabei besteht aufgrund der angespannten wirtschaftlichen Lage das Risiko, dass einzelne Lieferanten ihren Vertrag nicht erfüllen könnten.[988] Das bilanzierende Unternehmen geht davon aus, dass lediglich fünf der sieben Verträge erfüllt werden, allerdings ist unklar, für welche konkreten Verträge dies zutrifft. Das Unternehmen sichert daher sowohl das Rohstoffpreisrisiko für die Warenmenge aus fünf Lieferungen als auch das Währungsrisiko für lediglich 50 Mio. $ ab. Nach IFRS 9 ist die Designation einer Tranche, bestehend aus den ersten Warenkäufen i. H. v. 50 Mio. $ aus der Grup-

---

[982] Vgl. IFRS 9.6.6.3 (a)-(e); ERNST & YOUNG (HRSG.), ED Hedge Accounting, S. 28.

[983] Vgl. GARZ, C./HELKE, I., Review Draft Hedge Accounting, S. 1211.

[984] Vgl. für eine weitere Auslegung dieser Vorschrift im Rahmen dynamischer Risikosteuerungsansätze SCHMIDT, A./BAREKZAI, O., Neuregelungen zur Sicherungsbilanzierung nach IFRS 9 (Teil 1), S. 377.

[985] Vgl. BARZ, K./FLICK, P./MAISBORN, M., Review Draft Hedge Accounting, S. 474. Diese Voraussetzung gilt speziell für die Absicherung von Finanzinstrumenten bei Finanzdienstleistern; vgl. Abschnitt 555.1. Eine Ausnahme gilt indes stets für jene Optionen, deren beizulegender Zeitwert nicht von dem im Fair Value-Hedge abgesicherten Risiko beeinflusst wird.

[986] Vgl. zur Diskussion der Zulässigkeit einer Tranche im Vergleich zur prozentualen Komponente Abschnitt 553.4.

[987] Angelehnt an das Beispiel in ERNST & YOUNG (HRSG.), ED Hedge Accounting, S. 28.

[988] Im Fall unterschiedlicher Lieferzeitpunkte dürfte die Abspaltung des Terminelementes des Sicherungsgeschäftes im Hinblick auf die Homogenitätsanforderung hilfreich sein, da dadurch die zeitliche Struktur der Transaktionen ggf. von der Sicherungsbeziehung ausgeklammert werden könnte.

pe der sieben Lieferverträge, nunmehr zulässig.[989] Solange also mindestens fünf Verträge erfüllt werden, würde die Nicht-Erfüllung der restlichen Verträge keinen Einfluss auf die bilanzielle Sicherungsbeziehung nehmen und die ökonomisch wirksame Absicherungsstrategie kann auch bilanziell nachgezeichnet werden.

554.5 Aggregierte Risikopositionen

Industrieunternehmen sichern sich gegen unterschiedliche Marktpreisrisiken häufig schrittweise ab. Dabei werden etwa bei Rohstoffkäufen in Fremdwährung zunächst Warentermingeschäfte zur Absicherung des Güterpreisrisikos (in Fremdwährung) und anschließend Devisentermingeschäfte zur Absicherung des Währungsrisikos eingesetzt.[990] Für eine sachgerechte Abbildung werden Derivate nicht mehr generell von der Designation als Grundgeschäft ausgenommen.[991] Die Sicherung aggregierter Risikopositionen *(aggregated exposure)*, die aus einer originären Risikoposition *(exposure)* und einem Derivat gebildet werden, ist nunmehr explizit erlaubt.[992] Dies schließt die Bildung antizipativer Sicherungsbeziehungen, d. h. die Designation von mit hoher Wahrscheinlichkeit erwarteten Transaktionen bzgl. der aggregierten Risikoposition mit ein.[993] Die Designation eines Derivates als Grundgeschäft führt allerdings nicht etwa dazu, dass dieses künftig im Rahmen eines Cashflow-Hedge zu fortgeführten Anschaffungskosten bewertet werden darf.[994] Die Neuerung besteht vielmehr darin, dass Derivate künftig in das Risikoprofil des Grundgeschäftes einbezogen werden können (Abbildung 5-3).[995] Die Charakteristika des Derivates und dessen Transformations-

---

[989] Die (bislang nach IAS 39 grds. zulässigen) Alternativen einer proportionalen Designation der sieben Verträge oder einer Festlegung von fünf konkreten Verträgen würden indes beim Ausfall bzw. bereits bei der Möglichkeit des Ausfalls zu einem Abbruch der Sicherungsbeziehung führen, da beim Wegfall eines einzelnen Postens auch immer ein Teil des Grundgeschäftes ausfallen würde bzw. bereits im Voraus die erwartete Kompensationswirkung durch das Ausfallrisiko stark gestört sein könnte und damit eine Bilanzierung als Sicherungsbeziehung nicht mehr in Betracht kommt. Müsste ein Unternehmen statt der Tranche fünf konkrete Verträge bestimmen, könnte ferner das Periodenergebnis willkürlich gesteuert werden. Dieser Fall träte z. B. ein, wenn dem Unternehmen bekannt ist, dass einzelne Verträge aufgelöst oder abgetreten werden sollen (bspw. könnte die Ausfallwahrscheinlichkeit der Verträge unterschiedlich hoch sein, wodurch sich dem bilanzierenden Unternehmen die Möglichkeit einer zielgerichteten Selektion bietet). Damit könnte das Unternehmen, sofern dies nicht der Homogenitätsanforderung in IFRS 9.6.6.3 (c) klar widerspricht, frei bestimmen, welche Posten im Rahmen des Hedge Accounting designiert und ggf. in ihrem Wertansatz angepasst werden, und welche Posten nicht Teil der Sicherungsbeziehung sind und folglich mit einem abweichenden Wert erfasst werden; vgl. IFRS 9.BC6.439 (c) (ii). Die Designation der Tranche einer Gruppe von Risikopositionen als Grundgeschäft gewährleistet hingegen den Einklang zwischen interner Risikosteuerung und externer Rechnungslegung und vermittelt ein objektiviertes, zutreffendes Bild von der internen Absicherungsstrategie.

[990] Vgl. IFRS 9.B6.3.3; IASB (HRSG.), Derivatives as Hedged Items (agenda paper 1A), S. 5; KPMG (HRSG.), Hedge Accounting on the Horizon, S. 26 f.; GARZ, C./HELKE, I., Review Draft Hedge Accounting, S. 1209 sowie darüber hinaus ERNST & YOUNG (HRSG.), ED Hedge Accounting, S. 7 f.

[991] Vgl. zum Verbot der Designation von Derivaten als Grundgeschäft BECKER, K./KROPP, M., in: von Wysocki et al., HdJ, Abt. IIIa/4, Rn. 247.

[992] Vgl. IFRS 9.6.3.4; MÄRKL, H./GLASER, A., Hedge Accounting, S. 125; LÖW, E./THEILE, C., in: Heuser et al., IFRS Handbuch, Sicherungsgeschäfte und Risikoberichterstattung, S. 630.

[993] Vgl. IFRS 9.6.3.4.

[994] Vgl. IFRS 9.B6.3.4 (a); GARZ, C./HELKE, I., Review Draft Hedge Accounting, S. 1209. Allerdings können die Wertänderungen des Derivates, sofern es auf erster Ebene als Sicherungsinstrument designiert wird, erfolgsneutral erfasst werden. Vgl. IFRS 9.IE12.

[995] Vgl. ERNST & YOUNG (HRSG.), ED Hedge Accounting, S. 7; SCHMIDT, A./BAREKZAI, O., Neuregelungen zur Sicherungsbilanzierung nach IFRS 9 (Teil 1), S. 375.

wirkung auf die originäre Risikoposition fließen dabei ausschließlich in die Effektivitätsbeurteilung und -ermittlung ein.

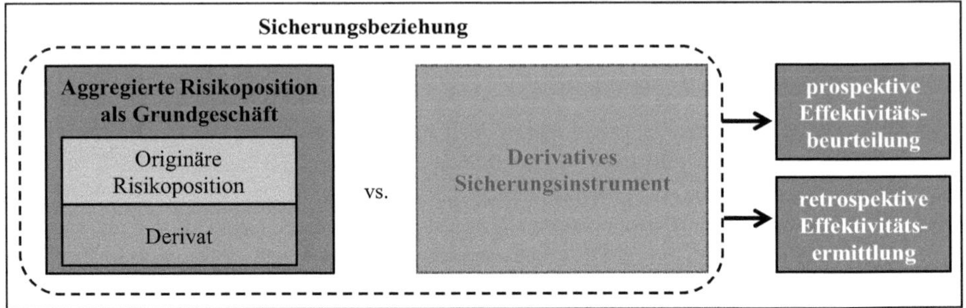

Abbildung 5-3: Bilanzielle Abbildung der Absicherung von aggregierten Risikopositionen[996]

Die Designation einer aggregierten Risikoposition setzt stets voraus, dass durch die Kombination eine andersartige Risikoposition mit neuen Eigenschaften resultiert, die vom Unternehmen auch als solche gesteuert wird.[997] Darunter fällt aus der Perspektive eines Industrieunternehmens in erster Linie die schrittweise Absicherung gegen Rohstoffpreis- und Währungsrisiken.[998] Die Möglichkeit zur Designation einer kombinierten Risikoposition als Grundgeschäft hängt indes nicht davon ab, ob auch das einbezogene Derivat und die originäre Risikoposition bereits auf der ersten Ebene nach den Vorschriften des Hedge Accounting bilanziert werden (können), sondern orientiert sich an der ökonomischen Steuerung.[999] Wenngleich eine Abbildung nach den Vorschriften des Hedge Accounting zur Vermittlung entscheidungsnützlicher Informationen auch für die erste Ebene gefordert werden kann,[1000] steht diese Möglichkeit dennoch mit dem expliziten Wahlrechtscharakter des Hedge Accounting im Einklang.[1001] Sofern allerdings tatsächlich eine bilanzielle Sicherungsbeziehung auf der ersten Ebene besteht, so muss das Sicherungsinstrument der ersten Ebene auf die identische Weise in das Grundgeschäft der zweiten Sicherungsbeziehung einbezogen werden.[1002] Damit werden möglicherweise zielgerichtete Kombinationsmöglichkeiten bei der Abspaltung von Swapsatz- oder Zeitwertkomponenten unterbunden und eine Stringenz zwischen den einzelnen Sicherungsbeziehungen gewährleistet. Darüber hinaus wird keine Anforderung an die Gleichartigkeit der Absicherungsstrategien (z. B. Fair Value-Hedge oder Cashflow-Hedge, Mikro oder

---

996 Vgl. KPMG (Hrsg.), Hedge Accounting on the Horizon, S. 26.

997 Vgl. IFRS 9.B6.3.3.

998 Vgl. IASB (Hrsg.), Derivatives as Hedged Items (agenda paper 1A), S. 2. Die Implikationen einer schrittweisen Absicherung einer Risikoposition zunächst gegen Güterpreisrisiken und anschließend gegen Währungsrisiken werden im Abschnitt 555.3 erörtert.

999 Vgl. KPMG (Hrsg.), Hedge Accounting on the Horizon, S. 27.

1000 Vgl. die Ausführungen zum Designationswahlrecht in Abschnitt 54.

1001 Da die Risikosteuerungsstrategien für die unterschiedlichen Risikoarten durchaus voneinander abweichen können und häufig separat organisiert und umgesetzt werden (vgl. IFRS 9.B6.3.3; IASB (Hrsg.), Derivatives as Hedged Items (agenda paper 1A), S. 5), kann vor dem Hintergrund der vorgeschriebenen Orientierung des Hedge Accounting am internen Risikomanagement auch eine einheitliche Ausübung des Wahlrechtes nicht gefordert werden.

1002 Vgl. IFRS 9.B6.3.4 (b). Da Sicherungsinstrumente grds. ganzheitlich designiert werden müssen, kann hiermit lediglich der Ausschluss von Swapsätzen bzw. Zeitwerten adressiert sein.

Portfolio Hedge) gestellt. Damit wird eine höchstmögliche Flexibilität bzw. Anpassungsfähigkeit an das interne Risikomanagement erreicht.[1003]

555. Spezifika bei der Absicherung von Währungs- und Zinsänderungsrisiken

555.1 Einzelne Komponenten von Risikopositionen

Zu den als Grundgeschäft zulässigen ganzheitlichen Risikopositionen zählen sämtliche Währungsrisiko- und Zinsrisikopositionen, die ebenfalls in Form eines bilanzierten Vermögenswertes bzw. einer bilanzierten Verbindlichkeit oder als bilanzunwirksame *firm commitments* bzw. *forecast transactions* vorliegen.[1004] Somit können auch hier Absicherungen von sowohl kontrahierten als auch antizipierten Risikopositionen bilanziell nachgezeichnet werden.[1005] Ferner ist die partielle Designation auch für **Währungs- und Zinsrisikokomponenten** gestattet, die allerdings denselben Restriktionen hinsichtlich der separaten Identifizierbarkeit und der verlässlichen Bewertbarkeit unterliegen. Analog zur Absicherung von Güterpreisrisiken sind die Kriterien im Fall einer vertraglichen Spezifizierung der Risikokomponente in aller Regel erfüllt.[1006] Die Identifizierbarkeit nicht vertraglich festgelegter Risikokomponenten dürfte hinsichtlich der Währungskomponente aufgrund deren eindeutigen Definition in IAS 21 bzw. hinsichtlich der Zinskomponente aufgrund etablierter Komponenten (z. B. Referenzzinssätze wie Libor/Euribor und verschiedene Spreads) auf den deutlich liquideren Finanzmärkten leichter nachzuweisen sein. Bezüglich der Bewertbarkeit stellt der IASB indes klar, dass auch hier grds. nicht von der Wertänderung des Sicherungsinstrumentes auf die Wertänderung des Grundgeschäftes geschlossen werden darf und Unvollkommenheiten in der ökonomischen Absicherung auch bilanziell nachgezeichnet werden (z. B. bei unterschiedlichen Preisanpassungsterminen oder Preisberechnungskonventionen).[1007] Für die nicht vertraglich festgelegte Inflationskomponente besteht auch bei finanziellen Posten die widerlegbare Vermutung, dass diese nicht separat identifizierbar und verlässlich bewertbar ist.[1008] Die Ausweitung der Kriterien der separaten Identifizierbarkeit und der verlässlichen Bewertbarkeit dürfte auch an dieser Stelle zu einer in sich konsistenten Abbildung von Risikomanagementaktivitäten führen, durch die strenge Auslegung einen Bilanzierungsspielraum wirksam eingrenzen und gleichzeitig etwaige Weiterentwicklungen von Finanzmärkten berücksichtigen.

[1003] Vgl. Märkl, H./Glaser, A., Hedge Accounting, S. 126 sowie die Beispiele 2 und 3 (IFRS 9.IE20-IE39) zur Kombination von Fair Value- und Cashflow-Hedges.

[1004] Die Anforderungen an das Wahrscheinlichkeitskriterium für antizipative Hedges aus Abschnitt 552.2 gelten auch für Währungs- und Zinsänderungsrisikopositionen.

[1005] Vgl. zum Konkretisierungsgrad der Risikoposition Abschnitt 333.3.

[1006] Dies gilt stets für den Fall einer Preiskoppelung an eine am Markt beobachtbare Benchmark. Ist die Benchmark indes nicht am Markt beobachtbar oder der Markt inaktiv, so muss die verlässliche Bewertbarkeit stichhaltig nachgewiesen werden. Der Rückschluss von Wertänderungen des Sicherungsinstrumentes auf die Wertänderung des Grundgeschäftes in der Form einzelner Risikokomponenten muss auch hier unzulässig sein.

[1007] Vgl. IFRS 9.BC6.188 (a) und (b).

[1008] Vgl. IFRS 9.B6.3.13; Schmidt, A./Barekzai, O., Neuregelungen zur Sicherungsbilanzierung nach IFRS 9 (Teil 1), S. 375. Nur in Ausnahmefällen kann eine ausgeprägte Marktstruktur den Nachweis der Identifizierbarkeit und Bewertbarkeit der Inflationskomponente ermöglichen. Für eine Widerlegung müssten etwa inflationsindexierte Anleihen in hohen Volumina und in vielfältigen Laufzeitstrukturen gehandelt werden, so dass eine Zinsstrukturkurve auf Basis realer Zinssätze und damit auch die separate Inflationskomponente abgeleitet werden kann. In diesem Fall würde die Inflationskomponente durch die Diskontierung der Zahlungsströme mit den realen Nullkupon-Zinssätzen separiert werden. Vgl. IFRS 9.B6.3.14; KPMG (Hrsg.), Hedge Accounting on the Horizon, S. 23.

Prominent unter dem Begriff *„sub libor issue"* wurde in der Beratungsphase des IFRS 9 die Frage diskutiert, ob ein designierter Teil der Zahlungsströme aus einem finanziellen Posten grds. kleiner sein muss als die Summe der Zahlungsströme insgesamt, oder ob bspw. auch vertragliche Zinszahlungen gegen Änderungen eines Referenzzinssatzes bilanziell abgesichert werden können, wenn der Zinsaufschlag für das unternehmensindividuelle Kreditrisiko negativ ist.[1009] Schließlich entschied der IASB, dass eine Komponente immer eine Teilmenge der gesamten Risikoposition bilden muss, mit der Konsequenz, dass der (gesondert gesicherte) Referenzzinssatz kleiner als der vertraglich gesicherte Zinssatz (ggf. der Effektivzinssatz) sein muss.[1010] Während dies besonders bei Banken und Versicherungen zu einer Diskrepanz zwischen ökonomischer Steuerung und bilanzieller Abbildung führen kann,[1011] sind Industrieunternehmen indes nur äußerst selten in der Lage, sich Fremdkapital zu Zinssätzen zu beschaffen, die unter den Libor-/Euribor-Referenzzinssätzen liegen.[1012]

Wie bislang in IAS 39 und nunmehr auch für nicht-finanzielle Posten zugelassen, kann die ökonomische Absicherung einzelner, vertraglich vereinbarter **Zahlungsstromkomponenten** von Währungs- oder Zinsrisikopositionen bilanziell nachgezeichnet werden.[1013] Im Sinne der Gleichstellung finanzieller und nicht-finanzieller Posten dürfte eine Absicherung über einen Teil der Restlaufzeit durch die Designation einer **zeitlichen Komponente** auch bei laufzeitinkongruenten Absicherungsstrategien bzgl. Währungs- und Zinsänderungsrisiken abgebildet werden können.[1014] Zudem können auch bei der Absicherung dieser Risikoarten bestimmte Schwellenwerte definiert und damit **einseitige Risikokomponenten** designiert werden,[1015] wobei das Verbot der bilanziellen Behandlung als hypothetisches Derivat bestehen bleibt.[1016]

Durch die künftig zulässige Designation **nominaler Komponenten** in der Form eines prozentualen Anteils oder einer Tranche[1017] wird der Anwendungsbereich des Hedge Accounting auch bzgl.

[1009] Bislang erachtet es der IASB als unzulässig, nur die Benchmark-Komponente als Grundgeschäft zu bestimmen. Allerdings wurde die identische Regelung bei der Übernahme von IAS 39 in europäisches Recht von der Europäischen Kommission ausgenommen. Die mangelnde Übereinstimmung der Vorschriften mit praktizierten Risikomanagementstrategien dürfte nach Einschätzung des DRSC für die Fortschreibung des *carve out* bzgl. IFRS 9 sprechen. Vgl. DRSC (Hrsg.), CL Hedge Accounting (Review Draft), S. 3.

[1010] Vgl. IFRS 9.B6.3.7 i. V. m. IFRS 9.B6.3.21 f.; Schmidt, A./Barekzai, O., Neuregelungen zur Sicherungsbilanzierung nach IFRS 9 (Teil 1), S. 376; Garz, C./Helke, I., Review Draft Hedge Accounting, S. 1209. Zu den alternativen Designationsmöglichkeiten vgl. IFRS 9.B6.3.23 f.

[1011] Vgl. IFRS 9.BC6.200-BC6.229.

[1012] Vgl. IFRS 9.B6.3.22; Löw, E./Clark, J., Hedge Accounting und Risikomanagement, S. 127; Barckow, A., in: Baetge et al., Rechnungslegung nach IFRS, IAS 39, Rn. 231; Ernst & Young (Hrsg.), ED Hedge Accounting, S. 10; Garz, C./Helke, I., Review Draft Hedge Accounting, S. 1209.

[1013] Vgl. IFRS 9.6.3.7 (b); Lüdenbach, N., in: Lüdenbach et al., Haufe IFRS-Kommentar, § 28 Finanzinstrumente, Rn. 247 sowie Becker, K./Kropp, M., in: von Wysocki et al., HdJ, Abt. IIIa/4, Rn. 266 zur Absicherung einzelner Kupons aus Anleihen.

[1014] Vgl. zur analogen bilanziellen Abbildung des *partial term hedging* bei Güterpreisrisiken Abschnitt 553.3 sowie zu laufzeitinkongruenten Absicherungsstrategien im internen Risikomanagement Abschnitt 333.5.

[1015] Vgl. IFRS 9.6.3.7 (a).

[1016] Vgl. zur Diskussion über die Behandlung einer einseitigen Komponente als hypothetisches Derivat Abschnitt 553.5.

[1017] Künftig kann also bspw. eine Tranche eines monetären Transaktionsvolumens in einer Fremdwährung (z. B. die ersten 10 Mio. € des Umsatzes in den USA im Monat März; vgl. IFRS 9.B6.3.18 (a)) oder eine Tranche eines Finanzinstrumentes (z. B. die letzten 20 Mio. € der Zahlungsströme einer festverzinslichen Anleihe;

finanzieller Posten deutlich ausgeweitet.[1018] Unter Beachtung derselben Kriterien[1019] wird damit ein weiterer Schritt zur Annäherung der Rechnungslegung an das interne Risikomanagement vollzogen. Aufgrund massiver Proteste von Finanzdienstleistern[1020] sind Tranchen aus Krediten mit Tilgungsrechten entgegen des ursprünglichen Vorschlages des IASB künftig designierbar. Da der Standardsetter nicht zwischen Optionsinhabern und Optionsstillhaltern hinsichtlich der Tilgungsrechte differenziert, muss diese Möglichkeit auch für Industrieunternehmen Gültigkeit besitzen. Ein Industrieunternehmen, das etwa einen fünfjährigen Kredit über 100 Mio. € mit einer vorzeitigen Rückzahlungsoption aufnimmt, in der internen Planung mit einer vorzeitigen Tilgung i. H. v. 40 Mio. € kalkuliert und somit nur die Tranche der letzten 60 Mio. € (fällig in fünf Jahren) mit einem Zinsderivat absichert, kann diese Tranche als Grundgeschäft designieren und das ökonomische Absicherungsverhältnis nach den Vorschriften des Hedge Accounting abbilden.[1021] Allerdings setzt diese Designation voraus, dass die Tilgungsrechte bei der Berechnung der Wertänderungen des Grundgeschäftes mit berücksichtigt werden.[1022]

555.2 Portfolios von Risikopositionen

Durch den Wegfall der Homogenitätsbedingung werden **Gruppenpositionen und (Null-)Nettopositionen** auch im Zuge der Absicherung gegen Währungs- und Zinsänderungsrisiken als Grundgeschäft zulässig, sofern die allgemeinen Anforderungen erfüllt werden.[1023] In die Sicherungsbeziehung werden folglich sämtliche Bruttopositionen des als Grundgeschäft designierten Portfolios einbezogen, wobei auch hier bei gegenläufigen Bruttopositionen Teile des Grundgeschäftes eine sicherungsähnliche Wirkung erzielen können.[1024] Somit können verschiedene Positionen (z. B. mehrere Fremdwährungstransaktionen oder verschiedene Fremdkapitaltitel)[1025], die gebündelt und auf aggregierter Basis gesteuert werden, künftig nach den Vorschriften des Hedge Accounting abgebildet werden, wodurch die bisherigen Bilanzierungsanomalien im Umfang deutlich reduziert werden dürften.[1026] Die Designationsmöglichkeiten **nominaler Komponenten** und **aggregierter**

vgl. IFRS 9.B6.3.18 (d)) gegen Währungs- respektive Zinsänderungsrisiken abgesichert und entsprechend abgebildet werden.

1018 Vgl. IFRS 9.B6.3.17 sowie B6.3.18.

1019 Vgl. zu den Anforderungen bei der Absicherung von Güterpreisrisiken Abschnitt 553.4.

1020 Vgl. DRSC (Hrsg.), CL Hedge Accounting, S. 7. Vgl. zur Kritik aus Sicht der Finanzdienstleister Kholmy, K./Weiherich, N., Stellungnahmen zum ED Hedge Accounting, S. 226 f.; Löw, E./Clark, J., Hedge Accounting und Risikomanagement, S. 128; IASB (Hrsg.), Hedge Accounting – CL Summary (agenda paper 7B), S. 8 sowie zur Relativierung Flick, P./Krakuhn, J./Schüz, P., ED Hedge Accounting, S. 119 f.

1021 Vgl. IASB (Hrsg.), Portions or Layers (agenda paper 3), S. 6-9.

1022 Vgl. IFRS 9.B6.3.20. Weist das Zinsderivat keinen spiegelbildlichen Optionscharakter auf, so wird nach Ansicht des IASB eine Ineffektivität begründet, die auch als solche abgebildet werden muss. Vgl. zur Diskussion bzgl. der Trennung des Tilgungsrisikos vom Zinsänderungsrisiko Flick, P./Krakuhn, J./Schüz, P., ED Hedge Accounting, S. 120.

1023 Vgl. zu den Anforderungen in IFRS 9.6.6.1 Abschnitt 554.2 und Abschnitt 554.3.

1024 Vgl. IFRS 9.B6.6.5 f. sowie zu der mit einem absichernden Instrument vergleichbaren Wirkung eines Teils einer aggregierten Risikoposition Abschnitt 331. bzw. einer als Grundgeschäft designierten Nettoposition Abschnitt 554.3. Auch hier werden im Rahmen der Effektivitätsbeurteilung und -ermittlung stets die Bruttopositionen der abgesicherten Nettoposition einbezogen; vgl. IFRS 9.B6.6.5.

1025 Vgl. IASB (Hrsg.), Groups (agenda paper 9A), S. 3 f.

1026 Vgl. zu den Anforderungen in IFRS 9.6.6.1 Abschnitt 554.2 sowie Abschnitt 554.3.

Risikopositionen werden unter denselben Voraussetzungen wie bei Güterpreisrisiken auch für die Absicherung von Währungs- und Zinsänderungsrisiken eines Portfolios ausgeweitet.[1027]

Entgegen der im Exposure Draft angedachten Regelungen ist – indes ausschließlich für die Absicherung von Währungsrisiken – die Designation einer Nettoposition im Rahmen eines Cashflow-Hedge auch dann gestattet, wenn die einzelnen **(Brutto-)Bestandteile zu unterschiedlichen Zeitpunkten auf das Periodenergebnis wirken.**[1028] Für die Abbildung der Absicherung von Güterpreis- oder Zinsänderungsrisiken ist dies indes untersagt. Die erheblichen Konsequenzen für Industrieunternehmen aus dieser Möglichkeit zur ausschließlichen Abbildung von Währungssicherungen werden am Beispiel erläutert.

In der Ausgangssituation wird wie im Beispiel zur Absicherung von Güterpreisrisiken[1029] auf ein Industrieunternehmen abgestellt, das Fremdwährungsverkäufe i. H. v. 100 $ und Fremdwährungskäufe i. H. v. 120 $ für den Monat Mai erwartet und die Nettoposition i. H. v. 20 $ mit einem Devisentermingeschäft sichert.[1030] Allerdings wird nun die Annahme aufgegeben, dass sich die einzelnen Bruttopositionen in den identischen Perioden auf das Periodenergebnis auswirken. Im Risikomanagement von Industrieunternehmen werden Währungsrisiken häufig wie hier auf Nettobasis abgesichert, wobei der **zeitliche Bezugspunkt** der Absicherungsstrategie regelmäßig an den Termin der fälligen Zahlungsströme anknüpft.[1031] Durch die Periodisierung der Erfolgswirkungen können indes, abhängig vom konkreten Grundgeschäft, Zahlungs- und Erfolgswirkung zeitlich auseinander fallen.[1032] Während Zahlungseingang und Umsatzrealisierung bei Fremdwährungsforderungen aus Lieferung und Leistung häufig dicht beieinander liegen,[1033] werden Käufe in Fremdwährung von Roh-, Hilfs- und Betriebsstoffen, Halbfabrikaten und Sachanlagen zunächst aktiviert und erst deutlich später etwa als Umsatzkosten erfolgswirksam.[1034] Die Risikoposition des Überhangs i. H. v. 20 $ wird durch den Devisenkontrakt abgesichert und – bei separater Betrachtung des Überhangs – deren kompensierende Erfolgswirkungen werden nach den Bilanzierungsregeln des Cashflow-Hedge synchronisiert.[1035] Gemäß IAS 21 werden indes sämtliche Käufe und Verkäufe mit dem Devisenkassakurs am Tag des Geschäftsvorfalls umgerechnet. Hinsichtlich der ökonomisch neutralisierten Käufe und Verkäufe in Fremdwährung mit einem Nominalwert i. H. v. 100 $ werden zum Zeitpunkt der Zahlungsströme (im Monat Mai) typischerweise nur die wechselkursinduzierten Wertänderungen aus den Fremdwährungsverkäufen sogleich in das Periodenergebnis fließen, während die ökonomisch kompensierenden, wechselkursinduzier-

[1027] Vgl. Ernst & Young (Hrsg.), ED Hedge Accounting, S. 28; Garz, C./Helke, I., Review Draft Hedge Accounting, S. 1211 sowie zu den Anforderungen Abschnitt 554.4 und Abschnitt 554.5.

[1028] Vgl. IFRS 9.6.6.1 i. V. m. IFRS 9.B6.6.7. Da im Rahmen eines Fair Value-Hedge sämtliche Wertentwicklungen aller Bestandteile in der Bilanz erfasst und stets zeitgleich im Periodenergebnis ausgewiesen werden, entstehen hier keinerlei Verzerrungen und die Abgrenzung von Erfolgswirkungen erübrigt sich.

[1029] Vgl. zur Beispielsituation im Rahmen der Abbildung der Absicherung von Güterpreisrisiken Abschnitt 554.3.

[1030] Vgl. IFRS 9.B6.6.9 f. Vgl. zur Buchungstechnik in einem weiteren Beispielsachverhalt Rohatschek, R./Hochreiter, G., Nettopositionen mit asynchroner Erfolgswirkung, S. 212-214.

[1031] Vgl. Garz, C./Helke, I., Review Draft Hedge Accounting, S. 1211.

[1032] Vgl. Eberli, P./Di Paola, S., ED Hedge Accounting, S. 254.

[1033] Die Erfolgswirkung ist im Einzelfall durch vertragliche Vereinbarungen wie Zahlungsziel, Anzahlungen und ggf. Fertigstellungsgrad bedingt.

[1034] Vgl. Garz, C./Helke, I., Review Draft Hedge Accounting, S. 1211.

[1035] Vgl. zur Synchronisierung der Erfolgswirkung bei Cashflow-Hedges Abschnitt 533.1.

ten Wertänderungen der Fremdwährungskäufe erst zu einem späteren Zeitpunkt erfolgswirksam erfasst werden. Das Periodenergebnis wird dadurch ohne eine spezielle Abgrenzung der Wertänderungen stark verzerrt bzw. es unterliegt durch den späteren Gegeneffekt starken Schwankungen.[1036] An dieser Stelle muss indes festgehalten werden, dass diese Verzerrung nur (wie im Beispiel) bei Cashflow-Hedges eintritt.[1037] Da im Rahmen eines Fair Value-Hedge sämtliche Wertentwicklungen aller Bestandteile in der Bilanz erfasst und stets zeitgleich im Periodenergebnis ausgewiesen werden, entstehen hier keinerlei Verzerrungen und die ansonsten erforderliche Abgrenzung von Erfolgswirkungen erübrigt sich.

Aufgrund der Diskrepanz zwischen dem zeitlichen Bezugspunkt des Risikomanagements und dem Zeitpunkt der Erfolgswirkung in der Rechnungslegung wird die ökonomische Kompensationswirkung zwischen den gegenläufigen Bruttopositionen des Grundgeschäftes im Rahmen eines Cashflow-Hedge vernachlässigt,[1038] weswegen der IASB seine ursprüngliche Entscheidung revidierte. Da eine sofortige Erfolgswirkung beim Erwerb von Vorräten oder Sachanlagen konzeptionell ausscheidet und auch die antizipierte Erfolgsrealisierung einer (ggf. überhaupt nicht kontrahierten) künftigen Transaktion bereits gegen die an die in Frage kommenden Bilanzposten gestellten Definitions- und Ansatzkriterien verstößt,[1039] kann die Lösung hinsichtlich der verzerrten Darstellung nur in der **Abgrenzung der Erfolgswirkungen** innerhalb des Grundgeschäftes liegen.[1040] Wirken sich also einzelne Bruttopositionen (Verkäufe) nach den allgemeinen Vorschriften früher auf das Periodenergebnis aus als die gegenläufigen Positionen (Käufe), so müssen deren Wertänderungen zur Synchronisierung der Erfolgswirkung nach IFRS 9 zeitweise erfolgsneutral im Eigenkapital abgegrenzt werden.[1041] Durch das *recycling* zum späteren Zeitpunkt der Erfolgswirkungen von den entsprechend gegenläufigen Positionen stehen sich folglich sämtliche Erfolgswirkungen zum gleichen Zeitpunkt im Periodenergebnis gegenüber.[1042] Nur durch diese Abgrenzung wird erreicht, dass die Wirkung des ausgeglichenen Teils des Portfolios auf dem ökonomisch gesicherten Wechselkurs und nicht etwa auf dem Kassakurs basiert.[1043]

Die Abgrenzung der Erfolgswirkung von Teilen des Grundgeschäftes entspricht der bilanziellen Behandlung eines Sicherungsinstrumentes,[1044] bildet aber die **ökonomische Substanz** der Kompen-

[1036] Dieselbe Verzerrung tritt ein, wenn die Einkäufe und Verkäufe sofort erfolgswirksam werden, aber zu unterschiedlichen Zeitpunkten anfallen (z. B. Verkäufe im Mai, Einkäufe im Juli, Absicherungshorizont Mai). Auch bei der bisherigen Behelfslösung nach IAS 39 in der Form einer anteiligen Bruttodesignation i. H. v. 20 $ ist die Abbildung verzerrt; vgl. DELOITTE (HRSG.), iGAAP (2012), S. 555.

[1037] Vgl. IFRS 9.6.6.1 i. V. m. IFRS 9.B6.6.7.

[1038] Vgl. ERNST & YOUNG (HRSG.), ED Hedge Accounting, S. 32.

[1039] Vgl. CF.OB17 sowie zu den Kriterien Abschnitt 42.

[1040] Diese Lösung bietet sich auch für die bilanzielle Behandlung einer Nettoposition an, sollte zunächst von einer simultanen Erfolgswirkung der Bruttopositionen ausgegangen worden sein und anschließend dennoch eine Verzögerung eintreten.

[1041] Vgl. IFRS 9.B6.6.9 f. i. V. m. IFRS 9.6.5.11; ROHATSCHEK, R./HOCHREITER, G., Nettopositionen mit asynchroner Erfolgswirkung, S. 213.

[1042] Vgl. IFRS 9.BC6.442-BC6.444; ERNST & YOUNG (HRSG.), ED Hedge Accounting, S. 31 f.

[1043] Vgl. EBERLI, P./DI PAOLA, S., ED Hedge Accounting, S. 254.

[1044] Vgl. IFRS 9.BC6.446; IASB (HRSG.), Groups and Net Positions (agenda paper 14A), S. 8; ROHATSCHEK, R./HOCHREITER, G., Nettopositionen mit asynchroner Erfolgswirkung, S. 213.

sationswirkung sachgerecht ab.[1045] Gleichzeitig ist dies konsistent zur Behandlung von gewöhnlichen Portfolio Hedges mit zeitgleicher Erfolgswirkung aller Bestandteile, bei denen nach IFRS 9 – zumindest im Rahmen der Effektivitätsbeurteilung bzw. -ermittlung – ebenfalls Teile des Grundgeschäftes gewissermaßen eine Sicherungswirkung entfalten.[1046] Ferner entspricht diese Lösung im Ergebnis einer (ökonomisch betrachtet) identischen Absicherungsstrategie, innerhalb derer jedoch nicht ein einziges Sicherungsinstrument mit einem Nominalbetrag i. H. v. 20 $, sondern vielmehr zwei Devisenterminkontrakte (Long- und Short-Position) über 120 $ und 100 $ abgeschlossen werden, wodurch die Fremdwährungstransaktionen brutto, d. h. einzeln abgesichert werden und die Synchronisierung der Erfolgswirkungen bereits durch die „üblichen" Vorschriften zur Bilanzierung von Cashflow-Hedges gewährleistet wird. Eine Abbildung, die von diesem Ergebnis für zwei separate Derivate abweicht, oder eine umgekehrt gerichtete Orientierung des internen Risikomanagements an der externen Rechnungslegung, wonach Unternehmen künftig zwei Derivate kontrahieren müssten, um die Kompensationswirkung auch bilanziell nachzeichnen zu können, erscheint wenig sachgerecht.

Zur Vermeidung einer zielgerichteten Erfolgssteuerung durch eine unsachgerechte erfolgsneutrale Abgrenzung mit anschließend erfolgswirksamer Auflösung von wechselkursinduzierten Wertänderungen bindet IFRS 9 die Abbildung einer Absicherung von einer Nettoposition mit unterschiedlichen Zeitpunkten der Erfolgswirkung an umfangreiche, über die allgemeinen Pflichten im Rahmen der Designation hinausgehende **Dokumentationspflichten**.[1047] Demnach muss für eine willkürfreie Abgrenzung bzw. Auflösung bereits zu Beginn der Sicherungsbeziehung eine Art Erfolgswirkungsprofil des Gesamtportfolios detailliert dokumentiert werden.[1048] Daraus muss hervorgehen, welche spezifischen Transaktionen im Rahmen des Risikomanagements abgesichert und in welchem Umfang diese zu den einzelnen Zeitpunkten erfolgswirksam werden. Die erfolgsneutral abgegrenzten Wechselkursschwankungen der früheren Bestandteile des Grundgeschäftes müssen anschließend in exakter Übereinstimmung mit dem dokumentierten Erfolgswirkungsprofil aufgelöst und späteren Bestandteilen gegenübergestellt werden. Dadurch wird eine sachgerechte Synchronisierung der Erfolgswirkungen sichergestellt.[1049]

IFRS 9 erlaubt die Designation einer Nettoposition, deren Bestandteile zu unterschiedlichen Zeitpunkten in das Periodenergebnis einfließen, im Rahmen eines Cashflow-Hedge ausschließlich für die Absicherung der Währungsrisikokomponente. Durch den Ausnahmecharakter dieser Vorschrift verpasst der Standardsetter die Gelegenheit, die Prinzipienorientierung der Hedge Accounting-Regelungen in IFRS 9 konsequent zu verfolgen und hier die Absicherung sämtlicher **Risikoarten**

[1045] Vgl. zur sicherungsähnlichen Wirkung eines Teils der aggregierten Risikoposition Abschnitt 331.

[1046] Vgl. zu der mit einem Sicherungsinstrument vergleichbaren Wirkung eines Teils des Grundgeschäftes Abschnitt 554.3.

[1047] Vgl. IFRS 9.6.6.1 i. V. m. IFRS 9.B6.6.8.

[1048] Vgl. IFRS 9.B6.6.8 i. V. m. IFRS 9.BC6.453. Daraus folgt, dass etwa im Rahmen der Fremdwährungskäufe die spezifischen Roh-, Hilfs- und Betriebsstoffe, Halbfabrikate oder Anlagen einzeln festgelegt und dokumentiert werden müssen. Hinsichtlich der Erfolgswirkung muss das Unternehmen ferner nachweislich festlegen, in welcher Periode die in Fremdwährung erworbenen Inputfaktoren voraussichtlich als Herstellungskosten in das Periodenergebnis eingehen und über welchen Zeitraum und nach welcher Methode die spezifischen, in Fremdwährung erworbenen Anlagen abgeschrieben werden.

[1049] Vgl. WIESE, R./SPINDLER, M., Review Draft Hedge Accounting, S. 348.

zuzulassen. Der Board begründet diese Ausnahme mit der Befürchtung, durch eine Zulässigkeit aller Risikoarten ggf. ungewollte (aber nicht näher erläuterte)[1050] Bilanzierungskonsequenzen hervorzurufen und die Anwendung des Hedge Accounting somit unangemessen auszudehnen.[1051] Allerdings spricht die darauffolgende Beschwichtigung, dass die bisherigen Unzulänglichkeiten aus Sicht der kommentierenden Anwender fast ausschließlich bei der Währungssicherung entstanden bzw. nun behoben seien und die Problematik bei der Abbildung von Güterpreis- bzw. Zinssicherungen vernachlässigbar wäre, gerade für die prinzipienbasierte Ausweitung der Abbildungsmöglichkeiten auf die Absicherung sämtlicher Risikoarten.

Durch die Unzulässigkeit der Designation von Nettopositionen, die auf aggregierter Ebene gegen Güterpreisrisiken oder Zinsänderungsrisiken gesichert werden und deren Bruttobestandteile zu unterschiedlichen Zeitpunkten erfolgswirksam werden, treten die geschilderten Verzerrungen ein.[1052] Somit können entsprechende Absicherungsstrategien eines Unternehmens, das z. B. Warenkäufe, -verkäufe und Bestände eigenständig operierender Einheiten zentral im Risikomanagement bündelt und die Nettopositionen anschließend extern absichert, nicht im Rahmen eines Cashflow-Hedge unverzerrt nachgezeichnet werden, sofern die einzelnen Positionen in unterschiedlichen Perioden erfolgswirksam werden. Durch die Diskriminierung einzelner Risikoarten können die Vorschriften des Hedge Accounting für solche Nettopositionen weder prinzipienorientiert noch am Risikomanagement ausgerichtet sein und verstoßen vor allem gegen eine am zugrunde liegenden Sachverhalt orientierte, glaubwürdige Darstellung.

555.3 Anwendungsbeispiel zur Behandlung aggregierter Risikopositionen

Industrieunternehmen sichern Risikopositionen, die verschiedenen Risikoarten ausgesetzt sind, im internen Risikomanagement in aller Regel schrittweise gegen die einzelnen Risiken ab.[1053] Plant ein Unternehmen etwa eine Rohstoffbeschaffung oder die hierzu erforderliche Kapitalaufnahme außerhalb des Euroraumes, so wird der Güterpreis zunächst in der jeweiligen Fremdwährung fixiert und anschließend gegen Wechselkursänderungen abgesichert bzw. der Wechselkurs für die Mittelaufnahme fixiert und der daraus resultierende Eurobetrag vor Zinsänderungen geschützt. Dabei können die Risikosteuerungsstrategien für die einzelnen Risikoarten durchaus voneinander abweichen. Die Möglichkeit zur Designation einer aggregierten Risikoposition, die aus einer originären Risikoposition und einem Sicherungsinstrument einer vorausgegangenen Absicherungsmaßnahme resultiert, ändert die Bilanzierung der damit verbundenen Steuerungsmaßnahmen im Rahmen des Hedge Accounting umfassend. Die Abbildungsmöglichkeiten hinsichtlich interner, aufeinander aufsetzender Risikomanagementstrategien für verschiedene Risikoarten sowie die Implikationen der Zulässigkeit von aggregierten Risikopositionen für die Ermittlung der Wertänderungen von Grund-

[1050] Hiermit dürfte die bereits angedeutete, zielgerichtete Erfolgssteuerung durch eine unsachgerechte erfolgsneutrale Abgrenzung von wechselkursinduzierten Wertänderungen bzw. die anschließende erfolgswirksame Auflösung gemeint sein.

[1051] Vgl. IFRS 9.BC6.454.

[1052] Vgl. Löw, E./Clark, J., Hedge Accounting und Risikomanagement, S. 129.

[1053] Vgl. IFRS 9.B6.3.3; IASB (Hrsg.), Derivatives as Hedged Items (agenda paper 1A), S. 5; KPMG (Hrsg.), Hedge Accounting on the Horizon, S. 26 f.; Garz, C./Helke, I., Review Draft Hedge Accounting, S. 1209 sowie darüber hinaus Ernst & Young (Hrsg.), ED Hedge Accounting, S. 7 f.

und Sicherungsgeschäft bzw. der Höhe etwaiger Ineffektivitäten sollen anhand des nachfolgenden Beispiels erläutert und analysiert werden:[1054]

Ein Unternehmen mit der funktionalen Währung Euro möchte seine mit hoher Wahrscheinlichkeit zum Ende der vierten Periode erwarteten Kaffeekäufe einer bestimmten Qualität gegen Preisrisiken absichern. Da der Kaffee im Ausland beschafft wird, sieht sich das Unternehmen sowohl mit den Güterpreisrisiken des Rohstoffes Kaffee (in $) als auch mit den aus der Notierung in US-Dollar resultierenden Währungsrisiken konfrontiert. Zur Steuerung der **Güterpreisrisiken** setzt das Unternehmen gleich zu Beginn der Planung Warenterminkontrakte ein, die auf Kaffee einer standardisierten Qualität und der Laufzeit von vier Jahren gehandelt werden. Aufgrund geringer Qualitätsunterschiede zwischen dem standardisierten Produkt und der spezifischen Kaffeesorte, die erworben werden soll, sowie abweichender Vereinbarungen bzgl. Lieferort und Versandweg divergieren die Preise leicht, wodurch im Rahmen der ökonomischen Absicherung ein Basisrisiko entsteht.[1055] Das Unternehmen steuert auch seine **Währungsrisiken**, allerdings auf Basis eines anderen Zeithorizontes.[1056] Im internen Risikomanagement werden demnach ausschließlich die Währungsrisiken der kommenden drei Perioden abgesichert, wodurch das Unternehmen erst zu Beginn der zweiten Periode ein dreijähriges (perfekt wirksames) Devisentermingeschäft einsetzt. Dabei werden die künftigen Kaffeebezüge zusammen mit den Warenterminkontrakten als eine aggregierte Risikoposition betrachtet und der kombinierte Dollarstrom gegen Währungsrisiken abgesichert. Durch die erste Absicherung der Einkäufe mit den Warenterminkontrakten wird also – von Ineffektivitäten durch das Basisrisiko zunächst abstrahiert – zum Zeitpunkt der Lieferung ein möglichst konstanter Zahlungsstrom in US-Dollar generiert, der anschließend gegen Wechselkursänderungen gesichert wird, um schließlich mit einem festen Zahlungsmittelabfluss in Euro kalkulieren zu können.

Die Parameter für die Berechnung der aggregierten Risikoposition und der Kompensationswirkungen der Absicherungsmaßnahmen finden sich in Abbildung 5-4. Neben den aktuellen Marktzinssätzen im Euro- bzw. Dollarraum sind für die Steuerung vor allem die am Markt beobachtbaren Terminpreise für die Warenterminkontrakte von Kaffee und die Devisenkurse relevant. Der Abschlag entspricht dem prozentualen Preisunterschied zwischen dem Terminpreis für die Kaffeesorte, die das Unternehmen tatsächlich zu erwerben beabsichtigt, und dem Terminpreis für die standardisierten Warenterminkontrakte, die im Rahmen der ersten Sicherungsbeziehung kontrahiert werden.[1057] Das Basisrisiko besteht also darin, dass sich dieser Abschlag im Zeitverlauf ändert.

[1054] Die nachfolgenden Erläuterungen und Analysen beziehen sich auf das Beispiel des Standardsetters in IFRS 9.IE8-IE17 (Beispiel 1). Bestünde hinsichtlich des Kaffeeerwerbs hingegen bereits ein Vertrag, so könnten die nachfolgend erläuterten Implikationen – unter Beachtung der Abbildungsregeln in Abschnitt 532. – grds. auf einen Fair Value-Hedge übertragen werden; vgl. KPMG (Hrsg.), Hedge Accounting on the Horizon, S. 27.

[1055] Vgl. zum ökonomischen Gehalt des Basisrisikos Abschnitt 333.5.

[1056] Vgl. zur rollierenden Absicherungsstrategie bei Fremdwährungen IASB (Hrsg.), Derivatives as Hedged Items (agenda paper 1A), S. 3.

[1057] Der aktuell beobachtete Preisabschlag entspricht den Erwartungen hinsichtlich des Preisabschlages zum Ende der vierten Periode.

Periode		**0**	**1**	**2**	**3**	**4**
$-Marktzins für die jeweilige Restlaufzeit		0,26 %	0,21 %	0,16 %	0,06 %	0,00 %
€-Marktzins für die jeweilige Restlaufzeit		1,12 %	0,82 %	0,46 %	0,26 %	0,00 %
Terminpreis ($/lb.) für Standardkontrakte		1,25	1,01	1,43	1,22	2,15
Abschlag		-5,00 %	-5,50 %	-6,00 %	-3,40 %	-7,00 %
Devisenkurs ($/€)		1,38	1,33	1,41	1,46	1,43
Devisenterminkurs ($/€)		1,37	1,32	1,41	1,46	1,43
Erste Sicherungsbeziehung: Absicherung des Rohstoffpreisrisikos						
Abgesicherte erwartete Rohstoffkäufe	Abschlag	-5,00 %	-5,50 %	-6,00 %	-3,40 %	-7,00 %
Abgesichertes Volumen: 118.421 lbs.	Terminpreis ($/lb.)	1,19	0,95	1,34	1,18	2,00
Impliziter Terminpreis: 1,1875 ($/lb.)	Fair Value ($)	0	27.540	-18.528	1.063	-96.158
	Fair Value (€)	0	20.707	-13.140	728	-67.243
	Δ Fair Value (€)	**0**	**20.707**	**-33.847**	**13.868**	**-67.971**
Absichernde Warenterminkontrakte	Terminpreis ($/lb.)	1,25	1,01	1,43	1,22	2,15
Absicherndes Volumen: 112.500 lbs.	Fair Value ($)	0	-26.943	20.219	-3.373	101.250
Vertraglicher Terminpreis: 1,25 ($/lb.)	Fair Value (€)	0	-20.258	14.339	-2.310	70.804
	Δ Fair Value (€)	**0**	**-20.258**	**34.598**	**-16.650**	**73.114**
Bilanzierung						
Derivat		**0**	**-20.258**	**14.339**	**-2.310**	**70.804**
Rücklage (Cashflow-Hedge)		**0**	**-20.258**	**13.140**	**-728**	**67.971**
Periodenergebnis (Ineffektivität)			**0**	**1.199**	**-2.781**	**5.143**
Zweite Sicherungsbeziehung: Absicherung des Währungsrisikos						
Abgesicherte aggregierte Währungsrisikoposition	Aggregierter $-Strom ($)		140.027	138.932	142.937	135.533
Abgesichertes Volumen: Siehe $-Strom	Devisenterminkurs ($/€)		1,32	1,41	1,46	1,43
Impliziter Devisenterminkurs: 1,3220 €/$	Fair Value (€)		0	6.237	10.002	7.744
	Δ Fair Value (€)		**0**	**6.237**	**3.765**	**-2.258**
Absichernde Devisenterminkontrakte	Devisenterminkurs ($/€)		1,32	1,41	1,46	1,43
Absicherndes Volumen: 140.625 $	Fair Value (€)		0	-6.313	-9.840	-8.035
Vertraglicher Devisenterminkurs: 1,3320 €/$	**Δ Fair Value (€)**		**0**	**-6.313**	**-3.528**	**1.805**
Bilanzierung						
Derivat			**0**	**-6.313**	**-9.840**	**-8.035**
Rücklage (Cashflow-Hedge)			**0**	**-6.237**	**-9.840**	**-7.744**
Periodenergebnis (Ineffektivität)				**-76**	**76**	**-291**

Abbildung 5-4: Implikationen der Zulässigkeit einer aggregierten Risikoposition[1058]

Das Unternehmen designiert im Einklang mit der Risikomanagementstrategie zu Beginn der ersten Periode eine Sicherungsbeziehung für die Absicherung des Güterpreisrisikos. In dieser **ersten Sicherungsbeziehung** werden also die im Rahmen des Kaffeeerwerbs erforderlichen Zahlungsströme als (antizipatives) Grundgeschäft und die Warenterminkontrakte als entsprechendes Sicherungsinstrument eines Cashflow-Hedge bestimmt. Das Unternehmen vertritt die Ansicht, dass der

[1058] Vgl. IFRS 9.IE10 und IE12 (Beispiel 1).

aktuelle Preisabschlag von 5 % voraussichtlich auch zum Laufzeitende gilt und setzt folglich für die Absicherung des geplanten Kaffeeerwerbs i. H. v. 118.421 lbs. (Pfund) Terminkontrakte auf Standardqualität mit einem Nominalwert i. H. v. 112.500[1059] lbs. ein. In Übereinstimmung mit dem ökonomischen Absicherungsverhältnis werden dieselben Volumina als Grundgeschäft respektive Sicherungsinstrument und damit eine bilanzielle Sicherungsquote von 1/(100 % - 5 %) designiert.[1060]

Zur Ermittlung der Wertentwicklung des Grundgeschäftes wird ein hypothetisches Derivat eingesetzt, das einem Terminkontrakt auf die geplante Kaffeemenge der gewünschten Qualität entspricht.[1061] Der Fair Value ($) des Grundgeschäftes beträgt unter Anwendung der *Hypothetical-derivatives*-Methode[1062] (impliziter Terminpreis: 1,1875 $/lb.) zum Ende der ersten Periode 27.540 $[1063] bzw. mit dem aktuellen Devisenkurs (1,33 €/$) umgerechnet 20.707 € (analog für sämtliche Folgeperioden). Durch den gesunkenen Terminpreis für Kaffee erwartet das Unternehmen somit geringere Auszahlungen, die sich in einer positiven Wertentwicklung des Grundgeschäftes niederschlagen. Der Kaffeepreis steigt indes gegen Laufzeitende stark an und führt somit zu hohen Zahlungsmittelabflüssen im Rahmen des Kaffeeerwerbs. Der Wert der (echten) Terminkontrakte als Sicherungsinstrument entwickelt sich wie bezweckt grds. entgegengesetzt zum Grundgeschäft. Während die Terminkontrakte (vertraglicher Terminpreis: 1,2500 $/lb.) zum Ende der ersten Periode aufgrund des gesunkenen Marktpreises mit -26.943 $[1064] bzw. net -20.258 € bewertet werden, steigt der Wert der Kontrakte mit dem im weiteren Zeitverlauf steigenden Kaffeepreis und **kompensiert** somit zum Laufzeitende die erhöhten Ausgaben beim Erwerb der Rohstoffe. Das **Basisrisiko** in Form des nicht konstanten Abschlages von ursprünglich 5 % führt zu einer entgegengesetzten Entwicklung des Sicherungsinstrumentes in nicht exakt der gleichen Höhe, so dass hier eine **geringe Ineffektivität** entsteht, die erfolgswirksam zu erfassen ist.[1065] Werden die Wertänderungen und die Ineffektivitäten nach den Regeln des Cashflow-Hedge erfasst, so wird die ökonomische Substanz der Absicherung gegen Güterpreisrisiken sachgerecht abgebildet.

[1059] Aufgrund des Preisunterschieds von 5 % werden also lediglich Warenterminkontrakte mit einem Nominalvolumen i. H. v. 0,95 · 118.421 lbs. = 112.500 lbs. eingesetzt.

[1060] Im Folgenden wird unterstellt, dass das Unternehmen gegen keinerlei Wirksamkeitskriterien im Effektivitätstest verstößt, so dass die ökonomische Absicherung gegen das Güterpreisrisiko auch bilanziell abgebildet werden kann.

[1061] Bestünde hinsichtlich des Kaffeeerwerbs bereits ein Vertrag, so könnte direkt auf die Wertentwicklung des Vertrages (echtes finanzökonomisches Derivat) abgestellt werden.

[1062] Vgl. zur *Hypothetical-derivatives*-Methode Abschnitt 533.3.

[1063] Dies entspricht dem Wert eines Terminkontraktes *(short)* mit (1,01 · 0,945 - 1,25 · 0,95) · 118.421 · 1/1,0021 ≈ 27.540 [$]. Vgl. zur Wertentwicklung eines Terminkontraktes Abschnitt 333.721.

[1064] Die Wertänderung des Sicherungsinstrumentes wird analog zum Grundgeschäft mit (1,01 -1,25) · 112.500 · 1/1,0021 ≈ -26.943 [$] berechnet.

[1065] Die Absicherung ist zwar grds. wirksam und führt zu einem relativ konstanten (erwarteten) Zahlungsmittelabfluss (in $) im Zuge des Rohstofferwerbs. Der erwartete Zahlungsstrom weist aber aufgrund des Basisrisikos dennoch leichte Schwankungen auf. Für die erste Periode wird keine Ineffektivität erfasst, da die kumulierte Wertänderung des Sicherungsinstrumentes kleiner ist als diejenige des Grundgeschäftes. Für die zweite Periode wird in der Eigenkapitalrücklage der geringere Betrag aus den kumulierten Wertänderungen von Grund- und Sicherungsgeschäft erfasst zu min{14.339; 13.140} = 13.140 [€]. Die Änderung der Rücklage beträgt entsprechend 13.140 - (-20.258) = 33.399 [€]. Da die aufgelaufenen Wertänderungen des Sicherungsinstrumentes hier größer sind als die gesamten Wertänderungen der Zahlungsströme aus dem Grundgeschäft, wird an dieser Stelle eine Ineffektivität i. H. v. 34.589 - 33.399 = 1.199 [€] ausgewiesen (für die zweite Sicherungsbeziehung analog).

Auf die erste Sicherungsbeziehung aufbauend designiert das Unternehmen zu Beginn der zweiten Periode eine **zweite Sicherungsbeziehung** zwischen der **aggregierten Risikoposition** (Kaffeekäufe und Warenterminkontrakte) als Grundgeschäft und den Devisenterminkontrakten als Sicherungsinstrument, um die anschließende interne Absicherung des Währungsrisikos bilanziell abzubilden. Die aggregierte Risikoposition bestimmt den mit dem Erwerb von Kaffee verbundenen **Dollarstrom** in Periode vier, wobei der Dollarstrom wiederum Änderungen des Wechselkurses im Vergleich zum Devisenterminkurs (1,3220 €/$) zum Designationszeitpunkt der zweiten Sicherungsbeziehung ausgesetzt ist. Da das Unternehmen nach wie vor von einem beim Erwerb gültigen Preisabschlag von 5 % ausgeht, beträgt der kalkulierte Dollarstrom zum Erwerb des Kaffees 140.625 $[1066]. Dieser aggregierten Währungsrisikoposition entsprechend beträgt auch das Nominalvolumen der Devisenterminkontrakte 140.625 $. Da der Abschlag allerdings tatsächlich von 5 % auf 5,5 % gestiegen ist, beträgt der erwartete Dollarstrom aufgrund der daraus resultierenden Ineffektivität der ersten Sicherungsbeziehung am Ende der ersten bzw. zu Beginn der zweiten Periode allerdings nur 140.027 $. Der erwartete Dollarstrom aus der aggregierten Risikoposition bleibt also aufgrund einer leichten Ineffektivität der ersten Sicherungsbeziehung **nicht perfekt konstant**, sondern schwankt und setzt sich zusammen aus:

- dem erwarteten Preis der Kaffeekäufe zum Ende der vierten Periode (d. h. der abgesicherten Abnahmemenge an Kaffee multipliziert mit dem jeweils aktuellen Terminpreis für den Kaffee der gewünschten Qualität, exemplarisch zu Beginn der zweiten Periode i. H. v. 118.421 · [1,01 · (100 % - 5,5 %)] ≈ 113.027 [$]) und
- der erwarteten Ausgleichszahlung aus den Warenterminkontrakten (d. h. dem Nominalwert der Warenterminkontrakte multipliziert mit der Preisdifferenz zwischen dem vertraglichen und dem jeweils aktuellen Terminpreis für Kaffee der standardisierten Qualität, exemplarisch zu Beginn der zweiten Periode i. H. v. (1,25 - 1,01) · 112.500 = 27.000 [$]).

Der Fair Value der aggregierten Währungsrisikoposition berechnet sich durch den erwarteten aggregierten Dollarstrom zum Laufzeitende, multipliziert mit der Differenz zwischen dem aktuellen Devisenterminkurs und dem (gesicherten) Devisenterminkurs zu Beginn der zweiten Sicherungsbeziehung und anschließend diskontiert mit dem Zinssatz des Euroraumes (z. B. zum Ende der zweiten Periode durch 138.932 · (1/1,4058 - 1/1,3220) · 1/1,0046 ≈ 6.237 [€]). Durch die Kalkulation auf Basis des zum jeweiligen Bewertungszeitpunkt erwarteten aggregierten Dollarstroms wird der Tatsache Rechnung getragen, dass der Dollarstrom nicht stets 140.625 $ beträgt, sondern aufgrund des Basisrisikos in der ersten Sicherungsbeziehung um diesen Wert schwankt. Durch die skizzierte Berechnung des Dollarstroms zum jeweiligen Ende einer Periode wird berücksichtigt, dass Änderungen des Dollarstroms bereits durch die Ineffektivität im Rahmen der ersten Sicherungsbeziehung (ggf. erfolgswirksam) erfasst werden, während die damit verbundenen Fair Value-Änderungen (in Euro) aufgrund von Wechselkursschwankungen im Rahmen der zweiten Sicherungsbeziehung abgebildet werden.

[1066] Da das Unternehmen in seiner Kalkulation einen konstanten Preisabschlag von 5 % unterstellt, wird durch den Warenterminkontrakt zum Zeitpunkt des Erwerbs mit einem Zahlungsmittelabfluss von 1,25 · 112.500 = 140.625 [$] gerechnet.

Die gegenläufige Wertentwicklung der Devisenterminkontrakte wird wie üblich anhand derselben Differenz zwischen den Devisenterminkursen berechnet, allerdings stets bezogen auf das vertraglich festgelegte Nominalvolumen (ebenfalls zum Ende der zweiten Periode i. H. v. 140.625 · (1/1,4058 - 1/1,3220) · 1/1,0046 ≈ 6.313 [€]). Werden die Wertentwicklungen gegenübergestellt, so wird deutlich, dass die leichte Ineffektivität der ersten Sicherungsbeziehung durch den nicht perfekt konstanten Dollarstrom der aggregierten Risikoposition auch zu einer gewissen **Ineffektivität** der zweiten Sicherungsbeziehung führt.[1067]

Nach **IAS 39** hingegen müsste die erste Sicherungsbeziehung nach der ersten Periode aufgelöst und eine neue Sicherungsbeziehung begründet werden. Dabei würden die Warenterminkontrakte, die nunmehr einen von null abweichenden Fair Value aufweisen, mit den Devisenkontrakten zusammen das Sicherungsinstrument bilden. In diesem Falle beträgt der Fair Value des Grundgeschäftes in Form des Kaffeekaufs zum neuen Designationszeitpunkt null, wohingegen der Fair Value des Sicherungsinstrumentes -20.258 € entspricht, da die Warentermingeschäfte bereits in der Vorperiode abgeschlossen wurden und aufgrund der Güterpreisschwankungen folglich einen Wert ungleich null aufweisen.[1068] Bereits durch die im Zeitverlauf abnehmende Restlaufzeit führt dieser Wert zu Wertänderungen des Sicherungsinstrumentes, die nicht durch Wertänderungen des Grundgeschäftes gedeckt sind. Dies führt zu einer erhöhten Ineffektivität und nach IAS 39 häufig zu einem Abbruch der bilanziellen Sicherungsbeziehung. Dieses Ergebnis entspricht indes in keinem Fall der ökonomischen Absicherung. Alternativ könnte das Unternehmen allerdings auch die erste Sicherungsbeziehung beibehalten und eine zweite Sicherungsbeziehung auf den variablen Kaffeepreis in US-Dollar bestimmen. Fällt allerdings bspw. der Kaffeepreis (in $), so ist die Risikoposition (in $) ohne die gegenläufige Wertentwicklung der Warenkontrakte relativ gering und das Absicherungsvolumen der Devisenkontrakte deutlich zu hoch. Ändert sich der Wechselkurs, führt dies aufgrund der verzerrten Sicherungsquote zwingend zu einer Ineffektivität und regelmäßig zum sofortigen Abbruch der Sicherungsbeziehung.[1069] Damit wird der ökonomischen Kompensationswirkung im Rahmen einer schrittweisen Absicherungsstrategie von Rohstoffpreis- und Währungsrisiko in keiner Weise Rechnung getragen.

Durch die Zulässigkeit aggregierter Risikopositionen wird in den Vorschriften nach **IFRS 9** künftig berücksichtigt, dass die Strategie der Währungssicherung nicht separat steht, sondern vielmehr auf der bereits bestehenden Strategie zur Rohstoffpreissicherung aufsetzt.[1070] Da unterschiedliche Risikoarten intern regelmäßig auf unterschiedlicher Basis gesteuert werden und sich die dafür vorgesehenen Strategien gegenseitig bedingen,[1071] wird durch die neuen Designationsmöglichkeiten

[1067] Die Auflösung der Rücklage für die Wertänderungen der Sicherungsinstrumente zum Ende der vierten Periode folgt den Bilanzierungsvorschriften in Abschnitt 533.22.

[1068] Vgl. zu diesem sog. Finanzierungselement Abschnitt 564.

[1069] Vgl. Ernst & Young (Hrsg.), ED Hedge Accounting, S. 7 f.; KPMG (Hrsg.), Hedge Accounting on the Horizon, S. 27.

[1070] Vgl. IASB (Hrsg.), Derivatives as Hedged Items (agenda paper 1A), S. 7; Garz, C./Helke, I., Review Draft Hedge Accounting, S. 1209.

[1071] Vgl. IDW (Hrsg.), CL Hedge Accounting, S. 5 sowie Abschnitt 323.4 und Abschnitt 323.5 zur internen Risikobeurteilung und -steuerung.

ein **Gleichklang zwischen Risikomanagement und Bilanzierung** gewährleistet.[1072] Sowohl in der ersten als auch in der zweiten Sicherungsbeziehung werden die ökonomischen Kompensationswirkungen kalkuliert und die Unvollkommenheit wird in der Absicherung zutreffend als Ineffektivität ausgewiesen. Die Implikationen des obigen Beispiels der schrittweisen Absicherung gegen Güterpreis- und Währungsrisiken gelten analog auch für die Kombination von **Währungs- und Zinsänderungsrisiken.**[1073] Demnach können z. B. Fremdwährungskredite bzw. -forderungen zunächst in die heimische Währung transformiert und anschließend in eine Zinssicherung einbezogen werden.[1074]

56 Partiell und aggregiert für die Absicherung zulässige Sicherungsinstrumente im Rahmen des Hedge Accounting

561. Designationsfähige Sicherungsinstrumente

Als Sicherungsinstrument eignen sich gemäß IFRS 9 prinzipiell sämtliche finanziellen Vermögenswerte und Schulden, sofern diese erfolgswirksam **zum Fair Value bilanziert** werden.[1075] Somit können derivative Finanzinstrumente, die in der industriebetrieblichen Praxis vorwiegend zur Risikoabsicherung eingesetzt und stets zum Fair Value bewertet werden,[1076] in einer bilanziellen Sicherungsbeziehung als Sicherungsinstrument designiert werden.[1077] Darüber hinaus ist künftig auch die Designation zum Fair Value bewerteter Kassainstrumente gestattet, die somit nicht mehr ausschließlich für die Absicherung von Währungsrisiken in Betracht kommen.[1078] Als Sicherungsinstrument zur Absicherung von einzelnen Grundgeschäften oder Portfolios kommen nach IFRS 9 auch sämtliche Kombinationen aus derivativen und nicht-derivativen, zum Fair Value bewerteten

[1072] Vgl. IFRS 9.BC6.162; BARZ, K./FLICK, P./MAISBORN, M., Review Draft Hedge Accounting, S. 474; WIESE, R./SPINDLER, M., Review Draft Hedge Accounting, S. 349.

[1073] Vgl. GARZ, C./HELKE, I., Review Draft Hedge Accounting, S. 1209; IASB (HRSG.), Derivatives as Hedged Items (agenda paper 1A), S. 3 f. sowie die Beispiele 2 und 3 in IFRS 9.IE20-IE39.

[1074] Vgl. IFRS 9.BC6.160.

[1075] Vgl. IFRS 9.6.2.1 f.

[1076] Vgl. Abschnitt 434.

[1077] Vgl. IFRS 9.6.2.1; FLICK, P./KRAKUHN, J./SCHÜZ, P., ED Hedge Accounting, S. 120. Von der Designationsmöglichkeit ausgeschlossen werden eingebettete Derivate, sofern diese nicht separat bilanziert werden; vgl. FISCHER, D., ED Hedge Accounting, S. 21. Dabei gilt es zu beachten, dass die Abspaltung eingebetteter Derivate für finanzielle Vermögenswerte als Ergebnis der ersten Phase des IFRS 9-Projektes künftig nicht mehr vorgesehen ist; vgl. IFRS 9.4.3.2. Folglich kommt lediglich die Designation eines gesamten finanziellen Vermögenswertes inklusive des eingebetteten Derivates in Frage; vgl. IFRS 9.B6.2.1; MÄRKL, H./GLASER, A., Hedge Accounting, S. 124. Damit werden sowohl die Abspaltung eines eingebetteten Derivates und dessen anschließende Bestimmung als Sicherungsinstrument als auch die Designation einer Risikokomponente, die dem eingebetteten Derivat entspricht, konsequent ausgeschlossen.

[1078] Vgl. IAS 39.72; LÖW, E./THEILE, C., in: Heuser et al., IFRS Handbuch, Sicherungsgeschäfte und Risikoberichterstattung, S. 630; WÜSTEMANN, J./BISCHOF, J., Bilanzierung von Sicherungsbeziehungen, S. 406; IDW (HRSG.), WP-Handbuch 2012, S. 1792. Vgl. zur Diskussion der Eignung originärer Finanzinstrumente SCHWARZ, C., Derivative Finanzinstrumente und Hedge Accounting, S. 218 f. Die Zulässigkeit schließt auch jene Instrumente mit ein, deren Wertmaßstab auf die Ausübung der Fair Value-Option zurückzuführen ist, sofern dadurch keine Bilanzierungsanomalie entsteht (z. B. durch die Irreversibilität der Fair Value-Option; vgl. GROßE, J.-V., Problematik des Hedge Accounting, S. 118); vgl. IFRS 9.BC6.136-BC6.138; KPMG (HRSG.), Hedge Accounting on the Horizon, S. 12. Explizit von der Zulässigkeit ausgenommen sind indes finanzielle Verbindlichkeiten, deren bonitätsinduzierte Wertänderungen im sonstigen Gesamtergebnis erfasst werden; vgl. IFRS 9.6.2.2 sowie Abschnitt 434.

Finanzinstrumenten in Betracht, selbst wenn diese gegenläufige Wertentwicklungen aufweisen.[1079] Der Forderung, künftig auch zu fortgeführten Anschaffungskosten bilanzierte Finanzinstrumente als Sicherungsinstrumente zuzulassen, kommt der IASB in IFRS 9 indes nicht nach.[1080]

Hinsichtlich einer möglichen komponentenweisen Designation in Analogie zur Bestimmung von Grundgeschäften sehen die Vorschriften in IFRS 9 wie bislang vor, dass Sicherungsinstrumente nur in ihrer **Gesamtheit aller Risikokomponenten** und stets über die **gesamte Laufzeit** des Instrumentes designiert werden können, wobei prozentuale Anteile und die nach IAS 21 bestimmte separate Währungskomponente zulässig sind.[1081] Vor allem die Abspaltung sog. Finanzierungselemente, die auf einen von null abweichenden Fair Value des Sicherungsinstrumentes zum Designationszeitpunkt zurückzuführen sind, ist somit untersagt. Vom allgemeinen Verbot der separaten Designation einzelner Komponenten explizit ausgenommen sind hingegen Kassakurskomponenten von Termingeschäften und innere Werte von Optionen. Für die hiervon abgespaltenen Swapsatz- bzw. Zeitwertkomponenten sieht IFRS 9 spezielle Vorschriften zur gesonderten Bilanzierung vor.[1082]

Darüber hinaus beschränkt IFRS 9 die Designationsmöglichkeiten von Sicherungsinstrumenten auf solche Finanzinstrumente, die nach Ansicht des IASB eine **ökonomische Kompensationswirkung** entfalten. Ausgeschlossen werden demnach jene derivativen Finanzinstrumente, die eine (Netto-)Stillhalterposition in einem Optionsgeschäft begründen.[1083] Ferner muss der Vertragspartner eines Sicherungsinstrumentes wie nach IAS 39 zwingend eine unternehmens- bzw. konzernfremde Partei sein, so dass auch interne Sicherungsgeschäfte unzulässig sind.[1084]

In den folgenden Abschnitten werden die an potenzielle Sicherungsinstrumente gestellten Anforderungen detailliert behandelt. Dabei wird zunächst auf die Designationsmöglichkeit von zu fortgeführten Anschaffungskosten bewerteten Finanzinstrumenten eingegangen. Anschließend wird das Verbot der Designation einzelner Komponenten einschließlich der Abspaltung von Finanzierungselementen analysiert und für die daraus entstehenden Unzulänglichkeiten bei der Abbildung entsprechender Absicherungsmaßnahmen ein möglicher Lösungsansatz vorgestellt. Ferner werden die neu in die Regelungen des Hedge Accounting aufgenommen Vorschriften für die ausnahmsweise zulässige Aufspaltung von Termingeschäften und Optionen erläutert und die Bilanzierungsregeln für abgespaltene Swapsatz- und Zeitwertkomponenten präsentiert sowie konkretisiert. Abschließend wird die ökonomische Kompensationswirkung von geschriebenen Optionen und internen Sicherungsinstrumenten thematisiert und die daraus resultierenden Designationsmöglichkeiten analysiert.

[1079] Vgl. BARZ, K./FLICK, P./MAISBORN, M., Review Draft Hedge Accounting, S. 475; WÜSTEMANN, J./BISCHOF, J., Bilanzierung von Sicherungsbeziehungen, S. 406.

[1080] Vgl. IFRS 9.BC6.131.

[1081] Vgl. IFRS 9.6.2.5 i. V. m. IFRS 9.6.2.4 (c) sowie IFRS 9.6.2.2 i. V. m. IFRS 9.B6.2.5; WIESE, R./SPINDLER, M., Review Draft Hedge Accounting, S. 349; HARTENBERGER, H., in: Bohl et al., Beck IFRS HB, § 3. Finanzinstrumente, Rn. 526. Entsprechend kann ein Sicherungsinstrument zur Absicherung mehrerer Risikoarten verwandt werden, ggf. auch in verschiedenen Sicherungsbeziehungen. Vgl. IFRS 9.B6.2.6; PWC (HRSG.), Manual for Financial Instruments (2012), S. 10033-10038.

[1082] Vgl. IFRS 9.6.2.4 (a) und (b).

[1083] Vgl. IFRS 9.B6.2.4.

[1084] Vgl. IFRS 9.6.2.3.

Die Spezifika bei der Abbildung von Absicherungsmaßnahmen gegen Währungs- und Zinsänderungsrisiken werden wiederum in einem Sonderabschnitt behandelt.

562. Designation von zu fortgeführten Anschaffungskosten bewerteten Finanzinstrumenten

Da Industrieunternehmen für Risikosteuerungszwecke gelegentlich auch Finanzinstrumente einsetzen, die in der Rechnungslegung zu fortgeführten Anschaffungskosten bewertet werden, wurde von IFRS-Anwendern die Bitte geäußert, für das Hedge Accounting künftig sämtliche, d. h. vor allem auch zu **fortgeführten Anschaffungskosten** bewertete Finanzinstrumente als Sicherungsinstrumente zuzulassen.[1085] Vor dem Hintergrund des Verbotes einer komponentenweisen Designation würde dies allerdings nach den Vorschriften des Hedge Accounting zu einer vollständigen Fair Value-Bewertung von Finanzinstrumenten führen, die gemäß der Klassifizierungsentscheidung[1086] des IFRS 9 eigentlich zu fortgeführten Anschaffungskosten bewertet werden. Dies lehnt der IASB entschieden ab. Einerseits wird dies mit der zusätzlichen Komplexität begründet, die speziell in der Behandlung der Wertsprünge durch den Wechsel des Wertmaßstabes zu Beginn und am Ende der Sicherungsbeziehung besteht.[1087] Diese Wertsprünge dürften ferner auch zu einer Volatilität von Gesamtergebnis und Eigenkapital führen, die nicht auf eigentliche Wertentwicklungen des Sicherungsinstrumentes zurückgeht, sondern vielmehr durch die Änderung des Wertmaßstabes begründet und mit Blick auf die im Hedge Accounting zu vermittelnde Kompensationswirkung zwischen Grund- und Sicherungsgeschäften abzulehnen ist. Andererseits soll das Verbot gemäß den Erläuterungen des IASB auch einem zielgerichteten Wechsel der Bewertungskategorie entgegenwirken.[1088] Dies steht im Einklang mit der Zielsetzung des Hedge Accounting, da auch keine Bilanzierungsanomalie und somit keine Verzerrung entsteht, die durch spezielle Vorschriften behoben werden müsste, sofern Grund- und Sicherungsgeschäft zu fortgeführten Anschaffungskosten bewertet werden.[1089] Durch den Wechsel beider Wertmaßstäbe würde also zum einen die Klassifizierungsentscheidung ausgehebelt und zum anderen entspräche dies auch nicht der Zielsetzung des Hedge Accounting in der Ausprägung der Vermeidung von Bewertungsanomalien, so dass das Verbot der Designation von zu fortgeführten Anschaffungskosten bewerteten Finanzinstrumenten als Sicherungsinstrument sachgerecht erscheint.

563. Designation einzelner Komponenten

Der IASB hatte erwogen, neben der in IAS 21 definierten und darum ausnahmsweise zugelassenen Währungsrisikokomponente[1090] in Analogie zu den Designationsmöglichkeiten für Grundgeschäfte auch die Designation darüber hinausgehender **einzelner Risikokomponenten** zu gestatten.[1091] Nach

[1085] Vgl. IFRS 9.BC6.131.
[1086] Vgl. zur Klassifizierung von finanziellen Vermögenswerten und Schulden Abschnitt 434.
[1087] Vgl. IFRS 9.BC6.133.
[1088] Vgl. IFRS 9.BC6.129.
[1089] Vgl. IFRS 9.BC6.134. Darüber hinaus wird die Ertragslage auch im Fall eines unterbleibenden Ansatzes des Grundgeschäftes nicht verzerrt, da nicht realisierte Wertänderungen des absichernden Finanzinstrumentes dieser Kategorie nicht erfasst werden.
[1090] Vgl. IFRS 9.BC6.124.
[1091] Vgl. MÄRKL, H./GLASER, A., Hedge Accounting, S. 124.

Ansicht des IASB würde die Entwicklung eines Ansatzes zur Aufspaltung eines Sicherungsinstrumentes indes den Umfang des Projektes zum Hedge Accounting unangemessen ausweiten, da zur Wahrung eines in sich konsistenten Gefüges an Rechnungslegungsnormen auch eine Aufspaltung nicht-finanzieller Posten (z. B. Rückstellungen oder Eventualforderungen bzw. -verbindlichkeiten mit Güterpreis- oder Währungskomponenten) möglich sein müsste.[1092] Mangels eines Ansatzes zur verlässlichen Aufspaltung eines Sicherungsinstrumentes in dessen Komponenten wurde die ursprüngliche Idee des Standardsetters u. a. aus Zeitgründen verworfen.[1093]

Fraglich erscheint indes, ob eine prinzipienorientierte Bilanzierung von Absicherungsverhältnissen sowie ein enger Bezug zur ökonomischen Steuerung für eine unverzerrte Abbildung durch die Ungleichbehandlung von Grundgeschäften und Sicherungsinstrumenten überhaupt gewährleistet werden kann.[1094] Die Anforderungen der separaten Identifizierbarkeit und der verlässlichen Bewertbarkeit an eine gesicherte Risikokomponente, die auch im Rahmen der Designation von Risikokomponenten als Grundgeschäft gestellt werden, dürften auch beim Sicherungsinstrument zu einer Annäherung an die Risikomanagementpraxis führen.[1095] Vor allem beim Fair Value-Hedge sollte die Gefahr der missbräuchlichen Inanspruchnahme der komponentenweisen Designation gering sein, da die Änderungen des Sicherungsinstrumentes (anders als in der Diskussion zum Grundgeschäft)[1096] in jedem Fall im Periodenergebnis erfasst werden. Beim Cashflow-Hedge könnte zwar der Anwendungsbereich des Hedge Accounting (wie in der Diskussion zum Grundgeschäft) und die Abgrenzung der Erfolgswirkung des Sicherungsinstrumentes unzweckmäßig ausgeweitet werden. Allerdings kann die Abgrenzung auch gerade durch die ganzheitliche Designation unangemessen hoch ausfallen, sofern auf ökonomischer Ebene nur einzelne Komponenten in die Sicherung einbezogen werden.[1097] In jedem Fall dürften entsprechende Kriterien zur Identifizierbarkeit und Bewertbarkeit und eine vergleichbar strenge Auslegung auch hier eine hinreichende Objektivierung bei einer gleichzeitigen Annäherung an das Risikomanagement sicherstellen.

Die Aufspaltung eines absichernden Instrumentes in seine zeitlichen Bestandteile und die anschließende Designation **einzelner zeitlicher Komponenten** ist in IFRS 9 ebenfalls explizit untersagt.[1098] Während bei laufzeitinkongruenten Absicherungsstrategien kürzer laufende Sicherungsinstrumente zur Absicherung eines Teils der Restlaufzeit von Grundgeschäften designiert werden dürfen,[1099] ist dies somit für den umgekehrten Fall nicht erlaubt.[1100] Während diese bereits in IAS 39 verankerte Vorschrift häufig dahingehend missverstanden wurde, dass die Laufzeit des Sicherungsinstrumentes

---

[1092] Vgl. IFRS 9.BC6.126 i. V. m. IFRS 9.BC6.121.

[1093] Vgl. IFRS 9.BC6.126; MÄRKL, H./GLASER, A., Hedge Accounting, S. 124; BARCKOW, A., in: Baetge et al., Rechnungslegung nach IFRS, IAS 39, Rn. 219.

[1094] Vgl. LÖW, E./CLARK, J., Hedge Accounting und Risikomanagement, S. 130.

[1095] Vgl. zu eindeutig identifizierbaren und verlässlich bewertbaren Komponenten von Warenterminkontrakten INTERNATIONAL ENERGY ACCOUNTING FORUM (HRSG.), Hedge Accounting (paper 7), S. 6 f.

[1096] Vgl. zur komponentenweisen Designation von Grundgeschäften Abschnitt 553.2.

[1097] Hier wird vorausgesetzt, dass die Sicherungsbeziehung noch den Anforderungen an deren Wirksamkeit genügt und bilanziert werden darf.

[1098] Vgl. IFRS 9.6.2.4 (c).

[1099] Vgl. zur zeitweisen Absicherung von Grundgeschäften Abschnitt 553.3.

[1100] Vgl. IFRS 9.6.2.4 (c).

diejenige des Grundgeschäftes nicht übersteigen dürfe,[1101] ist damit vielmehr gemeint, dass ein Sicherungsinstrument mit dreizehn Monaten Restlaufzeit nicht in ein 12-Monats- und ein weiteres 1-Monats-Geschäft zerlegt werden darf. Das Instrument ist stattdessen stets über seine gesamte Restlaufzeit zu designieren, wodurch das Basisrisiko aus der Laufzeitinkongruenz von Grund- und Sicherungsgeschäft als Ineffektivität ausgewiesen werden muss.[1102] Allerdings entspricht auch hier die unzulässige Designation von Komponenten nicht der Behandlung von Grundgeschäften, für die eine Zerlegung in zeitliche Teilabschnitte zulässig ist.[1103] Auch hier kann die Ungleichbehandlung von Grund- und Sicherungsgeschäft bemängelt und die prinzipienorientierte Ausweitung des Anwendungsbereiches der Kriterien der separaten Identifizierbarkeit und der verlässlichen Bewertbarkeit auf das Sicherungsinstrument gefordert werden.

564. Abspaltung von Finanzierungselementen

In der Sicherungspraxis werden absichernde Finanzinstrumente nicht ausschließlich exakt zum Zeitpunkt der Designation am Markt erworben. Vielmehr werden auch bereits kontrahierte, jedoch frei stehende derivative Finanzinstrumente bei einer Änderung in der Strategie- bzw. Zielformulierung als neutralisierende Risikoposition eingesetzt und in diesem Zuge als Sicherungsinstrument designiert oder bereits bestehende ökonomische Absicherungsverhältnisse erst zu einem späteren Zeitpunkt als Sicherungsbeziehung designiert und nach den Vorschriften des Hedge Accounting abgebildet (sog. *late hedges*).[1104] Zwischen den Zugangs- und Designationsterminen können sich die Marktkonditionen verändern, wodurch der Fair Value des Sicherungsinstrumentes zum Zeitpunkt der Designation regelmäßig von null abweicht.[1105] Dieser anfängliche Fair Value wird im Risikomanagement als **Finanzierungselement *(embedded financing element)*** interpretiert.[1106] Das Element stellt dabei denjenigen Betrag dar, der geleistet werden müsste, um das Instrument glattzustellen.[1107] Da im Risikomanagement eine Glattstellung z. B. aufgrund von Transaktionskosten häufig nicht erwünscht ist, wird das ggf. bereits bestehende Instrument mit einem von null abweichenden Fair Value als absicherndes Instrument verwandt. Das Instrument wird also im Risikomanagement in zwei Elemente aufgespalten, die ggf. auch separat gesteuert werden, nämlich einerseits das (fiktive) Derivat mit aktuellen Marktkonditionen und andererseits das Finanzierungselement (Kredit bzw. Forderung).

[1101] Vgl. KUHN, S./SCHARPF, P., Rechnungslegung von Financial Instruments, S. 369 f.; BECKER, K./KROPP, M., in: von Wysocki et al., HdJ, Abt. IIIa/4, Rn. 303.

[1102] Vgl. BARCKOW, A., in: Baetge et al., Rechnungslegung nach IFRS, IAS 39, Rn. 220; PWC (HRSG.), Manual for Financial Instruments (2012), S. 10013 f.; DELOITTE (HRSG.), iGAAP (2012), S. 596; LÖW, E./CLARK, J., Hedge Accounting und Risikomanagement, S. 130.

[1103] Vgl. zur Designation zeitlicher Komponenten Abschnitt 553.3. Dies ist besonders vor dem Hintergrund unverständlich, dass die verbleibende Komponente ohnehin erfolgswirksam zum Fair Value bilanziert werden muss.

[1104] Vgl. ERNST & YOUNG (HRSG.), Practical Issues for Financial Instruments, S. 2; LÖW, E./THEILE, C., in: Heuser et al., IFRS Handbuch, Sicherungsgeschäfte und Risikoberichterstattung, S. 613. Vgl. zum Begriff des *late hedge* bzw. der *late designation* IASB (HRSG.), Hypothetical Derivatives (agenda paper 19B), Rn. 8.

[1105] Gleiches gilt für Finanzinstrumente, die zwar zum Zeitpunkt der Designation neu erworben werden, die jedoch Gestaltungsmerkmale aufweisen, die von den zum Designationszeitpunkt geltenden Marktkonditionen abweichen; vgl. DELOITTE (HRSG.), iGAAP (2012), S. 617.

[1106] Vgl. DELOITTE (HRSG.), iGAAP (2012), S. 494 f.; PWC (HRSG.), Manual for Financial Instruments (2012), S. 10059.

[1107] Vgl. ERNST & YOUNG (HRSG.), Derivatives Redesignation, S. 38 f.

Nach IFRS 9 ist wie bislang das gesamte Derivat als Sicherungsinstrument zu designieren.[1108] Somit umfasst das bilanzielle Sicherungsinstrument ein Element, das im jeweils abgesicherten Grundgeschäft nicht enthalten ist und infolgedessen hinsichtlich der bilanziellen Kompensationswirkung einen Störterm bildet.[1109] Der Störterm resultiert dabei insbesondere aus der Eigenschaft, dass der Fair Value des Sicherungsinstrumentes zum Zeitpunkt der Designation ein Barwert ist. Im Zeitablauf vergrößert sich der Term betragsmäßig bereits durch die kürzere Laufzeit (sog. *unwinding*).[1110] Im abgesicherten Grundgeschäft ist ein entsprechend gegenläufiges Element indes regelmäßig nicht enthalten.[1111] Die Fair Value-Änderung des Finanzierungselementes wird folglich bilanziell als Ineffektivität behandelt, die möglicherweise sogar zum Abbruch der Sicherungsbeziehung führen kann.

Durch die aus IAS 39 übernommene Regelung der ganzheitlichen Designation des Sicherungsinstrumentes nutzte der Standardsetter bedauerlicherweise nicht die Gelegenheit, die Sicherungsbilanzierung näher an das Risikomanagement anzugleichen. Dies muss besonders vor dem Hintergrund unverständlich erscheinen, dass die verlässliche Aufspaltung des Instrumentes in ein Derivat mit aktuellen Konditionen und einen Kredit (ggf. auch eine Forderung) vergleichsweise unproblematisch ist, da der anfängliche Fair Value des Sicherungsinstrumentes auch im Rahmen einer ganzheitlichen Designation zur bilanziellen Erfassung der Wertänderungen ermittelt werden muss.

Ein **möglicher Lösungsansatz** kann folglich in der Aufspaltung des Derivates liegen, wonach lediglich das mit den zum Designationszeitpunkt geltenden Konditionen ausgestattete (fiktive) Derivat als Sicherungsinstrument designiert und das Finanzierungselement separat nach den allgemeinen Vorschriften bilanziert wird. Dieser Ansatz wurde bereits für den Fall eines Unternehmenszusammenschlusses diskutiert, in dem das Akquisitionsobjekt schon in der Vergangenheit Sicherungsbeziehungen nach den Hedge Accounting-Regeln bilanziert hatte und diese im Zuge der Konsolidierung neu begründet und damit auch Sicherungsinstrumente mit eingebettetem Finanzierungselement designiert werden mussten.[1112] HEISE/KOELEN/DÖRSCHELL schlagen diesbezüglich vor, die Effektivitätsermittlung um einen sog. Messanpassungsbetrag in Höhe des Finanzierungselementes zu korrigieren, der den auf die Entwicklung der Marktkonditionen zurückzuführenden Störterm beseitigt.[1113] Dieser Messanpassungsbetrag entspricht faktisch exakt dem Finanzierungselement eines Sicherungsinstrumentes. Allerdings setzt der Messanpassungsbetrag

[1108] Vgl. IFRS 9.6.2.5 i. V. m. IFRS 9.6.2.4 (c) und BC6.124 sowie IFRS 9.6.2.4 (c) i. V. m. IFRS 9.B6.2.5.

[1109] Der IASB spricht in diesem Zusammenhang von einer „ineffectiveness that is difficult to explain"; IASB (HRSG.), Hypothetical Derivatives (agenda paper 19B), Rn. 8.

[1110] Vgl. IFRS 9.BC6.152; ERNST & YOUNG (HRSG.), Practical Issues for Financial Instruments, S. 2; DELOITTE (HRSG.), Non-Zero Fair Value Derivatives, S. 2. Dieser Effekt kann durch Zinsänderungen verstärkt oder vermindert werden.

[1111] Dies gilt für faktische und hypothetische Grundgeschäfte der *Hypothetical-derivatives*-Methode; vgl. hierzu ERNST & YOUNG (HRSG.), Practical Issues for Financial Instruments, S. 2.

[1112] Nach IAS 39 ist auch in diesem Fall die Abspaltung des Finanzierungselementes unzulässig; vgl. IFRS 3.16; PWC (HRSG.), Manual for Financial Instruments (2012), S. 10056. Ob die Re-Designation auch künftig erforderlich ist, wird in IFRS 9 mit Verweis auf IFRS 3 nicht adressiert und die bestehende Vorschrift folglich auch vorerst nicht geändert; vgl. IFRS 9.BC6.320.

[1113] Vgl. HEISE, F./KOELEN, P./DÖRSCHELL, A., Late Designation, S. 316.

nach HEISE/KOELEN/DÖRSCHELL nicht bei der Begründung einer Sicherungsbeziehung an, sondern bildet eher eine Art (fiktives) Korrektiv für die Höhe der Ineffektivität, um einen Verstoß gegen die in IAS 39 geltende 80-125 %-Regel und somit den zwingenden Abbruch der Sicherungsbeziehung zu vermeiden.[1114] Obgleich der Vorschlag bzgl. eines Unternehmenszusammenschlusses buchungstechnisch für die Vorschriften des Hedge Accounting übernommen werden könnte,[1115] müsste das Finanzierungselement für eine konsequente Anlehnung an das interne Risikomanagement von der bilanziellen Sicherungsbeziehung ausgeschlossen und etwa in Analogie zu abgespaltenen Swapsätzen und Zeitwerten von Sicherungsinstrumenten separat behandelt werden.[1116]

565. Bilanzierung von Swapsatz- und Zeitwertkomponenten im Rahmen des Hedge Accounting

565.1 Überblick

Vom Grundsatz des Verbotes einer Aufspaltung des Fair Value eines Sicherungsinstrumentes lässt IFRS 9 zwei wichtige Ausnahmen zu, da der Board hier von einem jeweils objektiv messbaren Anteil ausgeht.[1117] Demnach darf ein Unternehmen die Kassakurskomponente eines Termingeschäftes (i. e. S.) von dessen Swapsatzkomponente (analog auch vom Fremdwährungsbasisspread[1118] spezieller Absicherungsinstrumente) bzw. den inneren Wert eines Optionsgeschäftes von dessen Zeitwertkomponente trennen und jeweils nur diese Komponente des absichernden Finanzinstrumentes als bilanzielles Sicherungsinstrument designieren.[1119] Wenngleich es sich bei dieser Möglichkeit zur Aufspaltung gemäß IFRS 9 um ein Wahlrecht handelt, soll dessen Angemessenheit vor dem Hintergrund der ökonomischen Absicherungswirkung einer Sicherungsbeziehung nachfolgend untersucht werden. Abgespaltene Swapsatz- bzw. Zeitwertkomponenten selbst werden von der designierten Sicherungsbeziehung ausgeklammert und künftig separat nach speziellen Vorschriften bilanziert, die einer komplexen Bilanzierungskonzeption für Absicherungskosten folgen.[1120] Bei der konkreten Abbildung der Absicherungskosten unterscheidet IFRS 9 zwischen perfekt auf das Grundgeschäft abgestimmten Sicherungsinstrumenten (laufzeitkongruente Pure Hedges) sowie

---

[1114] Dieser Vorschlag wird zwar durchaus durch die Ausführungen des IASB zur Effektivitätsbeurteilung im Fall einer *late designation* gestützt. Vgl. IASB (HRSG.), Hedge Effectiveness (agenda paper 7B), S. 8-15. Wenngleich durch die Abschaffung der 80-125 %-Regel nicht-extreme Wertänderungen des Finanzierungselementes auch nicht zum Abbruch führen und die Wirksamkeit der Sicherungsbeziehung sogar durch einen qualitativen Test nachgewiesen werden kann (vgl. IFRS 9.B6.4.15), so werden die Wertänderungen dennoch im Zeitverlauf als Ineffektivität ausgewiesen. Vgl. IASB (HRSG.), Hedge Effectiveness (agenda paper 7B), S. 10 f.; ERNST & YOUNG (HRSG.), ED Hedge Accounting, S. 18. Durch die hier vorgeschlagene Abspaltung würde eine Ineffektivität aufgrund eines Störterms in der Form eines Finanzierungselementes indes nicht mehr als Mangel in der Absicherungswirkung abgebildet werden.

[1115] Vgl. HEISE, F./KOELEN, P./DÖRSCHELL, A., Late Designation, S. 319-321.

[1116] In diesem Fall müsste das Finanzierungselement nicht nach den spezifischen Vorschriften für abgespaltene Swapsätze und Zeitwerte, sondern vielmehr nach den allgemeinen Vorschriften bilanziert werden. Folglich würde auch keine Ineffektivität aufgrund eines (nunmehr abgespaltenen) Finanzierungselementes ausgewiesen.

[1117] Vgl. BECKER, K./KROPP, M., in: von Wysocki et al., HdJ, Abt. IIIa/4, Rn. 313.

[1118] Fremdwährungsbasisspreads entstehen, sofern die Zinsbasis einer Währung nicht arbitragefrei in die Zinsbasis der jeweils anderen Währung des Instrumentes (v. a. eines häufig eingesetzten Zins-Währungs-Swaps) getauscht werden kann, sondern zusätzliche Auf- oder Abschläge in der Ausprägung eines Basisspreads berechnet werden. Vgl. DELOITTE (HRSG.), Hedge Accounting, S. 11. Auch diese werden als Absicherungskosten aufgefasst und entsprechend der nachfolgend analysierten Konzeption des IFRS 9 für abgespaltene Swapsatzkomponenten bilanziert.

[1119] Vgl. IFRS 9.6.2.4 (a) und (b).

[1120] Vgl. IFRS 9.6.5.15 f. i. V. m. IFRS 9.B6.5.29-B6.5.39.

Sicherungsinstrumenten, die hinsichtlich Laufzeit oder Basiswert eine lediglich näherungsweise Absicherung gewähren (laufzeitinkongruente Pure Hedges sowie Cross Hedges).[1121] Darüber hinaus wird künftig in Analogie zur Erfassung von Versicherungsprämien in anderen IFRS zwischen transaktionsbezogenen und periodenbezogenen Absicherungskosten differenziert. Diese Vorschriften sollen im Folgenden ebenfalls analysiert und bei identifizierten Unzulänglichkeiten in der Abbildung der ökonomischen Absicherungsmaßnahmen um mögliche Lösungsansätze ergänzt werden.

565.2 Abspaltung von Swapsatzkomponenten

Setzt ein Unternehmen als Absicherungsmaßnahme ein Termingeschäft ein, so darf es den Terminkurs in den jeweils geltenden Kassakurs und die entsprechenden Swapsätze zerlegen und lediglich die Kassakomponente als Sicherungsinstrument bestimmen.[1122] Die abgespaltene Swapsatzkomponente wird indes nach speziellen Vorschriften separat bilanziert.[1123] Hinsichtlich des Verpflichtungsgrades der Aufspaltung sieht IFRS 9 ein **Wahlrecht** vor.[1124] Wenngleich dies aus Sicht der bilanzierenden Unternehmen zu einer Komplexitätsreduktion bei der Abbildung von Sicherungsbeziehungen führen kann, ist die Angemessenheit des Wahlrechtscharakters vor dem Hintergrund der ökonomischen Absicherungswirkung zu hinterfragen.

Bei der Designation des Sicherungsinstrumentes müsste entsprechend der übergeordneten Zielsetzung des IFRS 9 dessen spezifische Absicherungswirkung auf das konkrete Grundgeschäft maßgeblich sein. Handelt es sich beim Grundgeschäft um eine **Kassaposition**, wie etwa bereits erworbene und gelagerte Rohstoffe, so wird im Risikomanagement typischerweise die Absicherung der Kassakomponente, d. h. des gängigen Güterpreises als Ziel der Absicherungsmaßnahme definiert.[1125] Um eine identische Basis von Risikoposition und absicherndem Instrument zu erreichen, werden auch nur diejenigen Wertänderungen des Termingeschäftes, die auf Änderungen des Kassakurses zurückzuführen sind, zur effektiven Absicherung herangezogen.[1126] Da diese ökonomisch als effektiv befundene Absicherung auch bilanziell nachgezeichnet werden soll, erscheinen die Aufspaltung des Termingeschäftes und die anschließende Designation der Kassakomponente sachgerecht. Auch der Effektivitätsnachweis wird durch die häufig exakt gegenläufigen Wertänderungen vergleichsweise leicht zu erbringen sein.[1127] Da die Wertentwicklung des Termingeschäftes indes auch die Wertänderungen der Swapsatzkomponente umfasst, wird diese im Risikomanagement (z. T. fiktiv) abgespalten und als Absicherungskosten (seltener auch Absicherungserlöse) interpretiert sowie ggf. separat gesteuert.[1128] Die Vorschrift des IASB, die ökonomischen Absiche-

[1121] Vgl. zu den Absicherungskonstellationen in Bezug auf mögliche Abweichungen zwischen Grund- und Sicherungsgeschäften Abschnitt 333.5.

[1122] Vgl. IFRS 9.6.2.4 (b).

[1123] Vgl. IFRS 9.6.5.16 i. V. m. IFRS 9.6.5.15.

[1124] Vgl. IFRS 9.6.2.4 i. V. m. IFRS 9.BC6.414-426; KPMG (Hrsg.), Hedge Accounting on the Horizon, S. 18; Wiese, R./Spindler, M., ED Hedge Accounting, S. 60; Märkl, H./Glaser, A., Hedge Accounting, S. 124; Ernst & Young (Hrsg.), ED Hedge Accounting, S. 34.

[1125] Vgl. Deloitte (Hrsg.), iGAAP (2012), S. 610 f.

[1126] Vgl. zu den Komponenten eines Termingeschäftes und der Abspaltung der Swapsatzkomponente Abschnitt 333.721.

[1127] Vgl. Schneider, J., Fair Value-Berechnung bei Währungssicherungsgeschäften, S. 196; PwC (Hrsg.), Manual for Financial Instruments (2012), S. 10111 f. sowie zum Effektivitätsnachweis Abschnitt 57.

[1128] Vgl. IASB (Hrsg.), Hedge Accounting – CL Summary (agenda paper 7B), S. 13; Ernst & Young (Hrsg.), ED Hedge Accounting, S. 34 sowie Abschnitt 333.721.

rungskosten bei einer Aufspaltung als solche abzubilden und ggf. systematisch über den Absicherungszeitraum im Periodenergebnis zu erfassen, vermittelt hier c. p. ein zutreffendes Bild über die internen Risikomanagementaktivitäten und deren Wirksamkeit.

Handelt es sich beim Grundgeschäft hingegen um eine **Terminposition**, wie etwa eine feste Verpflichtung oder eine geplante Transaktion, so wird das zu sichernde Risiko aus der künftigen Transaktion im Risikomanagement regelmäßig selbst wie ein Termingeschäft behandelt.[1129] Die Wertänderungen eines geplanten oder bereits vertraglich gesicherten Warenkaufs werden auf Basis von Terminkursen berechnet, um der zeitlichen Struktur gerecht zu werden.[1130] Folglich umfasst auch das Grundgeschäft eine Swapsatzkomponente.[1131] In solchen Fällen wird im Risikomanagement also die Absicherung der gesamten Wertänderung des Grundgeschäftes, die auf Änderungen von Kassa- und Terminkomponente zurückzuführen sind, als Ziel definiert.[1132] Zur Absicherung der Terminposition wird ein entsprechendes Termingeschäft eingesetzt, das in der zeitlichen Struktur mit dieser übereinstimmt und somit die Sicherung des Terminkurses der betrachteten Ware gewährleistet.[1133] Dieses ökonomische Kalkül ist zur Vermittlung entscheidungsnützlicher Informationen auch auf bilanzieller Ebene nachzuvollziehen. Demnach sollte die zeitliche Struktur in der Berechnung der Wertänderungen von sowohl Grund- als auch Sicherungsgeschäft berücksichtigt werden, indem die entsprechenden Terminkurse heranzuziehen sind.[1134] Die Ausübung des Wahlrechtes führt durch die Aufspaltung eines Termingeschäftes und die anschließende Designation der Kassakomponente indes zu einer ausschließlich bilanziellen Ineffektivität (sowie evtl. zum Abbruch) und somit nicht zur Abbildung der ökonomischen Steuerungsmaßnahme zur Erreichung der internen Zielsetzung.

Durch die im Einklang mit der internen Steuerung erforderliche Übereinstimmung der Basis für die Berechnungen der Wertänderungen von Grund- und Sicherungsgeschäft wird deutlich, dass eine **wahlweise Kombination** von Kassa- und Terminkomponenten, wie sie in IFRS 9 zulässig ist, nicht der Zielsetzung des Risikomanagements und auch nicht dem ökonomischen Kalkül entspricht. Eine Vorschrift, die die Aufspaltung des Sicherungsinstrumentes an die Eigenschaft des Grundgeschäftes bindet, ist vom IASB nicht explizit vorgesehen. Wählt ein bilanzierendes Unternehmen eine **inkongruente Wertermittlungsbasis** der sich gegenüberstehenden Positionen, so werden auf der Abbildungsebene ggf. hohe, aber ökonomisch nicht gerechtfertigte Ineffektivitäten ermittelt oder ökonomisch existente Ineffektivitäten verschleiert, wodurch das an den Abschlussleser kommunizierte Bild der Vermögens-, Finanz- und Ertragslage stark verzerrt wird. Um dies zu vermeiden, ist

[1129] Vgl. Becker, K./Kropp, M., in: von Wysocki et al., HdJ, Abt. IIIa/4, Rn. 358.

[1130] Vgl. IAS 39.AG74.

[1131] Vgl. IFRS 9.BC6.418 f.; IASB (Hrsg.), Cost of Hedging (agenda paper 7A), S. 6; IASB (Hrsg.), Forward Points (agenda paper 12), S. 5.

[1132] Vgl. Deloitte (Hrsg.), iGAAP (2012), S. 611.

[1133] Vgl. Gebhardt, G./Mansch, H., Risikomanagement und Risikocontrolling, S. 141. Absicherungskosten im ökonomischen Sinne entstehen in diesem Fall nicht, da das Grundgeschäft ebenfalls eine Swapsatzkomponente umfasst und folglich eine gegenläufige Wertentwicklung aufweist. Selbst bei einer Interpretation der Swapsatzkomponente als Absicherungskosten müssten diesen die entsprechenden Erlöse aus dem Grundgeschäft entgegengehalten werden, wodurch Absicherungskosten von null entstehen. Auch eine Aktivierung oder andersartige Synchronisierung der Erfolgswirkungen ist folglich nicht erforderlich.

[1134] Vgl. IFRS 9.BC6.418 f.

zu fordern, dass die Komponenten von Grund- und Sicherungsgeschäft stets übereinstimmen. Hierfür dürfte eine **Orientierung** an den obigen Ausführungen zur Unterscheidung zwischen Kassa- und Terminpositionen dienlich sein.

565.3 Abspaltung von Zeitwertkomponenten

Beim Einsatz von Optionsgeschäften als absicherndes Instrument darf die Option in die beiden Bestandteile des inneren Wertes und des Zeitwertes aufgespalten und anschließend nur der innere Wert als Sicherungsinstrument bestimmt werden.[1135] Der Wert der Option verläuft lediglich im Fall der Abspaltung linear zur Wertänderung des Basiswertes (stets jenseits des Ausübungspreises), so dass jene Komponente die Preisänderung der physischen Position zum Transaktionszeitpunkt besser ausgleichen kann.[1136] Die Wertänderungen des abgespaltenen Zeitwertes hingegen werden dabei von der Sicherungsbeziehung ausgeklammert und nach speziellen Vorschriften separat erfasst.[1137] Auch bei Optionsgeschäften handelt es sich bei der zulässigen Aufspaltung um ein **Wahlrecht**, dessen Angemessenheit zu untersuchen ist.[1138]

Der Zeitwert des Sicherungsinstrumentes kann abgespalten werden, ohne die **konsistente Basis** von Grund- und Sicherungsgeschäft zu verletzen. Dies ist darauf zurückzuführen, dass die abzusichernden Risikopositionen von Industrieunternehmen infolge des symmetrischen Risikoprofils regelmäßig einen linearen Wertverlauf hinsichtlich des (impliziten) Basiswertes aufweisen,[1139] während der Gesamtwert eines Optionsgeschäftes diese Eigenschaft aufgrund des asymmetrischen Profils für eine einseitige Absicherungswirkung nicht besitzt.[1140] Da die Änderungen des Zeitwertes einer Option im Risikomanagement als Absicherungskosten (bzw. -erlöse) für die einseitige Risikoabsicherung des Grundgeschäftes bei gleichzeitiger Wahrung der Chancen aufgefasst werden und das Risikoprofil von Grundgeschäft und Sicherungsinstrument hier zunächst unterschiedlich ist,[1141] erscheint eine Abspaltung des Zeitwertes ökonomisch gerechtfertigt. Eine solche Adjustierung der Basis für die Berechnung der jeweiligen Wertänderungen sollte analog zu den Überlegungen bzgl. der Behandlung von Swapsatzkomponenten sogar zwingend erfolgen, sofern dieser Vorgehensweise auch im internen Risikomanagement gefolgt wird. Durch die Abspaltung ist auch der Wertverlauf des Sicherungsinstrumentes linear und gleicht damit ohne den Störterm des Zeitwertes die Wertänderungen des Grundgeschäftes häufig perfekt aus, so dass auch der Nachweis über die Effektivität des Absicherungsverhältnisses sachgerecht vereinfacht wird.[1142] Bei der konkreten

[1135] Vgl. IFRS 9.6.2.4 (a); BARCKOW, A., in: Baetge et al., Rechnungslegung nach IFRS, IAS 39, Rn. 219.

[1136] Vgl. DI PAOLA, S., Time Value of Options, S. 11 f.; IASB (HRSG.), Time Value of Options (agenda paper 4A), S. 2.

[1137] Vgl. IFRS 9.6.5.15.

[1138] Vgl. IFRS 9.6.2.4 i. V. m. IFRS 9.BC6.386-413; KPMG (HRSG.), Hedge Accounting on the Horizon, S. 12; WIESE, R./SPINDLER, M., ED Hedge Accounting, S. 60; MÄRKL, H./GLASER, A., Hedge Accounting, S. 124; ERNST & YOUNG (HRSG.), ED Hedge Accounting, S. 34.

[1139] Vgl. DELOITTE (HRSG.), iGAAP (2012), S. 611.

[1140] Vgl. IASB (HRSG.), Time Value of Options (agenda paper 4A), S. 9 f.; PWC (HRSG.), Manual for Financial Instruments (2012), S. 10031 sowie zu den Eigenschaften einer Option bzw. dem nicht-linearen Wertverlauf Abschnitt 333.722.

[1141] Vgl. IFRS 9.BC6.387 f.

[1142] Vgl. IFRS 9.BC6.387 f.; BECKER, K./KROPP, M., in: von Wysocki et al., HdJ, Abt. IIIa/4, Rn. 358; PWC (HRSG.), Manual for Financial Instruments (2012), S. 10111 f.; DELOITTE (HRSG.), iGAAP (2012), S. 621 f.; IASB (HRSG.), Time Value of Options (agenda paper 4A), S. 3; DI PAOLA, S., Time Value of Options, S. 11 f.

Berechnung der abgespaltenen Absicherungskosten dürfte hinsichtlich der Frage, ob die zeitliche Struktur der Zahlungen i. S. e. diskontierten Zeitwertes berücksichtigt werden sollte, eine zur Behandlung von Swapsatzkomponenten analoge Orientierung am konkreten Grundgeschäft in seiner Ausprägung als Termin- oder Kassaposition zweckgerecht sein.[1143]

Da es sich bei der möglichen Abspaltung des Zeitwertes allerdings um ein Wahlrecht handelt, kann ein Unternehmen stets auch die gesamten Wertänderungen des Optionsgeschäftes als Sicherungsinstrument designieren. Weil in diesem Fall bei linearen Grundgeschäften bilanziell eine überhöhte bzw. verringerte Ineffektivität erfasst würde, sollte eine ganzheitliche Designation des Optionsgeschäftes **entgegen des Wahlrechtscharakters** nur in Ausnahmefällen bzw. unter dem Nachweis eines ebenfalls nicht-linearen Wertverlaufs des Grundgeschäftes bzgl. des Basiswertes gestattet sein.[1144]

565.4 Bilanzierung abgespaltener Swapsatz- und Zeitwertkomponenten bei laufzeitkongruenten Pure Hedges

565.41 Spezielle Bilanzierungsvorschriften

Die Zerlegung von derivativen Finanzinstrumenten führt nach IFRS 9 dazu, dass die abgespaltenen und nicht als Teil des Sicherungsinstrumentes designierten Swapsatz- und Zeitwertkomponenten nach besonderen Vorschriften bilanziert werden. Diese Vorschriften werden in IFRS 9 ebenfalls

---

[1143] Während IFRS 9 keine Erläuterungen zur Berechnung des inneren Wertes bzw. des Zeitwertes umfasst, dürfte angesichts der beobachtbaren Risikomanagementpraxis eine Anlehnung an SFAS 133.63 bzw. Implementation Issue No. E.19 zu befürworten sein. Demnach kann der innere Wert unter Berücksichtigung der zeitlichen Struktur der Zahlungsströme berechnet werden, so dass ggf. der diskontierte innere Wert designiert wird (vgl. DELOITTE (HRSG.), iGAAP (2012), S. 611-613). Auch hier bietet sich anstatt des Wahlrechtes eine Unterscheidung zwischen Termin- und Kassapositionen an, wobei die Diskontierung ausschließlich im Fall einer Terminposition angemessen sein dürfte (vgl. Abschnitt 565.2). Sichert z. B. ein Unternehmen eine Terminposition und wählt dabei als Ausübungspreis den aktuellen Terminkurs, so entsprechen die zusätzlichen Kosten beim Kauf einer Option anstelle eines Termingeschäftes genau der Prämie für das asymmetrische Profil (vgl. VOLKSBANK (HRSG.), Instrumente des Zins-, Währungs- und Rohstoffmanagements, S. 40). Die Abspaltung der Absicherungskosten und die anschließende Designation auf Basis des Terminkurses erscheinen im Fall einer Terminposition als Grundgeschäft folglich angemessen. Durch die Verwendung des diskontierten Terminpreises wird ferner dem ökonomischen Kalkül entsprochen, dass der innere Wert einer (europäischen) Option nicht vom gegenwärtigen Kurs, sondern vielmehr vom erwarteten künftigen Preis zum Ausübungszeitpunkt abhängt (vgl. DELOITTE (HRSG.), iGAAP (2012), S. 612). Für die Verwendung eines (diskontierten) Terminpreises spricht darüber hinaus auch die andernfalls mögliche Designation eines inneren Wertes, der den Gesamtwert des Optionsgeschäftes übersteigt. Dieser Fall tritt z. B. ein, wenn eine Option, die sich im Geld befindet, erworben wird, und der Terminkurs (etwa aufgrund einer vorübergehenden Knappheit des Gutes) unterhalb des Kassakurses liegt. Würde der innere Wert auf Basis des Kassakurses berechnet, so wäre der abgespaltene Zeitwert ggf. negativ. Ein negativer Zeitwert einer erworbenen Option erscheint indes vor dem Hintergrund, dass eine Kaufoption lediglich Chancen bietet, ökonomisch nicht plausibel und eine dergestalt vermittelte Information kaum entscheidungsnützlich. Handelt es sich beim Grundgeschäft indes um eine Kassaposition bzw. umfasst das Grundgeschäft keine Terminkomponente, sollte der innere Wert entsprechend auf Basis der Kassakurse berechnet werden und eine Diskontierung unterbleiben.

[1144] Die ganzheitliche Designation war in IAS 39 speziell für dynamische, zeitraumbezogene Sicherungsstrategien vorgesehen, in denen ein im Wertverlauf nicht-lineares Portfolio als Grundgeschäft abgesichert wird; vgl. IAS 39.74 i. V. m. IAS 39.IG.F.1.9. Da (1) dynamische Sicherungsstrategien jedoch explizit vom Anwendungsbereich des IFRS 9 ausgenommen werden, (2) der Zeitwert einer Option im Risikomanagement im Fall der Absicherung von linearen Positionen in aller Regel abgespalten wird und (3) die Designation des linearen Grundgeschäftes in Form einer hypothetischen Option unzulässig ist (vgl. Abschnitt 553.5), dürfte der Nachweis nur in seltenen Fällen gelingen.

unter dem Kapitel zur Bilanzierung von Sicherungsbeziehungen aufgeführt und – da von Anwenderseite als eine der bedeutendsten Neuerungen für die Abbildung des Risikomanagements im Rahmen des Hedge Accounting empfunden[1145] – nachfolgend zunächst für exakt auf das Grundgeschäft abgestimmte Sicherungsinstrumente erläutert sowie in Bezug auf die bereits dargelegten Regeln und Orientierungshilfen analysiert.

565.42 Abgrenzung der Wertänderungen von als Absicherungskosten identifizierten Swapsatz- und Zeitwertkomponenten

Zerlegt das bilanzierende Unternehmen ein **Termingeschäft** zu Beginn der Sicherungsbeziehung in die jeweilige Kassakomponente und die entsprechende Swapsatzkomponente, so können Fair Value-Änderungen der separat bilanzierten Swapsatzkomponente nach IFRS 9 wahlweise entweder wie bislang unmittelbar im Periodenergebnis erfasst oder künftig auch **im sonstigen Gesamtergebnis abgegrenzt** werden (analog auch für Fremdwährungsbasisspreads)[1146].[1147] Die Möglichkeit zur erfolgsneutralen Abgrenzung beruht auf der risikomanagementinternen Interpretation der Swapsatzkomponente als Absicherungskosten bzw. -erlöse, sofern nur die Kassakomponente des Sicherungsinstrumentes eine korrespondierende Wertänderung im Grundgeschäft absichert und der Auf- bzw. Abschlag mit näherrückendem Laufzeitende des Termingeschäftes gegen null konvergiert.[1148] Folglich soll die zu Beginn der Sicherungsbeziehung vorliegende Swapsatzkomponente nicht von der Wertentwicklung der Swapsätze und damit von der Volatilität der Märkte abhängig bilanziert, sondern vielmehr als künftiger Absicherungsaufwand abgegrenzt und in Abhängigkeit vom Charakter des jeweils abgesicherten Grundgeschäftes planmäßig aufgelöst werden (vgl. hierzu den nachfolgenden Abschnitt 565.43).[1149] Wird eine bilanzielle Sicherungsbeziehung indes abgebrochen oder wird die Amortisation des abgegrenzten Betrages nicht länger erwartet, so werden die verbleibenden abgegrenzten Wertänderungen unmittelbar erfolgswirksam.[1150]

Wenngleich die Anwendung der geschilderten Vorschriften dem Wortlaut des IFRS 9 gemäß auf Termingeschäfte in Gestalt eines (einfachen) Forwards („*forward contract*“[1151]) beschränkt ist, stellt sich dennoch die Frage, ob die Vorschriften auch für **andere Derivate mit Terminkomponenten** Gültigkeit besitzen können.[1152] Hierfür kommen besonders die in der Praxis häufig eingesetzten Swaps in Betracht, die als eine Aneinanderreihung von Forward-Geschäften aufgefasst werden können.[1153] Da in der internationalen Rechnungslegung eine unverzerrte Abbildung der ökonomischen Substanz des Absicherungsverhältnisses verfolgt wird, muss es unerheblich sein, ob eine

---

[1145] Vgl. IASB (HRSG.), Time Value of Options (agenda paper 4A), S. 3.

[1146] Auch Fremdwährungsbasisspreads wurden vom IASB als Absicherungskosten identifiziert, wodurch die folgenden Ausführungen auch für deren bilanzielle Behandlung Geltung entfalten. Vgl. IFRS 9.6.5.16 i. V. m. IFRS 9.B6.5.39; KPMG (HRSG.), First Impressions: IFRS 9 (2013), S. 27-29.

[1147] Vgl. IFRS 9.6.5.16; GARZ, C./HELKE, I., Review Draft Hedge Accounting, S. 1211.

[1148] Vgl. IASB (HRSG.), Forward Points (agenda paper 12), S. 4 sowie zur Swapsatzkomponente Abschnitt 333.721.

[1149] Vgl. IFRS 9.6.5.16. Vgl. zur nach IAS 39 zwangsweise ausgewiesenen Volatilität des Periodenergebnisses IASB (HRSG.), Time Value of Options (agenda paper 4A), S. 3.

[1150] Vgl. zu den Vorschriften hinsichtlich einer möglichen Auflösung, Fortführung oder Anpassung der Sicherungsbeziehung Abschnitt 58.

[1151] IFRS 9.6.2.4 (b).

[1152] Vgl. GARZ, C./HELKE, I., Review Draft Hedge Accounting, S. 1211.

[1153] Vgl. zu dieser Interpretation Abschnitt 333.721.

Absicherung mehrerer Zahlungsströme durch einzelne absichernde Instrumente oder durch einen Vertrag, in dem mehrere Maßnahmen gebündelt werden, gewährleistet wird. Folglich dürften die Bilanzierungsregeln grds. für alle Derivate mit analog bestimmbaren Terminkomponenten angewandt werden.

Die erfolgsneutrale Abgrenzung der Wertänderungen abgespaltener Swapsatzkomponenten wird indes nicht verpflichtend vorgeschrieben. **Alternativ** kann das bilanzierende Unternehmen diese Wertänderungen wie bislang **unmittelbar im Periodenergebnis** erfassen.[1154] Da die Risikomanagementpraxis die Swapsatzkomponente nicht einheitlich als Absicherungskosten auffassen und ggf. steuern dürfte, bietet diese Möglichkeit rechnungslegenden Unternehmen bei der Bilanzierung abgespaltener Komponenten gewisse Vereinfachungen. Die erfolgswirksame Erfassung ist dabei prinzipiell unbedenklich, da das Termingeschäft auch außerhalb des Hedge Accounting erfolgswirksam zum Fair Value bilanziert und damit keine Vorschrift unzweckmäßig ausgehebelt wird. Eine Anlehnung an die Risikomanagementstrategie und an die Eigenschaften der Risikoposition (Kassa- vs. Terminposition) erscheint indes auch an dieser Stelle zweckmäßig, um dem Abschlussleser geeignete Informationen über die mit der Absicherung verbundenen Aufwendungen und Erträge bereitstellen zu können. Ferner sollte das Wahlrecht zur Gewährleistung einer konsistenten Bilanzierung für dieselbe Art von Grundgeschäften einheitlich i. S. d. sachlichen Stetigkeit angewandt werden.[1155]

Im Einklang mit den Vorschriften des IFRS 9 für Swapsatzkomponenten werden auch abgespaltene **Zeitwerte von Optionsgeschäften** künftig entsprechend der Interpretation als Absicherungskosten behandelt. Trennte ein bilanzierendes Unternehmen hingegen nach IAS 39 den inneren Wert vom Zeitwert einer Option und designierte lediglich den inneren Wert als Sicherungsinstrument, so musste die Wertentwicklung des abgespaltenen Zeitwertes bislang als ein zu Handelszwecken gehalten eingestuftes Finanzinstrument auf Grundlage einer *Mark-to-market*-Bewertung erfolgswirksam erfasst werden.[1156] Bei Änderungen der entsprechenden optionspreisrelevanten Parameter konnte dies zu einer erheblichen Volatilität im Periodenergebnis führen.[1157] Nach jüngster Beurteilung des IASB werden die Steuerungsmaßnahmen des internen Risikomanagements durch diese Regelungen nicht adäquat widergespiegelt. Unternehmen, die eine Option zur Absicherung originärer Risikopositionen erwerben, ist demnach die Konvergenz des Zeitwertes gegen null und somit dessen Verlust zum Laufzeitende bewusst,[1158] dennoch entscheiden sie sich explizit für diese einseitige Risikosteuerungsmaßnahme und die damit einhergehenden Absicherungskosten.[1159] Daher wird eine Prämie, die aufgrund des Zeitwertes einer Option geleistet werden muss, im Risikomanage-

---

[1154] Vgl. IFRS 9.6.5.16; KPMG (Hrsg.), First Impressions: IFRS 9 (2013), S. 28; Barz, K./Flick, P./Maisborn, M., Review Draft Hedge Accounting, S. 477 bzw. für IAS 39 Deloitte (Hrsg.), iGAAP (2012), S. 561.

[1155] Vgl. zur Wahrung der Vergleichbarkeit durch die sachliche Stetigkeit Kirsch, H.-J./Hepers, L./Dettenrieder, D., in: Baetge et al., Bilanzrecht, § 300 HGB, Rn. 506; Baetge, J./Kirsch, H.-J./Thiele, S., Konzernbilanzen, S. 149 f.; Wagenhofer, A., Internationale Rechnungslegungsstandards, S. 132.

[1156] Vgl. Eberli, P./Di Paola, S., ED Hedge Accounting, S. 254.

[1157] Vgl. Märkl, H./Glaser, A., Hedge Accounting, S. 131; Di Paola, S., Time Value of Options, S. 11 f.

[1158] Vgl. IASB (Hrsg.), Cost of Hedging (agenda paper 7A), S. 4; IASB (Hrsg.), Time Value of Options (agenda paper 4A), S. 5 und S. 11.

[1159] Vgl. IFRS 9.BC6.390 f.

ment als **Absicherungskosten** für den einseitigen Schutz vor negativen Preisentwicklungen bei gleichzeitiger Wahrung der Chancen und gerade nicht als eine zu Handelszwecken gehaltene Position aufgefasst.[1160]

Von dieser Interpretation ausgehend werden Änderungen des Zeitwertes einer Option nach IFRS 9 **verpflichtend** zunächst im **sonstigen Gesamtergebnis abgegrenzt** und anschließend in Analogie zur bilanziellen Behandlung von Versicherungsprämien aufgelöst.[1161] Im Ergebnis werden also die ursprünglichen Zeitwerte (i. d. R. die geleistete Prämie) in den Folgeperioden als eine Art Versicherungsaufwand bzw. -ertrag verbucht.[1162] Eine alternative, erfolgswirksame Erfassung der Fair Value-Änderungen eines Zeitwertes ist in IFRS 9 nicht vorgesehen. Da die Vorschriften zur erfolgsneutralen Abgrenzung von Wertänderungen der (zuvor wahlweise) abgespaltenen Zeitwertkomponenten verpflichtend anzuwenden sind,[1163] unterscheidet sich die Bilanzierung von Zeitwerten von der bilanziellen Behandlung von Swapsatzkomponenten. Der IASB differenziert damit zwischen Kosten für ein symmetrisches (bei Termingeschäften) sowie für ein asymmetrisches (bei Optionen) Absicherungsprofil.[1164] Während diese Vorgehensweise Zweifel hinsichtlich einer in sich schlüssigen Konzeption zur Bilanzierung von Absicherungskosten aufwerfen muss, kann zumindest hinsichtlich Optionsgeschäften durch die systematische Verteilung der Absicherungskosten eine höhere Vergleichbarkeit der Abschlüsse erreicht und die bislang kritisierte Volatilität im Periodenergebnis vermieden werden.[1165] Vor diesem Hintergrund kann die im Rahmen der bilanziellen Behandlung abgespaltener Swapsatzkomponenten eingeräumte Alternative zur erfolgswirksamen Bilanzierung als separates Derivat kritisiert werden. An dieser Stelle muss indes relativierend festgehalten werden, dass die Abgrenzung der Wertschwankungen – wie im Fall der abgegrenzten Wertentwicklung des Sicherungsinstrumentes beim Cashflow-Hedge[1166] – stets mit einer erhöhten Volatilität des sonstigen Gesamtergebnisses einhergeht,[1167] so dass die Volatilität des Eigenkapitals nach wie vor bestehen bleibt.

Hinsichtlich der Anwendung der geschilderten Vorschriften auf von der Grundform eines Optionsgeschäftes abgeleitete Absicherungsinstrumente macht der IASB durch die explizite Nennung von Caps deutlich,[1168] dass auch hier – vergleichbar zur Swapsatzkomponente bei Termingeschäften – sämtliche Derivate mit einer Zeitwertkomponente **analog behandelt** werden. Dies gilt sowohl für einzelne Derivate als auch für Kombinationen aus mehreren Derivaten, selbst für Optionskombinationen aus erworbenen und geschriebenen Optionen (Collars)[1169].[1170]

[1160] Vgl. IFRS 9.BC6.387 sowie BC6.390; ERNST & YOUNG (HRSG.), ED Hedge Accounting, S. 34; KPMG (HRSG.), First Impressions: IFRS 9 (2013), S. 18 sowie für die einseitige Absicherung mittels Optionsgeschäften Abschnitt 333.722.

[1161] Vgl. IASB (HRSG.), Time Value of Options (agenda paper 4A), S. 13 f.

[1162] Vgl. EBERLI, P./DI PAOLA, S., ED Hedge Accounting, S. 254.

[1163] Vgl. IFRS 9.6.5.15.

[1164] Vgl. zum unterschiedlichen Risikoprofil von Termingeschäften und Optionen Abschnitt 333.7.

[1165] Vgl. zu dieser Einschätzung EBERLI, P./DI PAOLA, S., ED Hedge Accounting, S. 254.

[1166] Vgl. zur Synchronisierung der Erfolgswirkungen im Cashflow-Hedge und zur damit verbundenen Volatilität des sonstigen Gesamtergebnisses Abschnitt 533.1.

[1167] Vgl. KPMG (HRSG.), Hedge Accounting on the Horizon, S. 12.

[1168] Vgl. IFRS 9.B6.5.30.

[1169] Vgl. zur Absicherungsstrategie über Collars Abschnitt 333.722.

Die Auflösung der erfolgsneutral im Eigenkapital abgegrenzten Wertänderungen von abgespaltenen Zeitwertkomponenten folgt analog zur Behandlung von Swapsatzkomponenten dem Charakter des jeweils abgesicherten Grundgeschäftes. Der IASB betont dabei die Interpretation der abgespaltenen Komponenten als Absicherungskosten, wobei künftig in Analogie zur Erfassung von Versicherungsprämien zwischen transaktionsbezogenen und periodenbezogenen Absicherungskosten differenziert wird.

565.43 Systematik zur erfolgswirksamen Erfassung der Absicherungskosten

Im sonstigen Gesamtergebnis abgegrenzte Wertänderungen einer Swapsatz- oder Zeitwertkomponente werden den speziellen Vorschriften des IFRS 9 gemäß **in Analogie zur Bilanzierung von Versicherungsprämien aufgelöst.**[1171] Die abgegrenzten Wertänderungen der abgespaltenen Komponenten sollen somit systematisch als eine Art periodenanteiliger Versicherungsaufwand bzw. -ertrag erfasst werden.[1172] Versicherungsprämien werden in den IFRS entweder als Teil der Anschaffungskosten des abgesicherten Vermögenswertes aktiviert oder anteilig über den Zeitraum der Absicherung als Aufwand erfasst. So werden z. B. Kosten der Transport- bzw. Frachtversicherung gemäß IAS 2 sowie IAS 16 als Anschaffungsnebenkosten von Vorräten und Sachanlagen aktiviert und zu einem späteren Zeitpunkt als Materialkosten- bzw. Abschreibungsaufwand erfolgswirksam.[1173] Nicht-aktivierungsfähige Versicherungsprämien wie Wohngebäudeversicherungen oder Feuerversicherungen werden andererseits anteilig über den Zeitraum der Absicherung als Aufwand erfasst, bzw. vorausbezahlte Versicherungsprämien werden als Vermögenswerte in ihrer Funktion als Rechnungsabgrenzungsposten angesetzt und über die Laufzeit erfolgswirksam ratierlich aufgelöst.[1174] IFRS 9 sieht in Anlehnung an diese unterschiedliche bilanzielle Behandlung vor, bei der Bilanzierung der Swapsatzkomponente eines Termingeschäftes bzw. des Zeitwertes eines Optionsgeschäftes zwischen zwei Arten von hiermit abgesicherten Grundgeschäften, nämlich transaktionsbezogenen und periodenbezogenen Grundgeschäften, zu unterscheiden.[1175] Die in der jeweiligen Absicherungskonstellation identifizierte Art des Grundgeschäftes bedingt dabei die konkrete periodenanteilige Erfassung der abgegrenzten Wertänderungen der Swapsatz- bzw. Zeitwertkomponente. Falls die Amortisation der abgegrenzten Beträge allerdings nicht länger erwartet wird, müssen diese unverzüglich im Periodenergebnis erfasst werden.[1176]

Die Swapsatzkomponente eines Termingeschäftes respektive der Zeitwert einer Option bezieht sich nach den Regelungen des IFRS 9 auf ein **transaktionsbezogenes Grundgeschäft**, sofern dieses aus

[1170] Vgl. IFRS 9.B6.5.31; IASB (HRSG.), Collars (agenda paper 2), S. 4 f.; KPMG (HRSG.), Hedge Accounting on the Horizon, S. 14.
[1171] Vgl. IASB (HRSG.), Time Value of Options (agenda paper 4A), S. 13 f.
[1172] Vgl. EBERLI, P./DI PAOLA, S., ED Hedge Accounting, S. 254.
[1173] Vgl. ADLER, H./DÜRING, W./SCHMALTZ, K., ADS International, Abschnitt 15, Rn. 41; PWC (HRSG.), Understanding IAS, Rn. 2.09.
[1174] Vgl. IFRS 9.BC6.391; ERNST & YOUNG (HRSG.), ED Hedge Accounting, S. 34; TIEDCHEN, S., in: von Wysocki et al., HdJ, Abt. II/11, Rn. 133 f.
[1175] Vgl. IFRS 9.6.5.15 f. sowie BC6.392. Diese Unterscheidung soll sich ausschließlich auf die nachfolgend erläuterten Charakteristika des Grundgeschäftes bzgl. des Zeitpunktes der Erfolgswirkung und ausdrücklich nicht auf die Absicherungsmethode, d. h. auf die Wahl zwischen Fair Value- und Cashflow-Hedges stützen. Vgl. IFRS 9.B6.5.29 bzw. B6.5.34; GARZ, C./HELKE, I., Review Draft Hedge Accounting, S. 1210.
[1176] Vgl. IFRS 9.6.5.15 (b) (iii) i. V. m. IFRS 9.6.5.16.

einer künftigen Transaktion besteht und die abgespaltene Komponente die Eigenschaften von Transaktionskosten besitzt.[1177] Dies liegt nach Ansicht des IASB dann vor,[1178] wenn die Transaktion zum Ansatz eines Vermögenswertes oder einer Schuld führt, deren Anschaffungskosten die mit dem Vorgang des Erwerbs bzw. der Veräußerung verbundenen Transaktionskosten umfassen.[1179] Als Beispiele führt der IASB die Absicherung von erwarteten oder bereits fest kontrahierten Warenkäufen oder -verkäufen gegen Güterpreisrisiken an.[1180] Die als Absicherungskosten abgespaltenen Swapsatz- bzw. Zeitwertkomponenten weisen dabei nach Auffassung des IASB in Analogie zu nach IAS 2 bzw. IAS 16 aktivierten Transport- bzw. Frachtversicherungsprämien die Eigenschaften von Anschaffungsnebenkosten bzw. von Transaktionskosten der Veräußerung auf.[1181] Resultiert aus der Transaktion ein nicht-finanzieller Vermögenswert bzw. eine nicht-finanzielle Schuld oder eine feste Verpflichtung, die im Rahmen eines Fair Value-Hedge bilanziell gesichert wird, so ist der im sonstigen Gesamtergebnis abgegrenzte Betrag direkt als Bestandteil der Anschaffungskosten des Grundgeschäftes bzw. des sonstigen Buchwertes umzubuchen (kein *recycling*).[1182] In allen anderen Fällen werden die Wertänderungen der abgespaltenen Komponenten in denjenigen Perioden in das Periodenergebnis umgebucht *(recycling)*, in denen die Zahlungsströme des Grundgeschäftes Erfolgswirkungen auslösen.[1183] Dies ist z. B. bei Absatzgeschäften derjenige Zeitpunkt, zu dem eine geplante Veräußerung tatsächlich stattfindet und Umsatzerlöse generiert werden. Dadurch werden den aus der Veräußerung erzielten Erlösen die nach Ansicht des IASB korrespondierenden Transaktionskosten gegenübergestellt.[1184]

Die Swapsatzkomponente eines Termingeschäftes bzw. der Zeitwert eines Optionsgeschäftes bezieht sich hingegen auf ein **periodenbezogenes Grundgeschäft**, sofern die folgenden beiden Bedingungen erfüllt sind.[1185] Erstens muss die Swapsatz- oder Zeitwertkomponente die Eigenschaften von Kosten für den Schutz vor (Marktpreis-)Risiken über einen bestimmten Zeitraum besitzen.[1186] Zweitens darf das Grundgeschäft nicht in eine Transaktion münden, für die diese Kosten Teil der Anschaffungskosten wären, mit anderen Worten, es darf kein transaktionsbezogenes Grundgeschäft vorliegen.[1187] Als Beispiel nennt der Standardsetter – in Analogie zur Feuerversicherung[1188] – die Absicherung von bestehenden Vorräten gegen Marktwertschwankungen, die sich auf

[1177] Vgl. IFRS 9.B6.5.29 (a) bzw. B6.5.34 (a).

[1178] Vgl. IASB (Hrsg.), Time Value of Options (agenda paper 4A), S. 14.

[1179] Vgl. IFRS 9.6.5.15 f. i. V. m. IFRS 9.B6.5.29 (a) bzw. B6.5.34 (a).

[1180] Vgl. IASB (Hrsg.), Time Value of Options (agenda paper 7B), S. 3.

[1181] Vgl. IFRS 9.BC6.405; Garz, C./Helke, I., Review Draft Hedge Accounting, S. 1210.

[1182] Vgl. IFRS 9.6.5.15 (b) (i) i. V. m. IFRS 9.6.5.16; KPMG (Hrsg.), Hedge Accounting on the Horizon, S. 13. Die Erfolgswirkung entsteht etwa zum Zeitpunkt der Erfassung des Materialaufwandes bzw. der Abschreibungen.

[1183] Vgl. IFRS 9.6.5.15 (b) (ii) i. V. m. IFRS 9.6.5.16; Ernst & Young (Hrsg.), ED Hedge Accounting, S. 34.

[1184] Vgl. IFRS 9.B6.5.29 (a) bzw. B6.5.34 (a).

[1185] Vgl. IFRS 9.6.5.15 (c) i. V. m. IFRS 9.6.5.16.

[1186] Vgl. IFRS 9.B6.5.29 (b) bzw. B6.5.34 (b).

[1187] Vgl. KPMG (Hrsg.), Hedge Accounting on the Horizon, S. 12. Bereits durch dieses Kriterium, das eher einem Ausnahmebestand gleicht, wird der Mangel einer fundierten Prinzipienorientierung bei der Unterscheidung nach den Grundgeschäften offenkundig. Vielmehr betont diese Ausnahme den allgemeinen Zeitraumbezug von als Transaktionskosten deklarierten Absicherungskosten, denn andernfalls wäre eine solche Ausnahme redundant.

[1188] Vgl. IASB (Hrsg.), Time Value of Options (agenda paper 4A), S. 14 f.

deren Wert negativ auswirken.[1189] Im Zuge der Absicherung periodenbezogener Grundgeschäfte soll die Swapsatzkomponente eines Termingeschäftes bzw. der Zeitwert einer Option systematisch über die Dauer der Sicherungsbeziehung erfolgswirksam aufgelöst werden.[1190] Technisch werden also die im sonstigen Gesamtergebnis abgegrenzten Wertänderungen sukzessive in das jeweilige Ergebnis derjenigen Perioden umgebucht *(recycling)*, in denen die Wertänderungen der als Sicherungsinstrument bestimmten Kassakurskomponente bzw. des designierten inneren Wertes erfolgswirksam werden.[1191] Die vom IASB bereitgestellten Beispiele[1192] lassen darauf schließen, dass es sich um eine lineare Amortisierung der Swapsatz- bzw. Zeitwertkomponente über den Absicherungszeitraum handelt.[1193] Sofern bspw. eine Option ein Grundgeschäft mit einer Restlaufzeit von fünf Jahren gegen Preisrisiken der nächsten drei Jahre absichert, so wird deren abgespaltener Zeitwert über die ersten drei Jahre amortisiert. Sichert sich ein Unternehmen hingegen etwa mit einer Forward-Start-Option[1194] gegen unvorteilhafte Preisentwicklungen im zweiten und dritten Jahr ab, so ist der entsprechende Zeitwert über diesen Zeitraum als Absicherungsaufwand aufzulösen.[1195] Durch die Anwendung dieser Regelungen auch auf Optionskombinationen kann somit z. B. für einen Zero-Cost-Collar, bei dem während der Absicherung durch die Abgrenzung der Wertänderungen erhebliche Schwankungen im sonstigen Gesamtergebnis bzw. im Eigenkapital verzeichnet werden, sowohl bei Transaktions- als auch bei Periodenbezug durch die gegenläufigen Komponenten entsprechend der ökonomischen Zielsetzung kumuliert ein Wert von null als Absicherungsaufwand verbucht werden.[1196]

Die **Unterscheidung** zwischen Transaktions- und Periodenbezug dürfte allerdings trotz der angeführten Beispiele nicht immer eindeutig sein. Speziell bei der Absicherung einer sich bereits im Besitz befindlichen Position gegen Preisänderungen zum Zeitpunkt der Veräußerung wird dem bilanzierenden Unternehmen ein faktisches Wahlrecht gewährt. Denn einerseits könnten das Termin- bzw. Optionsgeschäft als Sicherungsmaßnahme für eine (Veräußerungs-)Transaktion und die Swapsatz- bzw. Zeitwertkomponente als Transaktionskosten angesehen werden. Andererseits könnte das Termin- oder Optionsgeschäft auch als Schutzmaßnahme gegen negative Marktpreisschwankungen über den Zeitraum bis zur Veräußerung dienen.[1197] Die in der zweiten Bedingung für die Qualifizierung als periodenbezogene Absicherung formulierte Anforderung, dass diese nicht in eine Transaktion münden darf, für die die Kosten als Anschaffungskosten interpretiert werden, dürfte an dieser Stelle nicht weiterführen. Durch den Zusatz, dass die Komponenten den

[1189] Vgl. IFRS 9.B6.5.29 (b) sowie B6.5.34 (b); IASB (Hrsg.), Time Value of Options (agenda paper 7B), S. 3; Garz, C./Helke, I., Review Draft Hedge Accounting, S. 1210.

[1190] Vgl. Deloitte (Hrsg.), Hedge Accounting, S. 10.

[1191] Vgl. IFRS 9.6.5.15 (c) i. V. m. IFRS 9.6.5.16.

[1192] Die entsprechende Excel-Datei ist abrufbar unter: www.ifrs.org/Current-Projects/IASB-Projects/Financial-Instruments-A-Replacement-of-IAS-39-Financial-Instruments-Recognitio/Phase-III-Hedge-accounting/edcl/Pages/Time-value-of-options.aspx (Stand: 07.07.2013).

[1193] Vgl. IFRS 9.B6.5.30 bzw. B6.5.35; Ernst & Young (Hrsg.), ED Hedge Accounting, S. 34.

[1194] Vgl. zur Erläuterung der Forward-Start-Option Abschnitt 333.722.

[1195] Vgl. IFRS 9.B6.5.30; KPMG (Hrsg.), Hedge Accounting on the Horizon, S. 13. Wird eine bilanzielle Sicherungsbeziehung hingegen abgebrochen, so sind die kumulierten Wertänderungen des Zeitwertes unmittelbar erfolgswirksam zu erfassen. Vgl. IFRS 9.6.5.15 (c).

[1196] Vgl. IFRS 9.B6.5.31 (a) und (b) bzw. B6.5.36 (a) und (b); IASB (Hrsg.), Collars (agenda paper 2), S. 4 f.; KPMG (Hrsg.), Hedge Accounting on the Horizon, S. 14.

[1197] Vgl. Garz, C./Helke, I., Review Draft Hedge Accounting, S. 1211.

Charakter von Anschaffungskosten aufweisen müssten, um als transaktionsbezogene Absicherung zu gelten, ist es fraglich, ob die ggf. entrichteten Swapsätze bzw. Zeitwerte bei der Absicht des Risikomanagements zur zeitraumbezogenen Absicherung des Grundgeschäftes als Teil der Anschaffungskosten gelten dürfen. Zur Vermittlung entscheidungsnützlicher Informationen sollte, wie im folgenden Abschnitt dargelegt, künftig vielmehr auf die Intention der Risikosteuerung abzustellen sein.[1198]

565.44 Einheitlicher Allokationsmechanismus als Lösungsansatz

Vor allem vor dem Hintergrund der interpretationsbedürftigen Differenzierung zwischen transaktions- und periodenbezogenen Grundgeschäften stellt sich die Frage, ob diese Unterscheidung sachgerecht ist.[1199] Bei periodenbezogenen Absicherungen werden negative, durch Einsatz von Termingeschäften auch positive, Wertentwicklungen der abgesicherten Risikoposition i. d. R. ab dem Designationszeitpunkt bis zum Laufzeitende des absichernden Instrumentes neutralisiert.[1200] Wie sowohl im Review Draft als auch im Exposure Draft deutlich wird, differenzierte der Standardsetter hinsichtlich der Behandlung von **Swapsatzkomponenten** ursprünglich nicht zwischen Grundgeschäften in Form von bereits bestehenden Positionen (z. B. Vorräte, Sachanlagen, Kredite) und künftigen Transaktionen (z. B. ein künftiger Erwerb von Vorräten, Sachanlagen oder eine geplante Kreditaufnahme).[1201] Entscheidend war aus Sicht des IASB vielmehr, dass das Termingeschäft eine **Absicherungswirkung bis zum Laufzeitende** entfalten kann. Aus diesem Grund sollte eine abgespaltene Swapsatzkomponente genau über diesen Zeitraum systematisch als Aufwand bzw. Ertrag erfasst werden.[1202] Wie in Abschnitt 565.2 ausgeführt, sieht IFRS 9 ein Wahlrecht für die Aufspaltung eines Termingeschäftes vor, wenngleich eine Orientierung am Grundgeschäft in seiner Ausprägung als Kassa- oder Terminposition sachgerecht erscheint. Wird eine Kassaposition abgesichert, so können die Abspaltung der Swapsatzkomponente und die skizzierte bilanzielle Behandlung als periodengerechte Absicherungskosten der Risikomanagementpraxis entsprechen. Hinsichtlich der Zweckmäßigkeit dieser Allokation der Absicherungskosten erläutert der Standardsetter für Währungs- und Zinssicherungen, dass die Höhe der Swapsätze den Unterschied im Zinsniveau zweier Währungen bzw. die Terminkomponente innerhalb einer Währung für einen vorgegebenen Zeithorizont widerspiegelt.[1203] Eine Verteilung über die jeweilige Laufzeit erscheint

[1198] Vgl. GARZ, C./HELKE, I., Review Draft Hedge Accounting, S. 1211. Darüber hinaus werden Zahlungsstromschwankungen aus künftigen Verkäufen im internen Risikomanagement häufig bis zum Zeitpunkt der Begleichung der daraus resultierenden Forderungen abgesichert (etwa im Rahmen der Währungssicherung). Bei der bilanziellen Abbildung stellt sich dann die Frage, ob das Grundgeschäft lediglich einen Transaktionsbezug hinsichtlich der Veräußerung selbst oder auch einen Periodenbezug bzgl. der anschließend bestehenden Forderung bis zum Zeitpunkt der Begleichung aufweisen kann. Vgl. KPMG (HRSG.), First Impressions: IFRS 9 (2013), S. 20. Wenngleich der Wortlaut grds. einen vorläufigen Transaktionsbezug mit einem anschließenden Periodenbezug zulässt, dürfte auch hier die im Folgenden vorgestellte einheitliche Behandlung der abgegrenzten Swapsatz- und Zeitwertkomponenten zu einer der ökonomischen Zielsetzung entsprechenden Erfassung der Absicherungskosten führen und gleichzeitig Möglichkeiten zu Vereinfachungen bei der technischen Umsetzung bieten.

[1199] Vgl. IASB (HRSG.), Hedge Accounting – CL Summary (agenda paper 7B), S. 14; LÖW, E./CLARK, J., Hedge Accounting und Risikomanagement, S. 133.

[1200] Gegebenenfalls kann der Absicherungszeitraum auch erst in der Zukunft starten, z. B. bei Forward-Start-Optionen; vgl. IASB (HRSG.), Time Value of Options (agenda paper 7B), S. 8.

[1201] Vgl. IASB (HRSG.), RD Hedge Accounting, Tz. 6.5.16 bzw. IASB (HRSG.), ED Hedge Accounting, Tz. 8 (b).

[1202] Vgl. IASB (HRSG.), RD Hedge Accounting, Tz. 6.5.16.

[1203] Vgl. PWC (HRSG.), Manual for Financial Instruments (2012), S. 10031.

daher sachgerecht.[1204] Dieselbe Argumentation hinsichtlich der Eignung der Vorschriften sollte auch für den Auf- bzw. Abschlag des Terminpreises für Waren gelten, da eine zeitanteilige Erfassung der Lagerhaltungskosten und der *convenience yield* (als Erträge aus der jederzeitigen Verfügbarkeit)[1205] über die Laufzeit des Sicherungsinstrumentes einer periodisierten Erfolgsrechnung gerecht wird.[1206]

Wie der IASB in der *application guidance* der finalen Fassung der Vorschriften zum Hedge Accounting in IFRS 9 anmerkt, ist auch der Bezug des **Zeitwertes einer Option** zu einem Absicherungszeitraum gegeben, so dass eine hieran orientierte Verteilung der Absicherungskosten angesichts der internen Behandlung angemessen erscheint.[1207] Bei Grundgeschäften einer transaktionsbezogenen Absicherung wird die Transaktion vor negativen Preisentwicklungen geschützt, die grds. zwischen dem Laufzeitbeginn der Option und dem Transaktionszeitpunkt und nicht etwa nach der Transaktion selbst bis zur Verwertung bzw. zum Abgang des Bilanzpostens eintreten.[1208] Selbst hier wird also eine Absicherungswirkung über einen Zeitraum gewährleistet, wodurch der Zeitraumbezug auch bei transaktionsbezogenen Absicherungen besteht.[1209]

Der IASB erkennt diesen **prinzipiellen Zeitraumbezug** von nach IFRS 9 als perioden- wie auch transaktionsbezogen klassifizierten Absicherungen durch Termin- und Optionsgeschäfte zwar an.[1210] Allerdings sieht der Board für transaktionsbezogene Absicherungen eine abweichende Vorgehensweise vor und stellt für diese stattdessen auf den Zeitraum ab, innerhalb dessen die Erfolgswirkungen aus dem angesetzten Bilanzposten (ggf. deutlich später) verzeichnet werden.[1211] Wird z. B. der geplante Erwerb von Vorräten oder Sachanlagen in zwei Jahren mit einem Termin- oder Optionsgeschäft gegen steigende Marktpreise abgesichert, so werden die Absicherungskosten aktiviert und damit nicht während der Laufzeit des absichernden Instrumentes, sondern zu einem späteren Zeitpunkt erfolgswirksam.

Der Standardsetter möchte mit dieser Vorschrift für transaktionsbezogene Absicherungen explizit eine **analoge Bilanzierungsweise zu den Grundgeschäften** im Rahmen von bilanziellen Sicherungsbeziehungen, speziell innerhalb von Cashflow-Hedges erreichen.[1212] Die Absicherungsaufwendungen für einen nicht-finanziellen Vermögenswert werden durch die schwankende und schließlich gegen null konvergierende Swapsatz- bzw. Zeitwertkomponente zunächst im sonstigen Gesamtergebnis abgegrenzt, aufgrund des Charakters von Anschaffungsnebenkosten zum Transaktionszeitpunkt auf den Buchwert aufgeschlagen und bei Erfolgswirkungen des Postens als Aufwand erfasst. Gleiches gilt für alle anderen Fälle, wobei hier die abgegrenzten Absicherungskosten in das

[1204] Vgl. ähnlich GARZ, C./HELKE, I., Review Draft Hedge Accounting, S. 1211.
[1205] Vgl. zur Erläuterung der Parameter Abschnitt 333.721.
[1206] Vgl. IFRS 9.BC6.294; IASB (HRSG.), Cost of Hedging (agenda paper 7A), S. 5.
[1207] Vgl. IFRS 9.B6.5.29.
[1208] Vgl. den nachfolgenden Abschnitt 565.5 bei laufzeitinkongruenten Absicherungsstrategien.
[1209] Vgl. zu vergleichbaren Stellungnahmen IASB (HRSG.), Hedge Accounting – CL Summary (agenda paper 7B), S. 14.
[1210] Vgl. IFRS 9.B6.5.29 bzw. B6.5.34.
[1211] Vgl. IFRS 9.BC6.404.
[1212] Vgl. IFRS 9.BC6.393.

Ergebnis derjenigen Perioden umgebucht werden, in denen die Zahlungsströme des Grundgeschäftes erfolgswirksam werden (z. B. zum Zeitpunkt einer Verkaufstransaktion).

Dabei vernachlässigt der Board allerdings einen zentralen Unterschied. Bei der Bilanzierung von Grundgeschäften in Sicherungsbeziehungen werden deren Buchwerte um den effektiven Teil der Kompensationswirkung angepasst, um eine **Synchronisierung der Erfolgswirkungen** von Grund- und Sicherungsgeschäft zu erzielen.[1213] Abhängig von der Designation eines Fair Value- oder Cashflow-Hedge werden die Anschaffungskosten sogleich oder, sofern das Grundgeschäft noch nicht bilanziert wird, nachträglich angepasst, um die effektiven Anschaffungskosten adäquat zu erfassen und den künftigen Erlösen periodengerecht gegenüberzustellen.[1214] Bei der Behandlung ökonomischer Absicherungskosten in der Form eines Zeitwertes sollte jedoch eine Aktivierung zur Synchronisierung der Erfolgswirkungen von Grund- und Sicherungsgeschäft nicht in Betracht kommen. Diese Ablehnung liegt darin begründet, dass das Grundgeschäft im Fall der (gerechtfertigten)[1215] Abspaltung gerade keinen Zeitwert aufweist. Die analoge Argumentation gilt auch für die Behandlung von Absicherungskosten in Form einer Swapsatzkomponente, sofern es sich beim abzusichernden Grundgeschäft um eine Kassaposition handelt, die gerade kein Swapsatzelement umfasst.[1216] Eine Synchronisierung aufgrund der bilanziellen Behandlung von Grundgeschäft und Sicherungsinstrument als Einheit dürfte folglich nicht als schlüssiges Argument für die Verrechnung mit den Anschaffungskosten verwandt werden.

Mit Blick auf die intendierte Analogie zur bilanziellen Behandlung von **Versicherungsprämien** kann indes eine Aktivierung der Absicherungskosten in ihrer Form von entrichteten Swapsatz- bzw. Zeitwertkomponenten als Anschaffungsnebenkosten erwogen werden. Die vom IASB genannten Prämien zur Transport- bzw. Frachtversicherung in IAS 2 bzw. IAS 16 werden nach dem Grundsatz der Abgrenzung der Sache und der Zeit nach ***(matching principle)***[1217] aktiviert und damit den **künftigen Erlösen** aus den erworbenen Posten gegenübergestellt. Demnach muss zunächst die Aktivierungsfähigkeit der als ökonomische Absicherungskosten interpretierten abgespaltenen Swapsatz- und Zeitwertkomponenten geprüft werden. Diese wird nach den einschlägigen Rechnungslegungsstandards bei nicht-finanziellen Posten[1218] nur für direkt zuordenbare Kosten bestätigt, die angefallen sind, um den Vermögenswert in die vom Management vorgesehene Verfassung und

---

[1213] Vgl. zur Synchronisierung der Erfolgswirkungen innerhalb von Cashflow- und Fair Value-Hedges Abschnitt 53.

[1214] Vgl. ADLER, H./DÜRING, W./SCHMALTZ, K., ADS International, Abschnitt 9, Rn. 36.

[1215] Vgl. zur Diskussion der Angemessenheit der Abspaltung von Zeitwerten Abschnitt 333.722.

[1216] Im Fall einer Terminposition erscheint hingegen allein schon die Abspaltung der Swapsatzkomponente als unzweckmäßig; vgl. Abschnitt 565.2.

[1217] Vgl. CF.4.50; BAETGE, J./KIRSCH, H.-J./THIELE, S., Bilanzen, S. 401.

[1218] Auch hinsichtlich finanzieller Posten dürfte, wie nachfolgend für nicht-finanzielle Posten gezeigt, die Aktivierungsfähigkeit bzw. die Berücksichtigung bei der Passivierung abzulehnen sein. IFRS 9.5.1.1 i. V. m. IAS 39.9 sowie AG13 legt fest, dass zu den aktivierbaren Transaktionskosten ausschließlich an Vermittler, Berater, Makler und Händler entrichtete Gebühren und Provisionen, an Aufsichtsbehörden und Wertpapierbörsen zu leistende Abgaben sowie Steuern und Gebühren zählen. Neben explizit erwähnten Finanzierungskosten, Agios bzw. Disagios für Schuldinstrumente und internen Verwaltungs- oder Haltekosten dürften auch die Absicherungskosten in Form von Swapsatz- oder Zeitwertkomponenten nicht aktivierbar sein, da sie dem Erwerb des finanziellen Vermögenswertes bzw. der Emission einer finanziellen Verbindlichkeit nicht unmittelbar zuzurechnen sind. Vgl. IAS 39.9 i. V. m. IAS 39.AG13.

Umgebung zu bringen.[1219] Dazu zählen nach herrschender Praxis Ausgaben für die erstmalige Lieferung und Leistung wie etwa Transportversicherungen für Anlagen[1220] oder Vorräte[1221], die den **betriebsbereiten Zustand** am relevanten Produktions- und Lagerort absichern, so dass anschließend im Leistungserstellungsprozess entsprechende Einnahmen generiert werden können. Die Swapsatzkomponente eines Termingeschäftes bzw. der Zeitwert eines Optionsgeschäftes wird hingegen nicht entrichtet, um auf den betriebsbereiten Zustand des abgesicherten Vermögenswertes einzuwirken. Folglich wird durch das Termingeschäft oder die Option nicht etwa die vom Management vorgesehene Funktions- bzw. Gebrauchsfähigkeit erreicht und damit ein Gegenwert in Form eines ökonomischen Nutzens für die Ausgaben erworben.[1222] Vielmehr wird durch die entrichtete Swapsatzkomponente bzw. den geleisteten Zeitwert lediglich der künftig zu entrichtende Preis des Postens im Voraus gesichert. Damit dürfte auch die Aktivierungsfähigkeit der abgegrenzten Swapsatz- oder Zeitwertkomponente als Anschaffungsnebenkosten von nicht-finanziellen Posten abzulehnen sein. Wenngleich für alle anderen transaktionsbezogenen Grundgeschäfte (z. B. für eine Veräußerungstransaktion) keine Aktivierung in Betracht kommt, dürfte hierfür die analoge Schlussfolgerung gelten, wonach der Absicherungsaufwand keinen aktivierbaren ökonomischen Nutzen stiftet und folglich auch nicht bis zur Erfolgswirkung des Grundgeschäftes abgegrenzt werden dürfte. Die Absicherungskosten gegen ungünstige Preisentwicklungen sind vielmehr – in Analogie zu der vom IASB angeführten Feuerversicherung – aufgrund ihres Zeitraumbezuges bereits über die Laufzeit des Termingeschäftes bzw. der Option als Absicherungskosten anteilig zu erfassen.

Vor dem Hintergrund des direkten Bezuges der Swapsatz- und Zeitwertkomponenten zu einem Absicherungszeitraum und der nicht zulässig erscheinenden Synchronisierung der Absicherungskosten mit dem Grundgeschäft oder den damit verbundenen Erlösen muss die differenzierte bilanzielle Abbildung von transaktions- und periodenbezogenen Absicherungsstrategien folglich kritisiert werden. Die Wertentwicklungen der Swapsatz- und Zeitwertkomponenten sollten nach einem einheitlichen Allokationsmechanismus im sonstigen Gesamtergebnis abgegrenzt und stets systematisch über den Absicherungszeitraum erfolgswirksam aufgelöst werden.[1223] So könnten mitunter auch die Schwierigkeiten in der Abgrenzung von transaktions- und periodenbezogenen Absicherungen und die damit einhergehenden Gestaltungsspielräume durch die einheitliche bilanzielle Behandlung der abgegrenzten Absicherungskosten vermieden werden.

Die einheitliche Abbildung könnte durchaus durch eine Art **Rechnungsabgrenzungsposten** der als Swapsätze oder Zeitwerte entrichteten Absicherungsaufwendungen umgesetzt werden. Dieser Grundgedanke wird bereits für periodenbezogene Absicherungen umgesetzt, indem nicht etwa die gesamte Swapsatz- oder Zeitwertkomponente zu Beginn der Absicherung aufwandswirksam aufgelöst wird. Dies entspricht im Übrigen auch der intendierten Analogie zur bilanziellen Behandlung von Versicherungsprämien. So werden vorausgezahlte Versicherungsbeiträge in einem Rechnungs-

---

[1219] Vgl. PELLENS, B./FÜLBIER, R. U./GASSEN, J./SELLHORN, T., Internationale Rechnungslegung, S. 344.

[1220] Vgl. ADLER, H./DÜRING, W./SCHMALTZ, K., ADS International, Abschnitt 9, Rn. 29.

[1221] Vgl. ADLER, H./DÜRING, W./SCHMALTZ, K., ADS International, Abschnitt 15, Rn. 35; KAHLE, H./HEINSTEIN, R./DAHLKE, A., in: von Wysocki et al., HdJ, Abt. II/2, Rn. 451.

[1222] Vgl. zur vergleichbaren Auffassung in den Stellungnahmen im Rahmen der Konsultationsphase IASB (HRSG.), Time Value of Options (agenda paper 7B), S. 7.

[1223] Vgl. zu dieser Forderung auch LÖW, E./CLARK, J., Hedge Accounting und Risikomanagement, S. 133.

abgrenzungsposten bzw. aufgrund der Gleichbehandlung von antizipativen und transitorischen Posten als Vermögenswert aktiviert und als *prepaid expenses* ausgewiesen.[1224] Der einzige Unterschied bei der Abgrenzung der Swapsatz- bzw. Zeitwertkomponente besteht darin, dass diese bereits im Fair Value des Termin- bzw. Optionsgeschäftes selbst enthalten ist und nicht separat angesetzt werden muss. Die dennoch erforderliche systematische Verteilung der Erfolgswirkung wird durch die Abgrenzung der Wertänderungen der Swapsatz- bzw. Zeitwertkomponente und die anschließende Auflösung der Rücklage über den Absicherungszeitraum gewährleistet.

565.5 Bilanzierung abgespaltener Swapsatz- und Zeitwertkomponenten bei laufzeitinkongruenten Pure Hedges sowie Cross Hedges

Stimmen Laufzeit, Basiswert oder Lieferkonditionen eines Termin- bzw. Optionsgeschäftes im Rahmen von laufzeitinkongruenten Pure Hedges oder jeglichen Cross Hedges nicht mit dem Grundgeschäft überein, so muss das Unternehmen die abgespaltenen Swapsätze bzw. Zeitwerte künftig um diese Differenzen adjustieren. **Anpassungsmaßnahmen** sind also vor allem dann erforderlich, wenn zur Absicherung originärer Risikopositionen nur Derivate mit fixen Verfallstagen bzw. standardisierter Qualität und Lieferspezifikation verfügbar sind oder wenn sich bspw. der Eintrittszeitpunkt des Grundgeschäftes während des Sicherungsverhältnisses ändert.[1225] In derartigen Absicherungskonstellationen müssen Unternehmen nach den neuen Vorschriften in IFRS 9 theoretisch einsetzbare Derivate am Markt identifizieren oder ggf. selbst konstruieren, die in ihren Konditionen perfekt mit dem Grundgeschäft übereinstimmen und anhand derer die Wertentwicklungen der angepassten Swapsätze bzw. Zeitwerte abgeleitet werden können.[1226] Bei der Bilanzierung abgespalteter Komponenten wird folglich zwischen **tatsächlich geleisteten Swapsätzen bzw. Zeitwerten** und den **angepassten Pendants** mit einer perfekten Absicherungswirkung unterschieden. Sichert ein Industrieunternehmen z. B. den für in zwölf Monaten geplanten Erwerb eines Rohstoffes A mit einem Optionskontrakt mit einer Laufzeit von dreizehn Monaten oder mit einem laufzeitkongruenten Optionskontrakt auf einen Rohstoff B, so müssen der angepasste Zeitwert und dessen Wertentwicklung anders als bei laufzeitkongruenten Pure Hedges nunmehr auf Grundlage eines hypothetischen Optionskontraktes mit der Laufzeit von zwölf Monaten auf den Rohstoff A abgeleitet werden.[1227]

Grundsätzlich sind abgespaltene Swapsätze und Zeitwerte entsprechend den in Abschnitt 565.4 vorgestellten Vorschriften zu **bilanzieren**. Entsprechen die Konditionen des Sicherungsinstrumentes indes nicht denjenigen des Grundgeschäftes, muss wie folgt differenziert werden.[1228]

Übersteigt die tatsächlich geleistete Swapsatz- bzw. Zeitwertkomponente zu Beginn der Sicherungsbeziehung den angepassten, hypothetischen Wert, so wird bei der Konzeption der

[1224] Vgl. TIEDCHEN, S., in: von Wysocki et al., HdJ, Abt. II/11, Rn. 134; ADLER, H./DÜRING, W./SCHMALTZ, K., ADS International, Rn. 177.

[1225] Vgl. IFRS 9.B6.5.32 bzw. B6.5.37; ERNST & YOUNG (HRSG.), ED Hedge Accounting, S. 34 sowie zu den Absicherungsstrategien Abschnitt 333.5.

[1226] Vgl. IFRS 9.B6.5.32 bzw. B6.5.37; IASB (HRSG.), Time Value of Options (agenda paper 4B), S. 6.

[1227] Vgl. ERNST & YOUNG (HRSG.), ED Hedge Accounting, S. 34 f.

[1228] Vgl. IFRS 9.B6.5.33 bzw. B6.5.38.

Absicherungskosten auf die **hypothetische Komponente** abgestellt.[1229] Dies zieht folgende Bilanzierungskonsequenzen nach sich:

- Kumulierte Wertänderungen der abgespaltenen Elemente, die in der hierfür vorgesehenen Eigenkapitalrücklage erfasst und entweder systematisch über den Absicherungszeitraum verteilt (bei Periodenbezug) oder mit der Erfolgswirkung des Grundgeschäftes verrechnet (bei Transaktionsbezug) werden, sind auf Grundlage des hypothetischen Derivates zu ermitteln.[1230] Die abzugrenzenden Fair Value-Änderungen der Swapsatz- bzw. Zeitwertkomponente werden also über ein hypothetisches Derivat ermittelt, das in seinen Konditionen perfekt mit dem abgesicherten Grundgeschäft übereinstimmt.[1231]

- Wertänderungen der verbleibenden Komponente, die aus unterschiedlichen Wertentwicklungen von tatsächlich geleisteter und angepasster Swapsatz- bzw. Zeitwertkomponente generiert werden und sich damit nicht auf das konkrete Grundgeschäft beziehen, werden erfolgswirksam erfasst.[1232]

Unterschreiten die tatsächlich geleisteten Swapsätze bzw. Zeitwerte hingegen die hypothetische Komponente, so werden die kumulierten Fair Value-Änderungen der tatsächlichen Swapsatz- bzw. Zeitwertkomponente mit denjenigen des hypothetischen Pendants **verglichen.**

- Die in der Rücklage erfolgsneutral abgegrenzten und systematisch aufgelösten Absicherungskosten bemessen sich nach dem niedrigeren Wert aus den kumulierten Fair Value-Änderungen der tatsächlichen Swapsatz- bzw. Zeitwertkomponente und denjenigen der angepassten Swapsatz- bzw. Zeitwertkomponente.[1233]

- Sofern die Wertänderungen der tatsächlich geleisteten Swapsätze bzw. Zeitwerte über diejenigen der hypothetischen Pendants hinausgehen, so werden diese erfolgswirksam im Periodenergebnis erfasst.[1234]

Die spezifischen Bilanzierungsvorschriften für nicht in ihrer Kompensationswirkung perfekte Absicherungskonstellationen beruhen auf der Überlegung, dass die geleisteten Prämien als ökonomische Absicherungskosten gegen unvorteilhafte Marktpreisentwicklungen aufgefasst werden können. Die Swapsätze eines Termingeschäftes bzw. der Zeitwert eines Optionsgeschäftes gehen allerdings nur dann auf die spezifische Absicherung der originären Risikoposition zurück, sofern die Konditionen des Derivates mit denjenigen des Grundgeschäftes übereinstimmen.[1235] Um die Konzeption der Absicherungskosten konsequent zu verfolgen, muss das bilanzierende Unternehmen bei abweichenden Konditionen bestimmen, welcher **Anteil** der geleisteten Prämie tatsächlich auf die

[1229] Vgl. LÖW, E./CLARK, J., Hedge Accounting und Risikomanagement, S. 133.
[1230] Vgl. IFRS 9.B6.5.33 (a) (i) bzw. B6.5.38 (a) (i).
[1231] Vgl. IFRS 9.B6.5.32 bzw. B6.5.37.
[1232] Vgl. IFRS 9.B6.5.33 (a) (ii) bzw. B6.5.38 (a) (ii).
[1233] Vgl. IFRS 9.B6.5.33 (b) (i) und (ii) bzw. B6.5.38 (b) (i) und (ii).
[1234] Vgl. IFRS 9.B6.5.33 (b) bzw. B6.5.38 (b).
[1235] Vgl. IFRS 9.B6.5.32 bzw. B6.5.37.

Absicherung des konkreten Grundgeschäftes zurückzuführen ist.[1236] Sofern die tatsächliche Swapsatz- bzw. Zeitwertkomponente zu Beginn der Sicherungsbeziehung die entsprechende Komponente eines hypothetischen Derivates übersteigt, leistet das Unternehmen eine höhere Absicherungsprämie, als dies für die Absicherung eigentlich erforderlich ist.[1237] Der IASB entschließt sich durch die geschilderten Vorschriften folglich dafür, dass nur die theoretisch für eine perfekte Absicherungswirkung aufzuwendenden Mittel für die speziellen Abgrenzungsregelungen abgespaltener Elemente in Betracht kommen.[1238] Die Restkomponente wird indes nach den allgemeinen Vorschriften und damit als ein erfolgswirksam zum Fair Value bewertetes Derivat bilanziert. Da die hiermit verbundene Volatilität des Periodenergebnisses dem Bilanzleser die **Passgenauigkeit** der im Risikomanagement gewählten Absicherungsinstrumente verdeutlicht, ist dies angesichts der beabsichtigten Vermittlung entscheidungsnützlicher Informationen zu begrüßen. Im umgekehrten Fall befindet sich das Unternehmen in der Situation, die nicht vollkommene Absicherungswirkung zu niedrigeren Kosten als bei einer perfekten Kompensation zu erhalten. Um nicht höhere als die tatsächlich entrichteten Absicherungskosten im Eigenkapital abzugrenzen, wird hier auf die niedrigeren kumulierten Wertänderungen aus tatsächlichen und hypothetischen Swapsatz- bzw. Zeitwertkomponenten abgestellt.[1239]

Der geforderte Bezug der nach speziellen Regelungen abgegrenzten Absicherungskosten in Form von Swapsätzen bzw. Zeitwerten zur abgesicherten Risikoposition folgt somit einer in sich stimmigen Bilanzierungskonzeption zur ganzheitlichen Abbildung der Risikosteuerungsmaßnahmen, die die Abspaltung der Komponente, die Effektivitätsanforderungen, die Abgrenzung der Absicherungskosten und den konkreten Bezug von Absicherungskosten und Absicherungsobjekt umfasst. Mit der zweckmäßigen Unterscheidung zwischen tatsächlich geleisteten Swapsätzen bzw. Zeitwerten und deren hypothetischen, an den konkreten Grundgeschäften ausgerichteten Pendants ist allerdings unweigerlich eine deutliche **Zunahme der Komplexität** in den Rechnungslegungsvorschriften verbunden.[1240] Unternehmen, die Termingeschäfte und Optionen als risikosteuerungspolitische Maßnahmen einsetzen, werden künftig – da die hypothetischen Instrumente im Fall der Inkongruenz bzgl. Basiswert, Lieferkonditionen oder Laufzeit i. d. R. gerade nicht am Markt beobachtet werden können – dazu angehalten sein, ein Bewertungsmodell zu implementieren und detaillierte Informationen über die erforderlichen Inputparameter einzuholen.[1241] Dies gilt speziell für den Einsatz von Optionsgeschäften, da hier Fair Value-Änderungen des Zeitwertes nicht wahlweise erfolgswirksam erfasst werden dürfen und daher eine Nachbildung des hypothetischen Kontraktes zwingend vorgeschrieben ist.[1242] Die erforderlichen Kalkulationen dürften Industrieunternehmen, die aufgrund der speziellen Anforderungen an die eingesetzten Materialien regelmäßig

---

[1236] Vgl. IASB (Hrsg.), Time Value of Options (agenda paper 4B), S. 4.

[1237] Vgl. IFRS 9.BC6.397 sowie IASB (Hrsg.), Time Value of Options (agenda paper 4B), S. 5 zu den Bedenken hinsichtlich einer ggf. frühzeitigen Ertragsrealisierung.

[1238] Vgl. IASB (Hrsg.), Time Value of Options (agenda paper 7B), S. 20.

[1239] Vgl. KPMG (Hrsg.), Hedge Accounting on the Horizon, S. 15.

[1240] Vgl. IASB (Hrsg.), Hedge Accounting – CL Summary (agenda paper 7B), S. 13 f.

[1241] Vgl. IFRS 9.BC6.396; Ernst & Young (Hrsg.), ED Hedge Accounting, S. 35.

[1242] Wenn das Grundgeschäft keinen Zeitwert aufweist und eine Abspaltung des Zeitwertes zur Erfüllung der Effektivitätskriterien erforderlich ist, werden Industrieunternehmen also in aller Regel mit der Ermittlung von Zeitwerten hypothetischer Optionen konfrontiert werden.

nicht auf passgenaue Optionen zurückgreifen können und ggf. über keine differenzierten Optionspreismodelle verfügen, vor erhebliche Herausforderungen stellen.[1243]

Selbst wenn das bilanzierende Unternehmen über entsprechende Modelle verfügt, ist deren Einsatz vor dem Hintergrund der fundamentalen Anforderung der glaubwürdigen Darstellung und vor allem auch des fördernden Grundsatzes der angestrebten Nachprüfbarkeit der vermittelten Abschlussinformationen kritisch zu hinterfragen. Durch die Anpassung von tatsächlich entrichteten Swapsätzen und Zeitwerten der am Markt verfügbaren und deshalb kontrahierten Derivate wird nämlich faktisch von (regelmäßig) am Markt beobachtbaren Wertentwicklungen auf eigens kalkulierte Fair Value-Entwicklungen der hypothetischen Komponenten umgestellt. Einerseits wird dadurch eine in sich konsistente Bilanzierungskonzeption für Absicherungskosten verfolgt und durch den Einklang mit dem Risikomanagementverständnis und den ergriffenen Maßnahmen eine relevante Information vermittelt. Gleichzeitig wird die Bilanzierung und speziell die Abgrenzung und Auflösung der Absicherungskosten auf Kalkulationen ausgerichtet, deren Parameter in der internationalen Rechnungslegung, speziell in IFRS 13, mit einer deutlich niedrigeren Güte hinsichtlich der Nachprüfbarkeit verbunden werden.[1244] Mit der vom IASB gewählten Abbildungsform wird der Relevanz von Informationen folglich eine größere Bedeutung beigemessen als der Verlässlichkeit i. S. d. intersubjektiven Nachprüfbarkeit.[1245] Während diese Vorgehensweise unweigerlich einer Kritik an der Objektivierung der vermittelten Informationen über die Absicherungsmaßnahmen und -kosten ausgesetzt ist, steht dies mit der im Rahmenkonzept gewählten Ausrichtung der Abschlussinformationen und der Gewichtung der Rechnungslegungszwecke nicht im Widerspruch.[1246]

566. Geschriebene Optionen als Sicherungsgeschäft

Von der prinzipiellen Zulässigkeit sämtlicher erfolgswirksam zum Fair Value bewerteter Finanzinstrumente werden (netto) geschriebene Optionen, die aus Sicht des bilanzierende Unternehmens demnach eine Stillhalterposition begründen, in IFRS 9 ausgenommen.[1247] Diese Ausnahme ist darauf zurückzuführen, dass bei geschriebenen Optionen die Chancen auf die Stillhalterprämie begrenzt werden, während die Risiken prinzipiell unbegrenzt sind. Der IASB möchte nachvollziehbarer Weise ein Instrument, welches zusätzliche Risiken birgt,[1248] nicht als Sicherungsinstrument für bereits risikobehaftete Grundgeschäfte zulassen, sondern beschränkt dies auf risikokompensie-

---

[1243] Vgl. zu dieser Einschätzung in verschiedenen Stellungnahmen IASB (HRSG.), Time Value of Options (agenda paper 7B), S. 19.

[1244] Vgl. KIRSCH, H.-J./KÖHLING, K./DETTENRIEDER, D./GALLASCH, F., in: Baetge et al., Rechnungslegung nach IFRS, IFRS 13, Rn. 15 f.; DOHRN, M., Entscheidungsrelevanz des Fair Value-Accounting, S. 208-219.

[1245] Vgl. zu diesem Verständnis der Verlässlichkeit KIRSCH, H.-J./KOELEN, P./OLBRICH, A./DETTENRIEDER, D., Verlässlichkeit der Berichterstattung, S. 765-770.

[1246] Der Ermittlung der angepassten Swapsätze und Zeitwerte muss indes zur Wahrung der glaubwürdigen Darstellung ein System konkretisierender Bewertungsregeln und Anwendungsbedingungen zugrunde gelegt werden. Dabei könnte sich eine Orientierung an dem marktorientierten System für die Fair Value-Ermittlung gemäß IFRS 13 anbieten. Vgl. KIRSCH, H.-J./KÖHLING, K./DETTENRIEDER, D./GALLASCH, F., in: Baetge et al., Rechnungslegung nach IFRS, IFRS 13, Rn. 15 f.

[1247] Vgl. IFRS 9.6.2.6; WIESE, R./SPINDLER, M., Review Draft Hedge Accounting, S. 349. Dieses Verbot wird aus IAS 39 übernommen; vgl. SCHWARZ, C., Derivative Finanzinstrumente und Hedge Accounting, S. 222 sowie zur ökonomischen Bedeutung Abschnitt 333.722.

[1248] Vgl. BECKER, K./KROPP, M., in: von Wysocki et al., HdJ, Abt. IIIa/4, Rn. 300; LÖW, E./THEILE, C., in: Heuser et al., IFRS Handbuch, Sicherungsgeschäfte und Risikoberichterstattung, S. 613 f.

rende Instrumente.[1249] Bereits in IAS 39 ist es ausdrücklich untersagt, ein Derivat in einem bilanziellen Sicherungsverhältnis als absicherndes Instrument zu bestimmen, bei dem es sich um eine geschriebene Option handelt.[1250] Der Wortlaut des IAS 39 lässt dabei keinerlei geschriebene (Teil-)Optionen zu, so dass auch keine Kombination von ggf. selbst zeitgleich abgeschlossenen Optionen, die ökonomisch betrachtet im Saldo gerade keine Stillhalterposition begründen (z. B. ein Zero Cost Collar), als Sicherungsinstrument in Betracht kommt.[1251]

Der Board beschloss im Erarbeitungsprozess des IFRS 9, dass sich das Verbot der Designation geschriebener Optionen als Sicherungsinstrument künftig auf die **ökonomische Substanz** und nicht auf die **Vertragsform** von Optionskombinationen beziehen soll.[1252] Durch die Betonung, dass lediglich **„netto"** geschriebene Optionen nicht als Sicherungsinstrument zulässig sind,[1253] bringt der Standardsetter zum Ausdruck, dass **Kombinationen** aus erworbenen und geschriebenen Optionen durchaus als Sicherungsinstrument designiert werden können.[1254] Damit werden Optionskombinationen, die aufgrund rechtlicher oder regulatorischer Einschränkungen nicht als Einheit abgeschlossen, sondern aus einzelnen erworbenen und geschriebenen Optionen eigens zusammengesetzt werden und im Saldo eine Risikoreduktion des Grundgeschäftes veranlassen, künftig als Sicherungsinstrument zugelassen. Der IASB trägt damit den unterschiedlichen internationalen Vorschriften zur Risikosteuerung und zur Regulierung von Derivatemärkten Rechnung und wahrt gleichzeitig das Prinzip *„substance over form"* als impliziter Teil des Grundsatzes der glaubwürdigen Darstellung.

Eine geschriebene Option darf indes nur dann Teil eines Sicherungsinstrumentes sein, sofern die kombinierten Instrumente nicht per Saldo risikoerhöhend wirken, d. h., das bilanzierende Unternehmen insgesamt keine Stillhalterposition eingeht. Der IASB hält in den *basis for conclusions* fest, dass eine Optionskombination im Saldo keine Stillhalterposition begründet, sofern drei **Bedingungen** erfüllt sind. Erstens darf das bilanzierende Unternehmen beim Abschluss oder während der Laufzeit der Optionskombination per Saldo keine (positive) Optionsprämie erzielen.[1255] Die Vereinnahmung einer Prämie ist gerade das Ziel eines Unternehmens, das eine Stillhalterposition eingeht und für die Übernahme der Risiken kompensiert werden möchte. Folglich muss die Vereinnahmung einer Prämie auch das wesentliche Differenzierungsmerkmal bei der Beurteilung der Zulässigkeit einer Optionskombination sein, wodurch z. B. Strategien mit gedeckter Stillhalterposition nicht im Rahmen des Hedge Accounting abbildbar sein dürften.[1256] Zweitens müssen die

---

[1249] Vgl. BARCKOW, A., in: Baetge et al., Rechnungslegung nach IFRS, IAS 39, Rn. 210.
[1250] Vgl. IAS 39.77.
[1251] Vgl. IFRS 9.BC6.151 f.; BECKER, K./KROPP, M., in: von Wysocki et al., HdJ, Abt. IIIa/4, Rn. 308; DELOITTE (HRSG.), iGAAP (2012), S. 590.
[1252] Vgl. IFRS 9.BC6.153; IASB (HRSG.), Combinations of Options (agenda paper 7C), S. 4.
[1253] Vgl. IFRS 9.6.2.6.
[1254] Vgl. GARZ, C./HELKE, I., Review Draft Hedge Accounting, S. 1209; HARTENBERGER, H., in: Bohl et al., Beck IFRS HB, § 3. Finanzinstrumente, Rn. 528.
[1255] Vgl. IFRS 9.BC6.153 (a).
[1256] Vgl. zur Strategie des *covered call writing* Abschnitt 333.722. (Fn. 1256) Vgl. zur ähnlichen Auffassung MAULSHAGEN, O./TREPTE, F./WALTERSCHEIDT, S., Derivative Finanzinstrumente, Rn. 355 sowie zu abweichenden Auffassungen KUHN, S./SCHARPF, P., Rechnungslegung von Financial Instruments, S. 372 f.; BECKER, K./KROPP, M., in: von Wysocki et al., HdJ, Abt. IIIa/4, Rn. 300.

Gestaltungsmerkmale (vor allem Basiswert einschließlich Währung und Laufzeit) der einzelnen Teiloptionen mit Ausnahme der Ausübungspreise identisch sein, wobei diese Vorschrift i. S. e. konsistenten Behandlung gleich streng wie im Fall des qualitativen Effektivitätstests auszulegen ist.[1257] Drittens müssen die Volumina so gewichtet sein, dass im Saldo eine Absicherung des Grundgeschäftes sichergestellt wird, d. h., der Nominalbetrag der geschriebenen Teiloptionen darf nicht größer sein als derjenige der erworbenen Option.[1258]

Damit können vor allem Optionskombinationen, die auf die Grundvariante der **Collar-Strategie** zurückgehen, durch deren Einsatz sowohl Risiken als auch Chancen begrenzt werden und das Unternehmen nur an Preisschwankungen innerhalb eines Korridors partizipiert,[1259] auch bilanziell als Sicherungsinstrument bestimmt und die Risikomanagementstrategien entsprechend abgebildet werden. Besonders die in Industrieunternehmen vielfach eingesetzten Zero-Cost-Collars begründen typischerweise keine Stillhalterposition, sondern erfüllen diese drei Bedingungen und kommen nun als Sicherungsinstrument in Betracht.[1260] Gleichzeitig wird durch die an die Designation von Optionskombinationen gestellten Bedingungen ein Missbrauch wirksam unterbunden, der z. B. durch einen absichtlich hoch gewählten Ausübungspreis des Calls möglich wäre, so dass effektiv nur der Put als Sicherungsinstrument designiert und faktisch das Gesamtrisiko erhöht anstatt vermindert würde. Ferner können durch die nun explizit zugelassenen Kombinationen aus erworbenen und geschriebenen Optionen vor allem auch die Absicherung **strukturierter Produkte** und die **Neutralisierung** einer bereits erworbenen **eingebetteten Option** durch das Hedge Accounting abgebildet und etwaige Bilanzierungsanomalien vermieden werden.[1261] Dies käme etwa für den Fall einer mit einem Basisvertrag erworbenen (Volumen-)Option im Zuge der Rohstoffbeschaffung[1262] oder einer kündbaren Verbindlichkeit, die ebenfalls eine implizit erworbene Option umfasst,[1263] in Betracht.

567. Interne Sicherungsgeschäfte

567.1 Anforderungen an die Risikoexternalisierung

In differenzierten Risikomanagementsystemen von Industrieunternehmen werden die Risiken einzelner operativer Einheiten häufig durch intern kontrahierte Finanzinstrumente auf eine **zentrale Treasury-Abteilung** übertragen.[1264] Diese bündelt die Risiken, rechnet die Positionen gegenseitig auf und steuert die aggregierten und z. T. komplex zusammengesetzten Nettopositionen anschließend durch externe Geschäfte am Markt.[1265] Im IAS 39 Replacement-Projekt wurde deshalb die

---

[1257] Vgl zu den Anforderungen im Rahmen der qualitativen Effektivitätsbeurteilung Abschnitt 572.22.

[1258] Vgl. IFRS 9.BC6.153 (b).

[1259] Vgl. zur Umsetzung von Collar-Strategien und speziell Zero-Cost-Collars Abschnitt 333.722.

[1260] Vgl. IASB (HRSG.), Collars (agenda paper 2), S. 1; BECKER, K./KROPP, M., in: von Wysocki et al., HdJ, Abt. IIIa/4, Rn. 302; KUHN, S./SCHARPF, P., Rechnungslegung von Financial Instruments, S. 372.

[1261] Vgl. GARZ, C./HELKE, I., Review Draft Hedge Accounting, S. 1209.

[1262] Vgl. Abschnitt 42. Dies dürfte allerdings nicht gelten (und wäre auch nicht erforderlich), falls die Option abgespalten werden muss, da in diesem Fall sowohl das Grundgeschäft als auch das Sicherungsinstrument mit dem Fair Value zu bewerten wären; vgl. IAS 39.AG94.

[1263] Vgl. BARZ, K./FLICK, P./MAISBORN, M., Review Draft Hedge Accounting, S. 475.

[1264] Vgl. IASB (HRSG.), Internal Derivatives (agenda paper 4), S. 2 f.; PWC (HRSG.), Manual for Financial Instruments (2012), S. 10046; INTERNATIONAL ENERGY ACCOUNTING FORUM (HRSG.), Hedge Accounting (paper 7), S. 4; DELOITTE (HRSG.), iGAAP (2012), S. 632 sowie zur Risikosteuerung Abschnitt 323.5.

[1265] Vgl. BECKER, K./KROPP, M., in: von Wysocki et al., HdJ, Abt. IIIa/4, Rn. 318.

Bitte an den IASB herangetragen, künftig auch intern kontrahierte, marktgerecht abgeschlossene Geschäfte bilanziell als Sicherungsinstrumente zuzulassen, wie dies bereits aufsichtsrechtlich geschehen ist.[1266]

Der Standardsetter hält indes daran fest, dass die Reduktion bzw. die Übertragung von Risiken prinzipiell nur dann im Rechenwerk kommuniziert werden darf, sofern das Risiko auf eine **(konzern-)externe Partei** transferiert wird.[1267] Werden Risiken hingegen innerhalb der berichterstattenden Einheit auf bestimmte Unternehmen oder Abteilungen alloziert, so wird die Risikoposition insgesamt nicht reduziert.[1268] Überträgt z. B. ein Tochterunternehmen das aus einem geplanten Warenkauf entstehende Güterpreisrisiko mit Warentermingeschäften auf die konzernweite Treasury-Abteilung des Mutterunternehmens, so hängt die Wirksamkeit der Absicherungsmaßnahme aus Konzernsicht davon ab, ob die zentrale Treasury-Abteilung das Risiko an den Markt durchreicht.[1269] In der Treasury-Abteilung kann jedoch auch die Entscheidung gefällt werden, dass das Risiko aufgrund der risikopolitischen Ausrichtung getragen oder aufgrund der Einrichtung als Profitcenter ein Handelsgewinn durch Über- oder Untersicherung generiert werden soll.[1270] In diesem Fall wird zwar aus Sicht der operativen Einheit das Risiko wirksam reduziert, so dass das Designationsverbot interner Geschäfte auch nicht für untergeordnete Abschlüsse gilt.[1271] Gleichwohl existiert die **Gesamtrisikoposition** aus der Konzernperspektive nach wie vor unverändert.

Diese Überlegung stimmt auch mit den **Grundsätzen der Konzernrechnungslegung** überein.[1272] Demnach sollen innerkonzernliche Beziehungen durch die Aufrechnung interner Schuldbeziehungen und damit verbundener Aufwendungen und Erträge eliminiert und Informationen aus Sicht der wirtschaftlichen Einheit Konzern vermittelt werden.[1273] Im Zuge der Erstellung des Konzernabschlusses werden also die internen Geschäfte inklusive der zu Allokationszwecken kontrahierten Derivate eliminiert, wodurch auf Konzernebene die Anwendungsvoraussetzungen des Hedge Accounting entfallen.[1274] Das Verbot der Designation eliminierter interner Geschäfte als **Grund- oder Sicherungsgeschäft** folgt dabei dem Ziel der Vermittlung einer unverzerrten Vermögens-,

---

[1266] Vgl. IFRS 9.BC6.143; BASEL COMMITTEE ON BANKING SUPERVISION (HRSG.), CL Financial Instruments Accounting, Presentation and Disclosure, S. 5 f.; PRAHL, R., Bilanzierung von Financial Instruments, S. 235 f.; KEMMER, M./NAUMANN, T., Anwendung des IAS 39, S. 798; WÜSTEMANN, J./BISCHOF, J., Bilanzierung von Sicherungsbeziehungen, S. 406; SCHMIDT, M., Interne Sicherungsgeschäfte, S. 268 f.; BECKER, K./KROPP, M., in: von Wysocki et al., HdJ, Abt. IIIa/4, Rn. 318.

[1267] Vgl. IFRS 9.6.2.3 i. V. m. IFRS 9.BC6.144; WIESE, R./SPINDLER, M., Review Draft Hedge Accounting, S. 349; BARZ, K./FLICK, P./MAISBORN, M., Review Draft Hedge Accounting, S. 475.

[1268] Vgl. IASB (HRSG.), Internal Derivatives (agenda paper 4), S. 4.

[1269] Vgl. SCHWARZ, C., Derivative Finanzinstrumente und Hedge Accounting, S. 38 f.

[1270] Vgl. BARCKOW, A., in: Baetge et al., Rechnungslegung nach IFRS, IAS 39, Rn. 216 sowie zur Risikosteuerung Abschnitt 323.5 und zur Über- bzw. Untersicherung Abschnitt 333.6.

[1271] Vgl. IFRS 9.6.2.3; LÜDENBACH, N./HOFFMANN, W.-D., Haufe IFRS-Kommentar, Rn. 239. Vgl. zu IAS 39.IG.F.1.4 KUHN, S./SCHARPF, P., Rechnungslegung von Financial Instruments, S. 374 f., wobei diese Ausführungen auch für IFRS 9 gelten dürften; vgl. WÜSTEMANN, J./BISCHOF, J., Bilanzierung von Sicherungsbeziehungen, S. 406. Im Einzelabschluss wäre die Sicherungsbeziehung mit dem konzerninternen, jedoch unternehmensexternen Sicherungsinstrument folglich designierbar.

[1272] Vgl. IFRS 9.BC6.144; IASB (HRSG.), Internal Derivatives (agenda paper 4), S. 2; BARCKOW, A., in: Baetge et al., Rechnungslegung nach IFRS, IAS 39, Rn. 212.

[1273] Vgl. BAETGE, J./KIRSCH, H.-J./THIELE, S., Konzernbilanzen, S. 47 f.

[1274] Vgl. LÜDENBACH, N./HOFFMANN, W.-D., Haufe IFRS-Kommentar, Rn. 239.

Finanz- und Ertragslage und gewährleistet durch die Beachtung der Konzernrechnungslegungsgrundsätze in sich konsistente Rechnungslegungsnormen.

Schließt die Treasury-Abteilung allerdings ein Warentermingeschäft mit einer dritten Partei ab, so spricht aus Sicht des Standardsetters nichts gegen den Einsatz interner Derivate, da am Ende der intern getroffenen, unmittelbar aufeinanderfolgenden Maßnahmen ein Instrument steht, welches das Risiko aus Konzernsicht wirksam reduziert.[1275] Für eine Abbildung im Rahmen des Hedge Accounting nach IFRS 9 muss dabei die **unternehmensübergreifende Sicherungsbeziehung (Sicherungskette)**[1276] zwischen dem Grundgeschäft in Form der Risikoposition des operativen Tochterunternehmens und dem konzernexternen Sicherungsinstrument hergestellt werden.[1277] Die Abbildung einer unternehmensübergreifenden Sicherungsbeziehung scheiterte bislang häufig daran, dass die Treasury-Abteilung die Risikopositionen aus internen Geschäften zunächst aufrechnet und anschließend lediglich die Nettoposition mit externen Geschäften absichert, während nach IAS 39 gerade Nettopositionen nicht als abgesichertes Grundgeschäft designiert werden konnten.[1278] Der Board konstatierte entsprechend, dass die Ursache für die Divergenz zwischen Rechnungslegung und Risikomanagementpraxis nicht in der Unzulässigkeit interner Derivate als Sicherungsinstrument, sondern vielmehr in der bislang untersagten Designation von Portfolio Hedges liegt, denen eine Nettoposition zugrunde liegt.[1279] Dieser Aspekt wurde in der Erarbeitung von IFRS 9 adressiert und in den Designationsmöglichkeiten von Grundgeschäften auf Portfolioebene berücksichtigt,[1280] wonach künftig auch die Absicherung von Nettopositionen und die entsprechende Kompensationswirkung abgebildet werden können.

567.2 Bestimmung unternehmensübergreifender Sicherungsbeziehungen

Seit der Veröffentlichung des Exposure Draft werden das Verbot der Designation interner Geschäfte und eine damit einhergehende **Divergenz** zwischen Rechnungslegung und Risikomanagementpraxis bemängelt, die durch die neuen Designationsmöglichkeiten von Grundgeschäften behoben werden soll.[1281] Da gemäß IFRS 9 auch bei der Bilanzierung von Portfolio Hedges allerdings nicht etwa die Nettoposition, sondern vielmehr die einzelnen Bruttopositionen designiert und in ihrem Wertansatz adjustiert werden,[1282] ist die Nettoposition in der Rechnungslegung in die jeweiligen Bestandteile mit unterschiedlichen Nominalbeträgen, Laufzeiten, zeitlichen Strukturen der Zahlungsströme etc. aufzulösen. Bereits diese Vorgehensweise ist mit erheblichem Aufwand verbunden, da in der zentralen Treasury-Abteilung **umfangreiche Informationen** über die dezentral

[1275] Vgl. BARCKOW, A., Derivate und Sicherungsbeziehungen, Rn. 215.
[1276] Vgl. BARCKOW, A., Derivate und Sicherungsbeziehungen, Rn. 215.
[1277] Vgl. PwC (HRSG.), Manual for Financial Instruments (2012), S. 10027.
[1278] Vgl. LÜDENBACH, N./HOFFMANN, W.-D., Haufe IFRS-Kommentar, Rn. 239.
[1279] Vgl. IFRS 9.BC6.143; IASB (HRSG.), Internal Derivatives (agenda paper 4), S. 6; GARZ, C./HELKE, I., Review Draft Hedge Accounting, S. 1208.
[1280] Vgl. zu den Möglichkeiten der Abbildung von Portfolio Hedges Abschnitt 554., speziell Abschnitt 554.3.
[1281] Vgl. IASB (HRSG.), Hedge Accounting – CL Summary (agenda paper 7B), S. 20; WÜSTEMANN, J./BISCHOF, J., Bilanzierung von Sicherungsbeziehungen, S. 406. Die Kritik wird dabei in erster Linie mit Blick auf die komplexen Systeme der Bankenbranche geäußert.
[1282] Vgl. zur bilanziellen Behandlung einer Nettoposition als Grundgeschäft Abschnitt 554.3.

verteilten Risikopositionen vorliegen müssen.[1283] Für eine unternehmensübergreifende Sicherungsbeziehung bedarf es also einer an die Treasury-Abteilung gerichteten Übermittlung umfassender Informationspakete, in denen die einzelnen Grundgeschäfte spezifiziert und ausführlich dokumentiert sind.[1284] In der praktischen Umsetzung des Risikomanagements werden indes häufig nur **(Netto-)Risikopositionen** von Tochterunternehmen an die Zentrale übertragen, so dass den externen Sicherungsinstrumenten keine einzelnen Grundgeschäfte zugeordnet werden können.[1285] Gerade dieser Aufwand sollte aus wirtschaftlichen Gesichtspunkten durch die Übertragung der Risiken mit internen Geschäften auf eine zentrale Risikosteuerung vermieden werden,[1286] so dass die Vorschrift in IFRS 9 der ökonomischen Zielsetzung bei der Organisationsentscheidung in gewisser Weise entgegenwirken kann. Da die ökonomischen Absicherungsmaßnahmen eines zentralen Risikomanagements durch die im Standard für Grundgeschäfte auf Portfolioebene vorgesehenen Designationsmöglichkeiten aufgrund der verpflichtenden Bruttodesignation und den damit verbundenen technischen Umsetzungsproblemen nur eingeschränkt abgebildet werden können, wird vom IASB derzeit der Versuch unternommen, sich in der Abbildung möglichst vollständig von der bislang erforderlichen Identifikation von Sicherungsketten loszulösen. Die im Rahmen des Projektes zum Makro Hedging angestrebte Abkehr von der Abbildung vollständiger Sicherungsketten soll nachfolgend präsentiert und analysiert werden.

567.3 Abkehr von der Identifikation unternehmensübergreifender Sicherungsketten als Lösungsansatz des IASB

Die Grundüberlegung, interne Geschäfte wie externe Geschäfte zu bilanzieren und als Sicherungsinstrumente in einer bilanziellen Sicherungsbeziehung zuzulassen, ist vor dem Hintergrund, dass interne Geschäfte im Zuge der Konsolidierung eliminiert werden, zwingend zu verwerfen.[1287] Beim

[1283] Vgl. BRENNER, H.-D./WEBER, C., IAS 39 aus Sicht einer Landesbank, S. 596; BARCKOW, A., Derivate und Sicherungsbeziehungen, Rn. 216; LÖW, E./CLARK, J., Hedge Accounting und Risikomanagement, S. 130.

[1284] Vgl. KUHN, S./SCHARPF, P., Rechnungslegung von Financial Instruments, S. 374 f. Beim Nachweis des Absicherungsverhältnisses zwischen Grundgeschäft und externem Sicherungsinstrument kann zwar die Referenz auf das interne Derivat in seiner „Stellvertreterrolle" (BECKER, K./KROPP, M., in: von Wysocki et al., HdJ, Abt. IIIa/4, Rn. 319) dienlich sein. Vgl. ECKES, B./BARZ, K./BÄTHE-GUSKI, M./WEIGEL, W., Hedge Accounting (I), S. 419; INTERNATIONAL ENERGY ACCOUNTING FORUM (HRSG.), Hedge Accounting (paper 7), S. 4. Allerdings muss auch dann die Sicherungskette zusätzlich dokumentiert werden, da die Buchführungssysteme regelmäßig zuerst die Konsolidierungsbuchungen durchführen und damit der Informationsträger eliminiert wird. Vgl. BARCKOW, A., Derivate und Sicherungsbeziehungen, Rn. 215.

[1285] Vgl. KUHN, S./SCHARPF, P., Rechnungslegung von Financial Instruments, S. 375; WÜSTEMANN, J./BISCHOF, J., Bilanzierung von Sicherungsbeziehungen, S. 406 sowie für Kreditinstitute FLICK, P./KRAKUHN, J./SCHÜZ, P., ED Hedge Accounting, S. 120. Die Herausforderungen bei der Dokumentation der Sicherungsketten werdem verstärkt, wenn die Treasury-Abteilung als Profitcenter organisiert ist und daher das Ziel verfolgt, neben der Absicherung der Nettorisikopositionen auch einen gewissen Handelsgewinn zu generieren. Wird die aggregierte Risikoposition aufgrund beabsichtigter Handelsgewinne über- oder untersichert bzw. mit einem Instrument ungleicher Konditionen gesichert, kann es in komplexen Risikomanagementsystemen mit erheblichen Komplikationen verbunden sein, festzustellen, wie die einzelnen Grundgeschäfte mit den konkreten Sicherungsinstrumenten in Verbindung stehen. Vgl. BARCKOW, A., Derivate und Sicherungsbeziehungen, S. 375.

[1286] Vgl. BECKER, K./KROPP, M., in: von Wysocki et al., HdJ, Abt. IIIa/4, Rn. 319.

[1287] Vgl. IAS 32.11; ECKES, B./BARZ, K./BÄTHE-GUSKI, M./WEIGEL, W., Hedge Accounting (I), S. 419; GROßE, J.-V., Problematik des Hedge Accounting, S. 126; GARZ, C./HELKE, I., Review Draft Hedge Accounting, S. 1208; BARCKOW, A., Derivate und Sicherungsbeziehungen, Rn. 214. Vgl. zur abweichenden Auffassung z. B. KUHN, S./SCHARPF, P., Rechnungslegung von Financial Instruments, S. 375 f.; NAUMANN, T., Bewertungseinheiten im

Einsatz interner Absicherungsgeschäfte könnte indes ein modifizierter Ansatz des Hedge Accounting, der in den jüngsten Beratungen des IASB zum **Makro Hedging** als *revaluation model* bezeichnet wird und bereits verschiedentlich gefordert wurde,[1288] eine Möglichkeit zur Bilanzierung von Absicherungsstrategien bzw. zur Vermeidung von Bilanzierungsanomalien bieten.[1289] Die Kompensationswirkung wird diesem Ansatz zufolge nur mittelbar erzielt, indem der Wertansatz der innerhalb des *revaluation model* bilanzierten Grundgeschäfte um die auf die abgesicherte Risikoart zurückzuführenden Fair Value-Änderungen erfolgswirksam angepasst wird *(revaluation adjustment)*[1290] und somit den Wertentwicklungen der am Markt abgeschlossenen, externen Sicherungsinstrumente durch deren ohnehin erfolgswirksame Fair Value-Bilanzierung entgegensteht, ohne dass der komplizierte, konkrete Bezug zwischen Grundgeschäft und Sicherungsinstrument hergestellt werden muss. Die Vorschriften zur Wertanpassung von Grundgeschäften wären demnach bereits anwendbar, wenn einem Grundgeschäft (einzeln oder auf Portfolioebene) ein internes Sicherungsinstrument zugeordnet werden könnte. Interne Sicherungsinstrumente könnten dabei den Überlegungen des IASB zufolge also allein durch deren ökonomische Existenz und ggf. auch ohne den Nachweis der anschließenden Externalisierung des spezifischen Risikos eine von den allgemeinen Bilanzierungsvorschriften abweichende Behandlung von Grundgeschäften ermöglichen.[1291] Abhängig von der noch ausstehenden Konkretisierung[1292] der Vorschriften würden ggf. auch die Wirksamkeitsanforderungen an Absicherungsverhältnisse gewissermaßen aufgehoben. Die internen Sicherungsinstrumente selbst bzw. deren Wertänderungen würden indes den Konsolidierungsvorschriften entsprechend eliminiert werden.[1293]

In den weiteren Überlegungen des IASB zum *revaluation model* wird deutlich, dass beim nachweislichen Einsatz interner Geschäfte zwar kein konkreter Bezug zwischen Grundgeschäft und externem Sicherungsgeschäft hinsichtlich der Kompensationswirkung, wohl aber eine gewisse Externalisierung der Risiken sichergestellt werden soll. Bereits die Entwicklung geeigneter **Anforderungen** an den Nachweis und den Grad der Externalisierung führt bei der Entwicklung eines Diskussionspapiers zum Makro Hedge Accounting indes zu erheblichen Schwierigkeiten.[1294] Zum Nachweis der ökonomischen (externen) Risikokompensation könnte wie bislang der jeweilige Pfad des Risikotransfers vom einzelnen Grundgeschäft über die durchleitenden internen Derivate bis hin zum externen Geschäft verfolgt werden, was jedoch zu keiner Erleichterung im Vergleich zur bemängelten Situation nach IAS 39 bzw. nunmehr nach IFRS 9 führt. Alternativ könnten auch Richtlinien für

Gewinnermittlungsrecht, S. 183 f. sowie PRAHL, R., Bilanzierung von Financial Instruments, S. 235 f. zur dort vorgeschlagenen alternativen Objektivierung bei gleichzeitiger Anerkennung interner Geschäfte.

1288 Vgl. BECKER, K./KROPP, M., in: von Wysocki et al., HdJ, Abt. IIIa/4, Rn. 321, SCHMIDT, M., Interne Sicherungsgeschäfte, S. 270-271 zur partiellen Fair Value-Bewertung bei der Absicherung von Zinsänderungsrisiken sowie PRAHL, R., Bilanzierung von Financial Instruments, S. 229 zur wahlweisen Fair Value-Bewertung von Grundgeschäften.

1289 Vgl. IASB (HRSG.), Macro Hedging with Internal Derivatives (agenda paper 4A), S. 1. Vgl. zum vorgeschlagenen 11-Schritte-Konzept, in dem von einer (Full) Fair Value-Bewertung ausgegangen wird, die dann schrittweise an die tatsächliche Risikomanagementstrategie und die abgesicherten Risiken angepasst wird, IASB (HRSG.), Macro Hedge Accounting (agenda paper 7A), S. 15-24; FOLK, R., Currency Basis Spreads und Macro Hedging, S. 237.

1290 Vgl. FOLK, R., Currency Basis Spreads und Macro Hedging, S. 237.

1291 Vgl. IASB (HRSG.), Macro Hedging with Internal Derivatives (agenda paper 4A), S. 9.

1292 Vgl. BAUER, M./HALLER, A./WIESE, R., Accounting for Macro Hedging, S. 335.

1293 Vgl. IASB (HRSG.), Macro Hedge Accounting (agenda paper 7A), S. 15 f.

1294 Vgl. IASB (HRSG.), Macro Hedging with Internal Derivatives (agenda paper 4A), S. 8 f.

das Risikomanagement zur Gewährleistung einer gewissermaßen automatisierten externen Absicherung von Risikopositionen aufgestellt werden.[1295] Dieser Ansatz dürfte allerdings an den unterschiedlichen Geschäftsmodellen und der damit naturgemäß verbundenen Debatte über die konkreten Risikolimite, ab denen die Gewinnerzielungsmöglichkeit des bilanzierenden Unternehmens unterbunden wird und die automatisierte externe Absicherung einsetzen muss, sowie über die zur adäquaten Umsetzung erforderlichen Instrumente scheitern.

Eine mit der im *revaluation model* vergleichbare Bilanzierung bzw. Wertanpassung des Grundgeschäftes kann indes innerhalb des **Hedge Accounting-Modells nach IFRS 9**, das auf dem Prinzip der Kompensationswirkung basiert, nur dann die Anforderungen des Conceptual Framework und die Zielsetzung des Standards erfüllen, sofern der eindeutige Nachweis erbracht wird, dass die an die zentrale Treasury-Abteilung mittels interner Geschäfte allozierten Risiken anschließend auch **externalisiert** werden. Andernfalls könnten die allgemeinen Ansatz- und Bewertungsvorschriften für das Grundgeschäft selbst ohne die ökonomisch relevante Absicherungsmaßnahme mit einer dritten Partei und folglich ohne eine Verringerung von Bilanzierungsanomalien ausgehebelt werden. Um überhaupt die Vorschriften zur Bilanzierung von Sicherungsbeziehungen anwenden zu dürfen, muss gemäß der Konzeption in IFRS 9 ferner eine **Wirksamkeit der Absicherung** nachgewiesen werden.[1296] Dabei stellt sich konzeptionell die Frage, ob im Effektivitätstest auf die unmittelbar korrespondierende Wertänderung des internen Derivates oder auf die mittelbare Kompensation des externen Derivates abzustellen ist. Da aus Sicht der Einheit Konzern ausschließlich die Wirksamkeit der externen Absicherungsmaßnahme relevant ist und interne Geschäfte einschließlich deren Wertänderungen im Zuge der Konsolidierung eliminiert werden, schlagen sich auch ausschließlich die Wertänderungen des externen Derivates im Periodenergebnis nieder. Folglich kann lediglich die Effektivitätsbeurteilung anhand eines externen Sicherungsinstrumentes mit der Konzeption des Hedge Accounting vereinbar sein.[1297] Dadurch kann im Rahmen des Hedge Accounting nach IFRS 9 nicht auf die komplexe Verknüpfung von Grundgeschäften der operativen Einheiten und den extern kontrahierten Absicherungsinstrumenten der Konzern-Treasury verzichtet werden. Die Abbildung von Risikomanagementaktivitäten über eine Wertanpassung i. S. d. *revaluation model* ohne externes Sicherungsinstrument und ohne Effektivitätsbeurteilung widerspricht dem Konsolidierungsgedanken und ist der steten Gefahr einer zielgerichteten Anpassung des Wertmaßstabes ausgesetzt, so dass dieser Ansatz schließlich nicht mit den objektivierenden Anforderungen des Hedge Accounting vereinbar ist.

Folglich können zwar in der Tat nicht sämtliche Risikomanagementaktivitäten ohne detaillierte Informationen über die Verknüpfung von Grundgeschäft und externem Sicherungsinstrument im Hedge Accounting-Modell des IFRS 9 bilanziell nachgezeichnet werden. Dennoch können die Vorschriften zur Bilanzierung von Sicherungsbeziehungen durch entsprechende Informationspakete

[1295] Vgl. IASB (Hrsg.), Macro Hedging with Internal Derivatives (agenda paper 4A), S. 8.

[1296] Vgl. IFRS 9.6.4.1 (c).

[1297] Vgl. Große, J.-V., Problematik des Hedge Accounting, S. 128 f. Im Fall der Ein-zu-Eins-Durchleitung wird gelegentlich die (vereinfachende) Verwendung des internen Derivates als zulässig erachtet; vgl. Scharpf, P., Rechnungslegung von Financial Instruments, S. 197. Die Anforderungen an die perfekte Übereinstimmung von internem und externem Derivat sind allerdings in jedem Fall streng auszulegen, um das Verbot der Designation interner Geschäfte nicht zu unterlaufen.

und die Beachtung der Anforderungen in IFRS 9 bei der Aggregation und Aufrechnung von Risikopositionen häufig angewandt werden. Die Anforderungen des IFRS 9 mögen somit zwar zu einer gewissen Komplexität, z. T. erheblichem Aufwand und ggf. auch zu gewissen Unzulänglichkeiten in den Abbildungsmöglichkeiten durch einen nicht perfekten Gleichlauf von internem Risikomanagement und externer Rechnungslegung führen.[1298] Auch wenn von Seiten der Bilanzierenden beteuert wird, dass interne Geschäfte keineswegs der Manipulation, sondern „ausschließlich der unternehmensinternen Zuordnung von Verantwortlichkeiten zur Steuerung von Risiken"[1299] dienen, können interne Geschäfte den Nachweis des tatsächlichen Transfers von Risiken an eine externe Partei nicht ersetzen. Die objektivierenden Anforderungen sind mit Blick auf die Forderung nach glaubwürdig dargestellten Informationen in der Zielsetzung der Rechnungslegungsvorschriften im Allgemeinen sowie hinsichtlich der geforderten Kompensationswirkung bilanzieller Sicherungsbeziehungen im Speziellen zwingend erforderlich.

568. Spezifika bei der Absicherung von Währungs- und Zinsänderungsrisiken

In IFRS 9 wird der Kreis zulässiger Sicherungsinstrumente auf sämtliche erfolgswirksam zum Fair Value bewerteten Finanzinstrumente ausgeweitet.[1300] Dadurch kann die ökonomische Absicherung von Währungs- und vor allem auch Zinsänderungsrisiken mit **finanziellen Kassainstrumenten** künftig bilanziell nachvollzogen werden. Bilanzierenden Unternehmen wird durch die Designation von Kassainstrumenten die Möglichkeit gegeben, neben den mit Derivaten umgesetzten Maßnahmen auch darüber hinausgehende Absicherungsstrategien im Rechenwerk abbilden zu können. Beispielsweise kann die Absicherung einer festverzinslichen, zu fortgeführten Anschaffungskosten bewerteten Verbindlichkeit mit einem festverzinslichen, zum Fair Value bewerteten Wertpapier künftig bilanziell nachgezeichnet werden.[1301] Durch die Neuregelung ist für Unternehmen aus Rechnungslegungssicht künftig nicht mehr zwingend der Abschluss eines Derivates erforderlich, um sich gegen Zinsänderungsrisiken abzusichern. Plant ein Unternehmen z. B. eine Mittelanlage bzw. eine Mittelaufnahme in absehbarer Zukunft, so kann es sich bereits durch den heutigen Kauf bzw. Leerverkauf einer Anleihe gegen Zinsänderungen absichern.[1302] Werden Wertänderungen üblicherweise erfolgswirksam erfasst, so werden diese durch die Bestimmung als Sicherungsinstrument innerhalb eines Cashflow-Hedge erfolgsneutral abgebildet, bis sich das abgesicherte Risiko auf das Periodenergebnis auswirkt und sich dann die kompensierenden Wertänderungen von

[1298] Vgl. BARCKOW, A., in: Baetge et al., Rechnungslegung nach IFRS, IAS 39, Rn. 213. So wurde z. B. kritisiert, dass Portfolio Hedges nur dann gebildet werden können, wenn die gemeinsame Risikoposition auch als Grundgeschäft zulässig ist. Dies trifft speziell für die Fälle zu, bei denen hinter den internen Derivaten unterschiedliche Risikopositionen stehen, die nach IFRS 9 unterschiedlich behandelt werden (etwa in Fair Value-Hedges, Cashflow-Hedges oder separat, d. h. außerhalb einer bilanziellen Sicherungsbeziehung); vgl. GARZ, C./HELKE, I., Review Draft Hedge Accounting, S. 1208. Für diese Fälle empfiehlt sich eine getrennte Behandlung von Fair Value- und Cashflow-Hedges bei der Aggregation von Risikopositionen als Lösungsansatz; vgl. SCHARPF, P., Rechnungslegung von Financial Instruments, S. 197.

[1299] KEMMER, M./NAUMANN, T., Anwendung des IAS 39, S. 798.

[1300] Vgl. IFRS 9.6.2.1 f.; GARZ, C./HELKE, I., Review Draft Hedge Accounting, S. 1208. Zum Fair Value bewertete Verbindlichkeiten, deren auf das eigene Kreditrisiko zurückzuführenden Wertänderungen im Rahmen der Fair Value-Option erfolgsneutral im Eigenkapital erfasst werden, sind indes von den Designationsmöglichkeiten ausgenommen.

[1301] Vgl. FLICK, P./KRAKUHN, J./SCHÜZ, P., ED Hedge Accounting, S. 120.

[1302] Vgl. ERNST & YOUNG (HRSG.), ED Hedge Accounting, S. 14.

Risikoposition und absicherndem Instrument dort zweckadäquat gegenüberstehen. Durch diese nunmehr unverzerrte bilanzielle Abbildung wird erreicht, dass sich Unternehmen auf der Suche nach dem geeigneten Sicherungsinstrument nicht ausschließlich auf den Markt derivativer Instrumente begeben müssen, sofern sie beabsichtigen, ihre tatsächliche Risikosteuerung auch bilanziell nachzuvollziehen.

Gleichzeitig wird an diesem Beispiel auch die Unzulänglichkeit der lediglich **ganzheitlich designierbaren Sicherungsinstrumente** offensichtlich. Wird eine geplante Kreditaufnahme mit einem Leerverkauf einer Anleihe gegen Zinsänderungsrisiken gesichert, so kann sich neben dem risikofreien Zinssatz auch der Bonitätsaufschlag der Anleihe ändern. Da das Sicherungsinstrument in seiner Gänze designiert werden muss, kann dies aufgrund der Risikokomponenten, die sich nicht auf das abgesicherte Risiko beziehen und somit die Abbildung des Absicherungsverhältnisses verzerren,[1303] zu einer erheblichen, rein bilanziellen Ineffektivität führen. Mit Blick auf die Effektivitätsanforderungen kann dadurch auch der Anwendungsbereich des Hedge Accounting limitiert werden.[1304] Die restriktiven Designationsanforderungen können darüber hinaus ungewünschten Einfluss auf die intern umgesetzten Risikomanagementaktivitäten nehmen, indem auf den Einsatz von Kassainstrumenten zugunsten von Derivaten verzichtet wird. Eine analoge Implementierung der streng ausgelegten Anforderungen der separaten Identifizierbarkeit und der verlässlichen Bewertbarkeit einer Risikokomponente, wie sie im Rahmen der Designation eines Grundgeschäftes gestellt werden, dürfte auch hier beim Sicherungsinstrument zu einer Annäherung an die Risikomanagementpraxis führen und gleichzeitig eine ausreichende Objektivierung sicherstellen.[1305]

Speziell bei der Designation von zum Fair Value bewerteten Kassainstrumenten zur Absicherung von Zinsänderungsrisiken wird deutlich, dass die Ungleichbehandlung von Grund- und Sicherungsgeschäften durch das strikte Verbot der Designation von Risikokomponenten beim Sicherungsinstrument auch nicht im Einklang mit den Bilanzierungsmöglichkeiten für Nettorisikopositionen steht. Beispielsweise könnte ein Portfolio, das aus einer festverzinslichen, zu fortgeführten Anschaffungskosten bewerteten Verbindlichkeit und einem erworbenen festverzinslichen, zum Fair Value bewerteten Wertpapier besteht, hinsichtlich Änderungen des risikolosen Zinssatzes gesteuert werden. Vorbehaltlich der Erfüllung der an die Designation einer derartigen Nettoposition gestellten Kriterien dürfte das Portfolio künftig als Grundgeschäft bestimmt werden. Dabei erkennt der Standardsetter an, dass ein Teil des Grundgeschäftes eine absichernde Wirkung entfaltet, wodurch dessen Wertänderungen im Effektivitätstest wie die Wertentwicklungen eines Sicherungsinstrumentes behandelt werden.[1306] Allerdings werden nur diejenigen, absichernd wirkenden Wertänderungen des Grundgeschäftes einbezogen, die auf das gesicherte Risiko zurückzuführen sind. Wird nun eine risikokomponentenweise Designation eines nicht-derivativen Sicherungsinstrumentes für unzulässig erklärt, kann das Unternehmen das Kassainstrument auch als

---

[1303] Die Argumentation hinsichtlich der Verzerrung folgt dabei jener bei der Designationsmöglichkeit einzelner Komponenten des Grundgeschäftes; vgl. Abschnitt 553.21.

[1304] Vgl. ERNST & YOUNG (HRSG.), ED Hedge Accounting, S. 14; KPMG (HRSG.), Hedge Accounting on the Horizon, S. 11 sowie zu den Effektivitätsanforderungen Abschnitt 57.

[1305] Vgl. zur ausführlichen Diskussion im Rahmen der Güterpreissicherung Abschnitt 563.

[1306] Vgl. IFRS 9.B6.6.5 i. V. m. IFRS 9.6.3.1 sowie Abschnitt 554.3.

Teil eines Portfolios deklarieren, da eine simultane interne Steuerung stets vorliegen dürfte.[1307] Damit würde das absichernde Instrument allein durch die Deklaration zum (in der Wertentwicklung gegenläufigen) Bestandteil des Grundgeschäftes und könnte als solches nach den üblichen Kriterien der Identifizierbarkeit und Bewertbarkeit in seine Komponenten aufgespalten werden. Unternehmen dürften sich somit Gelegenheiten bieten, das Verbot der komponentenweisen Designation eines Sicherungsinstrumentes auszuhebeln. Auch hier würde eine Gleichbehandlung von Grund- und Sicherungsgeschäft hinsichtlich der objektivierenden Kriterien der separaten Identifizierbarkeit und verlässlichen Bewertbarkeit einer zielgerichteten Bilanzierung vorbeugen und gleichzeitig den ökonomischen Gehalt eines Absicherungsverhältnisses zutreffend widerspiegeln.

57 Prospektive Beurteilung der Wirksamkeit einer Sicherungsbeziehung als Voraussetzung zur Anwendung des Hedge Accounting

571. Anforderungen an die Wirksamkeit einer bilanziellen Sicherungsbeziehung

Werden die Dokumentationsanforderungen erfüllt und die Elemente eines ökonomischen Absicherungsverhältnisses als zulässige Grundgeschäfte und Sicherungsinstrumente identifiziert, muss für deren Qualifizierung als bilanzielle Sicherungsbeziehung schließlich eine **effektive Kompensationswirkung** nachgewiesen werden.[1308] Als Effektivität einer Sicherungsbeziehung wird derjenige Grad bezeichnet, zu dem Änderungen des Fair Value bzw. Änderungen in den Zahlungsströmen des Sicherungsinstrumentes die korrespondierenden Wertentwicklungen des Grundgeschäftes aufwiegen.[1309] Unter Ineffektivität wird entsprechend der Überhang der Wertänderungen von entweder Grund- oder Sicherungsgeschäft verstanden.[1310] Während sich die Beurteilung der Wirksamkeit einer bilanziellen Sicherungsbeziehung prinzipiell an der ökonomischen Absicherungswirkung orientieren muss, werden auf der Abbildungsebene bestimmte Anforderungen an die Kompensationsfähigkeit gestellt, die in Verbindung mit den dargelegten Vorgaben für Grund- und Sicherungsgeschäfte die Vermittlung relevanter und gleichzeitig glaubwürdig dargestellter Informationen sicherstellen sollen. Die Beurteilung der Effektivität einer bilanziellen Sicherungsbeziehung bezieht sich daher nachfolgend auch stets auf die spezifischen, d. h. nach den Vorschriften des Hedge Accounting (ggf. partiell oder aggregiert) designierten Grundgeschäfte, Sicherungsinstrumente und abgesicherten Risiken.[1311]

Für die konkrete Beurteilung der Effektivität sieht **IAS 39** derzeit einen jeweils umfassenden prospektiven sowie retrospektiven Effektivitätstest vor, wonach die Sicherungsbeziehung ex ante erwartungsgemäß hoch wirksam sein und der Quotient der realisierten Wertänderungen von Grund- und Sicherungsgeschäft ex post in dem Korridor der sog. 80-125 %-Regel liegen muss.[1312] Vor dem

[1307] Zwar müsste grds. ein weiteres Sicherungsinstrument für die Designation der Sicherungsbeziehung kontrahiert werden. Allerdings dürfte dies zum einen bei umfassenderen Portfolios, die jeweils aus mehreren Grundgeschäften und Sicherungsinstrumenten bestehen, regelmäßig der Fall sein und zum anderen kommt auch die Designation einer Null-Nettoposition in Betracht.

[1308] Vgl. IFRS 9.6.4.1; BARZ, K./FLICK, P./MAISBORN, M., Review Draft Hedge Accounting, S. 475.

[1309] Vgl. IFRS 9.B6.4.1.

[1310] Vgl. BARCKOW, A., in: Baetge et al., Rechnungslegung nach IFRS, IAS 39, Rn. 252.

[1311] Vgl. IFRS 9.B6.4.1.

[1312] Vgl. IAS 39.88 (b) i. V. m. IAS 39.AG105 (a) und (b).

Hintergrund, dass im Rahmenkonzept die Bewertungsnützlichkeit von Informationen hervorgehoben wird und im finanzwirtschaftlichen Kalkül die künftige Kompensationswirkung maßgeblich ist, wurde in erster Linie der aufwändige retrospektive Effektivitätstest und dessen willkürlich erscheinende vordefinierte Bandbreite kritisiert, die sowohl durch einzelne Ausreißer wie auch – aufgrund der Bildung eines Quotienten – bei vergleichsweise kleinen Wertänderungen von Grund- und Sicherungsgeschäft häufig überschritten wird.[1313] Der IASB reagiert in **IFRS 9** auf die geäußerte Kritik mit einem prinzipienorientierten Ansatz,[1314] der eine stärkere Orientierung am Risikomanagement vorsieht.[1315] Der Standardsetter verlangt in den Kriterien des neuen Standards lediglich den prospektiven Nachweis einer effektiven Kompensationswirkung und hebt dabei die vordefinierte starre Schwankungsbreite auf.[1316] Durch diese Zukunftsorientierung und die erweiterten Abbildungsmöglichkeiten wird der Einklang von Risikosteuerungs- und Abbildungsebene gestärkt.[1317] Gleichzeitig wird eine der Zwecksetzung der IFRS-Rechnungslegung entsprechende Bewertungsnützlichkeit der im Abschluss vermittelten Informationen sichergestellt.

Aufgrund der kritischen Stellungnahmen zum Exposure Draft entschied sich der IASB in den *redeliberations* zu einer Konkretisierung der Anforderungen an die Wirksamkeit der Sicherungsbeziehung, in denen die tatsächliche Steuerung im Risikomanagement deutlicher in den Mittelpunkt gerückt wird.[1318] Eine bilanzielle Sicherungsbeziehung muss demnach für eine wirksame Kompensationswirkung künftig folgende Effektivitätskriterien erfüllen:

1. Zwischen dem Grundgeschäft und dem Sicherungsinstrument besteht ein ökonomischer Zusammenhang.
2. Die Wertänderungen von Grundgeschäft und Sicherungsinstrument, die auf deren ökonomischen Zusammenhang zurückzuführen sind, dürfen nicht durch das Kreditrisiko oder dessen Veränderungen dominiert werden.

3a. Die Hedge Ratio der bilanziellen Sicherungsbeziehung soll auf den tatsächlich im Risikomanagement eingesetzten Volumina von originärer Risikoposition und absicherndem Instrument basieren.

3b. Durch die Gewichtung der Volumina darf kein Missverhältnis, aus dem systematisch Ineffektivitäten resultieren würden, entstehen.

1313 Vgl. IFRS 9.BC6.232 sowie BC6.237; IASB (Hrsg.), Hedge Effectiveness Methods and Criteria, S. 6-23; Flintrop, B./von Oertzen, C., in: Bohl et al., Beck IFRS HB, § 23. Derivate, Rn. 73; Barckow, A., in: Baetge et al., Rechnungslegung nach IFRS, IAS 39, Rn. 242 f.; Märkl, H./Glaser, A., Hedge Accounting, S. 128; Wiese, R./Spindler, M., ED Hedge Accounting, S. 64; Eberli, P./Di Paola, S., ED Hedge Accounting, S. 251.

1314 Vgl. Wiese, R./Spindler, M., ED Hedge Accounting, S. 64; Wüstemann, J./Bischof, J., Bilanzierung von Sicherungsbeziehungen, S. 407; Bosse, M./Topper, J., Stabiles Hedge Accounting (I), S. 8.

1315 Vgl. IASB (Hrsg.), Hedge Effectiveness (agenda paper 7B), S. 4; Hartenberger, H., in: Bohl et al., Beck IFRS HB, § 3. Finanzinstrumente, Rn. 523; Barz, K./Flick, P./Maisborn, M., Review Draft Hedge Accounting, S. 475.

1316 Vgl. IFRS 9.BC6.263 f.; IDW (Hrsg.), WP-Handbuch 2012, S. 1814.

1317 Vgl. Wüstemann, J./Bischof, J., Bilanzierung von Sicherungsbeziehungen, S. 407; Kholmy, K./Weiherich, N., Stellungnahmen zum ED Hedge Accounting, S. 227.

1318 Vgl. IASB (Hrsg.), Clarification of Offsetting Criteria, S. 2 f.; IASB (Hrsg.), Meaning of the Unbiased Requirement (agenda paper 1B), S. 3 f.; Barz, K./Flick, P./Maisborn, M., Review Draft Hedge Accounting, S. 475; Bosse, M./Topper, J., Stabiles Hedge Accounting (I), S. 10.

Bei einer näheren **Analyse der Kriterien und deren Zusammenspiel** wird deutlich, dass das Kriterium des ökonomischen Zusammenhangs eine zentrale Stellung im Gefüge der Effektivitätsanforderungen einnehmen muss. Während Kriterium (1) auf die generelle ökonomische Beziehung eines Absicherungsverhältnisses und somit auf mögliche Störterme in ihrer Allgemeinheit abstellt, bezieht sich Kriterium (2) explizit auf den speziellen Störterm des Kreditrisikos des jeweiligen Vertragspartners. Dieses konkretisierende Kriterium zum Kreditrisiko wurde nachträglich in die Effektivitätsanforderungen aufgenommen, da der IASB angesichts der im Standardentwicklungsprozess geäußerten Unsicherheit über die Berücksichtigung des Kreditrisikos bei der Effektivitätsbeurteilung Klarheit schaffen möchte.[1319] Kriterium (3a) indes stellt ausschließlich auf die Zulässigkeit der im Risikomanagement verwandten Volumina von Grund- und Sicherungsgeschäft ab und Kriterium (3b) beugt einer systematischen Verzerrung über die zielgerichtete Wahl der Hedge Ratio vor. Die Kriterien (3a) und (3b) beziehen sich also auf die konkrete volumentechnische Gewichtung von Grund- und Sicherungsgeschäft und fordern ggf. eine Adjustierung des Absicherungsverhältnisses, adressieren damit allerdings gerade nicht die prinzipielle Zulässigkeit von Grund- und Sicherungsgeschäft hinsichtlich deren erwarteten Kompensationswirkung. Nun entspricht es zwar der expliziten Zielsetzung des IFRS 9, dass der ökonomische Sachverhalt den tatsächlichen Verhältnissen entsprechend abgebildet werden soll. Dennoch muss gleichzeitig das Grundprinzip einer bilanziellen Sicherungsbeziehung, die in der Kompensationswirkung zwischen deren Elementen besteht, sichergestellt werden, um der glaubwürdigen Darstellung entsprechend ein neutrales, unverzerrtes Bild der Vermögens-, Finanz- und Ertragslage zu vermitteln.[1320] Da die in IFRS 9 formulierten Kriterien – vom Spezialfall des Kreditrisikos vorerst abstrahiert – keine weiteren objektivierenden Restriktionen für die grundsätzliche Qualifikation von Grund- und Sicherungsgeschäft hinsichtlich deren Kompensationswirkung umfassen, muss Kriterium (1) bzgl. des ökonomischen Zusammenhangs zwingend als zentrale, selektive Anforderung an die Begründung einer bilanziellen Sicherungsbeziehung verstanden werden.

Angesichts verbleibender Unsicherheiten in der Literatur bzw. in den Stellungnahmen zu den Entwürfen des IFRS 9 werden im Folgenden die Aufgaben der einzelnen Anforderungen sowie deren Zusammenspiel auf Grundlage dieses Ergebnisses verdeutlicht und die Auslegung mithilfe der vom IASB zur Verfügung gestellten Materialien sowie der Zielsetzung in IFRS 9 und im Conceptual Framework konkretisiert.

572. Kriterium (1): Existenz eines ökonomischen Zusammenhangs

572.1 Funktion

Grundvoraussetzung für eine effektive Kompensationswirkung einer bilanziellen Sicherungsbeziehung ist nach Auffassung des IASB die Existenz eines ökonomischen Zusammenhangs zwischen Grund- und Sicherungsgeschäft. Dem Wortlaut in IFRS 9 nach muss zum Nachweis des ökonomischen Zusammenhangs eine begründete Erwartungshaltung bestehen, dass sich die Werte von Grund- und Sicherungsgeschäft systematisch in entgegengesetzte Richtungen entwickeln.[1321] Wäh-

[1319] Vgl. IFRS 9.BC6.252 f.; IASB (Hrsg.), Clarification of Offsetting Criteria, S. 7 f.
[1320] Vgl. IASB (Hrsg.), Hedge Effectiveness (agenda paper 7B), S. 3.
[1321] Vgl. IFRS 9.B6.4.4.

rend diese **systematische Neutralisierung** bei perfekt abgestimmten Absicherungsverhältnissen leicht nachweisbar ist, wird in der *application guidance* betont, dass nur bei einem positiven Befund im Rahmen einer detaillierten Analyse auf einen ökonomischen Zusammenhang geschlossen werden kann, sofern die wesentlichen wertbestimmenden Gestaltungsmerkmale von Grund- und Sicherungsgeschäft nicht übereinstimmen.[1322]

In der Literatur und in den Stellungnahmen zu dieser in IFRS 9 bzw. bereits im Exposure Draft enthaltenen Anforderung herrscht indes eine gewisse Uneinigkeit über die Funktion des Kriteriums und über die Anforderungen an den Nachweis des ökonomischen Zusammenhangs. So handelt es sich nach Ansicht von ERNST & YOUNG lediglich um ein „...qualitatives Beurteilungskriterium, das neben dem wirtschaftlichen Gehalt der Sicherungsbeziehung auch den gesunden Menschenverstand berücksichtigt. [...] Wir gehen davon aus, dass diese Beurteilung in den meisten Fällen relativ einfach durchführbar ist."[1323] In dieser Äußerung wird die Auffassung über den Umfang bzw. die Qualität des Nachweises eines ökonomischen Zusammenhangs und somit auch die Trennschärfe des Kriteriums offensichtlich, wonach eine Designation nur selten aufgrund einer unzureichenden ökonomischen Beziehung zwischen den Elementen der Sicherungsbeziehung scheitern dürfte. Dementgegen konstatieren Vertreter von *PRICEWATERHOUSECOOPERS*, dass sich der prospektive Effektivitätstest in erster Linie auf die Analyse des ökonomischen Zusammenhangs beziehen muss und betonen dabei die zentrale Stellung dieses Kriteriums bei der Beurteilung der Zulässigkeit einer bilanziellen Sicherungsbeziehung.[1324]

Die Analyse des Zusammenspiels der verschiedenen Effektivitätskriterien zeigt, dass IFRS 9 neben dem Kriterium des ökonomischen Zusammenhangs keine weiteren, allgemein objektivierenden Restriktionen für die Abbildung von Risikopositionen und absichernden Finanzinstrumenten nach den Vorschriften des Hedge Accounting hinsichtlich deren Kompensationswirkung umfasst.[1325] Vor dem Hintergrund dieses Ergebnisses wird in dieser Arbeit letzterer Auffassung gefolgt und betont, dass das Kriterium (1) bzgl. des ökonomischen Zusammenhangs als zentrale, selektive Anforderungen an die Designation einer Sicherungsbeziehung zu verstehen ist. Damit verbietet sich aber in jedem Fall die angedeutete Interpretation einer stets qualitativen, vergleichsweise oberflächlichen bzw. intuitiven Beurteilung. Vielmehr setzt der Nachweis der ökonomischen Beziehung vor allem bei nicht übereinstimmenden wesentlichen Konditionen von Grund- und Sicherungsgeschäft eine umfassende Analyse unter Beachtung unterschiedlicher möglicher Umweltzustände und den daraus resultierenden Wertentwicklungen voraus.[1326] Nur auf diese Weise kann auch eine bilanzpolitisch motivierte Zusammenführung von nicht ökonomisch ineinandergreifenden originären Risikopositionen und vermeintlichen Sicherungsinstrumenten unterbunden werden.

[1322] Vgl. IFRS 9.B6.4.6 sowie B6.4.16.
[1323] ERNST & YOUNG (HRSG.), ED Hedge Accounting, S. 17.
[1324] Vgl. BARZ, K./FLICK, P./MAISBORN, M., Review Draft Hedge Accounting, S. 475.
[1325] Vgl. zu diesem Ergebnis Abschnitt 571.
[1326] Vgl. BARZ, K./FLICK, P./MAISBORN, M., Review Draft Hedge Accounting, S. 475. Diese Auffassung wird auch in den Ausführungen der begleitenden Materialien deutlich; vgl. IASB (HRSG.), Hedge Effectiveness (agenda paper 7B), S. 15 f.

572.2 Anforderung

572.21 Systematische Kompensationswirkung

Das Kriterium der Existenz eines ökonomischen Zusammenhangs bedingt eine begründete Erwartungshaltung, dass sich die Werte von designiertem Grundgeschäft und Sicherungsinstrument, stets bezogen auf das gesicherte Risiko, **systematisch in entgegengesetzte Richtungen** entwickeln.[1327] Die Zulässigkeit lediglich perfekt kompensierender Absicherungsmaßnahmen für die Anwendung des Hedge Accounting ist dabei nicht beabsichtigt.[1328] So ist etwa das *cross hedging* durchaus im Rahmen des Hedge Accounting abbildbar, solange die abzusichernde Risikoposition (z. B. Rohöl der Sorte Brent) und der Basiswert des Sicherungsinstrumentes (z. B. Rohöl der Sorte WTI), eng miteinander verbunden sind.[1329] Speziell beim *cross hedging* können durchaus Situationen auftreten, in denen sich Grund- und Sicherungsgeschäft statt in die entgegengesetzte ausnahmsweise in dieselbe Richtung bewegen. So kann etwa der Preisunterschied zwischen zwei Produkten zu- oder abnehmen, z. B. die Raffineriemargen *(crack spreads)* von Öldestillaten.[1330] Derartige Verschiebungen im Preisgefälle stehen einer Bilanzierung als Sicherungsbeziehung nicht entgegen, sofern der ökonomische Zusammenhang fortbesteht und somit von einer systematischen Kompensationswirkung weiter ausgegangen werden kann.[1331]

Der IASB stellt klar, dass eine bloße Korrelation auf Basis von Vergangenheitswerten für den Nachweis der Kompensationswirkung nicht ausreicht.[1332] Vielmehr muss ein **kausaler Zusammenhang** von Grund- und Sicherungsgeschäft nachgewiesen werden.[1333] Da somit verhindert wird, dass zufällig in einem bestimmten Zeitraum korrelierte Geschäfte als (rein) bilanzielle Sicherungsbeziehung designiert werden,[1334] für die ein ökonomisches Absicherungsverhältnis im internen Risikomanagement nicht besteht, ist diese Anforderung im Hinblick auf die Zielsetzung positiv zu werten. Verbunden mit der geforderten begründeten Erwartungshaltung hinsichtlich einer systematischen Kompensation impliziert die Forderung nach einem kausalen Zusammenhang dennoch, dass eine (negative) Korrelation der Wertänderungen von Grund- und Sicherungsgeschäft regelmäßig auch tatsächlich beobachtbar ist.[1335] Wenngleich in Anlehnung an das interne Risikomanagement eine perfekt negative Korrelation zwischen Grundgeschäft und Sicherungsinstrument nicht bestehen muss,[1336] dürfte eine zu niedrige beobachtete Korrelation i. d. R. die geforderte Kausalität in Frage stellen. Ein bestimmter Korrelationsgrad ist damit zwar nicht hinreichend, wohl aber für den Nach-

[1327] Vgl. IFRS 9.6.4.1. (c) (i) i. V. m. IFRS 9.B6.4.4; GARZ, C./HELKE, I., Review Draft Hedge Accounting, S. 1209; BARZ, K./FLICK, P./MAISBORN, M., Review Draft Hedge Accounting, S. 475.

[1328] Vgl. IFRS 9.BC6.243.

[1329] Vgl. IFRS 9.B6.4.4; KPMG (HRSG.), Hedge Accounting on the Horizon, S. 29.

[1330] So sind bspw. Naphtha- und Rohölpreise aufgrund der ähnlichen Basis stark korreliert, wenngleich der *crack spread* von Naphtha Anfang des Jahres 2013 stark gesunken ist. Derartige Effekte müssen für eine zweckgerechte Abbildung von Absicherungsverhältnissen zwingend als Ineffektivität ausgewiesen werden, dürften aber kaum zu einem Abbruch der bilanziellen Sicherungsbeziehung führen.

[1331] Vgl. IFRS 9.B6.4.5.

[1332] Vgl. IFRS 9.B6.4.6; BARZ, K./FLICK, P./MAISBORN, M., Review Draft Hedge Accounting, S. 475.

[1333] Vgl. ERNST & YOUNG (HRSG.), General Hedge Accounting, S. 2.

[1334] Vgl. IASB (HRSG.), Hedge Effectiveness (agenda paper 7B), S. 3.

[1335] Vgl. GARZ, C./HELKE, I., Review Draft Hedge Accounting, S. 1210.

[1336] Vgl. ERNST & YOUNG (HRSG.), General Hedge Accounting, S. 2.

weis des ökonomischen Zusammenhangs, speziell im Rahmen des quantitativen Tests,[1337] notwendig.[1338]

572.22 Qualitativer Test

572.221. Wertbestimmende Gestaltungsmerkmale

Eine qualitative Effektivitätsbeurteilung anhand des sog. *critical terms match* kommt für den Nachweis des ökonomischen Zusammenhangs in Betracht, sofern die wertbestimmenden Gestaltungsmerkmale von Grund- und Sicherungsgeschäft ganz oder weitgehend übereinstimmen.[1339] Gelangt das bilanzierende Unternehmen bei der Prüfung der Kongruenz der Gestaltungsmerkmale zu einem positiven Ergebnis, so darf davon ausgegangen werden, dass sich die jeweiligen Werte von Grund- und Sicherungsgeschäft in gleicher Stärke, aber in entgegengesetzte Richtungen entwickeln werden und sich somit neutralisieren.[1340] Ein zusätzlicher quantitativer Effektivitätstest ist dann nicht mehr erforderlich.

IFRS 9 enthält keine Definition zum Begriff der „wertbestimmenden Gestaltungsmerkmale" ***(critical terms)***. Die Kompensationswirkung zwischen Grund- und Sicherungsgeschäft dürfte vor allem bei der Absicherung des Güterpreisrisikos gegeben sein, sofern

- sich beide Positionen auf dieselbe Menge beziehen (Nominalwert),
- die zugrunde liegenden Waren bzw. finanziellen Bezugsobjekte (Währungen, Referenzzinssätze etc.) hinsichtlich Beschaffenheit und Qualität identisch sind (Basiswert),
- der Fair Value des Sicherungsinstrumentes zum Designationszeitpunkt null beträgt (marktgerechte Konditionen),
- sich die Basiswerte auf denselben Liefer- bzw. Handelsort beziehen (Lieferkonditionen) und
- beide Geschäfte zeitgleich fällig werden (Laufzeit).[1341]

Die Anforderungen an den Grad der Übereinstimmung von Grund- und Sicherungsgeschäft sollen in den folgenden Abschnitten analysiert und für die einzelnen Gestaltungsmerkmale konkretisiert werden.

572.222. Grad der Übereinstimmung

Gemäß IAS 39 ist bislang eine exakte Übereinstimmung der wertbestimmenden Faktoren gefordert *(„are the same")*.[1342] Dabei wird dieses Kriterium streng ausgelegt, so dass die qualitative Beurtei-

---

[1337] Vgl. zur Konkretisierung dieser Anforderung Abschnitt 572.23.

[1338] Vgl. GARZ, C./HELKE, I., Review Draft Hedge Accounting, S. 1209 f.; DELOITTE (HRSG.), iGAAP (2012), S. 568.

[1339] Vgl. IFRS 9.BC6.268; BOSSE, M./TOPPER, J., Stabiles Hedge Accounting (II), S. 71.

[1340] Vgl. IFRS 9.B6.4.14; IASB (HRSG.), Hedge Effectiveness (agenda paper 7B), S. 15; CLARK, J., Hedge-Effektivität, S. 129.

[1341] Vgl. IDW RS HFA 9, Tz. 211 zu IAS 39.AG108; BECKER, K./KROPP, M., in: von Wysocki et al., HdJ, Abt. IIIa/4, Rn. 324; KUHN, S./SCHARPF, P., Rechnungslegung von Financial Instruments, S. 410 f.; LÜDENBACH, N./HOFFMANN, W.-D., Haufe IFRS-Kommentar, Rn. 262. Dies setzt indes zwingend voraus, dass entweder die Terminkomponente des Sicherungsinstrumentes ausgeschlossen wird oder aber die Änderung des Fair Value bzw. der Zahlungsströme auf Basis des Terminpreises gemessen wird; vgl. Abschnitt 565.

[1342] Vgl. IAS 39.AG108.

lung grds. nur bei perfekten Sicherungsbeziehungen gestattet ist.[1343] Durch den Zusatz in der Formulierung *„match or are closely aligned*" in IFRS 9 sowie durch die Ausführungen zum *critical terms match* in der *application guidance* wird deutlich, dass die künftigen Anforderungen im Vergleich zu IAS 39 weniger restriktiv auszulegen sind.[1344] Gleichwohl muss die Anwendung der speziellen Hedge Accounting-Vorschriften ab einer gewissen Abweichung in den Konditionen eine weitergehende quantitative Analyse bedingen, um eine unsachgerechte Ausweitung des Geltungsbereiches zu vermeiden. Hinsichtlich des konkreten Nachweises des ökonomischen Zusammenhangs empfiehlt sich daher eine **abgestufte Vorgehensweise**:[1345]

Sofern sämtliche wertbestimmenden Gestaltungsmerkmale von Grund- und Sicherungsgeschäft **perfekt übereinstimmen (*match*)**, kann von einem ökonomischen Zusammenhang zwischen den beiden Elementen der Sicherungsbeziehung ausgegangen werden. Wird die perfekte Kongruenz bestätigt, so ist eine weitergehende Analyse bzgl. Kriterium (1) nicht erforderlich. Allerdings sei bereits an dieser Stelle darauf hingewiesen, dass stets Kriterium (2) zum Einfluss des Kreditrisikos zu prüfen ist. Stimmen die Merkmale nicht perfekt überein, muss das Unternehmen für den konkreten Sachverhalt entscheiden, ob die Geschäfte in ihren wertbestimmenden Gestaltungsmerkmalen **weitgehend übereinstimmen *(closely align)*** und eine lediglich qualitative Beurteilung noch angemessen ist oder ob der Grad der Abweichung bereits eine tiefere, quantitative Analyse erfordert.[1346] Auch wenn die Grenze zwischen qualitativem und quantitativem Nachweis der Kompensationswirkung im Vergleich zu IAS 39 offensichtlich verschoben wurde,[1347] enthält IFRS 9 auch hier keine umfassenden Erläuterungen zur Auffassung des Boards über die „wesentliche Übereinstimmung" der Gestaltungsmerkmale. In den in IFRS 9 ausgeführten Beispielsachverhalten wird jedoch deutlich, dass Abweichungen in den konkreten Ausprägungen der Gestaltungsmerkmale von Grund- und Sicherungsgeschäft bis zu einem bestimmten Grad aus **technischen Konventionen** bei der Implementierung einer Absicherungsmaßnahme resultieren können und als solche behandelt werden sollen.[1348] Denn obwohl für diese Absicherungsverhältnisse im internen Risikomanagement

---

[1343] Vgl. LÖW, E., Bilanzierung von Finanzinstrumenten, S. 37; BARZ, K./FLICK, P./MAISBORN, M., Review Draft Hedge Accounting, S. 476; LÜDENBACH, N./HOFFMANN, W.-D., Haufe IFRS-Kommentar, Rn. 262; PWC (HRSG.), Manual for Financial Instruments (2012), S. 10096 f.

[1344] Vgl. ähnlich BARZ, K./FLICK, P./MAISBORN, M., Review Draft Hedge Accounting, S. 476; IASB (HRSG.), Hedge Effectiveness (agenda paper 7B), S. 8; ERNST & YOUNG (HRSG.), ED Hedge Accounting, S. 18. Hierfür sprechen bspw. die Ausführungen in IFRS 9.B6.4.15 zur Zulässigkeit eines Derivates mit einem Fair Value, der zum Zeitpunkt der Designation bis zu einem bestimmten Grad von null abweichen darf, wie auch die Formulierung in IFRS 9.BC267 (a) hinsichtlich der „substantiellen Änderung" der Vertragsbedingungen im Zeitablauf, die zu einem zusätzlichen quantitativen Test führt.

[1345] Vgl. ähnlich DELOITTE (HRSG.), Assessing Hedge Effectiveness, S. 11 sowie IASB (HRSG.), Hedge Effectiveness (agenda paper 7B), S. 4 f. zur Unterscheidung von Absicherungsverhältnissen nach ihrer Komplexität sowie zur entsprechenden qualitativen bzw. quantitativen Effektivitätsbeurteilung. Der *critical terms match* darf bislang ausschließlich beim Nachweis des ökonomischen Zusammenhangs von Mikro Hedges eingesetzt werden; vgl. IDW RS HFA 9, Tz. 395. Der Anwendungsbereich dürfte indes künftig auch auf die neu zulässigen Portfolio Hedges (vgl. Abschnitt 554.) ausgedehnt werden, sofern die nachfolgend analysierten Anforderungen an die wertbestimmenden Gestaltungsmerkmale innerhalb des Portfolios erfüllt werden und somit eine Vielzahl gleichartiger Risikopositionen aggregiert abgesichert wird.

[1346] Vgl. ERNST & YOUNG (HRSG.), ED Hedge Accounting, S. 18.

[1347] Vgl. BARZ, K./FLICK, P./MAISBORN, M., Review Draft Hedge Accounting, S. 476.

[1348] Vgl. IFRS 9.B6.4.15 sowie B6.4.11 (b); IASB (HRSG.), Hedge Effectiveness (agenda paper 7B), S. 8 wie auch die folgenden Ausführungen zu den einzelnen Merkmalen.

eine perfekte Kompensationswirkung angestrebt wird, entsteht die Ineffektivität gewissermaßen aufgrund technischer Hindernisse, die regelmäßig keinen entscheidenden Einfluss auf den ökonomischen Zusammenhang ausüben dürften, z. B. wenn Warenterminkontrakte aufgrund der börslichen Losgrößenbestimmung nicht für beliebige Volumina erhältlich sind.[1349]

Da Industrieunternehmen derivative Finanzinstrumente regelmäßig ausschließlich zur Absicherung und nicht zu Spekulationszwecken einsetzen, wird die Sicherungswirkung – sofern passgenaue Instrumente verfügbar sind – auch im internen Risikomanagement häufig nur qualitativ beurteilt.[1350] Die Möglichkeit zur Anwendung des Hedge Accounting sollte in diesen Fällen nicht durch technische Unzulänglichkeiten zurückgewiesen werden. Vielmehr entspricht es gerade der Intention des IASB, den Abschlussadressaten Informationen über die Güte der konkreten Maßnahmen zu vermitteln und derartige, geringfügige Mängel als Ineffektivität auszuweisen. In diesen Fällen dürfte folglich ein lediglich qualitativer Nachweis des ökonomischen Zusammenhangs akzeptabel sein. Die Anwendung des *critical terms match* stimmt folglich regelmäßig mit der internen Analyse überein und berücksichtigt dabei den Grundsatz der Wirtschaftlichkeit.[1351] Allerdings muss die Abweichung von der perfekten Absicherung im Rahmen des qualitativen Nachweises plausibel begründet werden.

Bei **stärkeren Abweichungen**, die über technische Unsauberkeiten hinausgehen, dürfte zumindest ein rudimentärer quantitativer Nachweis erforderlich sein. Offenbaren sich dadurch Anzeichen für **wesentliche Störungen** der wirtschaftlichen Beziehung oder besteht nach wie vor **Unklarheit** über deren Ausmaß, so muss dies zu einer detaillierteren Analyse führen.

Der IASB stellt wenige, knapp ausgeführte Beispiele zur **Abgrenzung** zwischen der Zulässigkeit des qualitativen und der Notwendigkeit eines quantitativen Nachweises bereit, die nachstehend konkretisiert und vor dem Hintergrund der Zielsetzung um weitere Beispiele für die typischen, wesentlichen Gestaltungsmerkmale ergänzt werden.[1352] Es gilt hier stets zu beachten, dass selbst in den Fällen, in denen der *critical terms match* für die prospektive Effektivitätsbeurteilung nach IFRS 9 als zulässig erachtet wird, eine retrospektive Effektivitätsermittlung für die buchungstechnische Erfassung des realisierten Effektivitätsgrades in Bilanz und Periodenergebnis gleichwohl erforderlich ist.[1353]

Der Effektivitätstest in Form des ausführlichen *critical terms match* dürfte bei gleichbleibenden wertbestimmenden Gestaltungsmerkmalen grds. nur zum Zeitpunkt der Designation durchgeführt

---

[1349] Vgl. IFRS 9.B6.4.11 (b).

[1350] Vgl. CLARK, J., Hedge-Effektivität, S. 131; KÜTING, K./LAUER, P., Fair Value-Bewertung, S. 277.

[1351] Vgl. PwC (HRSG.), Manual for Financial Instruments (2012), S. 10097.

[1352] Vgl. MÄRKL, H./GLASER, A., Hedge Accounting, S. 129; KPMG (HRSG.), Hedge Accounting on the Horizon, S. 32.

[1353] Vgl. BOSSE, M./TOPPER, J., Stabiles Hedge Accounting (I), S. 8 sowie zur retrospektiven Effektivitätsermittlung Abschnitt 534. Eine Anlehnung an die *Short-cut*-Methode in den US-GAAP (vgl. CORTEZ, B./SCHÖN, S., Hedge-Effektivität, S. 420), wonach im Fall eines ausreichenden qualitativen Tests für den prospektiven Nachweis des ökonomischen Zusammenhangs anschließend auch auf eine Ermittlung der realisierten Wertentwicklung verzichtet und somit stets eine perfekte Effektivität ausgewiesen wird, dürfte vor dem Hintergrund der Zielsetzung der Vermittlung entscheidungsnützlicher Informationen über die Wirksamkeit von Absicherungsmaßnahmen nach wie vor nicht zweckmäßig und vom IASB auch nicht intendiert sein.

werden müssen.[1354] Sofern allerdings im Zeitverlauf substantielle Veränderungen eintreten, muss der qualitative Nachweis über den ökonomischen Zusammenhang neu erbracht werden.[1355] Für eine in sich konsistente Auslegung der Anforderungen an den Effektivitätsnachweis ist eine Veränderung dann „substantiell", wenn die neuen wertbestimmenden Gestaltungsmerkmale nicht mehr länger der nachfolgend ausgeführten „weitgehenden Übereinstimmung" genügen. In diesem Fall müsste der erneute Nachweis folglich quantitativer Art sein. Daraus folgt auch, dass vom bilanzierenden Unternehmen eine **fortwährende Analyse** von Vertragsmodifizierungen und Änderungen in den ökonomischen Absicherungskonstellationen sichergestellt werden muss.[1356]

572.223. Anwendung auf einzelne Gestaltungsmerkmale

572.223.1 Laufzeit

Bei Unterschieden in der Laufzeit von Grund- und Sicherungsgeschäft dürfte die Möglichkeit zum qualitativen Nachweis von der Strategie des Risikomanagements und den relevanten Marktusancen bei deren Umsetzung abhängen. Sofern das Unternehmen einen perfekten Wertausgleich beabsichtigt und nachweislich eine **bestmögliche Terminkongruenz** anstrebt, handelt es sich i. d. R. um keine willentliche Spekulation oder systematische Verzerrung in der Kompensationswirkung.[1357] Da auf börsenmäßig organisierten Märkten und OTC-Märkten unterschiedliche Steuerungsmöglichkeiten angeboten werden, empfiehlt sich eine hiernach differenzierte Beurteilung der Terminkongruenz, wobei im Fall börslich kontrahierter Absicherungsinstrumente die Liquidität des jeweiligen Marktes berücksichtigt werden sollte.

Kontrahiert ein Unternehmen **börslich gehandelte Instrumente** zum Schutz vor Marktpreisrisiken, so könnte bei der Beurteilung der (bestmöglichen) Terminkongruenz auf die Terminstruktur der verfügbaren Kontrakte abgestellt werden. Sichert ein Unternehmen etwa einen für den 28. November 2014 geplanten Rohstofferwerb mit einem an der *London Metal Exchange* erworbenen Warenterminkontrakt mit Fälligkeitsdatum 19. November 2014 ab, so dürfte der *critical terms match* dann zulässig sein, wenn am Markt keine Instrumente verfügbar sind, deren Laufzeit näher am 28. November 2014 endet. Eine Analyse der Terminstruktur der an der *London Metal Exchange* erhältlichen Instrumente ergibt, dass Rohstoffkontrakte, sofern deren Laufzeit sechs Monate übersteigt, jeweils für die unterschiedlichen Kalendermonate gehandelt werden, wobei der konkrete Fälligkeitstermin der unterschiedlichen Kontrakte in aller Regel auf den dritten Mittwoch des jeweiligen Monates fällt. Während bei der Auslegung der Bestimmungen des IAS 39 davon ausgegangen wird, dass lediglich minimale, auf die Marktusancen bei der Geschäftsabwicklung zurückzuführende Abweichungen (z. B. aufgrund von Feiertagen)[1358] im Rahmen des *critical terms match* toleriert werden,[1359] entspricht der auf Mittwoch, den 19. November 2014 lautende Kontrakt trotz der zeitlichen Differenz von sieben Handelstagen dem Instrument mit der bestmöglichen Terminkongruenz.

[1354] Siehe auch zu IAS 39 LÜDENBACH, N./HOFFMANN, W.-D., Haufe IFRS-Kommentar, Rn. 262.

[1355] Vgl. IFRS 9.BC6.267 (a).

[1356] Vgl. IFRS 9.B6.4.12. Ähnlich CLARK, J., Hedge-Effektivität, S. 131.

[1357] HULL empfiehlt bspw. die Wahl des nächstmöglichen Liefermonats nach Absicherungsende zur Reduktion des Basisrisikos; vgl. HULL, J., Optionen, Futures und andere Derivate, S. 89.

[1358] Vgl. KUHN, S./SCHARPF, P., Rechnungslegung von Financial Instruments, Rn. 2443 f.

[1359] Vgl. CLARK, J., Hedge-Effektivität, S. 130.

In solchen Fällen etablierter Stichtage für am Markt gängige Sicherungsinstrumente dürfte der Nachweis des ökonomischen Zusammenhangs durch einen *critical terms match* gestattet sein, so dass auf eine quantitative Analyse verzichtet werden kann. Das bilanzierende Unternehmen müsste indes stets die Gründe für die Laufzeitdifferenz plausibel darlegen und dokumentieren. Die auszuweisende retrospektive Ineffektivität gibt anschließend Aufschluss über die Präzision der ergriffenen Maßnahmen. Setzt das Unternehmen hingegen einen am Mittwoch, den 15. Oktober fälligen Kontrakt zur Absicherung des Rohstofferwerbs ein, entspricht dies aufgrund der Verfügbarkeit von näher am Erwerbszeitpunkt liegenden Instrumenten nicht mehr der Anforderung an die bestmögliche Terminkongruenz.

Bei der Beurteilung ist stets auf die konkrete, auf die originäre Risikoposition abgestimmte Terminstruktur zu achten, da die Verfügbarkeit der Kontrakte für unterschiedliche Zeithorizonte variieren kann. Sichert das Unternehmen z. B. einen weiteren, für das Datum vom 17. Januar 2014 und damit innerhalb des Zeitfensters von einem halben Jahr geplanten Rohstofferwerb ab, so können zu dessen Absicherung Instrumente eingesetzt werden, die aufgrund des kürzeren Zeithorizontes nunmehr auf wöchentlicher Basis gehandelt werden, wobei jeweils der Mittwoch einer Kalenderwoche als Fälligkeitstermin der jeweiligen Kontrakte gilt.[1360] Ein auf Mittwoch, den 15. Januar 2014 lautender Kontrakt entspräche demnach einer bestmöglichen Absicherung, wohingegen ein zweites Instrument mit Fälligkeitsdatum 8. Januar 2014 aufgrund der Verfügbarkeit des ersten Kontraktes trotz der identischen zeitlichen Differenz von sieben Handelstagen nicht mehr für den *critical terms match* qualifizieren dürfte. Rohstofferwerbe im Zeitfenster der nächsten drei Monate können an der Börse i. d. R. tagesgenau abgesichert werden, so dass hier eine vollständige Terminkongruenz zu fordern ist. Für die Beurteilung der Terminkongruenz im Rahmen der Währungs- und Zinssicherung empfiehlt sich die analoge Vorgehensweise. Auch hier kann bei Instrumenten, die statt am eigentlichen Referenzdatum z. B. an einem naheliegenden großen Verfallstag (sog. „Hexensabbat“, an dem eine Vielzahl von national wie international kontrahierten Währungs- und Zinsderivaten fällig wird) auslaufen, auf den quantitativen Test verzichtet werden, sofern keine Kontrakte mit einem geeigneteren Datum verfügbar sind.

Die Anwendung des *critical terms match* bei stark illiquiden Märkten kann aufgrund möglicherweise erheblicher Laufzeitdiskrepanzen und entsprechender Störterme in der Kompensationswirkung nicht möglich sein, selbst wenn nachweislich eine bestmögliche Terminkongruenz angestrebt wird. So werden bspw. für die Absicherung eines voraussichtlich in 17 Monaten anfallenden Erwerbs von Zinn oder Stahl selbst an der vergleichsweise liquiden *London Metal Exchange* nur Kontrakte mit einer Laufzeit von 15 Monaten verfügbar sein.[1361] In diesem Fall könnte für die Beurteilung des Übereinstimmungsgrades eine Orientierung an liquideren Märkten wie dem Aluminium- oder Kupfermarkt sinnvoll sein, auf denen wiederum auch Kontrakte mit einer Laufzeit von 16 und 17 Monaten angeboten werden.[1362] Auf Grundlage eines solchen Vergleiches könnte nun ggf. eine Abweichung von der eigentlichen, auf liquideren Terminmärkten umsetzbaren Termin-

[1360] Vgl. SCHOFIELD, N., Commodity Derivatives, S. 80.

[1361] Vgl. FRONTZEK, W. M., Management von Industriemetallrisiken, S. 161; LONDON METAL EXCHANGE (HRSG.), LME Steel Billet, S. 2.

[1362] Vgl. LONDON METAL EXCHANGE (HRSG.), A Guide to Trading LME, S. 4 f.

kongruenz festgestellt werden. Falls wie hier die Laufzeitdiskrepanz auf die Illiquidität des Marktes zurückzuführen ist, kommt der *critical terms match* nicht in Betracht. Im Zweifel dürfte hier zumindest die vergleichsweise einfache Gegenüberstellung historischer Wertänderungen von Grund- und Sicherungsgeschäft mit abweichender Laufzeit Aufschluss über die Notwendigkeit einer detaillierteren Analyse geben.

Die Argumentation hinsichtlich einer Laufzeitinkongruenz aufgrund etablierter Stichtage dürfte in erster Linie für börsengehandelte Instrumente gelingen. Da **OTC-Derivate** in aller Regel mit einer – von Marktusancen in der Behandlung von Sonn- und Feiertagen abstrahiert – exakt übereinstimmenden Laufzeit abgeschlossen werden können, ist grds. eine vollständige Terminkongruenz zu fordern. Eine stichhaltige Begründung für eine darüber hinausgehende Laufzeitdiskrepanz dürfte bei (vermeintlich) beabsichtigter Übereinstimmung der Fälligkeitstermine schwer fallen.

Liegt **keine bestmögliche Terminkongruenz** vor, so ist der ökonomische Zusammenhang durch eine quantitative Analyse nachzuweisen. Dies betrifft in erster Linie diejenigen Absicherungsstrategien, die kurzfristige Kontrakte mit einer wiederkehrenden Prolongation *(„rolling the hedge forward")* vorsehen. Schließt das Unternehmen nämlich eine (kurzlaufende) Risikoposition, um am selben Markt zeitnah eine neue Position aufzubauen, besteht das Risiko bzw. die Chance einer veränderten Basis.[1363] Das genaue finanzwirtschaftliche *timing* der *Rollover*-Zeitpunkte setzt ein hohes Maß an sachlicher Erfahrung voraus und verschafft dem Unternehmen im Zuge der Absicherung der Terminkurse durch die damit verbundene Basisspekulation, d. h. die Spekulation auf eine veränderte Differenz zwischen Termin- und Kassakurs, die Chance auf Gewinne.[1364] Diese Strategien können indes kaum mit der Anforderung der weitgehenden Übereinstimmung der Gestaltungsmerkmale von Grund- und Sicherungsgeschäft vereinbar sein. Liegen derartig spekulative Elemente innerhalb der Sicherungsbeziehung vor, so muss ein über den *critical terms match* hinausgehender, quantitativer Nachweis des ökonomischen Zusammenhangs erbracht werden.[1365]

572.223.2 Lieferkonditionen

Beziehen sich Grund- und Sicherungsgeschäft auf unterschiedliche Lokalitäten bei der Spezifikation des **Lieferortes** oder bei der Bestimmung des **Handelsplatzes** (z. B. unterschiedliche Börsen), so dürften die Wertänderungen dennoch in aller Regel stark korrelieren und aufgrund sonst identischer Risikopositionen auch kausal verbunden sein. **Transport- und Versicherungskosten** sowie voneinander abweichende **Börsenhandelspreise** führen zu Ineffektivitäten in der Neutralisierung der Wertentwicklungen, die zwar als solche auszuweisen sind, einer Bilanzierung als Sicherungsbeziehung aber kaum entgegenstehen dürften. Beispielsweise wird bei der Erdöl-Absicherung auf unterschiedliche, den üblichen Marktusancen entsprechende Lieferspezifikationen abgestellt, z. B. auf die Lieferung in Rotterdam oder die *Northwest Europe*-Achse (Lieferung an Amsterdam, Rotterdam oder Antwerpen, Fracht bis an diese Orte bezahlt). Ferner wird spezifiziert, ob sich die

[1363] Vgl. zum Basisrisiko von kurzlaufenden Terminkontrakten Abschnitt 333.5.

[1364] Vgl. HULL, J., Optionen, Futures und andere Derivate, S. 101-103.

[1365] Wie bereits angedeutet, gilt dies nicht nur für die beabsichtigte, sondern auch für die unfreiwillige Spekulation, die eingegangen werden muss, wenn längerfristige laufzeitkongruente Absicherungsinstrumente nicht kontrahiert werden können.

Fracht- und Versicherungskosten auf den Gefahrenübergang zum Zeitpunkt der Verladung auf das transportierende Schiff (FOB) oder erst nach der Förderung in den Verschiffungshafen (CIF) beziehen und ob der Transport mit sog. *barges* (bis zu 50.000 Barrel-Binnenschiff-Frachter auf Flüssen und Seen) oder sog. *cargoes* (ab 50.000 Barrel-Seeschiff-Frachter) abgewickelt wird.[1366] So könnte ein Unternehmen bereits zu variablen Konditionen kontrahierte Rohstoffkäufe, deren Preis durch die zum vereinbarten Lieferzeitpunkt geltende Benchmark „Kassapreis/ Rohöl/ CIF/ Cargoes/ Northwest Europe" berechnet wird, durch Warenterminkontrakte der Form „Kassapreis/ Rohöl/ FOB/ Barges/ Rotterdam" absichern.[1367] Auch in diesem Fall dürften die wertbestimmenden Gestaltungsmerkmale der Anforderung der weitgehenden Übereinstimmung genügen und der Nachweis des ökonomischen Zusammenhangs durch die qualitative Analyse erbracht werden können. Gleiches dürfte für Unterschiede in den Börsenhandelsplätzen und den Geschäftsabwicklungen von Finanzinstrumenten gelten.

572.223.3 Marktgerechte Konditionen

Im Vergleich zu IAS 39 kann ein Unternehmen nach IFRS 9 künftig tendenziell häufiger Derivate als Sicherungsinstrumente einer Sicherungsbeziehung bestimmen, die zum Designationszeitpunkt nicht mehr den marktgerechten Konditionen entsprechen und somit einen **Fair Value ungleich null bzw. ein Finanzierungselement** aufweisen, das aufgrund des Abspaltungsverbotes die Kompensation der Wertentwicklungen von Grund- und Sicherungsgeschäft beeinträchtigen kann.[1368] Diese Möglichkeit ist indes an die Erfüllung sämtlicher Effektivitätskriterien geknüpft und hängt damit vom Ausmaß des Störterms des Finanzierungselementes ab. Der IASB hält explizit fest, dass ein Sicherungsinstrument mit anfänglichem Marktwert ungleich null bei der Analyse des ökonomischen Zusammenhangs anders als nach IAS 39 künftig selbst für den *critical terms match* in Frage kommt, wenn der aus dem Finanzierungselement resultierende **Störterm unwesentlich** ist.[1369] Sofern zwischen dem Erwerb des Sicherungsinstrumentes und der Designation also nur ein kurzer Zeitraum bzw. keine wesentlichen Marktpreisschwankungen liegen, die etwa auf eine zeitlich leicht versetzte Bearbeitung des Absicherungsverhältnisses zurückgehen, dürfte der Einfluss des Finanzierungselementes i. d. R. vernachlässigbar sein und ein *critical terms match* akzeptiert werden. Leichte, nicht neutralisierte Schwankungen des Sicherungsinstrumentes aufgrund des anfänglichen Marktwertes werden retrospektiv stets als Ineffektivität ausgewiesen.

Eine qualitative Beurteilung kann indes nach Auffassung des IASB nicht länger angemessen sein, wenn das Sicherungsinstrument einen **deutlich von null abweichenden Zeitwert** aufweist und die hieraus entstehende Ineffektivität ein Ausmaß annehmen könnte, das durch die qualitative Methode nicht mehr angemessen erfasst würde.[1370] Sofern die Konditionen des designierten Sicherungsin-

[1366] Vgl. PRIERMEIER, T., Finanzrisikomanagement, S. 228 f.; FAVENNEC, J.-P., Refinery Operation, S. 82 f. sowie S. 94 f.

[1367] In Anlehnung an DELOITTE (HRSG.), Assessing Hedge Effectiveness, S. 12.

[1368] Vgl. zum Störterm eines von null abweichenden anfänglichen Fair Value sowie zum entsprechenden Abspaltungsverbot Abschnitt 564.

[1369] Vgl. IFRS 9.B6.4.15; BARZ, K./FLICK, P./MAISBORN, M., Review Draft Hedge Accounting, S. 476. Nach IAS 39 wird bislang stets die quantitative Beurteilung gefordert; vgl. ERNST & YOUNG (HRSG.), Practical Issues for Financial Instruments, S. 2.

[1370] Vgl. IFRS 9.B6.4.15; ERNST & YOUNG (HRSG.), ED Hedge Accounting, S. 18.

strumentes also mehr als geringfügig von den marktgerechten Konditionen abweichen, dürfte sich an dieser Stelle zunächst eine einfache numerische Analyse für den Nachweis des ökonomischen Zusammenhangs eignen.[1371]

Soll z. B. ein künftiger Rohstoffkauf mit einem bereits vor einem Monat abgeschlossenen Warenterminkontrakt abgesichert werden, dessen vereinbarter vom aktuell beobachteten Terminkurs für einen Zeithorizont von zwölf Monaten um 6 % abweicht, so könnten **einzelne Szenarien** möglicher Parameterentwicklungen (speziell hinsichtlich Zinssatz und Laufzeit) gebildet sowie deren Auswirkungen auf die Wertentwicklung des Finanzierungselementes und damit auf die erwartete Effektivität der Sicherungsbeziehung untersucht werden. Wird der ökonomische Zusammenhang nicht durch die Fair Value-Schwankungen (besonders bei kurzlaufenden Instrumenten) des Finanzierungselementes in Frage gestellt, dürfte diese vergleichsweise einfache Analyse für dessen Nachweis genügen. Die gleichen Anforderungen werden auch an die Absicherung von Währungs- und Zinsänderungsrisiken gestellt. DELOITTE erachtet bspw. die Konditionen eines bereits (seit September 2012) bestehenden Devisenterminkontraktes mit einer halbjährigen Laufzeit, durch den ein Betrag von 15 Mio. CNY in 1,5 Mio. GBP (Wechselkurs 10,0 : 1,0) getauscht wird, bei einem zum Designationszeitpunkt (im November 2012) beobachteten Wechselkurs von 10,7 : 1,0 als weitgehend übereinstimmend.[1372] Gleiches gilt für die Absicherung einer zehnjährigen, variabel verzinslichen Anleihe (Nominalvolumen 100 Mio. €) mit einem bereits existierenden Zinsswap, dessen fixe Zinszahlung um 30 Basispunkte von den aktuellen Marktkonditionen (1,9 % bei quartalsweisen Zinszahlungen) abweicht und zu einem Fair Value von 1,3 Mio. € am Tag der Designation führt. Voraussetzung hierfür ist zumindest eine rudimentäre Analyse der Auswirkungen von Zinsänderungen (z. B. auf Basis historischer Zinssätze), durch die prognostiziert werden kann, dass das Finanzierungselement von 1,3 Mio. € im Zeitverlauf nicht zu einem erheblichen Störterm wird.[1373] Im Beispiel wird ein Fair Value i. H. v. 13 Mio. € hingegen als wesentlicher Störterm eingeordnet.[1374] Diese Beispielsituationen könnten einen Anhaltspunkt für die Grenze geben, jenseits derer Anzeichen für einen ggf. mangelnden ökonomischen Zusammenhang bestehen. Vor dem Hintergrund, dass – abweichend von den Vorschriften des IFRS 9 – eine Abspaltung des Finanzierungselementes ökonomisch angemessen erscheint,[1375] dürfte einer Abweichung von den marktgerechten Konditionen, die zu einem Finanzierungselement in der Größenordnung von gut 5 % des Nominalwertes führt, mit einer vergleichsweise groben numerischen Analyse des ökonomischen Zusammenhangs angemessen begegnet werden. Wird die Grenze überschritten oder in der Analyse deutlich, dass der Störterm zu hohen, nicht durch das Grundgeschäft neutralisierten Schwankungen des Sicherungsinstrumentes führt oder besteht nach wie vor eine Unsicherheit über

[1371] Vgl. ähnlich DELOITTE (HRSG.), Assessing Hedge Effectiveness, S. 11.

[1372] Vgl. DELOITTE (HRSG.), Assessing Hedge Effectiveness, S. 12. Demnach dürfte selbst eine nicht perfekte Übereinstimmung der Laufzeit einem *critical terms match* nicht entgegenstehen.

[1373] Vgl. DELOITTE (HRSG.), Assessing Hedge Effectiveness, S. 6 f.

[1374] Vgl. DELOITTE (HRSG.), Assessing Hedge Effectiveness, S. 7-9.

[1375] Vgl. zur Diskussion Abschnitt 564.

das Ausmaß der Schwankungen des Finanzierungselementes, so muss hier eine detailliertere **quantitative Analyse** anknüpfen.[1376]

572.223.4 Basiswert

Im Fall einer Divergenz von Grundgeschäft und Basiswert des Sicherungsinstrumentes dürfte der Nachweis des ökonomischen Zusammenhangs zwischen den beiden Elemente der Sicherungsbeziehung regelmäßig eine **fundierte Untersuchung** voraussetzen. Wird z. B. der künftige Bedarf einer Kupferlegierung[1377] für den Produktionsprozess mit einem Terminkontrakt auf reines Kupfer oder der Rohölbedarf der Sorte Brent über WTI-Kontrakte abgesichert, muss das bilanzierende Unternehmen den Nachweis über die wirtschaftliche Beziehung anhand einer quantitativen Analyse erbringen. Die strengere Auslegung der weitgehenden Übereinstimmung kann damit begründet werden, dass eine mangelnde Kompensationswirkung nicht auf technische Unzulänglichkeiten, sondern häufig auf einen fehlenden Terminmarkt für das konkrete Grundgeschäft zurückzuführen ist (durch die regulatorische Entwicklung voraussichtlich verstärkt zu beobachten)[1378]. Als Konsequenz muss das Unternehmen auf eine näherungsweise Absicherung *(cross hedging)* ausweichen wie bspw. bei der Absicherung von Legierungen mit Kontrakten auf reine Metalle oder bei der Absicherung von Destillaten mit dem liquideren Produkt. Aufgrund abweichender Märkte mit entsprechend unterschiedlichen Angebots- und Nachfrageverhältnissen können sich die Marktpreise ungleich entwickeln. Da in diesen Fällen innerhalb der zu untersuchenden Absicherung eine Komponente vorliegt, die keine systematisch entgegengesetzten Wertentwicklungen bedingt und somit nicht Bestandteil des ökonomischen Zusammenhangs zwischen Grund- und Sicherungsgeschäft ist, kann regelmäßig nicht auf eine quantitative Analyse des Zusammenhangs verzichtet werden.

Hiervon ausgenommen werden dürften **geringfügige Unterschiede** in den chemischen Eigenschaften bzw. in der Qualität der Basiswerte. Dabei könnte sich eine Anlehnung an die Börsenbestimmungen über die Qualität der gehandelten Rohstoffe anbieten. Beispielsweise beziehen sich die an der *London Metal Exchange* gehandelten Kupferkontrakte „*Grade A Copper*" auf Kupferkathoden, die hinsichtlich des Reinheitsgrades den Industrienormen BS EN 1978:1998-Cu-CATH-1, GB/T 467-2010-Cu-CATH-1 oder ASTM B115-10-cathode Grade 1 entsprechen und folglich einen Anteil an von Kupfer abweichenden Elementen bis maximal 0,0065 % aufweisen.[1379] Divergenzen zwischen Grund- und Sicherungsgeschäft in dieser Bandbreite dürften auch bei der bilanziellen Abbildung vernachlässigbar sein.

[1376] Vgl. zum quantitativen Test Abschnitt 572.23. Dabei könnten zunächst die Wertänderungen des Grundgeschäftes durch die *Hypothetical-derivatives*-Methode (vgl. Abschnitt 534.) ermittelt werden, die anschließend im Rahmen einer Regressions- bzw. Korrelationsanalyse zum Nachweis des ökonomischen Zusammenhangs zwischen Grundgeschäft und Sicherungsinstrument eingesetzt werden. Existiert ein hoher Störterm, so muss vor allem auch die Bestimmung der Hedge Ratio genauer analysiert werden.

[1377] Eine Kupferlegierung ist ein metallischer Werkstoff, der aus mindestens zwei verschiedenen Elementen besteht und in dem Kupfer den Hauptbestandteil ausmacht. Spezielle Legierungen werden vor allem aufgrund der hohen Korrosionsbeständigkeit eingesetzt.

[1378] Vgl. zur Regulierung von Derivatemärkten und deren Entwicklungen Abschnitt 332.

[1379] Vgl. zur genaueren Bestimmung der Kupferqualität und den maximal zulässigen Verunreinigungen durch unterschiedliche Elemente LONDON METAL EXCHANGE (HRSG.), Contract Rules (Copper), S. 1.

Unterschiede zwischen Grund- und Sicherungsgeschäft im Rahmen der Absicherung von Währungs- und Zinsänderungsrisiken dürften in aller Regel einen quantitativen Nachweis erfordern, da hier anders als bei der Absicherung von Güterpreisrisikopositionen eine direkte Absicherung der originären Risikoposition regelmäßig möglich ist und andernfalls Abweichungen (z. B. bei einer Absicherung mit einer Proxy-Währung) nicht auf geringfügige qualitative Unterschiede zurückzuführen sein werden. Beispielsweise müsste der ökonomische Zusammenhang bei der Absicherung von Fremdwährungsforderungen aus dem Absatz am chinesischen Markt durch ein Devisentermingeschäft zum Verkauf von Dollar gegen Euro als Cross Hedge ($/€ statt ¥/€) auch bei der starken Währungskoppelung des Renminbi an den US-Dollar aufgrund des verbleibenden Spielraumes für den relevanten Zeithorizont zahlenmäßig bestätigt werden. Ähnliches dürfte für eine Absicherung des Zinsänderungsrisikos wie etwa im Fall eines originären Euribor-Zahlungsstroms durch ein Zinstermingeschäft auf den UK Libor gelten.[1380]

572.223.5 Nominalwert

Ähnlich **streng** muss die Auslegung der weitgehenden Übereinstimmung hinsichtlich der Nominalwerte ausfallen. Sind die **übrigen wertbestimmenden Gestaltungsmerkmale** von Grund- und Sicherungsgeschäft **identisch**, so muss die Hedge Ratio grundsätzlich eins betragen.[1381] Dies ist erforderlich, da speziell aufgrund dieser Stellschraube eine unangemessene Anwendung der Vorschriften des Hedge Accounting für Teile des Grundgeschäftes durch eine vom internen Risikomanagement abweichende, verzerrte volumenmäßige Gewichtung erzielt werden kann. Aus diesem Grund sieht der IASB die separaten, spezifisch auf die Hedge Ratio zugeschnittenen Kriterien (3a) und (3b) vor.

Selbst wenn die übrigen wertbestimmenden Gestaltungsmerkmale **nicht übereinstimmen**, kann gerade die von eins abweichende Hedge Ratio ein Indiz für einen wesentlichen Störterm sein, der detaillierter untersucht werden muss. Erachtet bspw. das interne Risikomanagement den Unterschied in Basiswert, Lieferkonditionen oder Laufzeit für wesentlich, so wird – abhängig von der konkreten Sicherungsbeziehung und der spezifischen Wertentwicklung – diesem Umstand i. d. R. durch eine von 1:1 abweichende Gewichtung begegnet werden. Da der Störterm durch die Adjustierung nun jedoch intern als wesentlich erachtet wird, kann eine rein qualitative Analyse, die auf der Übereinstimmung der Risikopositionen basiert, nicht länger ausreichend sein. Wird ferner ein Sicherungsinstrument mit einem Marktwert ungleich null eingesetzt und deuten Anzeichen auf eine Adjustierung der Hedge Ratio zur Kompensation des *Unwinding*-Effektes[1382] hin, so muss hier, auch nach Auffassung des IASB, ebenfalls aufgrund dieses Indizes für eine Spekulation auf die Marktpreisentwicklung dringend eine ausführlichere Analyse im Rahmen der Prüfung des Kriteriums (3b) anschließen.[1383]

[1380] Vgl. DELOITTE (HRSG.), Assessing Hedge Effectiveness, S. 12.
[1381] Vgl. zu den Ausnahmen bei marktüblichen Konventionen *(commercial reasons)* Abschnitt 574.22.
[1382] Vgl. zur Analyse des *unwinding* Abschnitt 564.
[1383] Vgl. hierzu die Anforderungen an eine unverzerrte Hedge Ratio in Abschnitt 574.22.

572.23 Quantitativer Test

Reicht der qualitative Test allein nicht aus, um den ökonomischen Zusammenhang zwischen Grundgeschäft und Sicherungsinstrument eindeutig nachzuweisen, so muss ergänzend ein quantitativer Test hinzugezogen werden, um schließlich bei einem positiven Befund eine bilanzielle Sicherungsbeziehung bilden zu dürfen.[1384] IFRS 9 sieht hinsichtlich der Bestimmung des ökonomischen Zusammenhangs eine grundsätzliche **Methodenfreiheit** vor.[1385] In der Praxis haben sich mit verschiedenen Sensitivitätsmethoden (z. B. *Basis-point-value*-Methode, Durationsmethode, Marktdaten-*shift*-Methode, *Value-at-risk*-Methode), *Dollar-offset*-Methoden (*dollar offset ratio*, *Relative-difference*-Methode und andere Modifikationen für Toleranzwerte), Regressionsanalysen (einfache und multiple Modelle), sowie Varianz- und Volatilitätsreduktionsmethoden einige quantitative Verfahren in unterschiedlichen Ausprägungen etabliert, die hier nicht weiter vertieft werden sollen.[1386] Anders als nach IAS 39 ist die Effektivität einer Sicherungsbeziehung jedoch künftig vorrangig anhand der Methoden und Informationen, die für die interne Steuerung und Überwachung des ökonomischen Absicherungsverhältnisses verwandt werden, zu beurteilen.[1387] Wenngleich die bislang in der Rechnungslegung zur Effektivitätsbeurteilung eingesetzten Methoden auch weiterhin prinzipiell zulässig sein dürften,[1388] sollten diese nur dann zur Analyse des ökonomischen Zusammenhangs eingesetzt werden, wenn sie sich auch im intern eingesetzten Instrumentarium wiederfinden. Dies steht im Einklang mit der Zielsetzung des IFRS 9 und ermöglicht die Vermittlung relevanter und unverzerrter Informationen. Wenngleich eine geringe Nachprüfbarkeit der Informationen auf Basis intern verwandter Methoden und Modelle, die zwangsläufig unternehmensindividuell gestaltet sind und möglicherweise auch mit Fehlern in der Kalibrierung behaftet sein können, kritisiert werden kann, wird gerade dann durch die retrospektiv im Rechenwerk auszuweisende Ineffektivität Aufschluss über etwaige Mängel in der Risikosteuerung gegeben. Gleichzeitig sollte eine identifizierte Ineffektivität das bilanzierende Unternehmen in die Pflicht nehmen, ggf. seine Modelle zu adjustieren. Um einer nachträglichen, durch eine bestimmte Bilanzierungskonsequenz motivierten Änderung der Beurteilungsmethode entgegenzuwirken, ist bereits zu Beginn der Sicherungsbeziehung eine detaillierte Dokumentation der zur Effektivitätsbeurteilung eingesetzten Methoden und Vorgehensweisen erforderlich.[1389]

Nach der Abschaffung der strikten Effektivitätsgrenzen enthält IFRS 9 keine weitergehenden Konkretisierungen der geforderten Kompensationswirkung. Vor allem wird kein konkreter **Umfang der**

[1384] Vgl. BECKER, K./KROPP, M., in: von Wysocki et al., HdJ, Abt. IIIa/4, Rn. 325.

[1385] Vgl. BARZ, K./WEIGEL, W., Sicherungsbeziehungen und Risikomanagement, S. 234.

[1386] Vgl. BOSSE, M./TOPPER, J., Stabiles Hedge Accounting (II), S. 72. Vgl. zu den Verfahren WIESE, R., Hedge Accounting und Effektivitätsmessung, S. 150-259; CORTEZ, B./SCHÖN, S., Hedge-Effektivität, S. 416 sowie CLARK, J., Hedge-Effektivität, S. 133-178. Zur Vermeidung kritisierter Eigenschaften der verschiedenen Tests, die ggf. zu einem Abbruch der Sicherungsbeziehung geführt hätten (speziell aufgrund des Problems der kleinen Zahlen), wurden in der Praxis diverse Lösungsansätze entwickelt; vgl. bspw. KUHN, S./SCHARPF, P., Rechnungslegung von Financial Instruments, S. 426; LANTZIUS-BENINGA, B./GERDES, A., Mikro Fair Value Hedges, S. 111; HAILER, A./RUMP, S., Hedge Effektivität, S. 599-603; SCHLEIFER, L., A New Twist to Dollar Offset, S. 1. Diese Erweiterungen sind durch den Wegfall des retrospektiven Effektivitätstests und der damit verbundenen Effektivitätsgrenzen künftig nicht mehr relevant; vgl. BOSSE, M./TOPPER, J., Stabiles Hedge Accounting (II), S. 72.

[1387] Vgl. IFRS 9.B6.4.18; WÜSTEMANN, J./BISCHOF, J., Bilanzierung von Sicherungsbeziehungen, S. 407.

[1388] Vgl. BOSSE, M./TOPPER, J., Stabiles Hedge Accounting (II), S. 72.

[1389] Vgl. IFRS 9.B6.4.19.

Kompensationswirkung bzw. Korrelation vorgeschrieben.[1390] Wann Grundgeschäft und Sicherungsinstrument nicht mehr in einem ökonomischen Zusammenhang stehen bzw. welche Wertentwicklungen nicht akzeptiert werden können, weil die Kompensationswirkung nicht mehr im beabsichtigten Ausmaß gewährleistet werden kann, lässt der IASB bewusst offen, so dass Unternehmen ihre internen Absicherungsverhältnisse möglichst umfassend abbilden und entsprechende Informationen an den Abschlussleser vermitteln können.[1391] Dabei stellt sich die Frage, ob eine umfassende Orientierung am Risikomanagement und folglich die Abbildung von designierten Absicherungsverhältnissen jedweder Kompensationswirkung – wodurch der beabsichtigten Vermittlung von Informationen über die Funktionsfähigkeit des internen (ggf. stark mit Mängeln behafteten) Risikomanagements allerding zweifelsfrei nachgekommen würde – zweckgerecht sein kann.

Der Zielsetzung im Conceptual Framework und in IFRS 9 entsprechend dürfen beliebige Risikopositionen, die im internen Risikomanagement gar nicht als ökonomisches Absicherungsverhältnis gesteuert werden, nicht im Rahmen des Hedge Accounting zu einer bilanziellen Einheit zusammengeführt werden. Vielmehr muss verhindert werden, dass die gewöhnlichen Ansatz- und Bewertungsvorschriften unsachgerecht außer Kraft gesetzt werden. Eine umfassende Orientierung an den Angaben des bilanzierenden Unternehmens zu seinem (vermeintlichen) Risikomanagement in Form einer uneingeschränkten Zulässigkeit der Risikopositionen für die Bilanzierung nach den speziellen Vorschriften des Hedge Accounting ist folglich abzulehnen. Vielmehr ist ein bestimmter **Korrelationsgrad** für die Anwendung des Hedge Accounting zu fordern. Ist der Korrelationsgrad gering, so kann dies zwar grds. auch darauf zurückzuführen sein, dass grobe Fehler durch ein unzureichendes Risikomanagementsystem begangen werden, das wiederum den Abschlussadressaten ggf. auch als solches ausgewiesen werden sollte. Allerdings wird die Unternehmensführung durch den rechtlichen Anforderungsrahmen für das industriebetriebliche Risikomanagement zu einer angemessenen Identifikation und Beurteilung sämtlicher Marktpreisrisiken angehalten (§ 91 Abs. 2 AktG i. V. m. DCGK, Tz. 4.1.4)[1392] sowie speziell durch die Berichtspflichten zum Risikomanagement mit Finanzinstrumenten und zum Ausmaß der Kompensation zwischen Risikoposition und verwandtem Absicherungsinstrument adäquat diszipliniert (§ 315 Abs. 2 Nr. 2 a und b bzw. § 289 Abs. 2 Nr. 2 a und b HGB)[1393]. Vor diesem Hintergrund erscheint die Annahme sachgerecht, dass ein merklich geringer Korrelationsgrad darauf hindeutet, dass absichtlich für rein bilanzielle Zwecke zwei sich angeblich neutralisierende Risikopositionen zusammengeführt werden, die allerdings auch als Einheit wirtschaftlich betrachtet ein spekulatives Geschäft darstellen.[1394] Eine solche spekulative Position darf keinesfalls als bilanzielle Sicherungsbeziehung ausgewiesen werden, da den Abschlussadressaten andernfalls eine systematische Kompensationswirkung suggeriert würde, die ökonomisch gerade nicht besteht. Um die willkürliche Aushebelung der allgemeinen Bilanzie-

[1390] Vgl. MÄRKL, H./GLASER, A., Hedge Accounting, S. 128.

[1391] Diese Unklarheit wurde bereits in den Stellungnahmen zum Review Draft kritisiert; vgl. BARZ, K./FLICK, P./MAISBORN, M., Review Draft Hedge Accounting, S. 475.

[1392] Vgl. GUNKEL, M., Gestaltung des Risikomanagements, S. 9; HOMMELHOFF, P./MATTHEUS, D., Risikomanagementsystem im BilMoG, S. 2788; SCHULTEN, R., Quo Vadis Risikomanagement?, S. 234 bzw. Abschnitt 322.

[1393] Vgl. HOMMELHOFF, P./MATTHEUS, D., Risikomanagementsystem im BilMoG, S. 2787; KAISER, K., Zukunftsorientierte Lageberichterstattung, S. 345; Begr. RegE KonTraG, BT-Drs. 13/9712, S. 15 bzw. Abschnitt 322.

[1394] Für diese Auffassung spricht auch, dass eine hohe Ineffektivität aufgrund individueller Fehler im Risikomanagement das bilanzierende Unternehmen in die Pflicht nehmen muss, die entsprechenden Modelle zu adjustieren.

rungsvorschriften zu unterbinden, erscheint ein Mindestmaß für die Ausprägung des Korrelationskoeffizienten folglich zweckmäßig.

Zur Vermeidung der zweckentfremdeten Designation spekulativer Einheiten führt der IASB ein **objektivierendes Element** in Form einer Kausalitäts- bzw. Korrelationsanforderung ein. An dieser Stelle soll keine starre Grenze für die **Korrelationsanforderung** entwickelt werden, da nach der Abschaffung der 80-125 %-Regel bzw. der Anforderung an die Ausprägung des Korrelationskoeffizienten i. H. v. mindestens ≈ 0,9[1395] derartig vordefinierte Schwellenwerte nicht der Intention des IASB entsprechen dürften.[1396] Bei der Konkretisierung der Korrelationsanforderung ist eine Orientierung am internen Risikomanagement sinnvoll und entspricht der Zielsetzung der Vermittlung relevanter und unverzerrter Informationen. Vor diesem Hintergrund ist es konsequent, wenn sich auch die Korrelationsanforderung als objektivierende Einschränkung auf die einschlägigen Anforderungen des Risikomanagements an den Effektivitätsgrad einer Absicherungsmaßnahme stützt. Hinsichtlich des konkreten Korrelationsgrades wird häufig bei einem Korrelationseffizienten (absolute Werte) von über 0,8 von einer starken, zwischen 0,8 und 0,5 von einer mittleren und im Fall unter 0,5 von einer schwachen Korrelation ausgegangen.[1397] Während nach IAS 39 ein Korrelationskoeffizient von über 0,9 gefordert wurde, dürfte angesichts der expliziten Abschaffung der restriktiven Kriterien auch eine hohe Korrelation im Verständnis einer Ausprägung über 0,8 unzweifelhaft für eine Abbildung des Absicherungsverhältnisses als bilanzielle Sicherungsbeziehung ausreichen. Eine Korrelation im Bereich unterhalb von 0,5 dürfte indes nicht mit dem objektivierenden Element einer Korrelationsanforderung vereinbar sein, die dem Zweck dienen soll, dass die allgemeinen Bilanzierungsvorschriften bei willkürlich zusammengeführten Risikopositionen aufgrund der weiterhin spekulativen Position nicht außer Kraft gesetzt und durch die für tatsächlich risikokompensierende Absicherungsverhältnisse vorgesehenen Vorschriften des Hedge Accounting unsachgerecht ersetzt werden. Hinsichtlich des verbleibenden Intervalls zwischen 0,8 und 0,5 kann einerseits argumentiert werden, dass Störterme und deren Streuwirkung angesichts der neu in die Zielsetzung des IFRS 9 aufgenommenen Anlehnung des Hedge Accounting an das interne Risikomanagement in deutlich höherem Umfang zulässig sein müssen.[1398] Demnach dürfte auch ein Korrelationskoeffizient unter 0,8 nicht grds. gegen eine Abbildung als Sicherungsbeziehung sprechen. Andererseits dürfte es dem bilanzierenden Unternehmen bei einer Ausprägung nahe 0,5 selbst unter der gegebenen Methodenfreiheit zur konkreten Wertermittlung schwer fallen, eine systematische Kompensationswirkung stichhaltig zu begründen. Abhängig von der jeweiligen Marktsituation dürfte die Schwelle der Korrelationsanforderung demzufolge etwa in der Mitte liegen. Beim Nachweis der Kompensationswirkung aufgrund des ökonomischen Zusammenhangs sollte dabei stets beachtet werden, dass vor allem bei der Güterpreisabsicherung nicht lediglich die Korrelation zweier Basiswerte, sondern die Wertentwicklungen der konkreten Instrumente herangezogen

1395 Vgl. KUHN, S./SCHARPF, P., Rechnungslegung von Financial Instruments, S. 428; DELOITTE (HRSG.), iGAAP (2012), S. 652 sowie zur noch strengeren Anforderung PWC (HRSG.), Manual for Financial Instruments (2012), S. 10106.

1396 Aus diesem Grund folgt der IASB auch gerade nicht dem FASB; vgl. IASB (HRSG.), Hedge Effectiveness (agenda paper 7B), S. 3 f.

1397 Vgl. BURKSCHAT, M./CRAMER, E./KAMPS, U., Deskriptive Statistik, S. 273; AUER, B./ROTTMANN, H., Statistik und Ökonometrie, S. 95; SCHLITTGEN, R., Statistische Analyse und Modellierung, S. 97.

1398 Vgl. ähnlich ERNST & YOUNG (HRSG.), ED Hedge Accounting, S. 16.

werden, da andernfalls elementare Störterme wie bspw. die Marktliquidität oder das Kreditrisiko fälschlicherweise nicht in die Analyse einbezogen werden.[1399]

Unabhängig vom Korrelationsgrad ist im Fall einer nicht perfekten Übereinstimmung der wertbestimmenden Gestaltungsmerkmale von Grundgeschäft und Sicherungsinstrument zusätzlich die **inhaltliche Kausalität** der erwarteten Kompensationswirkung nachzuweisen, wobei dieser Nachweis in aller Regel nur qualitativ möglich sein wird. Für Industrieunternehmen dürfte der Kausalitätsnachweis hauptsächlich bei der Absicherung von Güterpreisrisiken mit Sicherungsinstrumenten, die sich auf einen vom Grundgeschäft abweichenden Basiswert beziehen, zu erbringen sein. Bei der Kausalität der Kompensationswirkung könnte speziell bei Veredelungsprodukten bspw. über **gleiche Bestandteile** der Basiswerte argumentiert werden. Sichert sich ein Unternehmen etwa in der Herstellung von Kunststoffen gegen Preissteigerungen von Ethylen mit einem Kontrakt auf Rohöl (Brent) ab, so ist die hohe Korrelation der Preise darauf zurückzuführen, dass Ehtylen durch Dampfspaltung (sog. *steamcracking*) von Ölderivaten wie Naphtha hergestellt wird, und Naphtha wiederum durch die Destillation von Rohöl gewonnen werden kann.[1400] Eine derartige kausale Beziehung der Wertentwicklungen von Grundgeschäft und Sicherungsinstrument gewährleistet eine weitgehende Neutralisierung, während z. B. die wohl zufällige Korrelation von Weizen und Kupfer im Frühjahr 2013 (Korrelationskoeffizient ca. 0,7 auf Monatsbasis) eine systematische Kompensation kaum sicherstellen kann. In anderen Absicherungskonstellationen könnte in der Argumentation auf die Eigenschaft eines **produktionswirtschaftlichen Substitutes** abgestellt werden. So weisen z. B. Aluminium und Kupfer eine beständig hohe Korrelation auf, die darauf zurückgeführt wird, dass bei der Herstellung von Kabeln und Drähten aufgrund des hohen Kupferpreises verstärkt auf Aluminium als Substitut ausgewichen wird.[1401] Für eine schlüssige Argumentation müsste dabei stets auf die Wesentlichkeit des Effektes von Bestandteilen oder Substituten als Preistreiber auf den Basiswert eingegangen werden. Im Rahmen der Absicherung von Währungs- oder Zinsänderungsrisiken könnte auf die Koppelung von Währungen oder Zinssätzen abgestellt werden wie dies etwa im Fall der dänischen Krone an den Euro und des Yuan (faktisch) an den US-Dollar oder beim etwaigen Gleichlauf von Libor und Euribor gegeben sein kann.[1402]

Aufgrund abweichender wertbestimmender Gestaltungsmerkmale von Grund- und Sicherungsgeschäft muss der Nachweis des ökonomischen Zusammenhangs zu Beginn der Sicherungsbeziehung sowie im gesamten weiteren Zeitverlauf, d. h. mindestens zu jedem Stichtag und bei Veränderungen wesentlicher Parameter ggf. vorher erbracht werden.[1403] Eine häufigere, z. B. monatliche Beurteilung ist – auch mit Blick auf die Konsequenzen für die Anpassung der Hedge Ratio und die Abbruchsbestimmungen – ebenfalls zulässig und entspricht speziell dann, wenn das interne Risi-

---

[1399] Vgl. zu den Marktunvollkommenheiten Abschnitt 333.5 sowie zur Analyse des Kreditrisikos als Störterm in einer bilanziellen Sicherungsbeziehung den nachfolgenden Abschnitt 573.

[1400] Vgl. DUNCAN SEDDON (HRSG.), Oil and Ethylene Prices, S. 1. In diesen Fällen käme ggf. auch die Designation einzelner Risikokomponenten als Grundgeschäft in Frage; vgl. Abschnitt 553.2.

[1401] Vgl. LÜDERS, J., Substitution von Kupfer durch Aluminium, S. 1.

[1402] Vgl. EUROPÄISCHE UNION (HRSG.), Wechselkursmechanismus II, S. 1; DELOITTE (HRSG.), Assessing Hedge Effectiveness, S. 12.

[1403] Vgl. IFRS 9.B6.4.12; LÖW, E./THEILE, C., in: Heuser et al., IFRS Handbuch, Sicherungsgeschäfte und Risikoberichterstattung, S. 631; WIESE, R./SPINDLER, M., ED Hedge Accounting, S. 63.

komanagement ebenfalls auf monatlichen Kontrollen basiert, der in der Zielsetzung von IFRS 9 postulierten Kongruenz.[1404]

573. Kriterium (2): Nicht-dominierender Einfluss des Kreditrisikos

573.1 Funktion

Die Wertentwicklungen innerhalb einer Sicherungsbeziehung werden neben dem ökonomischen Zusammenhang zwischen Grund- und Sicherungsgeschäft besonders auch durch Kreditrisiken bedingt.[1405] Sichert sich ein Unternehmen bspw. gegen Güterpreisrisiken mit Warentermingeschäften ab, die nicht durch Sicherheitsleistungen (z. B. Barreserven oder Wertpapiere) gedeckt sind, so ist die zum Laufzeitende fällige Kompensationszahlung aus dem Sicherungsinstrument prinzipiell ausfallgefährdet.[1406] Ebenso kann auch der Ausfall bzw. die Erwartung eines Ausfalls von Grundgeschäften, z. B. von durch Termingeschäfte abgesicherten Warenlieferverträgen oder Fremdwährungsforderungen, die Effektivität der bilanziellen Sicherungsbeziehung beeinträchtigen.[1407] Da die Kreditrisikokomponente in der Preisfindung am Markt berücksichtigt wird, kann die **Kompensationswirkung** selbst bei einer perfekten Korrelation zwischen dem originären Grundgeschäft und dem Basiswert des Sicherungsinstrumentes sowie einer Übereinstimmung der übrigen wertbestimmenden Gestaltungsmerkmale **nachhaltig gestört** sein. Da das Hedge Accounting-Modell auf dem Prinzip der Kompensationswirkung zwischen Grund- und Sicherungsgeschäft basiert, dürfen deren Wertänderungen, die sich aufgrund des nachgewiesenen ökonomischen Zusammenhangs (Kriterium (1)) grds. neutralisieren, nicht durch den Effekt des Kreditrisikos **dominiert** werden.[1408] Beziehen sich Grund- und Sicherungsgeschäft nicht auf denselben Kontrahenten, wird die Kompensationswirkung aufgrund einer fehlenden korrespondierenden Komponente in der gegenläufigen Position andernfalls erratisch.[1409] In solchen Fällen verstößt das vermeintliche Absicherungsverhältnis gegen die Anforderung einer systematischen Neutralisierung und kann aufgrund der Gefahr, dass dem Abschlussleser ein funktionierendes Absicherungsverhältnis suggeriert und somit ein verzerrtes Bild der Vermögens-, Finanz- und Ertragslage des

[1404] Vgl. ERNST & YOUNG (HRSG.), ED Hedge Accounting, S. 20; BECKER, K./KROPP, M., in: von Wysocki et al., HdJ, Abt. IIIa/4, Rn. 330.

[1405] Vgl. IFRS 9.B6.4.7; DELOITTE (HRSG.), iGAAP (2012), S. 575. Der Oberbegriff Kreditrisiko wird jüngst in die Bestandteile Ausfallrisiko und Bonitätsrisiko aufgespalten; vgl. BESSIS, J., Risk Management in Banking, S. 28; BACHMANN, U., Komponenten des Kreditspread, S. 46; HOFMANN, B./RUDOLPH, B./SCHABER, A./SCHÄFER, K., Kreditrisikotransfer, S. 102 f. Unter Ausfallrisiko wird das Risiko verstanden, dass ein Schuldner seinen Zahlungsverpflichtungen nicht nachkommt, während das Bonitätsrisiko das Risiko einer verschlechterten Kreditqualität bezeichnet; vgl. ALBRECHT, P./MAURER, R., Investment- und Risikomanagement, S. 909; HARTMANN-WENDELS, T./PFINGSTEN, A./WEBER, M., Bankbetriebslehre, S. 499; BACHMANN, U., Komponenten des Kreditspread, S. 46 f. Da die Absicherungswirkung gegen Preisrisiken durch beide Risikoarten beeinträchtigt werden kann, wird in dieser Arbeit auf den Begriff des Kreditrisikos abgestellt. Vgl. zur differenzierteren Betrachtung OLBRICH, A., Wertminderung von finanziellen Vermögenswerten, S. 18 f.

[1406] Vgl. IFRS 9.B6.4.8; PwC (HRSG.), Manual for Financial Instruments (2012), S. 10094.

[1407] Vgl. BECKER, K./KROPP, M., in: von Wysocki et al., HdJ, Abt. IIIa/4, Rn. 332.

[1408] Vgl. IFRS 9.6.4.1 (c) (ii) i. V. m. IFRS 9.B6.4.7; BARZ, K./FLICK, P./MAISBORN, M., Review Draft Hedge Accounting, S. 475; ERNST & YOUNG (HRSG.), General Hedge Accounting, S. 2. Dies dürfte wie nach IAS 39 sowohl für das Kreditrisiko der Vertragspartner als auch für das eigene Kreditrisiko des bilanzierenden Unternehmens gelten; vgl. DELOITTE (HRSG.), iGAAP (2012), S. 575-577.

[1409] Vgl. MÄRKL, H./GLASER, A., Hedge Accounting, S. 128; KPMG (HRSG.), Hedge Accounting on the Horizon, S. 30.

Unternehmens vermittelt wird, nicht für die Anwendung der Vorschriften des Hedge Accounting qualifizieren.[1410]

Im Folgenden soll die Anforderung, die durch das Kriterium des nicht-dominierenden Einflusses des Kreditrisikos an eine Sicherungsbeziehung gestellt wird, konkretisiert werden. Aufgrund der elementaren Unterschiede hinsichtlich der Solidität des jeweiligen Vertragspartners wird zur Bestimmung des zulässigen Ausmaßes der kreditrisikoinduzierten Wertschwankungen zwischen börsengehandelten Instrumenten und außerbörslich abgeschlossenen Verträgen differenziert.

573.2 Anforderung

573.21 Börsengehandelte Instrumente

Werden Grund- oder Sicherungsgeschäft an einer Börse gehandelt, so wird in der Bewertungspraxis üblicherweise unterstellt, dass der entsprechende Kontrakt keinem Kreditrisiko ausgesetzt ist.[1411] Wenngleich die verbleibende Kreditrisikokomponente grds. modelliert werden kann,[1412] ist der Kreditrisikoeffekt auf den Wert eines Kontraktes aufgrund der zwischengeschalteten Clearingstelle mit erstklassiger Bonität und entsprechenden Sicherheitsleistungen der beteiligten Geschäftspartner vernachlässigbar gering.[1413] Im Rahmen der Effektivitätsbeurteilung scheint somit die **Annahme**, dass der ökonomische Zusammenhang zwischen den Elementen einer Sicherungsbeziehung nicht durch den Einfluss des Kreditrisikos dominiert wird, dann sachgerecht, wenn die Geschäftsabwicklung über eine zentrale Clearingstelle gewährleistet ist. In diesem Fall dürfte also die **qualitative Beurteilung** anhand des *critical terms match* auch auf die Prüfung des Kreditrisikoeinflusses ausgedehnt werden. Dies betrifft in erster Linie die durch den G-20-Beschluss zur Verbesserung von Derivatemärkten adressierten und in der Abwicklung ggf. auf eine zentrale Clearingstelle umgestellten Sicherungsinstrumente,[1414] gleichzeitig aber auch börsengehandelte Grundgeschäfte, sofern ein Unternehmen bspw. seinen Rohstoffbedarf über börsengehandelte Kontrakte mit physischer Lieferung deckt.[1415] Sofern Grundgeschäfte über die Beschaffung oder den Absatz von Gütern nicht über eine zentrale Clearingstelle abgewickelt, stattdessen aber, wie in der Praxis häufig beobachtet, hinreichend mit Sicherheiten unterlegt oder deren Ausfallwahrscheinlichkeit durch andere Maß-

[1410] Vgl. BECKER, K./KROPP, M., in: von Wysocki et al., HdJ, Abt. IIIa/4, Rn. 332; KUHN, S./SCHARPF, P., Rechnungslegung von Financial Instruments, S. 419.

[1411] Vgl. HULL, J./WHITE, A., Price Impact of Default Risk, S. 299 f.

[1412] Vgl. COOPER, I./MELLO, A., Default Risk of Swaps, S. 606-609 sowie 612-617; JOHNSON, H./STULZ, R., Pricing of Options with Default Risk, S. 277 f.

[1413] Vgl. HULL, J./WHITE, A., Price Impact of Default Risk, S. 299 f.; JOHNSON, H./STULZ, R., Pricing of Options with Default Risk, S. 267; COX, J./RUBINSTEIN, M., Option Markets, S. 71.

[1414] Vgl. zur Verbesserung der Stabilität von OTC-Märkten Abschnitt 332.2. Der IASB stellt klar, dass ein ggf. nach der Designation einer Sicherungsbeziehung erforderlicher Wechsel der Vertragspartei eines Sicherungsinstrumentes zu einer zentralen Clearingstelle und die damit verbundenen Vertragsänderungen gemäß IFRS 9.6.5.6 (b) in der nachfolgenden Wirksamkeitsbeurteilung der fortgeführten Sicherungsbeziehung berücksichtigt werden. Vgl. IFRS 9.B6.4.3.

[1415] Dies dürfte selbst dann gelten, wenn das Kreditrisiko nicht als abgesichertes Risiko (explizit oder implizit bei der Designation des (Full) Fair Value) bestimmt wird; vgl. BECKER, K./KROPP, M., in: von Wysocki et al., HdJ, Abt. IIIa/4, Rn. 332.

nahmen (z. B. durch Lieferungs- und Leistungsgarantien, Bürgschaften oder Kapitalbeteiligungen)[1416] hinreichend begrenzt werden, erscheint eine analoge Behandlung zielführend.

573.22 OTC-Instrumente

573.221. Nachweispflicht

Da sich das absichernde Unternehmen im außerbörslichen Handel auf die Solidität des Vertragspartners verlassen und somit das jeweilige Kreditrisiko tragen muss, ist der Einfluss der Kreditrisikokomponente auf die Kompensationswirkung der Sicherungsbeziehung in diesem Fall genauer zu analysieren. Entsprechend der Vorgehensweise bei der Prüfung von Kriterium (1) wird hier eine **abgestufte Nachweispflicht** des nicht-dominierenden Kreditrisikoeffektes der gestellten Anforderung an die Absicherungswirkung gerecht. Angesichts der bestehenden Vorschriften zur Wertminderung bei finanziellen Vermögenswerten sowie aufgrund möglicherweise bereits bestehender Tools und Indikatoren für die Quantifizierung des Kreditrisikos könnte sich die abgestufte Vorgehensweise hieran orientieren. Diese Ausrichtung erscheint besonders mit Blick auf die Relevanz der ggf. bereits intern verfügbaren Informationen und die Wirtschaftlichkeit zweckmäßig.[1417]

573.222. Qualitativer Test

IFRS 9 schreibt hinsichtlich der Effektivitätsbeurteilung vor, dass die Methode sämtliche relevanten Charakteristika der Sicherungsbeziehung und Quellen von Ineffektivitäten berücksichtigen muss und dadurch bedingt qualitativer oder quantitativer Art sein kann.[1418] Belegt ein Unternehmen stichhaltig, dass das Kreditrisiko des Geschäftspartners nur unwesentlichen Einfluss auf die ökonomische Kompensationswirkung nehmen kann, sollte der **qualitative Nachweis** ausreichen. Der IASB sieht auch für Kriterium (2) keine konkreten Grenzen vor, jenseits derer die Effektivität der Sicherungsbeziehung als unangemessen beeinträchtigt gilt, so dass im Grunde kein Absicherungsverhältnis mehr besteht und die Regelungen des Hedge Accounting nicht länger in Betracht kommen.[1419]

In den geplanten Impairment-Regelungen wird indes vom IASB hinsichtlich der Wesentlichkeit des Kreditrisikos eine solche Grenze spezifiziert, die analog für die Konkretisierung des nicht-dominierenden Kreditrisikoeffektes im Rahmen der Effektivitätsbeurteilung einer Sicherungsbeziehung herangezogen werden könnte. Diese Grenze wird in den Impairment-Regelungen am **Bonitätsurteil** über die entsprechenden Vertragspartner ausgerichtet, und daran anknüpfend wird der Umfang der Kreditrisikovorsorge bestimmt. Demnach wird für finanzielle Vermögenswerte guter Bonität der aus Sicht eines Geschäftsjahres erwartete Verlust als Risikovorsorge bilanziert (12-Monats-*expected-loss*).[1420] Im Fall einer signifikanten Bonitätsverschlechterung ist die Risikovorsorge indes grds. auf den für die gesamte Restlaufzeit des Finanzinstrumentes erwarteten

---

[1416] Vgl. ROGLER, S., Beschaffungs- und Absatzrisiken, S. 215-217. So werden bspw. bei der BASF SE die Einkäufe von Naphtha durch revolvierende Sicherheiten durchgängig gegen Kreditrisiken geschützt.

[1417] Dies steht dabei auch im Einklang mit der Vorschrift, dass vorrangig interne Informationen zur Effektivitätsbeurteilung heranzuziehen sind; vgl. IFRS 9.B6.4.18.

[1418] Vgl. IFRS 9.B6.4.13; BOSSE, M./TOPPER, J., Stabiles Hedge Accounting (I), S. 12.

[1419] Vgl. BARZ, K./FLICK, P./MAISBORN, M., Review Draft Hedge Accounting, S. 475.

[1420] Vgl. IASB (HRSG.), ED Expected Credit Losses, Tz. 3 f. sowie Tz. 17.

Kreditausfall *(lifetime expected loss)* zu erhöhen.[1421] Dadurch wird einem gesteigerten Kreditrisiko Rechnung getragen, ohne dass ein Verlustereignis *(triggering event)* eingetreten ist, dessen Einfluss im Rahmen eines Impairment-Tests erfasst werden müsste. Die Grenze zwischen niedrigerem und höherem Kreditrisiko wird also durch das Kriterium der signifikanten Kreditrisikoverschlechterung gezogen, wobei das (gesamte) Kreditrisiko vom IASB vor allem dann nicht länger als vernachlässigbar empfunden und damit einhergehend eine signifikante Kreditrisikoerhöhung identifiziert werden kann, sofern die Bonität nicht mehr der **Ratingklasse *investment grade*** genügt oder der Schuldner des Vermögenswertes mit seinen Leistungen mehr als **dreißig Tage im Verzug** ist und keine weitere Information vorliegt, die den Verzug begründen und von einer weiterhin ausreichenden Bonität zeugen kann.[1422]

Im Rahmen der Beurteilung des Kreditrisikoeffektes für eine bilanzielle Sicherungsbeziehung könnte demnach auf ein möglicherweise im Risikomanagement bereits verwandtes **Bonitätsrating** abgestellt werden.[1423] In Analogie zur Auslegung in den Wertminderungsvorschriften kann ein geringer Einfluss der Kreditrisikokomponente dann nachgewiesen werden, wenn das Bonitätsurteil der Ratingklasse *investment grade* entspricht. Wenngleich zur sachgerechten Analyse des Kreditrisikos von Grund- oder Sicherungsgeschäft ein Ratingurteil des spezifischen Geschäftes (Emissionsrating)[1424] herangezogen werden müsste,[1425] ist der Unterschied hinsichtlich der Ausfallwahrscheinlichkeit[1426] im Vergleich zum Ratingurteil über die Bonität des gesamten Unternehmens (Emittentenrating)[1427] gerade im Bereich des *investment grade* vernachlässigbar gering.[1428] Da der geringfügige Unterschied kaum dazu führen dürfte, dass der ökonomische Zusammenhang zwischen Grund- und Sicherungsgeschäft durch den Störterm des Kreditrisikos dominiert wird, könnte das jeweils im konkreten Fall verfügbare Ratingurteil über den spezifischen Titel, den Emittenten oder auch über andere Titel desselben Emittenten (z. B. ein in der Praxis häufiger beobachtbares Anleihenrating)[1429] zum Nachweis angeführt werden.

Externe, d. h. von (internationalen) Ratingagenturen erstellte Ratings bieten sich aufgrund der hohen Informationsdichte und der i. d. R. kostenlosen Verfügbarkeit besonders zur Bestimmung des Kreditrisikos an.[1430] Da speziell für kleine und mittelständische Unternehmen externe Ratingurteile

---

[1421] Vgl. KIRSCH, H.-J./OLBRICH, A./DETTENRIEDER, D., Entwurf künftiger Wertminderungsvorschriften, S. 566; IASB (HRSG.), ED Expected Credit Losses, Tz. 5.

[1422] Vgl. IASB (HRSG.), ED Expected Credit Losses, Tz. 6 sowie Tz. 9; KIRSCH, H., Wertminderungsmodelle für finanzielle Vermögenswerte, S. 471.

[1423] Vgl. KNABE, M., Insolvenzrisiken in der Unternehmensbewertung, S. 118 f.

[1424] Das Emissionsrating bezieht sich dabei auf einen genau spezifizierten Finanztitel, so dass speziell mit dem Titel verbundene Risiken oder Besicherungen in das Rating einbezogen werden. Vgl. HIELSCHER, U., Investmentanalyse, S. 212; HEINKE, V., Bonitätsrisiko und Credit Rating, S. 24 sowie S. 30.

[1425] Vgl. BAETGE, J./HOLLMANN, S., BBR-Bilanz-Rating, S. 337; EVERLING, O., Credit Rating, S. 29-35.

[1426] Bei diesen realen Ausfallwahrscheinlichkeiten handelt es sich um relative Häufigkeiten von historischen Ausfällen, die einen geeigneten Schätzer für die Ausfallwahrscheinlich der Zukunft bilden. Vgl. LÄGER, V., Bewertung von Kreditrisiken und Kreditderivaten, S. 119; HULL, J., Optionen, Futures und andere Derivate, S. 618 f.

[1427] Vgl. EVERLING, O., Credit Rating, S. 31; HIELSCHER, U., Investmentanalyse, S. 212.

[1428] Vgl. EULER HERMES RATING (HRSG.), Emissionsrating-Methodik, S. 4.

[1429] Vgl. OLBRICH, A., Wertminderung von finanziellen Vermögenswerten, S. 30 f.; WINGENROTH, T., Risikomanagement für Corporate Bonds, S. 20.

[1430] Vgl. GÜTTLER, A./WAHRENBURG, M., Bankinterne vs. externe Ratings, S. 57; MARTIN, M. R. W./REITZ, S./WEHN, C. S., Kreditderivate und Kreditrisikomodelle, S. 4; ROLFES, B., Gesamtbanksteuerung, S. 153.

nicht verfügbar sein werden, können sich auch ggf. bereits im Risikomanagement eingesetzte interne, synthetische oder simulationsbasierte Ratingurteile zum Nachweis eines nicht-dominierenden Kreditrisikoeffektes eignen.[1431] Kann das bilanzierende Unternehmen auf keinerlei Bonitätsratings zurückgreifen, so könnte es auch Marktdaten als Informationsquelle für die Schätzung des Kreditrisikos nutzen (z. B. anhand von Informationen über den Marktwert einer Unternehmensanleihe und deren *credit spread* oder über die *Credit-default-swap*-Prämie eines Referenzschuldners).[1432] Der qualitative Nachweis des geringen Kreditrisikoeffektes kann auch hier nur gelingen, sofern das jeweils eingesetzte Verfahren zu dem Ergebnis gelangt, dass das ermittelte Kreditrisiko der Bonität der Ratingklasse *investment grade* genügt. Hinsichtlich eines möglichen **Verzugs** der Leistungen des Kontrahenten müsste zumindest das historische Zahlungsverhalten des Kontrahenten mit dem bilanzierenden Unternehmen berücksichtigt werden. Ferner sollten auch allgemein zugängliche Informationen (z. B. aus öffentlichen Verzeichnissen und amtlichen Bekanntmachungen) sowie für das interne Risikomanagement eingeholte Informationen (z. B. von Auskunfteien wie Creditreform, Bürgel, Experian oder Reuters) in die Analyse einbezogen werden.

Entsprechend den Ausführungen zu Kriterium (1) ist der geringe Einfluss des Kreditrisikos zunächst zum Zeitpunkt der Designation nachzuweisen und in den Folgeperioden auf substantielle Veränderungen zu überprüfen. In diesem Zuge sind auch die eingesetzten Methoden zu evaluieren und ggf. zu adjustieren. Wenngleich eine stete Detailanalyse nicht gefordert werden kann, muss dennoch ein **fortwährendes Monitoring** möglicher Änderungen der ursprünglich als gering befundenen Kreditrisiken sichergestellt werden. Die Monitoringprozesse können und sollen sich dabei an den im Risikomanagement implementierten Mechanismen zur Überprüfung der Kreditwürdigkeit von Vertragspartnern orientieren.[1433] Dabei können u. a. unternehmensinterne Kenntnisse über die Herabstufung eines externen Ratings des Geschäftspartners[1434] oder über den Verzug[1435] i. S. e.

[1431] Bei einem internen Rating nimmt ein Gläubiger auf Grundlage der ihm zur Verfügung stehenden Informationen (z. B. Geschäftsbeziehung, Zahlungsverhalten, Geschäftsbericht, Marktumfeld) eine Einordnung des Schuldners in eine Bonitätsklasse vor und ordnet anschließend Ausfallwahrscheinlichkeiten zu. Vgl. OLBRICH, A., Wertminderung von finanziellen Vermögenswerten, S. 26 f.; LÄGER, V., Bewertung von Kreditrisiken und Kreditderivaten, S. 93; GÜTTLER, A./WAHRENBURG, M., Bankinterne vs. externe Ratings, S. 61. Synthetischen Ratingverfahren ist gemein, dass sie mit historischen Ausfallraten von Ratingagenturen verknüpft werden können, so dass kein eigener Datenbestand vorhanden sein muss. Vgl. KNABE, M., Insolvenzrisiken in der Unternehmensbewertung, S. 143. In der Praxis werden vor allem synthetische Ratings auf Basis finanzieller Kennzahlen wie bspw. der *interest coverage ratio* (vgl. DAMODARAN, A., Damodaran on Valuation, S. 65), des *Z-Score* (vgl. ALTMAN, E., Financial Ratios, S. 589-609) sowie auf Basis verschiedener Kennzahlen über die Vermögens-, Finanz- und Ertragslage wie bspw. im Rahmen des BBR bzw. Moody's KMV RiskCalc® (vgl. BAETGE, J./KIRSCH, H.-J./THIELE, S., Bilanzanalyse, S. 558 f.) eingesetzt. In simulationsbasierten Ratingverfahren wird versucht, eine zukunftsorientierte Ausfallwahrscheinlichkeit abzuleiten, wobei auf Simulationsverfahren zurückgegriffen wird, die die Unternehmensentwicklung in unterschiedlichen Szenarien abbilden. Vgl. HINNERS-TOBRÄGEL, L., Analyse der Überlebensfähigkeit von Unternehmen, S. 35-37; GLEIßNER, W., Wertorientierte Analyse, S. 421.

[1432] Vgl. zur Eignung von Marktdaten IASB (HRSG.), ED Expected Credit Losses, Tz. B20; IASB (HRSG.), Amortised Cost and Impairment (agenda paper 9B), Tz. A11 sowie zur Analyse der Eignung dieser Informationsquellen OLBRICH, A., Wertminderung von finanziellen Vermögenswerten, S. 82-125.

[1433] Diese Forderung entspricht auch der Maßgabe interner Informationen für die Effektivitätsbeurteilung gemäß IFRS 9.B6.4.18.

[1434] Vgl. Begr. RegE AnSVG, BT-Drs. 15/3174 v. 24.05.2004, S. 35; ASSMANN, H.-D., in: Assmann et al., WpHG, § 15, Rn. 68; KÜMPEL, S./WITTIG, A., Bank- und Kapitalmarktrecht, Rn. 14.243; LENENBACH, M., Kapitalmarktrecht, Rn. 13.274.

drohenden Insolvenz, die ggf. als publizitätspflichtige Insiderinformationen gelten und folglich zur Veröffentlichung einer Ad hoc-Mitteilung nach § 15 WpHG führen, in die Analyse einbezogen werden. Bestehen Anzeichen für eine Änderung des Kreditrisikos eines Vertragspartners, muss die Kreditrisikoanalyse neu angesetzt werden.

573.223. Quantitativer Test

Gelingt der qualitative Nachweis eines vernachlässigbar geringen Kreditrisikoeffektes nicht, muss der nicht-dominierende Einfluss dieses Störterms auf den ökonomischen Zusammenhang zwischen Grund- und Sicherungsgeschäft quantitativ belegt werden. Eine **umfassende Detailanalyse** des Kreditrisikos wie etwa im Kreditbereich von Finanzdienstleistern kann einem Industrieunternehmen **kaum zugemutet** werden und dürfte auch nicht mit der vom IASB beabsichtigten Komplexitätsreduktion vereinbar sein. Gleichzeitig sprechen auch die vom IASB geäußerten Bedenken hinsichtlich der Verlässlichkeit einer Quantifizierung des Kreditrisikos gegen die Pflicht zur umfassenden Analyse.[1436]

Überschreitet das Kreditrisiko jedoch die Schwelle des für den qualitativen Nachweis zulässigen Ausmaßes, so muss spätestens dann die **ökonomische Kompensationswirkung** zwischen Grund- und Sicherungsgeschäft **insgesamt**, d. h. unter Berücksichtigung des ökonomischen Zusammenhangs und des Kreditrisikoeffektes, präziser analysiert werden. Dies wird bei einer genaueren Betrachtung der Entwicklung von Kriterium (2) ersichtlich.[1437] Die ursprünglich im Exposure Draft formulierte Anforderung einer „nicht nur zufälligen Kompensationswirkung"[1438] wurde aufgrund der bekundeten Unsicherheit über die Pflicht zur Einbeziehung des Kreditrisikos vom IASB ersetzt und durch die beiden Kriterien des ökonomischen Zusammenhangs und des nicht-dominierenden Kreditrisikoeinflusses konkretisiert, um die ursprüngliche Absicht des Standardsetters bei der Entwicklung der Effektivitätsanforderungen deutlicher zum Ausdruck zu bringen.[1439] Damit wird einerseits klargestellt, dass das Kreditrisiko des Kontrahenten bei der Analyse einbezogen werden muss. Anderseits wird auch deutlich, dass die ökonomische Kompensationswirkung insgesamt nach Auffassung des IASB das zentrale Prinzip des Hedge Accounting bildet und diese Kompensation folglich für die Anwendung der speziellen Abbildungsregeln sichergestellt sein muss.

Wenngleich eine separate, detaillierte Analyse der Kreditrisikokomponente für Industrieunternehmen nicht möglich sein wird, so kann deren Einfluss vor dem Hintergrund der erforderlichen Kompensationswirkung insgesamt dennoch im Rahmen der Bewertungsfragen bei Grund- und Sicherungsgeschäften berücksichtigt werden.[1440] In Abschnitt 572.23 wurde hinsichtlich der Gegen-

[1435] Vgl. Pfüller, M., in: Fuchs, WpHG, § 15, Rn. 210. Beim Verzug ist die lediglich mögliche Insolvenz noch nicht zwingend eine ad hoc-publizitätspflichtige Insiderinformation, solange etwa eine drohende Zahlungsunfähigkeit bei realistischer Betrachtung noch abwendbar erscheint; vgl. Reuter, A., „Krisenrecht" im Vorfeld der Insolvenz, S. 1800.

[1436] Vgl. IFRS 9.6.7.1 i. V. m. IFRS 9.BC6.504; DRSC (Hrsg.), CL Hedge Accounting, S. 5 f.

[1437] Vgl. zur Konkretisierung des ursprünglichen Kriteriums IASB (Hrsg.), Clarification of Offsetting Criteria, S. 7 f.

[1438] Vgl. IASB (Hrsg.), ED Hedge Accounting, Tz. 19 (c) i. V. m. Tz. B29.

[1439] Vgl. IFRS 9.BC6.252-BC6.255; Kholmy, K./Weiherich, N., Stellungnahmen zum ED Hedge Accounting, S. 227 f.; KPMG (Hrsg.), CL Hedge Accounting, S. 11.

[1440] Vgl. KPMG (Hrsg.), Hedge Accounting on the Horizon, S. 30. Hierfür spricht auch die klarstellende Vorschrift für den Fall eines Wechsels der Vertragspartei eines Sicherungsinstrumentes zu einer zentralen Clearingstelle, der sich

läufigkeit ein gewisses Mindestmaß für die Ausprägung des Korrelationskoeffizienten gefordert, unterhalb dessen eine systematische Wertneutralisierung nicht mehr vermutet werden dürfte. Dabei entspricht es der vom IASB beabsichtigten Effektivitätsanforderung, dass eine Sicherungsbeziehung selbst im Fall eines **vermengten Störterms** aus mangelndem ökonomischen Zusammenhang und erhöhtem Kreditrisiko dieser Wertneutralisierung genügen muss. Bei einer niedrigeren Korrelation muss also die systematisch gegenläufige Wertentwicklung innerhalb einer Sicherungsbeziehung in Frage gestellt werden, und zwar unabhängig davon, ob die Kompensationswirkung durch den mangelnden ökonomischen Zusammenhang oder durch ein ausgeprägtes Kreditrisiko getrübt ist und dadurch nicht mehr gewährleistet werden kann. Die Korrelation der Wertänderungen von Grund- und Sicherungsgeschäft kann also einerseits zu gering sein, da zwar das Kreditrisiko (z. B. im Fall einer Clearingstelle oder entsprechender Sicherheitsleistungen) faktisch eliminiert wird, der ökonomische Zusammenhang allerdings nicht ausreichend hoch ist. In dieser Konstellation verstieße das Absicherungsverhältnis gegen Kriterium (1). Andererseits können auch der ökonomische Zusammenhang hoch, entsprechende Ineffektivitäten aber auf den Störterm des Kreditrisikos zurückzuführen sein. In dieser Konstellation wäre der Einfluss des Kreditrisikos dominierend und verstieße gegen Kriterium (2). Bei sämtlichen Mischkonstellationen wäre also der kombinierte Effekt für die Beurteilung der ökonomischen Kompensationswirkung relevant. Falls dieser zu einem Verstoß gegen die Mindestanforderung an die Wertneutralisierung führt, so muss die Anwendung des Hedge Accounting – unabhängig von der konkreten Ausprägung der einzelnen (Teil-)Störterme – untersagt sein. Insofern müsste die Korrelation der Wertentwicklungen insgesamt, d. h. inklusive der Kreditrisikokomponente die Mindestanforderung erfüllen.

Durch diese Auslegung der Effektivitätsanforderungen muss gefordert werden, dass das Kreditrisiko bei der Ermittlung der Korrelation und somit bei den **Wertermittlungen** von Grund- und Sicherungsgeschäft stets berücksichtigt wird.[1441] Durch die Designationsvorschriften gilt dies bereits sowohl für Sicherungsinstrumente, da diese aufgrund der Unzulässigkeit einer komponentenweisen Designation stets mit dem (Full) Fair Value angesetzt werden, als auch für Grundgeschäfte, solange hierfür ebenfalls Wertänderungen des (Full) Fair Value als abgesichertes Risiko bestimmt werden (ganzheitliche Designation des Grundgeschäftes).[1442] Das Kreditrisiko sollte im Rahmen der Effektivitätsbeurteilung indes auch bei denjenigen Grundgeschäften berücksichtigt werden, für die Bonitätsveränderungen durch die ausschließliche Designation einzelner (Risiko-)Komponenten anstelle der gesamten Wertänderungen von der Sicherungsbeziehung ausgeschlossen werden. Dies ist darauf zurückzuführen, dass sich das Kreditrisiko nicht nur in den

demnach im Rahmen der Wirksamkeitsbeurteilung in den jeweiligen Wertermittlungen niederschlagen muss. Vgl. IFRS 9.B6.4.3.

[1441] Diese Forderung steht auch im Einklang mit den allgemeinen Bilanzierungsvorschriften, wonach der (Full) Fair Value stets die Kreditrisikokomponenten (sog. *credit* bzw. *debt value adjustments*) umfasst; vgl. BOSSE, M./TOPPER, J., Stabiles Hedge Accounting (II), S. 75. Die Vorschrift dürfte beim Hedge Accounting sowohl für das Kreditrisiko des Vertragspartners als auch für das eigene Kreditrisiko gelten; vgl. DELOITTE (HRSG.), iGAAP (2012), S. 575-577. Die Bedeutung des Kreditrisikos wurde speziell in den jüngsten Finanz- und Wirtschaftskrisen erkennbar und daher vom IASB bei der Entwicklung von IFRS 13 zur Fair Value-Ermittlung aufgegriffen. Die geforderte Berücksichtigung des Kreditrisikos erscheint hierzu konsistent und sachgerecht. Vgl. zur Kreditrisikokomponente bei der Fair Value-Ermittlung KIRSCH, H.-J./KÖHLING, K./DETTENRIEDER, D./GALLASCH, F., in: Baetge et al., Rechnungslegung nach IFRS, IFRS 13, Rn. 138 sowie Rn. 149.

[1442] Vgl. zur Unzulässigkeit der Designation einer Kreditrisikokomponente vgl. IFRS 9.6.7.1 sowie BC6.501-504.

Wertschwankungen, sondern ggf. auch im Wegfall des gesamten Grundgeschäftes äußern und somit auch die Wirksamkeit einer Sicherungsbeziehung bzgl. der als gesichert geltenden Risiken beeinträchtigen kann.[1443] In diesen Fällen wäre also die Kreditrisikokomponente bei der Wertermittlung im Rahmen des Effektivitätstests zu beachten. Werden im Rahmen der Bewertung von Grund- und Sicherungsgeschäft Marktdaten verwandt, so ist der Kreditrisikoeffekt bereits in den Marktpreisen enthalten.[1444] Werden die Fair Values indes mittels interner Verfahren generiert, so muss sichergestellt sein, dass sich der Kreditrisikoeffekt in den Parametern der eingesetzten Modelle niederschlägt.[1445]

Auch bei der quantitativen Analyse muss eine **fortwährende Überwachung und Aktualisierung des Kreditrisikoeffektes** für die Bewertung von Grund- und Sicherungsgeschäften gewährleistet werden. Informationen über den Einfluss des Kreditrisikos können neben den im Risikomanagement implementierten Tools vor allem auch aus Marktdaten wie bspw. *credit spreads* von Unternehmensanleihen oder CDS-Prämien generiert werden, da hier die aktuellsten Einschätzungen der Marktteilnehmer eingepreist werden.[1446] Hier können wie beim qualitativen Nachweis ad hoc-publizitätspflichtige Insiderinformationen zur Beurteilung des Ausmaßes des Kreditrisikos herangezogen werden.[1447]

Liegen **objektive substantielle Hinweise *(triggering events)* auf eine Wertminderung** wie etwa erhebliche finanzielle Schwierigkeiten des Kontrahenten, Vertragsbrüche durch Ausfall von Zins- oder Tilgungszahlungen, eine hohe Wahrscheinlichkeit eines Insolvenzverfahrens, hiermit verbundene Zugeständnisse von Gläubigern oder der Wegfall eines aktiven Marktes für die Finanztitel des Kontrahenten bzw. ein massiver Preisabschlag auf diese Titel vor,[1448] dürfte dies gegen eine intakte Kompensationswirkung sprechen. Folglich würde von einem dominierenden Einfluss des Kreditrisikos ausgegangen werden und eine bilanzielle Sicherungsbeziehung aufgrund einer mangelnden Kompensationswirkung nicht gebildet werden können.[1449] Diese Anlehnung birgt auch die praktische Erleichterung, dass die genannten Hinweise auch zumindest für Finanzinstrumente (d. h., auf

---

[1443] Vgl. BECKER, K./KROPP, M., in: von Wysocki et al., HdJ, Abt. IIIa/4, Rn. 332; ECKES, B./BARZ, K./BÄTHE-GUSKI, M./WEIGEL, W., Hedge Accounting (II), S. 55; KUHN, S./SCHARPF, P., Rechnungslegung von Financial Instruments, S. 419; KPMG (HRSG.), Hedge Accounting on the Horizon, S. 30. Gleichwohl gilt dies nicht für die Effektivitätsermittlung, da hierfür die relevanten Hedge Fair Values angesetzt werden; vgl. Abschnitt 532.1.

[1444] Vgl. OLBRICH, A., Wertminderung von finanziellen Vermögenswerten, S. 81; IASB (HRSG.), Amortised Cost and Impairment (agenda paper 9B), Tz. A11.

[1445] So auch in IFRS 13.B13 (d) geregelt. Zur Modellierung existieren verschiedene Ansätze, z. B. in COOPER, I./MELLO, A., Default Risk of Swaps, S. 606-609 und 612-617; JOHNSON, H./STULZ, R., Pricing of Options with Default Risk, S. 277 f.

[1446] Vgl. OLBRICH, A., Wertminderung von finanziellen Vermögenswerten, S. 81; EUROPÄISCHE ZENTRALBANK (HRSG.), CDS and Counterparty Risk, S. 64; LONGSTAFF, F./MITHAL, S./NEIS, E., Corporate Yield Spreads, S. 2220. Während *credit spreads* neben dem Kreditrisiko weitere Risikokomponenten wie bspw. das Liquiditätsrisiko oder einen etwaigen Steuernachteil vergüten (vgl. COVITZ, D./DOWNING, C., Liquidity or Credit Risk, S. 2303; LIU, S./WU, C., Taxes, Default Risk, and Credit Spreads, S. 71), wird *credit default swaps* die Eigenschaft eines vergleichsweise reinen Maßes für das Ausfallrisiko zugeschrieben (vgl. KNOTH, H./SCHULZ, M., Counterparty Default, S. 249; EUROPÄISCHE ZENTRALBANK (HRSG.), CDS and Counterparty Risk, S. 64).

[1447] Vgl. Abschnitt 573.222.

[1448] Vgl. IASB (HRSG.), ED Expected Credit Losses, Appendix A.

[1449] Eine Designation bis zur Höhe des wertgeminderten Betrages dürfte indes zulässig sein; vgl. BECKER, K./KROPP, M., in: von Wysocki et al., HdJ, Abt. IIIa/4, Rn. 332.

jeden Fall für das Sicherungsinstrument) nach den allgemeinen Vorschriften geprüft werden müssen.

574. Kriterien (3a) und (3b): Bestimmung einer unverzerrten Hedge Ratio auf Grundlage des ökonomischen Absicherungsverhältnisses

574.1 Kriterium (3a): Maßgabe des internen Risikomanagements

574.11 Funktion

Nach IFRS 9 ist die Hedge Ratio, d. h. das bilanzielle Absicherungsverhältnis von Grund- und Sicherungsgeschäft künftig auf Grundlage der tatsächlich im Risikomanagement eingesetzten Volumina von Grund- und Sicherungsgeschäft zu bestimmen.[1450] Sichert ein Unternehmen bspw. 85 % seiner gelagerten Fertigerzeugnisse gegen einen möglichen Preisverfall ab, so soll die Hedge Ratio das Verhältnis von 85 % der Gesamtrisikoposition an Fertigerzeugnissen und dem exakt zur Absicherung dieses Anteils erforderlichen Volumen des (derivativen) Finanzinstrumentes widerspiegeln.[1451] Im internen Risikomanagement wird das optimale ökonomische Absicherungsverhältnis[1452] von Grund- und Sicherungsgeschäft unter Beachtung von Instrumentenverfügbarkeit, Risikoneigung und Budget finanzwirtschaftlich kalkuliert.[1453] Vor dem Hintergrund des in der Zielsetzung postulierten Einklangs von Risikomanagement und Rechnungslegung ist es zielführend, dass die im Rahmen der externen Rechnungslegung verwandte Hedge Ratio die Eigenschaften der Risikosteuerungsmaßnahme einschließlich des ökonomischen Absicherungsverhältnisses und somit auch die Erwartungshaltung des Unternehmens über die Kompensationswirkung nachzeichnet. Die Ermittlung der Hedge Ratio kann folglich nicht etwa, wie in einigen Stellungnahmen im Entwicklungsprozess von IFRS 9 ausgelegt,[1454] auf einer Kalkulation mit theoretisch perfekten, tatsächlich aber nicht eingesetzten Sicherungsinstrumenten basieren, da andernfalls eine Diskrepanz zwischen ökonomischer Realität und Abbildungsebene entstünde. Genauso wenig kann durch dieses Kriterium ein Zwang zur ökonomischen Absicherung mit ausschließlich perfekt wirksamen Instrumenten entstehen.[1455] Vielmehr sollen einerseits perfekt wirksame Absicherungskonstellationen als solche abgebildet werden und andererseits auch Informationen über **jene Situationen** generiert werden, in denen das Unternehmen Instrumente mit **suboptimaler Absicherungswirkung** einsetzt. Etwaige Restriktionen bei der Umsetzung der intern verfolgten Risikosteuerungsstrategien im Vergleich zu einer perfekten Absicherung werden über den Ausweis von Ineffektivitäten vermittelt. Aufgrund der Relevanz dieser Informationen über die Funktionsweise des Risikomanagements

---

[1450] Vgl. IFRS 9.6.4.1 (c) (iii); Ernst & Young (Hrsg.), General Hedge Accounting, S. 2; Garz, C./Helke, I., Review Draft Hedge Accounting, S. 1210; Barz, K./Flick, P./Maisborn, M., Review Draft Hedge Accounting, S. 475; Pollmann, R., Hedge Accounting, S. 413; Wiese, R./Spindler, M., Review Draft Hedge Accounting, S. 350.

[1451] Vgl. IFRS 9.B6.4.9; Deloitte (Hrsg.), Assessing Hedge Effectiveness, S. 5.

[1452] Vgl. zu dieser Kennzahl Abschnitt 333.6.

[1453] Vgl. IFRS 9.BC6.241 sowie BC6.243 (a)-(c).

[1454] Vgl. IFRS 9.BC6.242-BC6.244.

[1455] Vgl. Märkl, H./Glaser, A., Hedge Accounting, S. 128; Barclays (Hrsg.), CL Hedge Accounting, S. 9; Bosse, M./Topper, J., Stabiles Hedge Accounting (I), S. 10.

werden Abschlussadressaten in ihrer Ressourcenallokationsentscheidung angemessen unterstützt.[1456]

Durch diese Auffassung einer prinzipiellen Maßgabe des intern eingesetzten Absicherungsverhältnisses für bilanzielle Zwecke steht die Bilanzierung einer Sicherungsbeziehung nach den Vorschriften des Hedge Accounting im **Einklang mit dem internen Risikomanagement** und darüber hinaus auch mit der übergeordneten Zielsetzung in IFRS 9 und dem Conceptual Framework. Damit wird die im Rahmen der gesetzlichen Vorschriften zulässige Selbstverantwortung über die unternehmensindividuelle Risikomanagementstrategie und deren Umsetzung vom Standardsetter angemessen berücksichtigt und die gewählten internen Maßnahmen werden – sofern tatsächlich eine Kompensationswirkung vorliegt – einschließlich ihrer Schwächen bilanziell nachvollzogen.

574.12 Anforderung

Der Maßgabe des internen Risikomanagements entsprechend kann die Hedge Ratio **keine losgelöste bilanzielle Größe** sein, die wie bislang innerhalb der „80-125 %"-Grenze frei gewählt werden kann.[1457] Vielmehr wird in aller Regel das ökonomische Absicherungsverhältnis auch für bilanzielle Zwecke übernommen, so dass die Hedge Ratio an die ökonomische Substanz gebunden wird und unternehmensindividuelle Risikosteuerungsmaßnahmen den tatsächlichen Verhältnissen entsprechend abgebildet werden.[1458] Mitunter soll nicht etwa die bilanzielle Ineffektivität minimiert werden, obwohl die tatsächlich akzeptierte und intern auch als solche aufgefasste ökonomische Ineffektivität höher ist. Entgegen diverser Stellungnahmen, in denen die Bestimmung der Hedge Ratio als separates Bilanzierungskalkül aufgefasst oder zumindest eine Unklarheit über die Bedeutung des internen Risikomanagements bei deren Festlegung geäußert wird,[1459] muss die **Optimierung der Gewichtung** von Grund- und Sicherungsgeschäft auch zur Erfüllung der Effektivitätskriterien somit prinzipiell **Aufgabe des Risikomanagements** und gerade nicht der externen Rechnungslegung sein.[1460]

In der jüngsten Literatur zum Review Draft wurde bereits ein **Vorschlag** präsentiert, wonach die Hedge Ratio unter Anwendung eines speziellen Verfahrens ermittelt wird, um so im Zeitverlauf vergleichsweise selten einer Adjustierung des bilanziellen Absicherungsverhältnisses ausgesetzt zu sein. Auf diese Weise sollte im Rahmen des Hedge Accounting eine ggf. bevorzugte **stabile Hedge Ratio** ausgewiesen werden können. So schlagen BOSSE/TOPPER ein robustes Schätzverfahren in der Form einer speziellen Regressionsanalyse (als *Least-absolute-deviation*-Methode *(LAD)* bezeichnet) vor. Die Regressionskoeffizienten werden hier nicht wie bei der gängigen *Ordinary-least-squares*-Methode *(OLS)* bzgl. einer Fehlerfunktion ermittelt, die als Summe der quadrierten Residuen definiert ist.[1461] Stattdessen werden in der robusteren *LAD*-Methode die absoluten

---

[1456] Vgl. IFRS 9.BC6.249 (a); WIESE, R./SPINDLER, M., Review Draft Hedge Accounting, S. 350.
[1457] Vgl. IASB (HRSG.), Meaning of the Unbiased Requirement (agenda paper 1B), S. 13 f.; PWC (HRSG.), Manual for Financial Instruments (2012), S. 10105.
[1458] Vgl. IFRS 9.BC6.249.
[1459] Vgl. zum separaten Optimierungskalkül bspw. ERNST & YOUNG (HRSG.), ED Hedge Accounting, S. 16 f.; BOSSE, M./TOPPER, J., Stabiles Hedge Accounting (II), S. 71-78.
[1460] Vgl. IFRS 9.BC6.249 (d).
[1461] Vgl. BOSSE, M./TOPPER, J., Stabiles Hedge Accounting (II), S. 74.

Abweichungen minimiert, so dass alle Abweichungen gewissermaßen gleich gewichtet werden und Ausreißern nicht wie im Fall der Quadrierung ein besonders starkes Gewicht beigemessen wird.[1462] Durch diese Glättung der Ausreißer soll erreicht werden, dass die Regressionsparameter und somit die Hedge Ratios robuster sind und eine einmal gewählte Hedge Ratio im Zeitverlauf nicht mehr bzw. weniger häufig angepasst werden muss.[1463]

Nun kann sich das empfohlene Verfahren zwar durchaus zur Bestimmung eines relativ konstanten und ggf. auch ökonomisch zutreffenden Absicherungsverhältnisses eignen, sofern der Einklang von Rechnungslegung und Risikomanagement auch tatsächlich sichergestellt wird. Allerdings wird dabei ein falscher Ankerpunkt unterstellt, wonach die bilanzielle Ineffektivität minimiert würde und die vorgeschlagene Vorgehensweise vermeiden soll, dass die betrachteten Ausreißer zu einer ständigen Anpassung der Hedge Ratio führen. Somit wird vernachlässigt, dass die Hedge Ratio **nicht losgelöst vom tatsächlichen Absicherungsverhältnis** im Risikomanagement bestimmt wird. Wird das Verfahren also intern eingesetzt, so stellt dieses für die externe Rechnungslegung nicht nur eine mögliche Alternative dar, sondern muss vielmehr als primäre Informationsquelle für die Bestimmung der Hedge Ratio dienen.[1464] Intern zur Kalkulation der optimalen Gewichtung von Grund- und Sicherungsgeschäft eingesetzte Verfahren sind für Zwecke der externen Rechnungslegung nicht nur prinzipiell geeignet, sondern zur Vermittlung entscheidungsnützlicher Informationen über die Güte der Risikobewältigungsmaßnahmen zwingend heranzuziehen. Falls also auch im internen Risikomanagement die *LAD*-Methode zur Berechnung des ökonomischen Absicherungsverhältnisses unter der speziellen Berücksichtigung von Ausreißern eingesetzt wird, so soll dies durchaus für die Hedge Ratio einer bilanziellen Sicherungsbeziehung übernommen werden. Ein solches Verfahren kann dann zwar sehr wohl gleichzeitig auch für den Nachweis der Unverzerrtheit der Hedge Ratio (Kriterium (3b)) dienlich sein. Kommt das Verfahren jedoch bei der internen Steuerung nicht zum Zug, so muss stattdessen auf das tatsächlich verwandte, auf Grundlage eines alternativen Verfahrens kalkulierte Absicherungsverhältnis für die bilanzielle Sicherungsbeziehung abgestellt werden. Die Bestimmung der Hedge Ratio ist gerade kein separates Optimierungskalkül, das die bilanzielle Ineffektivität auf ein Minimum reduziert, dabei allerdings nicht die mit den tatsächlich eingesetzten Volumina verbundenen Zahlungsströme bei der internen Umsetzung widerspiegelt.

574.2 Kriterium (3b): Nebenbedingung einer unverzerrten Hedge Ratio

574.21 Funktion

Wenngleich die Bestimmung der Hedge Ratio zunächst am ökonomischen Absicherungsverhältnis ansetzt,[1465] so darf das für bilanzielle Zwecke übernommene Absicherungsverhältnis nicht dergestalt verzerrt sein, dass systematisch Ineffektivitäten entstehen.[1466] Durch diese Nebenbedingung der **unverzerrten Gewichtung** soll vor allem einem **zielgerichteten Missverhältnis** von Grundge-

[1462] Vgl. WINKER, P., Empirische Wirtschaftsforschung und Ökonometrie, S. 184; HÜBLER, O., Empirische Wirtschaftsforschung, S. 204.
[1463] Vgl. BOSSE, M./TOPPER, J., Stabiles Hedge Accounting (II), S. 75 f.
[1464] Vgl. IFRS 9.B6.4.18.
[1465] Vgl. IFRS 9.BC6.244.
[1466] Vgl. IFRS 9.6.4.1 (c) (iii) i. V. m. IFRS 9.B6.4.10; BOSSE, M./TOPPER, J., Stabiles Hedge Accounting (I), S. 10; WIESE, R./SPINDLER, M., Review Draft Hedge Accounting, S. 350.

schäft und Sicherungsinstrument **entgegengewirkt** werden.[1467] Eine Verzerrung der Hedge Ratio, die dazu führt, dass die Wertänderungen des Sicherungsinstrumentes systematisch über oder unter denjenigen des Grundgeschäftes liegen, kann entweder auf eine bilanzpolitische Motivation oder auf Unvermögen im Risikomanagement zurückgeführt werden. Während bilanzpolitische Verzerrungen vor dem Fundamentalgrundsatz der glaubwürdigen Darstellung in der IFRS-Rechnungslegung zwingend unterbunden werden müssen, ist es prinzipiell zielführend, dass Unvermögen bzw. Fehler im Risikomanagement auch bilanziell durch eine hohe Ineffektivität nachgezeichnet werden. Allerdings dürfte es nach Auffassung des IASB schwierig sein, die beiden Fälle verlässlich voneinander abzugrenzen. Ferner besteht unabhängig von der speziellen Unternehmensabsicht bei einer starken, über eine ökonomisch noch nachvollziehbare Gewichtung hinausgehenden Verzerrung die Gefahr, dass anstatt einer mutmaßlichen Absicherung eine spekulative Position in Höhe des Überhangs von Grund- oder Sicherungsgeschäft vorliegt.[1468] Um zu verhindern, dass die allgemeinen Bilanzierungsvorschriften unzweckmäßig ausgehebelt werden, führt der IASB die Nebenbedingung für eine unverzerrte Hedge Ratio ein. Eine Korrektur des (vermeintlichen) Absicherungsverhältnisses für bilanzielle Zwecke erscheint vor diesem Hintergrund angemessen, da andernfalls die für das Hedge Accounting erforderliche Kompensationswirkung nicht besteht.

Für die Identifizierung einer verzerrten Hedge Ratio kann zunächst eine Differenzierung zwischen den Konstellationen des *overhedging* und des *underhedging* zweckdienlich sein.[1469] Beim ***overhedging*** designiert das bilanzierende Unternehmen ein im Vergleich zur unverzerrten Gewichtung zu hohes Volumen des Sicherungsinstrumentes. Sowohl beim Fair Value- als auch beim Cashflow-Hedge würde die retrospektiv erfasste, aufgrund der volumenmäßig stärker gewichteten Wertänderungen des Sicherungsinstrumentes systematische Ineffektivität erfolgswirksam abgebildet. Würde hingegen eine unverzerrte Hedge Ratio eingesetzt, so müsste der überschießende Volumenanteil des Sicherungsinstrumentes als alleinstehendes Derivat nach den allgemeinen Vorschriften ebenfalls erfolgswirksam zum Fair Value bilanziert werden. Die bilanzielle Verzerrung beim *overhedging* betrifft folglich ausschließlich den Ausweis der Wertänderungen des Sicherungsinstrumentes (Sicherungsergebnis vs. Handelsergebnis), wodurch dem bilanzierenden Unternehmen nur geringe Anreize zum zielgerichteten *overhedging* gesetzt werden. Beim ***underhedging*** indes designiert das Unternehmen ein zu hohes Volumen des Grundgeschäftes. Der Anreiz für eine Verzerrung besteht für das bilanzierende Unternehmen darin, dass beim Fair Value-Hedge ein höheres Volumen des Grundgeschäftes unsachgemäß zum (Hedge) Fair Value ausgewiesen werden kann bzw. beim Cashflow-Hedge durch den *lower-of-test* eine ungerechtfertigte, systematisch verringerte Ineffektivität vermittelt wird.[1470] Die Identifizierung dieser Verzerrung ist speziell dann mit Herausforderungen verbunden, sofern das Unternehmen über eine hinreichende Menge des bestehenden Grundgeschäftes verfügt bzw. eine künftige Transaktion frei gestaltbar ist. Dadurch besteht für das Unternehmen die Möglichkeit, ein zu hohes Volumen des Grundgeschäftes zu designieren, ohne dass eine zusätzliche Kaufentscheidung, die bei der bilanzpolitischen Gestaltung gerade nicht getroffen wird, zum

[1467] Vgl. IASB (Hrsg.), Meaning of the Unbiased Requirement (agenda paper 1B), S. 11 f.; Garz, C./Helke, I., Review Draft Hedge Accounting, S. 1210.
[1468] Vgl. IFRS 9.BC6.247 (a) und (b).
[1469] Vgl. IFRS 9.BC6.250 sowie zum *overhedging* bzw. *underhedging* Abschnitt 333.6.
[1470] Vgl. IFRS 9.B6.4.11; Garz, C./Helke, I., Review Draft Hedge Accounting, S. 1210.

Nachweis erforderliche wäre. Aus diesem Grund muss der Schwerpunkt beim Nachweis und bei der Prüfung der Angemessenheit der Hedge Ratio in der Identifizierung einer systematischen Verzerrung durch *underhedging* liegen.[1471]

574.22 Anforderung

Der konkrete Nachweis der Angemessenheit der Hedge Ratio könnte sich an die abgestufte Vorgehensweise bei der Analyse des ökonomischen Zusammenhangs anlehnen. In vielen, verhältnismäßig einfachen Absicherungskonstellationen sind die **wertbestimmenden Gestaltungsmerkmale** von Grund- und Sicherungsgeschäft **identisch**, so dass eine **1:1-Gewichtung** für die perfekte Absicherung angemessen ist.[1472] Da das bilanzierende Unternehmen bereits in der Prüfung von Kriterium (1) die Deckungsgleichheit der Merkmale belegen muss, dürfte für die Angemessenheit der Hedge Ratio von eins kein zusätzlicher Nachweis erforderlich sein. Weicht die Hedge Ratio trotz der Übereinstimmung der wertbestimmenden Gestaltungsmerkmale hiervon ab, so weist dies auf eine verzerrte Gewichtung hin. Explizit vom IASB ausgenommen sind Abweichungen, die auf marktübliche Konventionen *(commercial reasons)* zurückzuführen sind.[1473] Demnach wäre eine von eins abweichende Hedge Ratio etwa dann zulässig, wenn dies auf die Losgröße der verfügbaren Kontrakte (z. B. beziehen sich Kupferfutures stets auf ein Vielfaches von 25 Tonnen) zurückzuführen ist.[1474] In diesen Fällen dürfte kein spekulatives Element durch einen systematischen Überhang von Grund- oder Sicherungsinstrument, sondern vielmehr eine technische Unzulänglichkeit bei der Umsetzung der Absicherungsmaßnahme vorliegen, deren Ausweis als Ineffektivität den ökonomischen Gehalt der Verzerrung zutreffend widerspiegelt. Gleiches müsste für jene Fälle gelten, in denen die wertbestimmenden Gestaltungsmerkmale von Grund- und Sicherungsgeschäft nicht perfekt, aber dennoch weitgehend übereinstimmen bzw. die Anforderungen an den *critical terms match* bei Kriterium (1) erfüllen.[1475] Hier akzeptiert das Unternehmen geringe Unvollkommenheiten bei der Wahl der Absicherungsmaßnahme z. B. aufgrund von Markt- oder Budgetrestriktionen. Diese sollten i. S. d. Zielsetzung der Vermittlung von Informationen über die Güte des Risikomanagements ebenfalls durch die Abbildung der Ineffektivitäten im Rechenwerk kommuniziert werden. Eine hiervon losgelöste Minimierung der bilanziellen Ineffektivität, die zu einer vom ökonomischen Absicherungsverhältnis abweichenden Hedge Ratio führt, würde dieser Zielsetzung widersprechen.

Weisen Grundgeschäft und Sicherungsinstrument aufgrund divergierender wertbestimmender Gestaltungsmerkmale eine unterschiedliche Preissensitivität auf, wird das ökonomische Absicherungsverhältnis von der **1:1-Gewichtung abweichen.**[1476] Ab wann hier eine aus dem internen Risikomanagement übernommene Hedge Ratio über ein ökonomisch nachvollziehbares Maß hinausgehend verzerrt ist und somit durch das objektivierende Kriterium (3b) zu einer Adjustierung führen muss, wird in IFRS 9 nicht näher spezifiziert.[1477] Dies ist insofern nachvollziehbar, als dass

[1471] Vgl. IFRS 9.BC6.251; ERNST & YOUNG (HRSG.), General Hedge Accounting, S. 2.
[1472] Vgl. ERNST & YOUNG (HRSG.), ED Hedge Accounting, S. 16 sowie Abschnitt 333.6.
[1473] Vgl. IFRS 9.B6.4.11 (b).
[1474] Vgl. IASB (HRSG.), Meaning of the Unbiased Requirement (agenda paper 1B), S. 16 sowie Abschnitt 333.6.
[1475] Vgl. zu den einzelnen Anforderungen Abschnitt 572.223.
[1476] Vgl. ERNST & YOUNG (HRSG.), ED Hedge Accounting, S. 16.
[1477] Vgl. BARZ, K./FLICK, P./MAISBORN, M., Review Draft Hedge Accounting, S. 475.

Risikomanagementmaßnahmen innerhalb der gesetzlichen Vorschriften frei gewählt und die korrespondierenden Absicherungsverhältnisse grds. unternehmensindividuell bestimmt werden sollen. Dennoch soll – analog zu den Ausführungen bzgl. Kriterium (1) – eine über die ökonomisch begründbaren Gewichtungen hinausgehende und damit (annahmegemäß) rein bilanzpolitisch motivierte Verzerrung unterbunden werden. In solchen Konstellationen bestünde nicht die nach IFRS 9 geforderte Kompensationswirkung. Wenngleich hier ein **Ermessensspielraum** bestehen muss, ist die konkrete Entscheidung des Managements **sachgerecht zu unterlegen.**[1478] Hier können interne Berechnungen bzw. die quantitative Analyse des ökonomischen Zusammenhangs die Grundlage für den Nachweis einer unverzerrten Hedge Ratio bilden. Ferner kann auch der Vergleich mit **marktüblichen Sicherungsquoten** dienlich sein. Wenngleich diese häufig nicht unmittelbar beobachtbar sind, so können dennoch in Analogie zu IFRS 13 übliche Schätzverfahren auf Basis von Marktdaten mit einem möglichst großen Umfang an beobachtbaren Inputparametern eingesetzt werden (z. B. auch der Ansatz von BOSSE/TOPPER[1479]), um so die Bandbreite marktüblicher Sicherungsquoten bestimmen zu können.[1480] Diese kann anschließend als Vergleichsmaßstab herangezogen werden, bspw. wenn das Unternehmen ein alternatives Verfahren zur Kalkulation des Absicherungsverhältnisses einsetzt. So könnte z. B. eine im internen Risikomanagement mittels Szenarioanalysen optimierte Gewichtung von Grund- und Sicherungsgeschäft durch eine Regressionsanalyse mit Marktpreisen gestützt und die Angemessenheit der eigenen Gewichtung für bilanzielle Zwecke validiert werden.

Eine **perfekte Übereinstimmung** mit marktüblichen Sicherungsquoten kann indes vor dem Hintergrund der fundamentalen Grundsätze der IFRS-Rechnungslegung **nicht gefordert** werden. Demnach kann ein Unternehmen Informationen, die auf Einschätzungen des Managements über eine möglichst absicherungswirksame Gewichtung von Grund- und Sicherungsgeschäft basieren, durchaus glaubwürdig darstellen. Verwendet ein Unternehmen eine von der marktüblichen Sicherungsquote abweichende Quote, so kann diese durchaus auch für bilanzielle Zwecke als Hedge Ratio eingesetzt werden, sofern es sich um plausible Schätzungen und sachgemäß unterlegte Erwartungshaltungen handelt. Diese müssen mit Blick auf die geforderte Entscheidungsrelevanz der im Abschluss abgebildeten Informationen zulässig sein. Folglich dürfte bspw. auch die von BOSSE/TOPPER vorgeschlagene Behandlung von Ausreißern oder eine zukunftsgerichtete, aus dem internen Risikomanagement übernommene Hedge Ratio, die aufgrund eigens erstellter Szenarios in einem plausiblen Ausmaß von der historisch optimalen Sicherungsquote abweicht, gestattet sein. Die Grenze maximal zulässiger Abweichungen dürfte spätestens dann erreicht sein, wenn Ausprägungen der Inputparameter in die zur Bestimmung der Sicherungsquoten eingesetzten Modelle einfließen, die in etablierten Risikomanagementstandards als atypische Ausprägungen bzw. Bewegungen gelten. Beispielsweise wären Sicherungsquoten, die auf um mehr als 20 % von den am Markt beobachteten Schwankungsniveaus abweichenden Volatilitätsparametern, um mehr als 6 % veränderten Wechselkursen oder um mehr als 100 Basispunkte verschobenen Zinsstrukturkurven basieren und damit nach der allgemeinen Auffassung der *Derivatives Policy Group* stark von der

[1478] Vgl. ERNST & YOUNG (HRSG.), ED Hedge Accounting, S. 22.

[1479] Vgl. BOSSE, M./TOPPER, J., Stabiles Hedge Accounting (II), S. 74-78.

[1480] Vgl. zu den Inputparametern nach IFRS 13 KIRSCH, H.-J./KÖHLING, K./DETTENRIEDER, D./GALLASCH, F., in: Baetge et al., Rechnungslegung nach IFRS, IFRS 13, Rn. 44 sowie Rn. 65-68.

Norm abweichen dürften, nicht mehr für bilanzielle Zwecke zulässig und müssten für bilanzielle Zwecke adjustiert werden.[1481] Sofern solche atypischen Bewegungen auch für spezifische Märkte mittels marktspezifischer Risikomanagementstandards identifiziert werden können (z. B. Charakterisierung von atypischen Szenarios für einzelne Rohstoffmärkte durch den kostenpflichtigen Standard *SPAN Risk Manager* der CME Group)[1482], können auch diese für eine objektivierte Beurteilung der Annahmen des Managements herangezogen werden.

Nicht mit dem Spielraum zur Vermittlung entscheidungsnützlicher Informationen vereinbar ist auch eine Divergenz zur marktüblichen Sicherungsquote, sofern die Differenz auf eine einseitig ausgerichtete Erwartungshaltung zurückzuführen ist. Diese Erwartungshaltung tritt in der Praxis in erster Linie bei einer Gewichtung in Erscheinung, die aufgrund eines bestehenden Finanzierungselementes von der marktüblichen Sicherungsquote divergiert.[1483] Sichert ein Unternehmen eine Risikoposition mit einem bereits existierenden Derivat ab, dessen Marktwert z. B. unter null liegt, so entsteht im Zeitverlauf bereits aufgrund des *Unwinding*-Effektes[1484] eine negative Erfolgswirkung aus dem Finanzierungselement. Unternehmen versuchen daher gelegentlich, diesen Effekt durch eine gezielte Gewichtung von Grund- und Sicherungsgeschäft zu kompensieren.[1485] Profitiert das Unternehmen in der konkreten Absicherungskonstellation etwa in Zeiten steigender Grundgeschäftspreise (z. B. bei der Absicherung von Waren), so wird es – solange es tendenziell eine Preissteigerung erwartet – das Grundgeschäft volumenmäßig übergewichten. Erwartet das Unternehmen indes einen Preisverfall, so wird es das Grundgeschäft regelmäßig systematisch untergewichten. Somit wird deutlich, dass die Anpassung der Hedge Ratio aufgrund eines Finanzierungselementes stets auf einer speziellen Erwartungshaltung basiert. Diese zielgerichtete Gewichtung aufgrund einer einseitig ausgerichteten Erwartungshaltung ist indes ein eindeutiger Indikator für ein spekulatives Element. Eine derartige Abweichung von marktüblichen Sicherungsquoten basiert folglich nicht mehr auf einer erwarteten Kompensationswirkung. Wird im Rahmen der vermeintlichen Risikosteuerung ein durch spekulative Erwartungshaltungen verzerrtes Absicherungsverhältnis eingesetzt, so muss dieses für die Hedge Ratio zur Abbildung des Sicherungsverhältnisses zwingend adjustiert werden.[1486]

58 Auflösung, Fortführung und Anpassung einer bilanziellen Sicherungsbeziehung

581. Überblick

Eine bilanzielle Sicherungsbeziehung ist künftig dann und nur dann abzubrechen, sofern die Sicherungsbeziehung den **Anwendungsvoraussetzungen** für die Bilanzierung nach den Vorschriften des Hedge Accounting nicht länger genügt.[1487] An den Regeln zum Abbruch einer Sicherungsbeziehung wird die in IFRS 9 neu formulierte Zielsetzung der engen Verzahnung von internem Risiko-

[1481] Vgl. zu den *standard scenario shifts* von Marktparametern COOPERS & LYBRAND (HRSG.), Generally Accepted Risk Principles, S. 86; WINSTON, K., Buy Side Risk Management, S. 31.
[1482] Vgl. CME GROUP (HRSG.), Standard Portfolio Analysis of Risk, S. 6.
[1483] Vgl. zum *late hedging* HEISE, F./KOELEN, P./DÖRSCHELL, A., Late Designation, S. 311 sowie Abschnitt 564.
[1484] Vgl. zum Effekt des *unwinding* sowie zu einem möglichen Lösungsansatz Abschnitt 564.
[1485] Vgl. IFRS 9.BC6.245.
[1486] Vgl. IFRS 9.BC6.245.
[1487] Vgl. IFRS 9.6.5.6 sowie B6.5.22.

management und externer Rechnungslegung besonders deutlich.[1488] Zwar ist eine bilanzielle Sicherungsbeziehung aufzulösen, sobald sie die Anwendungsvoraussetzungen des Hedge Accounting nach IFRS 9 verletzt. Im Gegensatz zu IAS 39 ist eine **freiwillige Auflösung** einer bilanziellen Sicherungsbeziehung indes künftig **nicht mehr zulässig**.[1489] Verfolgt das bilanzierende Unternehmen weiterhin die zum Zeitpunkt der Designation für die konkrete Absicherungsmaßnahme formulierte und dokumentierte Zielsetzung zur Umsetzung der Risikosteuerungsstrategie und sind die übrigen Anforderungen an Grund- und Sicherungsgeschäft und ihre Kompensationswirkung nach wie vor erfüllt, so ist die bilanzielle Sicherungsbeziehung verpflichtend **fortzuführen**.[1490] Ändern sich bei fortbestehender Zielsetzung die ökonomischen Rahmenbedingungen bzw. die Ausprägungen wertbestimmender Parameter von Grundgeschäft oder Sicherungsinstrument und damit auch deren Preissensitivität, so ist es künftig geboten, die zum Zeitpunkt der Designation der Sicherungsbeziehung festgelegte Hedge Ratio durch eine an den aktuellen Verhältnissen ausgerichtete volumenmäßige Neugewichtung ***(rebalancing)*** von Grund- und Sicherungsgeschäft anzupassen.[1491]

582. Auflösung und Fortführung einer bilanziellen Sicherungsbeziehung

582.1 Auslösende Tatbestände

Durch die in IFRS 9 neu formulierte Anforderung des Einklangs von Risikomanagement und Rechnungslegung muss für eine Anwendung des Hedge Accounting auch im internen Risikomanagement ein Absicherungsverhältnis bestehen, so dass keine von der internen Steuerung losgelösten, rein bilanziellen Sicherungsbeziehungen designiert werden dürfen. In der Konsequenz ist eine Sicherungsbeziehung **vollständig aufzulösen**, sobald die Sicherungsbeziehung nicht mehr im Einklang mit der **internen Zielsetzung** steht.[1492] Ferner ist ein Abbruch geboten, sofern die **objektivierenden Anforderungen** an die ganzheitliche, partielle oder aggregierte Designation von Grund- oder Sicherungsgeschäft nicht mehr erfüllt werden. Dies schließt diejenigen Fälle mit ein, in denen Elemente der Sicherungsbeziehung durch Ausfall, Fälligkeit, Ausübung oder Glattstellung nicht mehr existieren.[1493] Das Überrollen von Terminkontrakten im Zuge einer *Rollover*-Strategie ist dabei explizit unschädlich, sofern diese Strategie bereits zum Designationszeitpunkt dokumentiert wurde.[1494] Auch der Wechsel der Vertragspartei eines Sicherungsinstrumentes zu einer zentralen Clearingstelle oder zu einem Mitglied des Clearing löst zweckmäßig keine Beendigung des Hedge Accounting aus, falls der Wechsel aufgrund aufsichtsrechtlicher Anforderungen erfolgt und ausschließlich für den Parteiwechsel erforderliche (Vertrags-)Änderungen des Sicherungsin-

[1488] Vgl. FLICK, P./KRAKUHN, J./SCHÜZ, P., ED Hedge Accounting, S. 121.

[1489] Vgl. IFRS 9.6.5.6; LÖW, E./THEILE, C., in: Heuser et al., IFRS Handbuch, Sicherungsgeschäfte und Risikoberichterstattung, S. 631; BARZ, K./FLICK, P./MAISBORN, M., Review Draft Hedge Accounting, S. 476.

[1490] Vgl. IDW (HRSG.), WP-Handbuch 2012, S. 1814.

[1491] Vgl. IFRS 9.6.5.5 f. i. V. m. IFRS 9.B6.5.9 sowie BC6.301; BOSSE, M./TOPPER, J., Stabiles Hedge Accounting (I), S. 12.

[1492] Vgl. IFRS 9.B6.5.26 (a); BARZ, K./FLICK, P./MAISBORN, M., Review Draft Hedge Accounting, S. 476; MÄRKL, H./GLASER, A., Hedge Accounting, S. 130; LÖW, E./THEILE, C., in: Heuser et al., IFRS Handbuch, Sicherungsgeschäfte und Risikoberichterstattung, S. 631 sowie Abschnitt 54.

[1493] Vgl. IFRS 9.B6.5.26 (b); BARZ, K./FLICK, P./MAISBORN, M., Review Draft Hedge Accounting, S. 476.

[1494] Vgl. IFRS 9.6.5.6 sowie zur Praxis der regelmäßigen Glattstellung bei starken Preisänderungen BARCKOW, A., in: Baetge et al., Rechnungslegung nach IFRS, IAS 39, Rn. 254.

strumentes vereinbart werden.[1495] Schließlich ist eine Sicherungsbeziehung auch dann aufzulösen, falls im Zuge der prospektiven Effektivitätsbeurteilung der Folgeperioden festgestellt wird, dass der ökonomische Zusammenhang (Kriterium (1)) zwischen Grund- und Sicherungsgeschäft beeinträchtigt ist bzw. der Effekt des Kreditrisikos (Kriterium (2)) deren Wertentwicklungen dominiert. Da der Sicherungsbeziehung folglich keine systematische Kompensationswirkung attestiert werden kann, muss die Anwendung der speziellen Abbildungsregeln des Hedge Accounting untersagt sein.[1496] Ein Verstoß gegen die Kriterien (3a) und (3b) führt indes nicht zu einem vollständigen Abbruch der Sicherungsbeziehung, sondern muss künftig verpflichtend über die Anpassung der Hedge Ratio gelöst werden.[1497]

Eine bilanzielle Sicherungsbeziehung kann prinzipiell auch **teilweise aufgelöst werden,** sofern die Anwendungsvoraussetzungen des Hedge Accounting für einen bestimmten volumenmäßigen Anteil nicht länger erfüllt werden.[1498] Dieser Fall tritt häufig beim antizipativen Hedging ein.[1499] Sichert ein Unternehmen eine künftige Transaktion, wie den Erwerb von Waren oder geplante Umsatzerlöse, mit derivativen Finanzinstrumenten ab und wird im Zeitverlauf ein Anteil des ursprünglich designierten Volumens nicht mehr länger als hoch wahrscheinlich eingestuft, so ist der entsprechende Teil der Sicherungsbeziehung aufzulösen.[1500] Der weiterhin als hoch wahrscheinlich befundene Anteil wird fortgeführt, wenngleich in der Konsequenz die Prognosefähigkeit des Unternehmens in Frage gestellt werden muss.[1501] Die Besonderheit der Vorschriften in IFRS 9 zum teilweisen Abbruch einer Sicherungsbeziehung besteht darin, dass der verbleibende Anteil des Absicherungsverhältnisses in Form der ursprünglichen Sicherungsbeziehung fortgeführt wird und nicht mehr wie bislang zunächst ein vollständiger Abbruch und eine anschließende Designation des intern fortbestehenden Anteils erforderlich sind. Damit werden die bislang auszuweisenden, bei einer internen Fortführung des anteiligen Absicherungsverhältnisses ökonomisch indes nicht gerechtfertigten Ineffektivitäten bei einer erneuten Designation mit Sicherungsinstrumenten, die zu diesem Zeitpunkt aufgrund veränderter Marktkonditionen ein Finanzierungselement aufweisen, wirksam vermieden.[1502] Gleichzeitig wird durch diese bilanzielle Behandlung eine starke Annäherung der Abbildung von Absicherungsverhältnissen an das interne Risikomanagement erreicht und die Komplexität aus Unternehmenssicht reduziert.[1503]

Im Fall eines (teilweisen) Abbruchs sind die einzelnen Elemente der ursprünglichen Sicherungsbeziehung wieder nach den allgemeinen Vorschriften abzubilden. Dabei sind die speziellen Regelungen zur Amortisation der Buchwertanpassungen bei Fair Value-Hedges bzw. zur Auflösung der Eigenkapitalrücklage bei Cashflow-Hedges zu beachten.[1504]

[1495] Vgl. IFRS 9.6.5.6 (a) und (b) sowie BC6.54.
[1496] Vgl. IFRS 9.B6.5.26 (c).
[1497] Vgl. hierzu die Ausführungen zum *rebalancing* in Abschnitt 583.
[1498] Vgl. Löw, E./Clark, J., Hedge Accounting und Risikomanagement, S. 131.
[1499] Vgl. IFRS 9.B6.5.27 (b).
[1500] Vgl. IFRS 9.B6.5.27 f.
[1501] Vgl. IFRS 9.BC6.317 sowie Abschnitt 552.2.
[1502] Vgl. zum Finanzierungselement eines Sicherungsinstrumentes Abschnitt 564.
[1503] Vgl. Märkl, H./Glaser, A., Hedge Accounting, S. 12.
[1504] Vgl. KPMG (Hrsg.), Hedge Accounting on the Horizon, S. 36 sowie Abschnitt 532.2 und Abschnitt 533.2.

582.2 Bindung der Behandlung an die auslösenden Tatbestände

Die Abschaffung des Wahlrechtes zur jederzeitigen Auflösung einer Sicherungsbeziehung wurde bereits in der Entwicklungsphase des Standards kontrovers diskutiert.[1505] Von den Befürwortern des Wahlrechtes wurde das Argument ins Feld geführt, dass angesichts des Wahlrechtes zur Designation und somit zur Anwendung der Vorschriften des Hedge Accounting auch eine freiwillige Auflösung der Sicherungsbeziehung und die daran anknüpfende Bilanzierung nach den allgemeinen Vorschriften für eine in sich schlüssige Konzeption möglich sein müssten.[1506] Ferner wurde konstatiert, dass die Zielsetzung einer Sicherungsbeziehung häufig dahingehend modifiziert wird, dass die Absicherung auf der ursprünglichen sachlichen oder zeitlichen Ebene abgebrochen und an anderer Stelle fortgeführt wird. Die gebotene, ggf. unveränderte Fortführung der Sicherungsbeziehung würde zu einer Diskrepanz zwischen Steuerungs- und Abbildungsebene führen, die nur durch die Auflösung der ursprünglichen und die anschließende Designation einer neuen Sicherungsbeziehung in einem anderen Zusammenhang vermieden werden könne.[1507]

Durch die Aufhebung des Wahlrechtes werden indes die damit einhergehenden Gestaltungsmöglichkeiten unterbunden und eine bessere Vergleichbarkeit der Abschlussinformationen gefördert.[1508] Der IASB erzielt damit einen Einklang von Risikomanagement und Rechnungslegung, der in IAS 39 aufgrund der fehlenden Bindung der bilanziellen Sicherungsbeziehung an die interne Absicherungsmaßnahme nicht erreicht wird. Vor dem Hintergrund dieses Einklangs wird hinsichtlich der kritisierten Unzulänglichkeiten bei der Abbildung von Absicherungsmaßnahmen, die auf einer anderen Ebene fortgeführt werden, künftig auf die im Folgenden zu konkretisierende sicherungsspezifische Risikomanagementzielsetzung abzustellen sein.

582.3 Maßgabe der sicherungsspezifischen Risikomanagementzielsetzung

Von zentraler Bedeutung ist die Betonung in den Ausführungen des Standardsetters, dass für die Auflösung, Fortführung oder Anpassung der bilanziellen Sicherungsbeziehung die **Risikomanagementzielsetzung** des spezifischen Absicherungsverhältnisses und nicht etwa die übergeordnete Strategie maßgeblich ist.[1509] Die Risikomanagementzielsetzung bezieht sich also auf die Ebene des konkreten Absicherungsverhältnisses und bestimmt, wie eine Steuerungsmaßnahme zur Reduktion des Marktpreisrisikos einer originären Risikoposition eingesetzt wird. Die sicherungsspezifische Risikomanagementzielsetzung ist dabei stets in eine übergeordnete Risikomanagementstrategie eingebettet, die in aller Regel mehrere Absicherungsverhältnisse umfasst, deren jeweiligen Zielset-

[1505] Vgl. KHOLMY, K./WEIHERICH, N., Stellungnahmen zum ED Hedge Accounting, S. 229; IASB (HRSG.), Rebalancing (agenda paper 8), S. 5.

[1506] Vgl. IFRS 9.BC6.324; SIEMENS (HRSG.), CL Hedge Accounting, S. 2; KHOLMY, K./WEIHERICH, N., Stellungnahmen zum ED Hedge Accounting, S. 229. Vgl. zur Diskussion auch die erste und die neunte Sitzung des IFRS-Fachausschusses des DRSC sowie die dazugehörenden Sitzungsunterlagen DRSC (HRSG.), Hedge Accounting (Papier 01_02a), S. 9 und S. 14; DRSC (HRSG.), Hedge Accounting (Papier 09_11a), S. 24.

[1507] Vgl. IFRS 9.BC6.325; IASB (HRSG.), Hedge Accounting – CL Summary (agenda paper 7B), S. 2; BARZ, K./WEIGEL, W., Sicherungsbeziehungen und Risikomanagement, S. 233.

[1508] Vgl. LÖW, E./CLARK, J., Hedge Accounting und Risikomanagement, S. 132; BARZ, K./FLICK, P./MAISBORN, M., Review Draft Hedge Accounting, S. 476.

[1509] Vgl. IFRS 9.B6.5.23; ERNST & YOUNG (HRSG.), General Hedge Accounting, S. 2.

zungen gemeinsam an der Strategie ausgerichtet sind und die zu deren Umsetzung dienen.[1510] Ändern sich nun die ökonomischen Rahmenbedingungen, so können einzelne Absicherungsverhältnisse angepasst oder aufgelöst und in anderer Form neu begründet werden, um dieselbe Strategie auf anderer sachlicher bzw. organisationaler oder zeitlicher Ebene zu realisieren. Dabei kann die Zielsetzung auf Ebene des spezifischen Absicherungsverhältnisses durchaus revidiert werden, ohne dass sich die übergeordnete Strategie selbst ändert.

Durch die Bindung der Behandlung einer bilanziellen Sicherungsbeziehung an die Zielsetzung verhindert IFRS 9 einerseits, dass die Sicherungsbeziehung willkürlich aufgelöst wird, solange die sicherungsspezifische Zielsetzung intern fortbesteht. Andererseits impliziert dies aber auch, dass eine Auflösung nicht nur möglich, sondern vielmehr geboten ist, wenn sich die sicherungsspezifische Zielsetzung – selbst innerhalb der identischen Strategie – wandelt und die Absicherungsmaßnahme in sachlicher oder zeitlicher Hinsicht modifiziert wird. Sollte die übergeordnete Strategie neu ausgerichtet werden, so ändern sich i. d. R. auch die einzelnen Ziele zur Umsetzung, so dass eine Auflösung der internen Absicherungsverhältnisse auch bilanziell nachvollzogen werden muss.

In IFRS 9 werden Beispielsituationen skizziert, die die häufigsten **Anwendungsfälle** in der Praxis und die meisten Kritikpunkte in den Stellungnahmen hinsichtlich der Änderung einer sicherungsspezifischen Zielsetzung adressieren sollen.[1511] Demnach gilt eine sicherungsspezifische Zielsetzung grds. auch dann als revidiert, wenn die übergeordnete Risikomanagementstrategie auf einer anderen sachlichen bzw. organisationalen oder zeitlichen Ebene realisiert wird.[1512] Diese Leitlinien werden nachfolgend aufgegriffen und für Absicherungskonstellationen, die speziell bei Industrieunternehmen entstehen, konkretisiert.[1513]

Eine Sicherungsbeziehung ist (ggf. anteilig) aufzulösen, wenn die **sachliche Zielsetzung** nicht länger angestrebt und das Absicherungsverhältnis intern beendet wird, selbst wenn die anfänglich formulierte übergeordnete Strategie weiterhin gültig ist und durch andere Absicherungsverhältnisse umgesetzt wird. So kann bspw. ein Unternehmen die Strategie verfolgen, die prognostizierten Rohstoffkäufe i. H. v. 100 ME angesichts des Preissteigerungsrisikos zu einem fixen Anteil des Gesamtvolumens, z. B. 50 %, abzusichern.[1514] Durch den Einsatz von Warentermingeschäften sichert das Risikomanagement den zu leistenden Rohstoffpreis für den spezifizierten Anteil i. H. v. 50 ME ab und designiert das Absicherungsverhältnis als bilanzielle Sicherungsbeziehung. Kurz darauf erhält das Unternehmen einen Großauftrag und wird daher künftig zusätzliche Rohstoffe

---

[1510] Vgl. IFRS 9.BC6.329 f. sowie Abschnitt 323.2.

[1511] Vgl. IASB (HRSG.), Rebalancing (agenda paper 8), S. 5.

[1512] Vgl. zur Unterscheidung zwischen der übergeordneten Risikomanagementstrategie und der sicherungsspezifischen Risikomanagementzielsetzung Abschnitt 323.2.

[1513] Vgl. KHOLMY, K./WEIHERICH, N., Stellungnahmen zum ED Hedge Accounting, S. 228; GARZ, C./HELKE, I., Review Draft Hedge Accounting, S. 1212 f.; IDW (HRSG.), CL Hedge Accounting, S. 10; PWC (HRSG.), CL Hedge Accounting, S. 2; BARZ, K./WEIGEL, W., Sicherungsbeziehungen und Risikomanagement, S. 233 sowie Stellungnahmen einzelner Unternehmen, z. B. VOLKSWAGEN (HRSG.), CL Hedge Accounting, S. 3; ATEL (HRSG.), CL Hedge Accounting, S. 3 f.

[1514] Nachfolgende Ausführungen beziehen sich auf das Beispiel in IFRS 9.B6.5.24 (a) zur Absicherung von Währungs- und Zinsänderungsrisiken, für die die entsprechenden Ausführungen folglich ebenfalls gelten.

i. H. v. 40 ME benötigen. Diese zusätzliche Menge wird dem Unternehmen von einem neuen Lieferanten im Rahmen eines längerfristigen Liefervertrages zu einem festgelegten Preis angeboten, so dass bereits 90 ME der voraussichtlich insgesamt benötigten 140 ME preislich festgeschrieben sind. Um der Strategie einer 50 %-igen Preisfixierung für das Gesamtvolumen weiterhin nachzukommen und somit den Erwerb i. H. v. 70 ME abzusichern, werden 20 [= 90 - 70] ME des bereits mit Warentermingeschäften abgesicherten Volumens im Risikomanagement wieder freigestellt (z. B. durch Glattstellung).[1515] Trotz der identischen Strategie ändert sich für die geplanten Rohstoffkäufe i. H. v. 20 ME also die sachliche, sicherungsspezifische Zielsetzung, die durch eine anteilige Auflösung der bilanziellen Sicherungsbeziehung nachgezeichnet werden muss. Für die verbleibenden 30 [= 50 - 20] ME besteht die sachliche Zielsetzung nach wie vor, so dass die Sicherungsbeziehung hierfür verpflichtend fortgeführt wird.

Die spezifische Zielsetzung eines Absicherungsverhältnisses wird ferner auch dann abgewandelt und damit die ursprünglich Zielsetzung aufgegeben, wenn die Absicherung auf eine **andere sachliche Ebene** verlagert und dort neu definiert wird.[1516] So kann ein Unternehmen bspw. das Währungsrisiko aus prognostizierten Fremdwährungsumsätzen und den daraus entstehenden Fremdwährungsforderungen steuern. In den Risikomanagementstrategien von Industrieunternehmen werden häufig geplante Umsätze durch einzelne Absicherungsverhältnisse nur bis zum Zeitpunkt des Entstehens der entsprechenden Forderung abgesichert.[1517] Anschließend wird das Währungsrisiko der einzelnen Forderung nicht mehr auf Ebene desselben, spezifischen Absicherungsverhältnisses gesteuert. Vielmehr werden die Fremdwährungsforderungen zusammengefasst, mit Verbindlichkeiten und bestehenden Derivaten derselben Währung verrechnet und auf Nettobasis gesteuert. Wird die bilanzielle Sicherungsbeziehung in Übereinstimmung mit dem Risikomanagement also lediglich mit einer Laufzeit bis zum Zeitpunkt des Entstehens der Forderung designiert, so ist sie zu diesem Zeitpunkt aufzulösen. Das Währungsrisiko wird zwar weiterhin innerhalb derselben Strategie gesteuert, aber auf einer anderen sachlichen Ebene, so dass das Risikomanagementziel für das spezifische Absicherungsverhältnis nicht länger besteht und die Sicherungsbeziehung entsprechend aufzulösen ist.[1518]

Die sicherungsspezifische Zielsetzung kann auch durch eine Verlagerung der Absicherung auf eine **andere zeitliche Ebene** grundlegend modifiziert werden. So werden Marktpreisrisiken in fortgeschrittenen Risikomanagementsystemen häufig innerhalb dynamischer Strategien, die sich auf im Zeitablauf verändernde Portfolios beziehen, gesteuert.[1519] Beispielsweise werden geplante Warenkäufe in Laufzeitbänder eingeteilt und das Preisrisiko der kumulierten Positionen eines jeweiligen Laufzeitbandes durch derivative Instrumente abgesichert. Im Zeitverlauf gelangen die Positionen in

[1515] Das Unternehmen kann die Warenterminkontrakte mit einem Nominalwert von 20 ME entweder glattstellen oder als offene Risikoposition weiterhin halten. Die Pflicht zur anteiligen Auflösung und zur Fortführung des verbleibenden Sicherungsverhältnisses bleibt hiervon unberührt.

[1516] Vgl. IFRS 9.B6.5.24 (b).

[1517] Vgl. ATEL (HRSG.), CL Hedge Accounting, S. 3.

[1518] Würde das interne Risikomanagement indes das Währungsrisiko vom Prognosezeitpunkt bis zum Zahlungseingang innerhalb derselben spezifischen Absicherungsverhältnisse sichern, so müsste die bilanzielle Sicherungsbeziehung über den Zeitpunkt des Entstehens der Forderung hinweg fortgeführt werden.

[1519] Vgl. ERNST & YOUNG (HRSG.), General Hedge Accounting, S. 3.

andere Laufzeitbänder bzw. andere zeitliche Ebenen und werden entsprechend der Risikomanagementstrategie für den jeweiligen Zeithorizont unterschiedlich abgesichert (i. d. R. mit zunehmendem Umfang bei näher rückendem Laufzeitende). Diese Strategie kann bilanziell abgebildet werden, indem eine Vielzahl aufeinanderfolgender (statischer) Sicherungsbeziehungen designiert wird, die im Zeitverlauf immer wieder an die veränderten Gegebenheiten angepasst werden müssen.[1520] Somit werden sicherungsspezifische Zielsetzungen aufgegeben und aus Risikomanagementperspektive neue Grund- und Sicherungsgeschäfte definiert und mit einer neuen Zielsetzung versehen. Auf der Abbildungsebene sind folglich ebenfalls die entsprechenden Sicherungsbeziehungen aufzulösen, da die ursprünglichen Zielsetzungen (selbst bei gleichbleibender Strategie für die Laufzeitbänder) für die designierten ökonomischen Absicherungsverhältnisse in ihrer Form nicht mehr existieren.

Die im Standardsetzungsprozess geäußerte Befürchtung, dass eine Auflösung spezifischer Sicherungsbeziehungen bei gleichbleibender Risikomanagementstrategie künftig prinzipiell nicht mehr zulässig sein und dadurch eine Diskrepanz zwischen ökonomischer Absicherung und bilanzieller Abbildung entstehen könnte, wird durch diese Leitlinien entkräftet. Die vom Standardsetter gewählte Lösung zur bilanziellen Abbildung steht dabei im Einklang mit der intern verfolgten Zielsetzung und ist folglich nicht nur aus Sicht der Bilanzierungspraxis[1521] zu begrüßen. Allerdings muss an dieser Stelle betont werden, dass es sich in den geschilderten Situationen keineswegs jeweils um eine eingeforderte und nunmehr vom IASB eingeräumte Möglichkeit, sondern vielmehr um eine Pflicht zur Auflösung einer Sicherungsbeziehung handelt.[1522]

583. Anpassung einer bilanziellen Sicherungsbeziehung im Rahmen des Rebalancing

Ändern sich die ökonomischen Rahmenbedingungen bzw. die Ausprägungen wertbestimmender Parameter von Grundgeschäft oder Sicherungsinstrument, so kann sich deren Preissensitivität hinsichtlich des abgesicherten Risikos und damit auch das volumenmäßige Verhältnis einer unverzerrten Hedge Ratio ändern. In diesen Fällen ist es künftig **geboten**, die zum Zeitpunkt der Designation der Sicherungsbeziehung festgelegte Hedge Ratio durch eine an den **aktuellen Verhältnissen ausgerichtete volumenmäßige Neugewichtung** ***(rebalancing)*** von Grund- und Sicherungsgeschäft anzupassen, sofern dadurch das entstandene Ungleichgewicht behoben werden kann.[1523] Diese Vorschrift bezieht sich ausschließlich auf jene bilanziellen Sicherungsbeziehungen, deren volumenmäßiges Verhältnis von Grund- und Sicherungsgeschäft nicht mehr länger den

---

[1520] Vgl. GARZ, C./HELKE, I., Review Draft Hedge Accounting, S. 1212; ATEL (HRSG.), CL Hedge Accounting, S. 3 f. Über diesen Lösungsweg werden die im Projekt zum Makro Hedging adressierten dynamischen Sicherungsstrategien approximiert; vgl. Abschnitt 522.

[1521] Vgl. GARZ, C./HELKE, I., Review Draft Hedge Accounting, S. 1212 f.

[1522] Sollte ein Unternehmen ferner nicht dem skizzierten Prozedere bei der Zielfestlegung innerhalb des klassischen Risikomanagementkreislaufs folgen, so dürfte der geforderte Gleichklang zwischen Risikomanagement und Rechnungslegung bei fehlenden, explizit für einzelne Sicherungsmaßnahmen dokumentierten Zielsetzungen das Unternehmen dazu zwingen, ggf. existierende interne Richtlinien auf konkrete Absicherungsverhältnisse unter erheblichem Aufwand umzuschreiben bzw. übergeordnete Strategien zunächst auf diese Ebene herunterzubrechen. Vgl. KPMG (HRSG.), Hedge Accounting on the Horizon, S. 5. Vgl. bzgl. fehlender Zielsetzungen für einzelne Sicherungsbeziehungen auch FLICK, P./KRAKUHN, J./SCHÜZ, P., ED Hedge Accounting, S. 121 f.

[1523] Vgl. IFRS 9.6.5.5 f. i. V. m. IFRS 9.B6.5.9 sowie BC6.301; BOSSE, M./TOPPER, J., Stabiles Hedge Accounting (I), S. 12.

Effektivitätskriterien bzgl. der Bestimmung einer unverzerrten Hedge Ratio auf Grundlage des ökonomischen Absicherungsverhältnisses (Kriterien (3a) und (3b)) genügen, gleichzeitig aber die sicherungsspezifischen Zielsetzungen unverändert bestehen und die Anforderungen an die Effektivität durch die Adjustierung der Hedge Ratio wieder erfüllt werden können.[1524] IFRS 9 bestimmt, dass Sicherungsbeziehungen auch nach *Rebalancing*-Maßnahmen bilanziell fortgeführt werden, sofern die ursprünglichen sicherungsspezifischen Zielsetzungen vom internen Risikomanagement nach wie vor verfolgt werden.[1525] Im Gegensatz zu den Bestimmungen in IAS 39 führt eine volumenmäßige Neugewichtung folglich nicht zum Abbruch einer Sicherungsbeziehung.[1526] Vor der Auflösung einer Sicherungsbeziehung aufgrund verletzter Effektivitätskriterien ist somit zunächst die Pflicht zur Anpassung der Hedge Ratio zu prüfen.[1527]

Die *application guidance* enthält explizite Vorgaben für die Anpassung der Hedge Ratio, die in erster Linie für die Absicherung von Güterpreisrisiken von Bedeutung sind, da hier Grund- und Sicherungsgeschäfte aufgrund der Marktbeschaffenheit häufig nicht exakt aufeinander abgestimmt sind bzw. eine unterschiedliche Preissensitivität aufweisen und sich die unverzerrte Hedge Ratio dadurch im Zeitverlauf rasch ändern kann.[1528] So könnte bspw. ein Unternehmen auf Grundlage historischer Daten festlegen, dass es zur optimal befundenen Absicherung des künftigen Erwerbs einer Aluminiumlegierung i. H. v. 100 ME mangels geeigneterer Kontrakte nur auf reines Aluminium lautende Warentermingeschäfte mit einem Nominalwert i. H. v. 82,5 ME einsetzen muss und designiert das entsprechende Absicherungsverhältnis als bilanzielle Sicherungsbeziehung.[1529] Am darauffolgenden Stichtag wird deutlich, dass sich das Preisverhältnis zwischen der Aluminiumlegierung und dem reinem Aluminium dauerhaft verändert hat und künftig lediglich Derivate mit einem Nominalvolumen i. H. v. 75 ME für die Absicherung des Grundgeschäftes (nach wie vor 100 ME) erforderlich sind. Daraufhin kann das Unternehmen im Risikomanagement entweder eine entsprechende Reduktion des Derivatevolumens i. H. v. 7,5 ME einleiten und auch bilanziell das Sicherungsgeschäft entsprechend volumenmäßig reduzieren oder es kann den Umfang der ökonomischen Absicherung um 10 ME des Grundgeschäftes bei gleichbleibendem Derivatevolumen auf den Erwerb i. H. v. insgesamt 110 ME aufstocken und dies bilanziell nachzeichnen, sofern das gesamte abgesicherte Volumen den Umfang der erwarteten Transaktion nicht übersteigt. Im Fall einer umgekehrten Entwicklung des Preisverhältnisses könnte das Unternehmen entweder zur Absicherung derselben Menge des Grundgeschäftes zusätzliche Warentermingeschäfte kontrahieren und das Volumen des Sicherungsinstrumentes auf der Abbildungsebene erhöhen oder es muss, sofern das Unternehmen den Abschluss weiterer Sicherungsinstrumente nicht in Erwägung zieht, den Umfang des abgesicherten Grundgeschäftes entsprechend verringern.

[1524] Vgl. MÄRKL, H./GLASER, A., Hedge Accounting, S. 129; LÖW, E./THEILE, C., in: Heuser et al., IFRS Handbuch, Sicherungsgeschäfte und Risikoberichterstattung, S. 631.

[1525] Vgl. IFRS 9.6.5.5 i. V. m. IFRS 9.B6.5.8 sowie B6.5.15. Änderungen des ökonomischen Absicherungsverhältnisses i. S. d. *rebalancing* werden folglich auch nicht als Änderungen in der sicherungsspezifischen Zielsetzung (bezogen auf die fortgeführten Volumina) aufgefasst; vgl. IASB (HRSG.), Rebalancing (agenda paper 8), S. 3.

[1526] Vgl. IASB (HRSG.), Rebalancing (agenda paper 8), S. 2 f.

[1527] Vgl. BOSSE, M./TOPPER, J., Stabiles Hedge Accounting (I), S. 12.

[1528] Vgl. GARZ, C./HELKE, I., Review Draft Hedge Accounting, S. 1210.

[1529] In Anlehnung an das Beispiel in ERNST & YOUNG (HRSG.), ED Hedge Accounting, S. 22.

Die zentrale Neuerung im Vergleich zu IAS 39 besteht darin, dass eine derartige volumentechnische Anpassung stets als Fortführung der bestehenden Sicherungsbeziehung und gerade nicht als abgebrochene und neu designierte Sicherungsbeziehung behandelt wird. Ändert sich der Umfang des Sicherungsinstrumentes (Grundgeschäftes), so werden die Wertänderungen für das konstante Volumen des Grundgeschäftes (Sicherungsinstrumentes) wie bereits vor der Anpassung nach den Bilanzierungsregeln des Fair Value- bzw. des Cashflow-Hedge erfasst.[1530] Werden Sicherungsinstrument oder Grundgeschäft volumentechnisch reduziert, so wird dies als teilweise Auflösung der Sicherungsbeziehung aufgefasst. Für die reduzierten Volumina gelten folglich die Vorschriften zum Abbruch einer Sicherungsbeziehung, so dass diese Bestandteile grds. wieder nach den allgemeinen Bilanzierungsvorschriften erfasst werden, wobei die speziellen Abbruchregelungen zu beachten sind.[1531] Wertänderungen neu hinzugezogener Volumina von Grund- oder Sicherungsgeschäften werden in die Wertbestimmung der neu zusammengesetzten Position einbezogen, dabei jedoch mit Bezug auf den Zeitpunkt der Adjustierung der Hedge Ratio berechnet. Somit sind die zu diesem Zeitpunkt geltenden Konditionen und Marktverhältnisse zugrunde zu legen, die von denjenigen des bereits designierten Anteils aufgrund veränderter ökonomischer Rahmenbedingungen abweichen können (z. B. hinsichtlich Laufzeit, Swapsätzen bzw. Zeitwerten und Finanzierungselementen).[1532]

Im Fall einer Änderung des Verhältnisses zwischen den beobachteten Wertänderungen von Grund- und Sicherungsgeschäft muss dabei zwischen **zwei Zuständen** differenziert werden, die zu einer unterschiedlichen bilanziellen Behandlung führen.[1533] Weichen die Wertänderungen bei einzelnen Beobachtungen betragsmäßig voneinander ab, so kann es sich um die übliche, unsystematische Streuung um eine nach Kriterium (3b) weiterhin zulässige Hedge Ratio handeln. In diesem Fall liegt eine **zeitlich begrenzte oder zufällige Änderung** der Umweltzustände und gerade keine systematische Verzerrung vor. Insofern muss eine aus dem Risikomanagement übernommene Hedge Ratio bei zufälligen Abweichungen der Wertänderungen nicht durch die Nebenbedingung der Unverzerrtheit korrigiert werden.[1534] Die Ineffektivität resultiert hier nicht aus einer systematischen Verzerrung, sondern vielmehr aus der nicht (jederzeit) perfekten Absicherung, die entsprechend der Zielsetzung auch bilanziell nachgezeichnet werden soll.[1535]

Handelt es sich bei der Diskrepanz der beobachteten Wertänderungen indes um eine **nachhaltige Veränderung** des Verhältnisses der Schwankungen von Grund- und Sicherungsgeschäft, so kann die ursprünglich designierte Hedge Ratio das Absicherungsverhältnis nicht länger zutreffend abbilden. In diesem Fall streut also die Verteilung der Fair Value-Änderungen um eine Sicherungsquote,

[1530] Vgl. zu den Bilanzierungsvorschriften Abschnitt 53.

[1531] Vgl. KPMG (Hrsg.), Hedge Accounting on the Horizon, S. 36 sowie Abschnitt 53, speziell Abschnitt 532.2 und Abschnitt 533.2 zu den Abbruchregelungen. Eine anteilige Auflösung setzt auch hier nicht voraus, dass die jeweilige Position untergeht bzw. glattgestellt wird. Vielmehr kann diese auch als offene Risikoposition geführt werden.

[1532] Bei der erforderlichen Adjustierung der Hedge Ratio sind die Kriterien (1) und (2) zu beachten, die sich also, sollten zusätzliche Volumina von Grund- oder Sicherungsgeschäft mit möglicherweise abweichenden Konditionen einbezogen werden, auf die zusammengesetzten Positionen mit ggf. neuer Sensitivität bzgl. des abgesicherten Risikos beziehen.

[1533] Vgl. IFRS 9.B6.5.11.

[1534] Vgl. Ernst & Young (Hrsg.), ED Hedge Accounting, S. 22.

[1535] Vgl. IFRS 9.B6.5.12.

die von der ursprünglichen Hedge Ratio abweicht und durch *Rebalancing*-Maßnahmen wieder erreicht werden kann.[1536] Im Regelfall wird die volumentechnische Anpassung zunächst im internen Risikomanagement umgesetzt.[1537] Zur Bestimmung der neuen Hedge Ratio ist den Ausführungen zu Kriterium (3a) entsprechend grds. das im internen Risikomanagement eingesetzte, neue Absicherungsverhältnis, das aus den tatsächlich eingesetzten veränderten Volumina von Grund- und Sicherungsgeschäft resultiert, heranzuziehen.[1538] Durch das *rebalancing* wird also künftig die sachgerechte Abbildung des an veränderte ökonomische Rahmenbedingungen angepassten internen Absicherungsverhältnisses ermöglicht.[1539] Gleichzeitig ist die Erfüllung der Nebenbedingung (3b) zur unverzerrten Gewichtung von Grund- und Sicherungsgeschäft für die aus dem Risikomanagement übernommene Hedge Ratio zu prüfen.[1540] Die Nebenbedingung bezieht sich allerdings nunnunmehr auf zwei Fälle, die eine von der intern verwandten Sicherungsquote abweichende Hedge Ratio bedingen können. Eine verzerrte Hedge Ratio kann einerseits vorliegen, wenn das Risikomanagement das Absicherungsverhältnis unzutreffend (vermeintlich) an die aktuellen ökonomischen Rahmenbedingungen anpasst. Eine Abweichung von der internen Sicherungsquote kann andererseits auch dann geboten sein, falls sich die ökonomischen Verhältnisse ändern, das Risikomanagement aber (angeblich) auf Basis der ursprünglichen Quote operiert. Für eine über den Zeitverlauf in sich konsistente Behandlung einer Sicherungsbeziehung dürften auch hier dieselben Maßstäbe wie zum Zeitpunkt der ursprünglichen Designation anzulegen sein. Die entsprechenden Ausführungen zum Kriterium (3b) sollten folglich herangezogen werden, um ggf. Anhaltspunkte für eine verzerrte Hedge Ratio zu erhalten.[1541]

Durch die *Rebalancing*-Vorschriften wird die Übereinstimmung von Risikomanagement und Rechnungslegung künftig einerseits dadurch erreicht, dass das Absicherungsverhältnis im Fall einer internen Fortführung nach einer volumentechnischen Anpassung auch bilanziell fortgeführt wird. Andererseits wird die Kritik an der Behandlung des **Finanzierungselementes** als Störterm zumindest bei einer Fortführung der Sicherungsbeziehung berücksichtigt.[1542] Es wird also nicht mehr wie bislang eine neue Sicherungsbeziehung mit aktualisierter Sicherungsquote fingiert, die zunächst den Abbruch der ursprünglichen Sicherungsbeziehung voraussetzt und anschließend zur Designation eines Sicherungsinstrumentes einschließlich des Finanzierungselementes führt. Durch die Fortführung der bilanziellen Sicherungsbeziehung auch im Fall einer volumenmäßigen Anpassung der Hedge Ratio wird die Designation von Sicherungsinstrumenten mit einem von null abweichenden

---

[1536] Vgl. IFRS 9.B6.5.13.

[1537] Vgl. IFRS 9.B6.5.14; IASB (Hrsg.), Rebalancing (agenda paper 8), S. 3 sowie S. 8 f.

[1538] Vgl. Barz, K./Flick, P./Maisborn, M., Review Draft Hedge Accounting, S. 476; Märkl, H./Glaser, A., Hedge Accounting, S. 129.

[1539] Somit handelt es sich gerade nicht um eine reine Bilanzierungsanforderung; vgl. Barz, K./Weigel, W., Sicherungsbeziehungen und Risikomanagement, S. 233; PwC (Hrsg.), CL Hedge Accounting, S. 2.

[1540] Vgl. IASB (Hrsg.), Rebalancing (agenda paper 8), S. 3 sowie S. 8 f.; Becker, K./Kropp, M., in: von Wysocki et al., HdJ, Abt. IIIa/4, Rn. 331 zur Wiederholung der Effektivitätsbeurteilung nach *Rebalancing*-Maßnahmen im Rahmen einer dynamischen Absicherungsstrategie.

[1541] Vgl. zur Bestimmung einer unverzerrten Hedge Ratio Abschnitt 574.22.

[1542] Vgl. zum Störterm des Finanzierungselementes sowie zur kritischen Beurteilung der in IFRS 9 vorgesehenen Behandlung des Finanzierungselementes Abschnitt 564.

Fair Value nach IFRS 9 deutlich seltener erforderlich sein, so dass die damit verbundene (künstliche) Ineffektivität künftig häufig vermieden wird.[1543]

Die künftigen Vorschriften zur Auflösung, Fortführung und Anpassung einer bilanziellen Sicherungsbeziehung werden in Abbildung 5-5 zusammengefasst. Eine Sicherungsbeziehung ist nach IFRS 9 nur dann aufzulösen, wenn sie die Anwendungsvoraussetzungen an die Abbildung nach den speziellen Vorschriften des Hedge Accounting nicht mehr erfüllt. Dabei ist eine Auflösung künftig vor allem geboten, sobald die ursprüngliche sicherungsspezifische Risikomanagementzielsetzung modifiziert wird und die bilanzielle Sicherungsbeziehung dadurch nicht mehr im Einklang mit der internen Zielsetzung steht. Vor dem Hintergrund der in der Konsultationsphase geäußerten Unsicherheit hinsichtlich der Abgrenzung von sicherungsspezifischen Risikomanagementzielsetzungen und übergeordneten Strategien umfasst IFRS 9 nun konkrete Leitlinien als geeignete Hilfestellung. Sofern die ursprüngliche sicherungsspezifische Zielsetzung für das konkrete Absicherungsverhältnis weiterhin verfolgt wird, ist die Sicherungsbeziehung künftig verpflichtend fortzuführen. Im Gegensatz zu IAS 39 ist eine freiwillige Auflösung der Sicherungsbeziehung somit unzulässig. Ändern sich bei gleichbleibender Zielsetzung die ökonomischen Rahmenbedingungen und dadurch die Preissensitivitäten von Grund- und Sicherungsgeschäft, so weist die ursprünglich designierte Hedge Ratio ggf. eine Verzerrung auf. Kann diese durch eine volumenmäßige Neugewichtung behoben werden, so ist die Sicherungsbeziehung künftig mit dem adjustierten, den Anforderungen einer unverzerrten Hedge Ratio auf Basis der im Risikomanagement eingesetzten Volumina von Grund- und Sicherungsgeschäft entsprechenden Absicherungsverhältnis fortzuführen.

[1543] Die in der *application guidance* enthaltene Definition des *rebalancing* muss vor dem Hintergrund der Erläuterungen in den *basis for conclusions* dahingehend verstanden werden, dass eine Änderung der Sicherungsbeziehung lediglich durch volumenmäßige Anpassungen von Grund- und Sicherungsgeschäft zum Zweck der Aktualisierung der Sicherungsquote unter derselben sicherungsspezifischen Zielsetzung möglich ist. Andere Formen der Anpassungen werden vom IASB nicht berücksichtigt. Vgl. IFRS 9.B6.5.7; BC6.305; IASB (HRSG.), Rebalancing (agenda paper 8), S. 12 f. Vgl. ähnlich ERNST & YOUNG (HRSG.), General Hedge Accounting, S. 2; BOSSE, M./TOPPER, J., Stabiles Hedge Accounting (I), S. 12; MÄRKL, H./GLASER, A., Hedge Accounting, S. 129. Vgl. zur Kritik FLICK, P./KRAKUHN, J./SCHÜZ, P., ED Hedge Accounting, S. 121 f.; ERNST & YOUNG (HRSG.), ED Hedge Accounting, S. 23 f.

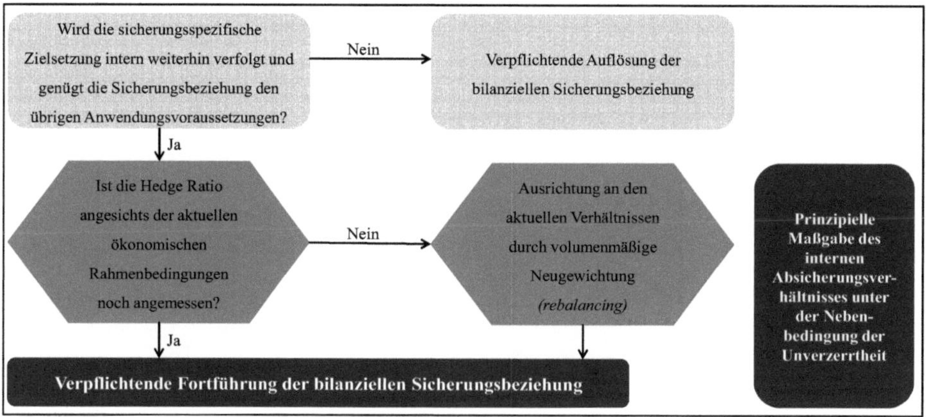

Abbildung 5-5: Auflösung, Fortführung und Anpassung einer Sicherungsbeziehung[1544]

[1544] Vgl. KPMG (HRSG.), Hedge Accounting on the Horizon, S. 34.

6 Abschließende Würdigung der Regelungen des Hedge Accounting nach IFRS 9 vor dem Hintergrund der Zielsetzung der Vermittlung entscheidungsnützlicher Informationen

Die Relevanz der Bewältigung von Marktpreisrisiken für den Unternehmenserfolg und der Wirkungsweise der hierfür im Risikomanagement implementierten Strategien des finanzwirtschaftlichen Hedging erfordert zweckadäquate Bilanzierungsregeln, die Industrieunternehmen in die Lage versetzen, ihre Risikosteuerungsmaßnahmen zur Vermittlung entscheidungsnützlicher Informationen bilanziell nachzuzeichnen. In den identifizierten, durch die Art des Preisrisikos determinierten Absicherungskonstellationen führen die allgemeinen Bilanzierungsvorschriften durch eine asynchrone Erfassung von Risikoposition und Absicherungsmaßnahme indes zu einer Abbildung, die die Kompensationswirkung als finanzwirtschaftlicher Zweck eines ökonomischen Absicherungsverhältnisses unsachgemäß vernachlässigt. Für die im Conceptual Framework geforderte Generierung ökonomisch brauchbarer und unverzerrt dargestellter Informationen über die Vermögens-, Finanz- und Ertragslage eines Unternehmens bedarf es folglich der Konstruktion eines bilanziellen Sicherungszusammenhangs nach speziellen Vorschriften, die bislang in den Hedge Accounting-Regelungen des IAS 39 verankert sind. Aufgrund des kasuistischen Ansatzes und der zahlreichen Restriktionen und Ausnahmeregelungen gelten diese Regelungen allerdings nicht mehr länger als geeignet, den Einklang von intern verfolgten Absicherungsstrategien und externer Rechnungslegung angemessen zu gewährleisten. In der dritten Phase des IAS 39 Replacement-Projektes entwickelte der IASB eine Konzeption des Hedge Accounting, die den Abschlussadressaten bei seiner Kapitalallokationsentscheidung künftig besser unterstützen soll. Im Rahmen dieser Arbeit wurden die neuen Vorschriften des IFRS 9 für bilanzielle Sicherungsbeziehungen vorgestellt, analysiert und mit dem Ziel der Vermittlung entscheidungsnützlicher Informationen konkretisiert. Gleichzeitig wurden die qualitativen Anforderungen des Rahmenkonzeptes als Leitlinien der IFRS-Rechnungslegung für eine Beurteilung des Hedge Accounting-Modells herangezogen. Die zentralen Ergebnisse der Untersuchung werden nachfolgend in verdichteter Form wiedergegeben.

Die spezielle **Zielsetzung** der Vorschriften des Hedge Accounting besteht darin, die Wirkung der mit Finanzinstrumenten umgesetzten Absicherung ergebnisbeeinflussender Risiken sachgerecht abzubilden. Wenngleich die Zielsetzung in Standard und Begleitmaterialien hätte konsistenter formuliert werden können, dienen die Vorschriften auch künftig der Korrektur der durch die allgemeinen Bilanzierungsregeln generierten Ansatz- und Bewertungsanomalien, während zugleich eine prinzipienorientierte Ausrichtung am finanzwirtschaftlichen Gehalt der zugrunde liegenden ökonomischen Absicherungsverhältnisse einschließlich deren inhärenten Kompensationswirkung angestrebt wird.

Um Bilanzierungsanomalien zu vermeiden und gleichzeitig Informationen über die Risikosteuerungsaktivitäten und deren Wirksamkeit zu vermitteln, müssen die Wertentwicklungen von originärer Risikoposition und absicherndem Instrument über spezielle **Abbildungsregeln** synchron erfasst werden. IFRS 9 sieht hierfür weiterhin die Methoden des Fair Value- und des Cashflow-Hedge vor, über die die Kompensationswirkung eines Absicherungsverhältnisses auch in einer periodisierten Ergebnisrechnung grds. sachgerecht abgebildet werden kann. Während durch die

Abschaffung einzelner Wahlrechte innerhalb der Methode des Cashflow-Hedge eine bessere intertemporale und zwischenbetriebliche Vergleichbarkeit von Abschlussinformationen erreicht wird, berücksichtigt der Standardsetter durch das für die Zinssicherung innerhalb eines Fair Value-Hedge eingeräumte Wahlrecht hinsichtlich des Zeitpunktes der Amortisation der Buchwertanpassung den damit verbundenen hohen rechentechnischen Aufwand. Durch die prinzipiell im Periodenergebnis erfasste Ineffektivität einer bilanziellen Sicherungsbeziehung sollen Abschlussadressaten in die Lage versetzt werden, sich ein Bild über die Wirksamkeit der im internen Risikomanagement umgesetzten Absicherungsmaßnahmen zu verschaffen. Dabei wird durch die Zulässigkeit verschiedener Ermittlungsmethoden der Tatsache Rechnung getragen, dass Wertschwankungs- und Zahlungsstromrisiken häufig auf unterschiedlicher Basis gesteuert und abgesichert werden. Gleichzeitig wird erreicht, dass die ausgewiesene Kompensationswirkung auf einem finanzwirtschaftlichen Kalkül basiert und somit relevante und zugleich glaubwürdige, unverzerrte Informationen über die Wirksamkeit der getroffenen Maßnahmen kommuniziert werden können.

Bei der Möglichkeit der zur Anwendung der speziellen Vorschriften des Hedge Accounting erforderlichen **Designation** handelt es sich indes wie bislang um ein echtes Bilanzierungswahlrecht. Eine Anwendungspflicht wäre zwar vor dem Hintergrund der Relevanz unverzerrter Abschlussinformationen über die Vermögens-, Finanz- und Ertragslage sowie über konkrete risikostrategische Absicherungsmaßnahmen zu befürworten, konnte jedoch politisch nicht durchgesetzt werden. Allerdings müssten die Vorschriften vor dem Hintergrund der Zielsetzung dahingehend zu interpretieren sein, dass im Fall der Designation eine Verknüpfung zwischen Risikomanagement und Rechnungslegung zwingend bestehen muss. Demzufolge kann die Anwendung der speziellen Vorschriften nur dann gestattet sein, wenn ein abzubildendes Sicherungsverhältnis auch im internen Risikomanagement besteht, so dass eine Aushebelung der allgemeinen Bilanzierungsregeln durch eine Kombination bilanzieller Posten ohne eine zielgerichtete, interne Risikosteuerung nicht zulässig erscheint. Um etwaige Gestaltungsspielräume bei der Anwendung des Hedge Accounting einzugrenzen, werden bilanzierenden Unternehmen im Rahmen der Designation besondere **Dokumentationspflichten** auferlegt.

Durch den ausgedehnten Kreis designierbarer **Grundgeschäfte** können Unternehmen ökonomisch verfolgte Absicherungsstrategien bzgl. einzelner **Komponenten** einer Gesamtrisikoposition künftig umfassend abbilden. Bei der Designation von Risikokomponenten kommt die stärkere Prinzipienorientierung des IFRS 9 besonders zur Geltung, indem mit den Kriterien der separaten Identifizierbarkeit und verlässlichen Bewertbarkeit nach IFRS 9 einheitliche Anforderungen an finanzielle und nicht-finanzielle Posten gestellt werden. Die vor dem Hintergrund der Fundamentalgrundsätze der Relevanz und der glaubwürdigen Darstellung betonte Zielsetzung der Orientierung am internen Risikomanagement schlägt sich somit in umfassenden Abbildungsmöglichkeiten für industriespezifische Sicherungsstrategien hinsichtlich einzelner Risikokomponenten nieder. Allerdings muss die unverzerrte Darstellung auch dann gefordert werden, wenn die implementierten Risikobewältigungsmaßnahmen eine suboptimale Wirkung erzielen, da den Abschlussadressaten Informationen über die Effektivität und Effizienz der Risikobewältigung bereitgestellt werden sollen. Besonders bei vertraglich nicht spezifizierten Risikokomponenten müssen die Anforderungen an die Identifizierbarkeit und die Bewertbarkeit folglich streng ausgelegt werden, um so die ökonomische Absicherungswirkung im Rechenwerk sachgerecht zu erfassen und es den Anlegern zu erleichtern, die Auswirkung der Risikosteuerung auf künftige Zahlungsströme zu erkennen. In dieser Arbeit wurde aufgrund der bereits bekundeten Interpretations- und Abgrenzungsschwierigkeiten der Versuch unternommen, anhand der vom IASB bereitgestellten Materialien Leitlinien für die praktische Umsetzung der Kriterien zu entwickeln, die eine Übereinstimmung des bilanziellen Effektivitätsgrades mit der ökonomischen Wirksamkeit der Absicherungsmaßnahmen sicherstellen sollen. Ferner wurde deutlich, dass speziell für die Abbildung des Zinsrisikomanagements eine Ausweitung der Anforderungen der Identifizierbarkeit und der Bewertbarkeit auf die Inflationskomponente gefordert werden kann, da etwaige Spielräume durch die strenge Auslegung wirksam eingegrenzt und gleichzeitig die Weiterentwicklung der Finanzmärkte und der angewandten Bewertungsmethoden berücksichtigt würden.

Weitere Absicherungsstrategien lassen sich künftig durch die Designation von Zahlungsstromkomponenten und zeitlichen, nominalen wie auch einseitigen Komponenten abbilden. Dabei kann die übliche Vorgehensweise im Risikomanagement, Verträge in ihre Bestandteile zu zerlegen und diese separat zu steuern, auch bilanziell nachgezeichnet werden. Durch diese Abbildungsmöglichkeiten innerhalb des Hedge Accounting werden Informationen über die internen Steuerungsmaßnahmen vermittelt, die i. S. d. glaubwürdigen Darstellung der finanzwirtschaftlichen Kompensationswirkung gerecht werden. Das Verbot der Erfassung einseitig abgesicherter Grundgeschäfte als hypothetische Derivate einschließlich eines fiktiven Zeitwertes ist innerhalb des Hedge Accounting-Modells, das auf dem Prinzip der (faktischen) Kompensationswirkung basiert, in sich schlüssig.

Die an **Portfolios** verschiedener Risikopositionen gestellten Anwendungsvoraussetzungen werden durch den Wegfall der restriktiven Homogenitätsbedingung erheblich gelockert. Die Abbildungsmöglichkeiten einer simultanen Steuerung von zu Gruppenpositionen gebündelten gleichgerichteten Positionen werden dabei prinzipienbasiert auf sämtliche Risikoarten ausgeweitet. Dadurch wird vom IASB anerkannt, dass im Risikomanagement ungleiche Risikopositionen zu einem Portfolio mit neuem Risikoprofil und eigener Sensitivität hinsichtlich des abgesicherten Risikos aggregiert werden. Da viele Unternehmen ihre einzelnen Marktpreisrisikopositionen zunächst gegeneinander aufrechnen und anschließend auf Nettobasis zentral steuern, wird durch die Möglichkeit, auch in bilanziellen Sicherungsbeziehungen auf Nettopositionen Bezug zu nehmen, eine deutliche Annäherung von Risikomanagement und Rechnungslegung erreicht. Ferner wurde am Beispiel einer aggregierten Risikoposition gezeigt, dass sich die neuen Regelungen dazu eignen, die in der Industrie üblicherweise aufeinander aufbauenden und sich wechselseitig bedingenden Strategien zur Absicherung von zunächst Güterpreis- und anschließend Währungsrisiken sachgerecht abzubilden. Der Schritt des IASB, die an einem höheren Aggregationsniveau ansetzenden Risikomanagementstrategien und deren bilanzielle Abbildung stärker in Einklang zu bringen, dürfte zu einer deutlichen Ausweitung des Hedge Accounting führen.

Eine Besonderheit ist für die Währungssicherung vorgesehen, sofern diese im Rahmen eines Cashflow-Hedge auf Nettobasis abgebildet werden soll und die einzelnen Geschäfte in unterschiedlichen Berichtsperioden erfolgswirksam werden. Durch spezielle Abgrenzungsvorschriften kann die Synchronisierung der Erfolgswirkung erreicht und die relevante finanzwirtschaftliche

Kompensationswirkung abgebildet werden. Durch die ausschließliche Zulässigkeit für die Währungssicherung verpasst der Standardsetter indes die Gelegenheit, die Prinzipienorientierung konsequent umzusetzen und die Anwendung der Abgrenzungsvorschriften auch für die Güterpreis- und Zinssicherung zuzulassen, wodurch der von der Zahlungsstromebene divergierende zeitliche Bezugspunkt periodisierter Erfolgsgrößen vernachlässigt wird. Somit kann ein Unternehmen, das z. B. Warenkäufe, -verkäufe und verfügbare Bestände eigenständig operierender Unternehmenseinheiten bündelt und die Nettoposition daraus absichert, dies nicht den wirtschaftlichen Verhältnissen entsprechend darstellen.

Sicherungsinstrumente können wie bislang mit Ausnahme von Swapsatz- oder Zeitwertkomponenten ausschließlich in der Gesamtheit aller Risikokomponenten und stets über die gesamte Laufzeit designiert werden. Der Standardsetter wäre indes gut beraten, weitere Annäherungen zwischen der Steuerungs- und der Abbildungsebene durch eine stärkere Betonung des intendierten prinzipienorientierten Ansatzes zu ermöglichen und für eine Gleichbehandlung von Grund- und Sicherungsgeschäften zu sorgen. Eine konsistente Ausweitung des Anwendungsbereiches der Kriterien der Identifizierbarkeit und der Bewertbarkeit auf einzelne Risikokomponenten oder zeitliche Komponenten dürfte bei einer vergleichbar strengen Auslegung auch hier eine glaubwürdige Darstellung der Risikomanagementpraxis sicherstellen. Eine verlässliche Abspaltung wäre überdies besonders für Finanzierungselemente von Sicherungsinstrumenten möglich, die vor allem durch die Designation bereits kontrahierter, jedoch bislang freistehender Derivate entstehen. Hierfür wurde ein möglicher Lösungsansatz für eine der Risikosteuerung entsprechende Abspaltung des zur Glattstellung erforderlichen Finanzierungselementes vorgestellt, der eine unverzerrte Darstellung der finanzwirtschaftlich relevanten Kompensationswirkung ermöglichen kann.

Die Entscheidung des IASB, das Hedge Accounting-Modell auf dem Prinzip der Kompensationswirkung aufzubauen und somit vor allem geschriebene Optionen sowie intern kontrahierte Derivate von der Designation als Sicherungsinstrument auszunehmen, ist vor dem Hintergrund der Maßgabe, im Abschluss den finanzwirtschaftlichen Gehalt einer im Grunde wirksamen Risikokompensationsmaßnahme unverzerrt darzustellen, zu befürworten. Die Beschränkung auf risikokompensierende Instrumente muss zu einem umfassenden Verbot (netto) geschriebener Optionen führen, da von diesen gerade keine risikokompensierende Wirkung ausgeht. Hinsichtlich rein konzerninterner Absicherungsverhältnisse mag die Anforderung an die nachweisliche Risikoexternalisierung durch ggf. unternehmensübergreifende Sicherungsbeziehungen zwischen den Grundgeschäften operativer Teileinheiten und von der Treasury-Abteilung kontrahierten externen Sicherungsinstrumenten zwar zu einem nicht perfekten Gleichlauf von Risikomanagement und Rechnungslegung führen. Gleichwohl ist diese u. U. restriktive Anforderung mit Blick auf die Forderung nach glaubwürdig dargestellten Informationen in der Zielsetzung der Rechnungslegungsvorschriften im Allgemeinen sowie hinsichtlich der geforderten, auf die Einheit Konzern bezogenen Kompensationswirkung bilanzieller Sicherungsbeziehungen im Speziellen zweckmäßig.

IFRS 9 umfasst ferner spezielle Vorschriften für die Bilanzierung abgespaltener Swapsatz- und Zeitwertkomponenten. Besonders für ein Termingeschäft wird bei der Analyse des Verpflichtungsgrades zur Aufspaltung deutlich, dass das vorgesehene Wahlrecht zur Abspaltung der als

Absicherungskosten aufgefassten Swapsatzkomponente zwar prinzipiell einen Gleichklang von Risikomanagement und Rechnungslegung erreichen kann, eine Orientierung am Grundgeschäft in dessen Ausprägung als Kassa- oder Terminposition und die damit einhergehende Kongruenz in der Bewertungsbasis für eine unverzerrte Abbildung der Absicherung und der damit verbundenen Kosten indes zielführender sein dürften. Im Rahmen der Untersuchung der bilanziellen Behandlung abgespaltener Swapsatz- und Zeitwertkomponenten wurde gezeigt, dass die vom IASB beabsichtigte Analogie zu anderen Versicherungsprämien und damit die Unterscheidung zwischen Transaktions- und Periodenbezug konzeptionell fragwürdig erscheint. Wäre der Weg eines einheitlichen Allokationsmechanismus mit Bezug zum Absicherungszeitraum eingeschlagen worden, so würde der Charakter der Absicherungskosten besser widergespiegelt und mitunter auch die für eine zielgerichtete Abbildung anfällige Abgrenzung vermieden. Im Fall einer näherungsweisen Absicherung verfolgt der IASB durch die vorgeschriebene Adjustierung der abgespaltenen Komponenten eine in sich konsistente, wenngleich sehr komplexe Bilanzierungskonzeption für Absicherungskosten.

Für die Beurteilung der **Wirksamkeit** einer bilanziellen Sicherungsbeziehung schreibt IFRS 9 ausschließlich einen prospektiven Effektivitätsnachweis vor und verzichtet somit auf den retrospektiven Test einschließlich der vordefinierten Schwankungsbreite des IAS 39. Durch die Zukunftsorientierung der weniger restriktiven Wirksamkeitsanforderungen und den damit einhergehenden erweiterten Abbildungsmöglichkeiten wird der Einklang von Risikosteuerung- und Abbildungsebene deutlich gestärkt und die in der Zielsetzung der IFRS-Rechnungslegung geforderte Nützlichkeit der Abschlussinformationen für kapitalanlagebezogene Entscheidungen sichergestellt. Wenngleich sich in der Reduktion objektivierender Anforderungen die Abstufung der Nachprüfbarkeit auf die Ebene lediglich fördernder, aber nicht mehr zwingend zu erfüllender qualitativer Anforderungen niederschlägt, fordert der Fundamentalgrundsatz der glaubwürdigen Darstellung dennoch eine unverzerrte, d. h. wert- und willkürfreie Abbildung. Vor diesem Hintergrund wurde bei der Analyse der in IFRS 9 implementierten und aufgrund der beobachtbaren Unsicherheit konkretisierten Anforderungen deutlich, dass es sich bei Kriterium (1) zum ökonomischen Zusammenhang um die zentrale und gleichzeitig hinsichtlich der Anwendung des Hedge Accounting selektive Anforderung handelt. Zur Erfüllung des Kriteriums bedarf es demnach einer umfassenden Analyse der Kompensationswirkung, wenngleich sich aus Wirtschaftlichkeitsgesichtspunkten eine abgestufte Vorgehensweise empfiehlt. Dabei wurde für einzelne wertbestimmende Gestaltungsmerkmale konkretisiert, bis zu welchem Grad der Abweichung von Grund- und Sicherungsgeschäft eine qualitative Beurteilung noch angemessen ist und ab wann eine weitergehende, quantitative Analyse anknüpfen muss. Wenngleich IFRS 9 für die quantitative Analyse eine grds. Methodenfreiheit vorsieht und keinen konkreten Umfang der Kompensationswirkung vorschreibt, soll durch die Kausalitäts- bzw. Korrelationsanforderung verhindert werden, dass die allgemeinen Bilanzierungsvorschriften unzweckmäßig außer Kraft gesetzt werden. Demnach kann unterhalb eines bestimmten Grades der Kompensationswirkung aufgrund der spekulativen Eigenschaft des (vermeintlichen) Absicherungsverhältnisses nicht von einer Risikokompensationsmaßnahme ausgegangen werden, die für die speziellen Vorschriften des Hedge Accounting qualifizieren darf. Allerdings werden künftig deutlich mehr Absicherungsverhältnisse selbst mit größeren Störtermen, die jedoch insgesamt eine systematische Kompensationswirkung aufweisen müssen, für das Hedge Accounting in Frage kommen. Dies entspricht der übergeordneten Zielsetzung der Vermittlung entscheidungsnützlicher Informationen über die Wirksamkeit der im Risikomanagement umgesetzten Absicherungsmaßnahmen.

Selbst im Fall eines nachgewiesenen ökonomischen Zusammenhangs zwischen Grund- und Sicherungsgeschäft kann die Kompensationswirkung durch Kreditrisikoeffekte nachhaltig gestört sein. Durch die Anforderung des Kriterium (2) zum nicht-dominierenden Einfluss des Kreditrisikos muss in diesen Fällen die Anwendung des Hedge Accounting untersagt sein, da den Abschlussadressaten andernfalls ein funktionierendes Absicherungsverhältnis suggeriert und somit ein verzerrtes Bild der Vermögens-, Finanz- und Ertragslage des Unternehmens vermittelt würde. Während der Nachweis eines intakten Sicherungszusammenhangs für über zentrale Clearingstellen abgewickelte Kontrakte vergleichsweise einfach erbracht werden kann, bedingen außerbörslich abgeschlossene Instrumente eine detailliertere Analyse. Angesichts der bestehenden Vorschriften zur Wertminderung bei finanziellen Vermögenswerten sowie aufgrund möglicherweise bereits bestehender Tools und Indikatoren für die Quantifizierung des Kreditrisikos könnte sich die Nachweispflicht hieran orientieren.

Bei der Analyse der Kriterien (3a) und (3b) zur Bestimmung der unverzerrten Hedge Ratio wurde gezeigt, dass prinzipiell das ökonomische Absicherungsverhältnis für die Bestimmung der Hedge Ratio maßgeblich ist. Die Hedge Ratio entstammt somit dem risikomanagementinternen Optimierungskalkül und ist gerade keine rein bilanzielle Größe. Aufgrund der Relevanz der dadurch generierten Informationen über die Funktionsweise und die risikopolitische Ausrichtung des Unternehmens werden Abschlussadressaten in ihrer Ressourcenallokationsentscheidung angemessen unterstützt. Wenngleich die Bestimmung der Hedge Ratio zunächst am ökonomischen Absicherungsverhältnis ansetzt, darf die für bilanzielle Zwecke übernommene Sicherungsquote jedoch nicht dergestalt verzerrt sein, dass systematisch Ineffektivitäten entstehen. Durch die Nebenbedingung der unverzerrten Gewichtung soll also einem Ermessensmissbrauch entgegengewirkt werden, wobei sich die konkreten Anforderungen für in sich konsistente Wirksamkeitsanforderungen an der abgestuften Vorgehensweise von Kriterium (1) anlehnen könnten. Auch wenn im Einklang mit der Bewertungsrelevanz von Abschlussinformationen eine größere Flexibilität der Hedge Accounting-Regelungen zur Anpassung an die internen Maßnahmen geboten wird und damit verbundene Ermessensspielräume akzeptiert werden, muss eine Abweichung von markttypischen Sicherungsquoten auf plausible Schätzungen und sachgemäß unterlegte Erwartungshaltungen zurückgehen, die auch mit dem Grundsatz der glaubwürdigen Darstellung vereinbar sind. Wird unter dem Deckmantel des Risikomanagements indes ein durch spekulative Erwartungshaltungen verzerrtes Absicherungsverhältnis eingesetzt, so muss dieses für eine mit der (finanz-)wirtschaftlichen Kompensationswirkung übereinstimmende Abbildung des Sicherungsverhältnisses adjustiert werden.

Durch die Entscheidung des IASB gegen eine wahlweise **Auflösung** einer Sicherungsbeziehung werden ein erhöhter Einklang von interner Steuerungsabsicht und externer Abbildung sowie eine erleichterte Beurteilung der Unternehmensentwicklung durch die damit verbundene bessere intertemporale Vergleichbarkeit von Abschlussinformationen erreicht. Dies wird verstärkt durch die künftig abbildbare volumenmäßige Anpassung der Hedge Ratio an veränderte ökonomische Rahmenbedingungen. Durch die ggf. gebotene lediglich teilweise Auflösung werden hier die Nachteile einer fingierten vollständigen Auflösung und der daran anschließenden erneuten Designation wirksam vermieden.

Durch die neue Konzeption des Hedge Accounting in IFRS 9 wird die Diskrepanz zwischen internem Risikomanagement und externer Rechnungslegung, die auf bislang unscharfe und wenig differenzierte Abbildungsmöglichkeiten zurückgeht, weitgehend überwunden, auch wenn der Standardsetter in einzelnen Aspekten die Prinzipienorientierung deutlicher betonen könnte. Vor dem Hintergrund der geforderten Entscheidungsrelevanz ist der insgesamt höhere Prognosewert der Informationen über interne Risikosteuerungsmaßnahmen zu begrüßen. Wenngleich die Abschlussinformationen durch die damit verbundene Reduktion objektivierender Anforderungen weniger nachprüfbar sind, steht dies mit der im Rahmenkonzept verankerten Gewichtung der Rechnungslegungszwecke im Einklang. Um den engen Bezug der bilanziellen Abbildung zu den zugrunde liegenden ökonomischen Absicherungsverhältnissen zu gewährleisten und um die allgemeinen Bilanzierungsvorschriften nicht unzweckmäßig außer Kraft zu setzen, müssen bilanzielle Sicherungsbeziehungen dennoch bestimmten Anforderungen genügen, die eine wert- und willkürfreie Abbildung im Verständnis einer glaubwürdigen Darstellung von ökonomisch wirksamen Absicherungsmaßnahmen sicherstellen sollen. Obgleich das abgekoppelte Projekt für Makro Hedges, das eine Beurteilung sämtlicher Abbildungsmöglichkeiten interner Risikosteuerungsmaßnahmen ermöglichen dürfte, mit Spannung erwartet wird, lassen genau diese Anforderungen mit gutem Grund Zweifel zu, dass nicht sämtliche verbleibende Differenzen zwischen Risikosteuerungs- und Abbildungsebene gelöst werden können.

Quellenverzeichnis

ACHLEITNER, ANN-KRISTIN/WOLLMERT, PETER/VAN HULLE, KAREL/HEY, JUDITH/BISCHOF, STEFAN, Kapitel III: Grundlagen, in: Rechnungslegung nach IFRS – Kommentar auf der Grundlage des deutschen Bilanzrechts, hrsg. v. Baetge, Jörg/Wollmert, Peter/Kirsch, Hans-Jürgen/Oser, Peter/Bischof, Stefan, 2. Aufl., Stuttgart 2002 (Kapitel III: Grundlagen).

ADLER, HANS/DÜRING, WALTHER/SCHMALTZ, KURT, Rechnungslegung nach Internationalen Standards, Stuttgart 2002 (ADS International).

ALBRECHT, PETER/MAURER, RAIMOND, Investment- und Risikomanagement – Modelle, Methoden, Anwendungen, 3. Aufl., Stuttgart 2008 (Investment- und Risikomanagement).

ALLEN, STEVE/PADOVANI, OTELLO, Risk Management Using Quasi-static Hedging, in: Economic Notes 2002, S. 277-336 (Quasi-static Hedging).

ALTMAN, EDWARD, Financial Ratios, Discriminant Analysis and the Prediction of Corporate Bankruptcy, in: Journal of Finance 1968, S. 589-609 (Financial Ratios).

AMERICAN ACCOUNTING ASSOCIATION'S FINANCIAL ACCOUNTING STANDARDS COMMITTEE (HRSG.), The FASB's Conceptual Framework for Financial Reporting – A Critical Analysis, in: Accounting Horizons 2007, S. 229-238 (Framework Analysis).

ANTONAKOPOULOS, NADINE, Gewinnkonzeptionen und Erfolgsdarstellung nach IFRS – Analyse der direkt im Eigenkapital erfassten Erfolgsbestandteile, Wiesbaden 2007 (Gewinn- und Erfolgskonzeptionen).

ASSMANN, HEINZ-DIETER, § 15, in: Wertpapierhandelsgesetz, hrsg. v. Assmann, Heinz-Dieter/Schneider, Uwe, Köln 2012 (§ 15).

ATEL (HRSG.), Comment Letter: Exposure Draft Hedge Accounting, verfügbar unter: http://www.ifrs.org/Current-Projects/IASB-Projects/Financial-Instruments-A-Replacement-of-IAS-39-Financial-Instruments-Recognitio/Phase-III-Hedge-accounting/edcl/comment-letters/Documents/110221_LettreIASB_3rdEDHA.pdf, Stand: 15.04.2013 (CL Hedge Accounting).

AUER, BENJAMIN/ROTTMANN, HORST, Statistik und Ökonometrie für Wirtschaftswissenschaftler – Eine anwendungsorientierte Einführung, 2. Aufl., Wiesbaden 2011 (Statistik und Ökonometrie).

BACHMANN, ULF, Die Komponenten des Kreditspreads – Zinsstrukturunterschiede zwischen ausfallbehafteten und risikolosen Anleihen, Wiesbaden 2004 (Komponenten des Kreditspread).

BAETGE, JÖRG, Möglichkeiten der Objektivierung des Jahreserfolges, Düsseldorf 1970 (Objektivierung des Jahreserfolges).

BAETGE, JÖRG/HAPPE, PETER, Risikomanagement und Bankenpublizität, in: Bankeninformation und Genossenschaftsforum 1996, S. 22-29 (Risikomanagement und Bankenpublizität).

BAETGE, JÖRG/HOLLMANN, SEBASTIAN, Möglichkeiten und Grenzen des BBR-Bilanz-Ratings von mittelständischen Unternehmen – Veränderungsmanagement und Restrukturierung im Kreditgewerbe, in: Handbuch Veränderungsmanagement und Restrukturierung im Kreditgewerbe – Festschrift für Udo Güde, hrsg. v. Priewasser, Erich/Kleinheyer, Norbert, Frankfurt am Main 2000 (BBR-Bilanz-Rating).

BAETGE, JÖRG/KIRSCH, HANS-JÜRGEN/THIELE, STEFAN, Bilanzanalyse, 2. Aufl., Düsseldorf 2004 (Bilanzanalyse).

BAETGE, JÖRG/KIRSCH, HANS-JÜRGEN/THIELE, STEFAN, Bilanzen, 11. Aufl., Düsseldorf 2011 (Bilanzen).

BAETGE, JÖRG/KIRSCH, HANS-JÜRGEN/THIELE, STEFAN, Konzernbilanzen, 9. Aufl., Düsseldorf 2011 (Konzernbilanzen).

BAETGE, JÖRG/KIRSCH, HANS-JÜRGEN/THIELE, STEFAN, Bilanzen, 12. Aufl., Düsseldorf 2012 (Bilanzen).

BAETGE, JÖRG/KIRSCH, HANS-JÜRGEN/WOLLMERT, PETER/BRÜGGEMANN, PETER, Kapitel II: Grundlagen, in: Rechnungslegung nach IFRS – Kommentar auf der Grundlage des deutschen Bilanzrechts, hrsg. v. Baetge, Jörg/Wollmert, Peter/Kirsch, Hans-Jürgen/Oser, Peter/Bischof, Stefan, 2. Aufl., Stuttgart 2002 (Kapitel II: Grundlagen).

BAETGE, JÖRG/SCHULZE, DENNIS, Möglichkeiten der Objektivierung der Lageberichterstattung über „Risiken der künftigen Entwicklung“, in: DB 1998, S. 937-948 (Objektivierung der Lageberichterstattung).

BAETGE, JÖRG/THIELE, STEFAN, Gesellschafterschutz versus Gläubigerschutz – Rechenschaft versus Kapitalerhaltung, in: Handelsbilanzen und Steuerbilanzen – Festschrift für Heinrich Beisse, hrsg. v. Budde, Wolfgang/Moxter, Adolf/Offerhaus, Klaus, Düsseldorf 1997, S. 11-24 (Gesellschafterschutz vs. Gläubigerschutz).

BAETGE, JÖRG/ZÜLCH, HENNING, Abt. I/2, in: Handbuch des Jahresabschlusses – Rechnungslegung nach HGB und internationalen Standards, hrsg. v. von Wysocki, Klaus/Schulze-Osterloh, Joachim/Hennrichs, Joachim/Kuhner, Christoph, Köln 2000 (Abt. I/2).

BAFIN (HRSG.), Rundschreiben 11/2010 (BA) – Mindestanforderungen an das Risikomanagement – MaRisk, verfügbar unter: http://www.bafin.de/SharedDocs/Veroeffentlichungen/DE/Rundschreiben/rs_1210_marisk_ba.html?nn=2818068#doc3492188bodyText9, Stand: 22.02.2013 (MaRisk).

BALLWIESER, WOLFGANG, Anforderungen des Kapitalmarkts an Bilanzansatz- und Bewertungsregeln, in: KoR 2001, S. 160-164 (Bilanzansatz- und Bewertungsregeln).

BALLWIESER, WOLFGANG, Informations-GoB – auch im Lichte von IAS und US-GAAP, in: KoR 2002, S. 115-121 (Informations-GoB).

BANK OF AMERICA (HRSG.), Comment Letter: Exposure Draft Hedge Accounting, verfügbar unter: http://www.ifrs.org/Current-Projects/IASB-Projects/Financial-Instruments-A-Replacement-of-IAS-39-Financial-Instruments-Recognitio/Phase-III-Hedge-accounting/edcl/comment-letters/Documents/BACHedgingFileRefED2010_13.pdf, Stand: 15.02.2013 (CL Hedge Accounting).

BARCKOW, ANDREAS, Die Bilanzierung von derivativen Finanzinstrumenten und Sicherungsbeziehungen – Eine Gegenüberstellung des deutschen Bilanzrechts mit SFAS 133 und IAS 32/39, Düsseldorf 2004 (Derivate und Sicherungsbeziehungen).

BARCKOW, ANDREAS, IAS 39, in: Rechnungslegung nach IFRS – Kommentar auf der Grundlage des deutschen Bilanzrechts, hrsg. v. Baetge, Jörg/Wollmert, Peter/Kirsch, Hans-Jürgen/Oser, Peter/Bischof, Stefan, 2. Aufl., Stuttgart 2002 (IAS 39).

BARCLAYS (HRSG.), Comment Letter: Exposure Draft Hedge Accounting, verfügbar unter: http://www.ifrs.org/Current-Projects/IASB-Projects/Financial-Instruments-A-Replacement-of-IAS-39-Financial-Instruments-Recognitio/Phase-III-Hedge-accounting/edcl/comment-letters/Documents/IASBExposureDraft2010_13HedgeAccountingCommentLetter03March_2_.pdf, Stand: 15.02.2013 (CL Hedge Accounting).

BARTELS, PETER/JONAS, MARTIN, § 27. Wertminderungen und Wertaufholung, in: Beck'sches IFRS-Handbuch – Kommentierung der IFRS/IAS, hrsg. v. Bohl, Werner/Riese, Joachim/Schlüter, Jörg, München 2013 (§ 27. Wertminderung und Wertaufholung).

BARZ, KATJA/FLICK, PETER/MAISBORN, MURIEL, Der Review Draft Hedge Accounting im Vergleich zu IAS 39 für Kreditinstitute, in: IRZ 2012, S. 473-477 (Review Draft Hedge Accounting).

BARZ, KATJA/WEIGEL, WOLFGANG, Abbildung von Sicherungsbeziehungen: Von IAS 39 über § 254 HGB zu IFRS 9 – Eine Annäherung an das Risikomanagement für Kreditinstitute, in: IRZ 2011, S. 227-239 (Sicherungsbeziehungen und Risikomanagement).

BASEL COMMITTEE ON BANKING SUPERVISION (HRSG.), Capitalisation of bank exposures to central counterparties – Consultative paper issued by the Basel Committee, verfügbar unter: http://www.bis.org/publ/bcbs190.pdf, Stand: 16.12.2012 (Central Counterparties).

BASEL COMMITTEE ON BANKING SUPERVISION (HRSG.), Comment Letter: Exposure Draft Proposed Amendments to IAS 32 and IAS 39 on Financial Instruments Accounting, Presentation, and Disclosure, verfügbar unter: http://www.bis.org/bcbs/commentletters/iasb09.pdf, Stand: 24.01.2013 (CL Financial Instruments Accounting, Presentation and Disclosure).

BASELT, ANJA/WELTER, STEFAN, Management von Währungsrisiken bei Rohstoffpreisrisiken, in: Management von Rohstoffrisiken – Strategien, Märkte und Produkte, hrsg. v. Eller, Roland/Heinrich, Markus/Perrot, Rene/Reif, Markus, Wiesbaden 2010, S. 393-405 (Währungsrisiken bei Rohstoffpreisrisiken).

BASSEN, YASMINE, Internationale Rechnungslegung von Nonprofit-Organisationen, Lohmar 2012 (Rechnungslegung von Nonprofit-Organisationen).

BAUER, MARKUS/HALLER, AXEL/WIESE, ROLAND, IASB-Projekt: Accounting for Macro Hedging, in: KoR 2013, S. 333-342 (Accounting for Macro Hedging).

BAUMS, THEODOR, Risiko und Risikosteuerung im Aktienrecht, in: ZGR 2011, S. 218-274 (Risiko und Risikosteuerung).

BECKER, KLAUS/KROPP, MATTHIAS, Abt. IIIa/4, in: Handbuch des Jahresabschlusses – Rechnungslegung nach HGB und internationalen Standards, hrsg. v. von Wysocki, Klaus/Schulze-Osterloh, Joachim/Hennrichs, Joachim/Kuhner, Christoph, Köln 2000 (Abt. IIIa/4).

BECKER, KLAUS/WIECHENS, GERO, Fair Value-Option auf eigene Verbindlichkeiten, in: KoR 2008, S. 625-630 (Fair Value-Option).

BECKMANN, REINHARD, Termingeschäfte und Jahresabschluss – Die Abbildung von Termingeschäften im handels- und steuerrechtlichen Jahresabschluss der Unternehmung de lege lata et de lege ferenda, Köln 1993 (Termingeschäfte und Jahresabschluss).

BEERMANN, THOMAS, Annäherung von IAS- an HGB-Abschlüsse für die Bilanzanalyse, Stuttgart 2001 (Annäherung von IAS- an HGB-Abschlüsse).

BEIKE, ROLF/BARCKOW, ANDREAS, Risk-Management mit Finanzderivaten – Steuerung von Zins- und Währungsrisiken: Studienbuch mit Aufgaben, 3. Aufl., München u. a. 2002 (Risk-Management mit Finanzderivaten).

BELLAVITE-HÖVERMANN, YVETTE/BARCKOW, ANDREAS, IAS 39 (a. F., Stand: Juni 2005), in: Rechnungslegung nach IFRS – Kommentar auf der Grundlage des deutschen Bilanzrechts, hrsg. v. Baetge, Jörg/Wollmert, Peter/Kirsch, Hans-Jürgen/Oser, Peter/Bischof, Stefan, 2. Aufl., Stuttgart 2002 (IAS 39).

BERENTZEN, CHRISTOPH, Die Bilanzierung von finanziellen Vermögenswerten im IFRS-Abschluss nach IAS 39 und nach IFRS 9, Lohmar 2010 (Finanzielle Vermögenswerte).

BERGER, JENS/STRUFFERT, RALF/NAGELSCHMITT, SABINE, Begrenzte Änderungen an IFRS 9 zur Bilanzierung von Finanzinstrumenten – Vorschläge des IASB gemäß ED/2012/4, in: WPg 2013, S. 214-227 (Begrenzte Änderungen an IFRS 9 durch ED/2012/4).

BERGSCHNEIDER, CLAUS/KARASZ, MICHAEL/SCHUMACHER, RALF, Risikomanagement im Energiehandel – Grundlagen, Techniken und Absicherungsstrategien für den Einsatz von Derivaten, 2. Aufl., Stuttgart 2001 (Risikomanagement im Energiehandel).

BESSIS, JOËL, Risk management in banking, 3. Aufl., Chichester 2007 (Risk Management in Banking).

BEYER, BETTINA/HERMENS, ANN-SOPHIE/RÖMHILD, MAXIMILIAN, Die Änderung der Fair Value-Option bei finanziellen Verbindlichkeiten durch den ED/2010/4, in: IRZ 2010, S. 325-331 (Fair Value-Option).

BIEG, HARTMUT, Finanzmanagement mit Optionen, in: StB 1998, S. 18-25 (Finanzmanagement mit Optionen).

BIERMAN, HAROLD/JOHNSON, TODD/PETERSON, SCOTT, Hedge accounting: an exploratory study of the underlying issues, Norwalk 1991 (Issues of Hedge Accounting).

BIZ (HRSG.), BIS Quarterly Review – June 2012, verfügbar unter: http://www.bis.org/publ/qtrpdf/r_qa1206.pdf, Stand: 27.11.2012 (Quarterly Review (June 2012)).

BLAUM, ULF/HOLZWARTH, JOCHEN/WENDLANDT, GERLINDE, IAS 8, in: Rechnungslegung nach IFRS – Kommentar auf der Grundlage des deutschen Bilanzrechts, hrsg. v. Baetge, Jörg/Wollmert, Peter/Kirsch, Hans-Jürgen/Oser, Peter/Bischof, Stefan, 2. Aufl., Stuttgart 2002 (IAS 8).

BLOSS, MICHAEL/EIL, NADINE/ERNST, DIETMAR/FRITSCHE, HARALD/HÄCKER, JOACHIM, Währungsderivate – Praxisleitfaden für ein effizientes Management von Währungsrisiken, München 2007 (Währungsderivate).

BMW (HRSG), Corporate News – Strategische Neuausrichtung in entscheidender Phase, verfügbar unter: http://www.bmwgroup.com/d/0_0_www_bmwgroup_com/investor_relations/corporate_news/news/2008/Umsatzmeldung_01_2008.html, Stand: 23.11.2012 (Strategische Neuausrichtung).

BÖCKING, HANS-JOACHIM, Zum Verhältnis von neuem Lagebericht, Anhang und IFRS, in: BB 2005, Beilage 3, S. 5-8 (Verhältnis von Lagebericht, Anhang und IFRS).

BÖCKING, HANS-JOACHIM/ORTH, CHRISTIAN, Risikomanagement und das Testat des Abschlußprüfers, in: BFuP 2000, S. 242-260 (Risikomanagement und Abschlussprüfung).

BORCHERT, MARCUS, Die Sicherung von Wechselkursrisiken in der Rechnungslegung nach deutschem Handelsrecht und International Financial Reporting Standards (IFRS), Frankfurt am Main 2006 (Sicherung von Wechselkursrisiken).

BOSCH, ROBERT/ERTOGRUL, DENIZ, Regulierung von OTC-Derivaten und deren Liquiditätswirkung, in: Kreditwesen 2013, S. 190-192 (Regulierung von OTC-Derivaten und deren Liquiditätswirkung).

BOSSE, MICHAEL/TOPPER, JÜRGEN, Stabiles hedge accounting – Ausgestaltung der Effektivitätsmessung im Normenkontext von IAS 39 und IFRS 9 (Teil 1), in: KoR 2013, S. 8-12 (Stabiles Hedge Accounting (I)).

BOSSE, MICHAEL/TOPPER, JÜRGEN, Stabiles hedge accounting – Ausgestaltung der Effektivitätsmessung im Normenkontext von IAS 39 und IFRS 9 (Teil 2), in: KoR 2013, S. 71-78 (Stabiles Hedge Accounting (II)).

BOURQUI, CLAUDE/BLUMER, ANDREAS, Internal Control, in: ST 1994, S. 1069-1080 (Internal Control).

BRENNER, HANS-DIETER/WEBER, CHRISTOPH, IAS 39 aus der Sicht einer Landesbank, in: ZfgK 2003, S. 594-598 (IAS 39 aus Sicht einer Landesbank).

BRIXNER, JOACHIM/SCHABER, MATHIAS/BOSSE, MICHAEL, Der Exposure Draft ED/2013/3 „Expected Credit Losses“, in: KoR 2013, S. 221-235 (Exposure Draft „Expected Credit Losses“).

BROLL, UDO/WAHL, JACK, Wechselkursrisiko und Risikopolitik in internationalen Unternehmen, in: Review of Economics 2008, S. 23-30 (Wechselkursrisiko).

BRÖTZMANN, INGO, Bilanzierung von güterwirtschaftlichen Sicherungsbeziehungen nach IAS 39 zum Hedge Accounting, Düsseldorf 2004 (Güterwirtschaftliche Sicherungsbeziehungen).

BROWN, GREGORY, Managing foreign exchange risk with derivatives, in: Journal of Financial Economics 2001, S. 401-448 (Managing FX-Risk).

BRÜNGER, CHRISTIAN, Erfolgreiches Risikomanagement mit COSO ERM – Empfehlungen für die Gestaltung und Umsetzung in der Praxis, Berlin 2009 (Risikomanagement mit COSO).

BÜHLER, WOLFGANG/KORN, OLAF, Absicherung langfristiger Lieferverpflichtungen mit kurzfristigen Futures: Möglich oder Unmöglich?, in: ZfbF 2000, S. 315-347 (Absicherung von Lieferverpflichtungen).

BUNDESVERBAND DEUTSCHER BANKEN (HRSG.), Bilanzierung von Sicherungsgeschäften (Hedge Accounting) nach IAS 39, in: WPg 2001, S. 346-353 (Bilanzierung von Sicherungsgeschäften).

BUNGARTZ, OLIVER, Handbuch Interne Kontrollsysteme (IKS) – Steuerung und Überwachung von Unternehmen, 3. Aufl., Berlin 2012 (Interne Kontrollsysteme).

BÜNTING, HANS, Commodity-Risikomanagement, in: Praxishandbuch Treasury-Management – Leitfaden für die Praxis des Finanzmanagements, hrsg. v. Seethaler, Peter, Wiesbaden 2007, S. 395-411 (Commodity-Risikomanagement).

BURKSCHAT, MARCO/CRAMER, ERHARD/KAMPS, UDO, Beschreibende Statistik – Grundlegende Methoden der Datenanalyse, 2. Aufl., Berlin 2012 (Deskriptive Statistik).

CASTEDELLO, MARC, Fair Value Measurement – Der neue Exposure Draft 2009/5, in: WPg 2009, S. 914-917 (ED Fair Value Measurement).

CHEN, LONG/LESMOND, DAVID/WEI, JASON, Corporate Yield Spreads and Bond Liquidity, in: Journal of Finance 2007, S. 119-149 (Corporate Yield Spreads).

CHRISTENSEN, JOHN, Conceptual frameworks of accounting from an information perspective, in: Accounting and Business Research 2010, S. 287-299 (Frameworks from an Information Perspective).

CLARK, JOYCE, Hedge-Effektivität im Spannungsfeld zwischen Risikomanagementstrategie und internationalen Accounting-Regelungen, Düsseldorf 2011 (Hedge-Effektivität).

CME GROUP (HRSG.), CME Span – The Standard Portfolio Analysis of Risk, verfügbar unter: http://www.jscc.co.jp/en/ccp12/materials/docs/spanbrochure-%202007.pdf, Stand: 15.08.2013 (Standard Portfolio Analysis of Risk).

COENENBERG, ADOLF/STRAUB, BARBARA, Rechenschaft versus Entscheidungsunterstützung: Harmonie oder Disharmonie der Rechnungszwecke?, in: KoR 2008, S. 17-26 (Rechenschaft vs. Entscheidungsunterstützung).

COMMERZBANK (HRSG.), Rohstoffe und Energie – Risiken umkämpfter Ressourcen, verfügbar unter: https://www.unternehmerperspektiven.de/media/up/studien/11studie/11_Studie_Rohstoffe.pdf, Stand: 21.12.2012 (Rohstoffe und Energie (2011)).

COOPER, IAN/MELLO, ANTONIO, The Default Risk of Swaps, in: Journal of Finance 1991, S. 597-620 (Default Risk of Swaps).

COOPERS & LYBRAND (HRSG.), Generally accepted risk principles (GARP), Leicester 1996 (Generally Accepted Risk Principles).

CORTEZ, BENJAMIN/SCHÖN, STEPHAN, Hedge-Effektivität nach IAS 39 – Grundlagen, Vergleich mit SFAS 133 sowie zukünftige Entwicklungen, in: KoR 2009, S. 413-425 (Hedge-Effektivität).

COSO (HRSG.), Enterprise Risk Management – Integrated Framework – Executive Summary, verfügbar unter: http://www.coso.org/documents/coso_erm_executivesummary.pdf, Stand: 12.11.2012 (Enterprise Risk Management).

COVITZ, DAN/DOWNING, CHRIS, Liquidity or Credit Risk? The Determinants of Very Short-Term Corporate Yield Spreads, in: Journal of Finance 2007, S. 2303-2328 (Liquidity or Credit Risk).

COX, JOHN/RUBINSTEIN, MARK, Option Markets, Prentice-Hall 1985 (Option Markets).

DAMODARAN, ASWATH, Damodaran on valuation – Security analysis for investment and corporate finance, 2. Aufl., Hoboken 2006 (Damodaran on Valuation).

DELOITTE (HRSG.), Accounting alert (No. 2005/08) – Hedge accounting using non-zero fair value derivatives, verfügbar unter: http://www.deloitte.com/assets/Dcom-Australia/Local%20Assets/Documents/Accounting%20Alert%202005-08.pdf, Stand: 22.01.2013 (Non-Zero Fair Value Derivatives).

DELOITTE (HRSG.), Assessing hedge effectiveness under IFRS 9 – A closer look, verfügbar unter: http://www.iasplus.com/en/publications/global/a-closer-look/a-closer-look-2014-assessing-edge-effectiveness-under-ifrs-9, Stand: 17.03.2013 (Assessing Hedge Effectiveness).

DELOITTE (HRSG.), Heads up Volume 17 Issue 45 – IASB Proposes New Hedge Accounting Model, verfügbar unter: http://www.deloitte.com/assets/Dcom-UnitedStates/Local%20Assets/Documents/AERS/ASC/us_aers_headsup_122210_IASB.pdf, Stand: 17.03.2013 (New Hedge Accounting Model).

DELOITTE (HRSG.), Hedge Accounting, verfügbar unter: http://www.google.de/url?sa=t&rct=j&q=&esrc=s&source=web&cd=2&ved=0CDYQFjAB&url=http%3A%2F%2Fwww.iasplus.com%2Fen%2Fpublications%2Fgermany%2Fifrs-fokussiert%2Fhedge-accounting%2Fat_download%2Ffile%2FIFRS_fokussiert_Hedge%252011_2013.pdf&ei=Lg12U5HaMI6e7AaIzYD4BA&usg=AFQjCNEosn3eDuWjrGNTj6rgdeaWVZz5bQ&bvm=bv.66699033,d.ZGU, Stand: 16.04.2014 (Hedge Accounting).

DELOITTE (HRSG.), Hedge Accounting – Ablösung der bisherigen Vorschriften steht kurz bevor, verfügbar unter: http://www.iasplus.com/de/publications/german-publications/ifrs-fokussiert-newsletter/ifrs-fokussiert-hedge-accounting-abloesung-der-bisherigen-vorschriften-steht-kurz-bevor, Stand: 17.03.2013 (Ablösung der Vorschriften des Hedge Accounting).

DELOITTE (HRSG.), iGAAP 2012 (Vol. C) – Financial instruments – IAS 39 and related Standards, Croydon 2011 (iGAAP (2012)).

DEUTSCHE BANK (HRSG.), EU-Kommission gibt Reform des OTC-Derivatemarktes den letzten Schliff, verfügbar unter: http://www.dbresearch.de/PROD/DBR_INTERNET_DE-PROD/PROD0000000000287935.pdf, Stand: 22.02.2013 (Reform des OTC-Derivatemarktes).

DEUTSCHE BANK (HRSG.), OTC-Derivate – Eine neue Marktinfrastruktur für Derivate, verfügbar unter: http://www.dbresearch.de/PROD/DBR_INTERNET_DE-PROD/PROD0000000000259255/Pr%C3%A4sentation%3A+OTC-Derivate+-+Eine+neue+Marktinfrastruktur+f%C3%BCr+Derivate.PDF, Stand: 22.02.2013 (Marktinfrastruktur für Derivate).

DEUTSCHE BANK (HRSG.), OTC-Derivate – Grundlagen und aktuelle Entwicklungen, verfügbar unter: http://www.dbresearch.de/PROD/DBR_INTERNET_DE-PROD/PROD0000000000258017.pdf, Stand: 22.02.2013 (OTC-Derivate).

DEUTSCHE BANK (HRSG.), Response to Public Consultation on Derivatives and Market Infrastructures, verfügbar unter: https://circabc.europa.eu/faces/jsp/extension/wai/navigation/container.jsp?FormPrincipal:_idcl=FormPrincipal:libraryContentList:pager&page=0&FormPrincipal_SUBMIT=1&org.apache.myfaces.trinidad.faces.STATE=DUMMY, Stand: 22.02.2013 (CL Derivatives and Market Infrastructures).

DEUTSCHE BUNDESBANK (HRSG.), Monatsbericht September 2010, verfügbar unter: http://www.bundesbank.de/Redaktion/DE/Downloads/Veroeffentlichungen/Monatsberichte/2010/2010_09_monatsbericht.pdf?__blob=publicationFile, Stand: 28.03.2013 (Monatsbericht (September 2010)).

DEUTSCHER INDUSTRIE- UND HANDELSKAMMERTAG (HRSG.), Energie und Rohstoffe für morgen – Ergebnisse IHK-Unternehmensbarometer 2012, verfügbar unter: http://www.ostwestfalen.ihk.de/fileadmin/redakteure/innovation_umwelt/Energie/IHK_Unternehmensbarometer_Energie_und_Rohstoffe_1_pdf, Stand: 21.12.2012 (Energie und Rohstoffe (2012)).

DEUTSCHER SPARKASSEN- UND GIROVERBAND (HRSG.), Mindestanforderungen an das Risiko–management – Interpretationsleitfaden, verfügbar unter: http://www.s-wissenschaft.de/dokumente/MaRiskInte_110711173137.pdf, Stand: 13.11.2012 (MaRisk-Interpretationsleitfaden).

DEUTSCHES AKTIENINSTITUT & VERBAND DEUTSCHER TREASURER E. V. (HRSG.), Risikomanagement mit Derivaten bei Unternehmen der Realwirtschaft – Verbreitung, Markttendenzen, Regulierungen, verfügbar unter: http://www.dai.de/files/dai_usercontent/dokumente/studien/2012-05-08%20DAI-VDT-Studie_Derivatnutzung.pdf, Stand: 27.11.2012 (Risikomanagement mit Derivaten (2012)).

DI PAOLA, SEBASTIAN, Time Value of Options – what's all the fuss about?, in: A Treasurer's Guide to Hedge Accounting 2008, S. 11-14 (Time Value of Options).

DIPPOLD, MATTHIAS, EU-Verordnung EMIR Derivate 2012: Neuordnung durch OTC-Regulierung, in: Risiko Manager 2012, S. 1-4 (OTC-Regulierung).

DOBLER, MICHAEL/HETTICH, SILVIA, Geplante Änderungen der Rahmenkonzepte von IASB und FASB – Konzeption, Vergleich, Würdigung, in: IRZ 2007, S. 29-36 (Geplante Änderungen der Rahmenkonzepte).

DOHRN, MATTHIAS, Entscheidungsrelevanz des Fair Value-Accounting am Beispiel von IAS 39 und IAS 40, Lohmar 2004 (Entscheidungsrelevanz des Fair Value-Accounting).

DRSC (HRSG.), Comment Letter: Exposure Draft Conceptual Framework – Chapter 1 and Chapter 2, verfügbar unter: http://www.standardsetter.de/drsc/docs/press_releases/080926_cl_GASB_IASB_ED_FrameworkA.pdf, Stand: 02.06.2013 (CL Conceptual Framework).

DRSC (HRSG.), Comment Letter: Exposure Draft Hedge Accounting, verfügbar unter: http://www.ifrs.org/Current-Projects/IASB-Projects/Financial-Instruments-A-Replacement-of-IAS-39-Financial-Instruments-Recognitio/Phase-III-Hedge-accounting/edcl/comment-letters/Documents/11 0310_CL_GASB_IASB_ED_HedgeAccounting.pdf, Stand: 02.06.2013 (CL Hedge Accounting).

DRSC (HRSG.), Comment Letter: Review Draft Hedge Accounting, verfügbar unter: http://www.drsc.de/docs/press_releases/2012/121112_CL_IFRS-FA_RD_HedgeAcc.pdf, Stand: 02.06.2013 (CL Hedge Accounting (Review Draft)).

DRSC (HRSG.), E-DRS 27 – Konzernlagebericht, verfügbar unter: http://www.standardsetter.de/drsc/docs/qb/E-DRS_27.pdf, Stand: 02.06.2012 (E-DRS 27).

DRSC (HRSG.), Finanzinstrumente/Hedge Accounting – Status Quo bei IASB und FASB (Papier 01_02a), verfügbar unter: http://www.drsc.de/docs/sitzungen/ifrs-fa/001/01_02a_IFRS-FA_FI-HA.pdf, Stand: 02.06.2013 (Hedge Accounting (Papier 01_02a)).

DRSC (HRSG.), Finanzinstrumente/Hedge Accounting – Vorstellung Draft Hedge Accounting (Papier 09_11a), verfügbar unter: http://www.drsc.de/docs/sitzungen/ifrs-fa/009/09_11a_IFRS-FA_FI-HA.pdf, Stand: 02.06.2013 (Hedge Accounting (Papier 09_11a)).

DRSC (HRSG.), IAS 39 Replacement (3): Hedge Accounting, verfügbar unter: http://www.drsc.de/service/projects/details/index.php?ixprj_do=index&ixprj_lang=de&prj_sec=iasb&prj_id=1&filter_state=active&ixprj_do=details&prj_id=6, Stand: 02.06.2013 (IAS 39 Replacement: Hedge Accounting).

DRSC (HRSG.), Review Draft zum Hedge Accounting veröffentlicht – Newsletter vom 11.09.2012, verfügbar unter: http://www.ifrs-fachportal.de/content/printpagepdf.aspx?_p=0&_t=dft&_s=491524&orderid=0, Stand: 02.06.2013 (Review Draft Hedge Accounting).

DUNCAN SEDDON (HRSG.), The impact of oil price on ethylene price, verfügbar unter: http://www.duncanseddon.com/docs/pdf/the-impact-of-oil-price-on-ethylene-price.pdf, Stand: 21.03.2013 (Oil and Ethylene Prices).

EBERLI, PETER/DI PAOLA, SEBASTIAN, Hedge Accounting – Vereinfachungen in Sicht, in: ST 2011, S. 251-255 (ED Hedge Accounting).

ECKES, BURKHARD/BARZ, KATJA/BÄTHE-GUSKI, MARTINA/WEIGEL, WOLFGANG, Die aktuellen Vorschriften zum Hedge Accounting (I), in: Die Bank 2004, S. 416-420 (Hedge Accounting (I)).

ECKES, BURKHARD/BARZ, KATJA/BÄTHE-GUSKI, MARTINA/WEIGEL, WOLFGANG, Die aktuellen Vorschriften zum Hedge Accounting (II), in: Die Bank 2004, S. 54-59 (Hedge Accounting (II)).

ECKES, BURKHARD/FLICK, PETER/SCHÜZ, PETER, ED/2013/3 Financial Instruments: Expected Credit Losses – Konzeptionelle Würdigung, in: WPg 2013, S. 939-947 (ED/2013/3 Financial Instruments: Expected Credit Losses).

ECKES, BURKHARD/FLICK, PETER/SIERLEJA, LUKAS, Kategorisierung und Bewertung von Finanzinstrumenten nach IFRS 9 bei Kreditinstituten, in: WPg 2010, S. 627-639 (Kategorisierung und Bewertung).

EDERINGTON, LOUIS, The Hedging Performance of the New Futures Markets, in: Journal of Finance 1979, S. 157-170 (Hedging Performance).

EDWARDS, FRANKLIN R./MA, CINDY W., Futures and Options, New York 1992 (Futures and Options).

EFRAG (HRSG.), IFRS 9 endorsement advice postponed, verfügbar unter: http://www.efrag.org/Front/n1-468/NewsDetail.aspx, Stand: 22.02.2013 (IFRS 9 Endorsement).

EFRAG (HRSG.), Joint Field-Testing on General Hedge Accounting – Supplementary Information, verfügbar unter: http://www.efrag.org/files/Supplementary_information_final_June_2012.pdf, Stand: 10.01.2013 (Joint Field-Testing on General Hedge Accounting).

EIERLE, BRIGITTE, Die Entwicklung der Differenzierung der Unternehmensberichterstattung in Deutschland und Großbritannien – Ansatzpunkte für die Diskussion der zukünftigen Gestaltung der Abschlusserstellung nicht kapitalmarktorientierter Unternehmen in Deutschland, Frankfurt am Main 2004 (Differenzierung der Unternehmensberichterstattung).

ELLROTT, HELMUT, § 289. Lagebericht, in: Beck'scher Bilanz-Kommentar – Handelsbilanz, Steuerbilanz, hrsg. v. Ellrott, Helmut/Förschle, Gerhart/Grottel, Bernd/Kozikowski, Michael/Schmidt, Stefan/Winkeljohann, Norbert, München 2013 (§ 289. Lagebericht).

ELMERS, NORMAN, Risikomanagement von Rohstoffpreisen im deutschen Mittelstand, München 2009 (Risikomanagement von Rohstoffpreisen).

ERBEN, ROLAND, Risk Management Standards – Role, Benefits & Applicability, in: Proceedings of the 2nd European Risk Conference, hrsg. v. European Risk Research Network, Mailand 2008 (Risk Management Standards).

ERICSSON, JAN/RENAULT, OLIVIER, Liquidity and Credit Risk, in: Journal of Finance 2006, S. 2219-2250 (Liquidity and Credit Risk).

ERNST, CHRISTOPH/SEIBERT, ULRICH/STUCKER, FRITZ, KonTraG, KapAEG, StückAG, EuroEG – Gesellschafts- und Bilanzrecht: Textausgabe mit Begründungen des Bundesrates mit Gegenäußerungen der Bundesregierung, Berichten des Rechtsausschusses des Deutschen Bundestages, Düsseldorf 1998 (Gesellschafts- und Bilanzrecht).

ERNST & YOUNG (HRSG.), Comment Letter: Exposure Draft Hedge Accounting, verfügbar unter: http://www.ifrs.org/Current-Projects/IASB-Projects/Financial-Instruments-A-Replacement-of-IAS-39-Financial-Instruments-Recognitio/Phase-III-Hedge-accounting/edcl/comment-letters/Documents/CommentletterEDHedgeaccounting.pdf, Stand: 25.07.2013 (CL Hedge Accounting).

ERNST & YOUNG (HRSG.), Eyes on treasury – 2008 European treasury survey, verfügbar unter: http://www.ey.com/Publication/vwLUAssets/European_treasury_survey_2008_-_Eyes_on_treasury/$FILE/European_treasury_survey_092008.pdf, Stand: 25.07.2012 (European Treasury).

ERNST & YOUNG (HRSG.), Hedge Accounting nach IFRS 9 – Ein tieferer Blick auf die Vorschläge und die damit verbundenen Herausforderungen, verfügbar unter: http://www.ey.com/Publication/vwLUAssets/Hedge_Accounting_nach_IFRS_9/$FILE/Hedge%20Accounting%20nach%20IFRS%209pdf, Stand: 25.07.2013 (ED Hedge Accounting).

ERNST & YOUNG (HRSG.), International GAAP 2005 – Generally Accepted Accounting Practice under International Financial Reporting Standards, London 2004 (International GAAP 2005).

ERNST & YOUNG (HRSG.), Pitfalls of derivatives redesignation, verfügbar unter: http://app1.hkicpa.org.hk/APLUS/1011/38-41-hedge_acctng.pdf, Stand: 25.07.2013 (Derivatives Redesignation).

ERNST & YOUNG (HRSG.), Practical issues in IFRS for financial instruments (Issue 1), verfügbar unter: http://webapp01.ey.com.pl/EYP/WEB/eycom_download.nsf/resources/Practical_issue_Sept2007.pdf/$FILE/Practical_issues_Sept2007.pdf, Stand: 25.07.2013 (Practical Issues for Financial Instruments).

ERNST & YOUNG (HRSG.), The general hedge accounting project on the home straight – IFRS developments, verfügbar unter: http://www.ey.com-/Publication/vwLUAssets/Devel40_Hedging_Sept12/$FILE/Devel40_Hedging_Sept12. pdf, Stand: 25.07.2013 (General Hedge Accounting).

ERNST & YOUNG (HRSG.), The IASB decouples macro hedge accounting from the IFRS 9 project, verfügbar unter: http://www.ey.com/Publication/vwLUAssets/Macro_hedge_accounting_decoupled_from_IFRS-9_project/$FILE/Hedging_May2012-issue-30.pdf, Stand: 25.07.2013 (Decoupling of Macro Hedge Accounting).

ESMA (HRSG.), Draft technical standards under the Regulation (EU) No. 648/2012 of the European Parliament and of the Council of 4 July 2012 on OTC Derivatives, CCPs and Trade Repositories – Final Report, verfügbar unter: http://www.esma.europa.eu/system/files/2012-600_0.pdf, Stand: 26.11.2012 (Draft Technical Standards on OTC Derivatives).

EULER HERMES RATING (HRSG.), Emissionsrating-Methodik, verfügbar unter: http://www.ehrg.de/seiten/Emission2012.pdf, Stand: 21.03.2013 (Emissionsrating-Methodik).

EUROPÄISCHE KOMMISSION (HRSG.), Directive of the European Parliament and of the Council on markets in financial instruments repealing Directive 2004/39/EC of the European Parliament and of the Council, verfügbar unter: http://www.vgf-online.de/fileadmin/THEMEN/EU-Entwuerfe_zur_Ueberarbeitung_der_MiFID/Richtlinienentwurf%20der%20Kommission.pdf, Stand: 28.11.2012 (Entwurf MiFID II).

EUROPÄISCHE KOMMISSION (HRSG.), Mehr Sicherheit und Transparenz für die Derivatemärkte – Pressemitteilung vom 15. September 2010, verfügbar unter: http://europa.eu/rapid/press-release_IP-10-1125_de.htm?locale=en, Stand: 26.11.2012 (Derivatemärkte).

EUROPÄISCHES PARLAMENT (HRSG.), Delegierte Verordnung (EU) Nr. 149/2013 der Kommission vom 19. Dezember 2012 zur Ergänzung der Verordnung (EU) Nr. 648/2012 des Europäischen Parlaments und des Rates im Hinblick auf technische Regulierungsstandards für indirekte Clearingvereinbarungen, die Clearingpflicht, das öffentliche Register, den Zugang zu einem Handelsplatz, nichtfinanzielle Gegenparteien und Risikominderungstechniken für nicht durch eine CCP geclearte OTC-Derivatekontrakte, verfügbar unter: http://eur-lex.europa.eu/LexUriServ/LexUriServ.do?uri=OJ:L:2013:052:0011:0024:DE:PDF, Stand: 31.08.2013 (EU-Verordnung Nr. 149/2013).

EUROPÄISCHES PARLAMENT (HRSG.), Verordnung (EU) Nr. 648/2012 des Europäischen Parlaments und des Rates vom 4. Juli 2012 über OTC-Derivate, zentrale Gegenparteien und Transaktionsregister, verfügbar unter: http://eur-lex.europa.eu/LexUriServ/LexUriServ.do?uri=OJ:L:2012:201:0001:0059:DE:PDF, Stand: 31.08.2013 (EU-Verordnung Nr. 648/2012).

EUROPÄISCHE UNION (HRSG.), Der Wechselkursmechanismus II, verfügbar unter: http://www.europarl.europa.eu/brussels/website/media/modul_06/Zusatzthemen/Pdf/WKM_II.pdf, Stand: 22.03.2013 (Wechselkursmechanismus II).

EUROPÄISCHE UNION (HRSG.), MiFID II: Mehr Transparenz, weniger Spekulation, verfügbar unter: http://www.euractiv.de/finanzen-und-wachstum/interview/mifid-ii-mehr-transparenz-weniger-spekulation-006140, Stand: 22.03.2012 (MiFID II).

EUROPÄISCHE ZENTRALBANK (HRSG.), Credit Default Swaps And Counterparty Risk, verfügbar unter: http://www.ecb.int/pub/pdf/other/creditdefaultswapsandcounterpartyrisk2009en.pdf, Stand: 22.03.2013 (CDS and Counterparty Risk).

EVERLING, OLIVER, Credit rating durch internationale Agenturen – Eine Untersuchung zu den Komponenten und instrumentalen Funktionen des rating, Wiesbaden 1991 (Credit Rating).

EWELT-KNAUER, CORINNA, Der Konzernabschluss als Berichtsinstrument der wirtschaftlichen Einheit, Lohmar 2010 (Berichtsinstrument der wirtschaftlichen Einheit).

FAVENNEC, JEAN-PIERRE, Refinery operation and management, Paris 2001 (Refinery Operation).

FINANCE WATCH (HRSG.), Investing not betting: Making financial markets serve society – A position paper on MiFID 2/MiFIR, verfügbar unter: http://www.finance-watch.org/wp-content/uploads/2012/04/Investing-not-betting-FinanceWatch-position-paper-on-MiFID-22.pdf, Stand: 28.11.2012 (Financial Markets MiFID II).

FISCHER, DANIEL, Der Standardentwurf Hedge Accounting (ED/2010/13), in: PiR 2011, S. 21-23 (ED Hedge Accounting).

FLICK, PETER/KRAKUHN, JOACHIM/SCHÜZ, PETER, Der ED Hedge Accounting aus Sicht der Kreditinstitute, in: IRZ 2011, S. 117-125 (ED Hedge Accounting).

FLINTROP, BERNHARD/VON OERTZEN, CORNELIA, § 23. Derivate, in: Beck'sches IFRS-Handbuch – Kommentierung der IFRS/IAS, hrsg. v. Bohl, Werner/Riese, Joachim/Schlüter, Jörg, München 2013 (§ 23. Derivate).

FOLK, ROLF, Hedge Accounting im Wandel – Praxisrelevante Einblicke für Anwender von Fremdwährungsabsicherungen sowie Sicherungsgeschäften auf Makroebene (Macro Hedging), in: IRZ 2013, S. 233-237 (Currency Basis Spreads und Macro Hedging).

FÖRSCHLE, GERHARDT/GLAUM, MARTIN, Finanzwirtschaftliches Risikomanagement deutscher Industrie- und Handelsunternehmen – Industriestudie, verfügbar unter: http://www.uni-giessen.de/~g21142/limteam/ma/workingpaper/frm.pdf, Stand: 21.12.2012 (Finanzwirtschaftliches Risikomanagement).

FRANKE, GÜNTER/HAX, HERBERT, Finanzwirtschaft des Unternehmens und Kapitalmarkt, 6. Aufl., Berlin, Heidelberg 2009 (Finanzwirtschaft des Unternehmens).

FRANZ, KLAUS-PETER, Corporate Governance, in: Praxis des Risikomanagements – Grundlagen, Kategorien, branchenspezifische und strukturelle Aspekte, hrsg. v. Dörner, Dietrich/Horváth, Peter/Kagermann, Henning, Stuttgart 2000, S. 41-72 (Corporate Governance).

FRONTZEK, WOLFGANG, Management von Industriemetallrisiken im Treasurymanagement, in: Management von Rohstoffrisiken – Strategien, Märkte und Produkte, hrsg. v. Eller, Roland/Heinrich, Markus/Perrot, Rene/Reif, Markus, Wiesbaden 2010, S. 157-180 (Management von Industriemetallrisiken).

G-20 (HRSG.), Declaration on strengthening the financial system – London, 2 April 2009, verfügbar unter: http://www.g20.org/documents/fin_deps_fin_reg_annex_020409_-_1615_financial.pdf, Stand: 11.01.2013 (Declaration on Strengthening the Financial System).

GANZ, PETER, Ausgewählte Aspekte des finanzwirtschaftlichen Risikomanagements, in: Praxishandbuch Treasury-Management – Leitfaden für die Praxis des Finanzmanagements, hrsg. v. Seethaler, Peter, Wiesbaden 2007, S. 325-342 (Finanzwirtschaftliches Risikomanagement).

GARZ, CHRISTIAN/HELKE, IRIS, IFRS 9 Finanzinstrumente: Entwurf des IASB zum Hedge Accounting, in: WPg 2012, S. 1207-1213 (Review Draft Hedge Accounting).

GASSEN, JOACHIM/FISCHKIN, MICHAEL/HILL, VERENA, Das Rahmenkonzept-Projekt des IASB und des FASB: Eine normendeskriptive Analyse des aktuellen Stands, in: WPg 2008, S. 874-882 (Rahmenkonzept-Projekt).

GAUMERT, UWE/GÖTZ, STEFAN/ORTGIES, JÖRG, Basel III – eine kritische Würdigung, in: Die Bank 2011, S. 54-60 (Basel III).

GEBHARDT, GÜNTHER/MANSCH, HELMUT, Risikomanagement und Risikocontrolling in Industrie- und Handelsunternehmen – Empfehlungen des Arbeitskreises „Finanzierungsrechnung" der Schmalenbach-Gesellschaft für Betriebswirtschaft e. V., Düsseldorf u. a. 2001 (Risikomanagement und Risikocontrolling).

GEBHARDT, GÜNTHER/RUß, OLIVER, Einsatz von derivativen Finanzinstrumenten im Risikomanagement deutscher Industrieunternehmen – Beiträge anlässlich eines Symposiums zum 70. Geburtstag von Prof. Dr. Dr. h. c. mult. Walther Busse von Colbe, in: ZfbF 1999, Sonderheft Rechnungswesen und Kapitalmarkt, S. 23-83 (Derivative Finanzinstrumente im Risikomanagement).

GEHRER, JUDITH/KRAKUHN, JOACHIM/THEISS, WOLFGANG, ED/2013/3 Financial Instruments: Expected Credit Losses – Aktuelle Fragestellungen in der Bankenpraxis, in: IRZ 2013, S. 431-436 (ED/2013/3 Financial Instruments: Expected Credit Losses).

GEHRER, JUDITH/KRAKUHN, JOACHIM/TIETZ-WEBER, SUSANNE, Klassifizierung von finanziellen Vermögenswerten und Verbindlichkeiten – Praxisfragen aus der Phase I des IFRS 9, in: IRZ 2011, S. 87-90 (Klassifizierung finanzieller Vermögenswerte und Verbindlichkeiten).

GEIER, BERND/MIRTSCHINK, DANIEL, OTC-Derivate-Regulierung aus Sicht der Buy- und Sell-Side (EMIR und MIFID II/MiFIR), in: Corporate Finance biz 2013, S. 102-116 (OTC-Derivate-Regulierung durch EMIR und MIFID II/MiFIR).

GEMAN, HÉLYETTE, Commodities and commodity derivatives – Modelling and Pricing for Agriculturals, Metals, and Energy, Chicester 2005 (Commodities and Commodity Derivatives).

GLAUM, MARTIN, Finanzwirtschaftliches Risikomanagement in deutschen Industrie- und Handelsunternehmungen, Frankfurt am Main 2000 (Finanzwirtschaftliches Risikomanagement).

GLAUM, MARTIN/FÖRSCHLE, GERHARDT, Finanzwirtschaftliches Risikomanagement in deutschen Industrie- und Handelsunternehmungen, in: DB 2000, S. 581-585 (Finanzwirtschaftliches Risikomanagement).

GLAUM, MARTIN/FÖRSCHLE, GERHARDT, Rechnungslegung für Finanzinstrumente und Risikomanagement – Ergebnisse einer empirischen Untersuchung, in: DB 2000, S. 1525-1534 (Rechnungslegung für Finanzinstrumente und Risikomanagement).

GLAUM, MARTIN/KLÖCKER, ANDRÉ, Hedge Accounting nach IAS 39 in der Praxis, in: KoR 2009, S. 329-340 (Hedge Accounting in der Praxis).

GLEASON, JAMES T., Risikomanagement – Wie Unternehmen finanzielle Risiken messen, steuern und optimieren, Frankfurt am Main, New York 2001 (Risikomanagement).

GLEIßNER, WERNER, Wertorientierte Analyse der Unternehmensplanung auf Basis des Risikomanagements, in: Finanz Betrieb 2002, S. 417-427 (Wertorientierte Analyse).

GLEIßNER, WERNER, Grundlagen des Risikomanagements im Unternehmen – Controlling, Unternehmensstrategie und wertorientiertes Management, 2. Aufl., München 2011 (Grundlagen des Risikomanagements).

GONSCHOREK, DIETMAR/GONSCHOREK, THORSTEN, Zinsmanagement in mittelständischen Unternehmen, in: Finanz Betrieb 2004, S. 719-725 (Zinsmanagement).

GRAUMANN, MATTHIAS/LINDERHAUS, HOLGER/GRUNDEI, JENS, Wann haften Manager für Fehlentscheidungen? – Ein Überblick über die Rechtslage der zivilrechtlichen Innenhaftung, in: WiSt 2010, S. 325-330 (Haftung bei Fehlentscheidungen).

GROßE, JAN-VELTEN, Die Problematik des Hedge Accounting nach IAS 39 – Problemdiskussion und Lösungsansätze zur Entbehrlichkeit des Hedge Accounting unter Beibehaltung der gemischten Bewertung, Lohmar 2007 (Problematik des Hedge Accounting).

GROßE, JAN-VELTEN, Ablösung von IAS 39 – Implikationen für das hedge accounting, in: KoR 2010, S. 191-199 (Ablösung der Vorschriften des Hedge Accounting).

GSTÄDTNER, THOMAS, Regulierung der Märkte für OTC-Derivate – ein Überblick über die Regelungen in MiFID II, EMIR und CRD IV, in: RdF 2012, S. 145-155 (Regulierung der Märkte für OTC-Derivate).

GUNKEL, MARCUS, Effiziente Gestaltung des Risikomanagements in deutschen Nicht-Finanzunternehmen, Norderstedt 2010 (Gestaltung des Risikomanagements).

GUSINDE, TINO/WITTIG, THOMAS, Hedge Accounting – Anwendungsfälle aus der Praxis, in: Praxishandbuch Treasury-Management – Leitfaden für die Praxis des Finanzmanagements, hrsg. v. Seethaler, Peter, Wiesbaden 2007, S. 477-496 (Anwendungsfälle des Hedge Accounting).

GÜTTLER, ANDRE/WAHRENBURG, MARK, Bankinterne versus externe Ratings, in: Kapitalmarktrating – Perspektiven für die Unternehmensfinanzierung, hrsg. v. Everling, Oliver/Schmidt-Bürgel, Jens, Wiesbaden 2005, S. 54-69 (Bankinterne vs. externe Ratings).

HAILER, ANGELIKA/RUMP, SIEGFRIED, Hedge Effektivität: Lösung des Problems der kleinen Zahlen, in: ZfgK 2003, S. 599-603 (Hedge Effektivität).

HANNEMANN, RALF/SCHNEIDER, RALF, Mindestanforderungen an das Risikomanagement (MaRisk) – Kommentar, 3. Aufl., Stuttgart 2010 (MaRisk).

HARTENBERGER, HEIKE, § 3. Finanzinstrumente, in: Beck'sches IFRS-Handbuch – Kommentierung der IFRS/IAS, hrsg. v. Bohl, Werner/Riese, Joachim/Schlüter, Jörg, München 2013 (§ 3. Finanzinstrumente).

HARTMANN-WENDELS, THOMAS, Rechnungslegung der Unternehmen und Kapitalmarkt aus informationsökonomischer Sicht, Heidelberg 1991 (Rechnungslegung aus informationsökonomischer Sicht).

HARTMANN-WENDELS, THOMAS, Agency-Theorie und Publizitätspflicht nichtbörsennotierter Kapitalgesellschaften, in: BFuP 1992, S. 412-425 (Agency-Theorie).

HARTMANN-WENDELS, THOMAS/PFINGSTEN, ANDREAS/WEBER, MARTIN, Bankbetriebslehre, 5. Aufl., Berlin, Heidelberg 2010 (Bankbetriebslehre).

HARTUNG, SVEN, Anhang und Lagebericht im Spannungsfeld zwischen Bilanztheorie und Bilanzpolitik – Eine theoretische und empirische Analyse, Aachen 2002 (Anhang und Lagebericht).

HAUSHALTER, DAVID, Financing Policy, Basis Risk, and Corporate Hedging: Evidence from Oil and Gas Producers, in: Journal of Finance 2000, S. 107-152 (Financing Policy, Basis Risk, and Corporate Hedging).

HECKER, JANA, Kapitalausweis nach IFRS unter besonderer Berücksichtigung von Residualkapitalderivaten, Lohmar 2011 (Kapitalausweis nach IFRS).

HEINKE, VOLKER, Bonitätsrisiko und Credit rating festverzinslicher Wertpapiere – Eine empirische Untersuchung am Euromarkt, Bad Soden 1998 (Bonitätsrisiko und Credit Rating).

HEISE, FREDERIK/KOELEN, PETER/DÖRSCHELL, ANDREAS, Bilanzielle Abbildung von Sicherungsbeziehungen nach IFRS bei Vorliegen einer Late Designation, in: WPg 2013, S. 310-322 (Late Designation).

HERZ, BEINHARD/DRESCHER, CHRISTIAN, Rohstoffe und wirtschaftliche Entwicklung, in: Management von Rohstoffrisiken – Strategien, Märkte und Produkte, hrsg. v. Eller, Roland/Heinrich, Markus/Perrot, Rene/Reif, Markus, Wiesbaden 2010, S. 85-103 (Rohstoffe und wirtschaftliche Entwicklung).

HERZIG, NORBERT/MAURITZ, PETER, Grundkonzeption einer bilanziellen Marktbewertungspflicht für originäre und derivative Finanzinstrumente, in: BB 1997, S. 1-16 (Grundkonzeption einer bilanziellen Marktbewertungspflicht).

HETTICH, SILVIA, Zweckadäquate Gewinnermittlungsregeln, Frankfurt am Main u. a. 2006 (Zweckadäquate Gewinnermittlungsregeln).

HIELSCHER, UDO, Investmentanalyse, München 1999 (Investmentanalyse).

HINNERS-TOBRÄGEL, LUDGER, Zur Analyse der Überlebensfähigkeit von Unternehmen – Methodisch-theoretische Grundlagen und Simulationsergebnisse, Göttingen 2000 (Analyse der Überlebensfähigkeit von Unternehmen).

HOFFMANN, SEBASTIAN/DETZEN, DOMINIC, Das Joint Conceptual Framework von IASB und FASB – Praktische Implikationen aus dem Abschluss der Phase A für kapitalmarktorientierte Unternehmen, in: KoR 2012, S. 53-55 (Joint Conceptual Framework).

HOFFMANN, TIM, Unternehmerische Nachhaltigkeitsberichterstattung, Lohmar 2011 (Unternehmerische Nachhaltigkeitsberichterstattung).

HOFMANN, BERND/RUDOLPH, BERND/SCHABER, ALBERT/SCHÄFER, KLAUS, Kreditrisikotransfer – Moderne Instrumente und Methoden, Berlin u. a. 2007 (Kreditrisikotransfer).

HOFMANN, ERIK/WESSELY, PHILIP, Natural Hedging in Supply Chains – Ein alternatives Instrument zur Lieferantenfinanzierung, in: Supply Management Research – Aktuelle Forschungsergebnisse 2008, hrsg. v. Bogaschewsky, Ronald/Eßig, Michael/Lasch, Rainer/Stölzle Wolfgang, Wiesbaden 2009, S. 127-134 (Natural Hedging).

HOMMEL, MICHAEL/HERMANN, OLGA, Hedge-Accounting und Full-Fair-Value-Approach Hedge in der internationalen Rechnungslegung, in: DB 2003, S. 2501-2506 (Full-Fair-Value-Approach Hedge).

HOMMELHOFF, PETER/MATTHEUS, DANIELA, Risikomanagementsystem im Entwurf des BilMoG als Funktionselement der Corporate Governance, in: BB 2007, S. 2787-2791 (Risikomanagementsystem im BilMoG).

HORVÁTH, PETER, Anforderungen an ein modernes internes Kontrollsystem, in: WPg 2003, S. 211-218 (Anforderungen an IKS).

HÜBLER, OLAF, Einführung in die empirische Wirtschaftsforschung – Probleme, Methoden und Anwendungen, München 2005 (Empirische Wirtschaftsforschung).

HULL, JOHN, Risikomanagement – Banken, Versicherungen und andere Finanzinstitutionen, 2. Aufl., München u. a. 2011 (Risikomanagement).

HULL, JOHN, Optionen, Futures und andere Derivate, 8. Aufl., München u. a. 2012 (Optionen, Futures und andere Derivate).

HULL, JOHN/WHITE, ALAN, The impact of default risk on the prices of options and other derivative securities, in: Journal of Banking & Finance 1995, S. 299-322 (Price Impact of Default Risk).

IASB (HRSG.), Framework for the Preparation and Presentation of Financial Statements, London 1989 (Framework (1989)).

IASB (HRSG.), Discussion Paper: Preliminary Views on an improved Conceptual Framework for Financial Reporting – The Objective of Financial Reporting and Qualitative Characteristics of Decision-useful FinancialReporting Information, verfügbar unter: http://www.ifrs.org/Current-Projects/IASB-Projects/Financial-Instruments-A-Replacement-of-IAS-39-Financial-Instruments-Recognitio/Phase-III-Hedge-accounting/Pages/discussion-3.aspx, Stand: 22.05.2013 (DP Framework).

IASB (HRSG.), Discussion Paper: Reducing Complexity in Reporting Financial Instruments, verfügbar unter: http://www.ifrs.org/Current-Projects/IASB-Projects/Financial-Instruments-A-Replacement-of-IAS-39-Financial-Instruments-Recognitio/Discussion-Paper-and-Comment-Letters /Documents/DPReducingComplexity_ReportingFinancial Instruments.pdf, Stand: 22.05.2013 (DP Reducing Complexity).

IASB (HRSG.), Exposure Draft of an improved Conceptual Framework for Financial Reporting, verfügbar unter: http://www.ifrs.org/Current-Projects/IASB-Projects/Conceptual-Framework/ED May08/Documents/conceptual_framework_exposure_draft.pdf, Stand: 22.05.2013 (ED Framework).

IASB (HRSG.), Conceptual Framework for Financial Reporting 2010, verfügbar unter: http://www.aasb.gov.au/admin/file/content102/c3/Oct_2010_AP_9.3_Conceptual_Framework_Financial_Re porting_2010.pdf, Stand: 22.05.2013 (Framework).

IASB (HRSG.), Exposure Draft: Fair Value Option for Financial Liabilities – ED/2010/4, verfügbar unter: http://www.ifrs.org/Current-Projects/IASB-Projects/Financial-Instruments-A-Replacement -of-IAS-39-Financial-Instruments-Recognitio/Phase-I-Classification-and-Measurement/EDFVO May2010/Documents/EDFairValueOptionforFinancialLiabilities_WEBSITE.pdf, Stand: 22.05.2013 (ED Fair Value Option).

IASB (HRSG.), IASB and US FASB complete first stage of conceptual framework (Press release), 28. September 2010, verfügbar unter: http://www.ifrs.org/News/Press-Releases/Documents/ conceptualframeworkPRSept20103.pdf, Stand: 22.05.2013 (First Stage of Conceptual Framework).

IASB (HRSG.), Exposure Draft Hedge Accounting ED/2010/13, verfügbar unter: http://www.ifrs.org/Current-Projects/IASB-Projects/Financial-Instruments-A-Replacement-of-IAS-39-Financial-Instruments-Recognitio/Phase-III-Hedge-accounting/edcl/Documents/EDFIHedgeAcctDec 10.pdf, Stand: 22.05.2013 (ED Hedge Accounting).

IASB (HRSG.), Review Draft Hedge Accounting, verfügbar unter: http://www.ifrs.org/Current-Projects/IASB-Projects/Financial-Instruments-A-Replacement-of-IAS-39-Financial-Instruments-Recognitio/Phase-III-Hedge-accounting/Documents/Chapter%206%20Hedge%20Accounting% 20%28FINAL %20draft%29.pdf, Stand: 22.05.2013 (RD Hedge Accounting).

IASB (Hrsg.), Classification and Measurement: Limited Amendments to IFRS 9, verfügbar unter: http://www.ifrs.org/Current-Projects/IASB-Projects/Financial-Instruments-A-Replacement-of-IAS-39-Financial-Instruments-Recognitio/Limited-modifications-to-IFRS-9/Documents/ED-Classification-and-Measurement-November-2012-bookmarks.pdf, Stand: 22.05.2013 (ED Limited Amendments).

IASB (Hrsg.), Exposure Draft Novation of Derivatives and Continuation of Hedge Accounting, verfügbar unter: http://www.ifrs.org/Current-Projects/IASB-Projects/novation-of-derivatives/Documents/ED-Novation-OTC-Derivatives.pdf, Stand: 22.05.2013 (ED Novation of Derivatives).

IASB (Hrsg.), Exposure Draft Financial Instruments: Expected Credit Losses, verfügbar unter: http://www.ifrs.org/Current-Projects/IASB-Projects/Financial-Instruments-A-Replacement-of-IAS-39-Financial-Instruments-Recognitio/Impairment/Exposure-Draft-March-2013/Comment-letters/Documents/ED-Financial-Instruments-Expected-Credit-Losses-March-2013.pdf, Stand: 22.05.2013 (ED Expected Credit Losses).

IASB (Hrsg.), Discussion Paper: A Review of the Conceptual Framework for Financial Reporting, verfügbar unter: http://www.ifrs.org/Current-Projects/IASB-Projects/Conceptual-Framework/Discussion-Paper-July-2013/Documents/Discussion-Paper-Conceptual-Framework-July-2013.pdf, Stand: 22.05.2013 (DP Review of the Conceptual Framework).

IASB (Hrsg.), Conceptual Framework – Phase A: Objective of Financial Reporting and Qualitative Characteristics – Comment Letter Summary (agenda paper 3A), Meeting February 2007, verfügbar unter: http://www.ifrs.org/Current-Projects/IASB-Projects/Conceptual-Framework/Meeting-Summaries-and-Observer-Notes/Documents/CF0702b03aobs.pdf, Stand: 22.05.2013 (Framework – CL Summary (agenda paper 3A)).

IASB (Hrsg.), Conceptual Framework – How will the new chapters of the framework interact with the existing framework? (agenda paper 5), Meeting October 2007, verfügbar unter: http://www.ifrs.org/Meetings/MeetingDocs/IASB/Archive/Conceptual-Framework/Previous%20Work/CF-0710b05.pdf, Stand: 22.05.2013 (Framework – Interaction (agenda paper 5)).

IASB (Hrsg.), IAS 39 Financial Instruments: Recognition and Measurement – Exposures Qualifying for Hedge Accounting – Designation of a purchased option (agenda paper 10B), Meeting May 2008, verfügbar unter: http://www.ifrs.org/Current-Projects/IASB-Projects/Financial-Instruments-Recognition-and-Measurement-%E2%80%93-Exposures-Qualifying-for-He/Meeting-Summaries-and-Observer-Notes/Documents/FI0805b10Bobs.pdf, Stand: 22.05.2013 (Purchased Options (agenda paper 10B)).

IASB (Hrsg.), Hedge Accounting – The objective of hedge accounting (agenda paper 8A), Meeting January 2010, verfügbar unter: http://www.ifrs.org/Current-Projects/IASB-Projects/Financial-Instruments-A-Replacement-of-IAS-39-Financial-Instruments-Recognitio/Phase-III-Hedge-accounting/Pages/discussion-3.aspx, Stand: 22.05.2013 (Objective (agenda paper 8A)).

IASB (Hrsg.), Hedge Accounting – Eligible hedged items – Components (agenda paper 8B), Meeting January 2010, verfügbar unter: http://www.ifrs.org/Current-Projects/IASB-Projects/Financial-Instruments-A-Replacement-of-IAS-39-Financial-Instruments-Recognitio/Phase-III-Hedge-accounting/Pages/discussion-3.aspx, Stand: 22.05.2013 (Components (agenda paper 8B)).

IASB (Hrsg.), Hedge Accounting – Hedged items – Approach for determining what risk components are eligible for designation (agenda paper 9C), Meeting February 2010, verfügbar unter: http://www.ifrs.org/Current-Projects/IASB-Projects/Financial-Instruments-A-Replacement-of-IAS-39-Financial-Instruments-Recognitio/Phase-III-Hedge-accounting/edcl/Documents/FI0210b09Cobs.pdf, Stand: 22.05.2013 (Hedged Items (agenda paper 9C)).

IASB (Hrsg.), Hedge Accounting – Eligible hedged items – Derivatives as hedged items (agenda paper 1A), Meeting March 2010, verfügbar unter: http://www.ifrs.org/Current-Projects/IASB-Projects/Financial-Instruments-A-Replacement-of-IAS-39-Financial-Instruments-Recognitio/Phase-III-Hedge-accounting/Pages/discussion-3.aspx, Stand: 25.05.2013 (Derivatives as Hedged Items (agenda paper 1A)).

IASB (Hrsg.), Hedge Accounting – Eligible hedged items – Components of nominal amounts (agenda paper 1B), Meeting March 2010, verfügbar unter: http://www.ifrs.org/Current-Projects/IASB-Projects/Financial-Instruments-A-Replacement-of-IAS-39-Financial-Instruments-Recognitio/Phase-III-Hedge-accounting/Pages/discussion-3.aspx, Stand: 22.05.2013 (Nominal Amounts (agenda paper 1B)).

IASB (Hrsg.), Hedge Accounting – Eligible hedged items – One-sided risk components (agenda paper 1C), Meeting March 2010, verfügbar unter: http://www.ifrs.org/Current-Projects/IASB-Projects/Financial-Instruments-A-Replacement-of-IAS-39-Financial-Instruments-Recognitio/Phase-III-Hedge-accounting/Pages/discussion-3.aspx, Stand: 22.05.2013 (One-sided Risk Components (agenda paper 1C)).

IASB (Hrsg.), Conceptual Framework – Objective and qualitative characteristics – Sweep issues from the ballot draft (agenda paper 6), Meeting May 2010, verfügbar unter: http://www.ifrs.org/Current-Projects/IASB-Projects/Conceptual-Framework/Meeting-Summaries-and-Observer-Notes/Documents/CF0510b06obs.pdf, Stand: 22.05.2013 (Framework – Objective and Qualitative Characteristics (agenda paper 6)).

IASB (Hrsg.), Hedge Accounting – Eligible hedged items – Groups of hedged items (agenda paper 9A), Meeting May 2010, verfügbar unter: http://www.ifrs.org/Current-Projects/IASB-Projects/Financial-Instruments-A-Replacement-of-IAS-39-Financial-Instruments-Recognitio/Phase-III-Hedge-accounting/edcl/Pages/Groups-and-net-positions.aspx, Stand: 22.05.2013 (Groups (agenda paper 9A)).

IASB (Hrsg.), Hedge Accounting – Eligible hedged items – Contractually specified risk components (agenda paper 9D), Meeting May 2010, verfügbar unter: http://www.ifrs.org/Current-Projects/IASB-Projects/Financial-Instruments-A-Replacement-of-IAS-39-Financial-Instruments-

Recognitio/Phase-III-Hedge-accounting/Pages/discussion-3.aspx, Stand: 22.05.2013 (Contractually Specified Risk Components (agenda paper 9D)).

IASB (Hrsg.), Hedge Accounting – Eligible hedged items – Groups and net positions – Identifying the hedged item (the 'what' issue) (agenda paper 6B), Meeting July 2010, verfügbar unter: http://www.ifrs.org/Current-Projects/IASB-Projects/Financial-Instruments-A-Replacement-of-IAS-39-Financial-Instruments-Recognitio/Phase-III-Hedge-accounting/Pages/discussion-3.aspx, Stand: 22.05.2013 (Groups and Net Positions (agenda paper 6B)).

IASB (Hrsg.), Hedge Accounting – Hedge Effectiveness – Principles underlying the assessment of hedge effectiveness (agenda paper 7B), Meeting July 2010, verfügbar unter: http://www.ifrs.org/Current-Projects/IASB-Projects/Financial-Instruments-A-Replacement-of-IAS-39-Financial-Instruments-Recognitio/Phase-III-Hedge-accounting/edcl/Pages/Hedge-Effectiveness.aspx, Stand: 22.05.2013 (Hedge Effectiveness (agenda paper 7B)).

IASB (Hrsg.), Hedge Accounting – Accounting for fair value hedges (agenda paper 8A), Meeting July 2010, verfügbar unter: http://www.ifrs.org/Current-Projects/IASB-Projects/Financial-Instruments-A-Replacement-of-IAS-39-Financial-Instruments-Recognitio/Phase-III-Hedge-accounting/Pages/discussion-3.aspx, Stand: 22.05.2013 (Accounting for Fair Value Hedges (agenda paper 8A)).

IASB (Hrsg.), Amortised Cost and Impairment – Expert advisory panel (agenda paper 9B), Meeting July 2010, verfügbar unter: http://www.ifrs.org/Current-Projects/IASB-Projects/Financial-Instruments-A-Replacement-of-IAS-39-Financial-Instruments-Recognitio/Impairment/Meeting-Summaries/Documents/FI0710b09Bobs.pdf, Stand: 22.05.2013 (Amortised Cost and Impairment (agenda paper 9B)).

IASB (Hrsg.), Hedge Accounting – Hedge effectiveness – Relationship between methods and qualifying criteria for effectiveness assessment (agenda paper 2A), Meeting August 2010, verfügbar unter: http://www.ifrs.org/Current-Projects/IASB-Projects/Financial-Instruments-A-Replacement-of-IAS-39-Financial-Instruments-Recognitio/Phase-III-Hedge-accounting/edcl/Pages/Hedge-Effectiveness.aspx, Stand: 22.05.2013 (Hedge Effectiveness Methods and Criteria).

IASB (Hrsg.), Hedge Accounting – Identifying part of a hedged item – Portions or layers of existing items (agenda paper 3), Meeting August 2010, verfügbar unter: http://www.ifrs.org/Current-Projects/IASB-Projects/Financial-Instruments-A-Replacement-of-IAS-39-Financial-Instruments-Recognitio/Phase-III-Hedge-accounting/Pages/discussion-3.aspx, Stand: 22.05.2013 (Portions or Layers (agenda paper 3)).

IASB (Hrsg.), Hedge Accounting – Hedge accounting for groups of hedged items including net positions (agenda paper 14A), Meeting September 2010, verfügbar unter: http://www.ifrs.org/Meetings/Documents/IASBSep10/vbFI0910b14Aobs.pdf, Stand: 22.05.2013 (Groups and Net Positions (agenda paper 14A)).

IASB (HRSG.), Hedge Accounting – Effectiveness testing – Use of the hypothetical derivative (agenda paper 19B), Meeting September 2010, verfügbar unter: http://www.ifrs.org/Meetings/Documents/IASBSep10/FI0910B19Bobs.pdf, Stand: 22.05.2013 (Hypothetical Derivatives (agenda paper 19B)).

IASB (HRSG.), Hedge Accounting – Eligible hedged items – Risk components that are not contractually specified (agenda paper 3), Meeting October 2010, verfügbar unter: http://www.ifrs.org/Meetings/MeetingDocs/IASB/2010/October/27th/FI-271010-AP3-obs.pdf, Stand: 22.05.2013 (Not Contractually Specified Risk Components (agenda paper 3)).

IASB (HRSG.), Hedge Accounting – Eligible hedged items – Internal derivatives as hedging instruments (agenda paper 4), Meeting October 2010, verfügbar unter: http://www.ifrs.org/Meetings/Documents/IASB5Oct10/FI051010b04obs.pdf, Stand: 22.05.2013 (Internal Derivatives (agenda paper 4)).

IASB (HRSG.), Hedge Accounting – Accounting for the time value of options – The issue (agenda paper 4A), Meeting October 2010, verfügbar unter: http://www.ifrs.org/Current-Projects/IASB-Projects/Financial-Instruments-A-Replacement-of-IAS-39-Financial-Instruments-Recognitio/Phase-III-Hedge-accounting/Pages/discussion-3.aspx, Stand: 25.05.2013 (Time Value of Options (agenda paper 4A)).

IASB (HRSG.), Hedge Accounting – Accounting for the time value of options – Alternatives (agenda paper 4B), Meeting October 2010, verfügbar unter: http://www.ifrs.org/Current-Projects/IASB-Projects/Financial-Instruments-A-Replacement-of-IAS-39-Financial-Instruments-Recognitio/Phase-III-Hedge-accounting/Pages/discussion-3.aspx, Stand: 22.05.2013 (Time Value of Options (agenda paper 4B)).

IASB (HRSG.), Hedge Accounting – Eligible hedged items – Nil net positions (agenda paper 19C), Meeting October 2010, verfügbar unter: http://www.ifrs.org/Current-Projects/IASB-Projects/Financial-Instruments-A-Replacement-of-IAS-39-Financial-Instruments-Recognitio/Phase-III-Hedge-accounting/Pages/discussion-3.aspx, Stand: 22.05.2013 (Nil Net Positions (agenda paper 19C)).

IASB (HRSG.), Hedge accounting – Comment letter summary (agenda paper 7B), Meeting March 2011, verfügbar unter: http://www.ifrs.org/Current-Projects/IASB-Projects/Financial-Instruments-A-Replacement-of-IAS-39-Financial-Instruments-Recognitio/Phase-III-Hedge-accounting/Pages/discussion-4.aspx, Stand: 22.05.2013 (Hedge Accounting – CL Summary (agenda paper 7B)).

IASB (HRSG.), Hedge Accounting – Accounting for time value of options – 'zero cost' collars (agenda paper 2), Meeting April 2011, verfügbar unter: http://www.ifrs.org/Meetings/Documents/FI041127thb02obs.pdf, Stand: 22.05.2013 (Collars (agenda paper 2)).

IASB (HRSG.), Hedge Accounting – Other than accidental offsetting – Clarification (agenda paper 1A), Meeting May 2011, verfügbar unter: http://www.ifrs.org/Current-Projects/IASB-Projects/Financial-Instruments-A-Replacement-of-IAS-39-Financial-Instruments-Recognitio/Phase-III-Hedge-accounting/Pages/discussion-4.aspx, Stand: 22.05.2013 (Clarification of Offsetting Criteria).

IASB (HRSG.), Hedge Accounting – Meaning of the unbiased requirement (agenda paper 1B), Meeting May 2011, verfügbar unter: http://www.ifrs.org/Current-Projects/IASB-Projects/Financial-Instruments-A-Replacement-of-IAS-39-Financial-Instruments-Recognitio/Phase-III-Hedge-accounting/Pages/discussion-4.aspx, Stand: 22.05.2013 (Meaning of the Unbiased Requirement (agenda paper 1B)).

IASB (HRSG.), Hedge Accounting – Cost of Hedging (agenda paper 7A), Meeting June 2011, verfügbar unter: http://www.ifrs.org/Current-Projects/IASB-Projects/Financial-Instruments-A-Replacement-of-IAS-39-Financial-Instruments-Recognitio/Phase-III-Hedge-accounting/Pages/discussion-4.aspx, Stand: 22.05.2013 (Cost of Hedging (agenda paper 7A)).

IASB (HRSG.), Hedge Accounting – Accounting for the time value of options (agenda paper 7B), Meeting June 2011, verfügbar unter: http://www.ifrs.org/Current-Projects/IASB-Projects/Financial-Instruments-A-Replacement-of-IAS-39-Financial-Instruments-Recognitio/Phase-III-Hedge-accounting/Pages/discussion-4.aspx, Stand: 22.05.2013 (Time Value of Options (agenda paper 7B)).

IASB (HRSG.), Hedge Accounting – Designating combinations of options as the hedging instrument (agenda paper 7C), Meeting June 2011, verfügbar unter: http://www.ifrs.org/Current-Projects/IASB-Projects/Financial-Instruments-A-Replacement-of-IAS-39-Financial-Instruments-Recognitio/Phase-III-Hedge-accounting/Pages/discussion-4.aspx, Stand: 22.05.2013 (Combinations of Options (agenda paper 7C)).

IASB (HRSG.), Hedge Accounting – Rebalancing (Adjustments to the hedge ratio) (agenda paper 8), Meeting June 2011, verfügbar unter: http://www.ifrs.org/Current-Projects/IASB-Projects/Financial-Instruments-A-Replacement-of-IAS-39-Financial-Instruments-Recognitio/Phase-III-Hedge-accounting/Pages/Board-discussion-and-papers-stage-5.aspx, Stand: 22.05.2013 (Rebalancing (agenda paper 8)).

IASB (HRSG.), Hedge Accounting – Transition (agenda paper 15), Meeting September 2011, verfügbar unter: http://www.ifrs.org/Current-Projects/IASB-Projects/Financial-Instruments-A-Replacement-of-IAS-39-Financial-Instruments-Recognitio/Phase-III-Hedge-accounting/Pages/discussion-4.aspx, Stand: 22.05.2013 (Transition (agenda paper 15)).

IASB (HRSG.), Macro Hedge Accounting – Alternatives for a business oriented model (agenda paper 7A), Meeting November 2011, verfügbar unter: http://www.ifrs.org/Meetings/Pages/IASB-Meeting-November-2011.aspx, Stand: 22.05.2013 (Macro Hedge Accounting (agenda paper 7A)).

IASB (HRSG.), IASB Update May 2012, verfügbar unter: http://www.ifrs.org/Updates/IASB-Updates/Documents/IASBupdateMay20122.pdf, Stand: 22.05.2013 (IASB Update (May 2012)).

IASB (HRSG.), Hedge Accounting – Accounting for forward points (agenda paper 12), Meeting July 2012, verfügbar unter: http://www.ifrs.org/Meetings/ Documents/FI0711b12obs.pdf, Stand: 22.05.2013 (Forward Points (agenda paper 12)).

IASB (HRSG.), Macro Hedge Accounting – Internal derivatives – Role for external accounting? (agenda paper 4A), Meeting September 2012, verfügbar unter: http://www.ifrs.org/meetings/pages/iasb-september-2012.aspx, Stand: 22.05.2013 (Macro Hedging with Internal Derivatives (agenda paper 4A)).

IASB (HRSG.), Conceptual Framework – Restarting the project (agenda paper 14), Meeting September 2012, verfügbar unter: http://www.ifrs.org/Meetings/MeetingDocs/IASB/2012/September/CF-0912-14.pdf, Stand: 22.05.2013 (Framework – Restarting the Project (agenda paper 14)).

IASB (HRSG.), IASB Update September 2012, verfügbar unter: http://media.ifrs. org/IASBSep2012.pdf, Stand: 22.05.2013 (IASB Update (September 2012)).

IASB (HRSG.), Conceptual Framework – Project plan (agenda paper 3C), Meeting December 2012, verfügbar unter: http://www.ifrs.org/Current-Projects/IASB-Projects/Conceptual-Framework/Pages/Board-Discussions-Current-Stage-CF.aspx, Stand: 22.05.2013 (Framework – Project Plan (agenda paper 3C)).

IASB (HRSG.), Hedge Accounting – Measurement of the hedged item – Hypothetical derivatives – conceptual considerations (agenda paper 4A2), Meeting January 2013, verfügbar unter: http://www.ifrs.org/Current-Projects/IASB-Projects/Financial-Instruments-A-Replacement-of-IAS-39-Financial-Instruments-Recognitio/Phase-III-Hedge-accounting/Pages/Board-discussion-and-papers-stage-5.aspx, Stand: 22.05.2013 (Hypothetical Derivatives (agenda paper 4A2)).

IASB (HRSG.), Hedge Accounting – Measurement of hedged item – Hypothetical derivatives – Staff recommendation and question to the Board (agenda paper 4A4), Meeting January 2013, verfügbar unter: http://www.ifrs.org/Current-Projects/IASB-Projects/Financial-Instruments-A-Replacement-of-IAS-39-Financial-Instruments-Recognitio/Phase-III-Hedge-accounting/Pages/Board-discussion-and-papers-stage-5.aspx, Stand: 22.05.2013 (Hypothetical Derivatives (agenda paper 4A4)).

IASB (HRSG.), IASB Update February 2013, verfügbar unter: http://media.ifrs.org/2013/IASB/February/IASB%20Update_Feb_2013_PDF.pdf, Stand: 22.05.2013 (IASB Update (February 2013)).

IASB (HRSG.), IASB Update February 2014, verfügbar unter: http://media.ifrs.org/2014/IASB/February/IASB-Update-February-2014.pdf, Stand: 17.03.2014 (IASB Update (February 2014)).

IDW (HRSG.), Comment Letter: Exposure Draft Hedge Accounting, verfügbar unter: http://www.ifrs.org/Current-Projects/IASB-Projects/Financial-Instruments-A-Replacement-of-IAS-39-Financial-Instruments-Recognitio/Phase-III-Hedge-accounting/edcl/comment-letters/Documents/IDW _CL_IASB_ED_Hedge_Accounting_20110314_final_Logo.pdf, Stand: 15.01.2013 (CL Hedge Accounting).

IDW (HRSG.), WP Handbuch 2012 – Wirtschaftsprüfung, Rechnungslegung, Beratung (Band I), 14. Aufl., Düsseldorf 2012 (WP-Handbuch 2012).

IFRIC (HRSG.), IFRIC Update May 2007, verfügbar unter: http://www.ifrs.org/Updates/IFRIC-Updates/ 2007/Documents/IFRIC0705.pdf, Stand: 26.01.2013 (IFRIC Update (May 2007)).

IJIRI, YUJI/JAEDICKE, ROBERT, Reliability and Objectivity of Accounting Measurements, in: The Accounting Review 1966, S. 474-483 (Reliability and Objectivity).

INTERNATIONAL ENERGY ACCOUNTING FORUM (HRSG.), Embedded Derivatives (paper 1), verfügbar unter: http://www.ieaf-energy.com/sites/default/files/pdf/IEAF_paper_1_embedded_derivatives. pdf, Stand: 22.05.2013 (Embedded Derivatives (paper 1)).

INTERNATIONAL ENERGY ACCOUNTING FORUM (HRSG.), Application of Own Use Exemption to Energy Commodity Contracts within the Utilities Industry (paper 2), verfügbar unter: http:// www.ieaf-energy.com/sites/default/files/pdf/IEAF_paper_2_own_use.pdf, Stand: 22.05.2013 (Application of Own Use Exemption (paper 2)).

INTERNATIONAL ENERGY ACCOUNTING FORUM (HRSG.), Hedge Accounting (paper 7), verfügbar unter: http://www.ieaf-energy.com/sites/default/files/pdf/IEAF_paper_7_hedge.pdf, Stand: 22.05.2013 (Hedge Accounting (paper 7)).

JACOB, HANS-JOACHIM, KonTraG und KapAEG – Die neuen Entwürfe des Hauptfachausschusses zum Risikofrüherkennungssystem, zum Bestätigungsvermerk und zum Prüfungsbericht, in: WPg 1998, S. 1043-1056 (KonTraG und KapAEG).

JAMIN, WOLFGANG/KRANKOWSKI, MATTHIAS, Die Hedge Accounting-Regeln des IAS 39 – Dargestellt am Beispiel der Absicherung von Warenpreisrisiken durch Futures („Commodity Hedge") unter besonderer Berücksichtigung der Effektivitätsmessung, in: KoR 2003, S. 502-515 (Warenpreisrisiken und Hedge Accounting).

JOHNSON, HERB/STULZ, RENE, The Pricing of Options with Default Risk, in: Journal of Finance 1987, S. 267-280 (Pricing of Options with Default Risk).

JONAS, MARTIN, Die Bildung von Bewertungseinheiten im handelsrechtlichen Jahresabschluss – Eine auslegende Untersuchung des § 254 HGB zur Bilanzierung von Sicherungszusammenhängen bei Industrie- und Handelsunternehmen, Lohmar 2011 (Bewertungseinheiten nach HGB).

KAHLE, HOLGER/HEINSTEIN, RALF/DAHLKE, ANDREAS, Abt. II/2, in: Handbuch des Jahresabschlusses – Rechnungslegung nach HGB und internationalen Standards, hrsg. v. von Wysocki, Klaus/Schulze-Osterloh, Joachim/Hennrichs, Joachim/Kuhner, Christoph, Köln 2000 (Abt. II/2).

KAISER, KARIN, Erweiterung der zukunftsorientierten Lageberichterstattung – Folgen des Bilanzrechtsreformgesetzes für Unternehmen, in: DB 2005, S. 345-353 (Zukunftsorientierte Lageberichterstattung).

KALENBERG, FRANK, Grundlagen der Kostenrechnung – Eine anwendungsorientierte Einführung, München 2004 (Kostenrechnung).

KAMPMANN, HELGE/SCHWEDLER, KRISTINA, Zum Entwurf eines gemeinsamen Rahmenkonzepts von FASB und IASB – Rechnungslegungsziele und qualitative Anforderungen, in: KoR 2006, S. 521-530 (Gemeinsames Rahmenkonzept).

KARTEN, WALTER, Risk Management, in: Handwörterbuch der Betriebswirtschaft, hrsg. v. Wittmann, Waldemar/Kern, Werner/Köhler, Richard/Küpper, Hans-Ulrich/von Wysocki, Klaus, 5. Aufl., Stuttgart 1993, S. 3825-3836 (Risk Management).

KEMMER, MICHAEL/NAUMANN, THOMAS, IAS 39: Warum ist die Anwendung für deutsche Banken so schwierig?, in: ZfgK 2003, S. 794-798 (Anwendung des IAS 39).

KHOLMY, KHALED/WEIHERICH, NIKO, IFRS 9 Phase III – Eine kritische Würdigung der Stellungnahmen zum hedge accounting, in: KoR 2012, S. 224-233 (Stellungnahmen zum ED Hedge Accounting).

KIMPEL, RALF/LISSEN, NINA/OFFERHAUS, JAN, Risikomanagement-Standards – Beschleuniger oder Bremser einer wert- und risikoorientierten Unternehmenssteuerung, in: Wert- und risikoorientierte Unternehmenssteuerung, hrsg. v. Kalwait, Rainer, Frankfurt am Main 2008, S. 65-84 (Risikomanagement-Standards).

KIRSCH, HANNO, ED Rahmenkonzept-A, in: IFRS Änderungskommentar 2009, hrsg. v. Vater, Hendrik/Ernst, Edgar/Hayn, Sven/Knorr, Liesel/Mißler, Peter, Weinheim 2009.

KIRSCH, HANNO, Conceptual Framework für Phase A – Zielsetzung der Finanzberichterstattung und qualitative Anforderungen an die Rechnungslegung, in: DStZ 2011, S. 26-35 (Framework für Phase A).

KIRSCH, HANNO, Wertminderungsmodelle für finanzielle Vermögenswerte – Verbesserung der Entscheidungsnützlichkeit, in: ST 2013, S. 470-473 (Wertminderungsmodelle für finanzielle Vermögenswerte).

KIRSCH, HANS-JÜRGEN/DETTENRIEDER, DOMINIK, Die Abbildung von Risiken und Chancen in der Finanzberichterstattung, in: Risiko- und Volatilitätsmanagement, hrsg. v. Degen, Beate/Knoll, Thomas, Stuttgart 2014, S. 89-123 (Die Abbildung von Risiken und Chancen in der Finanzberichterstattung).

KIRSCH, HANS-JÜRGEN/HEPERS, LARS/DETTENRIEDER, DOMINIK, § 300 HGB, in: Bilanzrecht – Handelsrecht mit Steuerrecht und den Regelungen des IASB, hrsg. v. Baetge, Jörg/Kirsch, Hans-Jürgen/Thiele, Stefan, Berlin 2002 (§ 300 HGB).

KIRSCH, HANS-JÜRGEN/KOELEN, PETER/KÖHLING, KATHRIN, Möglichkeiten und Grenzen des management approach – Eine Analyse unter besonderer Berücksichtigung des Nutzungswerts des IAS 36, in: KoR 2010, S. 200-207 (Management Approach).

KIRSCH, HANS-JÜRGEN/KOELEN, PETER/OLBRICH, ALEXANDER/DETTENRIEDER, DOMINIK, Die Bedeutung der Verlässlichkeit der Berichterstattung im Conceptual Framework des IASB und des FASB, in: WPg 2012, S. 762-771 (Verlässlichkeit der Berichterstattung).

KIRSCH, HANS-JÜRGEN/KÖHLING, KATHRIN/DETTENRIEDER, DOMINIK, GALLASCH, FLORIAN, IFRS 13, in: Rechnungslegung nach IFRS – Kommentar auf der Grundlage des deutschen Bilanzrechts, hrsg. v. Baetge, Jörg/Wollmert, Peter/Kirsch, Hans-Jürgen/ Oser, Peter/Bischof, Stefan, 2. Aufl., Stuttgart 2002 (IFRS 13).

KIRSCH, HANS-JÜRGEN/KÖHRMANN, HANNES, Grundlagen der Lageberichterstattung, in: Beck'sches Handbuch der Rechnungslegung, hrsg. v. Castan, Edgar/Böcking, Hans-Joachim/Heymann, Gerd/Pfitzer, Norbert/Scheffler, Eberhard, München 2010 (Grundlagen der Lageberichterstattung).

KIRSCH, HANS-JÜRGEN/OLBRICH, ALEXANDER/DETTENRIEDER, DOMINIK, Die Vorschläge des IASB zu den künftigen Wertminderungsvorschriften des IFRS 9 vor dem Hintergrund der qualitativen Anforderungen des Conceptual Framework, in: KoR 2012, S. 563-571 (Entwurf künftiger Wertminderungsvorschriften).

KIRSCH, HANS-JÜRGEN/OLBRICH, ALEXANDER/DETTENRIEDER, DOMINIK/GALLASCH, FLORIAN, Bedeutung von Credit Enhancements für die Kategorisierung von ABS nach IFRS 9, in: Rdf 2013, S. 60-67 (Kategorisierung von ABS).

KLÖCKER, ANDRÉ, Hedge Accounting nach IAS 39 – Auswirkungen auf das finanzwirtschaftliche Hedging von Finanzrisiken in Nichtbanken, Hamburg 2011 (Hedge Accounting).

KNABE, MATTHIAS, Die Berücksichtigung von Insolvenzrisiken in der Unternehmensbewertung, Lohmar 2012 (Insolvenzrisiken in der Unternehmensbewertung).

KNOCH, ANDREAS, Derivate-Regulierung – ESMA veröffentlicht Details zur Clearingpflicht für Derivate, verfügbar unter: http://www.finance-magazin.de/risiko-it/hedging/esma-veroeffentlicht-details-zur-clearingpflicht-fuer-derivate/, Stand: 26.11.2012 (Derivate-Regulierung).

KNOTH, HANS/SCHULZ, MARIO, Counterparty Default Adjustments nach IFRS auf Basis marktadjustierter Basel-II-Parameter – Verwendung marktadjustierter Basel-II-Parameter zur IFRS-konformen Ermittlung von Wertanpassungsbeträgen für Kontrahentenausfallrisiken im OTC-Derivategeschäft am Beispiel von Zinsswaps, in: KoR 2010, S. 247-253 (Counterparty Default).

KOELEN, PETER, Investitionstheoretische Bewertungskalküle in der IFRS-Rechnungslegung – Möglichkeiten und Grenzen einer unternehmenswertorientierten Berichterstattung, Lohmar 2009 (Investitionstheoretische Bewertungskalküle).

KOENEN, JENS/FLAUGER, JÜRGEN, Neue Derivate-Regeln belasten Bilanzen, verfügbar unter: http://www.handelsblatt.com/unternehmen/industrie/regulierung-neue-derivate-regeln-belasten-bilanzen/v_detail_tab_print/3289046.html, Stand: 26.11.2012 (Derivateregulierung und Bilanzierung).

KÖHLING, KATHRIN, Barwertorientierte Fair Value-Ermittlung für Renditeimmobilien in der IFRS-Rechnungslegung – Empfehlungen zur Konkretisierung eines Bewertungskalküls, Lohmar 2011 (Fair Value-Ermittlung für Renditeimmobilien).

KÖHNE, MARC FELIX, Risikoartenübergreifende Steuerung in Industrieunternehmen, in: Wettbewerbsvorteil Risikomanagement – Erfolgreiche Steuerung der Strategie-, Reputations- und operationellen Risiken, hrsg. v. Kaiser, Thomas, Berlin 2007, S. 307-325 (Risikoartenübergreifende Steuerung).

KORTE, THOMAS/ROMEIKE, FRANK, MaRisk VA erfolgreich umsetzen – Praxisleitfaden für das Risikomanagement in Versicherungen, Berlin 2009 (Praxisleitfaden zur MaRisk).

KOUTMOS, GREGORY, Financial Risk Management: Dynamic versus Static Hedging, in: Global Business & Economics Review 1999, S. 60-75 (Dynamic vs. Static Hedging).

KPMG (HRSG.), Comment Letter: Exposure Draft Hedge Accounting, verfügbar unter: http://www.ifrs.org/Current-Projects/IASB-Projects/Financial-Instruments-A-Replacement-of-IAS-39-Financial-Instruments-Recognitio/Phase-III-Hedge-accounting/edcl/comment-letters/Documents/CL147new.pdf, Stand: 15.02.2013 (CL Hedge Accounting).

KPMG (HRSG.), Energie- und Rohstoffpreise – Risiken und deren Absicherung, verfügbar unter: http://www.kpmg.at/uploads/media/Energie_und_Rohstoffpreise_2007.pdf, Stand: 15.02.2013 (Energie- und Rohstoffpreise (2007)).

KPMG (HRSG.), First Impressions: IFRS 9 (2013) – Hegde accounting and transition, verfügbar unter: http://www.kpmg.com/global/en/issuesandinsights/articlespublications/first-impressions/pages/first-impressions-hedging-dec2013.aspx, Stand: 20.03.2014 (First Impressions: IFRS 9 (2013)).

KPMG (HRSG.), Insights into IFRS – KPMG's practical guide to international financial reporting standards, 8. Aufl., London 2011 (Insights into IFRS).

KPMG (HRSG.), New on the Horizon: Hedge accounting, verfügbar unter: http://www.kpmg.com/Global/en/IssuesAndInsights/ArticlesPublications/New-on-the-Horizon/Documents/NOTH-Hedge-accounting.pdf, Stand: 15.02.2013 (Hedge Accounting on the Horizon).

KRELLE, WILHELM, Unsicherheit und Risiko in der Preisbildung, in: ZgS 1957, S. 632-640 (Unsicherheit und Risiko).

KUHN, STEFFEN, Neuregelungen der Bilanzierung von Finanzinstrumenten: Welche Änderungen ergeben sich aus IFRS 9?, in: IRZ 2010, S. 1341-1348 (Bilanzierung von Finanzinstrumenten).

KUHN, STEFFEN/SCHARPF, PAUL, Rechnungslegung von Financial Instruments nach IFRS – IAS 32, IAS 39 und IFRS 7, 3. Aufl., Stuttgart 2006 (Rechnungslegung von Financial Instruments).

KÜHNE, JAN, Anforderungen an das Risikomanagement und Risikocontrolling, in: Management von Rohstoffrisiken – Strategien, Märkte und Produkte, hrsg. v. Eller, Roland/Heinrich, Markus/Perrot, Rene/Reif, Markus, Wiesbaden 2010, S. 107-137 (Risikomanagement und -controlling).

KÜMPEL, SIEGFRIED/WITTIG, ARNE, Bank- und Kapitalmarktrecht, 4. Aufl., Köln 2011 (Bank- und Kapitalmarktrecht).

KÜTING, KARLHEINZ, Der Objektivierungsgrundsatz im HGB- und IFRS-System – Eine vergleichende Darstellung und Würdigung, in: DB 2011, S. 1404-1410 (Objektivierungsgrundsatz in HGB und IFRS).

KÜTING, KARLHEINZ/LAUER, PETER, Die Fair Value-Bewertung von Schulden nach IFRS 13 – Anwendungsbereich, Konzeption und Probleme einer mitunter paradoxen Bewertung, in: KoR 2012, S. 275-283 (Fair Value-Bewertung).

LÄGER, VOLKER, Bewertung von Kreditrisiken und Kreditderivaten, Bad Soden 2002 (Bewertung von Kreditrisiken und Kreditderivaten).

LANTZIUS-BENINGA, BERTHOLD/GERDES, ANDREAS, Abbildung von Mikro Fair Value Hedges gemäß IAS 39, in: KoR 2005, S. 105-115 (Mikro Fair Value Hedges).

LEFFSON, ULRICH, Die Grundsätze ordnungsmäßiger Buchführung, 7. Aufl., Düsseldorf 1987 (Grundsätze ordnungsmäßiger Buchführung).

LEHNER, ULRICH, Risikomanagement – Ein Gegenstand der Abschlussprüfung, in: Auswirkungen des KonTraG auf Rechnungslegung und Prüfung – Vorträge und Diskussionen zum 14. Münsterischen Tagesgespräch des Münsteraner Gesprächskreises Rechnungslegung und Prüfung e. V. am 8. Mai 1998, hrsg. v. Baetge, Jörg, Düsseldorf 1999, S. 23-41 (Abschlussprüfung und Risikomanagement).

LEHNER, ULRICH/SCHMIDT, MATTHIAS, Risikomanagement im Industrieunternehmen, in: BFuP 2000, S. 261-272 (Risikomanagement).

LENENBACH, MARKUS, Kapitalmarktrecht und kapitalmarktrelevantes Gesellschaftsrecht, 2. Aufl., Köln 2008 (Kapitalmarktrecht).

LENNARD, ANDREW, Stewardship and the Objectives of Financial Statements – A Comment on IASB's Preliminary Views on an Improved Conceptual Framework for Financial Reporting: The Objective of Financial Reporting and Qualitative Characteristics of Decision-useful Financial Reporting Information, in: Accounting in Europe 2007, S. 51-66 (Stewardship and Objectives).

LERBINGER, PAUL, Ölpreisswaps, in: Die Bank 1991, S. 36-40 (Ölpreisswaps).

LITTEN, RÜDIGER/SCHWENK, ALEXANDER, EMIR-Auswirkungen der OTC-Derivateregulierung auf Unternehmen der Realwirtschaft (Teil 1), in: DB 2013, S. 857-863 (EMIR-Auswirkungen auf Unternehmen der Realwirtschaft (Teil 1)).

LITTEN, RÜDIGER/SCHWENK, ALEXANDER, EMIR-Auswirkungen der OTC-Derivateregulierung auf Unternehmen der Realwirtschaft (Teil 2), in: DB 2013, S. 918-922 (EMIR-Auswirkungen auf Unternehmen der Realwirtschaft (Teil 2)).

LIU, SHEEN/WU, CHUNCHI, Taxes, Default Risk, and Credit Spreads, in: Journal of Fixed Income 2004, S. 71-85 (Taxes, Default Risk, and Credit Spreads).

LONDON METAL EXCHANGE (HRSG.), A Guide to Trading LME, verfügbar unter: http://www.lme.com/~/media/Files/Brochures/A%20Guide%20to%20Trading%20LME_V2-1212.pdf, Stand: 15.08.2013 (A Guide to Trading LME).

LONDON METAL EXCHANGE (HRSG.), LME Steel Billet – Providing security for volatile markets, verfügbar unter: http://www.lme.com/~/media/Files/-Brochures/Steel/LME%20Steel%20Billet%20brochure_V7-0313.pdf, Stand: 15.08.2013 (LME Steel Billet).

LONDON METAL EXCHANGE (HRSG.), Special Contract Rules for Copper Grade A, verfügbar unter: http://www.lme.com/~/media/Files/Branding/Chemical%20composition/Non%20ferrous/Chemical%20composition%20-%20Copper.pdf, Stand: 15.08.2013 (Contract Rules (Copper)).

LONGSTAFF, FRANCIS/MITHAL, SANJAY/NEIS, ERIC, Corporate Yield Spreads: Default Risk or Liquidity? New Evidence from the Credit Default Swap Market, in: Journal of Finance 2005, S. 2213-2253 (Corporate Yield Spreads).

LORSON, PETER/GATTUNG, ANDREAS, Die Forderung nach einer „Faithful Representation“ – Quantitative und qualitative Schranken des Grundsatzes „Wahrheitsgemäßer Darstellung der IFRS“, in: KoR 2007, S. 657-665 (Schranken der Faithful Representation).

LORSON, PETER/GATTUNG, ANDREAS, Die Forderung nach einer „faithful representation“ – Verhältnis zur Objektivität, Neutralität und Nachprüfbarkeit, in: KoR 2008, S. 556-565 (Faithful Representation und andere Grundsätze).

LÖW, EDGAR, Bilanzierung von Finanzinstrumenten und Risikocontrolling, in: Zeitschrift für Controlling und Management 2004, Sonderheft 2, S. 32-41 (Bilanzierung von Finanzinstrumenten).

LÖW, EDGAR, Verlustfreie Bewertung antizipativer Sicherungsgeschäfte nach HGB – Anlehnung an internationale Rechnungslegungsvorschriften, in: WPg 2004, S. 1109-1123 (Antizipative Sicherungsgeschäfte).

LÖW, EDGAR, Ausweisfragen in Bilanz und Gewinn- und Verlustrechnung bei Financial Instruments, in: KoR 2006, Beilage Nr. 1, S. 3-31 (Ausweisfragen bei Financial Instruments).

LÖW, EDGAR/ANTONAKOPOULOS, NADINE/WEILAND, THOMAS, SFAS 157 und das IASB Discussion Paper „Fair Value Measurement", in: WPg 2007, S. 730-740 (SFAS 157 und Fair Value Measurement).

LÖW, EDGAR/CLARK, JOYCE, Neuregelungen zum Hedge Accounting nach IFRS – Näher am Risikomanagement?, in: Rdf 2011, S. 126-134 (Hedge Accounting und Risikomanagement).

LÖW, EDGAR/THEILE, CARSTEN, Sicherungsgeschäfte und Risikoberichterstattung, in: IFRS-Handbuch – Einzel- und Konzernabschluss, hrsg. v. Heuser, Paul/ Theile, Carsten, 5. Aufl., Köln 2012.

LÜCK, WOLFGANG, Managementrisiken, in: Praxis des Risikomanagements – Grundlagen, Kategorien, branchenspezifische und strukturelle Aspekte, hrsg. v. Dörner, Dietrich/Horváth, Peter/Kagermann, Henning, Stuttgart 2000, S. 311-343 (Managementrisiken).

LÜDENBACH, NORBERT, § 27 Währungsumrechnung, Hyperinflation, in: Haufe IFRS-Kommentar – Das Standardwerk, hrsg. v. Lüdenbach, Norbert/Hoffmann, Wolf-Dieter, 10. Aufl., Freiburg im Breisgau 2012 (§ 27 Währungsumrechnung, Hyperinflation).

LÜDENBACH, NORBERT, § 28 Finanzinstrumente, in: Haufe IFRS-Kommentar – Das Standardwerk, hrsg. v. Lüdenbach, Norbert/Hoffmann, Wolf-Dieter, 10. Aufl., Freiburg im Breisgau 2012 (§ 28 Finanzinstrumente).

LÜDENBACH, NORBERT/HOFFMANN, WOLF-DIETER, Haufe IFRS-Kommentar – Das Standardwerk, 10. Aufl., Freiburg im Breisgau 2012 (Haufe IFRS-Kommentar).

LÜDERS, JENS, Hohe Kupferpreise führen zu Substitution durch Aluminium, verfügbar unter: http://www.godmode-trader.de/nachricht/Hohe-Kupferpreise-fuehren-zu-Substitution-durch-Aluminium-Kupfer,a2753496.html, Stand: 22.03.2013 (Substitution von Kupfer durch Aluminium).

LÜTKESCHÜMER, GERRIT, Die Berücksichtigung von Finanzierungsrisiken bei der Ermittlung von Eigenkapitalkosten in der Unternehmensbewertung, Lohmar 2012 (Finanzierungsrisiken und Eigenkapitalkosten).

MÄRKL, HELMUT/GLASER, ANDREAS, IFRS 9 Financial Instruments: Neuerungen beim hedge accounting durch ED/2010/13, in: KoR 2011, S. 124-132 (Hedge Accounting).

MÄRKL, HELMUT/SCHABER, MATHIAS, IFRS 9 Financial Instruments: Neue Vorschriften zur Kategorisierung und Bewertung von finanziellen Vermögenswerten, in: KoR 2010, S. 65-74 (Bilanzierung von Finanzinstrumenten).

MARKOWITZ, HARRY, Portfolio Selection, in: Journal of Finance 1952, S. 77-91 (Portfolio Selection).

MARTEN, KAI-UWE/QUICK, REINER/RUHNKE, KLAUS, Wirtschaftsprüfung – Grundlagen des betriebswirtschaftlichen Prüfungswesens nach nationalen und internationalen Normen, 4. Aufl., Stuttgart 2011 (Wirtschaftsprüfung).

MARTIN, MARCUS R. W./REITZ, STEFAN/WEHN, CARSTEN S., Kreditderivate und Kreditrisikomodelle – Eine mathematische Einführung, Wiesbaden 2006 (Kreditderivate und Kreditrisikomodelle).

MAULSHAGEN, OLAF/TREPTE, FOLKER/WALTERSCHEIDT, SVEN, Derivative Finanzinstrumente in Industrieunternehmen, 4. Aufl., Frankfurt am Main 2008 (Derivative Finanzinstrumente).

MAULSHAGEN, OLAF/WALTERSCHEIDT, SVEN, Bilanzierung von Derivaten des Rohstoffmanagements, in: Management von Rohstoffrisiken – Strategien, Märkte und Produkte, hrsg. v. Eller, Roland/Heinrich, Markus/Perrot, Rene/Reif, Markus, Wiesbaden 2010, S. 345-371 (Bilanzierung von Derivaten).

MENICHETTI, MARCO, Währungsrisiken bilanzieren und hedgen, Wiesbaden 1993 (Bilanzierung und Hedging).

MENK, MICHAEL, Defizite von Hedge Accounting nach IAS 39 – Alternativen auf Fair-Value-Basis, Frankfurt am Main 2009 (Defizite von Hedge Accounting).

MENZIES, CHRISTOF, Sarbanes-Oxley Act – Professionelles Management interner Kontrollen, Stuttgart 2004 (Sarbanes-Oxley Act).

MOXTER, ADOLF, Grundsätze ordnungsgemäßer Rechnungslegung, Düsseldorf 2003 (Grundsätze ordnungsgemäßer Rechnungslegung).

NAUMANN, THOMAS, Bewertungseinheiten im Gewinnermittlungsrecht der Banken, Düsseldorf 1995 (Bewertungseinheiten im Gewinnermittlungsrecht).

NG, VICTOR K./PIRRONG, STEPHEN C., Fundamentals and Volatility: Storage, Spreads, and the Dynamics of Metal Prices, in: Journal of Business 1994, S. 203-230 (Fundamentals and Volatility).

NIEHAUS, HANS-JÜRGEN, Der Ersatz von IAS 39 aus Bankensicht – Erfüllte oder enttäuschte Erwartungen?, in: WPg 2010, Sonderheft 2, S. 87-89 (Ersatz von IAS 39).

NIEMEYER, KAI, Bilanzierung von Finanzinstrumenten nach International Accounting Standards (IAS) – Eine kritische Analyse aus kapitalmarktorientierter Sicht, Düsseldorf 2003 (Bilanzierung von Finanzinstrumenten).

NIETSCH, MICHAEL/GRAEF, ANDREAS, Regulierung der europäischen Märkte für außerbörsliche OTC-Derivate, in: BB 2010, S. 1361-1364 (Regulierung der OTC-Derivatemärkte).

NIMWEGEN, SEBASTIAN, Vermeidung und Aufdeckung von Fraud – Möglichkeiten der internen Corporate-Governance-Elemente, Lohmar 2009 (Vermeidung und Aufdeckung von Fraud).

NIMWEGEN, SEBASTIAN/KOELEN, PETER, COSO II als Rahmen für die Beschreibung der wesentlichen Merkmale des internen Kontroll- und des Risikomanagementsystems, in: DB 2010, S. 2011-2015 (COSO bei der Beschreibung von IKS und RMS).

O'CONNELL, VINCENT, Reflections on Stewardship Reporting, in: Accounting Horizons 2007, S. 215-227 (Stewardship Reporting).

OEHLER, ANDREAS/UNSER, MATTHIAS, Finanzwirtschaftliches Risikomanagement, 2. Aufl., Berlin u. a. 2002 (Finanzwirtschaftliches Risikomanagement).

OLBRICH, ALEXANDER, Wertminderung von finanziellen Vermögenswerten der Kategorie „Fortgeführte Anschaffungskosten" nach IFRS 9, Lohmar 2012 (Wertminderung von finanziellen Vermögenswerten).

OLDEWEME, DANIEL, Die Bilanzierung von Commodity-Hedges nach International Financial Reporting Standards (IFRS), Mannheim 2008 (Bilanzierung von Commodity-Hedges).

OSER, PETER, Handelsrechtliche Bilanzierung von Bewertungseinheiten, in: WPg 2010, S. I (Bewertungseinheiten im Handelsrecht).

PAETZMANN, CARSTEN, Bedeutung der internen Revision im Rahmen der Reformbestrebungen zur Verbesserung der Corporate Governance, in: Corporate Governance und Interne Revision – Handbuch für die Neuausrichtung des Internal Auditings, hrsg. v. Freidank, Carl-Christian/Peemöller, Volker, Berlin 2008, S. 17-46 (Interne Revision in Reformbestrebungen).

PATEK, GUIDO, Rechnungslegung bei Absicherung von Zahlungsstromänderungsrisiken aus geplanten Transaktionen nach HGB und IAS/IFRS, in: WPg 2007, S. 423-428 (Rechnungslegung antizipativer Hedges).

PEEMÖLLER, VOLKER, Abschnitt 1: Einführung in die IFRS, in: Handbuch International Financial Reporting Standards 2011, hrsg. v. Ballwieser, Wolfgang/ Beine, Frank/Hayn, Sven/Peemöller, Volker/Schruff, Lothar/Weber, Claus-Peter, 7. Aufl., Weinheim 2011 (Abschnitt 1: Einführung in die IFRS).

PELGER, CHRISTOPH, Entscheidungsnützlichkeit in neuem Gewand: Der Exposure Draft zur Phase A des Conceptual Framework-Projekts, in: KoR 2009, S. 156-162 (Entscheidungsnützlichkeit im Framework).

PELGER, CHRISTOPH, Rechnungslegungszweck und qualitative Anforderungen im Conceptual Framework for Financial Reporting (2010) – Der erste Stein im neuen Fundament der internationalen Rechnungslegung, in: WPg 2011, S. 908-916 (Zweck und qualitative Anforderungen im Framework).

PELLENS, BERNHARD/FÜLBIER, ROLF UWE/GASSEN, JOACHIM/SELLHORN, THORSTEN, Internationale Rechnungslegung – IFRS 1 bis 9, IAS 1 bis 41, IFRIC-Interpretationen, Standardentwürfe, 8. Aufl., Stuttgart 2011 (Internationale Rechnungslegung).

PERRIDON, LOUIS/STEINER, MANFRED/RATHGEBER, ANDREAS W., Finanzwirtschaft der Unternehmung, 16. Aufl., München 2012 (Finanzwirtschaft der Unternehmung).

PFÜLLER, MARKUS, § 15, in: Wertpapierhandelsgesetz, hrsg. v. Fuchs, Andreas, München 2009 (§ 15).

POLLMANN, RENE, IAS 39 Replacement: IFRS 9 Chapter 6 Hedge Accounting, in: IRZ 2012, S. 411-414 (Hedge Accounting).

PRAHL, REINHARD, Bilanzierung von Financial Instruments – quo vadis?, in: Rechnungslegung, Steuerung und Aufsicht von Banken – Kapitalmarktorientierung und Internationalisierung: Festschrift zum 60. Geburtstag von Jürgen Krumnow, hrsg. v. Lange, Thomas/Löw, Edgar, Wiesbaden 2004, S. 207-239 (Bilanzierung von Financial Instruments).

PRAHL, REINHARD/NAUMANN, THOMAS, Zur Bilanzierung von portfolio-orientierten Handelsaktivitäten der Kreditinstitute, in: WPg 1991, S. 729-739 (Bilanzierung portfolio-orientierter Handelsaktivitäten).

PRAHL, REINHARD/NAUMANN, THOMAS, Moderne Finanzinstrumente im Spannungsfeld zu traditionellen Rechnungslegungsvorschriften – Barwertansatz, Hedge-Accounting und Portfolio-Approach, in: WPg 1992, S. 709-719 (Moderne Finanzinstrumente und traditionelle Rechnungslegungsvorschriften).

PRAHL, REINHARD/NAUMANN, THOMAS, Abt. II/10, in: Handbuch des Jahresabschlusses – Rechnungslegung nach HGB und internationalen Standards, hrsg. v. von Wysocki, Klaus/Schulze-Osterloh, Joachim/Hennrichs, Joachim/Kuhner, Christoph, Köln 2000 (Abt. II/10).

PRIERMEIER, THOMAS, Finanzrisikomanagement im Unternehmen – Ein Praxishandbuch, München 2005 (Finanzrisikomanagement).

PRIGGE, CORD, Konzernlageberichterstattung vor dem Hintergrund einer Bilanzierung nach IFRS, Düsseldorf 2006 (Konzernlageberichterstattung).

PROKOPCZUK, MARCEL/BACK, JANIS, Commodity Price Dynamics and Derivatives Valuation: A Review, verfügbar unter: http://papers.ssrn.com/sol3/papers.cfm?abstract_id=2133158, Stand: 20.12.2012 (Commodity Derivatives Valuation).

PwC (Hrsg.), Comment Letter: Exposure Draft Hedge Accounting, verfügbar unter: http://www.ifrs.org/Current-Projects/IASB-Projects/Financial-Instruments-A-Replacement-of-IAS-39-Financial-Instruments-Recognitio/Phase-III-Hedge-accounting/edcl/comment-letters/Documents/HedgingcommentletterfinalPwC9March2011.pdf, Stand: 17.03.2013 (CL Hedge Accounting).

PwC (Hrsg.), Manual of accounting – Financial instruments 2012, Haywards Heath 2011 (Manual for Financial Instruments (2012)).

PwC (Hrsg.), Risiko-Management-Benchmarking 2011/12, verfügbar unter: http://www.pwc.de/de_DE/de/risikomanagement/assets/PwC_Risk_Management_Benchmarking_2011_2012.pdf, Stand: 17.03.2013 (Risiko-Management-Benchmarking (2011/2012)).

PwC (Hrsg.), Understanding IAS, Kopenhagen 2001 (Understanding IAS).

Reisch, Rutbert, Konzern-Treasury – Finanzmanagement in der Industrie, München 2009 (Konzern-Treasury).

Reuter, Alexander, „Krisenrecht“ im Vorfeld der Insolvenz – Das Beispiel der börsennotierten AG, in: BB 2003, S. 1797-1804 („Krisenrecht“ im Vorfeld der Insolvenz).

Riese, Joachim, § 8. Vorräte, in: Beck'sches IFRS-Handbuch – Kommentierung der IFRS/IAS, hrsg. v. Bohl, Werner/Riese, Joachim/Schlüter, Jörg, München 2013 (§ 8. Vorräte).

Rinck, Timo, Management von Marktpreisrisiken, in: MaRisk-Umsetzungsleitfaden – Neue Planungs-, Steuerungs- und Reportingpflichten gemäß Mindestanforderungen an das Risikomanagement, hrsg. v. Pfeifer, Guido/Ullrich, Walter/Wimmer, Konrad, Heidelberg 2006, S. 271-353 (Management von Marktpreisrisiken).

Rogler, Silvia, Management von Beschaffungs- und Absatzrisiken, in: Risikomanagement, hrsg. v. Götze, Uwe/Henselmann, Klaus/Mikus, Barbara, Heidelberg 2001, S. 213-240 (Beschaffungs- und Absatzrisiken).

Rohatschek, Roman/Hochreiter, Gerhard, Die bilanzielle Abbildung der Absicherung von geschlossenen Portfolios als Nettopositionen mit dem cash flow hedge-Modell nach dem review draft zum hedge accounting – Der Fall – Die Lösung, in: IRZ 2013, S. 212-214 (Nettopositionen mit asynchroner Erfolgswirkung).

Rolfes, Bernd, Das Management von Zins- und Währungsrisiken in Industrieunternehmen, in: Herausforderung Risikomanagement – Identifikation, Bewertung und Steuerung industrieller Risiken, hrsg. v. Elfgen, Ralph/Hölscher, Reinhold, Wiesbaden 2002, S. 541-558 (Zins- und Währungsrisiken).

Rolfes, Bernd, Gesamtbanksteuerung – Risiken ertragsorientiert steuern, 2. Aufl., Stuttgart 2008 (Gesamtbanksteuerung).

ROMEIKE, FRANK/HAGER, PETER, Erfolgsfaktor Risiko-Management 2.0 – Methoden, Beispiele, Checklisten: Praxishandbuch für Industrie und Handel, 2. Aufl., Wiesbaden 2009 (Erfolgsfaktor Risiko-Management).

RUDOLPH, BERND/SCHÄFER, KLAUS, Derivative Finanzmarktinstrumente – Eine anwendungsbezogene Einführung in Märkte, Strategien und Bewertung, 2. Aufl., Berlin u. a. 2010 (Derivative Finanzmarktinstrumente).

RUHNKE, KLAUS/NERLICH, CHRISTOPH, Behandlung von Regelungslücken innerhalb der IFRS, in: DB 2004, S. 389-395 (Regelungslücken innerhalb der IFRS).

SCHARPF, PAUL, Finanzrisiken, in: Praxis des Risikomanagements – Grundlagen, Kategorien, branchenspezifische und strukturelle Aspekte, hrsg. v. Dörner, Dietrich/Horváth, Peter/Kagermann, Henning, Stuttgart 2000, S. 253-282 (Finanzrisiken).

SCHARPF, PAUL, Rechnungslegung von Financial Instruments nach IAS 39, Stuttgart 2001 (Rechnungslegung von Financial Instruments).

SCHARPF, PAUL, Hedge Accounting nach IAS 39: Ermittlung und bilanzielle Behandlung der Hedge (In)-Effektivität, in: KoR 2004, S. 3-22 (Hedge (In)-Effektivität).

SCHARPF, PAUL/LUZ, GÜNTHER, Risikomanagement, Bilanzierung und Aufsicht von Finanzderivaten, 2. Aufl., Stuttgart 2000 (Risikomanagement und Bilanzierung von Finanzderivaten).

SCHEFFLER, JAN, Hedge-Accounting – Jahresabschlußrisiken in Banken, Wiesbaden 1994 (Hedge Accounting).

SCHILDBACH, THOMAS, Irre führendes Rechnungslegungs-System, in: IRZ 2007, S. 9-16 (Irreführendes Rechnungslegungs-System).

SCHLEIFER, LOUIS, A New Twist to Dollar Offset, verfügbar unter: http://www.cs.trinity.edu/rjensen/ResearchFiles/00effectivenessPart2/A%20New%20Twist%20To%20Dollar%20Offset.htm, Stand: 22.03.2013 (A New Twist to Dollar Offset).

SCHLITTGEN, RAINER, Einführung in die Statistik – Analyse und Modellierung von Daten, 12. Aufl., München 2012 (Statistische Analyse und Modellierung).

SCHMIDT, ANDRÉ/BAREKZAI, OMAR/HÜTTERMANN, KAI, IFRS 9 „Finanzinstrumente“: Neuregelungen zur Sicherungsbilanzierung (Teil 1), in: DB 2014, S. 373-381 (Neuregelungen zur Sicherungsbilanzierung nach IFRS 9 (Teil 1)).

SCHMIDT, ANDRÉ/BAREKZAI, OMAR/HÜTTERMANN, KAI, IFRS 9 „Finanzinstrumente“: Neuregelungen zur Sicherungsbilanzierung (Teil 2), in: DB 2014, S. 433-438 (Neuregelungen zur Sicherungsbilanzierung nach IFRS 9 (Teil 2)).

SCHMIDT, CLAUDE, Hedge Accounting mit Optionen und Futures – Ein Konzept für die Schweiz unter Berücksichtigung nationaler und internationaler Rahmenbedingungen, Zürich 1996 (Hedge Accounting mit Optionen und Futures).

SCHMIDT, MARTIN, Interne Sicherungsgeschäfte in der IFRS-Rechnungslegung von Banken, in: KoR 2007, S. 262-274 (Interne Sicherungsgeschäfte).

SCHMIDT, MARTIN, Das IASB-Diskussionspapier „Reducing Complexity in Reporting Financial Instruments", in: WPg 2008, S. 643-650 (DP Reducing Complexity in Reporting Financial Instruments).

SCHNEIDER, JÜRGEN, Fair Value-Berechnung bei Währungssicherungsgeschäften, in: PiR 2008, S. 194-201 (Fair Value-Berechnung bei Währungssicherungsgeschäften).

SCHOFIELD, NEIL, Commodity Derivatives – Markets and Applications, Chichester 2007 (Commodity Derivatives).

SCHÖLLHORN, THOMAS/MÜLLER, MARTIN, Bedeutung und praktische Relevanz des Rahmenkonzepts (framework) bei Erstellung von IFRS-Abschlüssen nach zukünftigem „deutschen Recht" (Teil I) – Darstellung unter Berücksichtigung der IAS-VO und des BilReG, in: DStR, S. 1623-1628 (Bedeutung des Rahmenkonzeptes).

SCHOO, LENA, Umsatzrealisierung nach International Financial Reporting Standards – Konkretisierung der geplanten Regelungen zur Umsatzrealisierung und Beurteilung der Entscheidungsnützlichkeit im Vergleich zu den geltenden Regelungen, Lohmar 2013 (Umsatzrealisierung nach IFRS).

SCHRUFF, WIENAND, Meinungen zum Thema: KonTraG – Mehr Kontrolle und Transparenz?, in: BFuP 1999, S. 437-453 (Kontrolle und Transparenz durch KonTraG).

SCHRUFF, WIENAND, Die IFRS-Rechnungslegung im Spannungsfeld zwischen Cashflow-Prognose und Rechenschaft, in: WPg 2011, S. 855-860 (IFRS zwischen Cashflow-Prognose und Rechenschaft).

SCHULTEN, RUDOLF, Quo Vadis Risikomanagement?, in: Controlling 2010, S. 231-237 (Quo Vadis Risikomanagement?).

SCHWARTZ, EDUARDO, The Stochastic Behavior of Commodity Prices: Implications for Valuation and Hedging, in: Journal of Finance 1997, S. 923-973 (Stochastic Behavior of Commodity Prices).

SCHWARZ, CHRISTIAN, Derivative Finanzinstrumente und hedge accounting – Bilanzierung nach HGB und IAS 39, Berlin 2006 (Derivative Finanzinstrumente und Hedge Accounting).

SENGER, THOMAS/RULFS, RONALD, § 33. Währungsumrechnung, in: Beck'sches IFRS-Handbuch – Kommentierung der IFRS/IAS, hrsg. v. Bohl, Werner/Riese, Joachim/Schlüter, Jörg, München 2013 (§ 33. Währungsumrechnung).

SIEGEL, DANIEL, Die Bilanzierung latenter Steuern im handelsrechtlichen Jahresabschluss nach § 274 HGB, Lohmar 2011 (Bilanzierung latenter Steuern).

SIEMENS (HRSG.), Comment Letter: Exposure Draft Hedge Accounting, verfügbar unter: http://www.ifrs.org/Current-Projects/IASB-Projects/Financial-Instruments-A-Replacement-of-IAS-39-Financial-Instruments-Recognitio/Phase-III-Hedge-accounting/edcl/comment-letters/Pages/Comment-letters.aspx, Stand: 24.03.2013 (CL Hedge Accounting).

SIMON-KUCHER & PARTNERS (HRSG.), Preismanagement – Schwankende Rohstoffpreise: Welche Maßnahmen schützen vor steigenden Kosten, vor Inflation und drohendem Margenverfall?, verfügbar unter: http://www.simon-kucher.com/sites/default/files/wp_Schwankende%20Rohstoffpreise.pdf, Stand: 28.11.2012 (Preismanagement von Rohstoffen (2010)).

STEUER, JÜRGEN, Währungsoptionen und Devisenterminengagements bei Submissionsexport und Importhandel in US-$, Frankfurt am Main u. a. 1988 (Währungsoptionen und Devisenterminengagements).

STRUFFERT, RALF/BERGER, JENS, Novation von Derivaten und Fortführung von Sicherungsbeziehungen – Vorschläge des IASB gemäß ED/2013/2, in: WPg 2013, S. 468-474 (Novation von Derivaten und Fortführung von Sicherungsbeziehungen gemäß ED/2013/2).

TEUBER, HANNO/SCHÖPP, OLIVER, Derivate-Regulierung EMIR: Auswirkungen auf Unternehmen in Deutschland, in: RdF 2013, S. 209-213 (Auswirkungen der Derivate-Regulierung EMIR auf Unternehmen in Deutschland).

TIEDCHEN, SUSANNE, Abt. II/11, in: Handbuch des Jahresabschlusses – Rechnungslegung nach HGB und internationalen Standards, hrsg. v. von Wysocki, Klaus/Schulze-Osterloh, Joachim/Hennrichs, Joachim/Kuhner, Christoph, Köln 2000 (Abt. II/11).

TINZ, OLIVER, Die Abbildung von Wachstum in der Unternehmensbewertung, Lohmar 2010 (Wachstum in der Unternehmensbewertung).

ULLRICH, WALTER, Internes Kontrollsystem (IKS), in: MaRisk-Umsetzungsleitfaden – Neue Planungs-, Steuerungs- und Reportingpflichten gemäß Mindestanforderungen an das Risikomanagement, hrsg. v. Pfeifer, Guido/Ullrich, Walter/Wimmer, Konrad, Heidelberg 2006, S. 284-295 (Internes Kontrollsystem).

VERBAND DEUTSCHER TREASURER E. V. (HRSG.), Governance in der Unternehmens-Treasury, Frankfurt am Main 2008 (Governance in der Unternehmens-Treasury).

VOLKSBANK (HRSG.), Instrumente des Zins-, Währungs- und Rohstoffmanagements – Eine Finanzinformation des Group Treasury, verfügbar unter: http://www.volksbank.com/m101/volksbank/m074_40000/downloads/publikationen/vbag_folder_zuw_d_web.pdf, Stand: 21.12.2012 (Instrumente des Zins-, Währungs- und Rohstoffmanagements).

VOLKSWAGEN (HRSG.), Comment Letter: Exposure Draft Hedge Accounting, verfügbar unter: http://www.ifrs.org/Current-Projects/IASB-Projects/Financial-Instruments-A-Replacement-of-IAS-39-Financial-Instruments-Recognitio/Phase-III-Hedge-accounting/edcl/comment-letters/Documents/CL241.pdf, Stand: 01.04.2013 (CL Hedge Accounting).

VON KEITZ, ISABEL, Praxis der IASB-Rechnungslegung – Best practice von 100 IFRS-Anwendern, 2. Aufl., Stuttgart 2005 (Praxis der IASB-Rechnungslegung).

WAGENHOFER, ALFRED, Internationale Rechnungslegungsstandards – IAS, IFRS – Grundkonzepte, Bilanzierung, Bewertung, Angaben, Umstellung und Analyse, 6. Aufl., Frankfurt am Main 2009 (Internationale Rechnungslegungsstandards).

WAGENHOFER, ALFRED/ENGELBRECHTSMÜLLER, CHRISTIAN, Finanzberichterstattung und Management finanzieller Risiken in Zeiten sich ändernder Rechnungslegung und der Wirtschaftskrise – Eine empirische Studie des Center for Accounting Research der Universität Graz in Kooperation mit der KPMG Linz, verfügbar unter: http://www.uni-graz.at/acce1www-finanzberichterstattung.pdf, Stand: 21.12.2012 (Finanzberichterstattung und Management finanzieller Risiken (2010)).

WAGENHOFER, ALFRED/EWERT, RALF, Externe Unternehmensrechnung, 2. Aufl., Berlin u. a. 2007 (Externe Unternehmensrechnung).

WAHL, JACK/BROLL, UDO, Dynamisches Hedging, in: Kapitalmarkt, Unternehmensfinanzierung und rationale Entscheidungen – Festschrift für Jochen Wilhelm, hrsg. v. Wilhelm, Jochen/Kürsten, Wolfgang/Nietert, Bernhard, Berlin 2006, S. 169-178 (Dynamisches Hedging).

WATTS, ROSS L., What has the invisible hand achieved?, in: Accounting and Business Research 2006, Sonderheft 1, S. 51-61 (What has the invisible hand achieved?).

WAWRZINEK, WOLFGANG, § 2. Ansatz, Bewertung, Ausweis und Prinzipien, in: Beck'sches IFRS-Handbuch – Kommentierung der IFRS/IAS, hrsg. v. Bohl, Werner/Riese, Joachim/Schlüter, Jörg, München 2013 (§ 2. Ansatz, Bewertung, Ausweis und Prinzipien).

WEBER, CLAUS-PETER, Abschnitt 12: Finanzanlagen, in: Handbuch International Financial Reporting Standards 2011, hrsg. v. Ballwieser, Wolfgang/Beine, Frank/Hayn, Sven/Peemöller, Volker/Schruff, Lothar/Weber, Claus-Peter, 7. Aufl., Weinheim 2011 (Abschnitt 12: Finanzanlagen).

WELTWIRTSCHAFT, ÖKOLOGIE & ENTWICKLUNG E. V., Die Konservativen schlagen zurück: EU-Regulierung gegen Rohstoffspekulation in Gefahr („EU-Finanzreform"-Newsletter), Mai 2012, verfügbar unter: http://www2.weed-online.org/uploads/eu_finanzreform_mai_2012.pdf, Stand: 28.11.2012 (EU-Finanzreform und Rohstoffspekulation (Mai 2012)).

WENK, MARC, IFRS 9 – Verbesserung des „true and fair view“ durch den neuen Standard für Finanzinstrumente, in: IRZ 2010, S. 205-206 (IFRS 9 – Verbesserung des „true and fair view“).

WENK, MARC/STRAßER, FRANK, Neuregelung der Bilanzierung von Finanzinstrumenten (IFRS 9), in: PiR 2010, S. 102-109 (Bilanzierung von Finanzinstrumenten).

WHITTINGTON, GEOFFREY, Fair Value and the IASB/FASB Conceptual Framework Project – An Alternative View, in: ABACUS 2008, S. 139-168 (Framework – An Alternative View).

WHITTINGTON, GEOFFREY, Harmonisation or discord? The critical role of the IASB conceptual framework review, in: Journal of Accounting and Public Policy 2008, S. 495-502 (Conceptual Framework Review).

WIECHENS, GERO/KROPP, MATTHIAS, Bilanzierung finanzieller Verbindlichkeiten nach IFRS 9 (2010) – Zugleich ein Update zum Beitrag KoR 2010 S. 540 ff., in: KoR 2011, S. 225-229 (Bilanzierung finanzieller Verbindlichkeiten).

WIEDEMANN, ARND, Studie "Finanzielles Risikomanagement in Unternehmen", in: Finanz Betrieb 2000, S. 382-384 (Finanzielles Risikomanagement).

WIEDEMANN, ARND, Messung und Steuerung von Risiken im Rahmen des industriellen Treasury-Managements, in: Herausforderung Risikomanagement – Identifikation, Bewertung und Steuerung industrieller Risiken, hrsg. v. Elfgen, Ralph/Hölscher, Reinhold, Wiesbaden 2002, S. 507-523 (Treasury-Management).

WIEDMANN, HARALD/SCHWEDLER, KRISTINA, Die Rahmenkonzepte von IASB und FASB: Konzeption, Vergleich und Entwicklungstendenzen, in: Rechnungslegung und Wirtschaftsprüfung – Festschrift zum 70. Geburtstag von Jörg Baetge, hrsg. v. Kirsch, Hans-Jürgen/Thiele, Stefan, Düsseldorf 2007, S. 679-716 (Rahmenkonzepte von IASB und FASB).

WIESE, ROLAND, Hedge-Accounting im IFRS-Abschluss – Methoden der Effektivitätsmessung und Aspekte der Abschlussprüfung, Düsseldorf 2008 (Hedge Accounting und Effektivitätsmessung).

WIESE, ROLAND/SPINDLER, MICHAEL, Neuregelungen zum Hedge Accounting (ED/2010/13), in: PiR 2011, S. 57-65 (ED Hedge Accounting).

WIESE, ROLAND/SPINDLER, MICHAEL, Neuregelungen zum Hedge Accounting (Draft Hedge Accounting), in: PiR 2012, S. 346-352 (Review Draft Hedge Accounting).

WILDEMANN, HORST, Hedging im globalen Einkauf, in: Logistik Inside 2007, S. 61-68 (Hedging im globalen Einkauf).

WINGENROTH, THORSTEN, Risikomanagement für Corporate Bonds – Modellierung von Spreadrisiken im Investment-Grade-Bereich, Bad Soden 2004 (Risikomanagement für Corporate Bonds).

WINKER, PETER, Empirische Wirtschaftsforschung und Ökonometrie, Berlin u. a. 2006 (Empirische Wirtschaftsforschung und Ökonometrie).

WINSTON, KENNETH, Buy Side Risk Management, verfügbar unter: http://q-group.org, Stand: 22.03.2013 (Buy Side Risk Management).

WINTER, PETER, Risikocontrolling in Nicht-Finanzunternehmen – Entwicklung einer tragfähigen Risikocontrolling-Konzeption und Vorschlag zur Gestaltung einer Risikorechnung, Lohmar 2007 (Risikocontrolling).

WITHUS, KARL-HEINZ, Genormtes Risikomanagement: Die neue ISO Norm 31000 zu Grundsätzen und Richtlinien für Risikomanagement, in: ZRFC 2010, S. 174-180 (ISO 31000 Risikomanagement).

WOHLERT, DIRK, Überblick über die Regelungsinhalte der MaRisk, in: Handbuch MaRisk und Basel III – Neue Anforderungen an das Risikomanagement in der Bankpraxis, hrsg. v. Becker, Axel/Gruber, Walter/Wohlert, Dirk, 2. Aufl., Frankfurt am Main 2012, S. 105-131 (Regelungsinhalte der MaRisk).

WÜSTEMANN, JENS/BISCHOF, JANNIS, Der Vorschlag des IASB zur Neuregelung der Bilanzierung von Sicherungsbeziehungen nach IFRS 9, in: WPg 2011, S. 403-407 (Bilanzierung von Sicherungsbeziehungen).

WÜSTEMANN, JENS/KIERZEK, SONJA, Ertragsvereinnahmung im neuen Referenzrahmen von IASB und FASB – internationaler Abschied vom Realisationsprinzip?, in: BB 2005, S. 427-434 (Ertragsvereinnahmung im neuen Referenzrahmen von IASB und FASB).

Rechnungslegung und Wirtschaftsprüfung

Herausgegeben von Prof. (em.) Dr. Dr. h. c. Jörg Baetge, Münster, Prof. Dr. Hans-Jürgen Kirsch, Münster, und Prof. Dr. Stefan Thiele, Wuppertal

Band 43
Lena Schoo
Umsatzrealisierung nach IFRS – Entscheidungsnützlichkeit der Regelungen des Revenue-Recognition-Projektes versus der geltenden Regelungen
Lohmar – Köln 2013 • 288 S. • € 58,- (D) • ISBN 978-3-8441-0268-0

Band 44
Dirk Stöppel
Die kaufmännische Lageberichterstattung von Hochschulen
Lohmar – Köln 2013 • 324 S. • € 62,- (D) • ISBN 978-3-8441-0280-2

Band 45
Fabian Graupe
Die Bilanzierung von Leasingverhältnissen beim Leasinggeber in der Internationalen Rechnungslegung
Lohmar – Köln 2013 • 304 S. • € 59,- (D) • ISBN 978-3-8441-0281-9

Band 46
Irg Müller
Der Einfluss der Ergänzungsbilanz auf den Unternehmenswert der Personengesellschaft
Lohmar – Köln 2014 • 280 S. • € 58,- (D) • ISBN 978-3-8441-0297-0

Band 47
Abdelhakim Azaouagh
Finanzwirtschaftliche Effekte der Bilanzierung Strukturierter Produkte – Erfolgsneutrale Fair Value-Bilanzierung als alternatives Konzept?
Lohmar – Köln 2014 • 240 S. • € 56,- (D) • ISBN 978-3-8441-0333-5

Band 48
Dominik Dettenrieder
Hedge Accounting in Industrieunternehmen nach IFRS 9
Lohmar – Köln 2014 • 320 S. • € 62,- (D) • ISBN 978-3-8441-0337-3

JOSEF EUL VERLAG